u-Health 시대의 Telemedical Law

원격의료법

u-Health 시대의 Telemedical Law

원격의료법

정용엽 지음

ubiquitous Healthcare & Telemedicine

원격의료일반론
원격의료계약론
원격의료과오론
원격의료법제론
u-헬스법적쟁점

한국학술정보(주)

머 리 말

저자가 원격의료와 그 법률관계에 대하여 관심을 가지게 된 것은 2000년 5월경이었다. 당시 대학병원에 십수 년째 근무하면서 언론홍보 일을 하고 있었는데, 업무상 의학 관련 국제뉴스를 검색하는 과정에서 'telemedicine(원격의료)'이라는 단어를 접하게 된 것이다.

저자로서는 매우 생소한 단어였기에 좀 더 자료를 찾아보았더니, 원거리에서 인터넷·화상통신 등을 활용하여 간접대면방식으로 진료하는 이른바 정보통신기술과 의료분야가 결합된 새로운 형태의 의료방법이라는 것을 알게 되었다. 그리고 정보통신기술이 발달할수록 원격의료가 확산되어 멀지 않은 미래에 보편적인 의료형태의 하나로 자리잡게 될 것이라는 생각이 들었다.

그러나 전통적인 병원진료에서도 의료사고가 적지 않게 발생하는데 하물며 멀리 떨어진 곳에 있는 의사가 인터넷 등을 활용해서 환자를 진료한다면 의료적 에러가 발생할 가능성이 높을 것이라는 점이 예상되었고, 따라서 이러한 경우 법률관계가 어떻게 정립될 것인지 궁금해졌다. 그리하여 원격의료와 관련한 국내의 연구결과를 검색해 본 결과, 공학 및 의학분야에서 몇 편의 논문과 글이 발견되었으나 법학적 관점에서는 연구가 거의 이루어지지 않고 있었다.

그 무렵 경희대학교 국제법무대학원 석사과정에 국내 최초로 사이버법(cyber law: 인터넷법·IT법·전자거래법 등을 포괄)을 전공하는 사이버법무학과(후에 인터넷법무학과로 명칭변경)가 신설되었다는 소식을 접하고 2000년 가을학기에 1회 입학생으로 등록하였다.

이때부터 법학전공과 병원행정경험을 살려 민법·사이버법·보건의료법을 접목시킬 수 있는 '원격의료의 법률관계'를 연구주제로 삼고 학업과 연구를 시작했다. 형편상 주경야독을 할 수밖에 없었던 저자는 연구시간의 부족보다도 기존의 법학분야 원격의료관련 연구자료를 수집하지 못하여 어려움을 겪었다.

그리하여 종전에 연구된 의료계약론·의료과오론·불법행위론을 바탕으로 원격의료에서는 그러한 이론이 어떻게 변형되는지에 초점을 맞추어 원격의료의 법률관계 전반을 아우르는 민사책임이론구조를 새롭게 구성해 보기로 하였다. 이러한 방법으로 저자의 연구는 석사과정에서 원격의료일반론 및 원격의료계약론까지 이루어졌고, 그 이후 박사과정에 들어가 이를 수정 보완하고 범위를 확장시켜 원격의료과오론 및 원격의료법제론까지 마무리 지었다.

이와 같은 저자의 연구는 2000년 9월부터 2005년 2월까지 진행되었다. 그러나 원격의료와 그 법률관계에 대한 관심과 논의가 매우 미미하던 시기에 연구가 진행되었고, 특히 초보연구자로서 연구역량이 현저히 부족했다는 점을 잘 알고 있기 때문에 원격의료의 법률관계를 전반적으로 적절하게 논의했는지는 의문이 있다는 점을 자인한다.

그 이후 저자는 디지털의료정보나 ubiquitous Healthcare와 관련된 법률관계에 대하여 관심을 가지고 연구하고 있다. 최근에는 한국정보사회진흥원의 의뢰로 정보통신부 공동연구과제에 참여하여 그중 일부내용(u-헬스 관련 법적 쟁점 및 이슈)을 집필하였다. 집필과정에서 u-헬스의 기초 내지 핵심요소가 바로 원격의료라는 점을 재차 확인할 수 있었다.

차제에, 최신자료의 업데이트 등 학위논문의 내용을 일부 수정 보완하는 한편, 전술한 u-헬스 관련내용과 원격의료관련 외국법제 등을 추가 삽입해서 출간을 하는 것도 좋겠다는 생각을 했다. 이 작업은 개인적으로는 학위논문 공표 차원에서 소논문을 몇 편 발표한 이후 미뤄 두고 있었던 박사학위논문의 단행본 출간이라는 숙제를 끝내는 것이라는 점에 의미를 두고 싶다. 그리고 실제 책으로 출판되어 관련 연구자·정책입안자·의료인·사업자·일반인 등에게 두루 읽혀진다면, 우리나라에서 원격의료를 보급 내지 보편화시키는 데 약간의 도움이 될 뿐 아니라, 관련 산업 발전과 국민건강 및 복지 증진에도 기여할 수 있을 것으로 기대한다.

본서는 이러한 과정과 연유로 출판되었다. 이 책을 올해 11주년 추도식을 맞는 그리운 아버지와 그 분이 사랑했던 우리 어머니들과 가족, 그리고 볼품없는 저자를 기꺼이 인생의 동반자로 간택해 주어 아버지와 가족의 간절한 소원을 일거에 풀어준 우아하고 지혜로운 아내 정명숙 교수에게 바친다.

끝으로, 학위과정에서 하찮은 연구임에도 불구하고 후한 마음으로 지지와 격려를 아끼지 않으셨던 경희대학교 법과대학 윤명선·소재선·정완용·최광준·박훤일·이상정·박균성·서보학·오준근·이영준·강희원·장경환·최승환·박정훈 교수님께 머리 숙여 감사드린다. 그리고 졸고를 한 권의 책으로 출판해 주신 한국학술정보(주) 채종준 사장님, 임은정·박미현 선생님께도 감사의 말씀을 올린다.

2008년 3월 3일

창동 東霞書齋에서 저자 정용엽 씀

제**1**장

원격의료에 관한 일반론

제1절 │ 원격의료의 효용성 및 해결과제

1. 원격의료의 탄생배경 및 효용성

종래 의료행위는 의사가 환자의 주거지 또는 병의원 등 현장에서 환자를 직접 마주보면서 진료를 하는 대면진료의 형태가 주류를 이루는 것이었다. 그런데 오늘날 현대의학은 과학기술의 발달에 힘입어 통상적인 의료과정 가운데 특히 진찰·검사단계 및 치료단계에서 첨단 의료장비를 활용하는 등 의료기술상의 비약적인 진전을 보여 왔다. 이것은 종전에 의사 등 의료행위자의 의학적 지식과 경험적 술기(術技)에 따라 크게 영향을 받아왔던 질병의 진단과 치료결과에 한층 더 객관적 정확도 및 신뢰도를 높여주는 계기가 되었다.

여기에 한 걸음 더 나아가, 근년에 이르러서는 화상통신과 인터넷을 비롯한 정보통신기술이 획기적으로 발달하고 있고 그와 함께 의료영역에서도 이를 활용한 전혀 새로운 형태의 의료방법을 탄생시키고 있다. 예를 들면, 의사가 환자를 직접 대면하지 않고 원거리에서 화상통신이나 인터넷 등을 활용하여 간접대면방식으로 진료하는 의료기술, 즉 원격의료(telemedicine)가 그 대표적인 것이다.[1] 이를테면 원격의료는 정보통신기술(information & communication technologies)과 보건의료(health and

---

1) 오늘날 원격의료기술은 원격로봇수술에까지 발전되고 있다. "2001년 9월 7일, 프랑스인 수술의사 Jacques Marescaux는 미국 뉴욕에서 원격장비를 갖춘 로봇기술(Zeus)을 이용하여 프랑스 스트라스부르에 있는 68세의 환자에 대해 세계 최초의 원격수술로 담낭염증제거수술을 하는 데 성공했다. 54분 동안 진행된 이 수술은 환자의 옆구리를 개봉하지 않고 미니카메라를 기관에 주입해서 담낭의 염증을 제거하는 것으로 Lindbergh 수술로 명명되었다(포항공대 생물학연구정보센터 / BRIC 웹사이트 <http://bric.postech.ac.kr/> [2004.12.2. 방문] 참조)."

medical treatment) 영역이 결합한 새로운 형태의 의료분야라고 할 수 있다.[2]

한편, 오늘날 원격의료는 e-헬스 단계를 거쳐 유비쿼터스 컴퓨팅 기술을 기반으로 하여 환자는 물론 건강한 일반인에까지 언제(anytime) 어디서나(anywhere) 질병치료와 예방 및 건강증진 등의 모든 유형의 의료서비스를 제공하는 u-헬스(ubiquitous Healthcare) 개념으로 발전하고 있다. 그런데 이 u-헬스 서비스에서 그 기초 내지 핵심요소가 되는 것이 원격의료기술이며, 이에 관해서는 본서의 결론부문에서 다시 언급하기로 한다.

연혁적으로 볼 때, 원격의료는 지리적·사회경제적 효용성으로 인하여 고안 내지 발현된 것이었다. 초기에는 미국과 같이 국토가 광대하여 산간오지·도서지역·농어촌이 많거나 조직특성상 전문의료인의 조력을 받기 어려운 군부대·교도소 등 의료취약지역에 양질의 의료서비스를 제공할 필요성이 제기되어 시작된 의료형태이다.

그렇지만 우리나라와 같이 국토가 좁은 국가에서도 이러한 원격의료의 효용성은 인정되고 있다.

첫째, 의료수요자(환자) 입장에서는 우수한 의료인력 및 의료기술에 대한 접근성을 높이고 진료상의 편의가 증진될 수 있을 것이다. 둘째, 의료공급자(의료인 및 의료기관) 입장에서는 정보통신기술을 활용함으로써 거리상의 물리적인 장벽을 뛰어넘고 의료정보의 데이터베이스화를 통해 시간적인 장벽을 극복할 수 있기 때문에 새로운 형태의 의료서비스영역을 창출하거나 확대를 꾀할 수 있을 것이다. 셋째, 국가적으로는 의료자원 이용의 효율성을 높이고 민간의료비용을 절감하는 한편, 이를 통해 궁극적으로는 보건의료서비스의 질을 향상시키고 국민건강 증진에 이바지함으로써 복지정책적인 필요성을 충족시킬 수 있다는 장점이 있다.[3]

---

2) 이러한 원격의료를 가능하게 하는 원동력은 화상통신과 인터넷 등 정보통신기반기술이라고 할 수 있다. 우리나라의 경우, 2006년 12월 기준으로 인터넷이용자수 3,412만 명, 초고속인터넷가입자수 1,404만 명, 이동전화가입자수 4,020만 명, 국가정보화지수 91(세계 3위)인 것으로 집계되고 있다(한국정보사회진흥원 웹사이트 <www.nia.or.kr>[2007.11.30 방문] 참조). 이처럼 인터넷 보급 및 사용자수의 증가는 앞으로 원격의료의 보급 및 보편화를 급속히 진전시킬 것으로 예상된다.

3) 주지홍·왕상한·조형원·박민·이범룡, "의료정보화산업의 활성화를 위한 법제도 정비방안 연구", 정보통신정책연구원 정책연구 03-02, 정보통신정책연구원, 2003.12, 72면.

② 원격의료 보급을 위한 해결과제

오늘날 원격의료는 정보통신기술의 발달과 함께 화상회의시스템·OCS(자동처방
전달시스템)·PACS(영상저장전송시스템) 등의 원격의료기반시설과 원격태아감시장
치·원격자동혈압측정기 등의 원격의료장비 및 원격의료솔루션의 개발이 성공적인
단계에 이르러[4] 이미 기술적 한계를 극복하였다고 볼 수 있다. 또한 그 내용 면에
서는 화상통신을 활용한 원격문진·원격상담의 수준을 넘어 원격간호·원격처방은
물론 원격수술까지도 가능하게 되어 멀지 않은 미래에 원격의료가 보편적인 의료형
태의 하나로 자리잡게 될 가능성이 높아졌다. 특히 원격의료는 국경을 넘나드는 의
료행위를 가능케 함으로써 단순히 한 국가뿐 아니라 국제적인 공동관심사가 되고
있는 것이다.

그러나 원격의료가 긍정적으로 정착되어 그 효용성이 발휘되게 하기 위해서는 앞
으로 다음과 같은 의학적·기술적·법률적·제도적인 문제들이 해결되어야 하는 과
제가 산적해 있다.[5]

① 의학 및 기술적인 측면에서는, 앞서 말한 바와 같이 화상통신·OCS·PACS
등의 기술은 해결되었으나 나아가 의료정보의 보안 및 표준(안전성 및 신뢰성)이 마

---

4) 원격의료시장은 크게 의료정보서비스업체(보건의료포털사이트), 원격의료서비스기관(병원),
   원격의료솔루션개발업체(하드웨어 및 소프트웨어 생산회사)로 나눌 수 있다. 2002년 기준
   세계 원격의료시장규모는 미국 30억 달러, 유럽연합 5억4200만 유로이며 해마다 급속히
   성장하고 있는 실정이다(닥터크레지오 웹사이트 <www.drcrezio.co.kr> [2004.12.2. 방문]
   참조). 우리나라는 2004년 2월 15일 산업기술분류체계를 개정하여 의료기기 밑에 원격의
   료기기를 추가로 편입(대분류 / 전기전자 → 중분류 / 의료기기 → 소분류 / 원격 및 재택의료
   기기)되어 원격의료산업의 발전을 예고하고 있다(데일리메디 2004년 2월 15일자; 한국산
   업기술평가원 웹사이트 <www.itep.re.kr/> [2004.12.2. 방문] 참조).
5) 미국에서 조사된 결과에 따르면(1996년), 원격의료의 장벽으로는 다음과 같은 점이 지적되고
   있다. ① reimbursement(진료결과에 대한 책임소재) 29.2%, ② Telecom cost(통신비용 부담)
   15.3%, ③ General cost(장비비용 부담) 12.5%, ④ Provider acceptance(병원 및 의사의 수용
   도) 8.3%, ⑤ Operating revenue(수익성) 6.9%, ⑥ Organizational issues(의사협회 등의 명확한
   지침부재) 4.2%, ⑦ Remote site commitment(산간지방 등의 인프라 구축 어려움) 4.2%, ⑧
   Legal / regulatory(원격의료에 대한 법적 규제)(드림케어 웹사이트 <www.medivill.com>
   [2004.12.2. 방문]에서 재인용).

련되어야 한다. ② 법률적인 측면에서는, 원격의료과오에 대한 법적 책임소재, 전자의무기록의 유출 내지 위·변조 방지 등 의료정보 보호, 국제적인 관할권 및 준거법(소송법적 기준)과 같은 문제가 보다 명확해져야 한다. ③ 제도적인 측면에서는, 원격의료인 자격기준(원격의료범위), 원격의료시설 및 장비기준(원격의료품질), 원격의료행위기준(원격의료내용), 원격의료보험 및 수가책정(원격의료의 경제성), 사이버병원 개설허가(원격의료전문병원) 등의 과제가 해결되어야 한다.

이와 같은 문제에 대하여 지금까지는 주로 의학 및 기술적인 면에서 논의되어 여러 가지 성과와 진전을 보여 왔으나, 근년에 이르러 원격의료가 점차 현실화되고 그 응용범위가 확대되어 상용화되기에 이르자 이제 법률적·제도적인 측면에서의 장애요인 내지 문제점이 점차 부각되어 논란이 되고 있다. 이러한 맥락에서 미국·유럽연합(EU)·말레이시아·일본 등의 국가에서는 이미 1995년을 전후하여 원격의료법 또는 원격의료모델법 등의 제정을 통하여 원격의료의 규제 내지 보급기준을 마련하는 작업을 수행하여 왔다.

이들 외국 국가와 비교하면 다소 늦은 감은 있으나, 우리나라는 2002년에 들어와서 의료법을 개정하여 원격의료 관련조항을 신설하고 2003년 3월 31일부터 시행함으로써 비로소 원격의료가 적법한 의료행위의 하나로 인정되었다. 그리고 WTO서비스무역협상에 따라 원격의료에 관한 의료서비스 시장개방[6]이 예정되어 있으므로 이 때가 되면 외국 원격의료인(원격의료기관)의 국내 원격의료행위도 허용될 것으로 예상되며, 이러한 국제무역 환경은 국내에서 원격의료가 보편적인 의료형태로 자리잡는 데 크게 영향을 미치게 될 것으로 전망된다.

그런데 원격의료는 환자를 진료한다는 본질적인 면에서는 전통적인 방식의 의료

---

6) 의료서비스시장 개방협상은 국별 양허요구(2002.6), 양허안제출(2003.3), 국별 협상진행(2004.12), 협상발효예정(2005.1) 등의 스케줄에 따라 진행되고 있으며, 4가지 협상의제는 다음과 같다. Mode1. 국경 간 공급(cross-border: 원격의료), Mode2. 해외소비(consumption abroad: 환자의 해외진료), Mode3. 상업적 주재(commercial presence: 외국인 국내투자), Mode4. 자연인의 주재(movement of natural persons: 면허 상호인정)(왕상한, "WTO 뉴라운드 출범과 우리나라 의료계의 대응전략", 대한의사협회 WTO DDA 정책토론회(의료·의학 교육 시장개방과 국제경쟁력 강화방안) 연제집, 서울대병원강당, 2002.4.17. 참조).

행위와 동일한 것이지만, 다음과 같은 점에서 근본적인 차이가 있는 의료행위임이 분명하다고 할 것이다.

첫째, 전통적인 의료가 오프라인상에서 이루어지는 것이라고 한다면, 원격의료는 정보통신기술이 매개체가 되어 온라인 내지 가상공간상에서 원격진료신청(청약) 및 신청접수(승낙)가 이루어진다는 점에서 의료계약적 요소와 전자계약적 요소가 합성된 것이라고 볼 수 있다. 둘째, 전통적인 의료가 직접대면방식(face-to-face)이라고 한다면, 원격의료는 정보통신기술을 매개로 해서 원격적 내지 전자적인 방법으로 이루어지는 간접대면방식이라는 점에서 그 의료행위에 필연적으로 위험성이 내포된 의료형태라고 할 수 있다. 셋째, 일반적으로 전통적 의료행위가 침습성·구명성·예측곤란성·전문성·재량성·밀실성·독점성 등의 특성을 가지고 있다고 한다면, 원격의료는 본질적으로 원격지의사(consulting physician)와 현지의사(referring physician) 내지 정보통신기반시설제공자가 공동 관여하고 이 때문에 원격의료인(원격의료기관) 간에 수평적·수직적 의료분업의 양상을 확대·심화시키는 의료형태라는 점에서 그 의료과정 및 결과에 대한 책임분산성이라는 고유한 특성을 가지는 것으로 파악된다.

이러한 차이점에서 추론해 볼 수 있듯이, 원격의료는 그 본질적인 특성으로 인하여 원격의료과오(telemedical malpractice)가 발생할 가능성이 매우 높은 의료형태라고 할 수 있으며 그 법적 규제문제가 중요한 관건이 될 것으로 보여진다. 따라서 법률이 전통적인 의료행위를 의료계약에 의해 규율하였다면, 이 새로운 방법의 원격적 내지 전자적 의료행위에 대해서는 그와는 다른 법이론, 즉 원격의료계약에 관한 이론구성이 필요하며, 아울러 종래 의료과오에 대해 적용했던 불법행위론에 대해서도 약간의 수정이 불가피할 것으로 예상된다. 이러한 내용에 관해 종합적으로 살펴보는 것이 원격의료과오론이며, 이 원격의료과오론 내지 원격의료과오의 민사책임에 관한 이론적 기초 및 구조를 새롭게 정립하는 것은 대단히 중요한 작업이다.

한편, 원격의료의 초기단계에서 원격의료사고 발생이나 그 판례 형성이 미미한 시점에서 종래 의료과오론과는 다른 법리를 구성하는 것을 처음으로 시도하는 것이기 때문에 앞으로 원격의료에 관한 통일적인 법적용 및 법해석의 기준 내지 지침을 제시할 수 있을 것이다. 뿐만 아니라, 이와 같은 법리적 기준은 우리나라와 같은 상황에서 원격의료를 보급 내지 보편화시키고 원격의료와 관련된 의료정보산업 및 u−헬스 산업을 발전시키는 데 있어서 안전장치적인 역할을 할 수 있을 것이며, 이를 통해서 궁극적으로는 국민건강 및 복지 증진에 기여할 수 있을 것으로 확신한다.

제2절 　원격의료의 법적 개념 및 기준

1. 원격의료의 일반개념

일반적으로, 광의의 의미에서 원격의료라 함은 의학적·기술적 측면에서 상호작용하는 정보통신기술을 이용하여 원거리에 의료정보 및 의료서비스를 전달하는 모든 활동을 말한다.[7][8] 그리고 협의의 의미에서 원격의료란 원격보건(telehealth) 또는 원격건강관리(tele−healthcare)와 구분되는 개념으로, 격지의 환자에 대한 의료의 제공 또는 그 지원을 위하여 정보통신기술을 활용하는 것을 말한다.[9]

외국의 각 국가 및 국제기구 등이 밝히고 있는 공식적인 견해도 이와 비슷하게

---

7) "Use of modern information technology, especially two−way interactive audio / video communications, computers, and telemetry, to deliver health services to remote patients and to facilitate information exchange between primary care physicians and specialists at some distances form each others(Bashshur R, Sanders J, Shannon G. Telemedicine Theory and Practice. Springfield, IL: Charles C Thomas: 1997)."

8) 그 밖에 Christopher J. Caryl의 견해를 소개하면 다음과 같다: "Telemedicine is the use of advanced telecommunication technologies to exchange health information and provide healthcare services across geographic, time, social and cultural barriers(Christopher J. Caryl, "Note, Malpractice and Other Legal Issues Preventing the Development of Telemedicine", Journal of Law & Health, vol.12, 1997 / 1998, pp.173)."

9) 신문근, "원격의료의 법제화방안 연구", 국회사무처법제실 법제현안 제2001−6호, 국회사무처, 2001.12, 3−4면.

개념 정의를 하고 있다.

① 미국 상무부 및 보건후생부의 테스크포스팀 '원격의료에 관한 합동작업반 (JWGT: Joint Working Group on Telemedicine, 1995)'이 작성한 1997년 활동보고서는 '원격의료라 함은 원거리에서 임상진료를 지원 또는 제공하기 위하여 전자통신이나 정보기술을 사용하는 것'이라고 정의하고 있다.[10] 또 그 이후 발표된 2001년 활동보고서에 따르면, 원격의료와 원격보건을 구분하고 있는데, 원격보건은 '원거리에서 임상진료, 환자 및 전문적인 보건관련 교육, 공공보건 및 보건행정을 위하여 전자정보통신기술을 사용하는 것'이라고 넓게 정의하고 있다.[11]

② 일본 원격진료총괄반의 1997년 보고서는 원격의료란 '영상을 포함하는 환자정보의 전송에 기초를 두어 원격지에서 진단·지시 등의 의료행위 및 의료에 관련한 행위를 하는 것'으로 정의하고 있다.[12]

③ 말레이시아 원격의료법(1997년) 제2조(정의) 제10호는 '원격의료라 함은 음성·데이터·영상통신을 이용한 의료의 시행을 말한다'라고 규정하고 있다.

④ 세계의사회(WMA)가 1999년 채택한 '원격의료에 대한 책임, 의무 및 윤리지침에 대한 성명'[13]에서는 '원격의료라 함은 원거리로부터 원격통신체계를 통하여 전달된 임상자료·기록·기타 정보를 토대로 질병에 대한 중재, 진단 및 치료를 결정하는 의료행위'라고 정의하고 있다.[14]

---

10) "Telemedicine refers to the use of electronic communication and information technologies to provide or support clinical care at a distance(Telemedicine Report to Congress, U.S. Department of Commerce in conjunction with The Department of Health and Human Services, January. 31, 1997); 미국 National Telecommunications and Information Administration 웹사이트 <http://www.ntia.doc.gov/reports/telemed/index.htm> [2004.6.20. 방문]."

11) "Telehealth is the use of electronic information and telecommunications technologies to support long−distance clinical health care, patient and professional health−related education, public health and health administration(U.S. Department of Commerce, 2001 Telemedicine Report to Congress, 2001.1, pp.14: JWGT 웹사이트 <http://telehealth.hrsa.gov/pubs/report2001/main.htm> [2004.6.30. 방문])."

12) 이기수, "원격진료에 관한 특례법 제정연구", 밀레니엄관계법 제정에 관한 연구, 새천년준비위원회·한국법학교수회(이상정·이기수·정상조·현병철), 2000.11, 29면 참조.

13) 전문은 부록 2−(1) 참조.

14) "Telemedicine is the practice of medicine, from a distance, in which interventions, diagnostic and

⑤ 세계보건기구(WHO)는 원격의료를 '임상 측면에서 환자를 치료하는 의료활동에 정보통신시스템을 활용하는 것'이라고 정의하면서 이를 원격보건(telehealth)과 구분하고 있는데, 여기서 원격보건은 정보통신시스템을 건강증진 및 예방활동에 활용하는 것으로 넓게 정의하면서 의료전문교육·지역사회공중보건교육·의료기술 개발 및 보급 등을 그 내용으로 예시하고 있다.[15)

이와 같은 원격의료의 일반개념으로부터 원격의료의 중심적인 세 가지 의미 내지 주제를 찾아볼 수 있다.

첫째, '원거리(distance)'라는 의미를 가지고 있는 접두어 'tele'에서 볼 수 있듯이, 원격의료는 의료서비스를 제공하는 의료공급자(의사 등)와 의료서비스를 필요로 하는 의료수요자(환자) 간에 대면진료가 불가능하거나 어려운 상황을 그 대상으로 하고 있다. 둘째, 원격의료는 기본적으로 화상통신과 컴퓨터·인터넷 등 정보통신기술을 활용해서 음성, 음향 및 신호, 디지털화된 정지화상(image) 또는 동화상(video) 등의 형태로 된 의료정보자료를 통신라인을 통하여 원격지 간에 주고받는 상황을 전제로 한다.[16) 셋째, 원격의료는 원격보건(telehealth)이나 원격건강관리(tele－healthcare) 또는 전자보건의료(e－health)[17)와 구분되고 이보다는 좁은 개념으로서, 화상통신 등의 원

---

treatment decisions and recommendations are based on clinical data, documents and other information transmitted through telecommunication systems(World Medical Association Statement on Accountability, Responsibilities and Ethical Guidelines in the Practice of Telemedicine. Adopted by the 51st World Medical Assembly Tel Aviv, Israel, October 1999: 세계의사회, "원격의료에 대한 책임, 의무 및 윤리지침에 대한 성명", 제51차 총회, 이스라엘 텔아비브, 1999.10.(세계의사회 웹사이트 <http://www.wma.net/e/policy/a7.htm> [2004.6.30. 방문])."

15) "If telehealth is understood to mean the integration of telecommunications systems into the practice of protecting and promoting health, while telemedicine is the in incorporation of these systems into curative medicine, then it must be acknowledged that telehealth corresponds more closely to the international activities of WHO in the field of public health. It covers education for health, public and community health, health systems development and epidemiology, whereas telemedicine is orientated more towards the clinical aspect(Antezana F. Telehealth and Telemedicine will henceforth be part for the strategy for health for all. Internet, 1997; 세계보건기구 웹사이트 <http://www.who.int/en/> [2004.6.20. 방문])."

16) 박명환, "국내 원격의료서비스 발전모형 연구", 사회과학논집 제14집1호, 한성대학교 사회과학연구소, 2000.8, 65면.

17) 전자보건의료 개념은 다음과 같이 여러 가지로 소개되고 있다. ① "e－Health란 보건의

격의료기술을 이용하여 원격지에 있는 환자에 대해 의료를 제공하거나 의료행위를 간접적으로 지원해주는 것을 의미한다.

2. 의료법상 원격의료의 개념

우리나라에서는 개정 전 의료법상 인터넷상의 의료행위, 즉 원격의료가 금지되는 지 여부에 대하여 논란이 있었다.

금지론에 따르면, 의료법 제17조 제1항(진단서 등)은 의사의 직접진료원칙을 규정하고 있으므로 인터넷상의 의료행위는 이에 위배된다고 볼 수 있어 처음부터 의료법에 위배되며 따라서 의료과오의 문제로 파악할 수 없다고 한다.[18]

이에 대해, 허용론의 논거는 다음과 같다.[19]

ⅰ) 의료법 제17조 제1항의 직접진료원칙은 환자를 진찰한 의사가 대리인이 아닌

료조직 전반의 보건의료데이터와 정보를 전자적으로 교환하는 것으로 시민, 환자, 보건의료제공자(의사·간호사 포함) 및 제공기관(병원·약국·보험지불기관 포함), 연구소, 보건의료정보기술(IT) 제공기관, 보건의료 vendor 등에서 전자적으로 보건의료정보를 교환하는 것을 말한다(Joseph M. Deluca, Fache(2000)"; ② "전자보건의료(e-health)란 인터넷을 통해 전달되는 모든 형태의 전자적 보건의료서비스를 말하는 것으로, 보건의료전문가나 비전문가가 제공자가 되어 건강정보나 관련된 물품 등을 제공하고 소비자가 스스로 구매하는 상업적인 의미까지 포함하는 것을 말한다(박정호, "e-health: on and off", 제16차 대한의료정보학회 춘계학술대회 초록집, 대한의료정보학회, 2000.6, 72-84면)"; ③ "e-Health라 함은 보건의료관련 조직 및 소비자 간 제품, 서비스, 지식정보, 기술 등이 인터넷을 중심으로 전달되는 상태 또는 환경을 말한다. 이러한 e-Health는 보건의료 광고, 온라인쇼핑(의료기기·의료물품·건강상품 등), 가상진료실(온라인건강상담·원격진료 등), 전자의무기록 및 교환 등 새로운 보건의료전달체계를 창출해냄으로써 공중보건과 보건의료서비스 제공과정, 그리고 보건의료비용 감소 및 보건의료의 질 향상에 지대한 영향을 미치게 될 것이다(송태민, "e-Health의 현황 및 전망", 보건복지포럼, 2001.5, 18-27면)."

18) 이인영, "인터넷의료정보의 법률적 문제점", 대한병원협회지 제29권3호, 대한병원협회, 2000, 34면 이하.

19) 윤석찬, "현행 의료법에 있어 인터넷상의 의료행위의 허용여부", 법조 통권563호, 2003.8, 181-184면.

자신이 직접 진단서 등을 교부해야 한다는 '직접 진료한 의사의 진단서 등 발급의무'를 규정한 조항으로 여기서의 '직접진료'는 인터넷이라는 통신매체를 통하지 않고 직접 대면하여 환자를 치료해야 한다는 의미가 아니라 환자를 진료하지도 않은 타인 또는 대리인이 그 의사를 대신해서 진단서 등을 교부해서는 안 된다는 의미로 파악하는 것이 타당하고, 따라서 이 조항을 인터넷을 통한 진료행위를 금지한 근거조항으로 보기에는 무리가 있다.

ii) 의료법 제15조(진료거부 금지 등)는 의사의 진료거부금지의무를 규정하고 있는바, 만일 환자가 인터넷이라는 정보매체만을 의존해야 하는 긴급한 상황에서 진료요구를 하는 경우 의사가 인터넷상 진료행위를 가능하다고 판단할 때에는 이를 허용해야 하며 이를 막는 것은 오히려 의료법이 동법 제15조를 위반하는 자기모순의 결과를 초래하게 되는 것이다.

iii) 따라서 인터넷을 통한 간접적 또는 직접적 상담행위에 의한 진료행위도 적법한 의료행위로 볼 수 있으며, 이러한 의료행위는 독일과 같이 사이버의료행위를 명시적으로 금지하는 규정을 포함하고 있지 않는 우리나라 의료법의 해석상 허용된다고 볼 수 있다.

한편, 2002년 3월 30일 의료법개정 및 2003년 10월 9일 의료법시행규칙개정으로 원격의료 기본조항 및 관련조항을 다음과 같이 신설함으로써 원격의료를 법률상 적법한 의료행위의 한 형태로 포섭하였다.[20]

---

20) 2002년 3월 30일 의료법일부개정 당시 신설된 조항은 각각 제30조의2(원격의료), 제21조의2(전자의무기록), 제18조의2(전자처방전)였으나 2007년 4월 11일 의료법전부개정 시 제34조(원격의료), 제23조(전자의무기록), 제18조(전자처방전)으로 변경되었다. 따라서 본서에서 의료법조항의 인용은 이 전부개정된 법률을 기준으로 하였다.

- 의료법 제34조(원격의료) ① 의료인(의료업에 종사하는 의사·치과의사·한의사만 해당한다)은 제33조제1항에도 불구하고 컴퓨터·화상통신 등 정보통신기술을 활용하여 먼 곳에 있는 외료인에게 의료지식이나 기술을 지원하는 원격의료(이하"원격의료"라 한다)를 할 수 있다. ② 원격의료를 행하거나 받으려는 자는 보건복지부령으로 징하는 시설과 장비를 갖추어야 한다. ③ 원격의료를 하는 자(이하 "원격지의사"라 한다)는 환자를 직접 대면하여 진료하는 경우와 같은 책임을 진다. ④ 원격지의사의 원격의료에 따라 의료행위를 한 의료인이 의사·치과의사 또는 한의사(이하"현지의사"라 한다)인 경우에는 그 의료행위에 대하여 원격지의사의 과실을 인정할 만한 명백한 근거가 없으면 환자에 대한 책임은 제3항에도 불구하고 현지의사에게 있는 것으로 본다.

- 의료법 제23조(전자의무기록) ① 의료인이나 의료기관 개설자는 제22조의 규정에도 불구하고 진료기록부 등을 전자서명법에 따른 전자서명이 기재된 전자문서(이하"전자의무기록"이라 한다)로 작성·보관할 수 있다. ② 의료인이나 의료기관 개설자는 보건복지부령으로 정하는 바에 따라 전자의무기록을 안전하게 관리·보존하는 데에 필요한 시설과 장비를 갖추어야 한다. ③ 누구든지 정당한 사유 없이 전자의무기록에 저장된 개인정보를 탐지하거나 누출·변조 또는 훼손하여서는 아니 된다.

- 의료법 제18조(처방전 작성과 교부) ① 의사나 치과의사는 환자에게 의약품을 투여할 필요가 있다고 인정하면 약사법에 따라 자신이 직접 의약품을 조제할 수 있는 경우가 아니면 보건복지부령으로 정하는 바에 따라 처방전을 작성하여 환자에게 내주거나 발송(전자처방전만 해당된다)하여야 한다. ② 제1항에 따른 처방전의 서식, 기재사항, 보존, 그 밖에 필요한 사항은 보건복지부령으로 정한다. ③ 누구든지 정당한 사유 없이 전자처방전에 저장된 개인정보를 탐지하거나 누출·변조 또는 훼손하여서는 아니 된다. <제4항 생략>

- 의료법시행규칙 제23조의3(원격의료의 시설 및 장비) 법 제34조 제2항의 규정에 따라 원격의료를 행하거나 이를 받고자 하는 자가 갖추어야 할 시설 및 장비는 다음 각 호와 같다. 1. 원격진료실 2. 데이터 및 화상(화상)을 전송·수신할 수 있는 단말기, 서버, 정보통신망 등의 장비

- 의료법시행규칙 제18조의2(전자의무기록의 관리·보존에 필요한 장비) 법 제23조 제2항의 규정에 따라 의료인 또는 의료기관의 개설자가 전자의무기록을 안전하게 관리·보존하기 위하여 갖추어야 할 장비는 다음 각 호와 같다. 1. 전자의무기록의 생성과 전자서명을 검증할 수 있는 장비 2. 전자서명이 있은 후 전자의무기록의 변경여부를 확인할 수 있는 장비 3. 네트워크에 연결되지 아니하는 백업저장시스템

그런데 전술한 바와 같이 개정 전 의료법상 어떤 조항도 의료행위를 어떤 방법으로 시술하라고 제한하고 있지 않고 또 원격의료를 명시적으로 금지하고 있지는 않

기 때문에 원격의료를 시술하더라도 그 사실만으로 법적 제재를 받는 것은 아니었다. 이렇게 볼 때, 원격의료의 법제화는 원격의료 시술에 대한 법적 장애요인을 정비하는 차원에서 진행된 것이었으며, 원격의료의 효과성 및 안전성을 판단해서 그 시술여부 및 범위에 관한 사항을 정하기 위한 것은 아니었다고 할 것이다.21)

여기서 원격의료에 관한 기본조항인 의료법 제34조(원격의료) 제1항은 원격의료의 개념 내지 법적 정의와 관련한 규정을 두고 있는바, 이에 따르면 원격의료라 함은 '의료인(원격지의료인)이 컴퓨터·화상통신 등 정보통신기술을 활용하여 원격지의 의료인(현지의료인)에 대하여 의료지식 또는 기술을 지원하는 것'을 말한다. 즉 원격의료란 "의료업에 종사하는 의사·치과의사·한의사의 자격을 가진 원격지의료인이 컴퓨터·화상통신 등 정보통신기술을 기초로 하는 원격의료기반기술을 활용해서, 원거리에 있는 의료법상의 의료인 자격을 보유하고 있는 현지의료인에게 의료지식이나 의료기술을 지원함으로써, 원격지에 있는 환자를 치료하는 행위"를 의미한다.

이러한 개념은 보건교육·보건행정 등 원격보건(telehealth) 등을 포함하는 광의의 의미에서의 원격의료가 아니라, 환자에 대한 임상진료나 임상진료를 지원하는 데 있어서 정보통신기술을 활용하는 것을 말하는 이른바 협의의 의미에서의 원격의료를 의미하는 것이다. 이러한 개념은 미국, 말레이시아, 세계의사회, 세계보건기구의 개념정의와 일치하는 것인 반면에, 의료행위뿐 아니라 의료에 관련한 행위까지 포함하고 있는 일본의 개념정의와는 다르다.

여기서 의료법 제34조 제1항을 세부적으로 해석해 보면, 원격의료의 구성요소를 크게 세 가지로 정리할 수 있다.

첫째, 원격의료의 시술 주체는 의료인(원격지의료인) 및 원격지의 의료인(현지의료인)이다(원격의료의 자격기준). 둘째, 시설 내지 기술적인 측면에서 원격의료는 컴퓨터나 화상통신 등의 정보통신기술을 반드시 필요로 한다(원격의료의 시설기준). 셋째, 원

---

21) 원격의료의 법제화가 가지는 의미는 입법취지에서 나타나고 있는데, "현행 의료법은 정보화기술의 발달에 따른 전자의무기록·전자처방전·원격진료 등 새로운 의료서비스 욕구의 대응에 미흡하므로 국민편의 증진 및 보건의료정보화 활성화를 위한 법·제도의 정비가 필요하기 때문에 보건의료정보화 촉진정책에 따라 전자의무기록·전자처방전·원격의료 등을 도입하여 지식정보화사회의 기반을 마련하고자 한다"라고 밝히고 있다.

격의료행위의 구체적인 내용으로는 의료지식이나 기술을 지원하는 것이다(원격의료의 행위기준). 요컨대, 이 세 가지 구성요소가 원격의료의 법적 기준이라고 할 수 있다.

3. 원격의료의 법적 기준

1) 원격의료의 자격기준

현행 의료법상 원격의료를 시행할 수 있는 자(이하 '원격의료인' 내지 '원격의료기관'이라 함)는 의료법상의 의료인이다.[22] 이 원격의료인(원격의료기관)은 원격지의료인(원격지의료기관: consulting physician: 의료지식 또는 기술을 지원하는 자)과 현지의료인(현지의료기관: referring physician: 원격지의료인으로부터 의료지식 또는 기술을 지원 받아 의료행위를 하는 자)으로 구분된다.

의료법은 원격지의료인의 범주를 '의료인 중 의료업에 종사하는 의사·치과의사·한의사'로 한정하고 있다. 의료법 제2조(의료인) 제1항은 보건복지부장관의 면허를 받은 의사·치과의사·한의사·조산사·간호사를 의료인의 범주로 규정하고 있으나, 의료법 제34조 제1항에 따라 이 가운데 조산사와 간호사는 원격지의료인에서는 제외된다. 그리고 원격지의료기관은 의료법상 의료기관 중 종합병원·병원·치과병원·한방병원·요양병원·의원·치과의원·한의원으로 제한된다. 왜냐하면 의료법 제3조(의료기관) 제1항 및 제2항은 의료인이 공중 또는 특정다수인을 위하여 의료업을 행하는 곳을 의료기관(종합병원·병원·치과병원·한방병원·요양병원·의원·치과의원·한의원·조산원)이라고 규정하고 있으나, 앞에서 조산사와 간호사는 원격지의료인에서 제외된다고 하였으므로 이들 의료기관 가운데 조산원은 원격지의료기관에

---

22) 의료법 제34조(원격의료)에서는 '원격의료인'이라는 용어는 명문으로 사용하고 있지 않으나, '원격지의료인' 및 '현지의료인'이라는 용어를 사용하고 있고 또 의료법 제3조 제1항에서 의료인이 의료업을 행하는 곳을 의료기관이라고 정의하고 있으므로 원격의료인이 원격의료를 행하는 곳을 '원격의료기관(원격지의료기관, 현지의료기관)'이라고 부를 수 있다.

서 제외된다고 보아야 하기 때문이다.

다음으로, 현지의료인에는 의료법 제2조(의료인) 제1항에서 정하는 의료인, 즉 의사·치과의사·한의사·조산사·간호사[23]가 모두 포함된다. 또한 현지의료기관에는 의료법 제3조(의료기관) 제1항 및 제2항에서 정하는 의료기관, 즉 종합병원·병원·치과병원·한방병원·요양병원·의원·치과의원·한의원·조산원이 모두 포함된다고 할 것이다.

결국, 이러한 의료법 조항은 의료법상의 특정한 의료인(의사·치과의사·한의사)과 의료법상 의료인(의사·치과의사·한의사·조산사·간호사) 사이의 원격의료 유형만을 인정하는 것인바, 후술하는 원격의료의 유형 전체를 포괄하지 못함으로써 오늘날 현실적으로 행해지고 있는 원격의료의 실태를 법규범이 적절하게 규율하지 못한다는 문제를 가지고 있다.

그리고 의료법 제34조 제1항에서 규정하고 있는 원격의료인(원격의료기관)의 자격기준과 관련해서 다음과 같은 문제점을 지적할 수 있다.

첫째, 외국의 의료인은 의료법 제25조(무면허의료행위 등 금지) 제1항 단서 제1호의 경우를 제외하고는 국내에서 의료행위를 할 수 없고, 또 의료법 제34조 제1항은 국내면허를 가진 의료인으로 원격의료인의 자격을 제한하고 있기 때문에 외국의 의료인(의료기관)은 원격의료인(원격의료기관)의 자격기준을 획득할 수 없다. 그러나 이미 일부 대학병원이나 보건의료포털사이트가 외국인(외국병원)과의 원격자문 등을 행하고 있고, 이것은 WTO서비스무역협상에 따른 의료서비스 시장개방과 연관되는 문제이므로 앞으로 정책적인 해결이 필요한 부분이다.[24]

---

23) 간호사의 업무 가운데 진료보조도 원격의료원 대상이 되는지에 대해서는 의문이라는 견해가 있다. 즉 진료보조는 의사·치과의사·한의사가 주체가 되어서 행하는 진료에 이들의 지시를 받아 보조적으로 참여하는 것으로 원격지의료인(의사·치과의사·한의사)으로부터 단순히 의학지식이나 기술을 지원받아 행할 수 있는 것으로 보기는 어렵다는 것이다(주지홍 등, 앞의 논문, 84면).

24) 외국의 의사면허증 등의 국내통용 허용여부에 관한 문제는 서비스무역협정(GATS: General Agreements on Trade Services)에 따른 전문직자격인정제도(recognition)와 관련이 있다(김영철, "WTO 서비스무역협정에 관한 법적 고찰", 국제통상과 WTO법, 아시아사회과학연구원,

둘째, 조산사(조산원)와 간호사는 의료인(의료기관)임에도 불구하고 원격지의료인
(원격지의료기관)에서 제외하고 있는 것도 의문이다. 또한 현행 의료법체계에서 의
료행위 또는 의료행위에 준하는 행위를 할 수 있는 간호조무사(의료법 제80조), 의
료유사업자(동법 제81조), 안마사(동법 제82조), 의사 또는 치과의사의 지도하에 진
료 또는 醫化學的 檢査에 종사하는 의료기사(의료기사등에관한법률 제1조), 의료취
약지역 안에서 대통령령이 정하는 경미한 의료행위를 할 수 있는 保健診療員(농어
촌등보건의료를위한특별조치법 제19조) 등 기타 보건의료인도 원격의료인이 될 수
없다. 또한 의공학자·정보처리학자·컴퓨터공학자·통계학자·전자공학자·기계공
학자[25]·의학물리사[26] 등 관련 분야 전문가는 원격의료인이 될 수 없다. 이러한 문
제는 원격의료의 유형이나 초고속정보통신망을 비롯한 첨단 원격의료장비를 사용하
는 원격의료의 특성을 고려할 때 다시 검토되어야 한다.[27]

1996, 177−179면; 홍승욱, 앞의 논문, 49−53면 참조).

25) 보건의료에 초고속정보통신기술이 활성화될수록 의사 이외에 의공학자·정보처리학자·컴
  퓨터공학자·통계학자·전자공학자·기계공학자 등 관련 분야의 전문지식의 도움이 필
  요하게 되며, 나아가 의사들이 이러한 관련 분야 전문가의 진단에 따라 기계적인 치료를
  행할 수도 있다. 따라서 일정한 자격요건을 갖추고 시험에 통과한 관련 분야 전문가들도
  진단행위에 참여하거나 최소한 보조적인 위치에서라도 참여할 수 있도록 법규를 정비하
  여야 한다는 의견이 있다(이기수, 앞의 논문, 52면 이하).

26) 의학물리사와 치료방사선과전문의 사이에 이루어지는 의료분업은 수직적 분업이라기보
  다는 수평적 분업으로 보는 것이 타당하다는 견해가 있다. 왜냐하면 치료방사선과 전문
  의는 의학적 전문지식을 기반으로 해서 어느 부위에 어느 정도의 방사선량을 조사(照
  射)하면 치료효과가 나올 것이라는 것을 판단할 수 있겠으나, 어떤 종류의 에너지를 사
  용하여 어느 정도의 강도로 얼마만큼 방사선을 조사해야 할 것인지는 물리적 전문지식
  이 필요한 것이므로, 치료방사선과전문의는 자신의 진료채무의 일부를 의학물리사에게
  위임하고 의학물리사는 위임받은 범위 내에서 간섭을 받지 않고 의료행위를 하기 때문
  이라고 한다(신문근, 앞의 논문, 38−42면).

27) 원격의료인(원격의료기관)의 자격기준과 관련해서 몇 가지 입법론이 제기되고 있다. ①
  종래에는 치료병원이 곧 진단병원·검사병원·자문병원이었으나 초고속정보통신기술을
  이용한 진료가 보편화될 경우 직접 치료는 물론이고 진단·자문·의료정보제공 등의 의
  료행위를 전문으로 하는 의료기관의 등장이 예상된다. 따라서 원격진료나 원격자문병원
  의 개념을 정확히 하고 의료수가의 적절한 조정, 세금부과 문제, 의료분쟁 시 책임회피
  방지, 자격요건 등을 규정할 필요가 있다(이기수, 앞의 논문, 52면 이하). ② 의료법 제
  33조 제2항 단서에는 의료인(의사·치과의사·한의사·조산사)의 경우에는 1개소의 의

결론적으로, 우리나라는 의료법상 의료인 가운데 원격지의료인 또는 현지의료인으로 나누어 시술자격을 인정하는 법제를 취하고 있으며, 그 밖에 다른 특별한 면허취득절차를 요구하고 있지는 않다. 이와 같은 의료법상 원격의료의 자격기준은 다른 외국의 법제에 있어서의 그것과 비교된다.

① 의사면허가 주단위로 제한되어 있는 미국의 경우, 대부분의 주(州)에서는 환자가 거주하고 있는 주의 원격의료면허(telemedicine certificate)를 별도로 취득하도록 하고 있다.28) ② EU국가들은 1993년 발표된 유럽의회지침에서 동등한 의료교육조건의 확립을 전제로 하여 의학 분야에 종사하는 의사들이 회원국 간에 제한 없이 이동하는 것을 인정하고 있으나,29) 국가 간 원격의료의 경우 자격인증 문제가 결정되어 있지는 않다.30) ③ 일본의 경우에는 명문의 규정은 없으나 의사법 또는 치과의사법상 진료를 할 수 있는 자(의사, 치과의사)가 일응 적절한 진찰과정을 거치기만 하면 원격진료를 할 수 있다는 것으로 해석된다.31) ④ 말레이시아는 원격의료법 제3조에서 국내인인 경우 완전등록의사와 완전등록의사의 시술을 도울 수 있도록 임시등록의사 및 등록된 의료보조원·간호사·조산원·기타 의료제공자에게 원격진료를 허용하고 있다. 또한 외국에서 등록 또는 면허를 받은 의사는 의료심의회의의

료기관만 개설할 수 있도록 제한하고 있는데, 보건의료에서 초고속정보통신의 이용은 다양한 형태의 의료기관 사이에서 의료기술과 정보를 교환하게 되므로 우수한 진단방사선과 전문의가 여러 곳의 지점을 설치하고 관리의사나 방사선기사를 고용하여 의료행위를 할 수 있도록 하는 것이 바람직할 것이다(조재국·송태민·김은주·채영문·최형식·유선국, "'94년도 원격진료 시범사업 분석·평가", 한국보건사회연구원 연구보고서 95-19, 한국보건사회연구원, 1995.12, 220면 이하).

28) 이에 비해, 캘리포니아 주(The California Development Act)는 다른 주에서 의료행위를 허가받은 의사가 어떠한 자격조건이나 상담횟수에 제한 없이 캘리포니아 주에 있는 의사에게 자문을 할 수 있도록 하고 있다. 한편, 미국에서는 각 단체의 입장이 나누어지고 있다. 주의료위원회연맹(FSMB)과 미국의사협회(AMA)는 원격의료에 관한 특별면허나 허가를 받도록 하자는 입장을 고수하는 반면, 미국원격의료협회(ATA)와 원격의료공동연구단(JWGT)은 원격의료행위 허가 및 자격인증의 장벽을 완화하자는 입장을 취하고 있다(주지홍 등, 앞의 논문, 101－108면 참조).

29) Council Directive 93 / 16 / EEC, 1993 O.J. (L 165).

30) Palm W, Nickless J, Lewalle H et al., "Implications of recent jurisprudence on the coordination of health care protection system", Association International De La Mutualite, 2000.

31) 이기수, 앞의 논문, 32면; 주지홍 등, 앞의 논문, 116면 참조.

원격진료인증서를 발급 받아 원격진료를 시행할 수 있다.[32]

2) 원격의료의 시설기준

대체로 의료기관(병원) 내에서의 의료정보화는, 건강보험청구전산화(EDI방식) → 약국자동화(ATD) → 검사정보시스템(LIS) → 처방전달시스템(OCS) → 의학영상저장전송시스템(PACS) → 전자의무기록(EMR) → 병원정보시스템(HIS)의 완성이라는 방향으로 진행된다.[33] 이렇게 구축된 각 의료기관의 의료정보시스템이 다른 의료기관과 지역보건기관 및 국가보건기관 간에 통신망으로 연결되면 국가의료정보시스템이 구축되는 것이며, 각 국가의 의료정보시스템이 인터넷과 초고속정보통신망을 이용하여 연결되는 경우 최종적으로 국제의료정보시스템이 완성되는 것이다.

이와 같이 각 의료기관이 환자의 진료정보를 중심으로 생성·축적되는 의료정보를 전산화하여 국지적인 의료정보시스템을 구축하고(데이터베이스화) 인터넷과 정보통신기술을 이용해서 이들 의료정보를 광역적으로 전송할 수 있게 됨에 따라(네트워크화), 환자의 의료정보를 공동 활용하는 것을 전제로 하는 원격의료가 기술적으로 가능하게 된 것이다.

원격의료를 통해 전달되는 의료정보의 종류에는 문자(text), 소리(sound), 정지화상 및 동영상 등의 이미지(image), 생체신호(biosignal), 그리고 문자·소리·이미지·생체신호 모두를 포함하는 멀티미디어정보 등이 있다. 문자정보로는 의사가 작성하는 의무기록이나 각종 검사결과 등이 있고, 소리정보로는 의사와 환자가 대화하는 음성·기침·신음·호흡 등이 있으며, 이미지정보에는 의사와 환자가 서로 보는 모습·방사선사진·내시경이나 현미경 소견 등이 있다. 원격진료를 시행하기 위해서는 이러한 의료정보를 원격지 사이에 안전하게 교환할 수 있는 기술이 필요하다.

---

32) 이기수, 위의 논문, 48-51면; 주지홍 등, 위의 논문, 108-113면 참조.
33) EDI(Electronic Data Interchange). ATD(Automatic Tablet Distributor). LIS(Laboratory Information System). OCS(Order Communication System). PACS(Picture Archiving & Communication System). EMR(Electronic Medical Record). HIS(Hospital Information System).

먼저, 원격의료인 등이 갖추어야 할 기술로는 환자의료정보 수집용 진료장비 이용기술, 자료기록용 컴퓨터 H / W 및 S / W 이용기술, 자료전송용 통신시스템 이용기술, 의사 및 전문가의 자료해석용 컴퓨터장비 이용기술 등이 있다. 이와 같은 기술의 이용과 정보교환에 필요한 하드웨어장치로는 데이터단말기, 서버(중앙처리장치), 초고속정보통신망과 그 밖에 PACS 등의 영상저장 및 전송방식기술이 있다. 각각의 내용을 간략하게 살펴보면 다음과 같다.

첫째, 데이터단말기는 주전산기를 사용하는 경우 데이터의 입출력을 위해 접속하여 사용하던 입출력장치를 말하나, 요즘과 같이 중앙집중시스템 대신에 분산시스템을 사용하는 경우에는 통신망에 접속하여 데이터를 입력하고 출력하는 개인용컴퓨터(PC)를 말한다. 단말기는 중앙의 서버와 송수신을 담당하는 통신기능을 포함하고 있어야 한다.

둘째, 서버(중앙처리장치)는 데이터단말기에서 보내오는 정보를 처리하여 다시 전송하거나 보관하는 역할을 한다. 서버는 일반적으로 대용량의 주 메모리를 갖추고 있어 입력된 정보를 통합적으로 관리하여 데이터베이스를 구축하며, 보조기억장치 및 백업장치를 가지고 있다. 서버의 경우에도 단말기와 데이터를 주고받기 위한 통신기능을 가지고 있어야 한다.

셋째, 초고속정보통신망은 원격지까지 데이터를 전송하는 데 이용된다. 즉 전송하고자 하는 정보는 데이터단말기에 입력되고 통신망을 통해 전송되어 서버로 보내지게 된다. 전화망과 같은 협대역시스템은 비용이 저렴한 대신에 동영상을 전송하기에는 역부족이며, 영상과 같은 대용량의 데이터를 전송하기 위해서는 광케이블이나 위성과 같은 광대역시스템을 사용한다.

그리고 원격의료에 사용되는 통신망으로는 전화선인 POTS(Plain Old Telephone Service: 아날로그전화서비스), PSTN(Public Switched Telephone: 공중교환전화망), ISDN(Integrated Services Digital Network: 종합정보통신망)과 전용선인 Leased lines (T1, T3, DC3, OC3), Cable network(케이블통신), ATM(Asynchronous Transfer Mode: 비동기식전송모드), ADSL(Asymmetric Digital Subscriber Line: 비대칭형디지털가입자망),

VDSL(Very high-bit-rate Digital Subscriber Line:초고속디지털가입자회선)이 있다.

그 이외에 전력선을 이용하는 PLC(Power Line Communication: 전력선통신라인), 인공위성, 광섬유케이블, 마이크로웨이브통신, 인터넷 등이 있다. 이들 각각의 최대 전송속도·전송형식·해상도·프레임속도를 분석해 보았을 때 현재까지는 ADSL이 가장 우수한 것으로 알려져 있다.[34]

넷째, 원격의료에 사용되는 영상저장 및 전송방식기술은 크게 두 가지로 대별할 수 있다.[35]

① 실시간으로 이루어지는 상호작용방식(inter-active or synchronous: 생방송)은 화상전화나 화상회의시스템(interactive video; IATV) 등을 활용하며 주로 응급상황에서 적용된다. ② 실시간의 제한을 받지 않는 저장전송방식(store-forward or asynchronous: 녹화방송)은 의학영상저장전송시스템(PACS)이나 원격의료영상전송시스템(teleradiology) 등을 활용하며[36] 주로 비응급상황에서 적용된다. PACS는 DICOM[37] 규격에 따라 이미지데이터를 저장·관리하고, 10Mbps와 100Mbps급의 Ethernet을 통해 의료영상획득

---

34) ① 통신매체의 정보수송능력은 최대전송속도(capacity) 또는 대역폭(bandwidth)으로 정의하고 그 단위는 bps(bits per second; 1초당 전달되는 정보량)로 표시한다. ② 전송형식에는 아날로그방식과 디지털방식이 있다. POTS, PSTN, Cable network는 아날로그방식이고, ISDN, Leased Lines, ATM, ADSL은 디지털방식이다. ③ 통신매체를 통해 전달되는 동화상의 질은 해상도(resolution)와 프레임속도(frame rate)로 표시하며, 프레임속도의 단위는 fps(frame per second)이다. 보통 영화나 텔레비전은 30fps 정도이며(Cable network, ATM, ADSL), 25fps까지는 사람의 눈에 커다란 차이가 없이 보이지만 그 이하로 내려가면 동작이 점점 끊기는 현상이 발생한다.

35) 신문근, 앞의 자료, 3면 참조.

36) PACS는 하나의 의료기관 내의 X-Ray·초음파·CT·MRI·핵의학진단 등에서 얻어지는 디지털영상을 컴퓨터와 2㎞ 이내의 근거리통신망을 이용하여 저장 및 전송하는 시스템을 말하는 반면, teleradiology는 2㎞ 이상 떨어져 있는 의료기관에 원거리통신망을 이용하여 디지털영상을 전송해서 협의진료에 이용하는 시스템을 말한다.

37) Digital Imaging and Communication in Medicine(디지털의료영상전송장치): 미국방사선학회와 전기공업회가 합동으로 설립한 ACR/NEMA위원회(1996년에 DICOM위원회로 개칭)가 모체가 되어 의료화상전송을 중심으로 정한 규격이며 현재는 데이터보존 규격도 포함되어 있어 표준규격이 되었다. 1993년에 일단 완성된 이 규격에 의해서 의료화상정보를 주고받을 수 있게 되었으며, 1996년에는 디지털의료영상전송장치(DICOM)위원회에서 규격을 더욱 강화하였다.

장치·데이터베이스·판독실·외래 등을 하나로 연결한다.

한편, 의료행위는 본질적으로 환자의 생명과 신체에 대한 침습으로 인한 위험을 수반한다는 점에서 의료법 제27조 제1항(무면허의료행위 등 금지)에서는 의학적 전문지식을 기초로 하는 경험과 기술을 갖춘 의료인만이 의료행위를 시술할 수 있도록 하고 있다. 그런데 원격의료는 '컴퓨터·화상통신 등 정보통신기술을 활용'하여 의료지식 또는 기술을 지원하는 방법으로 이루어지는 의료시스템이다. 즉 원격의료는 격지의 환자를 진료함에도 불구하고 직접 대면하여 보고(視診) 듣고(問診·聽診) 만져보는(觸診) 전통적인 의료의 경우와 동일하거나 유사한 수준의 효과성 및 안전성이 검증된 의료행위를 시술하는 것이며, 그것을 가능하게 하는 핵심역량은 첨단 초고속정보통신매체 및 원격의료기기와 같은 원격의료기반기술에 달려 있는 것이다.

이렇게 볼 때, 원격의료의 개념상 이와 같은 원격의료기반기술을 갖추지 않을 경우에는 직접 보고 듣고 만져보아야 알 수 있는 환자의 증상을 정확히 파악할 수 없을 것이므로, 예를 들어 전화·무전기·전자우편·전자대화(chatting)를 활용하여 환자의 호소에만 의존해서 문진만을 행하고 진단과 처방을 내리는 것은 일응 부적절한 의료행위가 될 수도 있을 것이다.[38] 결국, 적절한 원격의료와 부적절한 원격의료행위를 구별하는 기준은 원격의료기반기술을 구비하여 의료행위를 시술했는가 여부에 달려 있다고 할 수 있다.

따라서 의료법 제34조(원격의료) 제2항에서 원격의료의 시설 및 장비에 관한 사항, 의료법 제36조(시설기준 등 준수사항)에서 의료기관의 종별에 따른 시설·장비

---

[38] 보건복지부의 유권해석도 이와 비슷한 입장을 밝히고 있다. "의료행위란 질병의 예방이나 치료행위를 말하는 것으로 의학의 전문적 지식을 기초로 하는 경험과 기능으로써 진찰, 검안, 처방 또는 외과수술 등의 행위를 말하고, 여기서 진찰이라 함은 환자의 용태를 듣고 관찰하여 병상 및 병명을 규명 판단하는 것으로서 그 진단방법으로는 문진, 시진, 청진, 타진, 촉진, 기타 각종의 과학적 방법을 써서 검사하는 것을 의미한다. 사이버 진료의 경우 모든 질환에 대하여 진단의 기초가 되는 상기 진단방법 중 문진에만(화상 진료일 경우 불완전한 시진) 의존하기 때문에 질환의 복합적인 특성을 감안할 때 진단이 사실상 곤란하며 이를 허용하는 경우에는 오진에 의한 의료사고의 위험이 크다. 이러한 진료행위가 의료업으로 행하여지려면 의료법 제33조 제1항에서 명시한 바와 같이 의료기관을 개설하지 아니하고는 의료업을 행할 수 없도록 규정하고 있어 의료법에 위배된다(보건복지부 의정 제65507-958호, 2000.8.22)."

의 기준 및 규격에 관한 사항에 관하여 각각 보건복지부령으로 정하도록 규정하고 있으므로 원격의료의 시설 및 장비의 기준도 의료법시행규칙에서 규정되어야 한다. 이에 따라 2003년 10월 9일 의료법시행규칙을 개정하여 제23조의3(원격의료의 시설 및 장비) 조항을 신설하고, 원격의료를 행하거나 이를 받고자 하는 자가 갖추어야 할 시설 및 장비로 i) 원격진료실, ii) 데이터 및 화상(畵像)을 전송·수신할 수 있는 단말기, iii) 서버, iv) 정보통신망 등을 구비하도록 하고 있다.[39)40)]

그러나 의료법시행규칙의 신설조항이 원격의료의 적정성 여부에 가장 영향을 미치게 되는 원격의료의 시설 및 장비에 대한 기술적 기준 내지 표준(DICOM, HL7 등)[41)]을 설정하고 있지 아니한 것은 立法上 不備이다.

그리고 의료법 제33조(개설) 제1항은 예외적인 경우를 제외하고는 의료업을 행하는 경우에는 의료법에 의해 개설된 의료기관 내에서 환자를 직접 대면하여 환자가 호소하는 증상이 진실한 것인지 또는 정확한 것인지를 직접 판단함으로써 적정한 의

---

39) 의료법 제34조 제1항은 특정한 의료인(의료기관)과 다른 의료인(의료기관) 사이에서 일어나는 원격의료만을 인정하고 있으므로 시설 및 장비의 기준도 여기에 맞춘 것이라고 보여지며, 만약 의료인과 가정 간 또는 사이버병원의 형태의 원격의료가 가능해진다면 그러한 원격의료의 개념 또는 형태에 따른 원격의료의 시설 및 장비의 기준도 달려져야 할 것이다.

40) 원격의료의 시설 및 장비의 기준을 정하기 위한 의료법시행규칙 개정작업 과정에서 약간의 변경이 있었다. 초기(2002.9)의 개정안은 다음과 같다. "제O조(원격의료의 시설 및 장비) ① 원격의료를 행하거나 이를 받고자 하는 자는 원격의료의 기본적인 기술적 요건에 해당하는 데이터단말장치, 서버, 정보통신망, 원격PACS기술을 갖추어야 한다. ② 전문적인 원격의료의 경우 진료과목별로 요구하는 시설이나 장비는 보건복지부장관이 정한다(연세대학교보건대학원·법과대학·법학연구소, 앞의 자료, 26－28면)." 그러나 2003.10. 최종적인 개정·공포 결과에서는 원격의료의 기본적인 기술요건에 해당하는 원격PACS 기술은 일부 원격의료에 있어서는 필수적으로 필요한 장비가 아니라는 점에서 제외되었고, 또한 진료과목별로 전문원격의료를 시술할 경우에 필요한 전문적인 시설 및 장비는 아예 삭제되었다.

41) 의료정보 표준화에 가장 큰 활동을 하고 있는 대표적인 단체로는 ISO(국제표준기구)의 HL7(Health Level Seven: 서로 다른 보건의료 분야 소프트웨어 애플리케이션 간 정보가 호환될 수 있도록 하는 규칙의 집합: version 1.0 1987; version 2.2 1994; version 2.4 2000; version 3.0, 2002)이 있는데, 그 목적은 두 개의 전산시스템 간 자료전송을 최대한 효율적으로 수행하고 그에 발생하는 전송오류를 최소화할 수 있는 표준안을 정립하는 데 있다.

료가 이루어질 수 있도록 규정하고 있다. 그런데 원격의료는 의료인이 첨단 정보통신매체 및 의료기기를 활용하여 원거리에 있는 환자를 직접 대면하는 것과 유사한 상태에서 행해지는 것이므로 원격지의료인은 환자를 '의료기관 밖에서' 진료하는 결과가 되고, 이는 의료법 제33조 제1항에 위반되는 것이다. 이에 대해 의료법 제34조(원격의료) 제1항은 '제33조 제1항 본문의 규정에 불구하고' 원격의료를 시행할 수 있도록 규정하고 있으므로 '제33조 제1항 제5호에 따른 예외적인 경우'에 포함시킴으로써 입법적으로 이 문제를 해결하였다.

이렇게 볼 때 원격의료는 장소적으로 원격지의료인과 환자가 물리적으로 같은 공간에 있는 않은 상태, 즉 비대면 상태에서 행해지게 되는데, 이러한 원격지가 정확하게 어느 정도의 거리를 의미하는 것인지에 대해서는 별도의 규정이 없다. 통상적으로는 의료행위를 구성하는 시진·문진·청진·촉진 등의 실질적인 대면 접촉이 이루어질 수 있는 거리를 넘어서는 것을 의미하는 것으로 보아야 하며, 국내외에 대한 구분도 없다고 보는 것이 타당할 것이다.

또한 원격의료의 시술도 의료업에 포함되는 것이므로 원격의료를 시행하고자 하는 자는 첫째로, 기존의 의료기관이 아닌 경우에는 의료법 제33조(개설) 제3항 및 제4항에 따라 통상의 의료기관이 갖추어야 하는 시설·장비 이외에 원격의료의 시설 및 장비(원격의료기반기술)를 갖추어 의료기관 개설허가를 득하거나 신고를 하여야 한다. 둘째로, 기존의 의료기관인 경우에는 의료법 제33조(개설) 제6항에서 규정하는 '개설장소를 이전하거나 개설에 관한 신고 또는 허가사항 중 보건복지부령(의료법시행규칙)이 정하는 중요 사항을 변경하고자 하는 경우'에 해당된다고 볼 수 있으므로 각각 시장·군수·구청장에게 신고를 하거나 시·도지사의 허가를 득하면 된다.

원격의료의 시설 및 장비의 기준과 관련한 외국의 법제를 살펴보면, 먼저 미국 원격의료합동작업반(JWGT)·세계의사회·세계보건기구의 원격의료에 대한 개념은 '전자통신이나 정보기술, 원격통신체계, 정보통신시스템을 통해 전달되는 임상자료'라는 형식으로 표현하여 어떤 기술을 특정하지 아니하고 포괄적으로 격지와의 사이에 상호작용하는 정보통신기술을 활용하면 되는 것으로 하고 있다. 반면에, 일본·

말레이시아의 경우에는 '영상을 포함하는 환자정보' 내지 '음성·데이터·영상통신을 이용한 의료'라는 형식으로 표현하여 화상회의시스템을 이용한 이미지전송을 기본적인 원격의료기반기술로 특정하고 있다. 이는 이미지전송 없이 단순히 전화·우편·e-mail을 통하여 원격의료행위를 하는 것과 구별하기 위한 것으로 해석할 수 있다.

3) 원격의료의 행위기준

(1) 원격의료행위의 개념

원격의료는 의료인(원격지의료인)이 원격지의 의료인(현지의료인)에 대하여 원격의료기반기술을 활용해서 의료지식 또는 기술을 지원하는 방법으로 원격지의 환자를 시술하는 것이므로 원격의료의 실질적인 내용은 의료행위(medical practice)이다. 이를 달리 표현하자면 원격의료행위(telemedical practice)라고 할 수 있다. 여기서 의료지식 또는 기술을 '지원'하는 것이 의료행위 내지 원격의료행위 가운데 구체적으로 무엇을 의미하는가에 관해서는 해석상 논란이 될 수 있다. 이에 대하여 이 조항 전체가 원격의료의 내용적 유형 가운데 한 가지인 원격자문만을 인정하는 것이라는 견해가 있는바,[42] 지원(支援)이란 '지지하여 돕다(support)'라는 뜻이고 자문(諮問)이란 '남에게 의견을 묻다(consultation)'라는 뜻이므로 사전적 의미에서 볼 때[43] 행위주체(원격지의료인과 현지의료인)에 따라 다르게 사용되는 동일한 뜻의 용어라는 점에서 이 견해가 타당하다고 본다.

그런데 의료행위[44]의 개념과 관련하여 의료법은 제2조(의료인) 제2항 및 제12조

---

42) 신문근, 앞의 자료, 102면.

43) 이희승, 국어대사전, 민중서림, 1982.

44) 일반적으로 의료(醫療; medical care)라 함은 '인간의 생명에 관련된 건강과 질병을 대상으로 하는 의학의 사회적 작용(김기령, "의료와 의권", 대한의학협회지 제23권3호, 1980, 177면)' 또는 '의학적인 지식과 수단방법, 즉 의술로써 질병을 진단하고 치료하는 것(문국진, 의료의 법이론, 고려대출판부, 1982, 3면)'이라고 정의한다. 이와 유사한 개념으로 사용되는 진료(診療; medical examination and treatment)는 병상을 진단하고 치료하기 위한 행위 중에서 주로 의사에 의하여 시행되는 것에 국한되는 뜻을 내포하고 있다(문국진, 위의 책, 3면).

(의료기술 등에 대한 보호) 제1항에서 '의료인이 행하는 의료·조산·간호 등 의료기술의 시행'이라고 하여 의료인이 그의 임무를 수행함에 있어 시행하는 의료기술적 행위 정도로만 언급하고 있을 뿐, 의료행위의 실체적인 내용에 대하여는 명문의 규정을 두고 있지 않다. 따라서 의료행위의 개념에 관해서는 학설상으로 다음과 같이 견해가 나누어지고 있다.[45]

일본 의사법 제17조는 '의사가 아니면 의업을 하여서는 아니 된다'고 규정하고 있는바, 의사만이 행할 수 있는 의료행위의 개념에 관하여 학설은 ① 사람의 질병의 관찰, 치료 혹은 예방을 목적으로 하는 행위라는 견해(제1설), ② 현대의학을 기본으로 하여 그 이론을 임상에 응용하는 행위로서 사람의 질병의 진찰, 치료 혹은 예방을 목적으로 하는 행위라는 견해(제2설), ③ 의사의 의학적 판단 및 기술로써 행하는 것이거나 의사가 행하지 아니하면 보건위생상 危害를 발생시킬 우려가 있는 행위라는 견해(제3설)로 나뉘어져 있다. 종래 일본의 학설은 제1설이 통설이었으나, 최근의 학설[46] 및 판례[47]는 제3설을 유력하게 취하고 있다.

우리나라 대법원 판례는, 초기에는 행위의 실질에 착안하여 의료행위란 질병의 예방과 치료행위라고 정의하는 입장[48]과 의료행위를 질병의 예방과 치료행위라고 정의하면서 그 내용에 관하여는 의료법의 목적을 감안하여 사회통념에 비추어 판단해야 한다는 입장[49]을 취해 왔다. 그 후 일본의 제3설과 마찬가지로, 의료행위를 의료법 제27조(무면허의료행위 등 금지)의 입법목적에 비추어 해석하여 의료인이 행하지 아니하면 보건위생상 위해가 생길 우려가 있는 행위라고 정의하는 입장을 유지

---

45) 최재천·박영호, 의료과실과 의료소송, 육법사, 2001, 35-41면 참조.

46) 그 논거로는, 제1설과 제2설을 취할 경우에는 수혈이나 신장이식을 위해 건강한 사람으로부터 채혈 또는 신장을 적출하는 행위는 의료행위에 포함되지 않게 되고, 무면허의료행위를 금지하는 의사법 조항의 입법취지에도 반하게 되기 때문이라고 한다(최재천·박영호, 위의 책, 35면 참조).

47) 東京高判 昭和42.3.16. 東高刑特報 第18券3號 82面; 廣島高判 昭和29.4.13. 高刑特報 第31號 87面; 最判 昭和30.5.24. 刑集 第9卷7號 1093面(최재천·박영호, 위의 책, 35면에서 재인용).

48) 대법원 1972.3.28. 선고 72도342 판결(미용성형수술의 의료행위성 불인정); 대법원 1978. 9.26. 선고 77도3156 판결; 1981.11.22. 선고 80도2974 판결.

49) 대법원 1974.2.26. 선고 74도1114 판결(성형수술의 의료행위성 인정).

하고 있다.[50] 그러므로 의료행위라 함은 의학적 전문지식을 기초로 하는 경험과 기능으로 의료기술을 시행하여 행하는 질병의 예방 또는 치료행위와 의료인이 행하지 아니하면 보건위생상 위해가 생길 우려가 있는 행위를 의미한다.

이와 같은 의료행위의 개념 및 원격의료의 내용적 유형의 하나로 원격자문을 인정하고 있는 의료법 제34조 제1항에 비추어 볼 때, 원격의료행위는 '의학적 전문지식을 기초로 하는 경험과 기능으로 원격의료기술을 시행하여 행하는 질병의 예방 또는 치료행위와 의료인이 행하지 아니하면 보건위생상 위해가 생길 우려가 있는 행위에 해당하는 의료행위'만을 내용으로 하는 것이다. 따라서 예를 들어 넓은 의미에서의 원격의료의 내용에 해당하는 원격보건교육이나 원격의료행정 등 의료행위가 아닌 것은 원격의료행위의 내용에서 제외된다고 보는 것이 타당하다.[51]

한편, 의료행위 중에서도 외과적 수술이나 물리치료와 같은 것은 원격의료로 시술하기 부적합하고 또 효과성 및 안전성이 검증되지 아니한 원격의료를 시술하도록 할 경우 부적절할 의료행위로 인한 의료과실 등의 발생이 우려된다. 그러므로 원격의료의 시술범위를 효과성 및 안전성이 검증된 것에 한정해야 할 것인지 논란이 될 수 있다.[52]

의료법 제17조(진단서 등) 제1항 본문 및 보건의료기본법 제6조(보건의료인의 권리)의 해석상 보건의료인은 보건의료서비스를 제공함에 있어서 양심에 따라 적절한 보건의료기술과 치료재료 등을 선택할 권리가 있다. 따라서 그 원격의료행위가 의학적으로 효과성 및 안전성이 검증된 의료행위인지 여부는 별론으로 하더라도, 원

---

50) 대법원 2000.2.25. 선고 99도4542 판결; 대법원 1978.5.9. 선고 77도2191 판결; 대법원 1979.5.22. 선고 79도612 판결; 대법원 1981.7.28. 선고 81도835 판결; 대법원 1999.3.26. 선고 98도2481 판결; 대법원 1999.6.25. 선고 98도4716 판결; 대법원 2000.2.22. 선고 99도4541 판결 등.
51) 신문근, 앞의 자료, 24-27면 참조.
52) 미국의 경우, 원격의료의 효과성 및 안전성이 확인되고 있는 적용 분야로는 뇌신경외과, 심장외과, 사고로 인한 외상의 응급처치 등 긴급한 상황에서 초진을 통한 환자상태의 평가 및 환자의 후송 여부 결정, 환자와 의사 또는 의료보조인력과 의사간의 수술 후 환자관리 및 투약에 관한 검토, 의사가 없는 오지의 환자와 의사를 연결하여 일차진료에 대한 자문 및 감독을 하는 경우 등이다(조재국 등, 앞의 논문, 208-209면 참조).

격의료인이 원격의료의 시술이 적합하다고 판단되면 양심에 따라 이를 시술할 수 있다고 본다. 다만 원격의료의 시술로 인해 구체적인 분쟁이 발생하였다면, 당시의 의학적 일반규범과 전문지식 또는 절차에 비추어 원격의료의 시술이 효과성 및 안전성이 결여된 것이었거나, 적정한 의료행위가 아니었거나, 또는 일반적인 절차를 무시한 의료행위였다고 판정될 경우에는 이를 시술한 원격의료인은 전통적인 대면진료에서와 마찬가지로 민·형사책임을 부담하게 될 것이다.

(2) 원격의료행위의 특성

통상적으로 의료과정은 ⅰ) 문진·청진·시진·촉진에서부터 시작하여 필요한 임상검사 등을 시행하는 진찰·검사단계, ⅱ) 일정한 진단을 내리는 진단단계, ⅲ) 진단내용에 의거하여 투약·주사·수술 등을 시행하는 치료단계, ⅳ) 치료의 경과를 관찰하면서 회복기를 관리하는 예후판정 및 재활치료단계라는 순서로 진행된다.

원격의료의 실질적인 내용은 의료행위이기 때문에, 원격의료과정 및 원격의료행위의 특성도 기본적으로는 위와 같은 통상적인 의료과정 및 의료행위의 특성[53]과 유사한 것으로 파악할 수 있다. 다만 원격의료는 컴퓨터·화상통신 등 정보통신기술(원격의료기술기반)을 활용하여 격지의 환자에 대하여 의료행위를 시행하는 것이므로 이러한 측면에서는 약간의 차이점이 나타날 것이다.

① 침습성: 의료행위의 목표는 환자의 생명과 건강을 지키기 위해 질병을 치유하는 데 있으나, 그 목표를 달성하기 위해서는 필연적으로 인체에 어떤 침해 또는 危害를 가하는 醫療的 侵襲行爲(medical care intervention)를 전제로 한다. 원격의료과정도 통상적인 의료과정을 거치는 것이기 때문에 결과적으로는 원격의료행위도 원격지의료인에 의해서는 간접적으로 환자의 인체에 침습이 가해지고, 또 현지의료인에 의해서는 직접적으로 환자의 인체에 침습이 가해지는 경우가 된다.

---

53) 의료행위의 특성을 ① 본질적 특수성(침습성, 구명성, 단행성, 동태성, 의료효과의 다양성, 전문성, 재량성), ② 관습상 특수성(밀실성, 정보의 편중성, 폐쇄성), ③ 제도적 특수성(독점성)으로 나누는 견해가 있다(강동세, "의료행위와 의사의 권리의무", 제1회 의사를 위한 법률연수강좌 연제집, 고려대의사법학연구소, 2000.3, 9-24면).

② 구명성: 위와 같은 의료적 침습행위가 의료지식 및 기술에 준거하여 올바르게 시행될 때 침식·변조된 신체정황 또는 악화된 건강상태를 회복시키거나 그러한 상황에 빠지는 것을 예방하는 역할, 즉 救命性을 가지게 된다. 원격지의료인 또는 현지의료인에 의하여 행해지는 간접적·직접적인 원격의료행위도 환자의 인체에 대하여 침습을 가하는 목적이 최종적으로는 환자의 생명을 구하거나 신체의 완전성을 확보하는 데 있다고 할 것이므로, 원격의료행위에 있어서도 이와 같은 구명성이 인정된다.

③ 단행성·동태성·예측곤란성: 의료행위의 斷行性(적절한 시간 내에 일정한 처리를 착수하고 완료하는 것) 및 動態性(어느 정도의 가정적·추단적·잠정적인 판단에 입각하여 진료를 실시하고 그 경과에 따라 치료법을 수정해 나가는 방식)과 함께, 인체의 구조적·기능적인 특성으로 말미암아 의학적 원칙이 획일적으로 적용될 수 없을 뿐만 아니라 동일한 의료행위에 대해서도 개인차에 따라 그 반응이 다양하게 나타나게 되는 것이다. 결국, 이와 같은 특징은 의학적 침습행위에 따른 위험 및 의료효과에 대한 구체적인 예측을 곤란하게 만들게 된다.

원격의료는 원격지의료인과 현지의료인이 원거리에서 정보통신기술을 활용하여 상호 간에 의학적 견해에 관한 의사소통을 함으로써 최종적인 치료방법을 결정하는 의료시스템이다. 따라서 원격의료에 있어서는 통상적인 의료행위의 예측곤란성 이외에도, 그러한 의사소통의 원활성 내지 완전성 여하에 따라 원격의료행위의 위험수위 및 원격의료효과에 대한 예측곤란 정도가 다르게 나타날 가능성이 많다. 특히 원격수술이나 원격응급의료의 경우, 그 원격의료행위의 특성상 고도의 신속성이 요구되는 것이기 때문에 통상적인 의료행위에서보다 더 높은 수준의 단행성이 인정된다고 본다.

④ 전문성: 의료행위는 고도의 전문적 의학지식 및 기술을 필요로 하는 가장 대표적인 전문 분야 중의 하나이다. 그런데 원격의료에 있어서 원격지에 있는 두 원격의료인 사이를 매개하는 수단은 원격의료기반기술이기 때문에 원격의료인은 통상적인 의료행위가 가지는 의학적 전문성 이외에도, 컴퓨터·화상통신 등 정보통신기술의 운용에 대한 전문성을 추가적으로 보유하고 있어야 한다. 다만 원격의료행위에

있어서는 의학적 전문성이 그 본질적 요소가 되고, 정보통신기술적 전문성은 부가적 요소가 될 것이다.

⑤ 재량성: 한계적 상황에서는 환자의 생명을 구명하기 위하여 의사 등의 의료인에게 선택적 재량권을 부여할 필요성이 있다.[54] 원격의료행위에 있어서도 통상적인 의료행위가 가지는 재량성을 동일한 수준으로 가질 것이지만, 한편으로는 원격의료의 구체적인 내용에 따라 원격의료인의 재량성에는 다소 차이가 있을 것이다. 예컨대 '고도의 의료기술을 지원'하는 원격의료의 목적에 비추어 볼 때, 원격수술이나 원격응급의료와 같이 시간적 제약을 많이 받는 원격의료행위는 그렇지 아니한 원격방사선이나 원격병리에서보다 높은 수준의 재량성이 부여된다.

⑥ 밀실성(폐쇄성): 일반적으로 의료현장은 위생관리상 또는 환자의 프라이버시보호 목적상 특수한 관계자 이외에는 공개되지 않는 것이 관례화되어 있다. 그런데 원격의료는 원격지의료인－현지의료인－환자 간에 컴퓨터나 화상통신 등 정보통신기술을 활용하여 온라인상에서 대면하면서 진료가 행해지는 의료시스템이다. 이러한 특성에서 볼 때, 환자의 개인정보보호 문제는 별론으로 하더라도, 적어도 온라인상에서는 원격의료행위와 관련된 모든 자료가 공개되는 것이므로 원격의료행위의 밀실성(폐쇄성)은 통상적인 의료행위에서보다는 약화될 수밖에 없을 것이다.

⑦ 독점성: 의료법 제27조(무면허의료행위 등 금지)는 '의료인이 아니면 누구든지 의료행위를 할 수 없으며 의료인도 면허된 이외의 의료행위를 할 수 없다'고 규정하여 의료인에게 의료행위의 독점성을 부여하고 있다. 이러한 의료행위의 독점성에 관해서는 위헌여부가 논란이 될 수 있으나, 헌법재판소는 헌법에 위반되지 않는다고 판시하고 있다.[55] 생각건대, 원격의료에 있어서 원격지의료인은 '의료법상 의료

---

54) 대법원 1996.6.25. 선고 94다13046 판결; 대법원 1992.5.12. 선고 91다23707 판결; 대법원 1984.6.12. 선고 82도3199 판결.

55) 헌법재판소 1996.10.31. 선고 94헌가7 결정(의학에 대하여 아무런 지식이나 경험이 없는 甲이 한국자연건강연구원이라는 간판 아래 정상적인 의료시설이나 응급의료시설 없이 각종 불치병 환자들을 수용하여 월 100만 원 정도의 치료비를 받고 열찜질 등 치료행위를 해오던 중 간경화 환자인 乙이 1993년 7월 30일경부터 한 달간 치료를 받다가 상태가 악화되어 사망하게 되자 의료법위반 등으로 기소된 사안).

인 중 의사·치과의사·한의사'에 한정하고 있고 또 현지의료인은 '의료법상 의료인'에 한정하고 있으므로 통상의 의료행위에서와 같이 원격의료인에게 원격의료행위의 독점성을 인정하고 있다고 본다.

그리고 원격의료행위는 첨단 정보통신매체를 활용해서 행해지는 의료행위이므로 의학물리사·의공학자·컴퓨터공학자·정보처리학자·통계학자·전자공학자·기계공학자 등 관련 분야 전문가들이 참여하게 되는 경우도 있는데, 이때 의료행위의 독점성 문제와 관련하여 이들이 행하는 업무를 의료행위로 볼 수 있는가에 관해서는 회의적인 견해가 있다.[56]

⑧ 책임분산성: 전술한 바와 같이, 원격의료는 그 의료과정상 원격지의료인이 환자를 직접 대면하여 진료하는 것이 아니고 정보통신매체를 활용하는 것이 필수적이며, 또한 국적에 관계없이 의료인(의료기관)간 의료분업[57]의 양상을 확대 내지 심화시키는 의료형태이기 때문에 본질적으로 오진이나 의료사고의 위험성이 수반될 것으로 예상된다. 이러한 점 때문에 원격의료행위는 원격지의료인(원격지의료기관)과 현지의료인(현지의료기관) 사이에 의료과정 및 의료결과에 대한 책임이 필연적으로 분산된다는 특성을 가지게 되며, 나아가 원격의료과정에 정보통신기술 등의 원격의료기반시설을 제공하는 자가 관여하는 경우라면 그와 같은 책임분산의 양상은 더욱 복잡하게 나타난다. 말하자면, 원격의료과정에 관여하는 원격의료 주체들 사이에 나타나는 책임분산성의 문제는 주치의를 중심으로 이루어지는 통상적인 의료행위에서는 보이지 않는 원격의료행위만의 고유한 특성이라고 파악할 수 있다.

이와 관련하여 의료법 제34조(원격의료) 제3항은 원격지의사에게 대면진료를 행하는 의사와 동일한 책임을 부여하는 한편, 동조 제4항은 특히 현지의사가 의료법

---

56) 왜냐하면 원격의료는 의료행위의 제공방법에 불과한 것으로 정보통신기술을 활용하는 것 자체가 의학적 전문지식을 기초로 하는 경험과 기능으로 의료기술을 시행해서 행하는 질병의 예방이나 치료행위 또는 의료인이 행하지 아니하면 보건위생상 위해가 생길 우려가 있는 행위라고 보기는 어렵기 때문이라고 한다(신문근, 앞의 자료, 38-42면).

57) 의료분업은 수평적 의료분업 및 수직적 의료분업으로 나눌 수 있다. ① 수평적 의료분업은 특정 분야의 의사와 다른 분야의 의사가 공동으로 한 명의 환자에 대하여 의료행위를 시술하는 경우에 그 업무분담을 말하고, ② 수직적 의료분업은 의사와 간호사 등 의료보조인력 사이에 이루어지는 업무분담을 말한다.

상 의료인 중 의사·치과의사·한의사인 경우에는 원격지의사의 명백한 과실이 없는 한 현지의사에게 책임을 부여하고 있다. 이 조항은 통상적인 의료행위에 있어서는 의료분업 시 의료과오의 책임 및 그 분배에 관한 원칙을 규정하고 있지 않는 의료법의 특별조항이라고 할 수 있으며, 그 입법취지는 책임분산성이라는 원격의료행위의 특성으로 인하여 책임소재를 명확하게 할 필요성이 있었기 때문이라고 추정된다.[58]

제3절 | 각국의 원격의료 현황 및 법제

1. 미주지역

역사적으로 보면, 원격의료는 전화나 무전기를 활용하여 멀리 떨어진 곳에 있는 환자를 진료한 것이 그 시초라고 할 수 있다.[59] 초기의 원격의료는 1877년 미국에서 21명의 의사들이 지역 약국과의 보다 원활한 의사소통을 위해 전화교환장치를 만들었던 것이 시초였다.[60]

---

58) 이와 관련하여, "현지의사가 원격지의사의 자문에 의해 의료행위를 한 경우 환자에 대한 책임은 현지의사에게 있다는 것인데, 원격지의사가 현지의사에 대하여 지시한 것이 아니라 자문을 한 것에 불과한 이상 원격지의사는 환자와 아무런 법률관계도 없고 오로지 현지의사만이 환자에 대하여 진료채무를 지는 것이므로 당연히 환자에 대한 책임은 현지의사가 진다고 보아야 한다. 따라서 현지의사의 책임을 간주하는 규정은 불필요할 뿐 아니라 오해의 소지가 있다"고 주장하는 견해가 있다(신문근, 앞의 자료, 101-103면).

59) Judith F. Darr & Spencer Koerner, Telemedicine: Legal and Practical Implications, 19 Whittier L. Rev., 1997, pp.4.

60) 이 전화교환장치보다 조금 발달된 시스템의 한 가지로 1970년대 알래스카 외딴 마을의 의료보조원들이 라디오를 통해 도시 의사들로부터 지시를 받아서 주민들을 진료하도록 고안된 'Radio Medical Network' 프로그램이 개발되었는데, 여기서부터 원격의료가 개념화되기 시작했다고 볼 수 있을 것이다.

그리고 현대적인 의미의 원격의료는 1950년대 상호작용하는 화상회의시스템(video conference system: teleconference)[61])이 개발됨에 따라 실현되기 시작했다. 즉 1959년 미국 네브라스카 주 오마하 市 정신병원과 112마일 떨어진 노포크 주립정신병원 사이에 무선통신망(microwave)를 연결했던 것과, 같은 해 캐나다 몬트리올에서 동축선(coaxial cable)을 이용하여 원격방사선판독을 시도한 것이 오늘날과 같은 개념의 원격의료의 효시가 되었다.[62)63])

그 후 1960년대 미국항공우주국(NASA)은 우주공간에서 수 개월간 생활하는 우주비행사의 건강을 체크하거나 진료를 하기 위한 목적으로 원격의료프로젝트를 추진하여 원격수술(telesurgery)[64])까지 시도하였고, 1970년대 국방성은 전장에서 발생하는 외상환자를 신속히 치료하기 위해서 원격군진의료에 관한 프로젝트를 수행하여 휴대용 생체신호모니터링에서부터 원격수술에 이르기까지 원격의료기술을 발달시켜 왔다.[65])

---

61) 화상회의시스템(畵像會議-, video conference system)이란 서로 먼 거리에 떨어져 있는 사람들끼리 각기의 실내에 설치된 TV 화면에 비친 화상 및 음향 등을 통하여 회의를 진행할 수 있도록 만든 시스템을 말한다(NAVER백과사전); 우리나라에서 처음으로 화상회의시스템을 가동한 것은 1988년 포항제철이 서울-포항-광양을 잇는 화상회의시스템이었다(전자신문, 1995년 3월 13일자).

62) Douglas D. Bradham et al., "The Information Superhighway and Telemedicine: Applications, Status and Issues", Wake Forest L. Rev., Vol.30, 1995, pp.149.

63) 다른 학자들은 의사가 수술을 관찰하기 위해 최초로 쌍방향영상장치를 사용하기 시작한 1960년대를 원격의료의 출현시기로 보기도 한다(Fran O'Connell, "Telemedicine Creates New Dimensions of Risk", Nat'l Underwriter, Sept. 18, 1995).

64) 인간이 우주비행을 시작하면서 원격의료의 한 형태로 시작된 원격수술은 의사가 마스터를 움직이면 수술도구를 장착한 원격제어용 슬레이브 수술로봇이 수술을 하는 것으로, 수술 중 원격지에서 발생하는 소리·화상·촉감 등을 전화·LAN·인공위성과 같은 통신수단을 통해 의사에게 전달하는 수술이다(김동수, "원격수술", 전기공학회지 제25권12호, 1998.12).

65) 이러한 원격군진의료의 발달로 1992년 걸프전에서는 불의의 불상사를 3% 미만으로 감소시키는 데 공헌하였고 그 밖에 소말리아 및 보스니아 내전에서도 부상자치료에 크게 기여하였다; 한편 미국방성 육군병과(AMEDD)은 2020년까지의 미래 군보건의료료체계에 대한 시나리오를 개발하기 위해 'MHSS 2020(군보건지원체계 2020: Military Health Service System 2020)' 프로젝트를 추진하고 있다(이지미, 원격의료체계의 군 운용방안, 국방대국방관리대학원 석사학위논문, 2002, 31-34면).

그러나 이때까지 원격의료는 제반비용 및 기술적 한계로 인하여 널리 확산되지 못하다가, 1990년대에 들어와 초고속통신망·인터넷·무선이동통신망·PACS 등 정보통신기술이 비약적으로 발달함에 따라 기술적인 한계를 극복하는 한편, 하드웨어·소프트웨어 성능향상 및 가격하락, 경제수준 향상 및 의료비용 증가 등 사회경제적 내지 의료적인 측면에서의 환경변화에 힘입어 본격적으로 확산되기에 이르렀다.

한편, 미국에서 진행되었던 주요 원격의료프로젝트를 정리해 보면 다음과 같다.

① 조지아의과대학은 원격화상회의 및 온라인 진료기록서비스를 포함하는 시스템을 이용하여 60여 개 지방 소병원과 종합병원을 연결하는 원격의료프로젝트를 추진하였다(1991년).[66]

② 동캐롤라이나대학은 100마일 떨어진 Raleigh지역 주교도소를 원격의료링크로 연결하고 디지털청진기·그래픽카메라·소형 피부감지카메라를 이용하여 원격의료자문을 제공하였으며, 이 모델은 주내 6개 지방병원과 Lejeunu지역 해군병원까지 확대되었다(1992년).[67]

③ 오클라호마 주에서는 세계 최대 규모로 50여 개 시골병원을 대도시 병원과 연결하여 원격의료를 시행하고 있다(1995년).

④ 메이요클리닉은 3개 지역(플로리다 주 잭슨빌, 아리조나 주 소콧대일, 미네소타 주 로체스터)의 의사·연구자·교육자·행정가를 상호통신 위성비디오시스템으로 연결하여 700여건 이상의 원격심장수술자문을 실시하였다(1995년).

⑤ 올리나헬스시스템은 8개 지방병원과 협력하여 주(州) 단위의 응급실 원격의료망을 운영하여 130여 건의 의료자문 및 450여 건의 응급의료서비스자문을 하였다(1995년).

⑥ 텍사스공과대학 보건과학센터는 원격진료와 의사에 대한 원격교육을 위해 팩시밀리전송과 양방향영상을 통해 지방 소병원과 대도시 종합병원을 연결하는

---

66) Stacey Swatek Huie, "Note, Facilitating Telemedicine: Recording National Access With State Licensing Laws", 18 Hastings Comm. & Ent. L.J. 377, Winter 1996, pp.380−381.
67) North Carolina Tele−medicine Project는 주 전체에 원격진료서비스를 제공하기 위한 계획이었다.

MEDNET 프로젝트를 실행하고 있고, 텍사스의과대학과 텍사스보건기술과학센터는 104개 주교도소의 13만 명의 수감자에게 원격진료를 제공하고 있다.[68]

⑦ 아리조나대학은 기존의 PSTN망(단순 방사선영상 전송)과 인터넷(멀티미디어 지원)을 이용해서 원격방사선과 원격병리시스템을 구축하고 농촌지역의 원격진료를 일반화하기 위한 시도를 하였다.[69]

⑧ 조지타운대학병원은 알라스카의 Hoonah 소규모병원 및 Sitka市 중형병원을 위성통신과 ACTS 화상회의시스템으로 연결하여 원격방사선판독과 원격병리를 실시하고 극한지역에서의 원격진료 이용의 모델을 제시하였다.[70]

⑨ UCLA대학병원은 미국 내 여러 농어촌지역과 라틴아메리카나 아시아의 일부 국가를 T1·위성·무선통신망으로 연결하여 전 세계 지역으로 원격진료를 확대하고 있는 대표적인 병원이다.[71]

한편, 원격의료에 관한 법률작업으로는 조지아 주가 1992년 '조지아주원격의료법안(Georgia Distance Loaming and Telemedicine Act)'을 통과시켰으며, 그 밖에 모든 주에서도 독자적인 원격의료법을 제정하거나 의료관련법 내에 규정을 두고 있다.[72] 그리고 주의료위원회연맹(FSMB: federation of state medical boards)은 1995년 10월 '주간 원격의료의 시행을 규율하기 위한 모델법 초안(Draft Model Act to Regulate the Practice of Telemedicine Across States Lines)'[73]을 채택했는데, 여기서 제안된 내용은 이후 몬타나 주와 웨스트버지니아 주의 원격의료 관련법률에 반영되었다.[74] 또한 미

---

68) Lynette A. Herscha, "Is There a Doctor in the House? Licensing and Malpractice Issue Involved in' Telemedicine?", 2 B.U. J. SCI. & TECH. L., 1996, pp.12－15.

69) Martinez, R. et al., "PC－based workstation for gloval PACS remote consultation and diagnosis in rural clinics", *Proc. SPIE, Medical Imaging*, 1995.

70) 조재국 등, 앞의 논문, 70－71면 참조.

71) 조재국 등, 위의 논문, 70면 참조.

72) 미국의 각 주(州) 원격의료법에 대해서는 미국항공우주국(NASA) 웹사이트; Stephen J. Schanz, Barry B. Cepelewicz, TELEMEDICINE LAW & PRACTICE, Civic Research Institute, Inc., New Jersey, 2001. 참조.

73) 전문은 부록2－(2) 참조.

74) 주지홍 등, 앞의 논문, 101－108면 참조.

국의회는 1999년 '원격진료에 관한 통합법안(Comprehensive Telehealth Act)'[75]에 관한 토의를 진행하였다.[76]

2. 유럽연합

유럽연합국가의 원격의료는 가맹국들이 연합하여 공동프로젝트를 추진하거나 공동연구를 수행하는 방식으로 진행되었다.[77]

① TELEMED(R 1086) 프로젝트(1992.3 – 11월)는 2000년대 초 실용화를 목표로 추진되었는데, 2Mbps급 광대역종합통신망 및 협대역종합통신망을 설치하여 Barce-llona, Berlin, Florence, Geneva, Heidelberg, Montpeller, Tromso, Lund를 연결하였다. 이 시스템은 원격의료정보전송 및 원격영상회의프로그램을 이용하여, ⅰ) 의뢰인이 방사선영상과 의무기록을 의원의 전문의에게 메일박스로 전송하면 전문의는 이를 진단·판독한 다음 다시 메일박스를 통해 의뢰인에게 회송하고 ⅱ) 응급상황 시 메일박스를 통해 전문의에게 응급의뢰를 하면 즉시 진단하여 메일박스로 전송하며 ⅲ) 의문이 되는 전문의료지식에 대한 자문을 의뢰하면 메일박스를 통해 답변하도

---

75) 원문은 <http://thomas.loc.gov/cgi – bin/query> [2004.6.20. 방문] 참조.

76) 이기수, 앞의 논문, 23 – 28면 참조.

77) 유럽국가 가운데 원격의료가 가장 많이 보급되어 있는 나라는 노르웨이이다. 험준한 산악들로 이루어져 있어 원격진료가 적용되기에 좋은 지리적 조건을 갖추고 있기 때문이며, 전체 의료행위 중 13%가 원격진료로 이루어지고 있다(차혁원·송철육, "원격의료의 현주소: 의료파업도 걱정없다 마우스클릭으로 병원 간다", 월간PC라인, 2000년 10월호). 그리고 노르웨이 트롬소대학병원은 세계유일의 WHO 원격진료협력병원이며 원격진료에 관한 기술 및 정책을 연구하는 노르웨이원격진료센터(Norway Center for Telemedicine)가 있다. 원격진료에 필요한 전국적인 의료통신망감시장치가 완벽하게 구축되어 있으며 이를 관장하는 정부산하기관으로 Nordnorsk Helsenett(The Northern Norwayian Health Network, <www.nhn.no>)이 있다(강원민방, 생방송GTB열린아침 "미래의료 원격진료 시공을 초월하는 미래산업, 제1부 노르웨이의 숲, 제2부 강원도의 힘, 제3부 한국을 이끄는 강원도의 새로운 미래", 2004.7.5. – 7. 방송 <www.igtb.co.kr/page.asp?pageid = 47> [2004.11.10. 방문] 참조).

록 하는 구조로 되어 있다.[78]

② RETAIN(Radiological Examination Transfer on ATM Integrated Network) 프로
젝트(1994-1997년)는 10Mbps급 ATM을 설치하여 Rennes(프랑스), Barcellona(스페
인), Oldenberg(독일)를 연결하였다. 이 시스템은 디지털방사선영상과 동영상 및 텍
스트정보를 동시에 교환해서 1차 진료기관에서 3차 진료기관의 분야별 의료전문의
의 진단 및 판독을 받을 수 있도록 하는 원격전문가시스템으로 설계되었다.[79]

③ '생활 및 근로환경 개선을 위한 유럽재단 연구프로젝트(1994년)'는 원격보건
및 원격의료와 관련하여 다섯 가지 주제의 연구를 수행하였는데, i) 자택에서의 태
아에 관한 모니터링 연구(웨일즈지방) ii) 장애우를 위한 정보시스템 연구(이탈리아,
네덜란드) iii) 컴퓨터 초기네트워크 연구(캐나다 앨버타 주) iv) 개인경보기 연구(네
덜란드, 캐나다) v)영상전화 연구(독일, 포르투갈)가 그 내용을 이루고 있다.[80]

④ 그 밖에 유럽국가들은 방사선 분야의 영상처리기술을 연구하는 COVORA 프
로젝트, 통합된 full-PACS 시스템을 연구하는 Eural PACS 프로젝트, HIS의 의료정
보기술을 연구하는 GEHR 프로젝트, 차세대 멀티미디어기술을 연구하는 LILORD
프로젝트, 정보처리를 위한 소프트웨어기술을 연구하는 SAMMIE 프로젝트 등을 추
진하였다.[81]

한편, 유럽 의사상임위원회(Standing Committee of European Doctors)는 '원격의료
에 대한 윤리가이드라인(Ethical Guidelines in Telemedicine: CP 97 / 033, 1997.4)'을
채택하여 의사가 이전에 환자를 진찰한 적이 있거나 현재의 문제에 대해 충분한 지

---

78) 조재국 등, 앞의 논문, 71-72면; 이명호·황선철, "Telemedicine을 위한 통신기술", 전자
    공학회지 제25권12호, 대한전자공학회, 1998.12, 33면 참조.
79) 이 시스템의 특징으로는 디지털의료영상장비와 상업적으로 유용한 장비를 사용하였고,
    JPEG와 MPEG 표준안을 사용하여 화상회의에 의한 원거리 전문가시스템을 구현했으며,
    DICOM 3.0 표준안을 유럽 및 미국의 표준안으로 채택하였다는 점을 들 수 있다(조재국
    등, 앞의 논문, 73면 참조).
80) Marjorie Gott, "Telehealth and Telemedicine: Executive Summary of a European Foundation
    Research Project, European Foundation for the Improvement of Living and Working
    Conditions", 1994.
81) 조재국 등, 앞의 논문, 71면 참조.

식을 가지고 있는 경우에만 통신매체에 의한 원격자문이 가능하다는 입장을 보이고 있다.

유럽국가 중 특이하게 독일[82]의 경우에는 의사표준직업시행령(MBO) 제7조 제3항에서 통신매체나 컴퓨터네트워크를 통한 의료상담이나 의학적 치료는 의료행위의 일부로 보아 이를 행할 수 없도록 금지하고 있다.[83][84] 그 반면에 인터넷을 통한 단순한 의료정보의 전달은 의료행위로 파악되지 않아 허용된다(의사표준직업시행령 제28조). 이러한 상황에서 베를린의 샤리테종합병원은 세계암협회와 함께 온라인암검진센터를 설립하였는데(2000년), 이 병원의 병리학자들이 암세포 조직사진과 병력기록을 이메일로 전 세계 전문가에게 보내고 3일 이내에 회신되는 의견과 자신의 소견을 종합해서 암진단을 내리고 있다.[85]

영국의 의학협회(General Medical Council)는 1998년 온라인 또는 전화에 의한 상담이나 의료서비스 제공에 대한 입장을 발표하였는데(Providing advice and medical

---

82) 독일에서는 1980년대 초반부터 환자의 정보관리 및 정산과정이 컴퓨터를 이용한 전산정보화처리로 이루어졌으며, 이후 사회복지법(SGB) 제301조에 의하여 환자에 대한 정보관리 및 진료정보처리의 디지털화가 강제되었다(Hauck / Kranig, Sozialgesetzbuch − SGB − §301 Rn. 4).

83) §7 Abs.3 MBO A 1997: B.Ⅱ.§7, Par.3. German Model Regulations for the Professional Code("의사는 의료행위, 특히 의료상담을 수행함에 있어 서신만으로 혹은 컴퓨터 커뮤니케이션통신만을 의존하여 그 의료행위를 수행할 수 없다").

84) 이와 같은 인터넷의료의 불허용의 근거로는 ① 인터넷의료행위가 오진의 위험을 내포하고 있으며 ② 인터넷의료행위는 물리적 병원에서 이루어지는 사회적 합의로서 인정된 진료방식 및 수준에 상응하지 않는 수준미달의 의료행위로서 의료인이 부담하는 주의의무를 준수하지 못한다는 점을 들고 있다. 따라서 이러한 수준미달의 인터넷의료행위가 이루어지면 의사의 주의의무위반이 인정되고 그 자체가 이미 의료과오로 평가되므로 손해배상청구권이 인정될 수 있다고 한다(Gründel M, Psychotherapeutisches Haftungsrecht, 2000, 216면 이하). 이에 대하여, 인터넷의료에는 디지털화된 환자정보자료가 이용되므로 오진보다는 오히려 더욱 정확한 분석이 가능하다는 점에서 의학수준의 질적 저하를 초래한다는 선입견으로 폄하될 수 없다고 하고 따라서 적어도 물리적 병원에서 병명을 진단한 의사는 인터넷의료행위를 통하여 의학적 조언과 진료가 가능하다고 보아야 한다는 반대의견이 폭넓게 확산되고 있다(Uhlenbruck W, Laufs A, Handbuch des Arztrechts, 2002, §52 Rn. 16).

85) 연합뉴스, 2000.7.5.자.

services on-line or by telephone, 1998.11), 즉 의사가 이전에 진찰한 적이 없는 경우, 어떠한 검사결과도 알 수가 없는 경우, 적절한 추적관찰이 이루어지지 않은 경우에는 전화나 이메일을 통한 상담이나 처방은 적절하지 않다고 밝히고 있다.86)

3. 일 본

일본87)의 원격의료는 낙도 의료정보시스템 구축의 일환으로 1973년 나가사키와 이쯔시마 간 7.5㎞ 거리에 위치한 2개 병원 사이에 공중전화회선을 이용한 심전도 영상전송시스템을 만든 것이 최초였다. 1977년에는 낙도와 본토의 각 병원 간에 팩시밀리를 이용하여 심전도 등의 의료정보를 교환하였고, 1982년에는 광섬유망이나 위성통신 등을 이용하여 원격문진과 원격판독(화상전송)을 하게 되었다.

그 후 1991년부터는 본격적으로 원격화상전송을 실시한 데 이어, CCD-TV 카메라가 장착된 흑백전용 포토폰을 공중통신회선(9600bps)으로 연결하여 원격진료를 시행하였다.88) 근년에 들어와서는 정보슈퍼하이웨이 구축사업의 일환으로 정보화추진연대본부를 설치하고 병원과 가정을 비디오로 연결하는 재택진료시스템 및 진료소와 전문병원을 연결하는 원격방사선진단시스템의 구축에 나서고 있으며, 또한 고속디지털통신회선을 이용하여 원격문진·원격판독·원격의학교육 등의 원격의료지원체계를 구축하고 있다.

한편, 후생성은 1997년 '정보통신기기를 이용한 진료에 대한 통지(후생성고시 제1075, 정보통신기기를 이용한 진료에 대해서, 1997.12.24)'를 통해 의사법 제20조에서 '의사가 스스로 진찰하지 않고 치료를 행하거나 진단서 또는 처방전을 교부할

---

86) 영국의 경우, 동네주치의제도가 발달하고 전문의가 드문 독특한 의료체계를 가지고 있기 때문에 동네병원의사와 전문의가 상담하는 형태의 원격의료가 발달해 있다.
87) 이기수, 앞의 논문, 29-48면 참조(이 자료는 '일본 원격진료총괄반보고서(1997.4.11)'를 위주로 정리한 것임).
88) 조재국 등, 앞의 논문, 74-79면 참조.

수 없다'고 규정하고 있는 점을 들어 의사와 환자 사이에 직접 정보통신기기를 이용하여 원격의료를 행하는 것은 문제가 있다고 지적하였다. 즉 원격의료의 유형 가운데 의료기관과 의사 또는 치과의사 상호 간에 행해지는 원격의료는 실제 의료행위가 의사와 환자가 대면한 상태에서 이뤄지기 때문에 문제가 없으나, 자택에 있는 환자에 대해 이루어지는 원격의료는 문제가 된다는 것이다.[89]

그 반면에, 1994년 후생성고시를 개정하여(제54호, 건강보험법의 규정에 의한 요양에 필요한 비용산정법, 1994.3) 재진 시 전화나 텔레비전화상을 이용한 원격의료에 대해 건강보험수가를 인정하고 있다.[90]

4. 말레이시아

말레이시아는 전자상거래 등 각종 정보관련 산업을 활성화하기 위한 작업으로 이른바 MSC전략(멀티미디어대회랑 프로젝트)[91]을 추진하는 일환으로 1997년 원격의료에 관한 사항을 규율하는 법률인 원격의료법(Telemedicine Act of 1997)[92]을 제정·시행하였다.

이 법은 명칭 및 시행(제1조), 용어의 정의(제2조), 원격진료시술자(제3조), 원격진료시술인증서(제4조), 환자의 동의(제5조), 원격의료의 시설·장비와 품질규제 등을 규정한 시행규칙(제6조) 조항으로 구성되어 있다. 구체적인 내용으로는, ① 의료인으로 하여금 격지의 환자에 대하여 원격의료를 행할 수 있도록 권한을 부여하고, ② 외

---

89) 이는 원격의료는 어디까지나 직접적인 대면진료를 보완하는 수준에서 이뤄져야 한다는 입장이다.
90) 주지홍 등, 앞의 논문, 118면 참조.
91) Multimedia Super Corridor Project; Health Ministry in final stage to Carry Out Telemedicine Project, Bernama, The Malaysian Nat'l News Agency, Oct. 28, 1998(1994년 발표되어 1996년 후반 본격화된 MSC전략은 말레이시아 수도 콸라룸푸르와 신국제공항을 멀티미디어 정보고속도로로 연결하고 이 사이에 두 개의 신도시를 만든다는 계획이다).
92) 전문은 부록2-(3) 참조; 번역문은 이기수, 앞의 논문, 48-51면; 말레이시아정부 웹사이트 <http://mcsl.mampu.gov.my/english/telemedicBI.html> [2004.7.2. 방문] 참조.

국의 의료인이 내국인에 대하여 원격의료를 실시할 수 있도록 그 자격에 관한 사항을 규정하고 있으며, ③ 무자격자가 원격의료를 행할 경우 미화 20만 달러의 벌금 또는 5년 이하의 징역에 처할 수 있도록 하고, ④ 환자에 대하여 원격의료를 시행할 경우에는 반드시 환자의 동의를 받도록 하고 있으며, ⑤ 진료비밀의 유지(confidentiality of treatment)에 관한 조항을 두어 환자의 프라이버시를 보호하고 있다.

그 밖에 말레이시아는 방사선과전문의에 의해 해석된 방사선필름을 지방병원에 있는 의료보조자에게 전달하는 원격방사선프로그램을 성공시킨 바 있고,[93] 국가심장병협회는 1992~1997년 사이에 35,000명 이상의 저소득층 환자들에게 원격의료서비스를 제공하였다.[94] 그리고 보건성은 전국의 모든 병원과 의료센터를 연계하는 VPN(Virtual Private Network Platform) 프로젝트를 수립하였는데, 이 프로젝트는 환자의 진료기록을 디지털화하고 ⅰ) 개인에게 제공하는 서비스, ⅱ) 국민에 대한 의학정보 제공 및 의료교육, ⅲ) 의사와 병원과 같은 보건의료제공자에 대한 의료교육, ⅳ) 의사 간 의료상담 등 4가지 측면에서 시행되었다.[95]

5. 한 국

우리나라의 원격의료의 도입 및 발전과정을 시기별로 종합해 보면 다음과 같다.

① 국내 원격의료는 정부 차원에서 추진된 서울대병원과 연천군보건의료원, 한림대춘천성심병원과 화천군보건의료원, 경북대병원과 울진군보건의료원 사이에 공중교환전화망(PSTN, 9600bps)[96]을 이용한 원격의료영상진단장치(Teleradiology)를 운용한

---

93) Pilot Project on Telemedicine Next Year, Bernama, The Malaysian Nat'l News Agency, Nov. 26, 1998.
94) Project Using Internet for Teleradiology Successful in Sarawak, Bernama, The Malaysian Nat'l News Agency, Nov. 5, 1998.
95) Malaysia: Virtual Private Network Platform Project in Full Swing, Int'l Market Insight Rep., Aug. 10, 1999.
96) "지난해 연말 구축된 종합정보통신망(ISDN, 64kbps) 시범망을 통해 원격의료진단서비스

원격진료시범사업이 최초였다(1990.10.~1991.9).[97]

② 그다음 경북대병원과 울진군보건의료원,[98] 전남대병원과 구례군보건의료원 간에 T1급 케이블(1.544Mbps)을 이용한 원격의학영상전송시스템(Teleradiology)·원격협의진료시스템(Teleconferencing)·보건의료원종합관리스템(HMIS: Health Medical Information System) 등으로 구성된 원격진료시범사업이 실시되었다(1994.11~1995.10).[99]

③ 연세대신촌세브란스병원은 PC를 이용하여 응급실과 신경외과 및 일반외과 의사의 자택을 연결하여 응급환자를 진단하는 원격응급진단시스템을 개발하였다(1994.6).[100] 그리고 영동세브란스병원은 미국 존스홉킨스대학병원, 하버드의과대학

가 가능한 정보시스템을 개발하는 데 성공, 기존의 공중전화망을 이용한 원격진료 때보다 화상이 두 배나 뛰어나고 전송속도가 빠르며 화상과 동시에 음성도 주고받을 수 있어 1메가비트 엑스선 화면정보를 2분 안에 보낼 수 있다. 국내에서 원격진료서비스가 이루어지고 있는 의료기관은 한림대춘천성심병원-강원 화천보건의료원과 경북대병원-울진보건의료원 등 2곳으로 지난 90년 10월부터 운영되고 있으며 서울대병원-경기 연천보건의료원 간은 90년 10월부터 1년 동안 시범운영 됐었다. 기존의 공중전화망을 이용한 원격의료진단시스템을 갖추는 데는 약 3천5백만 원, 새로 개발된 종합정보통신망 원격의료진단시스템을 갖추는 데는 4천만 원가량이 필요한 것으로 알려졌다(한겨레신문, 1992년 5월 26일자, 8면)."

97) 이 시스템은 카메라 입력방식에 의한 영상의 질의 한계성과 20장 정도의 영상을 전송하기 위한 8Mbyte의 의료영상전송에 약 2시간이 소요되어 전송시간이 길다는 점이 문제점으로 지적되었다. 이러한 기술 및 운영상의 문제로 경북대병원과 울진군보건의료원간 시범사업을 제외하고는 중단되었다(조재국 등, 앞의 논문, 36-37면, 60-62면 참조).

98) 전자신문, 1995년 10월 24일자 및 1995년 10월 27일자 참조.

99) 이 시범사업에서 원격진료에 대한 주민의 수용도(acceptability)가 높은 것으로 나타났고, 원격화상전송건수는 울진 828건, 구례 601건이었다. 또한 경제성 분석결과를 보면, 환자들에게는 울진 5,061,780원, 구례 3,021,300원의 편익(월평균)이 있었으나, 원격지병원 및 보건의료원에서는 고가의 영상전송장비와 통신료 및 인건비로 인해 울진 16,839,100원, 구례 16,270,900원의 적자(월평균)를 보았다. 이에 비해, 질병의 조기발견으로 인한 의료비감소는 월간 울진 2,822,000원, 구례 3,600,000원인 것으로 분석되었다(조재국 등, 앞의 논문, 19-26면 참조); 한편, 이 시범사업을 위해 체신부는 한국통신을 통해 총 996억 원을 투입하여 의학영상정보시스템 등을 개발했다(전자신문, 1994년 11월 15일자 참조).

100) 김선호·유선국·박성욱·김원기, "PC를 이용한 Emergency Teleradiology(Medical Image Transmission) System의 개발과 응용", 대한신경외과학회지 제23권8호, 1994 참조; 한편, 1995.1월 아주대병원도 응급실과 신경외과전문의(4명) 자택을 일반전화망을 이용한 컴퓨터망으로 연결해 응급환자를 진단하는 원격응급진단시스템을 구축하였다(전자신문, 1995년 1월 13일자).

병원, 듀크대학병원 등 9개 병원과 원격진료시스템을 구축하였다(2001.2). 신촌세브란스병원은 서울월드컵축구대회 당시 정보통신부·한국통신·한국전산원 등의 후원으로 개발한 차세대멀티미디어응급진료시스템(HMRET: High Quality Multimedia Real Time Emergency Telemedicine)을 이용하여 상암동 주경기장과 응급진료센터 간에 원격화상진료서비스를 실시하였다(2002).[101]

④ 민간차원에서 본격적인 원격의료시스템의 구축은, 인천길중앙의료원과 백령도 길병원 간에 초고속 무선통신망(Microwave, 1.544Mbps)을 연결하여 화상진료를 하는 원격영상진료시스템을 국내 최초로 가동한 것이라고 할 수 있다(1995.6).[102]

⑤ 우리나라와 국가 간 원격의료는 삼성의료원(삼성−존스홉킨스 국제진료소)과 미국 존스홉킨스대학병원 간에 T1급 통신회선을 이용하여 의학영상 및 전자청진기를 통해 상호협진하는 원격화상진료시스템이 최초로 구축되었다(1995.9).[103] 또한 삼성서울병원은 국내적으로는 산하 분원인 마산삼성병원·강북삼성병원·삼성제일병원을 원격진료시스템으로 연결하였고(1997), 국제적으로는 일본 홋카이도대학병원(1999.2)[104]·미국 MD앤더슨암센터(2002.6)·UCLA의과대학 시더스사이나이병원(2002.7) 등과 원격화상진료시스템을 확대하고 있다.

⑥ 부산중앙병원과 울산길메리병원 간에는 종합정보통신망(ISDN)을 이용한 원격진료시스템(Teleradiography)이 구축되었다(1997.11).[105]

---

101) 데일리메디, 2002년 6월 23일자.

102) 이 병원은 앞으로 경기도 내에 있는 4개 부속병원(철원·양평·동인천·남동)과 중앙연수원 등에도 원격영상진료시스템을 설치할 계획이다(전자신문, 1995년 6월 15일자). 또한 길병원은 1998년 10월 미국 하와이대학 원격진료팀을 초청해 원격진료 강연과 원격영상강의 시연회를 개최하였다(전자신문, 1998년 11월 25일자).

103) "이날 처음 실시한 원격화상진료에서, 삼성의료원에서는 김종현 신경외과 과장 등 3명이, 존스홉킨스병원에서는 롱(Long) 신경외과 주임교수 등 2명이 참가해 거대한 뇌하수체종양으로 수술이 힘든 이 모 씨(40, 남)와 좌측 총신경종양을 가진 안 모 씨(50, 여)를 공동으로 진료했다(전자신문, 1995년 9월 18일자).

104) 이 시스템은 종합정보통신망(ISDN)을 기반으로 하여 서라피스(THERAPIS: Telecommunication Helped Radiotherapy Planning and Information System) 네트워크를 구축하고 양국 의료진이 방사선치료 컨설팅을 하는 것으로, 방사선종양학 분야에서는 국내최초이다(전자신문, 1999년 11월 16일자).

105) 전자신문, 1997년 11월 13일자.

⑦ 정부가 추진하는 시범사업에 참가한 바 있는 서울대병원은, 그 후 원격치매센터와 노인복지시설인 인천영락원·서울시립북부노인종합복지관 간에 원격치매진료시스템을 구축하고 전국 치매환자 등록정보시스템을 함께 운영하였으며(1998),[106] 시립보라매병원 간에 원격진단방사선시스템을 구축하였다(1998). 또한 가정의학과/건강증진센터 재택원격진료센터와 서울대관악캠퍼스 보건진료소·한국통신분당사옥 의무실·4개 시범가정[107] 간에 ISDN 통신망을 연결하여 우리나라 최초의 원격일차 진료시스템(재택진료)을 구축하여 운영하고 있다(1999.5).[108]

⑧ 가톨릭대강남성모병원은 광케이블을 이용한 초고속통신망과 멀티미디어정보센터를 통해 여의도 일대 390여 명의 가입자를 대상으로 원격영상진료(응급의료센터·건강증진센터·신경정신과·가정의학과)를 연중무휴로 실시하였다(1998.6).[109]

⑨ 지방공사강남병원(국제원격협진센터)은 미국 UCLA 헬스케어재단, UCLA 데이비스병원 간에 국가 간 원격진료시스템을 구축하였다(2000.12).

---

106) 전자신문, 1997년 12월 26일자.
107) 이후 2002년 9월에는 8명의 의사를 배치하고 50개 시범가정으로 확대되었다.
108) ① 이 시스템은 정보통신부 및 산업자원부로부터 13억 원의 자금을 지원받아 1995년부터 1999년 5월까지 구축되었다. 원격진료시스템의 구성은 3자 간(환자-주치의-전문의) 실시간 화상진료모듈, 전자의무기록, 전자의료행정(예약·수납·보험), 의료장비, 멀티미디어건강정보 등으로 되어 있다. 이와 같은 기본적인 하드웨어와 통신망을 완비한 상황에서 의사는 환자 스스로 또는 간호사의 도움 아래 영상회의를 통하여 기본적인 문진·청진·시진과 함께 자가혈당계·자가혈압계·청진기·확대경·이경(otoscope)·안저경(ophthalmoscope) 등의 재택의료장비를 이용해서 원격진료를 시행한다. 재택진료 절차는, 예약된 일시에 재택원격진료프로그램 실행→진료대기·신청→간호사와 영상연결(진료접수)→진료비 수납(인터넷 카드결제)→의사와 영상연결(진료)→간호사와 영상연결(차기예약, 약복용법 안내)→약처방전 및 교육자료 출력→진료종료의 순서로 되어 있다. 원격진료를 이용하기 위해 일반가정에서 구축해야 할 초기장비의 구입가격은 약 99만 원 소요된다(전자신문, 2002년 9월 24일자). ② 컴퓨터환경은 다음과 같은 조건을 갖추도록 하고 있다. ⅰ) 운영체제: Microsoft Windows 98, me, 2000, XP. CPU: Pentium III 800Mhz 이상, ⅱ) 메모리: 256MB 이상, ⅲ) 하드디스크: 200MB 이상의 여유공간, ⅳ) 통신환경: 한국통신 메가패스 프리미엄, 네스포트 프리미엄, 두루넷 캐이블 인터넷 프리미엄, ADSL Neo, 하나로 통신 하나포스 ADSL-Pro, 케이블 Pro VDSL 등, 스피커 필요, ⅴ) 사운드카드: 양방향 지원가능한 사운드카드, ⅵ) 프린터: 컬러프린터(서울대병원 가정의학과 재택원격진료센터 웹사이트 <http://mydoctor.snu.ac.kr/telehomecare/> [2008.2.22. 방문] 참조).
109) 전자신문, 1998년 6월 2일자.

⑩ 서울아산병원은 산하 분원인 정읍아산병원 사이에 원격진료시스템을 운영하는 한편(2001.9), 이를 7개 지방병원(보령아산병원·홍천아산병원·영덕아산병원·강릉아산병원·금강아산병원 등) 간에도 확대할 계획이다. 또한 서울아산병원은 일반용 ADSL 환경에 부합하도록 자체 개발한 원격의료시스템(MD Tele)을 외부의료기관인 제천서울병원과 연결하여 원격피부과를 개설하였다(2003.9).[110]

⑪ 한양대병원은 일본 큐수대학병원과 공동으로 별도의 중계차 없이 1Gbps급 초고속통신망 및 원격진료시스템을 이용하여 복강경담낭절제술을 시술하였다(2003.10).[111]

⑫ 국내의 대표적인 보건의료포털사이트 또는 사이버병원(인터넷가상병원)으로는 각 의료기관(병원)이 운영하는 웹사이트[112] 이외에, 사이버비트호스피털(bti.co.krvirtua/hospital.html/), 페이지원(hidoc.co.kr), 아파요닷컴(apayo.com) 등이 있었고, 하이케어(hicare.net), 메디조아(medizoa.com), 텔레메드(telemed.co.kr), 드림케어(dreamcare.co.kr), 월드케어코리아(worldcare. co.kr), 이디지털메드(edigitalmed.com), 건강샘(healthkorea.net), 365홈케어(365homecare.com) 등이 운영 중이다.

이 가운데 인터넷상 사이버병원의 초보적인 유형이라고 볼 수 있는 아파요닷컴의 경우, 2000년 8월 1일부터 2일까지 이틀 동안 웹사이트를 통해 일정한 문진양식을 이용하여 13만여 명의 환자를 진료하고 그중 60%인 7만여 명에게 무료처방전을 발급하여 환자들이 약국에 가서 의약품을 조제받을 수 있도록 하였다. 이를 두고 보건복지부는 '약사법상 적법한 원외처방전은 의료기관에서 발급한 것만 인정되기 때문에 단속대상이 된다'고 유권해석을 내리고 '약국이 인터넷을 통한 사이버 원외처

---

110) 데일리메디, 2003년 9월 27일자.
111) 데일리메디, 2003년 10월 8일자.
112) 여기에는 부작용도 나타나고 있다. "지난 8월, 인천에 사는 말기암환자가 의료정보사이트 ○○클리닉을 통해 강남 소재 M한의원을 찾아갔다. 이 환자는 암을 고친다는 인터넷 홍보문구와 달리 치료에 진전이 없자 한국소비자연맹 인천지부의 도움으로 K경찰서에 이 병원을 고발했다. 결국 과대광고를 금지한 의료법 46조 제1항 위반이 인정돼 M한의원이 1개월 영업정지에 해당하는 과징금을 물면서 사건은 일단락되는 듯했다. 그런데 관할구청은 인터넷에 홍보사이트를 운영 중인 병원 40군데에 경고성 공문을 띄웠고 이에 따라 일부 사이버 의료정보사이트들이 폐쇄되는 해프닝이 이어졌다(전자신문, 1998년 10월 10일자)."

방전을 받아 처방약을 조제하면 임의조제로 간주돼 강력한 행정처분을 내리겠다'고 밝히고 아파요닷컴 대표이사를 검찰에 고발했다.[113)114)]

⑬ 각 지방자치단체에서도 지역주민에게 의료혜택을 넓히고 의료비용을 경감시키는 차원에서 원격진료시스템 구축에 나서고 있다.

ⅰ) 서울 강남구보건소(담당의사)는 1단계로 보건소와 관내 동사무소(보건진료소, 담당간호사)를 원격영상진료시스템으로 연결하고 2단계로 지역 내 대형병원인 삼성 서울병원·서울아산병원과 진료의뢰시스템으로 연결하는 원격진료시스템을 국내 보건소 중 처음으로 구축하였다(2003.4).[115)]

ⅱ) 강원도는 도(道)차원에서 처음으로, 홍천군 등 12개 시군(市郡) 보건소(담당의사)와 보건진료소(담당간호사)를 연결하는 원격화상진료시스템을 구축하고 지역 내 대형병원인 강원대병원 등(지도의사)에 진료의뢰를 하도록 하고 있다(2004.2).[116)117)]

---

113) 전자신문, 2000년 8월 5일자; 한국경제, 2000년 8월 4일자; 이 사건은 검찰이 인터넷 무료처방은 법적으로 전혀 문제가 없다며 무혐의 처리했다(국민일보, 2001년 5월 23일자).

114) "한국소비자보호원은 '사이버병원 관련 법률적 문제와 소비자보호'에 관한 조사를 마치고 현행 의료법이 초고속정보통신기술을 이용한 새로운 유형의 의료행위를 예상하지 못한 상태에서 제정돼 원격의료제도 등 법 적용에 미흡한 부분이 많다고 지적했다. 따라서 현실적 상황에 부합하는 의료관계법령의 제·개정이 필요하며, 의료법 제3조(의료기관의 정의)를 개정해 인터넷병원을 의료기관의 일종으로 포함시켜 인터넷병원의 개념을 명확히 하고, 이에 따른 시설·장비 등 개설요건과 제공할 수 있는 의료서비스의 종류 및 범위를 규정할 필요가 있으며, 의료수가 책정이나 지역보건의료기관인 보건소 등의 역할변화를 위해 국민건강보험법·지역보건법 등의 개정도 필요하다고 밝혔다(전자신문, 2001년 9월 11일자)"; 한국소비자보호원 사이버소비자센터, "사이버병원 관련 법률적 문제와 소비자보호", 2001.8. <http://www.cpb.or.kr:8000/dasencgi/brief.cgi> [2004.8.1. 방문].

115) "이 원격진료시스템 구축에는 영상진료프로그램과 원격시청진기, 혈당·혈압측정기 등의 장비를 보급하는데 총 7,400여만 원이 소요된다(데일리메디, 2003년 2월 19일자)"; "강남구보건소 2층 원격진료실. 의사 안성국 씨가 헤드폰처럼 생긴 원격시청진기를 귀에 꽂은 채 컴퓨터 앞에 앉아 컴퓨터화면에 원격화상이 뜨자 화상을 보며 전자차트로 그간의 진료내역을 살펴본다. 의사는 원격지에 떨어져 있는 환자의 가슴에 올려진 원격시청진기로 들려오는 소리를 들으며 청음진찰을 하고, 환자에게 몇 가지 주의사항을 전하고 전자차트를 이용해 처방전을 발송한다. 원격진료는 6분 정도 진행된 후 끝이 났다. 강남구보건소 관계자는 지난 해 4월 중순 첫 원격진료를 시작한 이래 지금까지 약 1,600여 명이 진료를 받았다며 '하루 평균 20여 명, 한 달 평균 500－600여 명이 원격진료를 이용한 셈'이라고 말했다(데일리메디, 2004년 2월 4일자)."

iii) 부산광역시는 부산의료원 등과 컨소시엄을 구성하여 요양시설 원격진료, 요양시설 만성질환모니터링, 보건소 이동건강진료센터, 보건소 방문간호, 도서지역 원격진료, 도서지역 만성질환모니터링, 도서지역 방문간호 서비스모델을 개발하는 시범사업을 진행하고 있다(2006).[118]

iv) 대구광역시는 대구의료원 등과 컨소시엄을 구성하여 u-건강모니터링, 웨어러블컴퓨터기반 건강모니터링, 당뇨·고혈압·근골격계질환관리, 도서산간 방문간호원격진료 서비스모델을 개발하는 시범사업을 진행하고 있다(2006).[119]

ⅴ) 신안군보건소는 군내 도서지역(72개 유인도) 19개 보건지소 및 보건진료소와 목포중앙병원 및 전남대화순병원을 연결하는 도서지역원격진료시스템을 구축하였다(2007.7).[120]

⑭ 최근에는 유비쿼터스 헬스케어(ubiquitous Healthcare)[121]시대를 맞이하여 원격

---

116) 이와 같이 강남구보건소와 강원도의 본격적인 구축사례 이전에는, 1999년 7월 강원도 춘천시보건소가 소양댐 내 대표적인 벽지인 북산면조교진료소·사북면고탄진료소를 연결하는 원격화상진료시스템을 구축하였고(중앙일보, 1999년 6월 23일자), 경남 통영시는 2000년 4월 종합병원인 마산의료원과 사량도보건지소·욕지도보건지소를 통신다중화장비로 연결하는 원격진료시스템을 구축한 바 있다(중앙일보, 2000년 4월 5일자). 또한 경기도 안산시는 2004년 6월 단원구보건소와 대부도보건지소 사이에 원격진료시스템(DreamCare Plus)을 구축하고 오는 8월에는 외국인노동자와 저소득층 밀집지역인 원곡동지역에도 이를 확대할 예정이다(전자신문, 2004년 6월 22일자).
117) 한편 서울시소방방재본부는 2004년 하반기에 서부·구로소방서 119구급대 차량에 심전도체크 및 영상정보전송장비(원격화상시스템)를 시범 설치하고, 내년부터 2년에 걸쳐 21개 소방서 110개 구급대로 이를 확대·운영할 계획이다. 이 시스템은 응급환자를 구급차로 옮기는 과정에서 서울종합방재센터에 있는 구급의사가 구급차에 설치된 카메라로 환자의 상태를 살피고 구급요원에게 적절한 응급조치를 지도하는 방식이다. 지금까지는 구급요원이 전화나 무전기로 환자의 상태를 의사에게 전달한 뒤 의료지도를 받았다(한겨레신문, 2004년 3월 15일자).
118) 권성미, "공공부문의 u-Health 도입방안", 정보통신정책 제18권23호, 2006.12, 24면 참조.
119) 권성미, 앞의 논문, 25면 참조.
120) 데일리메디 2007년 7월 26일자.
121) 유비쿼터스란 라틴어 '언제 어디서나 있는', '동시에 존재한다'에서 유래한 용어로, 1988년 미국 제록스팰로앨토연구소의 마크 와이저 소장이 유비쿼터스 컴퓨팅이 메인프레임과 PC에 이은 제3의 정보혁명 물결을 이끌 것이라고 주장하면서 처음으로 사용했다. 말하자면, 옷·시계·자동차·책상 등 모든 사물에 컴퓨터칩을 심어 네트워크화함으로써 현장

진료가 가능한 미래형 홈네트워크 아파트가 등장하고 있고,[122] 무인금전출납기와 같은 무인전자처방전발행기·무인혈압측정기 등의 진료용 키오스크(Kiosk)가 의료기관(병원) 이외의 장소에 설치되고 있다. 또한 휴대폰이나 PDA 등 무선단말기를 이용하여 이동 중에도 건강상담이나 원격진료를 받을 수 있는 모바일주치의시스템도 보편화될 것으로 예상된다.

그리고 근년에 신축 개원하는 대형병원들은 대부분 EMR·PACS시스템 등을 포함한 종합의료정보시스템(HIS)을 모두 구축함으로써 디지털병원 내지 u-Hospital(유비쿼터스 병원)을 표방하고 있다.[123]

한편, 전술한 바와 같이 우리나라는 2002년 3월 30일 의료법 중 일부를 개정하여 원격의료 기본조항(제34조)을 비롯하여 전자의무기록(제23조), 전자처방전(제18조) 관련조항을 신설하고 2003년 3월 31일부터 시행함으로써 원격의료를 법제화하였다(법률 제6686호).[124][125] 그 후 원격의료의 시행을 뒷받침하기 위하여 2003년 10월 1

에 있지 않아도 주변 공간을 인식·감시·추적할 수 있도록 하여 고객이 시간과 장소에 구애받지 않고 결제·의료 등의 서비스를 실시간으로 받을 수 있게 된다.

122) ① 정보통신부는 2004년 말까지 시행되는 홈네트워크 1단계 시범사업을 추진 사업자로 KT컨소시엄과 SK텔레콤 컨소시엄을 선정했다. 시범사업을 통해 수도권 및 5대 광역시에서 1300가구를 선정해 홈네트워크 인프라를 구축한 뒤, 양방향 DTV·네트워크게임·홈오토메이션·텔레메틱스·원격의료·지능형로봇 서비스 등 50여 개에 이르는 홈네트워크서비스를 제공할 예정이다. ② 2004년 3월, 서울마포 강변현대홈타운 30가구에 홈네트워크 시범사업이 실시된다. KT컨소시엄에는 서울대병원 등 총 44개 업체가 참여한다(데일리메디, 2004년 2월 1일자). 그리고 2004년 4월, 서울잠원동 롯데캐슬아파트·방배동·부산민락지구 200가구에 원격진료 등 20개의 미래형 홈네트워크 서비스를 제공하는 개통식을 가졌다. SK텔레콤컨소시엄에는 고려대안산병원과 비트컴퓨터가 참여해 원격진료서비스 제공을 담당하고 있다(데일리메디, 2004년 4월 29일자).

123) 디지털병원 내지 u-Hospital을 표방하고 있는 대표적인 병원으로는 분당서울대병원, 건국대병원, 새세브란스병원 등이 있다.

124) 원격의료와 관련하여 의료법중개정법률안은 2001년 6월 15일(김성순의원 대표발의)과 2001년 6월 20일(이해찬 의원 대표발의) 각각 발의되어 2002년 2월 26일 국회보건복지위원회 代案으로 법제사법위원회에 제출되었고, 2002년 2월 28일 제8차 국회본회의에서 의결된 후 2002년 3월 30일 공포되었다(법률 제6681호, 2003년 3월 31일 시행); 이 과정에서 원격의료에 관한 특별한 사항을 중심으로 '원격진료에 관한 특례법'을 제정하는 방안이 제시된 바 있다(이기수, 앞의 논문, 52-73면 참조).

일 의료법시행규칙을 개정하여 원격의료시설 및 장비(제23조의3), 전자의무기록 관리·보존에 필요한 장비(제18조의2)에 관한 관련조항을 신설하였다(보건복지부령 제00261호).[126]

---

125) 이에 앞서, 보건복지부는 2000년 10월, 원격의료를 단계별로 허용하고 관련법률을 정비하며 중장기적인 과제로 사이버병원 및 사이버약국의 도입을 검토할 것임을 밝힌 바 있다(국무조정실, "지식정보화사회 구현을 위한 추진과제별 문제점 및 개선방안", 2000.10).
126) 연세대학교 보건대학원·법과대학·법학연구소, "의료법 개정에 따른 시행령·시행규칙 마련을 위한 정책토론회 자료집", 연세대법대모의법정, 2002.9.18, 26-28면.

제 2 장

원격의료의 유형 및 법률관계

<table><tr><td>제4절</td><td>원격의료의 유형 분류</td></tr></table>

1. 원격의료의 네 가지 유형

지금까지 국내외의 학계 및 실무계의 연구결과를 살펴보면 원격의료의 범위를 설정하고 그 유형을 분류하기 위하여 다양한 기준을 사용하고 있다.[1] 이에 본서에서

---

1) 각각의 기준에 따른 원격의료의 분류방법을 소개하면 다음과 같다. ① 의료인 중심으로 분류한 원격의료의 유형: 원격진단, 원격치료, 원격회의, 원격자문, 재택진료, 사이버병원(조한익, 1997). ② 의학전문과목에 따른 원격의료의 유형: 원격방사선, 원격병리, 원격피부과, 원격정신과, 원격응급의학, 원격수술(유태우, 1997; 박광석 등, 1999). ③ 의료서비스 대상별로 분류한 원격의료의 유형: 농촌의료, 노인인구, 대학병원과 지방병원의 연계, 군진의료, 교도소의료, 응급 및 외상환자관리, 가정의료, 공중보건, 의학연구(고희정 등, 1999). ④ 임상활용에의 포함 여부에 따라 분류한 원격의료의 유형(미국의학협회의 분류방식): 임상활용에 포함되는 환자치료, 비임상적인 활용에 포함되는 의료인보수교육·환자교육·임상연구·공중보건·보건의료행정(박준호, 전자의무기록과 원격의료에 대한 법적 고찰, 연세대보건대학원 보건학석사학위논문, 2000.12, 51−53면; 신문근, 앞의 자료, 6−7면에서 재인용). ⑤ 대한병원협회의 분류방식: 의사 간 원격상담에 의한 진료, 의사와 환자 간 원격상담에 의한 진료 및 처방, 의사와 환자 간 원격상담, 원격검진, 원격수술, 원격간호, 원격의사교육(대한병원협회, "WTO DDA 의료공동대책위원회 제1차 워크숍 자료집", 2002.6.24, 1−2면 참조). ⑥ 세계의사회의 분류방식: ⅰ) 원격보조수단(의사와 지리적으로 고립되어 있거나 혹은 적대적 환경에 처해 있거나 지역의사에게 치료받을 수 없는 환자와의 상호관계), ⅱ) 원격감독(혈압·심전도 등과 같은 환자의 의학정보를 전자장비를 통하여 의사에게 전달함으로써 환자상태를 정기적으로 관리할 수 있도록 하는 의사와 환자와의 상호관계), ⅲ) 원격상담(환자가 인터넷과 같은 원격통신형태를 이용하여 의사로부터 직접적으로 의학적 조언을 얻고자 할 때의 상호관계), ⅳ) 원격자문(현재 환자 곁에 있는 의사와 특정 의학적 문제에 대하여 유능함을 인정받은 의사 간의 상호관계)(세계의사회, 앞의 자료 참조). ⑦ 행위대상을 중심으로 분류한 원격의료의 유형: 의사 상호 간의 원격의료(좁은 의미의 원격의료, 의료법 제34조: 원격진단), 원격지의사와 환자 사이의 원격의료(넓은 의미의 원격의료: 원격치료, 원격수술)(윤석찬, "원격의료에서의 의료과

는 종전의 분류들을 종합하여 원격의료행위의 주체를 기준으로 하여 원격의료의 유형을 다음과 같이 네 가지로 재분류하였다.

즉 ① 의사 등 의료인(의료기관) v. 의사 등 의료인(의료기관) 간 원격의료, ② 의사 등 의료인(의료기관) v. 기타 의료인 및 보건의료인(의사 없는 의료관련기관) 간 원격의료, ③ 의사 등 의료인(의료기관) 또는 기타 의료인 및 보건의료인(의사 없는 의료관련기관) v. 환자(가정) 간 원격의료, ④ 사이버병원 또는 보건의료포털사이트 형태의 원격의료가 그것이다.

원격의료의 네 가지 유형 및 각각의 유형에 있어서의 원격의료행위 주체를 정리해 보면 [표 1] 및 [그림 1]과 같다.

표 1 원격의료의 유형 및 원격의료행위주체

유 형	원격의료의 형태	원격지의료인	현지의료인	환 자
제1유형	의사 등 의료인(의료기관) v. 의사 등 의료인(의료기관)간 원격의료	• 의사·치과의사·한의사 • 의사·치과의사·한의사가 있는 의료기관	• 의사·치과의사·한의사 • 의사·치과의사·한의사가 있는 의료기관	
제2유형	의사 등 의료인(의료기관) v. 기타의료인 / 보건 의료인(의사 없는 의료관련기관) 간 원격의료	• 의사·치과의사·한의사 • 의사·치과의사·한의사가 있는 의료기관	• 기타의료인(조산사·간호사) • 기타보건의료인(간호조무사·의료유사업자 등) • 의사·치과의사·한의사가 없는 의료관련기관 • 가정방문전문간호사	
제3유형	의사 등 의료인(의료기관) 또는 기타 의료인 / 보건 의료인(의사 없는 의료관련기관) v. 환자(가정)간 원격의료	• 의사·치과의사·한의사 • 의사·치과의사·한의사가 있는 의료기관 • 기타의료인(조산사·간호사) • 기타보건의료인(간호조무사·의료유사업자 등) • 의사·치과의사·한의사가 없는 의료관련기관	없 음	

오책임과 준거법", 저스티스 통권80호, 2004.8, 23－24면).

유 형	원격의료의 형태	원격지의료인	현지의료인	환 자
제4유형	사이버병원 또는 보건의료포털사이트 형태의 원격의료	• 의사·치과의사·한의사 • 의사·치과의사·한의사가 있는 의료기관 • 기타의료인(조산사·간호사) • 기타보건의료인(간호조무사·의료유사업자 등) • 의사·치과의사·한의사가 없는 의료관련기관 • 비의료인 • 비의료기관	없 음	

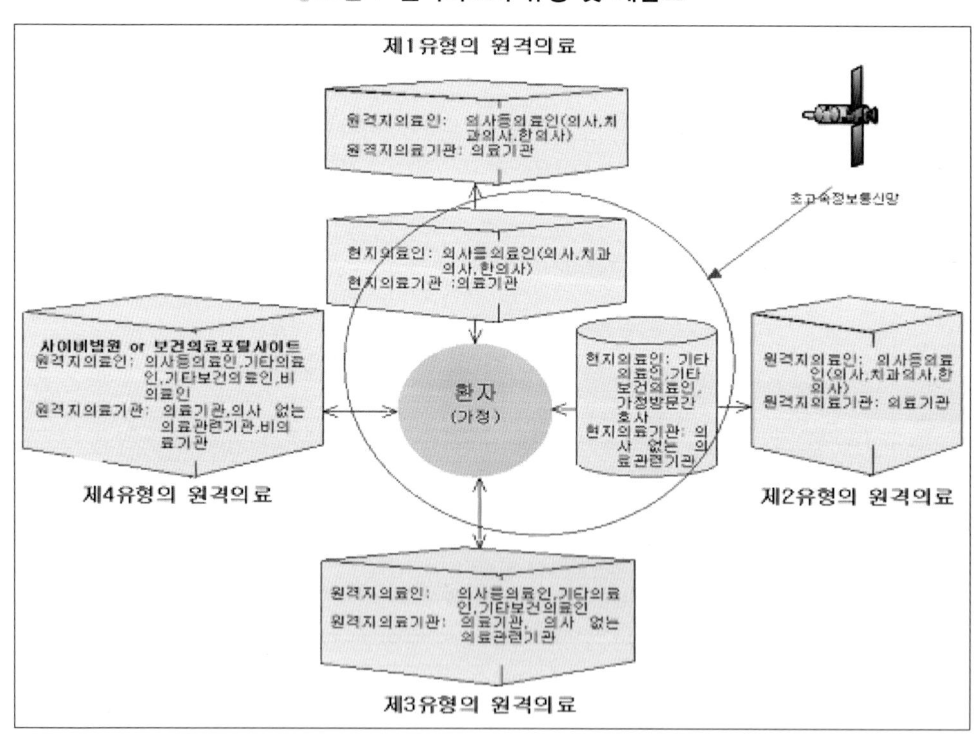

그림 1 **원격의료의 유형 및 개념도**

이처럼 원격의료행위 주체에 따라 유형을 재분류하는 것은 현행 의료법 제34조가 원격의료의 개념을 행위주체를 중심으로 규정하고 있고, 따라서 현재 실제로 행해지고 있는 다양한 형태의 원격의료 사례들을 모두 포섭해서 법률적으로 규율함으로써 원격의료서비스가 안전하고 효율적으로 제공되게 하기 위해서는 이러한 분류방법이 가장 효과적이라고 판단하기 때문이다.[2]

2. 원격의료의 시행현실과 현행법 비교

이와 같은 원격의료의 유형을 살펴보면 실제 이루어지고 있는 원격의료의 시행현실과 법제 사이의 괴리가 발견된다.

의료법 제34조(원격의료)는 원격지의료인으로는 의료법상 의료인 중 의사·치과의사·한의사만을 특정하고 있고, 현지의료인으로는 의료법상 의료인 전부(조산사·간호사 포함)에게 그 자격을 부여하는 것으로 되어 있다. 이것은 원격의료서비스를 제공받을 환자 곁에 현지의료인이 존재하는 경우만을 상정하고 있는 것이며, 따라서 위와 같은 원격의료의 유형에 의하면 제1유형 및 제2유형의 원격의료만이 의료법상 허용되는 적법한 원격의료가 되고, 현지의료인의 중계 없이 원격지의료인과 환자가 직접적으로 관계하는 제3유형 및 제4유형은 의료법상 허용되지 않는 불법적인 원격의료가 된다.

그리고 이 조항은 의료법 제2조(의료인)에서 정하는 의료인에게만 원격의료인의 자격을 부여하고 있기 때문에 국내면허소지자만이 원격의료를 시행할 수 있고, 외

---

2) 원격의료행위 주체를 기준으로 그 유형을 분류한 것으로는 ① 의료기관과 의료기관 간 원격의료(의사와 전문의), 의료기관과 의사가 없는 의료관련기관 간 원격의료, 의료기관과 가정 간 원격의료, 간병요원과 가정 간 원격의료(일본의 분류방식: 이기수, 앞의 논문, 32 −42면), ② 의료기관 간(의사와 의사) 간 원격의료, 의료기관과 가정 간 원격의료, 의료기관과 의사가 없는 의료관련기관 간 원격의료(신문근, 앞의 자료, 6−7면) 등이 있다. 본서의 분류방식은 신문근의 3가지 분류방식에서 현실적으로 나타나고 있는 사이버병원 또는 보건의료포털사이트 형태의 원격의료를 추가한 것이라고 할 수 있다.

국의 의료인이나 의료기관은 원칙적으로 국내의 원격의료자격기준을 획득할 수 없는 것이다.

1. 원격의료계약관계

1) 원격의료계약의 일반적인 법적 성질

일반적으로 원격의료가 이루어지는 과정에는 통상적인 의료과정에 덧붙여 원격지의료인과 현지의료인 또는 환자가 화상통신 등의 정보통신기술을 활용하는 과정이 추가될 것이다. 이 원격의료과정에서 원격지의료인과 현지의료인 또는 환자는 원격의료계약을 체결하고 그에 따라 원격의료행위를 시행하게 되며, 이후의 원격의료인과 환자 사이의 모든 법률관계3)는 이 원격의료계약을 시발점으로 해서 검토하게 된다.

여기서 의료계약(medical contract)이라 함은 의사4)와 환자 사이에 질병예방 및 치료·건강진단·미용성형·불임시술·병실사용 등 의료행위 일체의 목적(광의의 의

---

3) 의사와 환자의 법률관계를 법적으로 인식하고 논의하는 실익으로는 정상적인 의료과정에서 의사의 성실한 치료행위와 환자의 성실한 치료협력 및 진료비지급의무를 확보하는 규범적 근거가 되고, 의료과오 발생 시 의사의 책임을 추급하는 전제가 된다는 점이다.

4) 통상 '의사'라 함은 의과대학을 졸업하고 순차적으로 수련을 쌓아 의료법 제9조(국가시험)에 따라 보건복지부장관의 면허를 교부받은 의사·치과의사·한의사를 말한다. 이에 대해 '의료인'이라는 특별법상의 용어를 사용해서 의사 이외에 접골사·침구사·물리치료사·방사선사·치과기공사·치과위생사 등의 각종 의료보조인, 약사, 인체실험이 허용된 과학자까지 그 개념에 포함시키는 견해가 있다(김천수, 환자의 자기결정권과 의사의 설명의무, 서울대대학원 박사학위논문, 1993, 13-14면; 석희태, 의료과오 민사책임에 관한 연구, 연세대대학원 박사학위논문, 1988, 4면).

료계약)[5] 또는 진찰·치료라는 순수한 진료행위만을 목적(협의의 의료계약: 이른바 진료계약)[6]으로 체결되는 사법상의 계약을 말한다. 그리고 의료계약에 있어서 의사와 환자는 그 자신의 자유로운 의사에 따라 계약을 체결할 수 있는 계약자치의 원칙이 적용되는데, 다만 보험환자에게는 의사(醫師)선택의 자유가 제한되고(국민건강보험법 제40조 제1항) 응급상태에 있는 환자에게는 계약체결의 자유가 제한된다(의료법 제15조).

이와 같은 의료계약의 개념과 의료법 제34조(원격의료) 제1항 및 원격의료의 유형으로부터 종합적으로 원격의료계약의 개념을 도출해 낼 경우 다음과 같이 정의할 수 있다. 원격의료계약(telemedical contract)이라 함은 "원격지의료인과 현지의료인 및 환자 사이에 컴퓨터·화상통신 등의 전자적인 방법을 활용하여 질병예방 및 치료·건강진단·미용성형·불임시술·병실사용 등 의료행위 일체의 목적(광의의 원격의료계약), 또는 진찰·치료라는 순수한 진료행위만을 목적(협의의 원격의료계약: 이른바 원격진료계약)으로 체결되는 사법상의 계약"을 말한다. 이러한 개념 속에는 전자계약적인 요소와 의료계약적인 요소가 합성되어 있고, 이를 일응 '원격적 의료계약(distant medical contract)' 또는 '전자적 의료계약(electronic medical contract)'이라고 표현할 수 있을 것이다.

여기서 원격의료계약의 개념과 전술한 원격의료의 유형을 외형적으로 비교해서 살펴보면, 원격의료계약이 통상적인 의료계약과 크게 다른 점이 두 가지 있는 것으로 파악된다.

첫째, 3인 또는 2인의 주체가 원격의료계약의 계약당사자가 될 수 있다는 점인데, 이것은 원격의료의 유형에 따라 약간의 차이가 있다. 즉 제1유형 및 제2유형에서는 3인의 주체(원격지의료인-현지의료인-환자)가 계약당사자가 되고, 제3유형 및 제4유형에서는 2인의 주체(원격지의료인-환자)가 계약당사자가 된다. 둘째, 원격의료계약은 오프라인(off-line)적 수단을 통해 계약이 체결될 수도 있으나, 원격지의료인과 현지의료인 또는 환자 등 계약당사자 간의 의사표시가 전화나 컴퓨터·화상통신 등

---

5) 석희태, "의료계약(상)", 사법행정 제333호, 1988.9, 35면.
6) 조희종, 의료과오소송, 법원사, 1996, 45-73면.

정보통신기술을 매개로 해서 온라인(on-line)상에서 전자적인 방법으로 이루어지는 전자계약의 형식이 될 수도 있다는 점이다.

한편, 전통적인 의료에 있어서 의사와 환자의 법률관계는 의료계약으로 규율되는데 의료계약의 일반적인 법적 성질은 다음과 같다. 예컨대, 동료의사간·친구·가족·자원봉사 등의 경우에는 의료관행 및 사회통념상 무상의 특약이 있다고 볼 수 있을 것인데, 이러한 경우를 제외하고는 의료계약은 有償契約이다. 그리고 의료계약을 체결할 때 무상의 특약이 없는 한 의사 측의 진료의무 및 환자 측의 보수지급의무가 발생하며 양 당사자의 의무는 서로 대가적 관계에 있는 雙務契約이다. 또한 의료계약은 不要式·諾成契約이기 때문에 의료계약의 성립은 환자 측의 진료신청 및 의사 측의 신청접수로 성립하고 그 이후 환자는 계약상의 진료청구권을 행사할 수 있게 된다.[7]

생각건대, 원격의료계약에 있어서 그 본질적 요소는 의료행위이므로 통상적인 의료계약과 마찬가지로 유상계약·쌍무계약·낙성계약이라는 일반적인 법적 성질을 가진다고 볼 수 있다. 다만 불요식계약이라는 점에 대해서는, 원격의료계약은 원격의료인(원격지의료인, 현지의료인)과 환자가 컴퓨터·화상통신 등 원격의료기반기술, 즉 전자인증을 거친 전자적 매개체를 활용해서 진료신청(請約) 및 신청접수(承諾)의 절차 가운데 일부 또는 전부가 이루어지는 것이므로 수단적·경로적 측면에서는 요식계약적 성격을 가진다고 본다.

민법 제3편 제2장(제554조 - 제733조)에서는 총 14종에 이르는 각종의 전형계약을 규정하고 있으나 의료계약의 계약유형에 관해서는 특별히 명시하고 있지는 않다. 따라서 의료계약을 체결한 경우 위의 전형계약 중 어느 것에 해당하는지에 대해서는 계약당사자의 불명확성, 채무내용의 불특정성, 보험진료와의 관계 등 의료행위의 특수성으로 인하여 견해가 달라질 수 있다. 그런데 의사 측과 환자 측 사이에 '질병완치'라는 특약이 있는 경우에는, 그러한 특약이 없는 경우와는 달리 계약내용이 질

---

7) 병원에서 의료관행상 작성하는 진료신청서나 선택진료(특진)지정신청서 등의 서류는 의료계약의 성립요건이 아니며, 편의상 환자 측에 요구하는 서류에 불과한 것이 의료현장의 현실이다.

병치료를 위한 최선의 주의의무라는 수단이 아니라 질병완치라는 결과에까지 이르게 되기 때문에 의료계약의 법적 성질이 다르게 나타난다.

2) 특약이 없는 원격의료계약에 의한 경우

'질병완치'라는 특약이 없는 의료계약의 법적 성질에 관한 논의는 주로 계약의 해석문제로 귀결되는데, 이에 관해서는 다음과 같이 학설상 견해가 나누어지고 있다.

① 독립고용계약설: 의료계약은 의사가 환자에 대하여 치료채무를 부담할 것을 약정하고 환자는 의사에게 보수를 지급할 것을 약정함으로써 성립되는 계약이라는 견해이다(독일의 통설).[8]

② 도급계약설: 예컨대 의치제작·미용성형수술·불임수술 등 일의 결과를 중시하는 의료 분야에서의 의료계약은 일의 완성 또는 성공을 내용으로 하는 都給契約이라고 보는 견해이다.[9]

③ 무명계약설: 위임계약에서 말하는 '사무'의 개념에 인간을 객체로 삼는 것은 의료행위의 특수성을 고려할 때 적절하지 못하고, 도급계약이라고 하더라도 의료행위는 통상적으로 수술이라는 하나의 행위만이 존재하는 것이 아니라 수술 전후에 환자관리도 필요하다는 점 등을 감안할 때, 의료계약은 전통적 전형계약과는 다른 특수한 계약형태, 즉 무명계약[10]으로 보아야 한다는 견해이다.[11]

④ 독립계약설: 의료계약이 가지는 다양성에서 성질상 불분명성이 나타나고 의료

---

8) 손용근, 의료과오소송에 있어서 입증의 경감에 관한 연구, 연세대대학원 박사학위논문, 1996, 28면.
9) 김민중, "의료계약", 사법행정 제361호, 1991.1, 38면; 서광민, "진료계약의 법률관계", 고시계, 1999.9, 55－56면; 추호경, 앞의 책, 66면.
10) 이 용어는 민법상의 전형계약에 속하지 않는 것이라 하여 이러한 명칭이 붙여졌다.
11) 김현태, "의사의 진료과오에 있어서의 과실의 입증책임", 연세행정논총 제7집, 연세대출판부, 1980, 350면; 권용우, "의료과오책임", 법률연구 제3집(김현태 박사 정년기념특집), 삼영사, 1982, 142면; 김주수, 민법학연습, 삼영사, 1990, 710면; 석희태, "의료계약(중)", 사법행정 제335호, 1988.11, 60면; 이영환, 진료과오에 있어서 의사의 민사책임에 관한 연구, 동아대대학원 박사학위논문, 1983, 10면.

계약이 다루는 법익의 중요성으로부터 특별한 신뢰관계가 존재한다는 근거를 들어, 의료계약을 근대의 비교적 단순한 계약유형만을 인정하고 있는 민법상의 전형계약 유형으로 규율하기보다는 독자적 성질을 가지는 특수한 계약으로 보아야 한다는 견해이다.[12]

⑤ 위임계약설 또는 준위임계약설: 의료계약은 병적 증상의 의학적 해명과 그것에 대한 치료행위라는 사무처리를 목적으로 하는 것이며, 이때 사무처리는 일의 완성을 목적으로 하지 않고 수임자는 지식·기능·인격 등 특별한 신뢰를 바탕으로 하여 그의 재량에 의한 사무처리를 한다는 점 등에서 볼 때, 위임계약에 해당한다는 견해이다(우리나라 다수설).[13] 한편, 위임은 무상이 원칙이지만 의료계약은 특약이 없는 한 유상이고 또 진료채무의 특성상 진료행위는 법률행위가 아니므로 위임사무의 내용은 '법률행위가 아닌 사무의 위임'이라는 점 등에서 볼 때, 준위임계약에 해당한다는 견해도 있다(일본의 통설·판례).[14]

생각건대, 의료계약의 법적 성질은 의료행위 내지 의사의 진료채무의 특질에 의하여 정해지는 것이다. i) 의학 및 의료행위의 특성상 의사의 진료채무는 질병치유라는 목적달성을 내용으로 하는 결과채무가 아니라, 환자가 희망하는 질병치유라는 결과를 향하여 선량한 관리자의 주의를 기울여 현대의학의 지식과 기술을 다하여 적절한 진료를 실시하는 수단채무라고 해석하는 것이 타당하다. ii) 우리 민법은 법제도상 준위임계약을 사용하고 있지 않다는 점,[15] 민법 제680조 이하의 해석상 위임계약은 반드시 무상계약이어야 하는 것은 아니며 '법률행위가 아닌 사무의 위임'

---

12) 조형원, 의료분쟁과 피해자구제에 관한 연구, 한양대대학원 박사학위논문, 1994, 80면.

13) 김용한, "의료행위에 의한 책임", 법조 제31권6호, 1983, 4면; 문정두, 판례중심 의료소송, 법조문화사, 1984, 67면; 서광민, "의료과오책임의 법적 구성", 한국민사법학, 1988, 8면; 김민중, 앞의 논문, 38면; 곽윤직, 채권각론, 박영사, 2003, 341면 이하; 이은영, 채권각론, 박영사, 2001, 705면; 최재천·박영호, 앞의 책, 152－159면 참조.

14) 김형배, 채권각론, 박영사, 2001, 861－872면; 김성길, "의사의 의료상 과오에 대한 법적 책임", 사법논집 제3집, 법원행정처, 1972, 631면; 이준상, "의료과실에 관한 연구", 단국대대학원 박사학위논문, 1983, 8－9면; 이보환, "의료사고로 인한 민사책임의 법률적 구성", 재판자료 제27집, 법원행정처, 24면 참조.

15) 우리나라 구(舊)민법 내지 일본 민법은 사무의 내용이 법률행위인 경우를 위임이라고 하고 기타의 경우를 준위임이라고 구분하고 있다.

도 위임계약으로 보고 있다는 점, 민법 제681조 수임인의 선관주의의무 규정은 의사의 재량권이 크게 인정되는 진료채무를 수단채무로 보고 있다는 점 등에서 볼 때, iii) 결국 의료계약을 委任契約으로 보는 것이 타당하다. 다만, 위임규정 가운데 당사자 사이의 계약해지의 자유에 관한 제689조 등과 같이 의료행위의 실정에 맞지 않는 규정들은 그 적용을 배제해야 할 것이다.

그리고 원격의료계약에서는 질병완치라는 특약이 없는 한, 원격지의료인과 현지 의료인 및 환자 사이에는 통상적인 의료행위를 행함에 있어서의 의학지식 및 기술에 더하여 정보통신기술을 활용해서 치료한다는 것이 계약의 전제가 될 것이다. 특히, 계약당사자 중 원격지의료인과 환자는 서로 원거리에 있으므로 특별히 의사 등 원격지의료인은 선관주의의무를 다하고 환자는 치료협력의무를 다하겠다는 것이 계약의 주요 내용이 될 것이다. 따라서 특약이 없는 한, 원격의료계약은 통상적인 의료계약의 법적 성질과 마찬가지로 위임계약의 성질을 가진다고 보는 것이 타당하다.

3) 특약이 있는 원격의료계약에 의한 경우

예컨대 질병이 완치되지 않으면 치료비를 지급하지 않겠다는 것과 같이 의사와 환자 사이에 특약이 있는 경우,[16] 의사가 질병완치라는 일의 완성을 목적으로 하는 결과채무를 부담하는 도급계약이 체결되었다고 본다(우리나라 다수설).[17]

원격의료계약에 있어서도, 예를 들어 위와 같은 특약을 한 경우에는 그 원격의료계약 속에 질병완치라는 일의 완성을 목적으로 하는 결과채무를 부담하는 것으로 약정되어 있으므로, 통상적인 의료계약에 있어서와 마찬가지로 도급계약으로 보는 것이 타당하다.

---

16) 이와 같은 특약의 종류로 미국에서 인정되는 것은 특정한 결과를 약속한 계약, 특정한 절차(치료법)를 약속한 계약, 특정한 의사가 치료를 하겠다고 약속한 계약이 있다(최재천·박영호, 앞의 책, 160−162면 참조).
17) 김민중, 앞의 논문, 56면; 이준상, 앞의 논문, 10면; 추호경, 앞의 책, 70면.

4) 전자약관을 이용한 원격의료계약에 의한 경우

원격의료계약은 원격지 사이에 정보통신기술을 활용하여 이루어지는 것이므로 방법상 특히 전자약관에 의해 계약이 체결될 수도 있다.

전자약관이란 전자거래의 일방당사자에 의해 사전에 작성된 전자적 기록의 형태로 된 약관을 말하는데, 다른 당사자가 이를 모니터나 프린트를 통해 출력함으로써 그 내용을 확인할 수 있다. 이 전자약관은 일반 약관과 동일한 법적 성질을 가지므로 약관의규제에관한법률상 약관의 명시·설명의무, 해석원리 및 불공정약관조항의 무효에 관한 각종 논의가 동일하게 적용된다.[18] 또한 전자약관도 계약에 편입됨으로써 그 계약의 하나의 내용을 이루는 것이며, 다만 전자적 기록의 형태로 제시된다는 점이 특징이다. 따라서 약관의규제에관한법률 및 전자상거래(인터넷사이버몰)표준약관이 정하는 바와 같이, 전자약관을 제시하는 일방당사자는 이를 계약의 종류에 따라 일반적으로 예상되는 방법으로 명시해야 하며 그 중요한 내용에 관하여는 고객에게 설명하여야 한다.

우리나라는 약관의규제에관한법률(법률 제7108호, 2004.1.20. 개정) 제3조(약관의 명시·설명의무) 등과 같이 이른바 계약설에 입각해서 약관의 구속력의 근거(약관의 본질)를 인정하고 있으며,[19] 따라서 약관에 관한 법학적 논의는 약관본질론에서 약관규제론으로 그 중심이 옮겨지게 되었다. 그리고 약관규제론의 핵심이라고 할 수 있는 약관의 내용통제는 그 통제기준에 따라 편입통제, 해석통제, 불공정성통제의 3단계를 거치게 된다.[20]

원격의료에 있어서는, 원격지의료인(원격의료기관) 또는 보건의료포털사이트 운영

---

18) 최경진, "전자화된 의사표시와 전자계약", 정보산업 제179호, 1997.3, 120면.

19) 일반약관의 구속력의 근거(본질)에 관해서는 자치법설, 상관습설이 있으나 계약설이 다수설(곽윤직, 앞의 책, 8면 이하; 이은영, 채권각론, 56면) 및 판례(대법원 1985.11.26. 선고 84다카2543 판결; 대법원 1989.11.14. 선고 88다카29177 판결; 대법원 1991.9.10. 선고 91다20432 판결 등)의 입장이다.

20) 장경환, "약관의 내용통제의 방식과 체계", 경희법학 제30권1호, 경희대학교, 1995.12; 장경환, "약관규제법의 문제점과 개정방향", 경희법학 제35권1호, 경희대학교, 2000.12. 참조.

자가 웹사이트상에서 전자적 형식의 약관(회원가입약관)을 제시하고 환자가 이를 확인한 후 진료나 의료상담을 신청하는 방식으로 원격의료계약이 이루어지는 것이 통상적인 방법이다.[21] 이 경우 고객(환자)에게 제시되는 원격의료약관은 일반약관 및 전자약관과 동일한 법적 성질을 가지며, 따라서 원격의료약관은 원격의료인이 약관에 의한다는 점을 밝히고 고객이 알 수 있게 명시한 때에 한하여 개별 계약의 一內容을 구성한다고 본다. 다만, 원격의료약관은 사람의 생명이나 신체와 관련한 내용을 그 내용으로 하는 것이기 때문에 그 명시 및 표시방법에 있어서 더욱 엄격히 규율하는 것이 바람직할 것이다.

여기서 원격의료약관을 비롯하여 일반적인 전자약관은 그것이 전자화된 기록의 형태로 존재하고 있다는 특징을 가지고 있으므로 특히 다음과 같은 명시 및 표시방법이 준수되어야 한다.

① 전자약관의 내용과 특히 중요한 내용은 가급적 신청화면 또는 계약체결화면상에 함께 나타나도록 하고, 만일 그 화면상에 나타나지 않더라도 반드시 한 번의 링크를 통해 확인할 수 있도록 해야 한다. ② 전자약관의 내용을 일정한 링크를 통해 확인하도록 하는 경우에는, 다른 내용에 비해 큰 글꼴(font) 또는 별개의 색상을 사용하는 등 고객이 쉽게 인식할 수 있도록 해야 한다. ③ 전자약관은 그것을 따로 직접대면해서 설명할 기회가 없으므로 일반 약관보다 더 상세하고 평이하게 기술되어야 하고, 전자약관 화면상에서도 중요한 내용은 다른 약관조항보다 인식하기 쉽게 구별하여 표시해야 한다. ④ 고객이 계약체결 화면상에서 각종 기재사항을 기재한 후 '완료' 또는 '신청' 버튼을 클릭(click)함으로써 계약이 체결되는 이외에, 전자

---

21) 서울대병원 가정의학과 재택원격진료센터 웹사이트의 메인화면은 "재택원격진료, 서비스 안내, 신청안내, 다운로드 및 설치, 사용방법, 고객지원" 등의 하이퍼링크 항목으로 구성되어 있다. 그리고 환자가 원격진료를 받으려면 그 절차로 "원격진료담당자와 전화 또는 이메일 상담 → 재택원격진료 회원가입(가입신청서 작성 / 원격시청진기 구입 및 결재) → 가정에 재택원격진료프로그램 설치(원격시청진기 설치) → 프로그램 실행(원격진료간호사와 접속) → 원격진료 시행"라는 순서를 거치도록 되어 있다. 이 사례에서 보면, 원격진료센터 웹사이트 및 회원가입 절차 속에 원격의료약관이 포함되어 있는 것이다(서울대병원 원격진료센터 웹사이트 <http://mydoctor.snu.ac.kr/telehomecare/> [2008.2.22. 방문] 참조).

약관의 각종 조항도 그 계약의 一內容으로 편입된다는 사실을 분명히 밝히는 방법
으로 명시해야 한다.

5) 당사자 간 계약에 의하지 아니한 경우

(1) 법적 의무 없이 진료한 경우

예컨대 교통사고를 당한 사람이 행인에게 구조되어 응급실로 이송되어 온 것과
같이 의사가 환자와의 계약관계에 의한 사법상의 의무 없이 현실적으로 진료를 하
게 된 경우, 의사와 환자와의 법률관계를 어떻게 볼 것인가에 관해서는 견해가 대
립된다. 즉 ① 구조자와 병원개설자가 체결하는 제3자를 위한 계약이라는 견해, ②
사무관리관계가 성립한다는 견해,[22] ③ 사실적 계약관계라고 보는 견해[23]가 있다.

생각건대 의사 측 입장에서는 직업윤리 또는 의료법상 진료거부금지의무(의료법
제15조)에 따라 진료를 행할 것이 요구되는 점에 비추어 응급의료의 범위 내에서는
사실적 계약관계가 성립함을 인정해도 무방할 것이다. 그러나 우리나라 판례는 사
실적 계약관계를 인정하지 않고 있고 현행 민법의 사무관리규정의 합리적인 한도
내에서의 해석을 통해서도 문제해결이 가능할 것이므로 사무관리관계설이 타당하다
고 본다.

한편, 교통사고를 당한 의식불명의 환자가 응급실로 이송된 후 현지의료인이 고
도의 응급의학지식 및 기술이 필요하다고 판단하여 원격지의료인으로부터 자문을
받는 경우, 현지의료인(또는 원격지의료인)과 환자와의 사이에는 법적 의무 없이 진
료를 하게 되는 것이므로, 이 경우에는 통상의 의료행위에서와 같이 사무관리관계
가 성립한다.

---

22) 김민중, "의료계약", 사법행정 제361호, 1991.1, 40면 참조.
23) 석희태, "의사와 환자 간 기초적 법률관계의 분석", 판례월보, 1985.8, 13−14면; 이 이론은
　　종래 독일에서 주창된 이래 주로 집단거래와 일정한 계속적 채권관계 내지 사회정형적 행
　　위 등에서 시인되고 있는 것이나, 오늘날에 이르러 독일의 학설은 부정적이다.

(2) 공법상 의료계약의 경우

첫째, 국민기초생활보장법·의료보호법·노인복지법·아동복지법·장애인복지법 등
의 법률규정에 의하여 국가 또는 지방자치단체가 사회보장대책의 일환으로 필요한
의료를 제공하는 경우에는, 의사와 환자의 관계는 두 가지로 구분된다. ① 국가 등
이 직접 설치·운영하는 의료시설을 통해 의료급여를 하는 때에는 공법상 의료계약
관계가 되며, ② 국가 등이 지정하는 사설 의료시설을 통해 의료급여를 하는 때에
는 국가는 請約者, 의료기관은 諾約者, 환자는 受益者의 관계를 이루는 제3자를 위
한 계약관계로 보는 것이 타당할 것이다.24)

둘째, 전염병예방법·강제건강진단및치료에관한규정·후천성면역결핍증예방법 등
일정한 경우에 보건행정상의 강제권에 의하여 예방접종이나 건강진단, 치료 및 입
원을 하도록 하는 경우에는, 수진 등이 법률에 의하여 강제되고 이러한 수진의무를
위반한 때에는 일정액의 벌금 또는 과태료를 내도록 하고 있으므로, 이때 의사와
환자의 법률관계는 공법상 법률관계가 될 것이다.25) 다만, 전염병예방법 제8조에 의
한 성병예방을 위한 종사자의 건강진단은 수진이 반드시 강제되는 것은 아니고 결
국 자의에 맡겨두고 있으므로 이 경우에는 의사와 환자와의 사이에 사법상 의료계
약관계가 된다.

원격의료에 있어서도 국가 등이 운영하는 의료시설과 환자 사이에는 공법상 원격
의료계약이 성립하고 국가 등이 지정하는 사설 의료시설과 환자 사이에는 제3자를
위한 계약이 성립할 수 있는 것이므로, 이 경우에도 앞에서 검토한 공법상 의료계
약의 법적 성질이 그대로 인정된다.

---

24) 석희태, "의사와 환자의 기초적 법률관계", 연세대법률연구 제3집, 연세대학교, 1983, 173면.
25) 석희태, 위의 논문, 173면.

2. 원격의료계약의 당사자

1) 원격의료공급자

통상의 의료계약에서 의료공급자 측 계약당사자는 진료담당의사 또는 의료기관(병원)이 된다. 다만, 진료담당의사가 병원에 고용된 경우 담당의사와 병원은 의료계약의 이행에 있어서 연대채무자의 관계에 있다는 견해가 있으나, 이에 따르면 의료과오로 인한 책임이 문제될 경우에는 의사에게 불법행위책임만을 물을 수 있고 채무불이행책임은 병원개설자 또는 병원경영자에게만 물을 수 있게 되는 결함이 발생한다. 생각건대 종합병원에서는 의료기관이 담당의사를 지정하고 환자는 담당의사보다는 의료기관 측에 강한 신뢰를 가지고 진료를 신청하는 것이므로, 담당의사는 단순한 피용자로서 그 의료기관의 의무의 일부 또는 전부를 그에 갈음하여 이행하는 이행보조자[26] 또는 이행대행자[27]라고 보는 견해가 타당하다고 본다.[28]

한편, 원격의료계약의 기본유형에서는 원격지의료인－현지의료인－환자 사이에 계약체결이 이루어지는 것이므로 의료공급자 측 계약당사자는 원격지의료인(원격지의료기관)과 현지의료인(현지의료기관)으로 계약주체가 2인 이상이 된다는 특징이 있다. 여기서, 만일 원격지의료인이나 현지의료인이 원격지의료기관 또는 현지의료기관 등에 고용되어 원격의료를 행하는 경우에는, 통상의 의료계약에서와 같이 고용관계가 존재하는 것이므로 이행보조자 또는 이행대행자의 지위를 가지는 것으로 보는 것이 타당하다. 그런데 원격의료행위주체를 기준으로 분류한 원격의료의 각 유형별로 살펴보면, 구체적으로는 원격의료공급자 측 계약당사자(원격의료인: 원격지

---

26) 문국진, 의료법학, 청림출판, 1991, 87면; 한편, 일본에서는 이 견해가 통설이며 판례의 입장이다.

27) 석희태, 앞의 논문, 173면; 최재천·박영호, 앞의 책, 172－173면.

28) 그러나 특진계약의 경우에는 의료기관에 대한 신뢰와 함께 특진담당의사에게 더 강한 신뢰를 가지고 있으므로 환자는 특진의사와의 사이에 별도의 의료계약이 체결된 것으로 보며 의료기관과 특진의사는 연대채무자관계에 있게 된다는 견해가 있다(김민중, 앞의 논문, 40면).

의료인, 현지의료인)가 각각 상이하다. 이에 관해서는 각 유형별로 후술한다.

2) 원격의료수요자

통상의 의료계약에서와 마찬가지로 원격의료계약에 있어서 의료수요자 측 계약당
사자는 원칙적으로 환자 자신이다. 또한 일반적으로 의료계약의 법적 유효성이 인
정되기 위해서는 환자가 완전한 의사능력을 갖추고 있는 것을 전제로 하며, 만일
환자가 미성년자 또는 행위능력이 제한된 성년자인 경우에는 자신의 행위의 의미와
효과를 인식할 수 있는 辨識力을 갖춘 경우에만 의료계약이 유효하게 성립한다.

따라서 의료수요자 측의 계약당사자로서 의사능력과 행위능력을 갖춘 성년자인
경우에는 아무런 문제가 없겠지만, 환자가 미성년자 또는 행위무능력자이거나 의사
무능력자인 경우에는 의료계약의 성립 또는 유효성과 관련하여 논란이 된다.

① 환자가 행위무능력자인 경우: 미성년자와 같이 의사능력은 있으나 행위능력이 없
는 환자가 의사에게 진료를 의뢰한 경우에는 원칙적으로 그 행위무능력자인 환자가
직접 계약당사자가 된다. 그런데 그의 법정대리인의 명시적 또는 묵시적 동의가 없
다고 볼 수 있는 경우에는 환자의 행위무능력을 이유로 의료계약을 취소할 수 있을
것인가에 대해서는 견해가 나누어진다. 생각건대 의료계약은 환자의 생명·신체에
관한 것으로 환자에게 이익을 주는 것이므로 무능력자를 보호하기 위한 무능력자제
도의 취지에 비추어 의사능력이 있는 무능력자에게까지 의료계약의 취소권을 인정할
필요성 및 실익은 없다고 판단되는바, 취소할 수 없다고 보는 것이 타당하다.[29]

그리고 미성년자 등 행위무능력자인 환자가 부모 등 친권자나 법정대리인과 함께
와서 진료를 의뢰하는 경우에는, ⅰ) 법정대리인에 의해 의료계약이 체결된다는 계
약대리설이 있으나 이에 따르면 의사 또는 의료기관이 진료비청구권을 확보하는 데
문제가 발생할 수 있으므로, ⅱ) 친권자 등 법정대리인이 계약주체가 되어 미성년자
등을 위한 계약을 체결한다는 제3자를 위한 계약설이 타당하다.[30] 따라서 진료비채

---

29) 고정명, "보증채무에 관한 문제점", 법정논총 제9집, 국민대법학연구소, 1984, 51면; 석희
　　태, "의료계약(상)", 사법행정 제333호, 1988.4, 36면.

무자는 계약당사자인 친권자 또는 법정대리인이 되고 행위무능력자인 환자는 수령보조자 지위에 있게 되어 진료비채무를 부담하지 않는다. 또한 현실적으로 의사는 설명의무의 이행을 계약당사자인 친권자 또는 법정대리인에게 행함으로써 계약내용에 적합한 진료채무 이행을 실현할 수 있게 된다.

② 환자가 의사무능력자인 경우: 환자가 의사능력이 없거나 정신장애자 또는 의식불명인 경우에는 의사무능력상태에 있는 환자가 직접적으로 의료계약을 체결할 수 없기 때문에 보통 그 법정대리인이 진료를 의뢰하게 된다. 이 경우 의사와 환자의 법률관계에 대해서는 i) 법정대리인의 대리행위를 통하여 의사무능력자인 환자와 의사가 계약당사자가 된다는 견해, ii) 의사와 법정대리인이 계약당사자가 되어 제3자를 위한 계약이 되고 환자는 수익자의 지위에 있게 된다는 견해(다수설)[31]가 있으나, iii) 의사무능력자인 환자가 수익의 의사표시를 할 수 없다는 점에 착안할 때 법정대리인만을 계약당사자로 보는 견해가 타당하다고 본다.[32] 왜냐하면 현실적으로 의사무능력자인 환자가 스스로 진료청구권을 행사할 가능성은 없으므로 이는 법정대리인에 의해 행사될 수 있고, 의사의 진료채무 불이행에 기인한 손해배상청구권은 계약당사자인 법정대리인에게 귀속될 것이므로 적절한 배상을 도모할 수 있을 것이기 때문이다. 따라서 진료비지급 등의 채무는 법정대리인이 부담하며 의사가 의료계약을 이행함에 있어서는 원칙적으로 법정대리인에게 행하여야 한다.

그리고 의사무능력자인 환자의 배우자·직계혈족·기타 생계를 같이하는 혈족 등 부양의무자(민법 제974조)가 진료를 의뢰하는 경우에는, i) 제3자를 위한 계약으로 보는 견해(다수설)[33]가 있으나, ii) 배우자나 부양의무가 있는 친족을 계약당사자로 보고 배우자의 경우에는 일상가사대리(민법 제827조)에 의한 계약으로 보는 견해[34]가 타당하다고 본다.

이와 같은 의료수요자 측 계약당사자에 관한 문제는 원격의료계약에 있어서도 동

---

30) 이보환, 앞의 논문, 23면.
31) 서광민, "진찰계약의 법률관계", 고시계, 1992.9, 43면; 석희태, 앞의 논문, 37면.
32) 김민중, 앞의 논문, 40면.
33) 석희태, 앞의 논문, 37면; 이보환, 앞의 논문, 28면.
34) 서광민, 앞의 논문, 43－44면.

일하게 적용될 것이다.

3) 보험의료계약당사자

통상의 의료계약에 있어서 국민건강보험에 가입한 피보험자 및 그 피부양자인 환자가 건강보험지정의료기관에서 진료를 받는 경우, 의사와 환자의 법률관계에 관해서는 견해가 나누어진다. 즉 ⅰ) 의료기관은 보험자(국민건강보험관리공단 또는 건강보험조합)와의 계약에 따라 보험자의 보험급여의무를 대행할 뿐이고 환자는 그 이행의 수령자에 불과하다는 견해, ⅱ) 의료기관은 환자와의 사이에 직접적인 계약관계에 있다는 견해, ⅲ) 의료기관과 보험자 사이에 환자를 위하여 제3자를 위한 계약을 체결한 것으로 보는 견해, ⅳ) 의료기관과 보험자 사이에 제3자를 위한 계약관계가 있고 의료기관과 환자와의 사이에도 직접적인 계약관계가 있다고 함으로써 두 계약관계의 병존을 인정하는 견해[35] 등이 있다.

생각건대 건강보험은 사회보험으로 금전적인 부담을 덜고 의료서비스를 누리게 함으로써 국민보건 향상을 도모하는 사회보장제도로서의 공익적 성격이 원칙이다 (국민건강보험법 제1조). 만일 보험자와 의사 측 사이의 계약으로 보게 될 경우, 실질적으로는 이미 법정된 공법관계가 되고 환자 측을 의사 측과 대등한 사법상 계약당사자의 지위에서 배제하는 결과가 된다. 따라서 원칙적으로 환자 측의 진료비지급을 확보하는 수단으로서 보험자는 계약당사자가 아니며, 환자 측과 의사 측 사이에 계약관계가 성립된다고 보는 것이 타당하다고 본다.

한편, 원격의료에 있어서도 원격지의료기관 또는 현지의료기관이 건강보험지정의료기관으로 지정되어 있다면 이와 동일한 법률관계가 구성되며, 의료보호법에 의한 의료보호대상자의 경우에도 동일하다고 할 것이다.

---

35) 석희태, "의사와 환자간의 기초적 법률관계의 분석", 판례월보, 1985.8, 17면.

4) 원격의료기반시설제공자

  원격의료계약의 당사자로서 원격의료공급자, 원격의료수요자, 보험의료계약당사자 이외에 원격의료기반시설제공자가 계약당사자가 될 수 있는가 논란이 될 수 있다. 신설된 의료법 제34조(원격의료) 제2항은 원격의료를 시행하거나(원격지의료인 또는 원격지의료기관) 이를 받고자 하는 자(현지의료인 또는 현지의료기관, 환자)는 보건복지부령으로 정하는 시설 및 장비를 갖추도록 규정하고 있다. 여기에 근거해서 신설된 의료법시행규칙 제23조의3에서는 원격의료에 필요한 시설 및 장비로 원격진료실, 데이터 및 화상(畵像)을 전송·수신할 수 있는 단말기, 서버, 정보통신망 등의 원격의료기반시설을 갖추도록 규정하고 있다.

  생각건대 원격의료에 있어서는 원격지의료인(원격지의료기관)과 현지의료인(현지의료기관) 및 환자로 구성되는 원격의료계약 당사자들이 인터넷과 정보통신망을 비롯한 원격의료기반기술을 활용해서 원격의료계약을 체결하고 이에 기초하여 의료행위를 행하는 것이므로, 이때 원격의료기반시설제공자(원격의료통신망제공자 및 원격의료시스템관리자)는 직접적인 계약당사자가 되지는 않는다고 본다. 다만 원격지의료인(원격지의료기관) 및 현지의료인(현지의료기관)이 직접 원격의료기반시설을 구축한 경우에는 주체가 동일하므로 문제가 될 것이 없으나, 원격의료기반시설이 별도의 주체에 의해 구축된 경우에는 그 별도 주체와 원격지의료인 및 현지의료인 사이에 기반시설이용계약이 체결될 것이다. 그리고 後者의 경우에 있어서, 의료과실 등 원격의료행위의 결과에 대한 책임문제가 발생한 때에는 원격의료기반시설제공자는 원격지의료인 또는 현지의료인과 환자 사이에서 일정한 법적 책임, 즉 체약보조자 내지 이행보조자로서의 책임을 부담하는 경우가 있을 것이다.

3. 원격의료계약의 청약 및 승낙

1) 원격의료계약의 체결단계

원격의료계약은 계약당사자가 2인 내지 3인이라는 다수성 및 정보통신기술을 활용한다는 복잡성으로 인하여 자연적 방법 또는 전자적 방법이 복합되어 의료계약이 체결되며, 이러한 까닭에 구체적으로는 원격의료의 각 유형에 따라 계약의 체결단계가 상이하게 나타날 것이다.

요컨대 제1유형·제2유형·제4유형에서는 3단계의 계약체결단계를 거치게 되고, 제3유형에서는 2단계의 계약체결단계를 거치게 될 것이다. 이에 관해서는 원격의료의 각 유형별로 후술한다. 이와 같이 원격의료의 각 유형별로 개개의 원격의료행위에 있어서는 각각 다른 계약체결단계를 거치기는 하지만, 모든 유형에서 최종단계에서는 웹사이트나 화상통신 등 정보통신기술을 이용한 전자적 의사표시에 의하여 원격의료계약의 청약 및 승낙이 이루어지고 의료계약이 체결되는 형식을 취하게 된다. 따라서 원격의료계약의 핵심요소는 이 최종단계에서의 '전자적 의사표시에 의한 전자계약'이라고 볼 수 있는바, 전술한 바와 같이 원격의료계약을 '원격적 의료계약' 내지 '전자적 의료계약'이라고 표현하는 것은 이러한 이유에서 연유한다.

2) 전자적 의사표시에 의한 원격의료계약의 청약 및 승낙

전자계약(electronic contract)[36]이라 함은 일정한 법률효과의 발생을 목적으로 하는 2인 이상의 당사자의 전자화된 의사표시의 합치에 의하여 성립하는 법률행위를 말한다.[37] 이 전자계약은 의사표시를 전자화하는 방법에 따라, ① 당사자가 전자적

---

36) 이 용어를 전자거래(electronic transaction; 오병철), 시스템계약(system contract; 정종휴), 디지털계약(digital contract; Abraham Mouritz), 온라인계약(on-line contract; Thomas J. Smedinghoff) 등으로 사용하는 견해도 있다.
37) 최경진, 앞의 논문, 5면 이하; 한편 전자거래의 특성을 강조하여 "전자계약이란 거래행위가

방법을 통하여 계약을 체결하고 그 이행도 전자적 방법으로 행하는 경우인 좁은 의미의 전자계약과 ② 전자거래의 체결과정 또는 이행과정 가운데 어느 하나가 전자적으로 행해지는 경우인 넓은 의미의 전자계약38)으로 구분할 수 있다.39) 그런데 계약의 성립문제에 있어서 가장 중요한 요소는 당사자의 의사표시의 합치라고 볼 수 있으므로 이러한 전자계약에서도 핵심적인 요소가 되는 것은 '전자적 의사표시'40)라고 할 수 있다.

전자적 의사표시라 함은 사람의 의사가 컴퓨터와 같은 정보처리장치와 일정한 프로그램에 의하여 전자적인 방식으로 구체화되어 직접 표시되거나 네트워크 등을 통하여 다른 사람에게 전달되어 표시되는 의사표시를 말한다.41) 여기서 자연적 의사표시에서는 인간이 의사를 완전히 구체적으로 결정하는 데 비해, 전자적 의사표시에서는 인간(컴퓨터이용자)이 포괄적 의사만을 가지고 그 포괄적 의사는 컴퓨터의 의사구체화 과정을 통하여 비로소 법적 거래에서 이용될 수 있는 수준으로 완성된다는 점에서 차이가 있다.

우리나라에서는 전자적 의사표시를 종래의 자연적 의사표시로 볼 수 없다는 견해

그 준비단계에서 성사·이행단계에 이르기까지의 과정에서 그 전체나 일부가 전자데이터의 전달방식으로 이루어지는 계약현실을 말한다"고 정의하는 견해가 있다(이상정·소재선, "전자문서와 전자계약", 경희법학 제33권2호, 경희대법과대학, 1998.12, 43면).

38) 정진명, "인터넷을 통한 거래의 계약법적 문제", 비교사법 제6권1호, 1999.6, 297면 이하.

39) 여기서는 전자적 의사표시를 전자화하는 전자매체에 따라, 전자계약의 유형을 컴퓨터통신계약, 모사전송장치에 의한 계약, 자동화장치에 의한 계약으로 분류하고 있다(최경진, 앞의 논문, 6면 이하); 그리고 컴퓨터통신계약을 시스템계약이라고 하는 견해도 있다(김상용, "자동화된 의사표시와 시스템계약", 사법연구 제1집, 청헌법률문화재단, 1992, 39면 이하; 정종휴, "시스템계약론(2)", 정보산업 제77호, 1998.9, 32면 이하).

40) 이 용어법은 크게 두 가지로 분류된다. ① 전자적 의사표시라고 하는 견해(오병철, 전자거래법, 법원사, 2000, 102면 이하; 오병철, 전자적 의사표시에 관한 연구, 연세대대학원 박사학위논문, 1996, 43면 이하; 김용직·지대운, "정보사회에 대비한 민사법 연구 서론", 정보사회에 대비한 일반법 연구(Ⅰ), 정보통신정책연구원, 1997, 94면 이하; 송오식, "가상공간에서의 민사법적 대응과 전자적 의사표시", 법률행정논총 제18집, 전남대학교, 1998, 161면 이하; 정명구, "전자적 의사표시의 법적 효력문제", 비교사법 제5권1호, 1998.6, 439면 이하). ② 자동화된 의사표시라고 하는 견해(지원림, "자동화된 의사표시", 저스티스 제31권3호, 1998.9, 51면 이하; 김상용, 앞의 논문, 47면 이하).

41) 최경진, "전자화된 의사표시와 전자계약", 정보산업 제180호, 1997.4, 27−28면.

는 없다. 다만 그 법적 규율과 관련하여 그 독자성을 인정할 것인가에 대하여, 종래에는 ⅰ) 독자성을 전반적으로 인정하는 견해,42) ⅱ) 독자성을 부분적으로 인정하는 견해,43) ⅲ) 독자성을 부인하는 견해44)로 나누어졌으나, ⅳ) 전자거래기본법 제7조 등 실정법에서 '전자문서에 포함된 의사표시'라는 용어를 직접적으로 사용하고 있으므로 이러한 논란은 실익이 없게 되었다.

전자적 의사표시의 주관적 구성요건으로는 컴퓨터이용자의 포괄적인 효과의사, 즉 포괄적으로 형성한 전자적 의사표시의 성립과 내용을 구체적으로 결정하는 기준 자체가 있어야 한다. 또한 객관적 구성요건으로는 일정한 기술적 이해와 통제장치를 바탕으로 해서 기계언어의 형태로 존재하는 입력행위가 있어야 하고, 입력된 프로그램·데이터·작업명령을 기초로 비로소 컴퓨터이용자의 포괄적인 효과의사가 표시될 수 있도록 하는 컴퓨터의 의사구체화가 필요하며, 인간이 인식할 수 있는 외적 표출로 의사표시로서의 중요한 외형성이 되는 컴퓨터의 표시가 있어야 한다.

그런데 의사표시에 있어서 의사가 존재하지 않거나 하자가 있는 경우 그 표시행위의 효력여부에 대하여 의사주의·표시주의·절충주의로 나누어졌으나, 민법은 선의의 상대방을 보호하고 거래의 안전을 도모하는 목적으로 절충주의를 취하고 있다.45) 그러나 전자적 의사표시론에서는 전자거래의 특성상 표의자의 이익보다 선의의 상대방의 이익을 중요시하고 거래의 안전과 신속을 중요시하는 것이 바람직하다는 이유로 표시주의 입장에서 전자적 의사표시의 본질을 파악하고 있다.46)

그리고 전자적 의사표시의 瑕疵(진의 아닌 의사표시, 통정한 허위의 의사표시, 착오로 인한 의사표시, 사기·강박에 의한 의사표시, 무능력자의 사술)에 관한 문제는 전자계약의 무효와 취소, 또는 책임문제를 다루는 데 있어서 중요한 요소가 된다.

---

42) 정경영, "전자의사표시의 주체에 관한 연구", 비교사법 제5권2호, 1998, 393면 이하.
43) 오병철, 앞의 책, 136면 이하; 최경진, 전자상거래와 법, 현실과미래사, 1998, 105면 이하.
44) 노태악, "전자거래에 있어 계약의 성립을 둘러싼 몇 가지 문제", 법조, 1999.9, 61−62면; 지원림, 앞의 논문, 50면 이하; 최창열, "전자거래에서의 법률행위에 관한 연구", 성균관 법학 제11호, 1999, 30면 이하; 정완용, 전자상거래법, 법영사, 2002, 32−33면; 김용직·지대운, 앞의 논문, 97면; 김상용, 앞의 논문, 63면.
45) 곽윤직, 민법총칙, 박영사, 2003, 325−359면 참조.
46) 오병철, 앞의 책, 136−154면; 오병철, 앞의 박사학위논문, 1996, 126−127면.

특히 계약의 성립단계에서 가장 문제되는 것은 無權限者에 의한 계약체결이다. 無權利者에 의한 전자거래가 이루어지는 경우 그 효과는 본인에게 미치지 않는 것이 원칙이고, 예외적으로는 表見代理에 관한 규정(민법 제125조·제126조·제129조)이 적용될 수 있을 것이다. 그런데 전자거래기본법 제10조(작성자가 송신한 것으로 보는 경우)는 무권리자의 의사표시에 대하여 민법규정보다 더 넓은 범위에서 본인의 책임을 인정하고 있다.[47] 그래서 무권한자의 개입을 막기 위해 일반적으로 사업자는 이용자와 기본계약을 체결하고, 미리 할당 또는 발급한 ID(identification)나 비밀번호(password)를 전자데이터에 부가하여 송신하도록 하거나, 미리 오프라인상에서 고객ID번호를 발급하여 온라인상의 거래를 실행할 때 이를 입력(log-in)하도록 하고 있다.

한편, 대개 의료계약은 명시적이거나 묵시적인 형태의 구두로 체결되고, 의사와 환자와의 관계는 대인적인 신뢰를 바탕으로 하는 윤리적 신뢰관계[48]로 구성되어 있으므로 실제로 의료계약이 계약서 형식을 갖춘 문서로 체결되는 경우는 매우 드물다고 할 것이다. 또한 환자가 의료기관을 찾아가 진료를 받는 과정을 살펴보면, 의료기관(의사) 측이 미리 구비해 놓은 진료신청서에 자신의 인적사항과 특진의사의 성명을 기재한 후 진찰료의 수납을 완료하면 진료신청(청약)이 완료된다. 그리고 의료기관(의사) 측의 진료신청접수(승낙)는 의사의 구두승낙이나 대면진료 여부와 관계없이 의료기관(의사)의 진찰료영수증 발급과 동시에 완료된다고 보는 것이 관례적이다.

그런데 원격의료계약은 그 진료과정의 특성상 이와 같은 통상의 의료계약에 있어서의 청약 및 승낙방법이 동일하게 적용될 수 없을 것이다. 왜냐하면 최종단계에서의 원격의료계약은 대개 화상통신 등 정보통신기술을 활용하여 이루어지고, 화상통신상에 전자적 방법의 일정한 신청 및 접수방식을 갖추고 있는 것이 대부분이기 때문이다. 따라서 원격의료계약의 청약 및 승낙의 방법은 원격의료의 유형 또는 계약

---

47) 이종주, "전자거래기본법 및 전자서명법의 제정경과와 법적 검토", 법조, 1999.9, 84면 참조.
48) 고정명, 인공출산의 법리와 실제, 교문사, 1991, 56−57면; 김민중, "환자의 권리와 의사의 책임", 법률신문, 1990년 10월 25일자, 10면 참조.

체결단계에 따라 구체적으로는 상이하게 나타날 것이다. 요컨대 제1유형·제2유형에서는 계약체결의 3단계에서 계약당사자 3인(원격지의료인−현지의료인−환자) 사이에 원격의료의 청약 및 승낙이 이루어지고, 제3유형에서는 계약체결의 2단에서 계약당사자 2인(원격지의료인−환자) 사이에서, 제4유형에서는 계약체결의 3단계에서 계약당사자 2인(원격지의료인−환자) 사이에서 원격의료의 청약 및 승낙이 이루어진다. 이에 관해서는 각 유형별로 후술한다.

3) 이른바 원격의료계약의 '청약의 유인'

일반적으로 계약이 성립되기 위해서는 청약과 승낙이라는 과정을 거치게 된다. 청약(offer)이란 청약을 수령한 자(피청약자)가 그것을 승낙함으로써 계약을 체결하도록 하는 일방적·확정적인 의사표시를 말한다. 그리고 전자계약이 성립되기 위해서는 청약을 수령한 자가 그 청약을 승낙하여 상호 합의를 하는 것이 필요하다. 계약법상 '완전일치의 원칙(mirror image rule)'에 따르면, 승낙은 청약의 내용을 그대로 승낙해야 하며 청약의 내용을 변경해서 승낙한 경우에는 그 승낙은 청약의 거절임과 동시에 상대방에게는 새로운 청약이 되는 것이다.

또한 청약은 구인광고나 상품진열 등과 같이 고용계약이나 매매계약을 체결할 의사를 표시하기는 하나 상대방이 청약을 해올 것을 촉구하거나 상대방이 청약을 해오도록 유인하기 위한 행위인 이른바 '請約의 誘引(invitatio ad offerendum)'과는 구별된다. 일반적으로 양자의 구별[49]은 상대방의 승낙의 의사표시가 있으면 계약을 성립시키겠다고 하는 확정적 의사표시가 존재하는지 여부에 따른다는 것이 다수설의 견해이다.[50]

그런데 전자거래 시 인터넷쇼핑몰에서 상품정보와 가격을 게시하는 것이 청약인

---

49) 구체적 구별기준으로는 ① 청약의 상대방이 불특정인인 경우에 그 개성을 중시하는지 여부, ② 계약의 내용에 대하여 어떤 유보가 있었는지 여부, ③ 당사자 사이의 종래의 거래관계, ④ 지방적 관습 등이 있다(곽윤직, 채권각론, 42면).
50) 최장렬, 앞의 논문, 39면 참조.

지 또는 청약의 유인인지 그것을 어떻게 보는가에 따라 당사자의 법적 지위 및 계약의 성립시기에 영향을 주게 된다. 이에 대해서는 ⅰ) 청약의 유인으로 보는 견해[51]와 ⅱ) 청약으로 보는 견해[52]가 있으나, ⅲ) 생각건대, 통신판매에서 소비자의 주문행위를 청약으로 보고 있으므로(방문판매등에관한법률 제2조) 판매자가 웹사이트를 개설하거나 인터넷쇼핑몰에서 상품정보를 게시하는 행위는 청약의 유인이고, 이에 따라 소비자가 상품주문을 하는 행위는 청약으로 보는 것이 법률행위 해석의 형평성에 비추어 볼 때 타당하다고 본다.

이렇게 볼 때, 원격의료계약에 있어서는 화상통신 등 정보통신망상에서 환자가 직접 또는 현지의료인을 경유하여 원격지의료인에게 원격진료(상담)를 신청하는 것을 청약이라고 볼 수 있는데, 청약의 절차는 대개 원격지의료인의 웹사이트상에서 제시하는 방식에 따르게 된다. 일반적으로는 원격진료프로그램을 실행시킨 후 '진료(상담)신청' 항목을 클릭(click)함으로써 원격의료계약의 청약이 완료된다. 이렇게 볼 경우, 환자 또는 현지의료인이 '진료(상담)신청' 항목을 열람하는 단계까지는 이른바 '청약의 유인'이며, '진료(상담)신청' 항목을 클릭하는 단계가 앞에서 살펴본 것처럼 상품주문에 해당한다고 볼 수 있으므로 이때 비로소 청약이 되는 것이다.

4. 원격의료계약의 성립 및 이행

1) 원격의료계약의 성립

(1) 원격의료계약의 성립시기
민법 제111조 제1항(의사표시의 효력발생시기)은 기본적으로 의사표시는 도달주

---

51) 한웅길, "전자거래와 계약법", 비교사법 제5권2호, 1998, 21면 이하; 나승성, 전자상거래법, 청림출판, 2000, 144면.
52) 최장렬, 앞의 논문, 39면 이하; 장재옥, "인터넷상에서의 계약체결 – 의사표시와 관련한 몇 가지 기본적 검토", 중앙대법학논문집 제23권1집, 1998, 223면; 최경진, 앞의 책, 122면.

의에 의한다고 규정하고 있는 반면, 민법 제531조에서는 격지자 간의 계약성립시기는 승낙의 의사표시(통지)를 발신한 때로 한다고 규정하고 있으므로 해석상 논란이 된다.[53] 이러한 규정의 해석상, 전자적 의사표시에 의한 전자계약을 대화자 간의 의사표시로 보는 경우에는 승낙의 의사표시가 도달한 때에 계약이 성립하고(到達主義),[54] 격지자 간의 의사표시로 보는 경우에는 승낙의 의사표시를 발송한 때에 계약이 성립하게 되어(發信主義)[55] 양자에 차이점이 발생한다.[56]

---

53) 국제물품매매계약에 관한 유엔협약(United Nations Convention on Contracts for the International Sale of Goods, 1980, Vienna Convention)은 의사표시의 효력발생시기와 관련하여 到達主義를 일반원칙으로 취하고 있다. 즉 우편이나 전보 등에 의한 격지자 간의 승낙의 의사표시의 성립시기에 관하여 도달주의를 취하고 있는 반면, 우리 민법과 영미법·독일법은 發信主義를 취하고 있다. 이와 관련하여, 우리나라에서는 민법 제531조(격지자 간의 계약성립시기)를 발신주의에서 도달주의로 개정하자는 입법론이 있었는데 현재 그 개정안이 국회 법제사법위원회에 계류 중이므로 법안이 통과되면 논란이 해소될 것이다(민법중개정법률안, 2004.10, 의안번호 611, 정부제출안 참조).

54) 격지자와 대화자의 구분은 거리 또는 장소적 관념이 아닌 시간적 측면에서 보는 것이 합리적이고, 전자거래의 경우 대개 단시간 내에 확실하게 상대방의 了知領域에 도달할 수 있으며, 전자적 의사표시의 전달과정의 다단계성 및 복잡성으로 말미암아 그 도달 여부가 더욱 중요하게 고려되어야 하는 것이므로, 전자거래는 대화자 간의 거래로 보고 도달주의에 의해 계약의 성립시기를 정하는 것이 타당하다고 한다(노태악, 앞의 논문, 121면; 방석호, "인터넷 활용에 따른 민사법적 문제", 한국법학50년(Ⅱ): 과거·현재·미래, 1998.12, 714면; 나승성, "전자상거래의 활성화를 위한 관련법제의 개정방향", 법제, 2000.9, 41면; 한삼인·김상명, "전자상거래의 법리에 관한 연구", 비교사법 제6권2호, 1999, 719면; 공순진·김영철, "전자상거래의 민사법적 문제", 동의법정 제15집, 동의대학교, 1999.5, 196면).

55) 격지자와 대화자의 구분은 거리적·장소적·시간적인 것이 아닌 사람과 사람 사이의 직접 통화나 신호에 의한 것인가의 여부에 따라야 하는 것이므로, 전자적 의사표시는 전자사서함을 통하는가의 여부에 관계없이 격지자 간의 의사표시라고 한다(오병철, 앞의 책, 265면 이하; 이철송, "전자거래기본법의 운영상의 諸問題點", 조세학술논집 제16집, 2000, 115면; 지원림, 앞의 논문, 53면).

56) 격지자 간의 거래에 관한 민법 제531조의 해석에 대하여, ① 승낙의 통지가 기간 내에 청약자에게 도달할 것을 정지조건으로 승낙의 통지를 발송한 때에 소급해서 유효한 계약이 성립한다는 견해(정지조건설)가 있으나, ② 승낙이 청약자에게 승낙기간에 도달하지 못한 것을 해제조건으로 하여 발신 시에 계약이 성립한다는 견해(해제조건설)가 다수설이다(김재형, "전자거래에서 계약의 성립에 관한 규정의 개정방향", 인터넷법률 제9호, 법무부, 2001.11, 4면 이하).

요컨대, 발신을 중시하는 법규 및 해석은 통신수단으로 우편이나 전보를 상정했던 시대에 보다 신속하게 계약의 성립 및 그 효력을 인정할 수 있다는 점에서 유용했던 것이나, 오늘날에는 통신수단의 발달로 데이터가 단시간 내에 상대방 측의 了知領域에 도달하게 되므로 발신주의의 유용성은 떨어진다고 볼 수 있다. 따라서 전자적 의사표시를 대화자거래 또는 격지자거래라고 일률적으로 단정 지을 필요는 없으며, 구체적으로는 대화자방식에 가까운 통신수단, 즉 화상통신·전자대화(채팅)·인터넷폰 등을 이용할 경우에는 대화자 간의 의사표시(도달주의)로 보고, 격지자방식에 가까운 통신수단, 즉 컴퓨터팩스·전자게시판·전자우편(이메일)·전자사서함 등을 이용할 경우에는 격지자 간의 의사표시(발신주의)로 보는 것이 타당하다고 본다.

그리고 전자적 의사표시의 발신 및 도달시기에 대해서는 전자거래기본법 제6조(송신·수신 및 장소)에 규정되어 있는바, 이에 따르면 수신자가 수신할 수 있는 컴퓨터에 전자문서가 입력된 때에 송신(발신)된 것으로 하고 수신자가 지정 또는 관리하는 컴퓨터에 전자문서가 입력된 때에 수신(도달)된 것으로 하고 있다.[57] 그런데 전자거래에서는 전자약관 등에서 '수신확인 시 계약이 성립한다'는 특약을 정하고 있는 경우가 많은데, 수신확인이란 발신자가 전자문서의 발신 시 의사표시를 수령하였음을 확인한 후 이를 통지해 줄 것을 수신자에게 요구하는 것이다. 이는 데이터 전송상의 오류로 인한 다툼을 예방하기 위한 취지이며, 전자거래기본법 제9조(수신확인)에 규정되어 있다. 이 경우에는 계약의 성립시기에 대해 새로운 조건을 붙인 청약이 되는 것이 아니라, 승낙의 효력발생시기만을 수신확인 도달 시까지 연기하

---

[57] 구체적으로 보면, ① 전자적 의사표시의 發信時期는, 발신자와 수신자가 서로 다른 메일서버나 전자우편함을 통해 간접적으로 메시지가 전송될 경우에는 전송한 메시지가 발신자의 메일서버로부터 상대방 측의 메일서버로 전송이 시작될 때 발신되었다고 볼 수 있고, 발신자와 수신자가 같은 메일서버나 전자우편함을 이용할 경우에는 메시지가 메일서버로 입력될 때 발신되었다고 볼 수 있다(오병철, 앞의 논문, 131-132면; 김용직·지대운, 앞의 논문, 102면). ② 전자적 의사표시의 到達時期는, 당사자가 직접적으로 네트워크에 의해 연결되어 이루어지는 경우에는 상대방이 계약하고 있는 제공자의 서버에 입력된 순간에 도달했다고 볼 수 있고, 전자사서함을 이용하여 간접적으로 메시지를 전송하는 경우에는 상대방의 전자우편함에 접속하여 메일수신을 명령하여 수신자의 컴퓨터로 전송될 때 도달되었다고 볼 수 있다(오병철, 앞의 논문, 136면).

는 것으로 보아야 할 것이다.[58]

　전자약관에 의한 계약의 성립시기에 관해서는 전자상거래(인터넷사이버몰)표준약관(공정거래위원회 표준약관 제10023호, 2003.10.10. 개정) 제6조(회원가입) 및 제10조(계약의 성립)에서 정하고 있다. 즉 ① 인터넷사이버몰 회원가입계약의 성립시기는 몰(mall)의 승낙이 회원에게 도달한 시점이며(제6조 제3항), 구체적으로는 '몰'의 승낙의 의사표시를 나타내는 전자문서가 이용자(회원가입자)의 지정 또는 관리하는 컴퓨터에 입력된 때를 전자거래기본법 제9조 제2항에 의해 승낙의 의사표시가 도달한 시점으로 보아야 할 것이다. ② 구매계약의 성립시기는 동 표준약관 제9조(구매신청)에 의한 이용자의 구매신청에 대하여 '몰'의 승낙이 제12조 제1항(수신확인통지·구매신청변경 및 취소)의 수신확인통지 형태로 이용자에게 도달한 시점에 계약이 성립한 것으로 본다(제10조 제2항).

　한편, 원격의료에 있어서는 화상통신 등을 이용하여 실시간으로 진료나 상담이 이루어지는 경우도 있고, 또 보건의료포털사이트 등에서 진료상담을 할 경우에는 시간차를 두고 답변을 하는 경우도 있을 것이다. 따라서 원격의료계약의 성립시기에 관해서는 원격의료의 각 유형별로 진행과정에 따라 그것이 대화자 간의 의사표시인지 아니면 격지자 간의 의사표시인지 나누어질 것이다. 요약하자면, 제1유형·제2유형·제3유형에서는 화상통신 등을 이용하여 실시간으로 원격진료가 전개되는 것이므로 대화자 간의 의사표시라고 보는 것이 타당하고(도달주의), 제4유형에서는 시간차를 두고 진료(상담)신청에 대해 답변을 하거나 2차 진료소견서를 발급하는 경우에 해당하므로 이를 격지자 간의 의사표시로 보는 것이 타당하다고 본다(발신주의). 이에 관해서는 각 유형별로 후술한다.

(2) 원격의료계약의 성립장소

　전자거래는 가상공간(cyberspace: virtual space)을 토대로 장소적 내지 물리적으로는 거의 한계 없이 이루어지는 개방성 및 국제성을 특징으로 한다는 점에서 계약의

---

58) 노태악, 앞의 논문, 123면; 한웅길, 앞의 논문, 24면.

성립장소를 결정하는 데 어려움이 있다. 이 계약의 성립장소는 전자거래의 재판관할권이나 준거법을 결정하는 문제와 관련이 있다.

이에 관해서는 전자거래기본법 제6조(송신·수신 및 장소) 제3항에 규정되어 있는데, 일반적으로 계약의 성립장소는 승낙의 도달지, 즉 청약자의 주된 영업장 소재지 또는 주된 거주지가 된다. 이에 따를 때 원격의료계약에 있어서는 현지의료인(현지의료기관) 또는 환자가 청약자가 되고 원격지의료인(원격지의료기관)이 승낙자가 될 것이기 때문에, 계약의 성립장소는 청약자(승낙의 도달지)인 현지의료인(현지의료기관) 또는 환자의 주된 영업장 소재지 또는 주된 거주지가 될 것이다.

2) 원격의료계약의 이행 및 종료

(1) 원격의료계약의 이행

전자계약의 이행방법으로는 자연적 방법에 의한 이행 및 전자적 방법에 의한 이행이 있다. 그리고 급부의무 이행의 유형을 세분하여 ① 상품발송형(상품배달 등을 통해 소비자에게 상품을 발송하는 형태: 자연적 방법에 의한 이행), ② 정보제공형(통신네트워크상에서 전자적 정보를 소비자에게 송신하는 방법으로 이행하는 형태: 전자적 방법에 의한 이행), ③ 권리이전형(네트워크상에서 재산권을 이전시키는 것이 가능하고 그 대항력이 인정되는 경우, 예를 들면 사이버증권: 전자적 방법에 의한 이행), ④ 접속형(통신네트워크의 이용을 제공하는 계약 그 자체: 전자적 방법에 의한 이행)으로 구분하는 견해도 있다.[59]

생각건대 전자계약의 성립이 전자적 수단에 의해 이루어졌다고 할지라도 자연적 방법에 의해 이행되는 경우에는 그 이행과정에 관한 한 종래의 채무이행방법에 관한 법규정 및 이론이 그대로 적용될 것이다. 전자거래의 특징은 그 이행과정에서 컴퓨터네트워크를 통한 가상공간에서의 이행이 실제 현실세계에서의 이행을 대체할 수 있다는 점이라고 말할 수 있는데, 전자적 이행이 가능한 것으로는 전자적 신호

---

59) 이은영, "전자상거래와 소비자법", 비교사법 제5권2호, 1998, 112면 이하.

로 디지털화할 수 있는 것, 즉 컴퓨터파일(file) 형태로 변환이 가능한 서비스나 데이터(data)가 있을 것이다. 그리고 전자거래에서 급부이행 가운데 대금지급의무의 이행방법으로는 현금지급, 신용카드지급, 전자화폐지급 등이 사용될 수 있다. 여기서 전자화폐(electronic money)란 발행자에게 미리 대가를 지급하고 플라스틱 카드에 내장된 IC칩 또는 개인 컴퓨터에 일정한 화폐가치를 저장한 다음 이를 통신망을 통하여 대금지불에 사용할 수 있도록 되어 있는 화폐를 말한다.[60]

한편, 통상적인 의료계약에서 의사의 진료채무의 이행방법은 자연적 방법에 의한 이행이 된다. 즉 의료과정에 따라 진료실에서 의사가 환자에게 진료행위(진찰·검사·진단·치료·예후판정·재활치료 등)를 행하는 것이다. 이에 비해, 원격의료계약에 있어서는 일반적으로 원격지의료인이 화상통신 등 정보통신망을 통하여 현지의료인을 경유하거나 또는 환자에게 직접 그러한 진료행위를 행함으로써 원격지의료인의 진료채무의 이행이 이루어진다. 그런데 이때의 이행은 정보통신망을 활용해서 이루어지는 것이므로 기본적으로는 전자적 방법에 의한 이행이 될 것이나, 의료행위의 특성에 중점을 둘 경우에는 그 이행방법은 원격의료의 각 유형별로 크게 두 가지로 분류될 수 있을 것이다. 즉 제1유형·제2유형·제3유형에서는 자연적 방법에 유사한 이행의 형태가 될 것이며, 제4유형에서는 전자적 방법에 의한 이행의 형태 중 정보제공형, 즉 통신네트워크상에서 전자적 의료정보를 이용자(환자)에게 송신하는 방법으로 진료채무를 이행하게 될 것이다.

그리고 원격의료에 있어서 환자의 진료비지급의무 이행방법은 현지의료인이 있는지 여부에 따라 역시 두 가지로 나뉘게 된다. 현지의료인이 있는 제1유형·제2유형은 현금지급과 신용카드 결제, 전자화폐 지급 등 여러 방법을 선택적으로 이용할 수 있을 것이다. 그러나 현지의료인이 없는 제3유형[61]·제4유형의 경우 현금지급방법은 이용될 수 없고 당사자 간에 약정한 결제방법이 이용된다. 이 경우에도 전

---

60) 전자화폐에 관한 내용에 대해서는, 정진명, "전자화폐의 법적 문제", 인터넷법률, 법무부, 2001.1; 김은기, "전자화폐의 법적 성질", 인하대법학연구, 2000.3; 이경윤, "전자화폐에 관련된 법적 문제에 대한 고찰", 정보법학, 2000.12; 정완용, 앞의 책, 144−169면 참조.
61) 예컨대, 서울대병원 가정의학과 재택원격진료센터에서는 진료비접수 시 신용카드결제 방법을 사용하고 있다.

자상거래의 결제방법으로 많이 이용되고 있는 결제대금예치(escrow) 제도[62]를 도입할 수 있겠으나, 원격의료서비스를 받고 치료에 하자가 있으면 지급한 대금을 되돌려 받는 식의 취소나 철회는 의료행위의 특성상 인정할 수 없을 것이다.

(2) 원격의료계약의 종료

통상적인 의료계약은 의료행위의 종료 또는 일정한 기간을 정하고 한 경우 그 기간의 만료 등과 같이 계약의 목적이 달성되거나, 또는 의료계약의 당사자가 사망한 경우에 종료한다(민법 제690조). 여기서 뇌사의 경우에도 의료계약이 종료되는가에 대해서는, 만일 뇌사설에 따른다면 의학적 기준에 따라 뇌사가 확정되면 의료행위를 계속할 의무가 없으므로 환자 본인 또는 그 가족의 의사와 관계없이 생명유지를 위한 의료행위를 중지할 수 있게 된다.

또한 의료계약과 같은 계속적인 성질의 계약은 당사자 간의 특별한 신뢰관계를 기초로 하는 것이므로, 각 계약당사자는 자유롭게 해지의 통고를 할 수 있으며 해지의 의사표시는 묵시적으로도 가능하다. 다만 의사나 환자가 부득이한 사정이 없는 한, 상대방에게 불리한 시기에 의료계약을 해지할 경우에는 그 손해를 부담해야하며(민법 제689조 제2항), 특히 의사에게는 진료거부금지의무가 부담되어 있으므로 사실상 계약해지가 더욱 제한되어 있다고 볼 수 있다(의료법 제15조).

한편, 원격의료계약의 종료 및 해지에 관해서는 통상의 의료계약에서의 법리가 동일하게 적용된다고 본다.

---

62) 결제대금예치제도(escrow)란 인터넷이나 홈쇼핑을 통해 10만 원 이상의 제품을 주문하는 경우 소비자가 수령할 때까지 물건대금을 은행 등 제3기관에서 보관토록 하는 제도이다(전자상거래등에서의소비자보호에관한법률 제13조 제2항 제10호, 제24조 제2항 및 제3항 제1호, 동법시행령 제28조의2).

1. 제1유형의 원격의료

1) 의 의

제1유형의 원격의료는 의사 등 의료인(의료기관)과 의사 등 의료인(의료기관) 사이의 원격의료를 말한다. 즉 의사 등 의료인(의료기관) 상호 간에, 방사선영상·임상병리검사결과·내시경영상 등을 전송함으로써 의학지식 및 치료기술을 지원하거나 치료방향에 대한 자문을 행하고 그 지침에 따라 환자를 치료하는 등의 방식으로, 현지의료인(현지의료기관)의 진료채무의 일부를 원격지의료인(원격지의료기관)에게 위임하는 형태이다.[63]

이 유형의 원격의료에는 내용적으로는 원격진단, 원격치료, 원격자문, 의료인에 대한 원격교육, 의료인 간 원격연구 등이 가능할 것이다. 이와 같은 유형에는 원격지의료인(원격지의료기관)과 환자 사이에 현지의료인(현지의료기관)이 존재하는 경우이므로 의료법상(제34조) 허용되는 원격의료의 유형이다.

---

63) 제1유형의 사례로는, ① 연세대신촌세브란스병원의 응급실 – 의사자택 연결 원격응급진단시스템(1994년 6월), ② 영동세브란스병원과 미국 존스홉킨스대학병원 등 9개 병원 간 원격진료시스템(2001년 2월), ③ 신촌세브란스병원과 상암동축구경기장 응급진료센터 간 차세대멀티미디어응급진료시스템(2002년), ④ 서울대병원과 시립보라매병원 간 원격진단방사선시스템(1998년), ⑤ 인천중앙길의료원과 백령도길병원 간 원격영상진료시스템(1995년 6월), ⑥ 삼성의료원과 미국 존스홉킨스대학병원 간(1995년 9월)·일본 홋가이도대학병원 간(1999.2월)·미국 MD앤드슨암센터 간(2000년 6월)·UCLA의과대학 시더스사이나이병원 간(2002년 7월) 원격화상진료시스템, ⑦ 삼성의료원과 마산의료원 등 산하 분원 간 원격진료시스템(1997년), ⑧ 부산중앙병원과 울산길메리병원 간 원격진료시스템(1997년 11월), ⑨ 지방공사강남병원과 미국 UCLA헬스케어재단 및 UCLA데이비스병원 간 원격진료시스템(2000년 12월), ⑩ 서울아산병원과 산하 분원인 정읍아산병원 간 원격진료시스템(2001년 9월)·제천서울병원 간 원격피부과시스템(2003년 9월), ⑪ 한양대병원과 일본 큐수대병원 간 원격복강경담낭절제술(2003년 10월) 등이 있다.

2) 원격의료인

　제1유형에서 원격지의료인(원격지의료기관)은 前者의 의사 등 의료인(의료기관)이 된다. 이 원격지의료인은 의료법 제2조(의료인)에서 정하는 의료인 중 '의료업에 종사하는 의사·치과의사·한의사'에 한하고, 조산사·간호사는 제외된다(의료법 제34조 제1항). 그리고 원격지의료기관에는 의료법 제3조(의료기관)에서 정하는 의료기관 중 '종합병원·병원·치과병원·한방병원·요양병원·의원·치과의원·한의원'은 포함되지만, 조산원은 제외된다.

　그리고 현지의료인(현지의료기관)은 後者의 의사 등 의료인(의료기관)이 되며, 이는 원칙적으로 제1유형에서의 원격지의료인의 개인신분 및 기관자격과 동일하다. 이 현지의료인은 의료법 제2조(의료인)에서 정하는 의료인, 즉 의사·치과의사·한의사가 되며, 다만 이때 현지의료기관에 근무하는 조산사·간호사는 현지의료인의 보조자로 참가할 수 있을 것이다(의료법 제34조 제1항). 또한 현지의료기관에는 의료법 제3조(의료기관)에서 정하는 의료기관 즉 종합병원·병원·치과병원·한방병원·요양병원·의원·치과의원·한의원이 포함되지만, 의사·치과의사·한의사가 근무하지 않는 조산원은 현지의료기관이 될 수 없다.

3) 원격의료계약의 청약 및 승낙

　제1유형의 원격의료(제2유형 동일)에서는 원격의료계약이 체결되는 절차가 3단계로 구성된다.

　1단계에서는, 원격지의료인(원격지의료기관)과 현지의료인(현지의료기관) 사이에 원격의료협약[64]이 체결되는 것이 일반적이며, 이에 근거하여 두 의료인(의료기관)은 원격의료를 시행하게 된다. 이 원격의료협약은 자연적 방법에 의한 계약형태를 갖

---

[64] 원격의료협약의 대표적인 사례로는, 삼성의료원과 미국 존스홉킨스대학병원 간 원격의료협약, 지방공사강남병원과 미국 UCLA헬스케어재단·UCLA데이비스병원 간 원격의료협약, 영동세브란스병원과 미국 존스홉킨스대학원 등 9개 병원 간 원격의료협약 등이 있다.

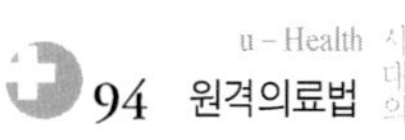

추는 것이 보통이며, 일반적으로 양쪽 당사자가 협약서에 서명날인을 함으로써 효력이 발생한다.

2단계에서는, 환자를 직접 대면해서 진료하는 현지의료인(현지의료기관)과 환자 사이에 자연적 방법에 의해 환자의 진료신청(청약) 및 의사의 신청접수(승낙)이라는 절차에 따라 통상적인 의료계약이 체결될 것이다. 이때 진료신청 및 신청접수의 내용은 원격의료 및 대면의료를 복합적으로 포함하는 것이 된다.

3단계에서는, 개개의 진료행위에 있어서 환자로부터 원격의료를 의뢰받은 현지의료인(현지의료기관)과 원격지의료인(원격지의료기관) 사이에 화상통신 등 정보통신망이 연결되어 이를 통해 환자 또는 현지의료인과 원격지의료인 사이에 원격진료신청(청약) 및 신청접수(승낙)가 동시적으로 이루어지게 된다. 이 단계에서 비로소 전자적 의사표시 등의 전자적 방법에 의하여 원격의료계약이 체결되는 것이며, 이것이 원격의료계약의 핵심요소가 된다고 할 수 있다.

그리고 제1유형의 원격의료(제2유형 동일)에서는 계약체결의 3단계에서 환자로부터 원격진료를 의뢰받은 현지의료인(현지의료기관)과 원격지의료인(원격지의료기관) 사이에 화상통신 등 정보통신망이 연결되고 이를 통해 계약당사자 3인(환자－현지의료인－원격지의료인) 사이에 동시적으로 원격진료신청 및 신청접수가 이루어진다. 먼저 환자는 현지의료인에게 대면진료를 포함한 원격진료를 신청함으로써 원격의료계약의 청약이 이루어지고, 현지의료인은 환자의 원격진료신청(청약)을 화상통신상에서 원격지의료인에게 실시간으로 전달하게 되며, 마지막으로 원격지의료인은 현지의료인을 통해 전달받은 환자의 원격진료신청(청약)을 접수함으로써 원격의료계약의 승낙이 이루어지게 된다.

이 경우 환자의 원격진료신청(청약), 현지의료인의 원격진료신청 실시간 전달(청약의 전달), 원격지의료인의 원격진료신청 접수(승낙)는 모두 전자적 의사표시 등의 전자적 방법에 의해 실행된다. 즉 컴퓨터 초기화면에서 원격진료프로그램을 실행시키면 로그인화면이 나타나고, 현지의료인 또는 환자 자신의 ID 및 비밀번호를 입력시킨 다음 진료신청을 하게 되면, 현지의료인 또는 환자와 원격지의료인이 화상통신상에서 실시간으로 대화를 하면서 진료를 시작하는 형식으로 구성되어 있는 것이

일반적이다. 이렇게 볼 때, 원격진료신청(청약)과 신청접수(승낙)가 모두 화상통신상
에서 전자적 방법의 일정한 형식에 따라 진행된다는 점을 알 수 있으며, 이것은 계
약서 형식의 일종의 전자문서라고 볼 수 있다(電子文書性: formalities). 따라서 이
점에서는 통상적인 의료계약에 있어서 관례적으로 구두방식에 의해 의료계약이 체
결되는 것과는 차이가 있다고 할 것이다.

4) 원격의료계약의 성립

제1유형의 원격의료(제2유형·제3유형 동일)에서는 화상통신 등을 이용하여 실시
간으로 원격진료가 전개되는 것이므로 대화자 간의 의사표시라고 보는 것이 타당하
다고 본다. 따라서 도달주의에 따라 원격지의료인이 웹사이트상에서 진료신청을 접
수했다는 사실을 통지하고 환자가 이를 인지한 상태에 놓여 있을 때 또는 환자가
웹사이트상에서 진료비를 수납한 사실을 원격지의료인으로부터 확인받았을 때에 원
격지의료인의 승낙의 의사표시가 도달한 것으로 보고, 이때 원격의료계약이 성립한
것으로 본다.

5) 원격의료계약의 이행

제1유형의 원격의료(제2유형 동일)에서는 자연적 방법에 유사한 이행의 형태가
될 것이다. 즉 원격지의료인이 대면진료를 행하는 현지의료인을 경유하여 실시간으
로 진료채무를 이행하게 된다.

2. 제2유형의 원격의료

1) 의 의

제2유형의 원격의료는 의사 등 의료인(의료기관)과 간호사 등 기타 의료인 및 간호조무사 등 기타 보건의료인(의사 없는 의료관련기관) 사이의 원격의료를 말한다. 즉 의사 등이 근무하지 않는 의료관련기관(보건소·보건진료소·조산원·산후조리원·학교의무실 등)에 있는 간호사·간호조무사 등의 기타 보건의료인 등이 의사·치과의사·한의사(의료기관)와 연계하여 그 지침을 받아 환자를 진단하거나 치료를 행하는 유형을 말한다.[65]

이 유형의 원격의료에서는 내용적으로는 원격진단, 원격치료, 원격자문, 보건의료인에 대한 원격교육, 의료인과 기타 보건의료인 간 원격연구 등이 가능할 것이다. 이와 같은 유형에는 원격지의료인(원격지의료기관)과 환자 사이에 현지의료인(현지의료기관: 의사 없는 의료관련기관)이 존재하는 경우이므로 의료법상(제34조) 허용되는 원격의료의 유형이다.

2) 원격의료인

제2유형의 원격의료에서 원격지의료인(원격지의료기관)은 前者의 의사 등 의료인(의료기관)이 되며, 이는 원칙적으로 제1유형에서의 원격지의료인의 개인신분 및 기

---

65) 제2유형의 사례로는, ① 서울대병원과 연천군보건의료원 간(1990년 10월), ② 한림대춘천성심병원과 화천군보건의료원 간(1990년 10월), ③ 경북대병원과 울진군보건의료원 간(1990년 10월, 1994년 11월), ④ 전남대병원과 구례군보건의료원 간(1994년 11월) 원격진료시범사업, ⑤ 서울대병원과 인천영락원·서울시립북부노인종합복지관 간 원격치매진료시스템(1998년), ⑥ 서울대병원과 서울대관악캠퍼스보건진료소·한국통신분당사옥의무실 간 원격진료시스템(1999년 5월) 등이 있다. 이 유형에는 ⑦ 서울 강남구보건소(담당의사)와 관내 보건진료소(담당간호사) 간 원격영상진료시스템(2003년 4월), ⑧ 강원도 홍천군보건소 등 12개 보건소(담당의사)와 관내 보건진료소(담당간호사) 간 원격화상진료시스템(2004년 2월) 등의 경우도 포함될 수 있을 것이다.

관자격과 동일하다. 즉 이 원격지의료인은 의료법 제2조(의료인)에서 정하는 의료인 중 '의료업에 종사하는 의사·치과의사·한의사'에 한하고, 조산사·간호사는 제외된다(의료법 제34조 제1항). 그리고 원격지의료기관에는 의료법 제3조(의료기관)에서 정하는 의료기관 중 '종합병원·병원·치과병원·한방병원·요양병원·의원·치과의원·한의원'은 포함되지만, 조산원은 제외된다.

그리고 현지의료인(현지의료기관)은 後者의 간호사 등 기타의료인과 간호조무사 등 기타 보건의료인(의사 없는 의료관련기관)이 된다. 즉 현지의료인은 조산사·간호사 등 기타 의료인과 간호조무사(의료법 제58조)·의료유사업자(의료법 제60조)·안마사(의료법 제61조) 및 의사 또는 치과의사의 지도하에 진료 또는 의화학적 검사에 종사하는 의료기사(의료기사등에관한법률 제1조), 의료취약지역 안에서 대통령령이 정하는 경미한 의료행위를 할 수 있는 보건진료원(농어촌등보건의료를위한특별조치법 제19조) 등 기타 보건의료인이 될 것이다. 또한 가정방문전문간호사가 의사 등 의료인(의료기관)의 지침하에 가정을 방문하여 환자 옆에서 인터넷 등을 활용하여 원격의료를 행하는 경우에는 이 가정방문전문간호사도 현지의료인에 포함될 수 있다. 또한 현지의료기관으로는 의사·치과의사·한의사가 근무하지 않는 보건소·보건진료소·조산원·학교의무실 등 의사 등이 근무하지 않는 의료관련기관이 포함된다.

3) 원격의료계약의 청약 및 승낙

제2유형의 원격의료에서 원격의료계약의 체결단계, 청약 및 승낙의 과정은 제1유형에서와 동일하다.

4) 원격의료계약의 성립 및 이행

제2유형의 원격의료에서 원격의료계약의 성립시기 및 이행방법은 제1유형·제3유형에서와 동일하다.

3. 제3유형의 원격의료

1) 의 의

제3유형의 원격의료는 의사 등 의료인(의료기관) 또는 간호사 등 기타 의료인 및 간호조무사 등 기타 보건의료인(의사 없는 의료관련기관)과 환자(가정) 사이의 원격의료를 말한다. 즉 거동이 불편한 환자가 의사 등 의료인(의료기관) 또는 간호사 등 기타 의료인 및 간호조무사 등 기타 보건의료인(의사 없는 의료관련기관)에 직접 내왕하지 않고 생체기능을 측정할 수 있는 원격청진기·원격혈압계·원격모니터기 등의 원격의료장비를 설치한 원격환자감시시스템을 이용해서 가정에서 이들 의료인(의료기관) 또는 기타 의료인(의사 없는 의료관련기관) 등의 그 지침을 받아 치료나 건강상담 또는 건강관리교육을 행하는 유형을 말한다.[66]

이 유형의 원격의료에서는 내용적으로는 재택진료(home healthcare), 환자에 대한 원격교육, 인터넷의료상담 등이 가능할 것이다. 그러나 이러한 유형은 원격지의료인(원격지의료기관)과 환자 사이에 현지의료인(현지의료기관)이 존재하지 않고, 원격지의료인(원격지의료기관)이 환자와 직접 관계하는 경우이므로 의료법상(제34조) 허용되지 않는 원격의료의 유형이라고 할 수 있다.

2) 원격의료인

제3유형의 원격의료에서 원격지의료인(원격지의료기관)은 제1유형에서의 원격지의료인의 자격을 갖춘 자(의료기관) 및 제2유형에서의 현지의료인의 자격을 갖춘 자(의사 없는 의료관련기관)가 모두 포함될 것이다.

그리고 현지의료인(현지의료기관)이 존재하지 않는다. 왜냐하면 원격지의료인이

---

66) 제3유형의 사례로는, ① 서울대병원(가정의학과 재택원격진료센터)과 4개 시범가정 간 원격일차진료시스템(1999년 5월), ② 가톨릭대강남성모병원과 여의도 일대 390여 명 초고속통신망가입자 간 원격영상진료시스템(1998년 6월) 등이 대표적인 경우이다.

인터넷이나 화상통신 등의 초고속정보통신망을 통하여 환자와 직접 대면할 것이기 때문이다.

3) 원격의료계약의 청약 및 승낙

제3유형의 원격의료에서는 원격의료계약이 체결되는 절차가 2단계로 구성된다.

1단계에서는, 원격지의료인(원격지의료기관: 의료기관 또는 의사 없는 의료관련기관)과 환자 사이에 원격지의료인이 제시하는 회원가입절차(회원가입약관)에 따라 원격의료를 받기 위한 회원등록이 이루어지는 것이 일반적이다. 이 회원가입절차는 보통 웹사이트상의 일정한 양식에 따라 이루어지므로 전자적 방법에 의한 일종의 요식행위적 계약이며, 이것은 원격의료계약의 사전단계로서의 의미를 가진다.

2단계에서는, 개개의 진료행위에 있어서는 원격지의료인(원격지의료기관: 의료기관 또는 의사 없는 의료관련기관)과 환자 사이에 화상통신 등 정보통신망이 연결되어 이를 통해 두 계약당사자 간의 원격의료신청(청약) 및 신청접수(승낙)가 이루어지게 된다. 이 단계에서는 전자적 의사표시 등의 전자적 방법[67]에 의해 원격의료계약이 체결되는 것이며, 이것이 원격의료계약의 핵심요소를 이루게 된다.[68]

그리고 제3유형에서는 계약체결의 2단계에서 원격지의료인(원격지의료기관: 의료기관 또는 의사 없는 의료관련기관)과 환자 사이에 화상통신 등 정보통신망이 연결

---

[67] 서울대병원 가정의학과 재택원격진료센터 웹사이트를 보면, 이 단계에서 말하는 '전자적 의사표시에 의한 전자적 방법'이란 통상적으로 컴퓨터상에서 '원격진료프로그램'을 실행시킴으로써 진료신청(청약) 및 신청접수(승낙)를 하는 방식으로 구성되어 있다.

[68] 서울대병원 가정의학과 재택원격진료센터의 경우를 예로 들면, ① 재택원격진료서비스신청서를 작성하고 원격진료회원가입을 하는데 이때 로그인시 사용할 비밀번호를 기재하며, ② 재택원격진료프로그램을 실행하면 '로그인하기' 화면이 나오고 주민등록번호와 비밀번호를 입력한 후 '접속' 부분을 클릭하여 로그인을 한 다음, ③ '진료받기' 화면 등으로 이동하여 본격적인 원격진료가 시작되도록 구성되어 있다. 여기서 비밀번호를 기재한 재택원격진료서비스신청서를 작성하는 것이 회원가입절차이며, 실제로 개개의 원격의료행위 시에는 환자가 로그인을 완료할 경우 원격의료의 진료신청(청약) 및 신청접수(승낙)가 완료되어 원격의료계약이 체결되는 것이다.

되고 이를 통하여 계약당사자 2인(원격지의료인-환자) 사이에 원격진료신청 및 신청접수가 이루어진다. 먼저, 환자는 원격지의료인이 마련한 웹사이트상에서 원격진료를 신청함으로써 원격의료계약의 청약이 이루어지고, 원격지의료인이 환자의 원격진료신청을 접수한 후, 환자가 웹사이트상에서 진료비 수납을 완료하게 되면 원격의료계약의 승낙이 이루어진다.

실제로 서울대병원 가정의학과 재택원격진료센터의 원격진료절차를 보면, '재택원격진료프로그램 실행 → 진료대기 및 신청 → 간호사의 진료접수 → 진료비 수납(인터넷 카드결제) → 의사의 진료 → 간호사와 영상을 연결하여 차기예약 → 약처방전 출력 → 진료종료'의 순서로 되어 있는데, 여기서 '진료신청-진료접수-진료비수납'까지의 과정이 바로 원격의료계약을 체결하는 청약 및 승낙의 단계이다. 이는 제1유형·제2유형에서와 같이, 원격진료신청(청약) 및 신청접수(승낙)가 모두 웹사이트상에서 전자적 방법의 일정한 형식에 따라 이루어는 것이므로 이것은 계약서 형식의 일종의 전자문서라고 볼 수 있다.

4) 원격의료계약의 성립

제3유형의 원격의료에서 원격의료계약의 성립시기는 제1유형·제2유형에서와 동일하다.

5) 원격의료계약의 이행

제3유형의 원격의료에서 원격의료계약의 이행방법은 제1유형·제2유형에서와 마찬가지로 자연적 방법에 유사한 이행의 형태가 될 것이다.

다만, 제1유형·제2유형의 경우에는 원격지의료인이 대면진료를 행하는 현지의료인을 경유하여 실시간으로 진료채무를 이행하게 될 것이나, 제3유형(재택원격진료)에서는 원격지의료인이 통신상에서 실시간으로 환자에게 자가혈당계나 자가혈압계 또는 원격모니터기 등의 원격의료장비를 조작하도록 지시하여 그 측정결과를 전송

받아 이를 기초로 처방을 내리는 등의 진료채무를 이행하게 된다.

4. 제4유형의 원격의료

1) 의 의

제4유형의 원격의료는 사이버병원 또는 보건의료포털사이트 형태의 원격의료를 말한다. 즉 의사 등 의료인(의료기관)·간호사 등 기타의료인 및 간호조무사 등 기타보건의료인(의사 없는 의료관련기관)·비의료인(비의료기관) 등이 인터넷 등 가상공간상에서 사이버병원(인터넷병원: cyber hospital, internet hospital, digital hospital)[69] 또는 보건의료포털사이트[70]를 개설한 후, 전자우편(e-mail)이나 전자대화(chatting) 또는 웹사이트상의 일정한 문진양식 등을 이용하여 환자에게 진료나 의료상담 또는 원격건강교육서비스를 제공하거나 나아가 질병을 진단하고 처방전을 발급하는 유형을 말한다.[71]

---

69) 사이버병원 또는 인터넷병원이란 단순히 건강정보를 제공하는 인터넷웹사이트 또는 보건의료포털사이트의 수준이 아니라 웹사이트상에서 의료법상 의료기관으로 개설허가를 받고 의료업을 행하는 의료기관을 말한다. 사이버병원이 법적으로 허용되기 위해서는 의료법 제3조(의료기관의 종류)를 개정해야 하거나 이에 관한 특례법을 제정하여야 한다.

70) 우리나라의 건강관련 웹사이트의 수는 1999년 747개, 2000년 3,416개, 2002년 10,043개인 것으로 집계되었다. 그리고 인터넷건강정보 이용현황을 조사한 결과, 주된 사용목적은 건강증진·질병예방·치료를 위한 정보수집 56%, 건강상담 13%, 교육·연구·학습 6.9%, 식품·의료기기 구입 3.6% 순이었다. 또한 이용한 정보내용은 질병정보 95.4%, 자가진단 91.8%, 응급정보 87.2%, 건강상식 83.6%, 검사정도 73.1% 순이었다(김수영, "인터넷 의료정보 국내외 현황", 인터넷 건강정보 올바른 방향모색 토론회 연제집, 대한의사협회, 2002.10, 5-16면); 한편 대한전공의협의회는 의료정보사이트를 다음 10가지로 분류하고 있다. 의사·의대생사이트, 대체의학사이트, 한의학사이트, 약국·약사사이트, 개원의·종합병원·일반건강정보사이트, PACS·EDI·OCS 등 소프트웨어사이트, 의료기기 소개선전 등 하드웨어사이트, 의료포탈사이트, 제약회사·약품광고사이트, 학회·의국·의과대학사이트(이동훈·곽태호·조현경·서정성, "국내 인터넷인증의 운영경험", 인터넷 건강정보 올바른 방향모색 토론회 연제집, 대한의사협회, 2002.10, 20면).

이 유형의 원격의료에서는 내용적으로는 원격진단, 원격치료, 원격자문, 원격교육, 인터넷의료상담 등이 가능할 것이다. 그러나 이러한 유형은 원격지의료인(원격지의료기관)과 환자 사이에 현지의료인(현지의료기관)이 존재하지 않고 원격지의료인(원격지의료기관)이 환자와 직접 관계하는 경우이므로, 제3유형과 마찬가지로 의료법상(제34조) 허용되지 않는 원격의료의 유형이라고 할 수 있다. 이 유형에서처럼 인터넷과 같은 가상공간상의 의료기관, 즉 원격진료전문의료기관(사이버병원)의 개설은 의료법 제3조(의료기관) 및 제33조(개설) 등에서 허용하지 않고 있는 의료기관의 형태이며, 그 허용여부를 두고 법률적인 논란과 특히 윤리적 측면에서의 문제점이 지적되고 있는 실정이다.[72][73]

2) 원격의료인

제4유형의 원격의료에서 원격지의료인(원격지의료기관)은 사이버병원 또는 보건의료포털사이트의 개설자 또는 운영자(의료인·기타의료인·기타보건의료인·비의료인·의료기관·의사 없는 의료관련기관·비의료기관) 및 그와 일정한 계약관계에

---

71) 제4유형의 사례로는, 각 의료기관(병원)이 자체적으로 운영하는 인터넷웹사이트가 있고, 그 밖에 국내의 대표적인 보건의료포털사이트로는 사이버비트호스피털, 페이지원, 아파요닷컴, 하이케어, 메디조아, 텔레메드, 건강샘, 드림케어, 월드케어코리아, 이디지털메드, 365홈케어 등이 있다. 이 가운데 아파요닷컴과 같이 일부 보건의료포털사이트는 그 내용면에서 사이버병원(인터넷병원)의 모습을 나타내고 있는 경우도 있다.

72) 보건의료정보사이트의 국제적 가이드라인을 정하고 있는 대표적인 것으로는 1996년 3월 시행된 HON Code가 있는데, 여기서는 다음과 같은 8개 항목의 가이드라인을 제시하고 있다. ① 전문가에 의해 제공되는 명확한 근거(Authority), ② 기존의 치료를 대체하는 것이 아니라 보완하는 것(Complementary), ③ 개인정보의 보호(Confidentiality), ④ 정보의 출처를 명확히 밝히는 것(Attribution), ⑤ 치료·상품·서비스에 대한 정보를 균형 있게 제공할 것(Justifiable), ⑥ 정보제공자의 투명성(Transparency of authorship), ⑦ 후원의 투명성(Transparency of sponsorship), ⑧ 광고나 정보제공 원칙의 정직성(Honesty of advertising and editorial policy)(이재옥·박흥식·김유경·구영모·민원기·최진옥·조한익, "보건의료정보사이트의 가이드라인의 설정", 간호학탐구 제9권1호, 2000, 8-17면에서 재인용).

73) 하지현, "인터넷의료의 법적, 윤리적 고찰", 용인정신의학보 제8권2호, 2001, 159-165면; 안지영, "인터넷을 통한 건강상담의 내용분석", 간호행정학회지 제6권1호, 2000, 83-96면 참조.

있는 의사 등의 의료인, 기타의료인, 기타보건의료인 등이 될 것이다.

그리고 여기서는 제3유형에서와 마찬가지로 현지의료인(현지의료기관)이 존재하지 않는다. 왜냐하면 사이버병원 또는 보건의료포털사이트의 운영자 및 그와 일정한 계약관계에 있는 의사 등의 원격지의료인이 웹사이트를 통해 환자 또는 이용자와 직접 대면할 것이기 때문이다.

3) 원격의료계약의 청약 및 승낙

제4유형의 원격의료에서는 원격의료계약이 체결되는 절차가 3단계로 구성된다.[74]

1단계에서는, 사이버병원 또는 보건의료포털사이트의 개설자인 제1의 원격지의료인이 의사 등의 제2의 원격지의료인과 일정한 계약관계를 체결함으로써 의료행위·의료상담·의료정보의 제공을 위한 기초를 마련하게 된다. 이 계약절차는 대개 계약서상의 서명날인방식으로 이루어지는 자연적 방법 또는 웹사이트상의 일정한 양식에 따라 이루어지는 전자적 방법이 활용되며, 이것은 원격의료계약의 핵심요소가 아니라 부가적 요소로서의 의미를 가진다.

2단계에서는, 사이버병원 또는 보건의료포털사이트의 개설자(운영자)가 제시하는 회원가입절차(회원가입약관)에 따라 원격의료를 위한 회원등록이 이루어지는 것이 보통이다. 이 회원가입절차는 보통 웹사이트상의 일정한 양식에 따라 이루어지므로 전자적 방법에 의한 일종의 요식행위적 계약이며, 이것은 원격의료계약의 사전단계로서의 의미를 가진다.

3단계에서는, 개개의 진료행위에 있어서는 원격지의료인(사이버병원 또는 보건의료포털사이트 개설자, 그와 일정한 계약관계에 있는 의사 등의 의료인)과 환자 사이에 웹사이트나 화상통신 등 정보통신망이 연결되어 이를 통해 두 계약당사자 간의

---

74) 사이버병원 또는 보건의료포털사이트에서는 대부분 전자약관의 형식으로 된 일반회원(환자) 가입절차 및 전문가회원(의사) 가입절차를 구비하고 있다. 또한 월드케어코리아 등의 경우에는 2차소견서를 작성해 주는 외국의료기관(미국 존스홉킨스대학병원 등)과 제휴협정을 체결하는 형식을 취하고 있다.

원격의료신청(청약) 및 신청접수(승낙)가 이루어지게 된다. 이 단계에서는 전자적 의사표시 등의 전자적 방법에 의해 원격의료계약이 체결되는 것이며, 이것이 원격의료계약의 핵심요소를 이루고 있다.

그리고 제4유형에서는 계약체결의 3단계에서 원격지의료인(원격지의료기관: 사이버병원 또는 보건의료포털사이트의 개설자, 그와 일정한 계약관계에 있는 의사 등의 의료인)과 환자 사이에 화상통신 등 정보통신망이 연결되고, 이를 통해 계약당사자 2인(원격지의료인-환자) 사이에 원격진료(상담)신청 및 신청접수가 이루어진다. 먼저 환자는 원격지의료인이 마련한 웹사이트상에서 원격지의료인에게 원격진료(상담)를 신청함으로써 원격의료계약의 청약이 이루어지고, 원격지의료인은 환자의 원격진료(상담)신청을 접수함으로써 원격의료계약의 승낙이 이루어지게 된다.

다만, 이 유형에서는 제1의 원격지의료인인 사이버병원 또는 보건의료포털사이트의 개설자(운영자)가 제2의 원격지의료인인 일정한 계약관계에 있는 의사 등의 의료인에게 다시 환자의 원격진료(상담) 신청내용을 전달하는 경우가 있을 것이다. 만일 제1의 원격지의료인이 제2의 원격지의료인에게 그 내용을 실시간으로 전달하고 환자와 화상통신상에서 진료상담을 하게 되는 경우에는, 그것은 제1의 원격지의료인과 제2의 원격지의료인과의 별도 계약에 의한 것이므로 환자와 제2의 원격지의료인 사이에는 직접적인 원격진료신청(청약) 및 신청접수(승낙)가 발생하지 않는 것으로 보는 것이 타당하다.

이 제4유형의 원격의료에 있어서도 환자의 원격진료신청과 원격지의료인의 신청접수는 모두 전자적 의사표시 등의 전자적 방법에 의해 실행된다. 즉 컴퓨터 초기화면에서 원격진료프로그램을 실행시키면 로그인 화면이 나타나고, 환자의 주민등록번호 또는 ID 및 비밀번호를 입력시킨 다음 진료(상담)신청을 하게 되면, 시간차를 두고 답변서 또는 2차 진료소견서를 작성해 주거나 화상통신상에서 실시간으로 대화를 하면서 상담하는 형식으로 구성되어 있는 것이 일반적이다. 따라서 제1유형·제2유형·제3유형에서와 마찬가지로, 원격진료신청(청약)과 신청접수(승낙)가 모두 웹사이트상에서 전자적 방법의 일정한 형식에 따라 진행된다는 점에서 이것은 계약서 형식의 일종의 전자문서라고 볼 수 있는 것이다.

4) 원격의료계약의 성립

제4유형의 원격의료에서 시간차를 두고 진료(상담)신청에 대해 답변을 하거나 2차 진료소견서를 발급하는 경우에는 이를 격지자 간의 의사표시로 보는 것이 타당하다고 본다. 따라서 발신주의에 따라 원격지의료인(사이버병원 또는 보건의료포털사이트의 개설자, 그와 일정한 계약관계에 있는 의사 등의 의료인)이 웹사이트상 또는 전자우편(이메일)으로 '환자의 진료(상담)신청을 접수했다'는 통지를 한 때에 원격지의료인의 승낙의 의사표시가 발송된 것으로 보고, 이때 원격의료계약이 성립한 것으로 본다.

다만, 만일 제2의 원격지의료인과 환자 사이에 화상통신 등을 이용하여 진료 또는 상담이 실시간으로 전개되는 경우에는 대화자 간의 의사표시라고 볼 수 있으나, 전술한 바와 같이 이는 제1의 원격지의료인과 제2의 원격지의료인 간의 별도 계약에 의한 것이므로 이 별도 계약은 주된 계약인 제1의 원격지의료인과 환자 사이의 원격의료계약(격지자 간의 의사표시)에 포섭된다고 보는 것이 타당하다.

5) 원격의료계약의 이행

제4유형의 원격의료에서는 전자적 방법에 의한 이행의 형태 중 정보제공형, 즉 통신네트워크상으로 전자적 의료정보를 이용자(환자)에게 송신하는 방법으로 진료채무를 이행하게 될 것이다. 즉 제1의 원격지의료인(사이버병원 또는 보건의료포털사이트의 개설자)은 전자게시판이나 전자사서함을 통해 환자로부터 접수된 진료(상담)신청에 대한 답변서이나 2차 진료소견서를 발급함으로써 진료(상담)채무를 이행하게 된다.

다만, 만일 제2의 원격지의료인(개설자와 일정한 계약관계에 있는 의사 등의 의료인)과 환자 사이에 화상통신 등을 이용하여 진료나 상담이 실시간으로 전개되는 경우에는 제3유형에서와 같이 자연적 방법에 유사한 이행의 형태가 될 것이다.

1. 원격의료인의 권리 및 의무

1) 의료기술보호권

의사 등 의료인이 행하는 의료기술에 대해서는 누구도 이에 간섭하지 못한다(의료법 제12조). 이는 의료인이 소신껏 진료를 할 수 있도록 해서 의료행위에 적정을 기하고 국민의 건강을 보호·증진하며 자신의 의료지식 및 기술로 최선을 다하여 질병을 치료할 수 있도록 하기 위한 것이다. 다만 이 권리는 의사 등 의료인이 전문서적 등을 통하여 부단히 연구하고 의학협회에서 실시하는 보수교육을 의무적으로 받는 것을 전제로 한다.

원격의료에 있어서는 원격의료기반기술 등 초고속정보통신망을 운용하는 기술이 추가적으로 간접적 의료기술에 포함되는 것이며, 이러한 의료기술 및 간접적 의료기술에 대한 보호권은 원격의료인(원격의료기관)에 대해서도 그대로 적용된다고 본다.

2) 의료기재압류금지권

의료인의 의료업무에 필요한 기구·약품 기타 재료는 압류하지 못한다(의료법 제13조). 사람의 건강과 생명을 위협하는 사태는 때와 장소를 가리지 않고 예고 없이 발생하는 것이므로 진료상 필요 불가결한 의료기재를 그 어떠한 이유에서라도 압류하지 못하도록 법률로 보장하는 것이다. 다만, 의료인이 이러한 권리를 주장하기 위해서는 의료기재를 재산보전수단이나 진료 이외의 다른 목적으로 사용해서는 안 되며 항상 정비·점검하여야 한다.

원격의료에 있어서는 원격의료기반기술 등 초고속정보통신망의 운용에 필요한 기재가 추가적으로 직접적 의료기재에 포함되는 것이며, 이러한 의료기재에 대한 압류금지권은 원격의료인(원격의료기관)에 대해서도 그대로 적용된다고 본다.

3) 의료기구우선공급권

의료인은 의료행위를 위하여 필요한 기구·약품 기타 시설 및 재료를 우선적으로 공급받을 권리를 가진다(의료법 제14조). 그런데 물자가 풍부한 현재로서는 의료인이 특별히 우선공급을 받아야 할 것이 없는 것처럼 보이지만, 특수한 의료기재를 수입하거나 관세상 혜택을 받는 데 있어서는 이 권리가 유효하게 적용될 수 있을 것이다. 따라서 의료인은 관세상 혜택을 받았거나 우선공급을 받은 물자들에 대해서는 특히 성심껏 관리하여 진료에 최대한으로 활용하고 다른 목적으로 轉用하여서는 안 된다.75)

원격의료에 있어서는 원격의료기반기술 등 초고속정보통신망 운용에 필요한 시설 등이 추가적으로 직접적 의료기구에 포함되는 것이며, 이러한 의료기구의 우선공급권은 원격의료인(원격의료기관)에 대해서도 그대로 적용된다고 본다.

4) 의료행위재량권

의료계약의 목적달성을 실현하기 위해서는 의사에게 선택의 자유(재량권)를 인정할 필요가 있으며, 종래의 학설 및 판례76)는 그 인정범위에는 다소 차이가 있으나 모두 재량권의 개념을 긍정하고 있다. 구체적인 재량권의 범위77)를 살펴보면, 진단과정은 잠정적·가설적 의미를 가지므로 진료경과에 따라 많은 수정이 가해지게 되

---

75) 방창덕, "의사의 권리와 의무", 의학논리, 1984, 465－567면 참조.
76) 대법원 1984.6.12. 선고 83도3199 판결.
77) 재량권의 범위는 의료행위의 본질을 어떻게 파악하느냐에 따라 견해가 나누어진다. ① 의사의 치료권을 인정하여 치료에 대한 專斷性을 강조하고 의료의 진보에 중점을 두는 견해에 따르면, 오직 학리 등에 의한 자율만이 그 한계를 이룬다고 하며, ② 환자의 결정이 자유롭게 이루어지도록 하는 것이 의료의 사명이라고 보는 견해에 따르면, 의사의 재량권의 범위는 축소되고 환자의 자기결정의 보조자로서의 참여가 중요시된다.

고 따라서 진찰결과에 의해 병적 상태를 판정함에 있어서는 자료의 부족이나 다양성, 각 자료의 상호모순, 진단기초이론의 불충분 등으로 인해 그 결론이 다양하게 내려질 수 있을 것이므로 이때 의사에게 일정 한도의 재량권이 인정되어야 한다.

그리고 치료과정에서는 치료방법·처치선택·치료시기·치료범위·치료 정도에 관하여 어느 쪽을 선택해도 결국 동등한 효과를 나타낼 것으로 예정되는 선택이 다수 존재하거나, 의학상 학설의 대립으로 인해 각 의사 사이에 견해를 달리하는 경우에는 역시 환자의 일반적인 상태와 구체적인 방법 등을 고려하여 의사의 재량적 판단이 존중되어야 한다.

그러나 아직 이론적인 검토와 임상실험 및 경험을 충분히 거치지 않아 그 유효성·실효성·안전성 등에 관해 의학적 수준이 정립되지 않은 신치료법의 경우에는 의사의 재량권이 제한되며, 현존하는 치료법보다 더 큰 효과가 예상되는 경우에만 사용하여야 한다. 또한 의사의 재량행위가 의학수준 범위 내에 속하는 것인 한, 단순히 악결과가 초래되거나 다른 선택을 했더라면 좋은 결과로 되었을 것이라는 예견만으로는 의사에게 일체의 책임을 지게 할 수 없지만, 이와 반대의 경우이거나 이익교량을 잘못한 경우에는 재량권의 일탈이 된다. 그리고 이때 이익교량의 정당성 여부는 事前的 관점에서 객관적으로 판단되어야 한다.

원격의료의 경우에도 원격의료행위의 본질적 요소는 '의료행위'라고 할 수 있으므로, 원격지의료인 및 현지의료인에 대해서도 이러한 의료행위 내지 원격의료행위의 재량성이 인정된다고 본다.

5) 의료보수(醫療報酬) 청구권

의료계약에 따라 의사가 환자에게 부담하는 진료채무와 환자가 의사에게 부담하는 진료비지급의무는 대가관계에 있다. 그리고 민법상 위임은 무상이지만 의료계약은 일반적으로 대가를 지급한다는 묵시적인 합의가 있다고 보아야 한다. 이 의료보수는 의료법 제45조(의료보수)에 따라 시·도지사의 인가를 받아야 하는데, 이 규정이 단속규정이라고 할지라도 의료보수의 일반적인 기준이 되며 실제에 있어서는 일반적인 제한기능을 할 것이다. 그리고 전국민건강보험제도가 실시되어 대부분의 의료보수는 건강보험을 통해 지급되는바, 이에 관해서는 국민건강보험법 제39조(요양급여) 이하에서 규정하고 있다. 따라서 의료기관은 본인이 부담할 부분은 본인에게 직접, 나머지 부분은 보험자에게 의료보수의 지급을 청구하게 된다. 또한 의료보호 대상자의 경우에는 의료보호법에 의한다.

그런데 원격의료의 특성상 원격의료기반시설을 구비하기 위해서는 많은 비용이 소요되므로 만일 건강보험 적용을 배제한다면 원격의료의 목적 중 하나인 의료서비스의 평등배분이 달성되기 어렵게 될 것이다. 국민건강보험법의 개정 없이도 원격의료가 요양급여대상에 포함된다는 법해석이 가능할 수도 있겠으나,[78] 원칙적으로는 법 및 시행령 등에서 원격의료수가 등에 관한 요양급여기준을 신설해서 명문화하는 것이 타당하다.

6) 진료의무

의사의 진료의무란 의료계약에 근거하여 의사가 환자에 대하여 진단·주사·투약·수술·수혈·방사선치료 등 치료조치를 해야 할 의무를 말한다. 그러나 의료행위의 특성상 의료계약 당시에는 진료의무의 내용을 확정할 수 없는바, 진료의무는 그 당시의 의학지식 및 기술에 의거하여 선량한 관리자의 주의의무를 가지고 병적 상태의 진행에 따라 의학적 해명 및 적절한 대응을 행하여야 하는 개괄적·추상적 성질을 가지는 의무이며,[79] 만일 전문성 또는 정밀한 진료를 요한다고 판단되는 경우에는 환자가 적절한 진료를 받을 수 있도록 다른 의료기관으로의 이송을 권고할 의무도 포함된다.[80] 또한 의사는 진료 요구를 받은 때에는 정당한 이유 없이 이를 거부할 수 없을 뿐만 아니라(의료법 제15조), 응급환자의 응급조치는 즉시 시행해야 할 의무를 가진다(응급의료에관한법률 제6조).

---

78) 신문근, 앞의 자료, 84면 참조.
79) 석희태, "의료계약의 법적 성질과 내용", 월간고시, 1994.3, 21면 참조.
80) 대법원 1998.2.27. 선고 97다38442 판결.

이와 같이 의사에게 진료의무가 부담되는 것은 환자의 건강 및 생명의 구호가 의사 본래의 직업적 윤리이며(의료행위의 윤리성) 의료행위는 의사만이 행할 수 있도록 국가가 법률로 독점적 지위를 보장하고 있기 때문이다(의료행위의 독점성).

의료인의 진료의무는 원격의료에 있어서도 동일하게 적용된다고 본다. 그런데 원격의료는 화상통신 등 정보통신기술을 활용하여 원거리에 있는 환자를 진료하는 것이 큰 특징이므로 응급의료에관한법률상 원격응급의료방식의 상담 및 진료가 가능하도록 명문화하고, 이 경우 현지의료인 및 원격지의료인의 응급진료의무를 강화하는 것이 국가의 보건의료체계상 바람직하다. 또한 의료법 제15조(진료거부 금지 등)는 전통적인 대면진료를 전제로 한 규정으로 의사와 환자 간의 진료거부 문제만을 예상한 것이나, 원격의료에서는 원격지의료인(원격지의료기관)과 현지의료인(현지의료기관) 사이에서도 원격의료기반기술의 장애 등을 이유로 하는 진료거부의 문제가 발생할 수도 있을 것이다. 이러한 경우를 대비하여 원격지의료인(원격지의료기관) 등의 진료의무를 강화하는 규정이 필요하다.

7) 주의의무

의료행위에 있어서 의사는 통상의 평균적인 의사가 알고 있어야 할 그 당시의 의학지식 및 의료기술에 따라 최선의 주의를 다하여 치료해야 할 계약적 의무를 부담한다. 여기서 '평균적 내지 표준적 의사'라 함은 민법 제681조(수임인의 선관의무)의 '선량한 관리자'와 같은 의미에서, 동일한 처지 내지 상황에 있는 의사 가운데 통상적으로 주의 깊고 신중하고 숙련된 의사를 말한다. 이 주의의무는 의료과실의 판단에 있어서 중요한 기준이 된다.

주의의무의 내용이 무엇인가에 대해 종래에는 결과예견의무설과 결과회피의무설로 나누어졌으나, 현재는 위법한 결과발생의 사실적 가능성에 대한 합리적 예견가능성을 전제로 하는 결과예견의무 및 그 결과발생을 회피하기 위해 적절한 조치를 강구할 결과회피의무라는 2단계 의무로 구성되어 있다고 보는 것이 다수설[81] 및 판례의 입장이다.[82] 구체적인 주의의무의 판단기준으로는 ⅰ) 기준의사, ⅱ) 의료행위

수준, iii) 의료기관 및 지역차, iv) 의사재량, ⅴ) 의료관행, ⅵ) 긴급성, ⅶ) 환자특이체질 등을 제시되고 있다.

원격의료에 있어서도 의사의 주의의무는 동일하게 적용될 것이나, 거리상 원격지의 환자를 간접대면방식으로 진료하고 정보통신기술을 매개체로 이용한다는 원격의료행위의 특성상, 의사 등 원격의료인(원격지의료인 및 현지의료인)의 주의의무는 통상의 의료행위에서보다 강화되어야 한다. 구체적으로 주의의무의 내용 중 원격지의료인에게는 결과예견의무가 강조되고, 현지의료인에게는 결과회피의무가 강조될 것으로 본다.

8) 설명의무

의료행위는 환자의 인체에 대한 침습을 통해 이루어지는 것이므로 원칙적으로 환자의 동의를 필요로 하며, 의사는 환자에게 질병에 대한 진단·처치방법·전망·위험성에 대하여 설명하여야 한다. 이러한 의사의 설명은 환자의 동의에 대한 법적 유효성의 전제조건이 되는 것이다. 의사의 설명의무[83]의 법적 근거에 대해서는 신의칙에 근거한다는 견해[84]와 위임계약에 따른 본인에의 보고의무(민법 제683조)에 근거한다

---

81) 석희태, "의료과실의 판단기준(상)", 판례월보 제197호, 11면; 김형배, 채권총론, 박영사, 1999, 170면.

82) 대법원 판례는 "의료과오사건에 있어 의사의 과실은 결과발생을 예견할 수 있었음에도 불구하고 그 결과발생을 예견하지 못하였고, 그 결과발생을 회피할 수 있었음에도 불구하고 결과발생을 회피하지 못한 과실이 검토되어야 한다"고 판시함으로써, 주의의무의 내용으로 결과예견의무 및 결과회피의무 두 가지가 있음을 명확히 하고 있다(대법원 1984.6.12. 선고 82도3199 판결).

83) 이 설명의무의 인정은, 1964년 제18차 세계의사회총회 '헬싱키선언'에서 "인체실험에 대한 의사의 충분한 정보제공과 환자의 동의"를 규정한 이래, 1973년 미국병원협회가 '환자의 권리에 관한 선언'에서 "환자는 담당의사로부터 진단·진료 또는 예후에 관하여 필요하고도 충분한 정보를 받을 권리를 가지고 있고 또 어떠한 치료를 받기 전에 그것을 이해하고 자신의 의사에 기하여 동의를 한 후 의사의 치료를 받을 권리가 있다"고 선언하였다. 그 후 1981년 제34조차 '윤리에 관한 미국대통령위원회' 등에서 재확인되었다.

84) 김천수, 앞의 논문, 384면.

는 견해[85]가 있으나, 판례는 환자의 자기결정권에 그 근거를 두고 있다.[86]

설명의무의 주관적 기준과 관련하여 설명의 정도를 의사를 기준으로 할 것인가 환자를 기준으로 할 것인가에 대해서는 합리적 의사설, 합리적 환자설, 구체적 환자 기준설, 이중기준설로 견해가 나누어지고 있으나, 의사의 입장과 환자의 입장을 함께 고려해서 양자의 상호 대화에 의해 알고 또 알 수 있는 전체적인 사정을 기준으로 해서 판단하는 이중기준설이 타당하다고 본다.[87] 그리고 설명의무의 객관적 기준과 관련하여 설명의 범위를 어디까지로 할 것인가에 대해서는 ⅰ) 후유증의 발생빈도, ⅱ) 처치수단의 선택, ⅲ) 환자의 경험과 지식수준 등이 제시되고 있다. 또한 구체적으로 설명의무를 유형화하는 견해도 있다.[88]

원격의료에 있어서도 의사의 설명의무는 동일하게 적용될 것이나, 거리상 원격지의 환자를 간접대면방식으로 진료하고 정보통신기술을 매개체로 이용한다는 원격의료행위의 특성상, 의사 등 원격의료인의 설명의무는 통상의 의료행위에서보다 강화되어야 할 것이라고 본다. 특히 현지의료인이 존재하는 유형에서는 현지의료인의 설명의무의 정도 및 범위가 확장될 것이다.

9) 진료기록부·전자의무기록의 작성·보존의무 및 진료정보표준화의무

의사는 진단한 환자의 병명·주요증상·치료방법 등 의료행위에 관한 전반적인 사항을 진료기록부 등에 작성하고 이를 보존할 의무를 부담한다(Dokumentationspflicht:

---

85) 문국진, 의료의 법이론, 고려대출판부, 1982, 87면; 박종두, "의료계약의 법적 구성", 법조, 1992.10, 56−58면.
86) 대법원 1998.2.13. 선고 96다7854 판결; 대법원 1995.4.25. 선고 94다27151 판결.
87) 이영환, "진료과오에 있어서의 이론의 재정립과 제도개혁에 관한 一試論", 법학연구 제30권1호, 부산대법학연구소, 1988, 111면 이하.
88) 설명의무를 유형화에 대해서는, ① 고지의무, 조언의무, 지도의무로 분류하는 견해(김천수, 앞의 논문, 140면 이하), ② 자기결정을 위한 설명, 안전을 위한 설명, 기타 설명으로 분류하는 견해(조형원, "의사와 환자의 법률관계", 현대민법의 전망, 1995, 532면 이하), ③ 진료상 설명의무, 자기결정을 위한 설명의무(진단설명, 경과설명, 위험설명)로 분류하는 견해(김민중, "의료계약", 사법행정 제361호, 1991.1, 42면 이하) 등이 있다.

의료법 제22조, 의료법시행규칙 제18조). 이 의무는 의료계약에 있어 주된 급부의무의 충실한 이행과 그 증명을 위한 부수적 주의의무라고 볼 수 있다.[89]

진료기록부는 ① 의사의 내면적 기억의 유지를 위한 개인적 메모로서의 문서기능,[90] ② 의료법 제61조(보고와 업무검사 등) 제1항에 따라 감독청에 제출할 의무가 있는 보고문서기능, ③ 환자에 대한 설명자료로서의 보고문서기능 등을 가지며, ④ 특히 의료분쟁 시 의사는 자신의 정당한 의료행위를 주장하기 위한 일종의 증명문서로 활용할 수 있다. 의사의 진료기록 작성시기는 매 진료 시마다 즉시 작성되어야 하며, 환자 측에게는 이러한 진료기록부의 열람·복사청구권(의료법 제21조)이 인정되므로 언제든지 자신의 病態나 치료과정을 확인할 수 있다고 보는 것이 타당하다.[91]

생각건대 원격의료에 있어서도 진료기록부 작성[92] 및 보존의무는 동일하게 적용된다고 본다.[93] 다만 원격의료인(원격의료기관)이 신설된 의료법 제23조(전자의무기록)에 따라 전자서명법에 의한 전자서명이 기재된 전자의무기록(Electronic Medical Record)의 형태로 진료기록부 등을 작성하는 경우에는, 이를 원본대로 보존해야 하고 보건복지부령(의료법시행규칙 제18조의2(전자의무기록의 관리·보존에 필요한 장비)가 정하는 바에 따라 안전하게 관리·보존하는 데 필요한 시설 및 장비를 갖출 의무를 추가적으로 부담한다. 이 의무는 의료법 제17조(진단서 등) 제1항 및 제18조

---

89) 석희태, "의료계약(하)", 사법행정 제336호, 1988.12, 67면.

90) Kuntz, Arzthaftungsrecht, Band Ⅱ, Dokumentationspflicht, A / Ⅱ 3, S.13.

91) 김민중, 앞의 논문, 45면.

92) 미국보건정보관리협회(AHIMA: American Healthcare Information Management Association)는 원격의료기록의 내용에 포함할 필수항목에 대하여 다음과 같이 권고하고 있다. ① 환자명, ② 식별번호(identification number), ③ 진료일, ④ 현지의사(referring physician), ⑤ 원격지의사(consulting physician), ⑥ 원격지의사의 의료기관(provider facility), ⑦ 수행된 평가의 유형(type of evaluation performed), ⑧ 환자의 동의서(informed consent)(필요한 경우 대부분의 원격의료프로그램에서 의뢰의사 / 기관은 원본을 가지고 있고 복사본이 원격지의사 / 기관으로 보내진다), ⑨ 평가결과(evaluation results)(대부분의 원격의료프로그램에서 원격지의사 / 기관은 원본을 가지고 있고 복사본이 의뢰의사 / 기관으로 보내진다), ⑩ 진단 / 추정진단, ⑪ 향후 치료를 위한 권고사항(이인영, "의료정보의 생성과 소통, 정보보호에 관한 법리적 고찰", 대한의료정보학회 제18차 학술대회 연제집, 2002, 173면에서 재인용).

93) 윤석찬, "원격의료의 법적 문제", 인터넷법률 통권25호, 2004.9, 18면.

(처방전 작성과 교부)가 정하는 처방전(전자처방전)[94]을 진료기록의 하나로 보존할 경우에도 동일하게 적용된다.

그런데 원격의료에 있어서 원격지의료인은 정보통신매체를 통해 격지에서 전송되는 환자의 의료정보에 기초하여 원격의료행위를 시술하므로, 원격의료인(원격의료기관)이 전자의무기록을 작성하는 경우에는 의료법시행규칙 제17조가 정하는 진료기록부 등의 기재사항 이외에, 환자의 숨소리·기침·심장고동 등 음향정보와 눈동자·팔다리의 움직임이나 몸의 이동 등 환자의 동영상까지도 기재할 의무가 있다고 본다.[95] 아울러 원격의료가 보편화될 경우 진료정보가 자유롭게 유통 및 공동 활용되는 것이 예상되므로 진료에 관한 전자의무기록은 모든 원격의료인(원격의료기관) 및 국민들이 쉽게 접근할 수 있고 그 작성·보존이 용이하도록 표준화되는 것이 바람직할 것이다.[96] 원격의료인(원격의료기관)은 이러한 진료정보표준화의무를 추가적으로 부담한다고 본다.

10) 비밀유지 및 개인정보보호의무

의사는 원칙적으로 의료행위를 통하여 알게 된 환자 또는 그 가족의 병력 등 개인적 비밀과 개인정보 및 프라이버시를 누설하여서는 안 된다. 이는 사생활 영역에 포함되는 환자의 비밀 및 개인정보의 보호[97]가 헌법상 보장되는 기본권의 하나이기 때

---

94) 전자처방전이란 전자문서의 형태로 작성하고 전자문서교환방식(EDI)으로 교부하는 처방전을 말한다.

95) 보건복지부, "초고속통신망을 이용한 범국가적 의료정보통신망의 구성을 위한 Telemedicine의 기반기술에 대한 연구: 제2차년도 최종보고서", 1998, 219면 이하 참조.

96) 조한익, "국민복지를 위한 원격의료와 의료정보 표준화", 정보화저널 제4권2호, 1997.6, 110-124면; 이영성, "진료정보 공동활용을 위한 기반조성 연구사업 결과보고서", 보건복지부, 2003.8 참조.

97) OECD(경제협력개발기구)는 "프라이버시 보호 및 개인정보의 국제적 유통에 관한 지침(Guideline Governing the Protection of Privacy and Transborder Data Flows of Personal Data 1980)"을 제정하여 세계 각 국가에 상당한 수준의 개인정보보호를 권고하고 있는데, 이른바 "OECD 개인정보보호 가이드라인 8원칙"의 내용은 다음과 같다. ① 수집제한의 원칙: 개인정보의 수집은 합법적이고 공정한 절차에 의하여 정보 주체에게 알리거나 동의

문에 당연한 논리이며,[98] 정보통신망을 이용하는 원격의료에 있어서 개인정보보호가 강조되는 구체적인 법적 근거는 개인정보자기결정권[99] 내지 자기정보통제권[100]에 입각하여 정보통신망이용촉진및정보보호등에관한법률에 규정되어 있다(동법 제22조 이하). 개인의 건강이나 질병에 관한 정보는 특히 민감한 정보(sensitive data)로 분류되고 있으므로 개인의 동의를 구할 때에는 반드시 사전에 명시적인 허락(opt-in)을 받아야 한다.

를 얻은 후에 할 것. ② 정보정확성의 원칙: 개인정보는 그 이용목적에 부합되는 것이어야 하며 정확하고 완전하며 최신의 것일 것. ③ 목적명확화의 원칙: 개인정보는 수집 시 그 수집목적이 명백히 제시되어야 하며 그 후의 이용은 수집목적을 따르고 목적이 변경될 때마다 이를 명확히 할 것. ④ 이용제한의 원칙: 개인정보는 다른 목적을 위하여 공개·이용되어서는 안 되며 다만 정보 주체의 동의가 있거나 법률의 규정에 의한 경우는 예외. ⑤ 안전보호의 원칙: 개인정보는 분실·불법적인 사용·훼손·변조·개시 등의 위험에 대하여 합리적인 안전조치를 취할 것. ⑥ 공개의 원칙: 개인정보의 존재, 주요 이용목적, 개인정보정책 및 정보관리자를 공개할 것. ⑦ 개인참가의 원칙: 개인정보 주체는 자신의 정보를 열람하고 정정·보완을 청구할 권리를 가짐. ⑧ 책임의 원칙: 정보관리자는 위의 원칙이 지켜지도록 필요한 조치를 취할 것(박균성·박훤일, "우리나라 개인정보보호법제의 개선방안", 경희법학 제36권2호, 2001, 1-6면 참조).

98) 권영성, 헌법학원론, 법문사, 1998, 400-411면; 허영, 한국헌법론, 박영사, 1997, 361-365면 참조.

99) 이른바 '정보의 자기결정권'은 프라이버시권이 헌법상 권리로 보장되기 시작한 미국에서는 정보프라이버시로서, 기존 자유권을 확장한 일반적 인격권으로 보는 독일에서는 연방헌법법원의 인구조사판결을 계기로 인정되기 시작하였다(김일환, "정보자기결정권의 헌법상 근거와 보호에 관한 연구", 정보사회와 개인정보보호, 한국공법학회 제94회 학술발표회, 2001.5, 90-95면); 이러한 개인정보자기결정권은 역사적으로는 '혼자 있을 권리'로부터 시작하여 프라이버시권(privacy)으로 발전하였고, 이 프라이버시권은 국가로부터 사생활을 침해받지 않을 소극적 권리로 이해되었으나, 정보화사회에 들어와서는 적극적 권리로서 개인정보에 대하여 자기가 결정할 수 있는 권리로 발전하였다. 따라서 개인정보자기결정권은 헌법 제10조(인격권 및 행복추구권)에 의해 직접 보장되고 제16조(주거의 자유)·제17조(사생활의 비밀과 자유)·제18조(통신의 자유)에 의해 간접적으로 보장되는 헌법상 권리이다.

100) 정보화사회가 발달함에 따라 개인의 프라이버시 침해가능성이 더욱 증대되었으며 이른바 정보상의 프라이버시권리가 새로운 권리로 부각되고 있다. 이 프라이버시권리의 내용에는 자기정보에 대한 통제권이 포함되어 있는바, 자기정보통제권이란 자신에 관한 정보의 유통을 통제할 수 있는 권리를 말하며 개인이 자신에 관한 정보가 언제 어떻게 어느 범위에서 타인에게 전달할 것인가를 결정할 수 있는 권리를 말한다(윤명선·김병묵, 헌법체계론, 법지사, 1998, 509면 이하).

　의료행위에 따른 의사의 비밀유지 및 개인정보보호의무는 의사의 직업윤리, 의사와 환자 사이의 의료계약 및 법률규정에 의하여 규율되고 있다. 법률규정으로는 의료법 제19조(비밀누설의 금지)·제23조(전자의무기록) 제3항·제18조(처방전 작성과 교부) 제3항, 형법 제317조(업무상 비밀누설) 제1항, 후천성면역결핍증예방법 제7조(비밀누설금지) 등이 있다. 이러한 의무는 계약종료 후까지 존속되는 것으로 의료계약상의 주된 급부내용과는 관련이 없으나 계약적 접촉에서 상대방의 기본권 또는 이익을 보호하기 위해 부여되는 부수적 의무이다.[101] 그러나 이 의무는 헌법 제37조의 기본권의 제한원리에 따라 공공복리 등을 이유로 제한이 가능하다고 할 것이다(전염병예방법 제4조 및 후천성면역결핍증예방법 제5조의 신고의무 등).

　생각건대 원격의료에 있어서도 의료인의 비밀유지의무는 동일하게 적용된다고 본다.[102] 다만 의료법 신설규정은 보호대상인 개인정보를 비밀유지의 대상인 환자의 진료정보에 국한하지 않고, 진료기록부에 저장·처리되고 있는 환자 개인을 식별할 수 있는 모든 기록사항인 정보에까지 확대하고 있는 것이 특징이다. 따라서 원격의료인(원격의료기관)은 신설된 의료법 제23조 및 제18조에서 정하는 바와 같이, 원격의료행위에 활용되는 전자의무기록이나 전자처방전에 저장된 환자의 개인정보[103]가 탐지당하거나 누출·변조·훼손되지 않도록 보호할 추가적인 의무를 가진다고 본다.

　그런데 원격의료가 점차 일반화될 경우 환자의 의료정보는 전자적 자료의 형태로 대량적으로 입력·저장·처리되고 네트워크망을 통해 전송되면서 확대 재생산될 것이며, 그와 동시에 보호되어야 할 환자의 개인정보 및 사생활의 영역은 점차 확대된다는 문제점을 가지고 있다. 따라서 의료법 신설규정이 종래의 비밀유지의무보다 광의의 개념인 개인정보보호의무를 부여하고 있는 것은, 개방성 등을 특징으로 하

---

101) 석희태, 앞의 논문, 67면.
102) 원격의료로 인하여 의료기관 간에 환자의 정보를 공유하게 되고 이로 인하여 정보유출의 가능성이 갈수록 높아져 가고 있으므로 의사의 비밀준수의무는 더욱 폭넓게 인정되고 강조되어야 한다는 견해가 있다(윤석찬, 앞의 논문, 16면).
103) 개인정보라 함은 "생존하고 있는 개인에 관한 정보로서 성명·주민등록번호 등에 의하여 당해 개인을 알아볼 수 있는 부호·문자·음성·음향·영상 및 생체특성 등에 관한 정보"를 말한다(전자서명법 제2조 제13호).

는 정보통신망상에서 유출가능성이 높은 전자의무기록이나 전자처방전을 적극적으로 보호하고 원격의료의 안전성을 담보하려는 취지라고 여겨진다. 이렇게 볼 때, 원격의료인이 환자의 인적사항을 익명으로 처리하거나 환자의 명시적인 동의를 얻어 그 환자의 정보를 전송한 경우에는 의사의 비밀유지의무를 준수한 것으로 볼 수 있다.104) 다만 그 환자에게 명시적인 동의를 구하기가 현저히 곤란한 경우이거나 예컨대 환자가 의식을 잃어 동의할 능력이 없는 경우에는 동의를 요하지 않고 익명변경만으로 전송될 수 있고 비밀유지의무를 위반하지 않았다고 볼 수 있다.105)

이와 관련하여, 국경을 넘어(cross the border) 행하여지는 원격의료에 있어서는 나라마다 개인정보보호의 수준에 차이가 있기 때문에 전자적 의료정보를 주고받을 때 특별한 규제가 가해질 수 있음을 유의해야 한다. 예컨대 EU 회원국에서는 제3국에 자국민의 의료정보를 이전할 때 당해 국가에서 적절한 수준의 정보보호가 이루어지지 않는다고 판단할 때에는 이를 금지하고 있다.106) 이 경우에도 정보주체의 중대한 이익(생명·신체의 안전, 건강 등)의 보호를 위하여 필요한 의료정보는 이전할 수 있다고 하겠지만 본인의 명확한 동의(unambiguous consent)가 보다 중시되어야 한다.107) 한편, 의료정보의 전송표준 및 정보보호와 관련하여 미국에서는 1996년 건강보험의이전과책임에관한법률(HIPAA)이 제정되어 시행되고 있다.108)

한편, 의료법 제21조(기록열람 등)에 의한 정당한 권한이 없는 자가 전자의무기록 등에 접근하여 개인정보를 침해할 가능성을 배제할 수 없으므로 원격의료인(원격의료기관) 등은 전자의무기록이 작성·보존·재생되는 컴퓨터와 그와 연결되는 다른 컴퓨터 또는 네트워크에 대하여 최소한의 합리적인 보안조치를 취할 의무를 가진다고 본다.109)

---

104) 독일 연방데이터보호법(BDSG) 제3조 제7항에 따르면, 환자의 정보자료에서의 익명처리는 동법을 위반하지 않는다고 규정하고 있다.
105) 윤석찬, 앞의 논문, 15-16면 참조.
106) EU 개인정보보호지침(Directive on the protection of Individuals with regard to the Processing of Personal Data and on the Free Movement of Such Data 95 / 46 / EC) 제25조.
107) 위의 지침, 제26조 참조.
108) 전문은 부록2-(5) 참조.
109) 합리적 보안조치는 현재의 기술적 여건에 따라 하위법령 또는 고시 등으로 정하겠지만,

이와 함께 원격의료인(원격의료기관) 등은 전자의무기록과 전자처방전의 전송과정에서 ① 그 내용이 유출되지 않도록(機密性; confidentiality) 암호시스템을 갖추어야 하며, ② 위조·변조를 방지하고(無缺性; integrity: verification) ③ 작성자의 신분을 증명해 주고(眞正性; authenticity: identification) ④ 사후에 부인할 수 없도록(否認封鎖; non-repudiation) 전자서명법에 의한 공인 전자서명[110]을 할 의무가 있다.[111]

2. 환자의 권리 및 의무

1) 자기결정권(동의 내지 승낙)

사람은 자기에 관한 일을 스스로 결정할 권리가 있는데 이는 인간으로서의 존엄과 가치를 근거로 하는 인격권[112] 및 행복추구권(헌법 제10조)의 내용으로부터 나오는 권리이다. 이 인격권 및 행복추구권은 개인의 자기운명결정권이 전제되는 것이고 특히 행복추구권 속에는 일반적 행동자유권이 함축되어 있는바, 법률행위 영역에서 계약을 체결할 것인가 또 어떤 방식으로 누구와 어떤 내용으로 체결할 것인가

적어도 그 조치에는 ① 상용화가 가능한 컴퓨터기술수준, ② 보안기술, 절차 및 기법의 가용성, ③ 고의로 보안조치를 침해할 가능성, ④ 보안조치의 침해 시 그 피해, ⑤ 알려져 있거나 우려되는 보안조치에 대한 침해, ⑥ 공인된 기관이나 의료정보관련 협회가 공표한 표준, ⑦ 정당한 권한이 있는 자의 접근가능성과 권한 없는 자의 침해방지 등이 고려되어야 할 것이다(신문근, 앞의 자료, 74-75면 참조).

110) 이와 같은 전자서명의 예로는 간단한 비밀번호방식, 비대칭암호방식인 공개키방식, 전자서명생성키와 전자서명검증키가 동일한 대칭암호방식인 비밀키방식, 전자지문감식·홍체감식·유전자감식과 같은 바이오메트릭스 등을 들 수 있다.

111) 김은기, "전자서명 및 인증제도의 입법방향", 국회사무처법제실 법제현안 제2001-4호, 2001, 23면 이하 참조.

112) 최근 국회 법제사법위원회에 계류 중인 민법중개정법률안은 제1조의2(인간의 존엄과 자율)에서 인격권 조항을 신설하고 있다(제1항. 사람은 인간으로서의 존엄과 가치를 바탕으로 자신의 자유로운 의사를 좇아 법률관계를 형성한다. 제2항. 사람의 인격권은 보호된다)(민법중개정법률안, 2004.10, 의안번호 611, 정부제출안 참조).

를 자기의사로 결정하는 자유 및 계약을 체결하지 않을 자유인 계약자유의 원칙도 이 일반적 행동자유권으로부터 파생되는 것이다.113) 이와 같은 내용을 전제로 할 때, 사람의 신체에 직접적인 물리력을 가하는 의료행위를 목적으로 하는 계약에서도 이른바 자기결정권이 인정되는 것은 당연하다고 본다.

그리고 종래 의료(medical care)는 醫師父權的 개념에 속해 있었으나, 20세기 이후 患者主權的 내지 消費者主權的 개념으로 변경되면서 이에 따라 상대적으로 의사의 설명의무가 강조되기에 이르렀다. 이에 따라 설명의무는 단순히 환자에게 알권리를 충족시키라는 소극적 의무가 아니라, 의사가 진단결과·치료방법·예후·부작용·수술의 위험성 등을 충분히 설명해 주고 환자가 그것을 완전히 이해한 다음 자율적인 자기결정을 내리도록 해야 하는 적극적 의무가 되었다. 이러한 자기결정권은 보건의료기본법 제12조(보건의료서비스에 대한 자기결정권)에도 그 근거가 있다.

이 자기결정권에 기초하는 환자의 승낙(동의)방식에 관해서는, ① 승낙은 그 침습이 환자의 내부적인 의사의 방향에 합치하는 것으로 충분하므로 가급적 환자의 적극적인 진료거부의사가 표시되지 않은 한 승낙이 있었던 것으로 해석해야 한다는 意思傾向說이 있으나, ② 자기결정권의 사상적·사회적 배경에 비추어 환자의 설명청취권 및 그 결정권을 확보한다는 견지에서 승낙의 의사표시가 있어야 유효하다는 意思表示說이 타당하다고 본다(독일의 통설). 그러나 자기결정권이 헌법상 기본권이라 해도 헌법 제37조에 의해 제한될 수 있을 것인바, 전염병예방법·후천성면역결핍증예방법·결핵예방법 등 공법상 규제에 의한 경우에는 환자의 승낙이 필요하지 않게 된다.

그리고 의료침습 중 환자의 생명에 절박한 위험이 발생한 경우와 같이 긴급사태 시 의사의 행동기준에 관해서는, ⅰ) 환자의 추정적 의사에 좇아 시술해야 한다는 推定的意思尊重說이 있으나, ⅱ) 의료의 본질을 감안할 때 환자의 진정한 이익이 무엇인가를 추정하여 시술해야 한다는 推定的利益尊重說이 타당하다고 본다.

원격의료에 있어서는 현지의료인(현지의료기관) 또는 환자가 원격지의료인(원격지

---

113) 헌법재판소 1990.9.10. 선고 89헌마82 결정; 헌법재판소 1991.6.3. 선고 89헌마204 결정; 헌법재판소 1992.4.14. 선고 90헌마23 결정.

의료기관)의 고도의 의학지식 및 기술을 정보통신망을 통해 이용하는 측면이 강하므로, 정보통신망의 장애 등으로 인한 의료행위의 위험성이나 개인정보의 침해가능성 등에 관해 상세한 설명을 하고 환자의 동의(informed consent)를 구하는 것이 강조되어야 한다고 본다. 따라서 자기결정권에 기초한 환자의 동의의 범위는 통상의 의료행위에서보다 확장될 것이며, 그 밖에 동의의 방식은 종래의 서면방식 이외에도 모사전송·전자우편 등 전자적 방식도 가능할 것이다.[114]

2) 진료기록부열람청구권

우리나라에서는 종래 환자의 진료기록부열람청구권을 인정하지 않았기 때문에 이를 부정하는 견해와 인정하는 견해[115]로 나누어졌으나, 보건의료기본법 제정 및 의료법 개정(2000.1.12)으로 명문화됨으로써 논란이 해소되었다. 보건의료기본법 제11조(보건의료에 관한 알권리)에 의하면, 모든 국민은 국가 및 지방자치단체의 보건의료시책에 관한 내용의 공개를 청구할 권리를 가지며, 보건의료인 또는 보건의료기관에 대하여 자신의 보건의료와 관련한 기록 등의 열람이나 사본의 교부를 요청할 수 있다. 또한 의료법 제21조(기록열람 등) 제1항 단서에 의하면, 환자 또는 그 배우자 등이 기록의 열람 및 사본교부 등 그 내용확인을 요구한 때에는 환자의 치료목적상 불가피한 경우를 제외하고는 의료인 등이 이에 응하도록 규정하고 있다.

이와 같은 환자의 진료기록부열람청구권은 원격의료에 있어서도 동일하게 적용될 것이다. 아울러 전자의무기록과 전자처방전도 의료법상 의무기록과 처방전으로 인정되고 원격의료에서는 보편적으로 활용될 것이므로 전자의무기록 등에 대한 열람청구권도 인정된다고 본다.

---

114) 말레이시아 원격의료법(Telemedicine Act 1997) 및 이기수 교수가 제시한 "원격진료에 관한 특례법안"은 환자동의에 관한 규정을 6개 항목으로 구성하여 중요하게 다루고 있다.
115) 진료기록부열람청구권을 인정하는 견해로는 ① 위임계약상의 수임인의 보고의무로서 인정해야 한다는 입장, ② 지도의무에서 인정하려는 입장, ③ 자기결정권의 존중에서 긍정하려는 입장, ④ 프라이버시권에서 인정하려는 입장 등이 있었다.

3) 의료보수지급의무

의료계약상 환자는 의사 측 계약당사자에 대하여 의료보수(진료비)지급의무를 부담한다. 이 의무는 의사의 진료채무와 쌍무관계에 있으며, 현행 민법상 위임은 무상이 원칙이지만 의료계약의 특성상 보편적으로 유상이라는 취지의 관습 내지 묵시적 합의가 인정된다고 본다. 따라서 환자는 의료계약이 특별히 도급계약의 형태로 정하거나 그렇게 해석되지 않는 한, 국민건강보험법 및 의료보호법 등이 정하는 바에 따라 진료행위의 결과 또는 효과여부에 관계없이 의료보수를 지급해야 한다.

원격의료에 있어서도 환자의 의료보수지급의무는 동일하게 적용된다고 본다. 다만, 현행 국민건강보험법상 원격의료보험수가를 규정하고 있지 않기 때문에 수가책정 이전까지는 일반수가로 적용할 수 있을 것이며, 원격의료의 적정화를 통한 국민보건의 향상을 위해서는 국민건강보험요양급여기준에 원격의료보험수가를 신설하여 명문화하도록 해야 한다.

4) 원격진료협조의무

의료행위의 대상은 환자 자신이며 환자의 진지한 협조 없이는 충분한 결과를 기대할 수 없으므로 환자의 진료협조의무를 하나의 법적 의무로 인정하게 된 것이다. 이 진료협조의무는 고지의무 및 순응의무로 나눌 수 있다. 고지의무란 병력의 고지, 진료와 관련한 자신의 기분·감각·건강상태 등에 관한 질문에 대한 응답, 증상변화의 보고 등 환자의 주관적 사정과 관련되는 것을 말한다. 그리고 순응의무란 검사 실시에 대한 협조, 치료 및 기타 처치의 수인, 약복용 및 운동수칙의 준수 등 환자의 자기결정권과 관련되는 것을 말한다. 이러한 환자의 진료협조의무는 통상의 의무와는 다르며, 위반이 있을 때 손해배상책임을 물을 수는 없고 과실상계 등의 측면에서 배상액 산정에 영향을 미치는 등 환자에게 불이익으로 참작되는 데 불과하다.

그런데 원격의료의 경우에는 원격지의료인이 원거리에서 화상통신 등을 통해 대면진료를 하는 것과 유사하게 의료행위를 하는 것이므로 환자의 진료협조의무가 더욱 강조된다. 특히, 앞에서 살펴본 원격의료의 유형 가운데 현지의료인이 존재하지 않는 제3유형 또는 제4유형의 원격의료에서는 의사 등 원격지의료인의 의료지침과 그 치료효과가 환자의 고지의무 및 순응의무에 전적으로 의존한다고 볼 수 있기 때문에 원격진료협조의무가 필수적이라고 할 것이다.

3. 보험의료계약당사자의 권리 및 의무

국민건강보험법에 의한 건강보험에 가입한 피보험자 및 그 피부양자인 환자가 건강보험지정의료기관에서 진료를 받는 경우, 전술한 바와 같이 원칙적으로 환자 측의 진료비지급을 확보하는 수단으로서 보험자는 계약당사자가 아니고 환자 측과 의사 측 사이에 계약관계가 성립된다. 따라서 의료기관은 본인이 부담할 부분은 본인에게 직접 의료보수를 청구하고, 나머지 부분은 보험자(국민건강보험관리공단 및 건강보험조합)에게 의료보수의 지급을 청구하게 된다. 이에 따라 국민건강보험법은 보험급여의 대상이 되는 행위를 요양급여라 하고, 요양급여의 방법·절차·범위·상한 등 요양급여기준에 관해서는 보건복지부령(국민건강보험법시행규칙)에서 정하도록 하고 있으며(제39조), 요양기관(제40조)이 가입자 및 피부양자에 대하여 요양급여를 실시한 경우 당해 요양급여의 비용 중 본인일부부담금을 제외한 비용을 국민건강관리공단에 청구할 수 있도록 하고 있다(제43조).

그런데 원격의료는 전통적 의료행위와 비교했을 때 의료의 제공방법에만 차이가 있을 뿐이므로 원격의료의 시술도 요양급여에 해당된다고 해석해서 보험급여를 실시할 수 있다고 볼 수도 있으나,[116] 결국 원격의료행위의 보험급여 실시여부는 국민건강보험법상 요양급여의 내용에 원격의료행위를 포함시키거나 요양기관의 범위에 원격의료기관을 포함시키든지 또는 하위법령(국민건강보험법시행규칙)이나 고시(보

---

116) 신문근, 앞의 자료, 84면 참조.

건복지부고시) 등에서 규정해야 할 사항이다.

요양급여비용은 국민건강보험관리공단 이사장과 대통령령이 정하는 의약계를 대표하는 자가 계약으로 정하도록 되어 있으나(국민건강보험법 제42조 제1항 및 제2항), 그 계약의 내용은 요양급여비용 자체를 산정하는 것이 아니라 보건복지부장관이 건강보험심의조정위원회의 심의를 거쳐 결정·고시하는 상대가치점수의 점수당 단가를 정하는 것으로 규정되어 있다(동법시행령 제24조). 여기서 상대가치점수는 요양급여에 소요되는 시간·노력 등 업무량, 인력·시설·장비 등 자원의 양, 요양급여의 위험도를 고려하여 산정하는 것이므로 원격의료행위의 수가를 결정하는 것은 상대가치를 어떻게 평가하는가에 달려 있다.

한편, 원격의료에서는 첨단 정보통신기술 및 원격의료장비 등이 필수적으로 사용되므로 인력·시설·장비 등 자원의 양적 측면에서 평가한다면 원격의료행위가 전통적 의료행위보다 더 높은 상대가치점수를 받을 수밖에 없게 되는바, 원격의료의 사회적 목적 등을 고려해 볼 때 그 경제성 및 보수지불체계와 관련하여 국가의 보건의료정책적 판단에 따른 적정한 운용이 요망된다고 할 것이다.[117]

원격의료의 시술에 대하여 보험급여가 실시되기 위한 필요조건으로는, ① 가입자 및 피부양자의 질병·부상·출산 등에 대하여 실시되어야 하고, ② 원격의료의 시술이 합리적이고 필요한 경우이어야 하며,[118] ③ 의학적으로 효과성과 안전성이 검증된 것이어야 하나,[119] 결과적으로는 국민건강보험 재정여건에 따른 정책적 판단이

---

117) 이해종·채영문·조재국·최형식, "원격진료시스템의 경제성 분석", 보건행정학회지 제6권1호, 1996.6, 85-109면; 염용권·명희봉·이윤태·김동욱·서원식·이관익, "원격진료 보수지불체계 설정방향에 관한 연구", 보건행정학회지 제7권2호, 1997.10, 65-88면 참조.

118) 사보험제도를 채택하고 있는 미국에서 공공의료보험제도는 취약계층에 한하여 적용되는데, 그 종류로는 65세 이상의 노인을 대상으로 하는 Medicare 및 저소득층을 대상으로 하는 Medicaid가 있다. 그런데 Medicare프로그램은 질병·부상에 대한 진단·치료 또는 신체기형의 교정을 위하여 합리적이고 필요한 의료행위에 대하여만 보험급여를 실시하고 있고, 사보험은 Medicare에 연동되는 경향이 있으므로 원격의료의 보험급여에 대한 태도가 주목된다.

119) 미국의 Medicare프로그램은 아직 검증되지 않았거나 실험을 목적으로 하는 의료기술에 대하여는 보험급여를 실시하지 않으며, 원격의료 시술 중 보험급여가 실시되는 것은 전통적인 의료행위에서도 의사가 환자를 직접 대면할 필요가 없는 원격방사선(teleradiology) 등에

원격의료행위의 보험급여 실시여부에 대한 중요한 변수가 될 것이다.[120]

4. 원격의료기반시설제공자의 권리 및 의무

1) 원격의료기반기술보호권

의료법 제34조(원격의료) 제2항은 원격의료를 시행하거나 이를 받고자 하는 자는 보건복지부령(의료법시행규칙)으로 정하는 시설 및 장비를 갖추도록 하는 한편, 의료법시행규칙 제23조의3(원격의료의 시설 및 장비)에서는 원격의료를 행하거나 받고자 하는 원격의료인(원격의료기관)이 갖추어야 할 시설 및 장비로 원격진료실, 데이터 및 화상(畵像)을 전송·수신할 수 있는 단말기, 서버, 정보통신망 등을 갖추도록 규정하고 있다. 이에 따라 원격지의료인(원격지의료기관)과 현지의료인(현지의료기관)이 직접 원격의료기반시설을 구축한 경우에는 그 주체가 동일하므로 문제될 것이 없을 것이나, 원격의료기반기술이 원격의료인(원격의료기관) 이외의 별도의 제3의 주체에 의해 구축된 경우에는 보통 그 주체와 원격지의료인 및 현지의료인 사이에는 원격의료기반시설에 대한 이용계약이 체결될 것이다.

생각건대, 원격의료에 있어서 필수적 전제조건이라고 할 수 있는 원격의료기반시설의 제공자(원격의료통신망제공자 또는 원격의료시스템관리자)는 의료법 제12조(의료기술 등에 대한 보호)에 의해 의료인 등이 가지는 의료기술보호권에 근거하여 원

한정하고 있다. 그리고 미국에서 의학적 효과성과 안전성이 확인되고 있는 적용 분야로는 뇌신경외과, 심장외과, 사고로 인한 외상의 응급처치 등 긴급상황에서 초진을 통한 환자상태의 평가 및 환자의 후송여부 결정, 환자와 의사 또는 의료보조인력과 의사간의 수술 후 환자관리 및 투약에 관한 검토, 의사가 없는 오지의 환자와 의사를 연결하여 일차진료에 대한 자문 및 감독 등이 있다. 한편, 일본의 건강보험법은 전화 또는 화상회의시스템 등을 통한 재진의 경우, 직접 대면하여 진료한 의사는 동일 환자의 증상을 진단하였으므로 환자의 증상과 처방의 효과만 살피는 것만으로도 충분하다는 판단에 따라 기본진료료(재진료)를 인정하고 있다.

120) 신문근, 앞의 자료, 82-96면 참조.

격의료기반기술보호권을 가진다고 본다. 다만, 이 권리는 원격의료인(원격의료기관)이 직접 원격의료기반시설을 구축한 경우에는 의료법 제12조에서 직접 도출되고, 별도의 주체에 의해 구축된 경우에는 의료법 제12조에 근거하여 간접적으로 도출된다고 해석하는 것이 타당하다.

2) 비밀유지 및 개인정보보호의무

원격의료기반시설제공자는 정보통신망을 통해 유통되는 환자의 비밀을 유지할 의무를 가진다. 다만, 이 의무는 원격의료인(원격의료기관)이 직접 원격의료기반시설을 구축한 경우에는 의료법 제19조(비밀누설의 금지)에서 직접 도출되고, 별도의 주체에 의해 구축된 경우에는 의료법 제19조에 근거하여 간접적으로 도출된다고 해석하는 것이 타당하다.

또한 의료법 제23조(전자의무기록) 제3항 및 제18조(처방전 작성과 교부) 제3항은 '누구든지' 정당한 사유 없이 전자의무기록이나 전자처방전에 저장된 개인정보를 탐지·누출·변조·훼손해서는 안 된다고 규정하고 있는바, 원격의료기반시설제공자는 이들 규정에 직접 근거하여 환자의 개인정보를 보호할 의무를 부담한다고 본다.

3) 진료정보제공의무

원격의료는 의료인 간 또는 의료기관 간 전자적 의료정보의 교환을 하는 방법으로 의료행위가 이루어지는 것이므로 원격의료의 적정화를 기하기 위해서는 진료정보의 공동이용이 불가피한 의료시스템이다. 따라서 원격의료기반시설제공자는 이러한 원격의료시스템의 구조상 필연적으로 진료정보제공의무를 부담한다고 본다.

다만, 이 의무는 원격의료인(원격의료기관)이 직접 원격의료기반시설을 구축한 경우에는 의료법 제21조(기록열람 등) 제1항 단서 및 제2항에서 직접 도출되고, 별도의 주체에 의해 원격의료기반시설이 구축된 경우에는 의료법 제21조 제1항 단서 및 제2항에 근거하여 간접적으로 도출된다고 해석하는 것이 타당하다.

제 3 장

원격의료과오론

제8절 | 의료격의료과오의 법적 책임

1. 의료분쟁의 진행과정

1) 의료분쟁의 진행과정 및 발생현황

민사책임적 관점에서 통상적인 의료분쟁[1]의 진행과정을 정리해 보면, ① 어떤 의료행위로 인하여 예상외의 악결과인 의료사고(medical accident)가 발생하게 되면, ② 그것이 누구의 잘못이라는 가치개념이 개입되어 의사와 환자 사이에 의료분쟁(medical dispute)[2]이 일어나게 된다. ③ 이때 환자 측과 의사 측 사이에 합의나 화해가 성립되지 않을 경우[3] 당해 의료행위가 의사에게 요구되는 주의의무를 다했는

---

1) 의료분쟁과 관련하여 사용되고 있는 여러 가지 용어를 정리해 보면 다음과 같다. ① 의료사고(醫療事故: medical accident) - 환자가 의료인으로부터 의료서비스를 제공받음에 있어서 발생한 예상외의 악결과를 말하며 이는 중립가치적인 용어이다(한국생산성본부, "의료피해구제의 적정화방안에 관한 연구보고서", 1988, 71면). ② 의료분쟁(醫療紛爭: medical dispute) - 의사·약사·간호사 등 의료인이 환자를 치료하는 과정에서 주의의무를 다하지 못함으로써 발생된 예기치 못한 의료사고에 대하여 그 손해배상책임 문제를 둘러싸고 의료인과 환자 사이에서 일어나는 다툼을 말한다(의료법 제54조의2: '의료행위로 인하여 생기는 분쟁'). ③ 의료과오(醫療過誤: medical malpractice: ärztlicher Kunstfehler) - 의료행위가 당시의 의학지식 내지 의료기술의 수준에 따라 의사에게 요구되는 주의의무를 게을리함으로써 적합한 것이 되지 못한 것을 말한다. ④ 의료과실(醫療過失: medical negligence: Fahrlässigkeit) - 의료과오가 있다는 것이 객관적으로 입증되었을 경우 사용되는 용어이다.
2) 의료분쟁의 유형을 나누어보면, ① 환자 측 과 의사 측 사이의 합의·화해를 위한 사적 분쟁, ② 법원 또는 의료심사조정위원회에의 조정신청, ③ 민사소송에 의한 손해배상청구, ④ 형사고소 또는 고발을 통한 처벌요구, ⑤ 보건복지부 등 주무관서에의 민원이나 진정, ⑥ 소비자보호기구나 언론기관에의 호소 등이 있다.
3) 이 단계에서는 의료법상의 의료심사조정위원회, 소비자보호법상의 소비자분쟁조정위원회,

가 여부를 가려내고자 의료과오(medical malpractice) 소송[4]이 제기되고, ④ 재판을 통해 최종적으로 의료과오가 있었다는 것이 객관적으로 입증될 경우 의사 측의 의료과실(medical negligence)을 인정하며, ⑤ 법원이 의사 측에게 손해배상책임[5]을 부담하도록 명령하게 된다.

그런데 현재 우리나라에는 의료분쟁에 대한 전문적인 조사통계기관이 없기 때문에 의료분쟁 발생현황을 정확하게 파악할 수 있는 종합통계는 존재하지 않는다.[6] 다만

의료법상의 대한의사협회공제회에 조정신청단계를 선택할 수도 있다. ① 의료심사조정위원회: 1981년 12월 의료법개정(제54조의2 제1항)에 따라 중앙의료심사조정위원회와 지방의료심사조정위원회를 설치하게 되었으나, 접수건수가 미미하고(1983－1990년까지 12건) 휴면기관화되어 사실상 그 실효성이 상실되었다(문옥륜 외, "의료사고 피해구제제도 개발에 관한 연구", 대한의학협회·대한병원협회 용역보고서, 1992.2, 53면). ② 대한의사협회공제회: 1981년 대한의사협회의 한 사업부분으로 실시되던 중 1987년 의료법에 근거규정(제28조의2)을 마련하여 의료분쟁을 조정역할을 수행해 왔다. 그러나 가입률이 약 50%에 머물고 있고 의사 측 보호에 치중하였으며 보상율이 높은 반면 실제 보상액은 평균 200만 원 정도로 낮게 지급되는 등 공정하고 실질적인 보상기능을 수행하지 못함으로써 실패한 제도로 평가받고 있다.

4) 이 용어법과 관련하여, 현실의 의료과오소송에 있어서 의사에게 주의의무위반이 있는지 없는지 미묘한 사건이 적지 않는데도 의료과오, 즉 의사에게 책임이 있는 것처럼 보이는 경우가 있는바 의료과오의 호칭을 의료사고 또는 의료사고소송으로 통일하는 것이 바람직하다는 견해가 있다(조희종, 의료과오소송, 법원사, 1996, 11－12면). 그러나 가치중립적인 용어로서의 의료사고가 발생하더라도 이것이 의료분쟁화되지 않는다면 소송(재판)이 제기되지 않을 것이고, 설사 의료분쟁화된다고 하더라도 합의 또는 화해가 성립되는 경우에는 소송이 제기되지 않는 것이므로, 소송이 발생하지 않은 의료사고에까지 의료사고소송이라는 용어를 붙이는 것은 올바른 용어법이 아니다.

5) 일반적으로는 의사 등이 의료행위로 인하여 신체에 대한 침습 내지 상해를 가하더라도 형사상 상해죄 또는 민사상 손해배상책임을 지지 않는데, 이와 같은 정당성을 인정받기 위해서는 환자의 동의와 함께 주관적으로 치료의 목적을 가지고 객관적으로 학술상의 준칙(의학적 적응성 및 의술적 적정성)에 맞추어 행해져야 한다.

6) 각국의 의료분쟁현황을 살펴보면 다음과 같다. ① 미국: 의료사고배상건수 연간 19,927건, 평균배상금액 183,126달러(1996년), 의료사고사망자 수 연간 98,000명(1999년 미국의학협회 보고서), ② 영국: 의료사고사망자 수 연간 40,000명(1999년 예비표본조사), ③ 호주: 의료사고사망자 수 연간 10,000~14,000명(1995년 의료사고조사보고서), ④ 프랑스: 의료소송건수 연간 2,000건(1998년 프랑스의사협회), ⑤ 독일: 의료소송건수 연간 5,500건(1978년 독일법조인대회보고), ⑥ 일본: 의료소송건수 연간 629건(1998년)(최재천·박영호, 앞의 책, 61－77면에서 재인용).

법원의 소송현황과 대한의사협회공제회·한국소비자보호원·전국의료사고가족협의회 등의 민원접수현황을 참고한 통계자료에 따르면, 의료분쟁발생건수는 연간 약 6,700건이고 여기에 소요되는 분쟁해결비용은 약 900억 원에 달하고 있는 것으로 추정되고 있다.[7] 이 가운데 법원의 소송현황을 구체적으로 살펴보면, 의료사고와 관련한 손해배상청구건수는 1989년 69건이던 것이 2002년 671건(9.7배 증가)으로 늘어났다. 또한 의료분쟁해결기간은 1심법원에서 평균 2.6년, 항소심법원에서 평균 1.3년이 소요되고, 특히 성형외과의 경우 평균 6.3년이 소요되는 것으로 보고되고 있다.[8]

의료분쟁 또는 의료과오소송이 증가하고 있는 이유는 다음과 같이 분석된다. 첫째, 의료공급자 측의 요인으로는 ⅰ) 건강보험제도 실시로 인한 의료수요의 증가, ⅱ) 의료기관의 대형화에 따른 영리추구화 및 위험관리대책 부재, ⅲ) 의료인과 환자 간 관계의 비인격화 및 불신풍조 확산, ⅳ) 의료인의 의료법리에 대한 인식부족 등을 들 수 있다. 둘째, 의료소비자 측의 요인으로는 ⅰ) 환자의 의료본질에 대한 이해부족, ⅱ) 국민의 권리의식 증대 및 의료계약관계로의 인식변화, ⅲ) 의료정보의 확산으로 인한 의료사고 인지수준 향상, ⅳ) 경제적 보상심리의 증대 등을 꼽을 수 있다. 셋째, 의료제도적 요인으로는 ⅰ) 의료사고에 대한 사회적 보상제도의 결여, ⅱ) 적절한 의료분쟁조정법제 및 의료분쟁조정기구의 부재 등을 들 수 있다.[9]

이와 같은 의료분쟁의 증가는 총체적으로 지출되는 사회적·경제적 비용을 증가시

---

7) 의료개혁위원회, "의료분쟁조정법안에 관한 공청회자료", 1997.3. 참조.

8) 연도별 의료사고 손해배상청구건수는 다음과 같다. 1989년 69건, 1990년 84건, 1991년 128건, 1992년 75건, 1993년 179건, 1994년 208건, 1995년 179건, 1996년 290건, 1997년 399건, 1998년 542건, 2000년 519건, 2001년 666건, 2002년 671건; 그리고 2002년 통계자료에 따르면, 환자 측 승소율(일부승소포함)과 환자 측 패소율의 비율(화해·조정 등은 제외)은 1심 판결에서는 53.6% 대 46.4%, 항소심판결에서는 43.9% 대 56.1%, 상고심판결에서는 7.8% 대 92.2%인 것으로 집계되었다(사법연감, 2003년판).

9) 이인영, "의료분쟁조정법안의 입법배경: 의료분쟁의 특성 및 원인, 현황분석", 의료분쟁조정법안 제정을 위한 토론회자료, 의료제도발전특별위원회, 2001.9, 17−21면 참조; 한편 의료분쟁 증가요인으로 보험확대와 의술발전, 환자의 의식변화, 개별의료인의 의술과 성실성 결여, 의료사고의 과도한 분쟁화 등을 꼽는 견해도 있다(김천수, '의료분쟁의 효율적 처리를 위한 한국소비자보호원의 역할', 의료피해구제의 효율적 처리방안 모색을 위한 세미나 연제집, 2006.4.27. 한국소비자보호원 세미나실, 82−85면 참조).

키는 것 이외에 의료현장에서도 여러 가지 부정적인 영향이 나타나고 있다. 즉 의료인 측에서는 의료사고 위험을 피하기 위해 방어진료나 과잉진료가 나타나고 응급의료를 회피한다거나 사고빈도가 높은 전문과목의 전공을 기피하는 등 의료활동을 위축시키는 요소로 작용하고 있다. 반면에 환자 측에서도 적절하고 신속한 구제수단이 없기 때문에 병원시설점거나 집단행동 등 사적 구제수단에 의존한다거나 장기적인 의료분쟁 또는 의료소송으로 인하여 경제적·정신적 고통을 받는 경우가 많은 실정이다.

2) 의료분쟁조정법의 제정경과 및 주요 내용

각종 통계를 종합해 보면, 우리나라에서 의료사고 또는 의료분쟁이 본격적인 사회문제로 부각된 것은 1980년대 이후인 것으로 파악된다.[10] 이와 같은 현실을 감안하여 1981년 12월 의료법개정으로 의료분쟁심사제도를 도입하였으며, 그 이후 의료분쟁에 관한 사회제도적인 장치의 필요성이 의료계를 필두로 제기되어 1980년대 말부터 의료분쟁조정법안[11]을 마련하기 위한 작업이 시작되었다. 즉 의료사고로 인한

---

10) 한국소비자보호원의 의료상담·피해구제·분쟁조정 현황에 따르면(2005년 기준), ① 상담 13,400건, 피해구제(합의권고) 1,093건(전체상담건수의 8.2%), 분쟁조정 92건(전체상담건수의 0.7%)이며, ② 피해구제건수를 청구이유별로 보면 의료사고 90.2%, 치료시술효과 9.0%, 진료비 0.2%, ③ 진료단계별로 보면 수술 39.4%, 치료처치 27.0%, 진단 19.9%, 분만 3.5%, 투약 2.7%, 진찰검사 2.2%, 주사 2.2%, ④ 과실책임별로 보면 부주의 55.5%, 설명소홀 18.7%, 전원협진위반 0.4%, 과잉부당진료 0.3%, 채무불이행 0.3%, 무과실 24.8%, ⑤ 사고유형별로 보면 부작용·악화 52.0%, 사망 17.1%, 장애 13.1%, 효과미흡 7.4%, 감염 5.9%, 약해 1.0%, ⑥ 처리결과별로 보면 배상 45.5%, 환급 2.7%, 조정요청 13.3%, 정보제공 22.3%, 취하중지 16.2%, ⑦ 처리금액별로 보면 100만 원 미만 22.5%, 500만 원 미만 42.8%, 1,000만 원 미만 16.2%, 5,000만 원 미만 15.6%, 1억 원 미만 2.4%, 1억 원 이상 0.6%이다(이해각, '한국소비자보호원의 의료피해구제 처리실태 및 개선방안', 의료피해구제의 효율적 처리방안 모색을 위한 세미나 연제집, 2006.4.27. 한국소비자보호원 세미나실, 12-25면 참조).

11) 법안 명칭과 관련하여 다음과 같은 다른 의견이 있다. ① 의료분쟁조정법은 국민입장에서 접근해야 실효성을 확보할 수 있고 1차적인 목적이 보건의료인 보호가 아니라 환자 보호에 있으므로 법안의 명칭을 '환자권리구제를 위한 특별조치법' 또는 '환자권리보호 및 의료피해구제에 관한 특별법'으로 해야 한다(신현호, "의료분쟁조정법안에 관한 문제", 의료분쟁조정법 제정에 관한 공청회자료, 국회보건복지위원회 회의실, 국회보건복지위원회,

분쟁조정절차와 손해배상 및 보상 등에 관한 사항을 규정하여 국민의 생명·신체 및 재산상의 피해를 신속·공정하게 구제하고 안정적인 진료환경을 조성하자는 취지에서 의료분쟁조정법 제정작업이 추진되어 왔다. 생각건대, 이러한 의료분쟁조정법의 입법취지와 목적은 원격의료분쟁에 있어서도 동일하다고 본다.

여기서 지금까지 의료분쟁조정법의 제정을 위한 추진경과를 정리해 보면 [표2]와 같다.[12]

▌표 2 의료분쟁조정법 제정 추진경과

일자별	추진주체	추진사항	주요내용
1988.10	대한의사협회	의료사고처리특례법(전문9조) 제정을 보건사회부에 건의	반의사불벌죄, 공제보상, 공제사업자의 중재처리 등
1991.	대한의사협회, 대한병원협회	의료피해보상구제법안을 정부에 입법청원	의료심판제도, 조정전치제도, 의료분쟁조정기금 조성 및 강제가입, 보험자의 기금출연, 반의사불벌죄 채택 등
1991.7	보건사회부(법안제정추진 실무위원회)	의료분쟁조정법안 초안작성(최초명칭은 의료피해구제법안), 공청회실시(2회)	의료분쟁조정위원회, 반의사불벌죄, 조정청구기간 3년, 사회보험원리에 의한 의료분쟁조정기금 조성, 난동행위에 대한 가중처벌 삭제 등

2003.2.20, 35면 이하). 이 두 가지 명칭은 법안의 입법작업 초기에 등장한 것이다. ② 새로운 입법이 필요한 것은 무과실 피해에 대하여 피해자 보상을 할 것인지 말 것인지를 집중 논의해야 하므로 법안의 명칭을 '의료피해보상기금운영에관한법률'로 해야 한다(조윤미, '한국소비자보호원의 의료피해 구제처리 실태 및 개선방안에 대한 토론', 의료피해구제의 효율적 처리방안 모색을 위한 세미나 연제집, 2006.4.27. 한국소비자보호원 세미나실, 117면 참조). ③ 의료사고관련 특별법 제정에서 새로운 논쟁점으로 민사입증책임 전환, 무과실 책임보상제도, 과격행위자 가중처벌제도 채용, 독립적 조정절차 신설, 의료배상공제회 조직, 형사책임 감면 등의 사항을 들면서 법률의 명칭은 특별한 이유가 없는 한 특정주체 편향적이 아니라 중립적·공통적이어야 하므로 '의료사고처리특례법' 또는 '의료복지증진및의료사고처리에관한법률'이 타당하다(석희태, 의료사고관련 특별법 제정에서의 새로운 논쟁점, 의료법학 제7권1호, 2006.6, 261−268면).

12) 이 법안을 둘러싸고 이해당사자(의사 측, 환자 측, 정부관련부처 등) 간의 의견대립으로 인해 14대·15대·16대 국회에서 통과되지 못했고, 17대 국회에서 입법작업이 재추진되었다(이기우 의원 등13인 발의안, 안명옥 의원 등10인 발의안, 박재완 의원 입법청원안에 대한 주요 내용 비교는 국회보건복지위원회 수석전문위원, 보건의료분쟁의조정등에관한법률안 검토보고서, 2006.11, 5면 이하 참조).

일자별	추진주체	추진사항	주요내용
1993.1	보건사회부	정부부처 및 관련단체 의견 조회실시, 의견대립으로 입법추진 무산	의료인의 형사처벌면제, 난동행위에 대한 가중처벌, 의료분쟁조정기금 설치, 분쟁조정위원회 및 별도법인 설립 등
1994.8	보건사회부	의료분쟁조정법안 수정법안 입법예고	조정전치주의, 의료인 형사책임 면제 등
1994.11	보건사회부	의료분쟁조정법안(정부제출안)14대국회('92 - '96) 제출	책임공제 의무가입, 제3자 개입금비와 진료방해 금지조항 별칙삭제 등
1995.11	국회보건 복지위원회	공청회실시('95.3월), 법안심의 및 부결, '96.2월 국회임기 만료로 자동폐기	조정전치주의, 의료인 형사처벌특례인정, 진료방해 시 가중처벌, 의료배상공제조합 설립의무화 등 반영. 의료계의 무과실보상제도 도입요구로 부결
1997.7 1997.11	국민회의김병태의원등30인 , 신한국당정의화의원등37인	각각 의료분쟁조정법안(의원입법안) 15대국회('96 - 2000) 제출	김병태의원등제출안(국가보상책임, 조정전치주의, 무과실보상제도, 형사처벌특례인정 등). 정의화의원등제출안(공제조합 국가출연근거 등, 정부제출안과 유사)
1997.7	보건복지부	1차 정부입법 추진('96년 9월 대한의사협회 입법예고안 제출, 관계부처협의의), 법무부 반대의견으로 보류	법무부(조정전치주의, 의료인 형사처벌특례 반대)
1998.7	보건복지부	2차 정부입법 추진(국무조정실 관계부처의견조정회의), 법무부·공정거래위원회·행정자치부 반대입장 고수, 국무조정실 정부입법 어렵다고 판단	법무부(필요적 전치주의, 의료인 형사처벌특례 반대). 공정거래위원회(의료배상공제조합 설립 및 가입의무화). 행정자치부(의료분쟁조정위원회 사무기구 설치곤란). 8개광역자치단체(지방의료분쟁조정위원회 설치반대)
1998.11	YMCA시민중계실	공청회 개최	조정전치주의 채택, 의료배상공제조합 설립운영, 형사처벌특례 인정 등
1998.	한국소비자보호원	소비자보호법 개정	의료피해구제업무 추가실시
1999.11	국회보건복지위원회	두 의원입법안 심의, 보건복지위원회대안 가결	무과실보상 및 조정전치주의 삭제, 의료분쟁조정위원회 특수법인으로 설치 등
1999.12	국회법사위원회	보건복지위원회대안 법안심의 및 부결, 2000.2월 국회임기만료로 자동폐기	형사처벌특례규정에 대한 보건복지부 및 법무부 합의도출 실패
2001.7 2001.12	대한병원협회, 보건복지부, 소비자단체	각각 전문가토론회 및 토론회 개최	

일자별	추진주체	추진사항	주요내용
2002.5	정부의료제도 발전특별 위원회	의료분쟁조정법안(의발특위 의결안) 재입법 추진, 토론 및 공청회 실시(2002.9월)	필요적 조정전치제도(보건복지부·법무부·기획예산처·한국소비자보호원 반대), 조정위원회 설치(법무부 반대), 무과실의료사고 보상(재정경제부·기획예산처 국가보상금지급 반대), 형사처벌특례제도(법무부 반대)
2002.10	한나라당이원 형의원등44인	의료분쟁조정법안(의원입법 안)16대국회(2000－2004) 제출	의료분쟁조정위원회에 대한 국가 및 지방자치단체의 출연금부담규정, 보건의료인 등에 대한 형사처벌특례 인정, 무과실피해구제제도, 임의적 조정전치주의 채택, 의료배상책임 또는 공제조합 책임공제의무가입 등
2003.2	국회보건복지 위원회	공청회 실시	의발특위의결안 및 의원입법안 대상. 쟁점 / 의료분쟁조정위원회, 무과실보상제도, 형사처벌특례 등
2003.6	경제정의실천 시민연합	의료분쟁조정법 제정에 관한 의견 및 입장 발표	형사처벌특례 중과실사례 열거조항 삭제, 무과실보상제도 의료인부담재원마련 전제, 필요적 조정전치주의 등
2004.5	국 회	2004년 5월 국회임기만료로 자동폐기	
2005.12	열린우리당이 기우의원 등13인	의료사고예방및피해구제에 관한법률안(의원입법안) 17대 국회(2004－2008) 제출<7장 56조 부칙6조>	의료사고피해구제위원회 설립, 의료배상 공제조합 설립, 보건의료기관개설자 책임 보험 및 종합보험 가입, 무과실보상제도 및 보상기금 설치, 종합보험 등에 가입된 경우 형사처벌 특례 등
2006.5	한나라당안명 옥의원 등 10인	보건의료분쟁의조정등에관 한법률안(의원입법안) 17대 국회제출 <7장 54조 부칙6조>	(2005.12, 박재완의원, 의료사고피해구제 법 경제정의실천시민연합 입법청원안 국회 제출)
2007.9	대한의사협회	법안에 대한 의견서 제출 (2007.11, 반대서명운동전개)	법안명칭 보건의료분쟁조정등에관한법률 및 무과실의료사고보상제도 찬성, 입증책 임 전환과 임의적 조정전치주의 및 형사 처벌특례 반의사불벌조항 반대
2007.11	국회보건복지 법안소위원회	법안 재심의(부결)	국회보건복지위원회 전체회의 통과무산 및 법안소위원회 재심의 결정
2007.11	경제정의실 천시민연합	국회보건복지법안소위원회 심의에 대한 항의문 발표(의료소비자시민연대 등 비판성명서 발표)	입증책임전환 변형조항, 필요적 조정전치제도 및 일몰제 적용, 법안명칭 보건의료분쟁조정등에관한법률 등 반대

그리고 법 제정작업이 가장 활발했던 16대 국회까지 추진되었던 이원형의원등발

의안 및 의발특위의결안을 중심으로 주요 쟁점사항을 정리해 보면 다음과 같다.[13]

① 의료분쟁조정위원회 설치·운영: 두 법안의 입장이 동일하다. 이원형의원등발의안 제6조는 중앙의료분쟁조정위원회와 지방의료분쟁조정위원회를 설치하도록 되어 있다. 또한 제16조는 위원회의 설립·운영 및 사무에 필요한 경비를 충당하기 위하여 국가 또는 지방자치단체가 출연금을 부담하도록 규정하고 있다(법무부 반대입장).

② 조정전치주의 도입: 이원형의원등발의안 제28조는 임의적 조정전치주의를 규정하고 있는 반면, 의발특위의결안 제30조 제1항은 필요적 조정전치주의를 채택하고 있다. 그러나 私人間의 의료분쟁에 있어 필요적 조정전치주의[14]를 채택하는 것은 신속·공정한 분쟁종결을 저해하고 헌법으로 보장된 재판청구권을 행사하는 데 있어 절차상의 제약을 가하는 것이므로 위헌소지가 있다는 지적이 있다(보건복지부·법무부·기획예산처·한국소비자보호원 반대입장).

③ 의료배상책임보험 및 공제조합책임공제 의무가입: 두 법안의 입장이 대동소이하다. 이원형의원등발의안 제35조는 보건의료기관을 개설하고자 하는 자는 의료배상책임보험 등에 의무적으로 가입하도록 규정하고 있다. 그러나 민간보험시장을 위축시키고 독점의 폐해를 초래할 것이며, 나아가 가입선택의 자유를 침해하여 위헌소지가 있다는 견해가 있다.[15]

---

13) 이원형의원등발의안은 7장 52조 부칙5조(제1장 총칙, 제2장 의료분쟁조정위원회, 제3장 의료분쟁의 조정, 제4장 의료배상공제조합·의료배상책임보험, 제5장 무과실의료사고 보상, 제6장 보칙, 제7장 벌칙, 부칙)로 되어 있고, 의발특위의결안은 7장 53조 부칙5조로 되어 있다. 이원형의원발의안의 제10조(조정부), 의발특위의결안의 제10조(조정부) 및 제11조(조정위원)가 다르다; 이하의 내용은, 국회보건복지위원회 수석전문위원, "의료분쟁조정법안(이원형의원대표발의) 검토보고서", 2002.10; 문옥륜·최만규, "의료분쟁조정법 제정방향", 보건학논집 38권1호, 2001.9, 179면 이하; 박인화, "의료분쟁의 합리적 해결을 위한 입법방향", 입법조사연구 통권252호, 1998.8. 등을 참조하여 정리했다.

14) 행정소송법은 필요적 행정심판전치주의에서 임의적 행정심판전치주의(제18조 제1항)로 개정되었다(1998.3.1. 시행)(박균성, 행정법론(상), 박영사, 2003, 694면 참조).

15) 이인영, "의료분쟁조정법의 입법과정에서의 의사배상책임제도의 도입에 관한 논의", 연세법학연구 7집1호, 2000, 25면; 권오승, "의료분쟁조정법안의 문제점과 개선방안", 한국의료법학회 정기학술세미나자료, 1995.2, 150면; 전현희, "의료분쟁조정법의 쟁점사항 검

④ 의료인의 형사처벌특례 도입: 두 법안의 입장이 동일하다. 이원형의원발의안 제 45조 및 의발특위의결안 제46조는 보건의료인이 형법 제268조의 업무상과실치사상죄를 범한 경우, 12개 열거사항에 해당하는 행위로 인하여 죄를 범한 경우가 아니면 피해자의 명시한 의사에 반하여 공소를 제기할 수 없도록 하고 있다.16) 이처럼 보건의료인에 대한 예외적 형사처벌특례를 두는 것은 산업현장의 위험업무종사자 등과의 불평등문제를 초래하여 평등원칙에 반할 소지가 있다는 견해가 있다(법무부 반대입장).17)

⑤ 무과실보상제도 도입: 두 법안의 입장이 동일하다. 이원형의원등발의안 제38조 내지 제41조, 의발특위의결안 제40조 내지 44조는 보건의료인이 충분한 주의의무를 다했음에도 불구하고 불가항력적으로 발생한 의료사고가 2개 열거사항에 해당할 경우, 최고 2,000만 원18)까지 무과실의료사고보상금을 지불하도록 규정하고 있다. 또한 법안은 국가가 그 보상기금의 재원을 부담하도록 하되, 국민건강보험공단·보건의료인중앙회·보건의료기관단체에 분담시킬 수 있도록 하고 있다. 이에 관해서는 후술한다(재정경제부·기획예산처 반대입장).

2. 원격의료과오의 의의

앞에서 언급한 바와 같이, 의료과오(medical malpractice)란 '의료행위가 당시의 의

토", 대한의사협회지 489호, 2000, 56면; 정순임, "의료분쟁조정제도의 입법에 대한 소고", 국회보 402호, 2000, 44면 참조.

16) 응급의료에관한법률 제63조는 '긴급히 제공하는 응급의료로 인하여 응급환자가 사상에 이른 경우 응급의료행위자에게 중대한 과실이 없는 때에는 그 정상을 참작하여 형법 제268조의 형을 감경하거나 면제할 수 있다'고 규정함으로써 의료종사자에 대한 형사처벌특례의 가능성을 열어놓고 있다.

17) 전병남, "의료분쟁조정법의 문제점 점검", 한국의료법학회 학술대회연제집, 2000, 97-115면; 장정진, 앞의 논문, 69-75면; 임강윤, 앞의 논문, 47-49면 참조.

18) 보상한도에 대해 이기우의원등13인발의안은 3,000만 원, 안명옥의원등10인발의안은 5,000만 원으로 규정하고 있다.

학지식 내지 의료기술의 수준에 따라 의사에게 요구되는 주의의무를 게을리 함으로 써 적합한 것이 되지 못한 것'[19] 또는 '의사가 진료를 행함에 있어서 업무상 필요로 하는 주의를 게을리 하여 환자에게 死傷의 결과를 발생케 한 것'을 말한다.

그런데 우리나라에서는 의료과오와 의료과실이라는 용어를 혼용해서 사용하는 경향이 있는데, 여기서 兩者를 구별하는 것이 옳은가에 대해서는 다음과 같이 견해가 나누어지고 있다.

① 양자를 구별할 실익이 없다는 견해,[20] ② 양자를 구별할 실익도 없으며 우리나라에서는 의료법분야를 제외하고는 과실 개념 이외에 과오 개념을 전혀 사용하지 않고 있으므로 전문가책임법리가 발달하여 malpractice(과오)라는 개념이 우리 법학에 완전히 도입되지 않는 한 의료과실(의료과실소송) 개념을 사용하는 것이 바람직하다는 견해,[21] ③ 의료과실이란 의사가 환자를 진료하면서 당연히 기울여야 할 업무상 요구되는 주의의무를 게을리 하여 사망·상해·치료지연 등 환자의 생명과 신체의 완전성을 침해한 결과를 일으키게 한 경우로서 의사의 주의의무위반에 대한 비난가능성을 말하는데, 의료과오는 의료상에 과실이 있다는 일본식 용어이므로 의료과실이라는 용어를 사용함이 바람직하다는 견해,[22] ④ 의료과오청구사건은 주의의무의 기준위반이라고 정의할 수 있는 과실이론에 기초하고 있고 그러한 의무위반이 어떤 전문가의 탓으로 돌려졌을 때 과오라고 불려지고 있는데, 과실 가운데 전문가의 과실을 과오라고 하면서 양자를 구별하는 견해,[23] ⑤ 의료과오는 의료에 있어서 일정한 사실을 인식할 수 있었음에도 부주의로 인식하지 못한 것을 말하고 의료과실은 의료과오가 있다는 것이 객관적으로 입증되었을 때 비로소 적용되는 용어로서 의료과오행위의 객관적 평가를 의미한다고 하면서 양자를 구별하고, 혹은 이

---

19) Dieter Giesen, Wandlungen des Arzthaftungsrechts, 2. Aufl., 1984, S.11; 서광민, "의료과오책임의 법적 구성", 한국민사법학회 전국학술대회주제발표논문, 1988, 1면.
20) 임정평, "의료과오로 인한 손해배상의 특수성", 고시연구, 1988.4, 118면; 범경철, 의료분쟁소송: 이론과 실제, 법률정보센타, 2003, 13면; 김영규, 의료소송실무자료집: 총론·민사·형사(상), 제일법규, 1996, 106면.
21) 최재천·박영호, 의료과실과 의료소송, 육법사, 2004, 41－45면.
22) 신현호, 의료과실이란, <www.mrdicon.com> [2004.8.1. 방문].
23) 박동섭, "의료과오소송에서의 인과관계", 사법논집 제12집, 163면.

와 함께 영미법상 medical negligence를 의료과오로 번역하고 medical malpractice를 의료과실로 번역해서 사용하는 견해,24) ⑥ 의료과오는 의료과실을 전제로 하고 있는데 의료과오가 의료행위상의 잘못을 총칭하는 것이라고 한다면 의료과실은 의료행위상의 잘못에 대하여 법적으로 비난할 수 있는 요소로서 주의의무위반을 의미하며, 영미법상 medical malpractice는 medical negligence(의료과실)보다는 의료과오에 가깝다는 견해25) 등이 있다.

일반적으로 영미법계에서는 과실에 해당하는 용어로는 negligence가 사용되고 있고, 전문가인 의사·변호사·공인회계사 등이 그의 업무를 수행함에 있어서 고의나 과실 또는 부주의로 업무를 부적절하거나 부도덕하게 행하여 환자나 의뢰인에게 손해를 부담시키게 되는 경우를 특정하여 malpractice라고 칭한다.26) 일본에서는 negligence(과실)와 구분하여 malpractice를 과오라는 용어로 번역해서 사용하고 있다.27) 생각건대 오늘날에는 사회분화와 함께 전문가책임법리가 발달하고 있으므로 의사 등 전문가책임 영역에서 사용되는 과오 개념을 일반분야에서 널리 사용되고 있는 과실 개념과 구분할 필요성이 충분히 인정된다고 본다. 또한 전문가책임법리는 일반적인 책임법리와 엄연히 차이가 있는 것이므로 우리법학에 전문가책임법리가 완전히 도입되지 않았다고 하여 이를 배제하는 것은 무리가 있으며, 따라서 의료과오(medical malpractice)와 의료과실(medical negligence)의 용어를 구별해서 사용하는 것이 바람직하다.

---

24) 문국진, 의료의 법이론, 고려대출판부, 1982, 5면; 문국진, 의료법학, 청림출판, 1989, 40면.

25) 의료과오를 '의료상 요구되는 사실을 부주의로 인식하지 못한 것'으로 보는 것은 과오에 대한 일반적인 국어사전적 용례와도 어긋날 뿐만 아니라, 의료과실을 '의료과오가 입증 또는 인정된 상태'로 보는 것은 통상의 의미를 벗어난 것이라고 한다(추호경, 의료과오론, 육법사, 1992, 24-26면).

26) 영미 법률용어사전에서는 malpractice에 대하여 "professional misconduct or unreasonable lack of skill(H. C. Black, Black's Law Dictionary, 5th ed., West Publishing Co., p.864)" 또는 "a professional's improper or immoral conduct in performance of duties, done either intentionally or through carelessness or ignorance(S. H. Gifis, Law Dictionary, 2nd ed., Barron's Educational Series, 1984, p.281)"라고 정의하고 있다.

27) 일본에서는 medical malpractice를 독일어의 ärztlicher Kunstfehler와 함께 의료과오로 번역해서 사용하고, medical negligence를 독일어의 Fahrlässigkeit와 함께 의료과실로 번역해서 사용하는 것이 일반적이다(穴田秀男 外 14人, 醫療法律用語辭典, 中央法規出版, 1982, 42面, 82面).

위와 같은 의료과오의 개념과 원격의료의 본질적 특성에서 유추하여 원격의료과
오의 개념을 정의한다면, 원격의료과오(telemedical malpractice)란 '원격의료행위가
당시의 의학지식 내지 의료기술 및 원격의료기반기술의 수준에 따라 의사 등 원격
의료인에게 요구되는 주의의무를 게을리 함으로써 적합한 것이 되지 못한 것' 또는
'의사 등 원격의료인이 원격진료를 행함에 있어서 원격의료업무상 필요로 하는 주
의를 게을리 하여 환자에게 死傷의 결과를 발생케 한 것'을 말한다. 그리고 환자
측이 이러한 원격의료과오를 주장함으로써 재판 등을 통해 객관적으로 입증되었을
경우 비로소 '원격의료과실(telemedical negligence)이 존재한다'고 표현하게 된다. 여
기서 통상적인 의료과오의 개념과 비교했을 때 중요한 특징은 의사 등 원격의료인
의 주의의무의 판단기준이 되는 것으로 '당시의 의학지식 내지 의료기술' 이외에
'당시의 원격의료기반기술(정보통신기술)'이 추가된다는 점을 들 수 있다.

이렇게 볼 때, 전통적인 의료분쟁에서와 마찬가지로 원격의료분쟁도 ① 원격의료사고
(telemedical accident)의 발생, ② 원격의료분쟁(telemedical dispute)의 발생, ③ 원격의료
과오소송(telemedical malpractice suit)의 제기, ④ 원격의료과실(telemedical negligence)의
인정, ⑤ 원격의료인의 손해배상책임 부담이라는 순서로 진행되게 된다.

그런데 원격의료는 의학지식 내지 의료기술 이외에 인터넷이나 화상통신 등 원격
의료기반기술을 추가적으로 활용하고, 또 의료인 측에서는 통상적인 의료와는 달리
원격지의료인(원격지의사)과 현지의료인(현지의사)이라는 두 의료행위주체가 관여하
는 복잡한 의료형태이기 때문에 원격의료과오가 발생할 가능성이 높을 것으로 예상
된다. 그 반면에, 의료행위에 수반되는 기본적인 특성과 원격의료에 특수한 본질적
인 특성이 복합된 결과, 일단 원격의료분쟁이 발생할 경우 원격의료인 또는 두 의
료행위주체 중 누구에게 원격의료과오가 있는지 환자 측에서 이를 입증하는 데에는
통상적인 의료과오에서보다 한층 어려움이 가중될 것이다. 우리나라는 원격의료의
시행 및 법제화가 초기단계에 있으므로 아직까지 원격의료과오의 발생현황에 대한
보고나 통계가 없는 형편이다.

3. 원격의료과오의 법적 책임

1) 민사책임

(1) 채무불이행책임(계약책임)과 불법행위책임

의료행위상의 과오로 인하여 환자의 신체에 死傷이 발생할 경우 환자는 의사를 상대로 민사상의 손해배상책임을 청구할 수 있다. 이러한 손해배상책임은 그에 관한 특별법이나 특별규정이 없는 한 민법상의 일반적인 책임원리에 의하여 법리가 구성된다. 그런데 민사책임체계는 채무불이행책임(계약책임)과 불법행위책임의 이원적 구조로 대별되는데, 책임의 발생요건으로는 채무불이행과 불법행위의 두 가지 요건이 있다. 채무불이행은 채권채무관계에 있는 당사자 간에 채무내용에 따른 급부행위를 하지 않은 경우이고, 불법행위는 채권채무관계에 있지 않은 일반인 상호간에 일어나는 불법행위를 말한다. 두 행위는 그 행위로 인하여 손해가 발생하면 손해배상의무가 발생한다는 점에서는 공통점을 가지고 있으나 그 법리구성에 있어서는 차이가 있다. 의료과오의 경우에도 계약책임과 불법행위책임의 두 가지 법리구성이 가능하다.

그런데 종래 우리나라에서는 의료과오를 불법행위책임으로 다루는 것이 대세였으나,[28] 최근에는 계약책임(채무불이행책임)으로 다루고자 하는 경향도 보이고 있다.[29]

---

[28] 불법행위책임으로 구성한 대표적인 판례: 대법원 1962.2.28. 선고 4294민상307 판결; 대법원 1964.6.2. 선고 63다804 판결; 대법원 1967.7.11. 선고 67다848 판결; 대법원 1969.9.30. 선고 69다1238 판결; 대법원 1970.1.27. 선고 67다282 판결; 대법원 1972.5.9. 선고 71다2731 판결; 대법원 1973.1.30. 선고 82다2319 판결; 대법원 1974.5.14. 선고 73다2027 판결; 대법원 1974.12.10. 선고 73다1405 판결; 대법원 1978.12.13. 선고 78다1184 판결; 대법원 1979.8.14. 선고 78다488 판결; 대법원 1974.6.14. 선고 73다2027 판결; 대법원 1974.12.10. 선고 73다1405 판결; 대법원 1978.12.13. 선고 78다1184 판결; 대법원 1979.8.14. 선고 78다488 판결; 대법원 1980.3.5. 선고 79다2280 판결; 대법원 1987.4.28. 선고 87다카1136 판결; 대법원 1989.11.14. 선고 89도1568 판결; 대법원 1990.1.23. 선고 87다카2035 판결; 서울민사지법 1993.9.22. 선고 92가합9237 판결; 대법원 1999.2.12. 선고 98다10472 판결 등.

[29] 계약책임(채무불이행책임)으로 구성한 대표적인 판례: 대법원 1988.12.13. 선고 85다카

이처럼 의료과오를 불법행위책임으로 구성하게 된 이유는 의료행위의 특수성에서 나타나는 특성, 즉 ① 진료계약의 내용 내지 의사가 제공해야 할 급부의 내용을 특정 또는 확정하기 어렵다는 점, ② 진료계약의 당사자가 분명하지 않다는 점, ③ 계약책임이 미치는 범위가 애매하다는 점, ④ 일반적으로 인체에 대한 직접적인 침해는 불법행위를 구성한다는 의식이 잠재하고 있다는 점 등을 들 수 있다.[30] 반면, 채무불이행책임으로 구성하려는 것은 채무불이행책임의 일반원칙에 기하여 과실(주의의무위반)이 없다는 입증책임을 의사 측에게 부담시키려는 의도에 기인한 것이나, 검증에 의하면 채무불이행책임 구성이 증명책임 면에서 환자에게 반드시 유리한 것이라고 말할 수 없다는 견해가 지배적이다. 통계상으로 보면, 의료과오를 어느 책임으로 구성하는가에 따라 환자 측 및 의사 측의 입장에서는 그 결과가 다르게 나타나고 있다.[31]

한편, 전술한 바와 같이 원격의료의 실질적 내용은 의료행위라고 하였으므로 의료과오에 관한 민사책임이론은 기본적으로는 원격의료과오에 있어서도 동일하게 적용될 것이다.[32] 즉 인터넷을 통한 직접적 또는 간접적인 의사의 상담행위는 진료행위의 일부로서 의사와 환자 사이의 유효한 진료계약의 성립을 전제로 한 것이라고 볼 수 있고, 이러한 형태의 의료행위는 현행 의료법에 위배된다는 법적 근거를 찾을 수 없

1491 판결; 서울동부지법 1992.4.29. 선고 91가합18833 판결; 대법원 1993.7.27. 선고 92다15031 판결; 대법원 1995.2.10. 선고 93다52402 판결 등; 한편 채무불이행책임구조에 대해 언급한 초기논문으로는, 김성길, "의사의 의료상 과오에 대한 법적 책임", 사법논집 제3집, 1972, 632면이 있으며, 그 이후에는 김현태, "의사의 진료과오로 인한 책임", 사법행정, 1974.7, 17면 이하; 오석락, 입증책임론, 일신사, 1977, 153면; 김민중, "의료분쟁 판례의 동향과 문제점", 의료법학 창간호, 대한의료법학회, 2000, 13-48면 등이 있다.

30) 문정두, 판례중심 의료소송, 법조문화사, 1970, 71-73면; 서광민, "의료과오책임의 법적 구성", 한국민사법학회 전국학술대회주제발표논문, 2-3면; 오석락, 앞의 책, 183면; 석희태, "의료과오에 관한 민사책임구조", 판례월보 통권192권, 1986.9, 28면.

31) 1960-1979년 의료과오민사판례(25례)를 분석한 자료에 따르면, 불법행위를 청구원인으로 제소한 경우가 68%, 채무불이행을 청구원인으로 제소한 경우가 32%이었다. 그리고 판결결과 불법행위로 제소한 경우 의사유책률(환자측승소)은 40%, 채무불이행으로 제소한 경우 의사유책률은 100%인 것으로 나타났다(문국진, 의료법학, 청림출판, 1989, 48-49면).

32) 윤석찬, "원격의료의 법적 문제", 인터넷법률 통권25호, 2004.9, 7면.

다.[33] 따라서 인터넷의료행위가 정상적인 진료행위의 수준에 미치지 못하여 그 진단
이나 처방된 의약품이 부적당하여 환자에게 손해가 발생하면 이는 의료과오의 문제
로 다루어져야 한다.[34] 그런데 의료법 제34조 제3항 및 제4항은 원격의료인의 책임에
관한 특별규정을 두고 있기 때문에 원격의료과오에 있어서는 이 특별규정이 먼저 적
용될 것이다. 다만, 이 특별규정의 내용을 살펴볼 때 그 의미가 명확하지 않고 문리적
해석에도 일정한 한계가 있으므로 그 적용 및 해석에 있어서는 위와 같은 민법의 일
반적인 책임원리가 기초적 내지 보충적으로 적용되어야 한다.

(2) 사용자책임(병원책임)

병원의 개설자(사용자)가 의료인인 경우, 의사나 간호사 등 병원종사자의 업무상
과실로 인하여 환자가 손해를 입은 때에는 사용자나 그 대리감독자는 민법 제756조
(사용자의 배상책임)에 따라 사용자책임(병원책임)[35] 또는 대리감독자책임을 부담한
다. 다만 사용자가 피용자의 선임 및 사무감독에 상당한 주의를 했거나 상당한 주
의를 했는데도 손해가 있었다는 것을 입증하는 때에는 그 책임을 면할 수 있다(민
법 제756조 제1항 단서). 사용자가 책임을 지더라도 행위당사자인 피용자도 독립해
서 불법행위가 성립하므로 민법 제750조에 따라 불법행위책임을 부담하며, 이때 사
용자와 피용자의 관계는 부진정연대채무로 보는 것이 통설 및 판례[36]의 입장이다.
또한 사용자 또는 대리감독자가 손해배상을 한 때에는 피용자에 대하여 구상권을
행사할 수 있다(민법 제756조 제3항).

그리고 병원의 개설자(사용자)가 비의료인인 경우에는, 병원개설자는 민법 제756조
제1항의 사용자책임을 지고, 관리의사는 동법 제756조 제2항의 대리감독자책임을 지

---

33) 왜냐하면 우리나라는 독일과 같이 인터넷을 통한 의료상담 및 진료행위를 명시적으로
　　금지하는 법규가 없을 뿐 아니라, 현행 의료법 제17조 제1항의 '직접 진료한 의사의 진
　　단서발급의무 규정'을 인터넷의료행위 내지 원격의료를 금지하는 규정으로 해석할 수
　　없기 때문이다.
34) 윤석찬, 앞의 논문, 11면.
35) 조형원, 의료분쟁과 피해자구제에 관한 연구, 한양대대학원 박사학위논문, 1994.6, 155 -
　　169면 참조.
36) 대법원 1960.8.18. 선고 4292민상772 판결.

며, 의료과오를 범한 병원종사자는 동법 제750조의 일반 불법행위책임을 부담하게 된다. 이때 3자의 책임은 부진정연대채무로 보는 것이 통설[37] 및 판례[38]의 입장이라고 할 수 있다. 사용자책임에서는 사용자의 과실대상이 피용자의 선임·감독에 관한 것이고 그 입증책임이 사용자에게 있다는 점에서 일반불법행위와는 차이가 있다.[39] 사용자책임을 인정하는 이유는 피해자(환자)를 두텁게 보호하는 것이 공평할 뿐만 아니라 이익이 있는 곳에 손해도 귀속되어야 한다는 보상책임원리에도 맞는다는 것이다.[40]

한편, 원격의료에 있어서 원격지의료인 또는 현지의료인이 의료기관 또는 의료관련기관에 소속되어 원격의료를 시술하는 경우에는 그 원격의료인과 의료기관 사이의 법적 관계는 사용자와 피용자의 고용관계가 성립될 것이다. 따라서 원격의료인이 원격의료과오를 일으킨 경우에는 위와 같은 사용자책임이론이 동일하게 적용될 것이다.[41]

예컨대, 원격지의료인의 과실로 인한 불법행위청구권은 원격의료를 지원하는 병원(현지의료기관)에 대해 원칙적으로 사용자책임이나 불법행위책임을 주장할 수 없으나,[42] 사용자책임의 피용자의 요건상 원격지의료인에 대해 감독 및 지시를 받지

---

37) 이보환, "의료과오로 인한 민사책임의 법률적 구성: 의료사고에 관한 제문제", 재판자료 제27집, 법원행정처, 1985, 16면 참조.
38) 대법원 1969.8.26. 선고 69다962 판결.
39) 미국의 경우, 병원을 비영리기관으로 보는 전통적인 이론에서는 독립계약자이론에 따라 독립된 의사(비전임의사)의 과실에 대해 병원은 면책되는 것으로 보았으나, 1950년대부터 병원이 점차 대규모화되고 상업성을 띠게 되자 이러한 면책특혜를 줄이기 시작했다. 대리인법(Agency Law)도 피용자의 과실에 대해 병원의 사용자책임(Vicarious Liability)을 인정하고 있으며 무과실책임주의를 취하고 있다. 그러나 현실적으로 의사는 피고용인보다는 독립된 계약자로 취급되어 병원이 면책되는 경우가 대부분이며, 이에 대해 법원은 독립계약자주의를 제한하기 위하여, 의사가 병원의 대리인이라는 사실을 환자에게 믿게 하거나 조장한 병원에 대해서는 대리인주의를 확대적용해서 병원의 책임을 인정하고 있다. 한편, 병원은 적정한 진료가 이루어질 수 있도록 하기 위하여 일정한 자격을 갖춘 의료진을 선발하고 이들이 적정하게 진료하고 있는가에 대한 질 관리(quality improvement)의무를 부담하는데, 이를 기관책임주의(Corporate Negligence Doctrine)라고 한다. 미국 법원은 1960년 이래 기관책임주의를 확대해 오고 있다(범경철, 앞의 책, 172−179면 참조).
40) 대법원 1985.8.13. 선고 84다카979 판결.
41) 윤석찬, 앞의 논문, 11면.
42) Pflüger, VersR 1999, S.1070, S.1074.

않는다고 하더라도 사실상 이행보조자 개념을 적용한 것으로 보아 명령이나 지시관계가 아님에도 불구하고 사용자책임의 적용을 인정하고 있다.[43] 이러한 사용자책임 이외에도 원격의료인이 의료기관에 고용되어 있는 경우, 원격의료기관은 민법 제391조의 이행보조자의 귀책사유에 대한 책임이 인정된다.[44]

(3) 병원시설 및 의료장비 등의 하자책임

병원시설이나 의료장비의 하자로 인해 환자 또는 보호자 등에게 손해가 발생할 경우에는 민법 제758조(공작물 등의 점유자, 소유자의 책임)에 따라 병원은 손해를 배상하여야 한다. 여기서 1차적으로 점유자가 책임을 지고 2차적으로 소유자(병원개설자)가 책임을 지도록 되어 있지만, 점유자에게는 면책사유가 있으므로 실질적으로는 병원이 책임을 부담한다. 이 경우 소유자는 귀책사유 및 손해방지를 위한 주의 여부를 불문하고 손해를 배상해야 하는 무과실책임을 부담하며, 다만 손해의 원인에 대하여 책임 있는 자에게 구상권을 행사할 수 있다(민법 제758조 제3항).

병원이 책임을 지는 공작물에는 병원내의 설비·의료장비·기구 등 모든 시설물 및 기기 일체를 포함한다고 해석해야 할 것이다. 그리고 공작물의 '설치·보존의 하자'의 의미는 객관적으로 공작물의 설치와 그 후의 유지·수선에 불완전한 점이 있어서 통상적으로 갖추어야 할 안전성을 갖추지 못한 것을 말한다. 또한 하자의 존재에 관한 입증책임은 원칙적으로 피해자(환자 측)에게 있다고 할 것이나, 피해자는 손해의 발생사실만 입증하면 일응 하자의 존재를 추정하는 '일응추정의 법리'가 적용된다.[45]

그 밖에, 병원시설 및 의료장비 등의 하자로 인하여 환자의 신체 등에 손해가 발생한 경우에는 병원의 공작물 등 소유자책임과는 별도로, 그 시설물 또는 의료장비

---

43) 대법원 1993.5.27. 선고 92다48109 판결(도급인이 수급인의 일의 진행 및 방법에 관하여 구체적인 지휘 감독권을 유보한 경우에는 도급인과 수급인의 관계는 실질적으로 사용자 및 피용자의 관계와 다를 바 없으므로 수급인이 고용한 제3자의 불법행위로 인한 손해에 대하여 도급인은 민법 제756조에 의한 사용자책임을 면할 수 없다).
44) 윤석찬, 앞의 논문, 11면.
45) 대법원 1969.12.30. 선고 69다1604 판결.

를 제조한 자가 제조물책임법(법률 제06109호, 2000.1.12. 제정, 2002.7.1. 시행) 제3조(제조물책임) 등에 따라 제조물침해에 대한 책임을 부담하여야 할 것이다.[46] 예컨대, 원격의료정보의 전송을 위해 필요한 원격의료기반시설의 하드웨어 및 소프트웨어에 대한 기술적인 하자에 대해서도 제조물책임이 인정될 것이다.

한편, 원격의료에 있어서는 원격지의료인(원격지의료기관) 또는 현지의료인(현지의료기관)이 기존의 병원과 같이 병원시설과 의료장비 등을 보유할 것이므로 그 하자책임도 동일하게 부담하게 될 것이다.

그런데 원격의료에 있어서는 원격시술에 필요한 원격의료기반기술이 추가적으로 구비될 것이므로, 병원이 책임을 지는 공작물의 범위에는 의료법시행규칙 제23조의3(원격의료의 시설 및 장비)에서 정하고 있는 원격진료실, 데이터 및 화상을 전송·수신할 수 있는 단말기, 서버, 정보통신망 등의 시설 및 장비가 추가적으로 포함된다.[47] 다만, 이러한 원격의료기반시설을 별도의 주체(원격의료통신망제공자 등)가 구축하고 기반시설이용계약에 따라 원격의료인(원격의료기관)이 이를 사용하는 경우에는, 점유자인 원격의료인 등에게 면책사유가 입증되면 소유자인 그 별도의 주체인 원격의료기반시설제공자가 공작물 등의 책임을 부담하게 될 것이나, 통상적으로는 원격의료기반시설이용계약에 따르게 될 것이다. 또한 원격의료기반시설의 제조자는

---

46) 의료기기·의약품 등 보건의료산업 분야에서의 제조물책임에 관한 주요 사례를 소개하면 다음과 같다. ① 수술용봉합사 사건(1998년 일본, 수술용봉합사 수입판매회사를 상대로 4,962만 엔의 손해배상을 요구하는 PL소송 제기, 병원 측과 화해하여 PL소송 포기). ② A. H. Robins사의 피임기구 Dalkon Shield 사건(1974년 FDA권고에 따라 리콜실시, 1985년까지 9,230건 소송종료, 징벌적 손해배상금 포함 5억3,000만 달러 배상, 연방파산법에 의한 갱생신청). ③ 다우코닝사의 가슴성형용 실리콘젤 사건(1992년 FDA 사용제한명령, 2002년까지 약 12,000건 소송제기, 버밍험 연방지방법원의 집단소송에서는 피고 중 다우코닝사 등 3개회사가 총액 40억 달러의 기금설립하고 피해자구제를 도모한다는 조건으로 화해성립)(보건복지부·한국보건산업진흥원, 보건산업체를 위한 제조물책임(PL; Product liability) 가이드, 2002 참조).

47) 원격로봇수술의 경우에는 일차적으로 원격수술을 하는 로봇시설을 갖춘 개인병원의 의사나 병원기관이 기계설비의 안전에 대한 책임을 담보해야 하며, 로봇기계의 결함으로 손해가 발생한 경우에는 개인병원의 의사나 병원기관 측에게 과실이 추정된다고 볼 수 있다(Laufs, NJW 2000, S.1757, S.1761; Ulsenheimer / Heinemann, MedR 1999, 200; Laufs / Uhlenbruck, Handbuch des Arztrechts, §64 Rn. 4, 5).

예컨대, 원격의료정보의 전송을 위해 필요한 원격의료기반시설의 하드웨어 및 소프트웨어에 대한 기술적인 하자에 대하여 일반적인 불법행위책임 이외에 제조물책임이 인정될 것이다.

(4) 공동책임

오늘날 의학지식과 의료기술의 발전은 의료분야를 더욱 세분화 내지 전문화시키고 이에 따라 의료시술의 형태에 있어서는 의료종사자 사이의 수직적 또는 수평적 의료분업[48]이라는 일종의 팀의료(team medical practice) 형태가 보편적으로 이루어지고 있다. 이러한 의료분업의 경우에는 1인의 환자에 대하여 數人의 의료종사자가 복합적으로 관여하여 진료를 하게 되기 때문에 의료과오가 발생하게 되면 그 책임소재의 특정이 곤란하게 될 가능성이 많다.

의료분업의 경우 의료과오책임은 구체적으로 다음과 같이 나누어 볼 수 있다.

① 복수의 의사 간 공동진료: 일반적으로, 복수의 의사가 진료를 행함에 있어 치료방법의 결정 그 자체를 잘못한 의료과오가 인정되는 경우에는 '치료방법의 결정'이라고 하는 주관적관련공동행위와 관련하여 민법 제760조 제1항의 공동불법행위를 인정할 수 있고, 복수의 의료행위 중에서 과오원인행위를 특정할 수 없는 때에는 '공동진료'라고 하는 객관적관련공동행위와 관련하여 동법 제760조 제2항의 공동불법행위의 성립을 인정할 수 있다.

이와 유사한 상황으로 동일한 병원 내에서 담당의사가 교대된 경우, 다른 병원에서 전원되어 온 경우,[49] 복수의 의료기관 간에 공동진료가 이루어진 경우에는, 복수의 의사(병원)의 의료행위 중에서 과오의 원인행위를 특정할 수 없는 때가 많을 것

---

48) ① 수직적 의료분업(vertikale Arbeitsteilung)이란 종합병원의 전문의와 수련의, 의사와 간호사 사이의 의료분업을 말하며, 상위의 의료인이 지시하고 하위의 의료인이 그에 복종하는 위계질서를 특징으로 한다(채무자와 이행보조자의 관계, 보증인적 지위, 위험관리의무 및 감독의무 인정). ② 수평적 의료분업(horizontale Arbeitsteilung)이란 마취과전문의와 외과전문의가 함께 수술팀을 이루는 것과 같은 형태의 의료분업을 말하며, 의사와 의사 사이의 파트너십에 입각한 동등한 지위를 특징으로 한다(책임분할 및 신뢰의 원칙 인정).
49) 대법원 1993.7.27. 선고 92도2345 판결.

인데 민법 제760조 제2항에 따라 공동불법행위의 성립을 인정할 수 있을 것이다.

그리고 전문영역이 다른 복수의 의사(전문의)에 의해 공동진료가 이루어지는 경우에는, 각 의사의 독립성과 재량성이라는 의료행위의 특질을 고려해야 할 것이므로 각 의사 사이에 신뢰의 원칙[50]을 적용하여 의료과오의 발생원인을 특정할 수 있는 한 그 과오원인행위를 한 전문의만 민법 제750조의 불법행위책임을 부담한다.[51] 반면에, 전문영역이 동일한 진료과 내에서 주치의와 수련의 관계와 같이 감독자와 보조자의 관계(수직적 상하관계)에 있는 의사에 의해 공동진료가 이루어지는 경우에는, 보조자로서의 의사의 의료과오에 대하여 감독자로서의 주치의에게는 신뢰의 원칙을 배제하여 독립한 불법행위책임을 부담하며, 이때 양자는 민법 제760조(공동불법행위자의 책임)에 따라 연대책임을 지게 된다.[52]

그 밖에 어떤 의사가 다른 의사를 대신하여 치료하는 경우(예컨대 휴가 등의 대리치료)에는 원칙적으로 신뢰의 원칙이 긍정되어 대리치료의사의 의료과오에 대하여 원래의 의사는 책임을 부담하지 않는다고 할 것이다.[53]

② 의사와 간호사 등의 공동진료: 간호사 등의 의료보조인이 일으킨 의료과오에 대해서는 그를 지휘·감독하는 의사는 민법 제756조의 사용자책임을 지거나 동법 제391조(이행보조자의 고의, 과실)의 이행보조자의 과실에 기초한 채무자로서의 책임을 부담한다.

그리고 간호사의 업무는 상대적 간호행위와 절대적 간호행위로 나눌 수 있는데,[54] 상대적 간호행위란 의료행위의 보조적 업무(의료법 제2조 제2항 제5호)로서 '행위의 결정'에는 의사의 지시가 필요하고 그 '행위의 질'은 간호학의 전문적 지식에 기한 간호판단 및 간호방법의 선택이라는 과정이 가미된다. 이 경우 간호사는 의사의 이

---

50) 본서 9.2.2. 참조.
51) 대법원 1970.1.27. 선고 67다2829 판결.
52) 만일 보조자(수련의)가 주치의의 처치와 처방을 신뢰하였을 경우에는 신뢰의 원칙이 적용될 수 있다(전병남, "의료분업과 신뢰의 원칙: 대법원 2003.1.10. 선고 2001도3292 판결", 대한의료법학회 학술세미나자료집, 2003.3.8. 참조).
53) 대법원 1970.2.10. 선고 69도2190 판결.
54) 문성제, "의료사고에서 간호사의 책임", 의료법학 제2권2호, 한국사법행정학회, 2001.12, 328-329면 참조.

행보조자에 불과하다고 할 수 있으므로 간호사의 의료과오는 민법 제391조(이행보조자의 고의, 과실)에 따라 의사의 책임이 된다.55) 반면에, 절대적 간호행위란 요양상의 보살핌으로 불려지는 간호사 독자의 업무이고 이 행위에는 의사의 지시 내지 감독을 필요로 하지 않는 대신 간호사의 주의의무의 범위가 확대된다. 이 경우 간호사의 의료과오에 대해서는 대부분 간호사의 책임과 함께 그 사용자의 사용자책임이 성립할 것이며, 의사에게는 신뢰의 원칙이 적용되어 불법행위책임은 부담하지 않게 된다.56)

그 밖에 의료기사는 의료기사법시행령 제2조 제2항(의료기사·의무기록사 및 안경사의 업무범위 등)에 의해 의사 및 치과의사의 지도를 받아 업무를 행하는 것이므로 의사와 상대적 간호행위를 하는 간호사의 경우와 같이, 의료기사의 의료과오는 민법 제391조(이행보조자의 고의, 과실)에 따라 그 지휘·감독하는 위치에 있는 의사의 책임이 된다.57)

위에서 살펴본 의료분업에 따른 공동책임의 문제는 원격의료에서도 그대로 나타날 수 있을 것이다. 즉 제1유형 및 제2유형의 원격의료에서는 원격의료인(원격의료기관) 사이의 전형적인 의료분업의 형태라고 할 수 있으므로 원격의료과오가 발생할 경우 양자 사이에는 공동책임 문제가 필연적으로 대두된다.

이에 따라 의료법 제34조 제3항 및 제4항에서는 원격지의료인과 현지의료인의 책임분배에 관한 규정을 두고 있으며, 이를 구체적으로 나누어서 살펴보면 다음과 같다. ⅰ) 의사(원격지의료인)와 의사(현지의료인)가 원격진료를 행한 경우(제1유형), 원격지의료인에게 명백한 과실이 있는 때에는 원격지의료인이 책임을 부담한다(의료법 제34조 제4항 반대해석). 이는 의료과오의 발생원인을 특정할 수 있는 한 그 과오원인행위를 한 의사만 민법 제750조의 불법행위책임을 부담하게 되기 때문이다. ⅱ) 의사(원격지의료인)와 간호사 등 기타의료인 및 기타보건의료인(현지의료인)이 원격진료를 행한 경우에는(제2유형), 원격지의료인이 책임을 부담한다(의료법 제34

---

55) 대법원 1994.12.22. 선고 93도3030 판결.
56) 대법원 1984.6.12. 선고 82도3199 판결.
57) 대법원 1976.10.16. 선고 76도2706 판결.

조 제4항 반대해석). 이는 현지의료인이 원격지의료인의 이행보조자 또는 이행대행자의 지위에 있고, 이행보조자(현지의료인)의 의료과오는 민법 제391조에 따라 의사(원격지의료인)의 책임이 되기 때문이다.

원격의료의 책임분배조항에 관한 상세한 해석론은 후술하기로 한다.

(5) 국가배상책임

일정한 경우 의료과오에 대하여 국가에 귀책사유가 있는 때에는 피해자(환자)는 국가 또는 지방자치단체를 상대로 손해배상을 청구할 수 있을 것이다. 즉 국공립병원이나 보건소에 근무하는 공무원의 신분을 가진 의료종사자가 의료과오를 일으킨 경우에는 국가배상법 제2조(배상책임)와 민법 제756조(사용자의 배상책임) 중 어느 것을 적용할 것인지 문제가 될 수 있다.

이 경우 국가배상법 제8조(타법과의 관계)의 규정에 의하여 국가배상법은 민법의 특별법(사법상 책임설)[58]으로서 우선적으로 적용되므로 민법 제756조의 적용은 배제된다.[59] 이 국가배상법이 적용되는 경우에는 민법상 사용자책임과는 달리, 국가 또는 지방자치단체는 공무원의 선임·감독에 과실이 없었다는 사유로 면책되지 아니하고, 또한 당해 공무원에게 고의 또는 중대한 과실이 있는 경우에만 구상권을 행사할 수 있다(국가배상법 제2조 제2항). 공무원의 직무행위의 범위에 대해서는 협의설,[60] 광의설,[61] 최광의설[62]이 있으나, 다수설과 판례[63]는 광의설의 입장에서 공권력행사 이외에 관리작용(비권력적 행정작용)을 포함하되 사경제작용은 제외하고 있다.[64]

---

58) 대법원 1972.10.10 선고 69다701 판결; 대법원 1971.4.5. 선고 70다2955 판결.

59) 대법원 1975.5.27. 선고 75다300 판결.

60) 이종극, 신행정법, 보문각, 156면.

61) 김도창, 일반행정법론(상), 458면; 박윤흔, 행정법강의(상), 국민서관, 1978, 229면.

62) 윤세창, 행정법(상), 박영사, 1978, 282−283면; 이상규, 신행정법론(상), 423면; 대법원 1957.6.15. 선고 4290민상118 판결.

63) 대법원 1962.2.28. 선고 4294민상898 판결; 대법원 1980.9.24. 선고 80다1051 판결.

64) 그러나 광의설에 따른다면, 의료과오로 인한 손해배상의 경우 비록 국공립병원이라고 하더라도 국가배상법상 규정이 아니라 민법상 규정이 적용될 것이며, 민법 제756조의 규정

한편, 원격의료에 있어서는 모든 유형에서 원격지의료인 또는 현지의료인이 국공립병원이나 보건소 등에 소속된 공무원의 신분을 가지거나, 국공립병원이나 보건소 등이 직접 원격지의료기관 또는 현지의료기관의 자격을 가지는 경우가 가능하다. 따라서 원격의료과오가 발생한 때에는 일정한 경우에는 위와 같은 통상적인 의료과오에서와 같은 국가배상책임에 관한 이론이 그대로 적용될 수 있다.

2) 형사책임

(1) 의료행위의 형사법적 성격

형법 제252조(촉탁, 승낙에 의한 살인 등)는 헌법에서 유추되는 생명권 이념에 좇아 사람의 생명을 해한 경우에는 피해자 본인의 승낙을 받은 경우에도 처벌하고 신체를 상해한 경우에는 예외적으로 피해자의 승낙 등에 의해 위법성이 조각되는 때에 한해 처벌을 면할 수 있다. 그러나 의료행위는 신체에 관한 침습을 전제로 하는 것이지만 일반적인 침습과는 달리 특별한 사정이 없는 한 일반적인 형사처벌과는 달리 취급된다. 즉 의료행위는 형법 제268조의 '업무상과실·중과실치사상'에 해당하는 경우에 한해서 형사적 책임을 진다.[65][66]

이와 같이 침습적인 의료행위가 정당성을 인정받기 위해서는 ⅰ) 주관적으로 치료의 목적이 있어야 하고(치료의 목적), ⅱ) 그 시술이 환자의 생명과 건강을 유지하거나 질병을 치유하기 위한 것이어야 하며(의학적 적응성), ⅲ) 그 당시에 의학적으

을 적용할 경우에는 사용자의 면책사유가 인정되어 피해자(환자)가 불리한 입장에 놓이게 된다.

65) 이상돈, 의료형법, 법문사, 1998, 5면; 이에 대해, 환자의 의사를 무시하고 침습을 가한 경우에는 형법상 상해죄나 치사상죄에 해당할 수도 있다는 견해가 있다(신현호, 앞의 책, 487면).

66) 일반적인 의료행위에서 의사가 살해나 상해의 고의를 가지는 경우는 드물며, 그러한 경우가 있다 하더라도 상해죄나 살인죄로 처벌하면 될 것이다. 그러나 의사의 치료행위는 환자에게 어떠한 상해를 가한다는 의사보다는 이미 발생한 상해를 완화시킨다는 의도로 행해지므로 상해의 고의가 있다고 보기는 어려울 뿐만 아니라 미필적 고의도 인정하기 힘들다(최재천·박영호, 앞의 책, 928-929면 참조).

로 인정된 의술의 법칙에 따라 시술이 행해져야 하고(의술의 적정성), iv) 그 침습
행위를 받아들일지 여부에 대해 의사의 적당한 설명에 근거하는 환자의 승낙이 있
어야 한다(환자의 동의).[67]

여기서 의사가 치료의 목적을 가지고 있지 않은 경우라면 당연히 상해죄의 구성
요건에 해당한다. 그리고 주관적으로 치료의 목적을 가지고 객관적으로는 의술의
법칙에 맞추어 행하여진 경우에는 가벌성이 부정된다는 점에 대해서는 견해가 일치
하고 있으나, 가벌성 조각의 근거에 대해서는 다음과 같이 견해가 나누어지고 있다.

① 위법성조각설(상해죄설): 의사의 치료행위는 그 성공여부를 묻지 않고 객관적으
로 상해죄의 구성요건을 충족한다는 전제하에, 그것이 주관적 치료목적과 객관적
의술의 법칙에 부합하는 한, 치료의 성공여부에 관계없이 위법성이 조각된다는 견
해이다. 다만, 그 위법성의 조각에 당사자의 승낙이 필요한지 여부에 따라 다시 두
가지 견해로 나누어진다. i) 환자의 승낙을 위법성조각사유로 보는 견해: 의사의 치
료행위는 상해죄나 업무상과실치사상죄의 구성요건에 해당하지만 그것을 초래한 원
인은 환자와 의사 간에 설명과 동의에 기초하므로 위법성이 조각된다고 한다.[68] 따
라서 의사의 설명과 환자의 동의가 없는 의료행위는 위법성이 조각되지 않아 위법
하다고 한다(독일[69] 및 일본[70] 판례). ii) 업무로 인한 정당행위로 보는 견해: 의사
의 치료행위는 객관적으로 상해죄나 업무상과실치사상죄의 구성요건을 충족하나, 환
자의 건강을 유지하거나 개선하기 위하여 행해지므로 형법 제20조의 정당행위로서
위법성이 조각된다고 한다(우리나라 다수설).[71] 따라서 의료적 침습행위에 의학기술

---

67) 최재천·박영호·홍영균, 의료형법, 육법사, 2003, 42-45면; 범경철, 앞의 책, 390-391
면; 김신규, 형법상 의료과실의 법리에 관한 연구, 부산대대학원 박사학위논문, 1991, 31-
32면; 김경화, 의료행위의 형법적 한계, 동아대대학원 박사학위논문, 2001, 30-32면 참조.
68) 김민중, 의료분쟁의 법률지식, 청림출판, 2000, 339면; 권오승, "의사의 설명의무", 민사
판례연구 제10권, 1989, 244면; 박상기, 형법총론, 박영사, 1996, 155면.
69) Deutsch, "Das therapeutische Privileg des Arztes: Nichtaufklärung des Patienten", NJW
1980, 1306.
70) 東京地裁 1991.3.28. 判時 1399號, 77面.
71) 정영석, 형법총론, 1987, 45면; 진계호, 신고형법총론, 1984, 205면; 유기천, 형법학(총론
강의), 1980, 193면.

의 정당성과 의학적 적응성만 유지된다면 환자의 동의가 없더라도 위법이 아니라고 한다.72)

② 구성요건해당성배제설(비상해죄설): 의사의 치료행위는 의학적 적응성이 있고 치료목적으로 의술의 법칙에 따라 행해지는 한, 원칙적으로 환자의 승낙이 있었느냐에 상관없이 상해죄의 구성요건에 해당하지 않는다는 견해이다(독일 통설,73) 우리나라 다수지지).74)

③ 판례의 태도: 종래 대법원판례는 의사의 치료행위는 결과에 관계없이 상해죄의 구성요건에 해당하지만 환자의 의사와는 관계없이 정당행위로서 위법성을 조각한다는 입장을 취했으나,75) 최근에는 환자의 자기결정권을 중시하여 위법성조각의 요소로 환자의 승낙을 필요로 한다는 경향을 보이고 있다.76) 그러나 아직까지는 구성요건의 해당성을 인정하고 단지 환자의 승낙을 받은 경우에 한하여 정당행위로 위법성을 조각하고 있는 것으로 파악된다.

(2) 민사책임과의 관계

요컨대 의료과오로 인해 일정한 악결과가 발생하였을 경우 민사책임과는 별도로

---

72) 이 견해에 대해, 환자의 의사를 무시하고 고려하지 않았으며 환자의 신체를 단지 행위의 객체로만 보고 있다는 비판이 있다(이재상, 형법각론, 박영사, 1996, 46면; 박상기, 형법각론, 162면; 김영환, "의료행위에 관한 형법적 고찰", 성시탁교수화갑기념논문집, 276면 이하).

73) Engisch, ZSt W 58, 5; Eb. Schmidt, Der Arzt im Strafrecht, 1939, S.69ff.; Arthur Kaufmann, a.a.O., S.190ff.; Welzel, Das deutsche Strafrecht, 1969, S.289.

74) 이 견해에서도 학자에 따라 입장을 달리하고 있다. ① 구성요건해당성배제설에 의하더라도 신체에 중대한 침해가 되는 치료행위는 예외적으로 취급하여 통상적 치료행위와 달리 상해죄의 구성요건에 해당하지만, 피해자의 승낙에 의하여 비로소 위법성이 조각된다(김영환, 앞의 논문, 276면). ② 성공한 치료행위는 환자의 승낙이 있는가 여부에 관계없이 상해죄의 구성요건에 해당하지 않으나, 실패한 치료행위의 경우에는 의술의 법칙에 따른 행위라면 고의와 과실을 인정할 수 없으나 의술의 법칙에 반하는 행위라면 상해죄 또는 과실상해죄의 구성요건해당성과 위법성을 조각할 수 없다(이재상, 형법총론, 박영사, 1995, 254-255면; 이재상, 형법각론, 박영사, 1996, 47면).

75) 대법원 1976.6.8. 선고 76도144 판결; 대법원 1978.11.14. 선고 78도2388 판결; 대법원 1990.12.11. 선고 90도694 판결.

76) 대법원 1993.7.27. 선고 92도2345 판결; 대법원 1974.4.23. 선고 74도714 판결.

형사상으로는 대체로 형법 제268조에 따라 '업무상과실・중과실치사상'의 책임을 지게 될 것이다.[77] 과실에 의한 신체상해행위 중에서도 의사에 의한 침해행위를 통상의 과실범에 비해 가중처벌하고 있는 것은 의사의 업무 자체가 위험을 내포하고 있으므로 위험 실현의 예견가능성이 높기 때문이다.

이와 같이 의사가 의료행위를 함에 있어서 고의 또는 과실이 있고, 그 의료행위로 인하여 환자에게 위법한 결과가 발생하고, 고의 또는 과실 있는 의료행위와 발생한 결과 사이에 인과관계가 있는 경우에는 의사에게 형사책임이 부과된다. 본죄의 성립요건으로서 가장 핵심적인 것은 업무자로서 의사 등의 과실이며 이는 법률상 요구되는 업무상의 주의의무위반에 관한 것이다. 그다음 위법성 판단에 있어서는 환자의 동의와 의사의 설명의무가 중요한 논의대상이 된다.

그런데 우리나라 판례에서는 동일한 사안에 대하여 민사책임은 인정하면서 형사책임은 인정하지 않는 사례가 많이 있다. 이처럼 의료과오에 있어서 민사책임과 형사책임이 다르게 인정되는 이유로는, ⅰ) 양 책임에 있어서 객관적 주의의무위반이 필요한 것은 공통적이나 형사책임을 인정하기 위해서는 그와 함께 형사책임을 객관적으로 의사에게 귀속시킬 수 있어야 한다는 조건이 추가로 필요하고, ⅱ) 민사소송에서는 여러 가지 입증책임전환론을 통하여 의사 측에 입증책임을 부담시키고 있으나 형사소송의 경우에는 in dubio pro reo의 원칙에 따라 검사가 입증책임을 지고 의사 측에는 아무런 입증부담이 없다는 점을 들 수 있다.[78]

그렇다면 민사상 의료과실과 형사상 의료과실은 서로 다른 것인지 의문이 생기는데, 이에 대해 종래에는 과실의 양적인 측면에서 형사책임에서는 주의의무를 엄격히 파악하는 데 비해 민사책임에서는 이를 완화하여 인정한다거나, 또 과실의 질적

---

77) 1989년 통계에 따르면, 의료과오로 인한 업무상과실치사상사범 발생건수가 305건인 데 비해 민사소송 접수건수는 69건인 것으로 보아 의료사고가 발생할 경우 환자 측은 일단 형사사건화하는 경향이 있음을 알 수 있다. 이에 대한 검찰의 처리현황을 보면, 무혐의 결정비율은 업무상과실치상의 경우 82.6%, 업무상과실치사의 경우 78.7%로 매우 높고, 기소율은 업무상과실치상의 경우 6.7%, 업무상과실치사의 경우 9.1%에 불과하여 매우 낮음을 알 수 있다(윤석정, "의료과실사범의 실태와 대책", 제6회 형사정책세미나, 법무연수원, 1990.7, 20－27면 참조).
78) 박상기, "의료사고에서의 과실인정의 조건", 형사정책연구 1999년봄호, 49－50면 참조.

인 측면에서는 형사책임은 행위자의 능력을 감안한 구체적 과실로 파악하는 데 비
해 민사책임에서는 평균인을 표준으로 한 추상적 과실로 족하다고 설명해 왔다.

그러나 과실의 판단기준에 관하여 판례[79] 및 통설[80]이 취하고 있는 객관설에 의
하면 민사상 의료과실이나 형사상 의료과실 모두 평균인을 표준으로 파악하고 있기
때문에 양 과실의 기초개념에는 차이가 없다고 할 수 있다. 다만 위법성의 정도에
서 형사책임이 더 높은 위법성, 즉 사회적으로 더 많은 비난가능성이 있어야 된다
는 점과, 형사책임은 유·무죄만을 선택하는 데 비해 민사책임은 손해의 공평한 부
담을 목표로 하고 있다는 점 등에서 민·형사상 과실의 판단이 다소 차이가 날 수
있다고 할 것이다.[81]

그 밖에 의료행위의 형사책임과 관련한 주요 내용으로는 진료거부금지의무,[82] 무면
허의료행위,[83] 허위진단서작성죄(형법 제233조), 비밀누설금지의무,[84] 태아성감별금지
의무(의료법 제19조의2), 낙태죄(형법 제270조), 진료기록부작성 및 보존의무,[85] 등이
있다. 최근 국내외적으로 쟁점이 되고 있는 사항으로는 안락사,[86] 뇌사 및 장기이

---

79) 대법원 1984.2.24. 선고 82도1882 판결; 대법원 1976.2.10. 선고 74도2046 판결 등.
80) 김일수·서보학, 형법총론, 박영사, 2003, 480면; 이재상, 형법총론, 169면; 이형국, 형법
   총론, 379면; 정성근, 형법총론, 422면; 박상기, 형법총론, 283면.
81) 한경국, "의료과실에 대한 형사법적 고찰", 재판자료 제27집, 479면; 박승진, "의사의 법
   적 의무", 형사정책연구 제10권1호, 50면 참조.
82) 의료법 제15조 제1항, 응급의료에관한법률 제6조 제2항.
83) 의료법 제25조, 보건범죄단속에관한특별조치법 제5조, 의료법 제33조 제2항.
84) 의료법 제19조, 의료법 제21조 제1항, 형법 제317 제1항, 후천성면역결핍증예방법 제7조,
   전염병예방법 제54조의6 및 제55조 제1항.
85) 의료법 제22조 제1항 및 제69조, 의료법 제23조.
86) 소극적 안락사에 대한 판례로는 일명 '보라매병원사건'이 대표적이다(서울지법남부지원
   1998.5.15. 선고 98고합9 판결, 서울고법 2002.2.27. 선고 98노1310 판결). 이 사건은 최
   근 대법원판결이 종결되어 담당의사에 대해 살인방조죄를 확정했다(1997년 만취상태에
   서 머리를 다쳐 보라매병원에서 뇌수술을 받았지만 회복이 희박한 환자를 보호자 요구
   에 따라 퇴원시켜 숨지게 한 혐의로 기소된 전문의 양 씨와 수련의 김 씨에 대해 각각
   징역 1년6월, 집행유예 2년을 선고한 원심을 확정했다. 이와 함께 양 씨의 지시에 따라
   환자 인공호흡기를 뗀 전공의 강 씨에 대해서는 전문의의 지시에 따른 것으로 판단해
   무죄판결을 내렸다: 데일리메디 2004년 6월 29일자); 외국의 경우에는 네덜란드는 환자
   의 요구 등이 있는 경우 엄격한 조건하에 인위적으로 생명을 단축시키는 적극적 안락사

식,[87] 인공수정 및 생명복제[88] 등에 관한 문제가 논의되고 있다.

이와 같은 의료과오의 형사책임에 관한 이론은 원격의료과오에 있어서도 동일하게 적용될 것이다. 즉 원격의료인이 원격의료행위를 함에 있어서 고의 또는 과실이 있어 환자에게 위법한 결과가 발생한 경우에는 형법 제268조에 따라 업무상과실치사상죄가 성립될 수 있다. 다만, 원격의료가 의료기술 이외에 정보통신기술을 함께 활용한다는 측면에서 본다면, 전통적인 의료과오의 형사책임에서 과실 내지 주의의무의 판단기준으로 삼는 평균인으로서의 의사에 그 의사가 가지고 있는 평균인으로서의 정보통신기술자의 요소를 복합적으로 고려하여야 할 것이다.

3) 행정적 책임

의사나 의료기관에 대한 행정처분은 의료법 제64조 이하에서 규정하고 있는 개설허가취소, 면허취소, 자격정지, 과징금처분이나 국민건강보험법 제85조에서 규정하고 있는 과징금처분 등이 주요 내용으로 되어 있다. 행정처분은 신고 또는 보고의무불이행, 과대광고행위, 면허증대여, 요양급여비용 부당청구 등과 같이 의료행정과 관련된 것이 대부분이지만, 의료사고와 관련된 행정처분도 있다.

즉 의료과오가 인정되어 형법상 업무상과실치사상죄로 금고 이상의 형을 받게 되면 면허를 취소할 수 있고(의료법 제65조 제1항 제2호), 학문적으로 인정되지 아니한 의료행위를 하여 의료인의 품위를 손상하였을 때에는 면허자격을 정지할 수 있다(의료법 제66조 제1항 제1호). 이와 같은 의료과오로 인한 행정처분은 민사상 책임 또는 형사상 책임과는 별도로 행하여질 수도 있는 것이나, 실제에 있어서는 일반 행정법규 위반의 경우와는 달리 의료과오로 인한 민사책임 또는 형사처벌이 법

를 합법화하였고, 미국은 오리건 주만 1994년 존엄사법을 통과시켜 소극적 안락사를 인정하고 있다. 그 밖에 호주의 3개 주와 미국의 40개 주에서는 회복불능 환자가 스스로 자기생명에 대한 결정권을 가질 수 있도록 하는 등 엄격한 요건과 절차에 따라 생명보조장치 제거 등의 진료중단을 허용하고 있다.
87) 장기등이식에관한법률(1999.2.8. 제정, 법률 제5858호).
88) 생명윤리및안전에관한법률(2004.1.2.9. 제정, 법률 제07150호).

적으로 명백해진 경우에 부가적으로 행해지는 것이 일반적이다.

원격의료에 있어서도 일정한 행정적 책임을 부담한다.

4. 원격의료과오의 민사책임구조

1) 민사책임구조의 개요

전술한 바와 같이, 원격의료과오로 인한 원격의료인의 손해배상책임에 대하여는 민법상의 일반적인 책임원리에 따라 불법행위책임(민법 제750조)과 계약책임(채무불이행책임: 민법 제390조 이하)의 법리를 구성할 수 있다.

불법행위에 의한 손해배상책임의 일반적인 발생요건은 ⅰ) 고의 또는 과실에 의한 ⅱ) 위법한 행위로 인하여 ⅲ) 타인에게 손해를 가하고 ⅳ) 그 위법한 행위와 발생된 손해와의 사이에 인과관계가 있어야 한다. 그리고 채무불이행에 의한 손해배상책임의 발생요건으로는 ⅰ) 고의 또는 과실에 의한 ⅱ) 채무불이행으로 인하여 ⅲ) 상대방에게 손해를 가하고 ⅳ) 그 채무불이행과 발생된 손해 사이에 인과관계가 있을 것을 필요로 한다.

이와 같은 민사책임구조를 이해하기 쉽게 개념도로 정리해 보면 [그림 2]와 같다.

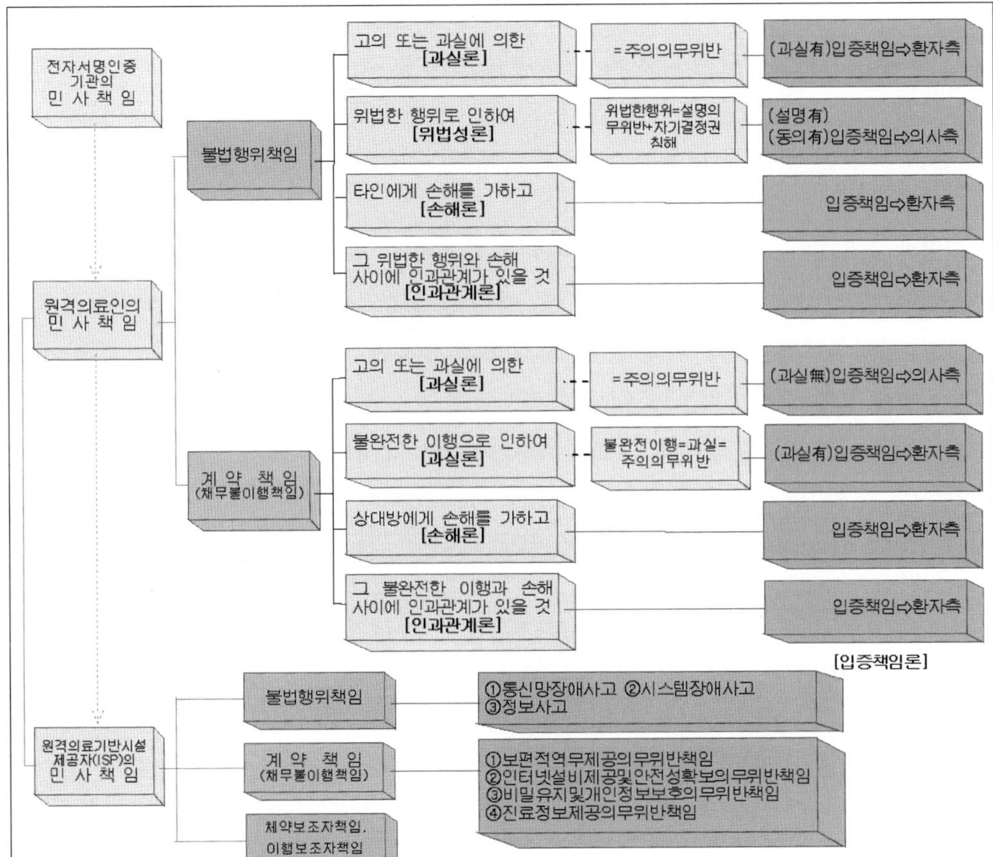

 이 두 책임의 성립요건을 보면 귀책사유로서 고의 또는 과실, 손해의 발생, 인과관계의 존재라는 점에서는 차이가 없고, 다만 위법한 행위(불법행위책임)인가 채무불이행(채무불이행책임)인가에 있어서만 차이가 있다는 것을 알 수 있다. 여기서 양 책임에서 공통으로 적용되는 고의 또는 과실이란 의사의 주의의무위반을 의미하는 것이다. 그리고 불법행위책임에서 위법한 행위는 설명의무위반과 환자의 자기결정권(동의 내지 승낙) 침해로 나타나는 것이다. 또한 채무불이행책임의 경우, 의료행위와 같은 수단채무에 있어서 그 채무불이행의 태양으로서는 이행지체나 이행불능은 있을 수 없고 불완전이행으로 보아야 한다는 것이 통설[89]의 입장이다. 그런데 의료행위가 불완전하다는 판단은 의사의 의료행위 자체의 객관적인 점을 판단하는 것이고, 의사에게 과실이 있다는 판단은 의사 개인의 주관적인 점을 판단하는 것이므로 이는 결국 동일한 것의 양면을 보는 것에 지나지 않는다고 보는 것이 다수설의 입장이다(우리나라[90] 및 일본[91]).

이렇게 본다면, 결국 의료과오의 민사책임구조는 불법행위책임으로 구성하든 채무불이행책임으로 구성하든 양자에 큰 차이는 없고 불법행위책임의 위법성론에서 의사의 설명의무위반 및 자기결정권침해라는 부분만 특별히 취급하면 될 것이나, 이 가운데 의사의 설명의무는 의료계약의 내용에 포함되는 계약상 의무라고 할 수 있다. 그러므로 원격의료과오의 민사책임이론에서 논의할 사항은 ① 과실론(주의의무위반), ② 위법성론(설명의무위반 및 자기결정권침해), ③ 손해론, ④ 인과관계론, ⑤ 입증책임론으로 대별할 수 있게 된다.[92]

---

89) 곽윤직, 채권각론, 박영사, 2003, 499면.

90) 서광민, "의료과오책임의 법적 구성", 민사법학, 1990, 331면; 양삼승, "의료과오로 인한 민사책임의 발생요건", 현대민법학의 제문제: 곽윤직 교수 화갑기념논문집, 박영사, 1985, 749면.

91) 불완전이행과 불법행위책임에서의 귀책사유, 즉 주의의무위반의 관계에 대하여, 일본 판례는 대체적으로 양자를 구별하지 않고 이행의 불완전이라는 사실은 객관적·외형적으로 추인하고 귀책사유에서 구체적인 주의의무 위반여부를 논의하는 경향에 있다.

92) 외국의 의료과오 법리구성에 관하여 살펴보면 다음과 같다. ① 미국: 의사와 환자 간의 진료의 기초에는 계약이 존재하고, 원칙적으로 의사는 통상의 일반의료기술상의 규칙에 따라서 진료할 의무를 부담한다. 의료과실책임은 불법행위책임과 채무불이행책임구성이 모두 가능한데, 불법행위책임에는 malpractice에 대한 책임 이외에, 설명의무위반에서 비롯된 책임(lack of informed consent), 의사 등의 고의에 의한 불법행위책임 등이 포함된다. 의료과실소송의 네 가지 주된 청구원인은 일반적으로 의사-환자관계(physician-patient relationship)의 존재에 기초한 의사의 주의의무(duty)의 존재, 적용가능한 주의의무기준의 위반, 배상할 손해의 존재, 주의의무위반과 손해 사이의 인과관계의 존재이다. 원칙적으로 환자가 과실 및 인과관계에 대한 입증책임을 부담한다(이동신, "미국의 의료과실소송에 관한 최근 판례의 동향" 재판자료집 제80집, 582면 참조). ② 독일: 의료과오에 대해서는 불법행위책임과 계약책임 구성이 모두 가능하다. 통상적으로 양자를 병합하여 청구하지만 BGH는 청구원인을 불법행위로 하든 채무불이행과 병합해서 청구하든 암

그런데 원격의료는 정보통신망을 활용하는 의료형태이므로 전통적인 의료과오에서와는 달리 정보통신망, 즉 원격의료기반시설을 제공하거나 관리하는 자가 원격의료과오의 발생에 일정한 부분의 기여를 하게 되는 경우가 있을 것이다. 따라서 원격의료과오의 민사책임을 논의함에 있어서는 원격의료인의 손해배상책임에 부가하여 원격의료기반시설제공자, 즉 정보통신망서비스제공자(ISP: internet service provider)의 민사책임이 추가적으로 논의되어야 한다. 이 경우 원격의료기반시설제공자의 민사책임구조는 [그림2]에서 보는 바와 같이 일반적인 불법행위책임 및 계약책임(채무불이행책임) 이론과 동일할 것이며, 이에 관해서는 별도로 검토하기로 한다.

2) 양 책임론의 차이

의료과오를 불법행위책임과 채무불이행책임으로 구성할 경우 양자의 주요 차이점을 살펴보면 다음과 같다.

① 사용자의 면책가능성: 의사가 다른 의사 또는 이행보조자를 사용하는 경우, 채무불이행책임에 의할 경우에는 이행대행자·이행보조자의 고의·과실이 채무자인 의사의 고의·과실이 되므로 사용자의 면책가능성은 인정되지 않는다. 반면, 불법행위

묵리에 불법행위 시점을 우선 선택하고 있다. 의료과오에서 논의의 중점은 설명의무(Aufklärungspflicht), 의료기술상의 과오(kunsterfehler od. Behandlungsfehler), 증거법상의 고려라는 세 가지이다. 설명의무의 이행은 위법성조각사유로서 의사 측에 입증책임을 부담시키는 점에 특성이 있다. 채무불이행 형태는 적극적 채권침해(불완전이행)라고 보지만 이행지체나 이행불능의 경우 귀책사유에 대한 입증책임을 채무자에게 전환시키는 BGH §282, §285 규정의 준용을 부인한다(수술기구불량은 입증책임 전환). 기술상의 과오는 일반적으로 알려진 원칙에의 위반이라고 하고, 이는 불법행위상의 과오이며 채무불이행상의 채무자의 귀책사유에 해당하며 그 입증책임은 환자에게 있다(의료기기하자는 입증책임 전환)(강봉수, "의료소송에 있어서의 증명책임", 재판자료집 제27집, 313-314면 참조). ③ 일본: 종래 의료과오를 불법행위책임으로 구성하다가, 증명책임 분배에서 환자에게 유리하게 하기 위하여 입증책임을 의사 측에 부담하게 하는 채무불이행책임으로 구성하는 판례가 증가되었다. 그러나 환자 측에서는 실질적이 차이가 없다고 하여, 오늘날에는 청구권경합설에 따라 양 책임의 병존적 청구가 당연한 전제로 되고 있다(강봉수, 앞의 논문, 317면 참조).

책임에 의할 경우에는 이행대행자·이행보조자의 사용이 승낙되었거나 부득이한 사유가 있을 때 채무자(의사 측)는 선임·감독에 관해서만 책임지므로(민법 제682조, 제121조) 사용자의 면책가능성이 인정된다. 따라서 채무불이행책임이 환자 측에게 유리하다고 볼 수 있겠으나, 실제상 우리나라 판례는 사용자의 면책을 거의 인정하지 않고 있다.[93]

② 과실의 입증책임: 의사 측 과실의 입증과 관련하여, 채무불이행책임에 의하면 채무자인 의사 측이 자신의 과실(이는 결국 주의의무나 불완전이행과 같은 것이 된다)의 부존재에 대하여 입증해야 하는 반면, 불법행위책임에 의하면 환자 측이 의사에게 과실이 있었다는 것을 입증해야 한다. 이론상 또는 외견상으로는 채무불이행책임이 환자 측에 유리하다고 볼 수 있겠으나, 결국 불완전이행은 의사의 주의의무 위반과 동일하게 되고 불법행위책임에서도 환자 측이 청구원인사실로 진료채무의 불완전이행의 내용을 구체적으로 특정해서 입증해야 하므로 소송실무에서는 양자에 큰 차이가 없게 될 것이다.

③ 손해배상청구권의 소멸시효: 채무불이행으로 인한 손해배상청구권은 본래의 이행청구권과 동일성이 인정되므로 소멸시효기간은 본래의 채권을 행사할 수 있는 때로부터 10년이다(민법 제162조). 반면, 불법행위로 인한 손해배상청구권은 피해자나 그 법정대리인이 그 손해 및 가해자를 안 날로부터 3년간 이를 행사하지 않거나 불법행위를 한 날로부터 10년 내에 행사하지 않으면 소멸한다(민법 제766조). 이처럼 조문상으로는 채무불이행책임이 환자 측에게 유리한 것으로 볼 수 있다. 그러나 민법 제766조 제1항에서 말하는 '손해 및 가해자를 안 날'은 단순히 손해의 발생과 가해자를 안 날이 아니라 불법행위의 요건사실에 대하여 현실적이고도 구체적으로 인식하였을 때를 의미하고,[94] 의료행위의 특성상 의료사고가 의료과실에 기인했다는 사실도 나중에 가서야 밝혀질 수도 있으므로 3년의 소멸시효기간의 기산점은 상당히 늦추어질 가능성이 있는 것이기 때문에 불법행위책임으로 구성하는 것이 반드

---

93) 대법원 1964.6.2. 선고 63다804 판결; 대법원 1968.1.31. 선고 65다376 판결 등.
94) 대법원 1971.4.6. 선고 70다269 판결; 대법원 1982.3.9. 선고 81다977, 81다카500 판결; 대법원 1994.4.26. 선고 93다59304 판결; 대법원 1997.12.26. 선고 97다28780 판결 등.

시 환자 측에게 불리하다고 말할 수는 없다.95)

④ 손해배상의 범위: 채무불이행으로 인한 손해배상은 통상의 손해를 그 한도로 하고 특별한 사정으로 인한 손해는 채무자가 그 사정을 알았거나 알 수 있었을 때에 한하여 배상책임을 부담한다(민법 제393조). 반면, 불법행위로 인한 손해배상은 재산 이외의 손해에 대한 배상책임과 재산상의 손해 없는 경우의 손해배상책임, 즉 위자료의 청구가 인정된다(민법 제751조, 제752조). 그러나 민법 제763조에 따르면 불법행위로 인한 손해배상도 민법 제393조 이하의 규정을 준용하고 있으므로 손해배상의 범위에 대해 양자의 실질적인 차이는 없다.

⑤ 면책특약의 효력: 예컨대 수술 시 수술과정이나 결과에 예상치 못한 사태가 발생해도 일체의 이의를 제기하지 않는다는 내용의 수술서약서 등 면책 내지 책임경감의 특약이 있을 경우, 이 특약이 장래에 있을 수 있는 의사 측의 과실에 대비한 것이라면 공서양속이나 신의칙 내지 형평의 원칙에 반하는 것이므로 무효가 된다.96) 이러한 특약의 효력을 인정할 수 없다는 것은 채무불이행책임으로 구성하든지 불법행위책임으로 구성하든지 차이가 없다.97)

⑥ 소송당사자: 불법행위책임의 경우에는 환자본인과 그 직계존비속·배우자·형제자매·친족이 피해자로서 원고가 되고, 담당의사는 불법행위자로서, 병원은 사용자로서 직접 피고가 되거나 공동피고가 된다. 이에 비해 채무불이행책임의 경우, 계약을 체결한 당사자가 원고 및 피고가 되므로 환자본인이나 그 보호자(진료신청서에 기명날인한 자)가 원고가 되고, 병원은 계약당사자로서 직접 피고가 되지만 담당의사는 단순한 이행보조자로 보아 소송당사자가 되지 않는다.

---

95) 이보환, 앞의 논문, 39-40면; 김철수, 앞의 논문, 88면 참조.

96) 대구고법 1979.2.28. 선고 78나426 판결; 서울고법 1983.5.13. 선고 82나1384 판결; 이에 대해 ① 구명성을 전제로 하지 않는 미용성형수술이나 의치술 등 일부 의료계약에서는 면책약관 내지 不提訴特約의 효력을 인정하자는 주장이 있으며(신현호, 앞의 책, 153면), ② 치료방법이 전혀 없는 특이한 질병의 경우 합의에 의하여 임상실험적인 치료를 내용으로 하는 의료계약을 체결하는 때에는 그 효과가 어느 정도 검증되어 임상에 적용될 단계에 이른 경우에 한하여 면책약관의 효력을 인정해야 한다는 주장이 있다(최재천·박영호, 앞의 책, 255면).

97) 공정거래위원회는 1995년 이와 같은 면책약관조항을 폐지하였다.

3) 양 책임론의 관계

① 실체법적 측면: 의료과오는 진료계약 측면에서 보면 채무불이행(불완전이행)이고 계약관계를 떠나 의사 측의 과실만을 보면 불법행위가 되므로 양자를 각각의 원인으로 한 별개의 손해배상청구권이 상정되는바, 양 청구권의 관계가 어떠한지 문제가 된다.

이에 대해서는 ⅰ) 청구권경합설(양자는 각각 성립요건과 효과가 다르므로 별개의 청구권이고 양자의 경합을 인정하는 것이 피해자에게 유리하다는 견해),[98] ⅱ) 법조경합설(양 책임은 위법한 행위라는 점에서 본질적으로 같은 것이며, 채무불이행은 불법행위의 특수한 하나의 종류에 불과하고 불법행위책임과 채무불이행책임은 일반법과 특별법의 관계에 있으므로 양 청구권은 법조문 형식상으로만 경합할 뿐 실질적으로는 채무불이행으로 인한 손해배상청구권만 성립된다는 견해),[99] ⅲ) 청구권규범통합설(피해자가 하나의 분쟁에 관해 양 책임을 추궁할 수 있는 경우 실질적으로 1회의 소송으로 처리되어야 하는 것이 일반인의 법의식과 거래계의 요청에도 부합하므로 각각 서로 무관한 두 개의 권리를 갖고 있는 때와는 달리 그에게 유리한 종합적 권리를 하나만 갖게 된다는 견해)[100]이 있으나, ⅳ) 청구권경합설이 우리나라와 일본의 통설 및 판례의 입장이다. 따라서 피해자(환자 측)는 불법행위책임이든 채무불이행책임이든 자유롭게 선택적으로 행사할 수 있다. 현재 대부분 의료과오소송에서 원고는 불법행위책임을 주로 구하되 동시에 채무불이행책임을 동시에 구하고 있다.

② 소송법적 측면: 이와 같이 청구권경합설을 취할 경우에도, 소송상 두 개의 청구가 동시에 있을 때 법원은 소송법적으로 이를 어떻게 처리할 것인지 문제가 된

---

98) 곽윤직, 채권각론, 박영사, 2003, 383-386면; 이태재, 채권각론신강, 재동문화사, 1973, 451면; 김증한·안이준, 신채권각론(하), 법문사, 1978, 749면; 我妻·戒能, 不法行爲法(法律學全集 22-Ⅱ), 岩波書店, 1972, 48面; 대법원 1959.2.19. 선고 4290민상571 판결; 대법원 1962.6.21. 선고 62다102 판결; 대법원 1967.12.5. 선고 67다2551 판결; 대법원 1977.12.13. 선고 75다107 판결; 대법원 1989.4.11. 선고 88다카11428 판결.

99) 김기수, "채무불이행책임과 불법행위책임과의 관계", 고시계 137호, 1968, 61면; 加藤一郎, 不法行爲法(法律學全集 22-Ⅱ), 有斐閣, 1971, 50面.

100) 김형배, 민법학연구, 박영사, 1986, 452면.

다.[101] 이에 대해서는 ⅰ) 단순병합설(양 청구권이 병렬관계에 있다고 보고, 어느 하나를 취하하지 않는 한 각 청구마다 독립된 급부판결을 해야 한다는 견해와 어느 한 청구에 대해서만 급부판결을 하고 나머지는 확인판결을 해야 한다는 견해로 나누어지는 입장), ⅱ) 예비적 경합설(양 청구권 중 하나는 주의적 청구이고 다른 하나는 예비적 청구라고 보는 견해) ⅲ) 선택적 병합설(양 청구권은 선택적 병합관계에 있다고 보고 법원의 선택에 따라 하나의 급부판결을 하면 족하다는 견해)이 있으나, ⅳ) 논리상으로 하자가 없다는 점에서 선택적 병합설이 타당하다고 본다.[102]

제9절   **원격의료과오의 과실론**

1. 의료과오에서 과실의 개념

1) 불법행위책임의 과실과 채무불이행책임의 주의의무

의료과오에 대한 민사책임을 불법행위로 구성하게 되면 불법행위란 고의 또는 과실로 타인에게 손해를 가하는 위법행위이므로 의사에게 진료상 과실이 있었음을 전제로 하게 되고, 채무불이행으로 구성하게 되면 의사와 환자 간의 진료계약에 근거하여 의사가 시행한 진료가 불완전한 것이었음을 전제로 하게 된다. 여기서 불법행위책임의 구성요건인 과실[103]은 평균적인 의학지식과 기술을 가진 의료인이라면 누

---

101) 이보환, 앞의 논문, 47−48면; 정광명, 앞의 논문, 75−76면 참조.
102) 최재천·박영호, 앞의 책, 262면 참조.
103) 통상적으로 과실이라 함은 자기의 행위에 의하여 일정한 결과를 발생한다는 것을 인식하여야 함에도 불구하고 사회생활상 통상인에게 요구되는 주의를 게을리 하였기 때문에 어떤 행위를 하는 심리상태를 말한다.

구나 예견가능하고 회피할 수 있었던 결과를 부주의로 인하여 해태한 것을 말하고 (추상적 과실), 채무불이행책임에서 진료계약상 진료의무의 이행이 불완전하였다는 것은 당시의 평균적 수준에 있는 의사라면 당연히 갖추고 있어야 할 의학지식과 기술을 구사하여 질병의 원인을 밝혀내고 적절한 치료방법을 선택하여 치료하는 데 있어서 필요한 주의를 기울이지 아니한 것을 말한다(민법 제681조의 선관주의의무, 민법 제734조).

이렇게 본다면, 의료과오를 불법행위책임으로 구성할 때의 과실과 채무불이행책임으로 구성할 때의 불완전 이행은 각각 용어는 다르지만 실질적으로는 '주의의무위반'을 의미하는 동일한 것이라고 할 수 있다.104) 따라서 주의의무위반은 의료과오에 있어서 과실과 불완전 이행을 판정하는 기초가 되는 것이며, 여기서 주의의무라 함은 유해한 결과가 발생되지 않도록 의식을 집중할 의무로서 그것에 위반하여 타인의 생명과 신체 등에 유해를 가한 경우에는 민·형사상의 법적 책임이 추구되는 것을 말한다.105)

그런데 의사의 과실은 통상인의 과실이 아닌 전문가의 과실이라는 점에 특색이 있으며, 따라서 의사의 주의의무도 전문가에게 요구되는 높은 수준의 주의의무를 의미한다.106) 예컨대, 초보자수술의 문제와 같이 전문의수준에 도달하지 않은 의사에게는 형식적 의미에서 그러한 능력을 갖춘 전문의의 감독이 이루어져야 한다.107) 특별한 기술을 필요로 하는 직업에 종사하는 자는 그의 업무에 임하여 그 직업에 숙련된 전문가가 갖추어야 할 능력을 기초로 고도의 주의를 기울여 행위를 해야 하기 때문이다.

그리고 일반적으로 민법상의 주의의무위반은 추상적 과실, 즉 通常人에게 요구되는 주의를 위반한 것을 말하는데, 이때 통상인이란 당해 행위자가 처한 지위에 있

---

104) BGH VersR 1986, S.1121, S.1122.
105) 大谷 實, 醫事判例百選, 有斐閣, 1976, 115-116面(추호경, 앞의 책, 92면; 최재천·박영호, 앞의 책, 265면에서 재인용).
106) BGH VersR 1994, S.1303; Heyers, Johannes / Heyers, Herman Josef, MDR 2001, S.918, S.921; Pflüger, VersR 1999, S.1070, S.1072; Ulsenheimann, MedR 1999, S.197, S.198.
107) 이덕환, "초보의사수술의 법적 문제", 한양법학 제9집, 1998.12, 7면 참조.

어서의 통상인을 말하는 것이므로 의료과실이 인정되기 위해서는 통상의 일반의사에게 요구되는 주의의무를 위반한 것이 증명되어야 한다.[108] 그러나 의료행위의 전문성이라는 특성 때문에 주의위무위반을 가리는 것이 곤란한 경우가 많으며, 일반 불법행위책임과는 달리 학설 및 판례상으로도 주의의무 판정기준이 구체적으로 제시되지 못하고 있는 실정이다.

2) 원격의료에서의 주의의무의 확대

원격의료의 새로운 가능성은 지금까지의 시간적·장소적인 책임법적 기준의 차이가 없어지고 정보통신망이라는 매개체를 통하여 이루어지므로 그 위험성에 따른 주의의무의 확대를 가져오게 되었다. 구체적으로 어떠한 주의의무가 어느 범위까지 확대되는지 살펴보면 다음과 같다.

첫째, 원격의료인은 원격의료기술이라는 보다 적은 위험을 가진 새로운 의료기술로 보다 높은 치료가능성을 보장하기 위하여 스스로 원격의료에 맞는 전문적인 재교육 및 보수교육을 받아야 할 것이다(재교육의무 내지 보수교육의무).[109] 재교육 내지 보수교육의 내용으로는 진료시점에서 대부분의 병원에서는 도입되지 않은 원격의료기술인 경우에도 가능한 한 위험이 많은 방법은 배제하고 위험이 적고 결과가 좋으며 학문적으로 중요하게 인정된 방법이 선택되어야 할 것이다.[110] 또한 원격의료인은 의학의 새로운 인식에 대한 예견할 수 있는 한계까지(예컨대 외국학술잡지) 교육을 받아야 할 의무가 있다고 본다.[111] 뿐만 아니라, 이러한 재교육 내지 보

---

108) 권오승, "의료과오와 의사의 주의의무", 민법판례연구IV, 박영사, 1993, 96면; 권용우, "진료과오 및 약화사고의 책임", 단국대논문집 제15집, 단국대학교, 1981, 351면 참조.
109) Heyers, Johannes / Heyers, Herman Josef, MDR 2001, S.918, S.922; Pflüger, VersR 1999, S.1070, S.1072.
110) BGH NJW 1988, S.763.
111) BGH VersR 1991, S.469; BGH VersR 1982, S.147, S.148f; Steffen / Dressler, Arzthaftungrecht, Rn. S.166; OLG Düsseldorf VersR 1987, S.414.

수교육의무에는 오늘날 디지털화된 의학지식에 대한 선택적 이용가능성이 높아졌고 전자출판을 통해서 의학지식의 전달속도가 빨라졌다는 점도 감안되어야 한다.

둘째, 원격의료는 전자의무기록의 활용과 가상진료의 시행을 통하여 시간적인 지체 없이 이루어지기 때문에 전문능력을 갖춘 원격지의료인이 가령 나중에 과실로 밝혀질 진단이나 치료지시를 하였다고 할지라도 현지의료인은 인과관계의 문제에서 면책될 수 없을 것이다. 따라서 특히 제1유형의 원격의료에서 현지의료인은 원격지 의료인으로부터 2차 소견을 받고자 하는 경우에는 전문가의 원격자문에 대한 주의 의무가 확대된다고 볼 수 있다. 또한 원격의료인 또는 원격의료기관은 원격의료과 오가 발생한 경우, 재정적인 사정으로 원격의료에 필요한 기술적인 인프라를 구축 하지 못했다는 항변을 하여도 이는 원격진료수준에 미달하는 것으로 인정되어 인수 책임 또는 조직책임을 면하지 못할 것이다.112)

셋째, 원격의료는 환자에 관한 의료정보가 전자의무기록 등의 원격의료정보의 형 태로 정보통신망을 통해서 원격의료인 간에 상호 교환됨으로써 이전에 진찰한 의사 의 검진결과에 대한 열람가능성을 높여주게 된다. 이와 같은 열람가능성의 증대는 한편으로는 원격의료인에게 환자에 관한 이전의 진찰기록 등에 대한 열람의무를 확 대시키고, 이를 기왕증과 병력을 정확하게 인식하도록 요구한다. 이 경우 이전의 검 진의사의 검진결과에 대한 신뢰의 원칙은 그대로 적용된다고 본다.113)

이와 같이 원격의료에 있어서는 전통적인 의료에서보다 주의의무가 확대될 것이 나, 주의의무의 내용 및 판단기준 등 기본적인 주의의무이론은 이하에서 검토하는 바와 같이 전통적인 의료에서의 그것과 크게 다를 것이 없을 것이다.

한편, 원격의료에서 주의의무가 확대된다는 견해에 대하여 원격의료에 있어서도 전통적인 의료과오에서와 마찬가지로 동일한 주의의무가 요구된다는 반대의견이 있

---

112) Deutsch, Ressourcenbeschränkung und Haftungsmaβstab in Medizin, VersR 1998, S.261; BGH, MedR 1991, S.137＝VersR 1991, S.315.
113) OLG Düsseldorf ArztR 1987, S.414; Pflüger, VersR 1999, S.1070, S.1073; Ulsenheimann, MedR 1999, S.200ff.

다.114) 그 근거로는 독일과는 달리 우리나라의 경우에는 의료법 제34조가 명문규정으로 원격의료를 인정하고 있으므로 임상의학의 측면에서는 원격의료도 증명된 진료방법이라고 볼 수 있고, 원격의료라는 새로운 기술적 발전이 그 잠재적 위험에 의해서 가중된 주의의무와 책임을 부과시킴으로 인하여 퇴보되어서는 안 된다는 점을 들고 있다.

그러나 원격의료는 정보통신기술을 매개체로 이루어지는 특수한 의료행위임에 분명하고, 명문법규가 의료행위의 최소한의 안전성을 담보하기는 하나 원격의료와 같은 특수한 의료행위에 따른 기술적 위험성은 명문법규의 存否와 관계없이 신체 및 생명의 보호 측면에서 특별히 고려되어야 한다. 또한 오늘날 원격의료가 증명된 진료방법으로 인정되고 있으나 임상의학에서 보편적으로 보급된 의료기술은 아니기 때문에 적어도 그러한 시점까지는 특별히 관리되어야 하고, 전통적인 의료행위에서 보다 높은 주의의무를 요구한다고 하여 반드시 원격의료의 기술적 발전이 저해된다고 보기는 어렵다고 할 것이므로 그와 같은 견해는 타당하지 않다고 본다.

2. 주의의무의 내용

1) 결과예견의무 및 결과회피의무

과실의 중핵을 이루는 주의의무위반의 내용이 무엇인지에 대하여 결과예견의무라는 견해와 결과회피의무라는 견해로 나누어졌으나, 현재는 위법한 결과발생의 사실적 가능성에 대한 합리적인 예견가능성을 전제로 하는 예견의무와 그 결과발생을 회피함에 적절한 조치를 강구할 회피의무라는 두 가지 의무의 2단계 구조로 파악하는 것이 일반적이다.115) 또한 판례는 종래 '주의의무태만'이라는 표현을 사용하여

---

114) 윤석찬, 앞의 논문, 11-13면.

115) 석희태, "의료과실의 판단기준(상)", 판례월보 제197호, 1987.2, 11면; 한경국, "의료과실에 관한 형사법적 고찰", 의료사고에 관한 제문제, 재판자료 제27집, 법원행정처, 1985,

예견의무와 회피의무를 구별하지 않는 경향이 있었으나, 오늘날에는 주의의무의 내용으로 결과예견의무와 결과회피의무의 두 가지가 있음을 명확히 하고 있으며,116) 이 경우 어느 한 가지만 위반하여도 주의의무위반이 있는 것으로 된다.

여기서 결과예견의무란 어떠한 결과가 발생하리라는 것을 인식 내지 예견하여야 할 의무를 말하며, 그 기초가 되는 것은 예견가능성이다. 의사는 예견 가능한 위험에 관하여 예견의무를 부담한다. 예견가능성이란 일반인이 행위 시에 예견할 수 있는 결과발생의 가능성을 말하는 것으로 결과발생가능성의 확률은 확실히 발생한다고 할 정도일 필요까지는 없다. 그리고 일반인은 행위의 성질에 따라서 특정된 영역의 통상인을 의미하므로 어떤 특정한 의사가 아니라 통상의 일반의사도 객관적으로 예견할 수 있어야 한다.117)

그리고 결과회피의무란 어떤 행위를 하면 위험한 결과가 발생할 수 있다는 것을 인식 내지 예견하였다면 그러한 위험한 결과의 발생을 방지하기 위하여 이를 회피해야 할 의무를 말한다. 현대의학의 지식과 기술에 의하여 일응 회피 가능한 위험, 즉 결과회피가능성이 인정되는 경우에만 결과회피의무위반이 되며, 이때 회피 가능한 위험에 대해 채택한 조치가 相當性이 있는지 여부는 의료행위의 특질, 의료의 진보 및 발달에의 기여, 병원의 재정도 및 인적·물적 설비의 구비여부, 의사의 능력 등을 고려하여 위험의 대소와의 상관관계로부터 판단되어야 한다.118)

요컨대, 결과예견의무는 전문지식을 가진 의사로서의 일반적 예견가능성이 어디까지인가를 판단하기 위한 근거로 의사의 전문지식습득의무의 법적 한계를 명시한다는 뜻에서 중요한 의미가 있으며, 결과회피의무는 의사의 법적인 성실의무의 한

479-480면; 김선석, "의료과오에 있어서 인과관계와 과실", 의료사고에 관한 제문제, 재판자료 제27집, 법원행정처, 1985, 89면 이하; 추호경, "의료과오와 형사책임", 검찰 제1집(통권88호), 1983, 271-272면; 김형배, 채권총론, 박영사, 1993, 170면.

116) 대법원 1984.6.12. 선고 82도3199 판결 등.

117) 대법원 1947.11.11. 선고 4280민상232 판결; 대법원 1966.7.11. 선고 66다824 판결; 대법원 1970.12.22. 선고 70도2304 판결; 대법원 1984.7.10. 선고 84다카466 판결; 대법원 1999.9.3. 선고 99다10479 판결.

118) 대법원 1964.6.2. 선고 63다804 판결; 대법원 1975.5.13. 선고 74다1006 판결; 대법원 1975.12.9. 선고 75다1028 판결.

계를 정해 준다는 점에서 그 의의가 있다고 할 것이다.[119]

이와 같은 의사의 주의의무는 원격의료에 있어서도 동일하게 적용될 것이나, 다만 거리상 원격지의 환자를 간접대면방식으로 진료하고 정보통신기술을 매개체로 이용한다는 원격의료행위의 특성상에서 볼 때 의사 등 원격의료인(원격지의료인 및 현지의료인)의 주의의무는 통상의 의료행위에서보다 강화되어야 할 것이다. 구체적으로 살펴보면, 주의의무의 내용 가운데 원격지의료인에게는 자신의 원격지시에 대한 결과예견의무가 강조되고, 현지의료인에게는 대면진료의 현장에서 결과회피의무가 강조되어야 한다고 본다.[120]

2) 주의의무위반의 제한원리

그러나 주의의무의 내용이 되는 예견가능성과 회피가능성에 기초를 둔 일반적인 위험금지가 오늘날 고도로 발달하는 기술사회에서 무제한적으로 적용될 수 있는가 하는 의문이 제기되고 있다. 즉 현대와 같은 위험사회(Risikogesellschaft)[121]에서 일정한 생활범위에 있어서는 예견되고 회피할 수 있는 위험이라 할지라도 전적으로 금지할 수 없는 것이 있다는 것인데, 여기서 주의의무위반의 제한원리로 나타난 것이 허용된 위험의 법리 및 신뢰의 원칙이다.

① 허용된 위험의 법리(das erlaubte Risiko): 법익침해의 위험이 필연적으로 따르면서도 사회적으로 유익하고 필요한 행위는 요구되는 준칙을 준수하고 적절한 안전조치를 강구하는 이상 허용된 위험으로서 법질서가 인용하여야 한다는 원칙을 말한다. 이 법리는 19C 말부터 20C 초에 걸쳐 독일의 학설과 판례를 통해 형성되었다.[122] 허용된 위험의 법리의 체계적 지위에 관해서는 ⅰ) 구성요건해당성배제설, ⅱ) 위법

---

119) 박승서, "의료과오에 대한 판례동향", 대한변호사협회지 통권53호, 1980.1, 20면 참조.

120) 본서 9.2.2 참조.

121) Ruhman, Nikolas, Soziologie des Risikos, 1991; Beck, Ulrich, Risikogesellschaft, Auf dem Weg in eine andere Moderne, 1986. 참조.

122) 이른바 'Leinenfinger 사건(RGSt. 30, 27면).'

성조각사유설, iii) 책임조각사유설로 나누어지나,[123] iv) 허용된 위험은 사회에서 요구되는 주의의무의 기준을 제시하는 것이므로 구성요건해당성 자체를 조각하는 것으로 보는 것이 타당하다고 본다.[124] 그러므로 허용된 위험의 법리는 객관적 주의의무의 제한원리가 된다.

허용된 위험의 법리가 적용되기 위한 요건으로는 그 자체가 위험을 내포하고 있지만 사회생활상 필요불가결한 행위이고, 일정한 예방조치(규칙준수)를 할 것과 그 밖에 사회생활상 필요한 주의를 준수하여야 한다.[125] 의료행위는 그 본질상 신체에 대한 침습을 수반하여 항상 위험이 내재되어 있으므로 의료행위로 인해 환자에게 생기는 이익과 손실을 고려하여 이익이 크다는 것이 의학적으로 입증된다면 비록 위험이 따른 것이라 할지라도 실천될 수 있다는 것이다. 그러나 의료행위의 유익성 및 필요성 때문에 그것이 허용된 위험이 되느냐의 여부는 의료행위의 목적과 의료행위에 수반되는 법익침해의 위험성의 정도와의 비교형량에 의하여[126] 개개의 구체적인 의료행위에 대하여 실질적으로 고찰하여야 한다.[127]

② 신뢰의 원칙(Vertrauensgrundsatz): 스스로 교통규칙을 준수한 운전자는 상대방이 교통규칙을 준수할 것이라고 신뢰하면 족하고 상대방이 교통규칙에 위반하여 비이성적으로 행동할 것까지 예견하여 이에 대한 방어조치를 취할 의무는 없다는 원칙을 말한다. 이 원칙은 허용된 위험의 법리가 교통사고 판례[128]에서 구체적으로 적

---

123) 김신규, 앞의 박사학위논문, 1991, 97-99면; 김경화, 앞의 박사학위논문, 2001, 60-62면; 최재천·박영호·홍영균, 의료형법, 육법사, 2003, 106면 참조.

124) 최재천·박영호, 앞의 책, 273면 참조.

125) 김신규, 앞의 논문, 105면 참조.

126) 박영규, 의료행위에서의 생명과 신체의 보호에 관한 형법적 연구, 연세대대학원 박사학위논문, 1991, 101-102면 참조.

127) 의료행위에 있어서 허용된 위험의 법리를 명확하게 하고 있는 일본의 판례로는 靜岡地判 昭和 39.11.11. 判決이 있으며, 우리나라 판례에서 발견되는 것으로는, 대법원 1975.5.13. 선고 74다1006 판결; 서울고법 1976.2.20. 선고 75나239 판결 등을 들 수 있다(차용석, 형법총론강의(Ⅰ), 고시연구사, 1984, 513면; 추호경, 앞의 책, 97면; 김신규, 앞의 논문, 105면; 박승서, 앞의 논문, 21면 참조).

128) 독일제국재판소(Reichsgericht) 형사2부 1935.12.9. 판결(RGSt. 70, 71면); 독일연방최고법원(BGH) 대연합부 1954.7.12. 판결(RGHSt. 7, 118면 이하); 우리나라에서는 대법원 1957.2.22. 선고 71도2354 판결에서 자동차사고에 신뢰의 원칙을 인정한 이래, 신뢰의

용된 것으로 과실범의 객관적 주의의무를 제한하는 기능을 한다. 대체적으로 신뢰의 원칙이 과실의 성립범위를 한정하기 위한 기준에 관한 원칙이라는 점에 대해서는 이견이 없으나, 그 법적 성질에 대해서는 ⅰ) 예견가능성한정설과 ⅱ) 주의의무한정설로 나누어지고 있다(일본의 학설).[129]

일반적으로 신뢰의 원칙이 적용되기 위해서는 가해자에게 있어서 피해자 또는 관여자의 적절한 행동에 대한 신뢰가 있어야 하고 그 신뢰는 사회적으로 상당성을 지니고 있어야 한다.[130] 이러한 신뢰의 원칙은 특히 수직적·수평적 의료분업 내지 팀의료의 형태로 이루어지는 의료행위에서 구체적으로 적용된다. 따라서 이러한 문제는 원격의료과오에 있어서도 동일하게 적용될 것이다. 여기서 서로 상대방을 신뢰하고 행해지는 의료분업의 경우, 타방 관여자의 과실로 인해 발생한 의료사고에 대하여 이것이 어느 일방 관여자의 과실이 될 수 있는지가 문제가 된다.

구체적인 유형으로는 ⅰ) 의사와 환자 간의 경우(예컨대 제3유형의 원격의료),[131] ⅱ) 의사와 간호사 간의 경우(예컨대 제2유형의 원격의료),[132] ⅲ) 의사와 의료기사

　　원칙의 적용한계를 다룬 대법원 1984.04.10. 선고 84도79 판결이 나왔다.

129) 김신규, 앞의 논문, 100－101면 참조.

130) 이경호, 과실범의 현대적 조명과 과제: 특히 교통과실범을 중심으로, 부산대대학원 박사학위논문, 1989, 90면 참조.

131) 대법원 1983.5.24. 선고 82도289 판결(신뢰의 원칙을 부정한 유일한 판례임); 이와 같은 환자의 협력의무와 신뢰의 원칙과의 관계에서, 동일한 치료행위가 반복되는 만성적 질병인 경우 환자의 도움 없이는 순조로운 치료효과를 기대할 수 없으므로 제한된 범위 내에서 신뢰의 원칙을 긍정하여야 한다는 견해가 있다(안동준, "분업적 의료행위와 과실범", 전남대논문집, 전남대학교, 1984, 86면).

132) 의사와 간호사 간의 신뢰의 원칙과 관련한 문제는 네 가지로 구분해 볼 수 있다. ① 개인병원의 경우 의사와 간호사는 고용주와 고용인의 관계이므로 간호사의 과실에 대해서는 신뢰의 원칙이 배제되어 의사가 책임을 부담하게 된다. ② 미국에서 종합병원의 경우 대부분은 신뢰의 원칙이 적용되어 간호사의 과실에 대하여 의사가 책임을 부담하지 않으나, '빌려온 피용자 법칙'에 따라 신뢰의 원칙을 제한하여 의사의 책임이 인정되는 사례가 있다. '빌려온 피용자 법칙(The Borrowed Servant Rule)'이란 간호사는 원래는 종합병원과 고용관계에 있지만 어떤 의료행위를 할 경우에는 특별한 목적을 위해 의사에게 차용된 것으로 보고 의사와 간호사와의 사이에도 특별한 고용주와 종업원의 관계가 성립되므로 의사는 간호사의 과실에 대하여 책임을 진다는 것을 말한다 (Marcia Mobilia Boumil, Clifford E, Elias, The Law of Medical Liability, West

간의 경우,[133] iv) 의사와 의사 간의 경우(예컨대 제1유형의 원격의료)[134]로 나누어
볼 수 있다.

3. 주의의무의 판단기준

1) 의학, 의료의 수준

① 의학, 의료의 수준: 의료행위에서 주의의무위반을 판단을 함에 있어서는 통상의
의사에게 그 당시에 일반적으로 널리 알려져 있고 시인되고 있는 의학이나 의료의
수준을 기준으로 한다. 이때 의학은 통상 이른바 임상의학을 의미하는 것으로 의료행
위 당시 의료기관 등 임상의학분야에서 실천되고 있는 의료행위의 수준을 말한다.[135]

Publishing, 1995, 169면). ③ 상대적 간호행위의 경우 간호사는 의사의 이행보조자에 불
과하므로 신뢰의 원칙이 배제되어 간호사의 과실은 의사의 과실이 된다(대법원
1994.12.22. 선고 93도3030 판결). ④ 절대적 간호행위의 경우 요양상의 보살핌으로 불리
는 간호사 독자의 업무이므로 여기에는 의사의 지휘감독이 개입할 여지가 적고 신뢰의
원칙이 적용되어 의사는 책임을 부담하지 않는다(대법원 1984.6.12. 선고 82도3199 판결).

133) 법원 1976.10.12. 선고 76도2706 판결(신뢰의 원칙을 부정한 사례).

134) 의사와 의사 간의 신뢰의 원칙과 관련한 문제는 세 가지로 구분해 볼 수 있다. ① 轉
院 또는 轉醫된 경우 전문과목이 동일한 의사 사이에는 신뢰의 원칙을 배제하여 전원
된 후의 시술의사에게 책임을 부담하게 되나(대법원 1993.7.27. 선고 92도2345 판결),
전문과목이 다른 의사 사이에는 이른바 수평적 관계로서 신뢰의 원칙이 적용될 수도
있다. ② 대리치료의 경우 신뢰의 원칙이 적용되어 대신 치료를 맡은 의사의 과실에
대하여 원래의 담당의사에게 책임을 부담시킬 수 없다(대법원 1970.2.10. 선고 69도
2190 판결; Kavanaugh by Gonzales v. Nussbaum, 528 N.Y.S. 2d 8, 523 N.E. 2d 284,
N.Y. 1988; Steinberg v. Dunseth, 259 Ⅲ. App. 3rd 533, 197 Ⅲ. Dec. 587, 631 N.E.
2d 809, Ⅲ. App. 4 DIST. 1994). ③ 공동의료행위(팀의료)의 경우 독립된 각과의 의사
사이에는 하등의 선임·감독의무가 존재하지 않으므로 신뢰의 원칙을 적용하여 각과
전문의의 의료행위에 대한 책임은 해당 전문의만 부담하나(대법원 1970.1.27. 선고 67
다2829 판결), 동일과 내의 의사들이 담당의사(주치의사)를 주축으로 팀을 이룬 경우에
는 수직적 상하관계에 있으므로 신뢰의 원칙을 배제하여 다른 의사들의 과실에 대하여
담당의사가 책임을 부담하게 된다(대법원 1994.12.9. 선고 93도2524 판결).

여기서 학문적 수준으로서의 의학수준과 임상현장에서 실천되는 의료수준을 峻別하면서 의료과실의 판정기준은 의료수준이어야 한다는 견해가 있으나,[136] 우리나라의 학설 및 판례는 주의의무위반의 판단기준으로 의학수준,[137] 임상의학수준,[138] 의료수준[139] 등의 용어를 혼용해서 사용하고 있다. 이와 관련해서, 최근 판례는 '임상의학의 실천에 의한 의료수준'이라고 하면서 그 의료수준은 규범상 준수되어야 할 어느 정도의 기준을 충족해야 한다고 제시하고 있다.[140] 그리고 현실적인 의학수준 내지 의료수준의 판단은 연구성과의 공개상황, 즉 새로운 의학지식의 획득가능성과 실제 진료여건의 구비상황, 즉 진료실행가능성을 동시에 고려하여 검토해야 할 것이다.

② 의료관행: 의료관행에 따른 의료행위를 하였을 경우 그 당시의 의학수준 내지 의료수준에 따른 주의의무를 다했다고 볼 수 있는가에 대해서 우리나라의 판례는 의료관행에 따른 경우에도 주의의무위반을 인정하고 있으며,[141] 다만 과실의 경중 내지 정도를 판단하는 데 참작될 뿐이다.

---

135) 대법원 1994.4.26. 선고 93다59304 판결.

136) 문국진, "의료평가에 있어서 의료수준 문제", 법률신문 2540호, 1996.10.10, 14면; 일본의 학자들은 의학수준과 의료수준을 구분하고 이른바 의료수준론 또는 낮은 의료수준론을 주장함으로써 주로 의사의 과실을 부정하는 논리로 이용되어 왔으나, 판례는 양자를 명확히 구분하고 있지 않다(최재천·박영호, 앞의 책, 292-303면 참조).

137) 곽윤직, 채권각론 794면; 대법원 1990.1.23. 선고 87다카2305 판결; 대법원 1988.12.13. 선고 85다카1491 판결.

138) 이은영, 채권각론, 박영사, 2001, 691면.

139) 대법원 1992.5.12. 선고 91다23707 판결; 대법원 1996.6.25. 선고 94다13046 판결; 대법원 1997.2.11. 선고 96다5933 판결.

140) 대법원 1997.2.11. 선고 96다5933 판결.

141) 대법원 1998.2.27. 선고 97도2812 판결; 서울고법 1998.5.28. 선고 97나61666 판결; 일본과 독일에서는 대체로 의료관행을 따른 것이 주의의무를 다했다고 보지 않고 있는 반면, 미국에서는 종래 관행의 법칙(the customary practice rule)에 따라 일반적으로 인정된 관행에 따른 경우에는 과실책임을 면하는 경우가 많았으나 최근에는 관행에 대신하여 '승인된 의료행위(accepted practice)'를 주의의무의 기준으로 하는 판례가 늘어나고 있다(추호경, 앞의 책, 108-110면 참조).

2) 의료의 주체

① 의사의 수준: 의료과오에 있어서 의사의 주의의무는 의사로서 전문적인 지식과 기술을 갖춘 사람, 즉 전문적인 의사로서의 주의의무를 말한다. 여기서 전문적인 의사의 수준이란 어느 정도를 의미하는가에 대하여 i) 의무에 충실한 평균적 의사 또는 전문의(독일),[142] ii) 평균 개업의 또는 평균적 구성원(미국),[143] iii) 평균적인 의사(일본)[144]를 의미한다는 견해가 있으나, iv) 합리적으로 유능하게 의술을 베풀 수 있는 의사라고 해석하는 것이 타당하다고 본다.[145]

② 비전문의와 전문의: 의사자격을 가진 이상 전문의·전공의·수련의 사이에는 의사의 주의의무기준에 대한 실질적인 구분은 없다.[146] 그리고 비전문의(일반의)는 일반의사로서의 평균적인 주의를 하는 것으로 족하나, 전문의는 해당 진료과목의 전문의로서의 평균적인 주의를 갖추어야 하므로 비전문의보다 높은 수준의 주의의무가 요구된다.

그런데 일반의가 전문과목의 진료를 하는 경우 또는 전문의가 다른 전문과목의 진료를 하는 경우, 주의의무의 기준은 자신의 전문 이외라고 해서 경감되는 것이 아니라 그 당해 전문과목 전문의의 주의의무와 동일한 주의의무를 부담한다.[147] 따라서 비전문의가 전문의로서의 진료에 자신이 없을 때에는 특별한 사정(긴급성, 지역의 원거리 등)이 없는 한 전문의에게 이송할 의무가 있다(응급의료에관한법률 제11조). 그리고 종합병원이나 대학병원은 의료시설과 우수한 인력이 배치되어 있고 다면적인 손해회피수단이 기대된다고 할 것이므로 이에 소속된 전문의는 일반 개업

---

142) Ein ordentlicher, pflichtgetreuer Durchschnitts－Arzt oder－Facharzt(A. Laufs, a.a.O., S.85).
143) average member of the profession(Restatement, Second, Torts §299 A, comment e, 1965; Brune v. Belinkoff, 354 Mass. 102, 235 N.E. 2nd 793, 1968).
144) 神戸地裁姬路支判 昭和 43.9.30 判決.
145) 박동섭, "의료과오소송에 있어서의 의사의 주의의무의 기준", 재판자료 제6집, 1980.7, 372－373면 참조.
146) 대법원 1997.2.11. 선고 96다5933 판결; 東京地判 平成 5.6.14. 判時 1498號 89面.
147) 대법원 1974.5.14. 선고 73다2027 판결; Shilkret v. Annapolis Emergency Hospital Ass'n, 276 Md. 187, 349 A. 2d 245(Md. 1975); 大阪地判 昭和 61.6.12. 判時 1236號 105面.

의보다 높은 수준의 주의의무를 다해야 한다.

③ 의료종사자(의료보조자): 간호사·방사선사·임상병리사 등 의료보조자의 과실유무에 대해서는 의사를 기준으로 판단할 것인지 아니면 그 의료보조자를 기준으로 판단할 것인지 문제가 된다. 생각건대, 의사의 지휘감독 없이 의료보조자가 독자적으로 행할 수 있는 행위는 그 의료보조자를 기준으로 주의의무를 판단해야 할 것이다. 그러나 의사의 지휘감독에 따라 그 지시를 받아 행하는 보조행위(예컨대 주사행위)는 의사를 기준으로 주의의무를 판단해야 할 것이다.[148]

3) 진료환경 및 조건

① 지역차: 의사의 과실여부를 판정하는 데 있어서 지역차를 고려해야 하는지 논란이 있다. 유효한 교통·통신수단이 없었던 19세기 미국에서 지방의 의사를 보호하기 위해 지역법칙(locality rule)[149]에 따라서 지역차를 인정하여 주의의무의 기준을 달리하였으나, 오늘날 인터넷을 비롯한 통신수단의 발달 등으로 인해 의학지식 및 의료수준의 전반적인 평준화 내지 표준화를 이루었다고 볼 수 있으므로 지역차는 반드시 고려해야 될 조건은 아니다.[150] 이에 대해 우리나라에서는 아직 무의촌이 있고 의사가 있는 곳이라도 전문의가 없는 경우가 많으므로 주의의무의 정도에 있어서 어느 정도 지역차를 고려해야 한다는 견해가 지배적이나, 이 경우 주의의무를 경감해야 하는 것은 당연하나 이는 지역차에 의한 것이 아니라 긴급성에 따라서 인정되는 것이라고 보아야 한다.[151]

② 긴급성: 긴급상황에서는 일반적으로 평상시와 같은 의료수준에 적합한 모든 진

---

148) 추호경, 앞의 책, 111-112면; 이준상, 의료과오에 관한 연구, 단국대대학원 박사학위논문, 1983, 70면; 대법원 1987.1.20. 선고 86다카1469 판결.
149) Small v. Howard, 1880, 128 Mass. 131(동일지역의 법칙); Michael v. Roberts, 1941, 91 N.H. 499, 23A. 2d 361(유사지역의 법칙).
150) Tayler v. Hill, 464 A. 2d 938(Me. 1983); Speed v. Iowa, 240 N.W. 2d 901(Iowa, 1976); Shilkret v. Annapolis Emergency Hospital Ass'n, 276 Md. 187, 349 A. 2d 245(Md. 1975) 등.
151) 김선석, 앞의 논문, 101면; 박영호·최재천, 앞의 책, 329면 참조.

단·치료방법을 동원하고 시설을 이용하여 기술적 주의를 다하는 등의 행동을 하기가 곤란하다. 이러한 긴급성에는 시간적으로 처치가 시급하다고 하는 시간적 긴급성과 생사에 관한 중요한 문제라고 하는 사항적 긴급성이 있다. 이러한 때 긴급한 치료를 받지 못했을 경우의 위험에 비해 긴급한 치료를 받았을 경우의 위험이 더 적다고 이익교량을 하여 긴급한 치료를 시행하였다면, 의료법 제15조(진료거부 금지 등) 또는 응급의료에관한법률 제6조 제2항(응급의료의 거부금지 등) 등에 비추어 볼 때 의사의 과실판정에 있어서는 긴급성의 정도에 따라 상대적으로 주의의무를 인정하는 것이 타당하다.[152]

③ 의사의 재량권: 의사의 독점적인 진료권을 인정하면 의사의 재량의 범위는 넓어지지만, 환자의 자기결정권을 중시하여 의사의 설명의무를 전제로 한다면 재량성의 범위는 좁아지게 된다. 그리고 의사의 재량성의 범위는 주의의무위반과 직접 연관되어 재량성이 있는 범위 내에서는 주의의무위반이 되지 않고, 주의의무위반이 되면 재량성이 인정될 수 없게 된다. 미국에서는 '존중할 만한 소수의 법칙(respectable minority rule)' 또는 '상당수의 전문가법칙(considerable number rule)'[153]이나 '판단착오의 법칙'[154]을 통하여 의사의 재량권을 인정하여 왔다.

우리나라의 판례도 복수요법인 경우 치료방법[155]이나 진단방법[156]의 선택에서 의사

---

152) 대법원 1986.10.28. 선고 84다카1881 판결; 대법원 1994.4.15. 선고 92다25885 판결; .미국에서는 긴급성을 참작하는 판례의 태도에서 한 걸음 나아가 의사의 적극적인 구급진료를 촉진하기 위해 1959년 캘리포니아 주를 시작으로 대부분의 주가 특별법(이른바 Good Samarian Law)을 제정하여 의사가 자발적으로 구급진료를 한 때에는 중과실이 없는 한 악결과에 대해 책임이 없는 것으로 함으로써 긴급성 참작을 명문화하고 있다.
153) 어떤 치료법이 다수의 개업의에 의해 채택되지 않고 있더라도 존중할 만한 소수에 의해서도 채택될 수 있으며 어떤 의사가 이를 채택하여 그에 따른 상당한 의술을 시행하고 주의의무를 다하였다면 과실책임이 없다는 이론이다(Downer v. Veilleux, 322 A. 2d 82, 87(Me 1974).
154) 보통 적용가능한 직업적 기준을 따랐을 의료전문가는 단순히 그가 판단에 있어서 잘못을 범하였다는 이유만으로 과실이 있다고 인정되어서는 안 된다는 법칙이다(Haase v. Garfinkel, 418 S.W. 2d 108, 114, Mo. 1967; Kortus v. Jenssen, 237 N.W. 2d 845, Neb. 1976).
155) 대법원1984.6.12. 선고 83도3199 판결; 대법원 1996.6.25. 선고 94다13046 판결.
156) 대법원 1986.10.28. 선고 84다카1881 판결; 대법원 1987.1.20. 선고 86다카1469 판결; 대법원 1992.5.12. 선고 91다23707 판결 등.

의 재량성을 인정하고 있으며, 의학적 판단이 중요시되는 검사결과의 판정이나 수술적응여부의 판정 등과 같은 진료영역에서도 재량성을 인정하는 것이 타당하다고 보고 있다.[157] 그리고 신요법이 위험하기는 하나 유일한 치료요법인 경우에는, 신요법 치료를 통한 이익교량의 조건에 덧붙여 환자의 자기결정권과 관련된 설명을 전제로 하고 그 특수한 방법의 사용이 불가피하였다는 등의 사정이 보태져야 의사의 재량성이 인정될 것이다.[158] 그러나 신요법이라고 하더라도 그 효과가 검증되지 않았거나 그 시행방법상 과실이 있었다면 재량성은 인정되지 않으며,[159] 재량권의 일탈행위에 대해서는 과실책임을 묻지 않을 수 없을 것이다.

④ 특이체질 문제: 특이체질에는 식사성 특이체질과 약물성 특이체질이 있는데 임상에서는 후자가 많이 문제된다. 이러한 특이체질환자에 대한 의료행위에 있어서 과실이 있는지는 의사가 치료당시의 의학수준에 비추어 그 특이체질로 인해 피해가 발생할 것을 예측할 수 있었느냐 여부에 따라 판정되어야 한다.[160]

4. 주의의무위반의 구체적 유형

1) 진단단계에서의 주의의무위반(오진)

진단이란 치료의 출발점으로서 진찰(문진·시진·촉진·타진·청진)과 각종 임상검사 등의 결과에 따라 질병의 종류·성질·진행정도를 파악하고 그 과정에서 질병의 예후판단을 하며 치료수단을 선택하는 중요한 의료행위이다. 의료에 있어서 진단상의 과오로 치료수단을 잘못 선택하게 되면 적절한 치료시기를 상실하게 되어 환자에게 중대한 손해가 발생한다. 이와 같은 진단단계에서의 과오를 일반적으로

---

157) 박용석, "의료과오와 의사의 주의의무" 검찰 제1집, 1984, 375면 참조.
158) 김선석, 앞의 논문, 105면 참조.
159) 서울지법 1995.11.1. 선고 93가합55635 판결.
160) 대법원 1976.12.28. 선고 74도816 판결; 대법원 1990.1.23. 선고 87다카2305 판결.

誤診이라고 하며 다음과 같이 세 가지 경우에 문제가 된다.

① 문진의무위반: 대체로 의사는 진료의 제1단계로 환자의 증상이나 기왕증에 대한 정보를 듣는 문진을 하게 되는데, 이러한 문진을 하지 않아 문진의무를 위반하고 만일 문진의무를 다하였다면 결과발생을 회피할 수 있었을 경우에 한하여 의사의 과실이 인정된다. 그러한 예로는 긴급상황이 아님에도 의사가 문진을 전혀 하지 않은 경우, 문진에 대신하여 문진표가 제시된 경우, 간호사가 문진을 한 경우, 의사가 문진을 하였으나 그 내용 정도가 부적절한 경우 등이 있다.161)

② 임상검사과실: 의사는 의료행위 당시의 의료수준에 비추어 적합한 임상검사를 실시해야 할 것이지만, 적절하고 상당한 검사를 해태한 경우, 검사에 대한 설명을 해태한 경우, 검사의 선택을 잘못한 경우, 검사 자체가 불충분한 경우, 부적절한 검사를 시행한 경우에는 그로 인해 진단이 잘못되어 치료상 나쁜 영향이나 악결과를 초래하게 되면 의사의 과실이 인정된다.162)

---

161) 대법원 1998.2.13. 선고 96다7854 판결(수혈혈액 에이즈감염사건); 서울고법 1998.6.18. 선고 95나38716 판결; 서울지법 1995.9.13. 선고 93가합33833 판결; 서울지법 1994.8.24. 선고 93가합80648 판결(처녀막 파열사건); 日本 最高裁判所 昭和 36.2.16. 判時, 民事判例集 第15卷2號 244面(도쿄대학 수혈매독사건); 最高裁判所 昭和 51.9.30. 判時, 民事判例集 第30卷8號 816面(인플루엔자 예방접종사건); 仙臺地判 昭和 56.3.18. 判時, 443號 124面(간호사가 문진한 사례); 福岡地裁小倉支判 昭和 60.3.29. 判時 1190號 70面; 大阪地判 平成 1.11.30. 判時 725號 65面; 東京地判 昭和 60.10.29. 判時 1213號 98面(약물투여시의 문진) 등.

162) 서울지법 1998.12.30. 선고 97가합9717 판결(내시경검사 미시행으로 위암을 발견하지 못한 사례); 전주지법 1998.1.14. 선고 94가합7798 판결(산전검사 미시행으로 거대아를 예측하지 못한 사례); 대법원 1992.5.12. 선고 91다23707 판결; 서울고법 1993.12.29. 선고 92나26191 판결(충분한 검사 없이 간질환으로 진단한 사례); 서울고법 1998.8.13. 선고 97나40171 판결(부적당한 내시경검사상의 과실로 사망에 이르게 한 사례); 대법원 1996.6.11. 선고 96다5933 판결(정밀검사 없이 마취한 사례); 대법원 1998.11.24. 선고 98다32045 판결; 대법원 1997.8.29. 선고 96다46903 판결; 부산고법 1996.7.18. 선고 95나7345 판결(동결절편검사 없이 단순 자궁경부염을 직장암으로 판단한 사례); 서울지법 1993.9.22. 선고 92가합49237 판결(건강진단서에 정밀검사요망을 빠트리고 정상이라고 기재한 사건); 대법원 1996.10.14. 선고 85도1789 판결(갑상선과 심장이 비대함에도 사전 정밀검사를 하지 않은 사례); 日本 山口地判 平成 5.5.27. 判時 1487號 115面(일부 생검만 허락하였는데 전체를 절제한 사례) 등.

③ 오진: 의사가 진찰 및 검사결과를 바탕으로 최종적으로 질병의 내용을 확정(진단)하게 되는데, 그 진단이 객관적인 질환의 실체와 합치하지 않은 경우를 오진이라고 말한다. 의학적으로 오진이라고 하여 법률적으로 바로 과실이 인정되는 것은 아니며, 의사가 진단 시 평균적 주의를 다했는지 여부, 즉 일반 의학상식을 기준으로 그러한 질병을 조기에 발견하는 것이 객관적으로 가능한가를 고려해야 할 것이다.163) 그리고 그것이 현대의학 내지 의료수준으로 보아 불가항력적인 것이었다면 의사의 과실을 인정할 수 없다.164)

2) 치료단계에서의 주의의무위반(치료상 과실)

의사는 가급적 빨리 병명을 진단하여 정확한 치료조치를 강구할 의무가 있다. 치료방법은 먼저 이익교량을 전제로 그 당시의 의료수준에 따른 몇 가지의 가능한 요법을 고려하고 의학상 그 요법의 선택이 합리성을 갖는다는 판단에 입각하여 선택하여야 한다. 가장 빈번하게 문제가 되는 경우를 살펴보면 다음과 같다.

① 주사과실: 주사는 치료행위자체가 신체에 미치는 영향이 크고 고도의 기술을 요하는 것이므로 정맥주사는 의사가 직접 하는 것이 원칙이다. 그러나 대부분의 병의원에서는 간호사나 간호조무사가 의사의 구체적인 지시·감독을 받아 주사행위를

---

163) 대법원 1989.7.11. 선고 88다카26246 판결(X선상 선상골절을 발견치 못한 사례); 대법원 1995.12.5. 선고 94다57701 판결(검사결여로 유산기를 발견치 못한 사례); 서울지법 1994.6.8. 선고 94가합9882 판결(장폐색을 라이증후군 등으로 진단한 사례); 서울고법 1998.4.30. 선고 97나17249 판결(충수염을 단순 위염으로 오진한 사례); 서울고법 1998.12.10. 선고 97나46704 판결(단순 결절성 덩어리를 종양으로 오진하여 수술한 사례); 서울지법 198.7.29. 선고 97가합75156 판결(흉부X선만 보고 폐암을 폐결핵으로 오진한 사례); 서울지법 1998.9.23. 선고 97가합55244 판결(뇌막염을 단순 급성위장염으로 오진한 사례); 대법원 1995.8.25. 선고 94다24183 판결(CT판독을 잘못한 사례); 日本 東京地判 昭和 62.6.10. 判時 644號 234面(임신기간을 오판하여 중절술을 시행한 사례); 大阪高判 平成 2.4.27. 判時 1391號 147面(신근경색을 간장질환으로 오진한 사례); Hicks v. United State 368 f 2d 625, cca4, 1966(장폐쇄증 환자를 단순 바이러스로 오진한 사례) 등.

164) 서울지법 1997.1.15. 선고 95가합56073 판결; 서울지법 1997.1.29. 선고 95가합79277 판결; 日本 橫濱地判 昭和 61.7.14. 判時 1231號 130面.

하고 있는 실정이다. 주사과실을 구체적으로 보면 i) 주사실시여부에 대한 판단에 과실이 있는 경우,165) ii) 주사실시방법상 과실이 있는 경우,166) iii) 주사 후 관찰 및 조치에 과실이 있는 경우,167) iv) 주사량이 과다한 경우,168) v) 주사약물 선택에 과실이 있는 경우,169) vi) 주사기의 소독상태가 불량한 경우170) 등이 있다.

② 투약과실: 투약이란 인체에 의약품을 투여하는 의료행위로 약물의 투여경로에 따라 경구투여·주사·흡입투여·국소투여로 나누어진다. 투약 시 의사는 의약품에 첨부된 문서를 기준으로 기재된 용법·용량 기타 사용 또는 취급상에 필요한 주의 사항을 준수해야 하고, 이를 준수하지 않아 환자에게 유해한 결과가 발생하였다면 과실책임을 부담한다. 투약과실의 유형을 분류해 보면 i) 사용방법이나 분량을 설 명하지 않거나 잘못한 경우,171) ii) 다른 약물을 투여한 경우,172) iii) 질병과 무관한

---

165) 대법원 1975.12.9. 선고 75다1028 판결(광견병예방백신주사사례); 日本 京都地判 平成 4.7.17. 判時 1489號 142面(전신쇠약환자에게 쇄골하 정맥주사를 놓아 쇼크사한 사례).

166) 대법원 1981.6.23. 선고 81다413 판결(염화카리주사사례); 대법원 1974.12.10. 선고 73다 1405 판결(무자격간호사의 주사사례); 대법원 1972.5.9. 선고 71다2731,2732 판결(간호사 의 에피도신주사사례); 대법원 1990.5.22. 선고 90도579 판결(간호조무사의 에폰톨주사 사례); 서울지법 1996.6.5. 선고 94가합95135 판결(신생아에게 수유 후 2시간 후 주사한 사례); 서울고법 1995.11.16. 선고 93나39524 판결(주사바늘선택 및 주사시행방법상 과 실); 서울지법 1998.12.23. 선고 97가합70564 판결(카테터삽입술상의 과실) 등.

167) 대법원 1990.1.23. 선고 87다카2305 판결(스토렙토마이신주사 후 용태관찰); 대법원 1976.12.28. 선고 74도816 판결(항생제주사 시 주의의무); 서울지법 1998.9.30. 선고 97 가합75880 판결(신우조영술주사 시 사후관찰) 등.

168) 대법원 1957.10.30 선고 4289민상599 판결(인슐린주사); 대법원 1994.12.9. 선고 93도2524 판결(포도당액주사); Brown v. New York, 391 nys 2d 204, ny 1977(Thorazine주사).

169) 서울고법 1995.2.8. 선고 94나11967 판결(당뇨병을 악화시킬 수 있는 피부염주사약 투 여사례); 서울지법 1999.4.21. 선고 95가합110758 판결.

170) 日本 最高裁判所 昭和 22.5.10. 判時(주사부위가 화농한 사례); 東京地判 昭和 54.7.30. 判時 948號 72面(주사 후 녹농균 또는 포도상구균에 감염된 사례); 最高裁判所 昭和 32.5.10. 判時 民集 11號 715面(주사 후 종창과 복통이 생긴 사례).

171) 대법원 1994.4.15. 선고 92다25885 판결; 일본 東京地判 昭和 40.7.14. 判時; Whitefield v. Daniel Construction Company, 83 SE 2d 460, SC 1954.

172) 日本 高松地判 昭和 2.12.3. 判時(구충제 대신 수면제 조제사례); 富山地判 昭和 61.2.3. 判時 678號 60面(아산화질소가스 오흡인사례); 函館地判 昭和 53.12.26. 判時 925號 136面(불소화나트륨을 포도당으로 오인해서 투약한 사례).

약물을 투여한 경우,[173] iv) 습관성 약물을 투여한 경우, v) 변질된 약물을 투여한 경우,[174] vi) 약물을 과다투여한 경우,[175] vii) 투약에 따른 부작용에 대비하지 않은 경우[176] 등이 있다.

③ 수술 및 처치과실: 수술은 응급을 요하거나 그대로 방치하여 두면 생명에 중대한 위험을 초래할 우려가 있는 경우에 행하는 고도의 기술을 필요로 하는 치료방법으로, 필수적으로 인체에의 침습을 수반하는 것이므로 다른 의료행위에 비해 생리적·심리적으로 보다 많은 위험을 내포하고 있다. 수술과실에 있어서는 i) 수술시행여부의 판단, ii) 수술시기의 선택, iii) 수술기술상의 잘못, iv) 수술 중의 각종의 판단, v) 수술 시 세균의 침입방지 및 감염예방, vi) 수술용구 등 잔류물 제거, vii) 수술 후 예후관찰 및 후속조치 등이 주로 문제가 된다. 그런데 수술 또는 처치는 각 전문진료과목별로 약간의 차이가 있으므로 각각의 주의의무의 판단기준은 각 전문진료과목별로 다르게 나타날 것이다.[177]

④ 마취과실: 마취는 극히 비생리적인 현상으로서 항상 위험발생의 요소를 내포하고 있음에도 불구하고 이를 인체에 시행하는 것은 그 위험보다 우선되고 응급한 사람의 질병 또는 손상을 제거하기 위한 것이므로 허용된 위험의 법리가 가장 광범위하게 인정되는 분야이다.[178] 마취사고는 그 원인에 따라 생리적 작용, 약리적 장애,

---

173) Rotan v. Greenfaum, 272 f2d 830, ca dc 1959.

174) Volk v. City of New York, 30ne 2d 596, ny 1940.

175) 日本 東京地判 昭和 60.5.28. 判時 1211號 77面; 東京地判 平成 1.11.29. 判時 1346號 103面(진통촉진제 과다투여로 뇌성마비아가 출생한 사례).

176) 대법원 1997.5.9. 선고 97다1815 판결; 대법원 1999.2.12. 선고 98다10472 판결(니조랄부작용 사망사례); 서울지법 1998.5.13. 선고 96가합78288 판결(약물부작용에 따른 급성전격성간염 사망사례); 서울지법 198.5.27. 선고 96가합78561 판결.

177) 대법원 1999.6.11. 선고 99다3709 판결(산부인과); 서울지법 1997.4.9. 선고 95가합72832 판결(내과); 서울지법 1997.8.6. 선고 95가합97732 판결(외과); 서울지법 1998.4.1. 선고 94가합54752 판결(정형외과); 대법원 1995.3.10. 선고 94다39567 판결(신경외과); 서울지법 1992.12.21. 선고 90가합94271 판결(성형외과); 서울지법 1994.6.8. 선고 92가합71883 판결(흉부외과); 서울고법 1993.10.19. 선고 92나72302 판결(소아과); 대법원 1996.12.10. 선고 96다28158 판결(비뇨기과); 서울고법 1998.12.17. 선고 97나43262 판결(이비인후과); 대법원 1999.9.3. 선고 99다10479 판결(안과); 서울지법 1994.11.9. 선고 93가합72357 판결(치과) 등.

물리적 장애에 기인하는 것 등으로 나눌 수 있다.

그리고 마취의사의 주의의무의 내용에 따라, ⅰ) 당해 환자가 마취를 수용할 수 있는지 판단하기 위해 사전에 환자에 대한 진찰·검사·소견 등을 확인해야 하는 마취실시 적부판단에 있어서의 주의의무,[179] ⅱ) 마취 시에는 환자의 병상 및 신체적 상황을 살펴보고 가장 적절한 마취제와 그 사용량 및 마취방법을 객관적으로 선택할 주의의무,[180] ⅲ) 흡입마취 시 부정확한 투입이나 정맥내주사마취 시 주사부위 주위조직으로 약액이 새어나가는 등 조작상의 사고, 또는 인화성 마취제의 폭발이나 痲醉導管의 오연결 등 물리적 장애로 인한 마취사고가 발생하지 않도록 해야 하는 마취시술상의 주의의무,[181] ⅳ) 마취 후 부작용이 있을 것에 대비하여 응급처치를 할 수 있는 준비와 태세를 갖추어야 하는 마취시행 후 관리상의 주의의무[182] 등으로 분류할 수 있다.

⑤ 채혈 및 수혈과실: 채혈이란 혈액을 이용하기 위하여 인체에서 혈액을 채취하는 행위를 말하며(혈액관리법 제2조), 수혈이란 건강한 사람으로부터 채혈한 혈액을 위급한 상태에 있는 失血患者에게 혈액의 보충을 위해 이입하는 치료법이다. 채혈 시에는 일정한 주의의무가 있으며, 채혈기구 사용 시 주의,[183] 공기압력 검토, 공혈자 보호의무 등이 있다. 그리고 수혈 시에는 ⅰ) 수혈의 필요여부 및 수혈시기 판단, ⅱ) 혈액형의 정확한 판정(교차반응검사 포함),[184] ⅲ) 수혈에 의한 감염(혈액의 안전성 및 불량성),[185] ⅳ) 과다수혈[186] 등이 문제가 된다. 의사는 직접 입회하여 극소

---

178) 이상완, "의료사범의 이론과 실태", 법무연수원, 1988, 241면 참조.
179) 대법원 1990.12.11. 선고 90도694 판결; 대법원 1998.11.24. 선고 98다32045 판결; 대법원 1997.8.29. 선고 96다46903 판결; 서울지법 1993.6.4. 선고 91가합56160 판결; 서울지법 1999.1.6. 선고 97가합89995 판결.
180) 추호경, 앞의 책, 212면 참조; 대법원 1994.11.25. 선고 94다35671 판결; 서울지법 1998.12.9. 선고 97가합31330 판결; 대법원 1994.12.27. 선고 94다35022 판결.
181) 대법원 1979.8.28. 선고 79다1146 판결; 광주지법 1994.9.30. 선고 93가합12956 판결.
182) 대법원 1994.4.26. 선고 92도3283 판결; 대법원 1962.2.8. 선고 4294민상307 판결.
183) 日本 千葉地判 1972.9.12. 判時 第650號 34面.
184) 대법원 1970.1.27. 선고 67다2829 판결.
185) 대법원 1964.6.2. 선고 63다804 판결; 대법원 1997.8.29. 선고 96다46903 판결(수혈로 인한 AIDS감염사례); 대법원 1995.8.25. 선고 94다47803 판결.

량으로부터 서서히 수혈하면서 수혈 시작 후 안전수혈이 확인될 때까지 부작용유무를 관찰해야 하며, 불의의 위험에 대한 임기응변의 조치를 갖추어야 하는 등 주의의무가 있다.

5. 과실이론의 변경 및 확대

1) 무과실책임론

의료사고의 피해자구제방식으로서 과실책임주의[187]는 의사의 과실여부에 따라 손해배상책임을 부담시키는 것으로 위험 내지 책임분산제도로서 의사배상책임보험제도(physicians' professional liability insurance)[188]를 갖추고 있으며, 무과실책임주의[189]는 그 발생원인이 되는 의사의 과실유무는 별개로 하고 환자에 대하여 우선적으로 포괄적 보상제도에 의하여 국가가 보상을 해 주는 방식이다.[190]

전통적인 과실책임주의(Prinzip der Culpahaftung)에 따르면 의료과오에 있어서 손해배상책임을 귀속시키기 위해서는 환자 측이 의사의 행위에 과실이 있다는 것을 입증해야 하는데, 의료행위의 특수성 및 증거확보가 어려운 환자입장에서는 그 입증이 곤란한 경우가 많다. 이에 판례가 주의의무의 확대나 입증책임의 전환을 꾀하고 입법적으로는 무과실책임주의(Schadenersatzpflicht ohne Verschulden)[191]의 도입을

---

186) Powell v. fidelity casualty company, 185 so 2d 324, LA 1996.
187) 과실책임주의는 우리나라를 비롯하여 미국, 독일, 일본 등에서 채택하고 있다.
188) 신인봉, 의사배상책임보험에 관한 연구, 충남대대학원 박사학위논문, 1996.10; 강원희, "의료분쟁과 보험제도에 관한 고찰", 보험학회지 제37집, 1991, 110면 이하 참조.
189) 무과실책임주의는 의료의 제공이 국가의 사회보장적 측면에서 이루어지는 스웨덴, 뉴질랜드에서 채택하고 있다.
190) 이인영, "외국의 소송외적 의료분쟁 해결제도", 의료분쟁조정법안 제정을 위한 토론회 자료(의료제도발전특별위원회, 2002.9.10, 한국보건사회연구원 대회의실); 이인영, "무과실의료사고의 피해자구제의 법제화", 의료분쟁조정법 제정에 관한 공청회자료(국회보건복지위원회, 2003.2.20, 국회보건복지위원회 회의실) 참조.

주장하기에 이르렀다. 무과실책임주의는 위험책임론(Gefährdungshaftung: 독일),[192] 무생물책임법리(reponsabilité de fait des choses inamimess: 프랑스), 엄격책임(strict liability: 영미법국가) 등으로 발전하면서 오늘날 위험시대의 일정한 영역에서 입법 및 법해석론이나 판례상으로 이를 인정하는 방향으로 나아가고 있다.[193]

우리나라에서는 의료영역에서의 무과실책임주의와 관련하여 의료분쟁조정법안 내지 의료사고피해구제법안 제정작업 시 이를 도입하자는 견해가 있다.[194] 즉 보건의료인의 무과실이 입증되고 그것이 불가항력적인 의료사고인 것으로 판명된 경우 이로 인해 환자에게 발생한 생명·신체상 피해의 일부를 국가가 보상하도록 하는 것이다.

그 내용을 요약해 보면, ① 부검이나 감정결과 현대의학수준상 의료의 한계로 인해 불가피하게 발생한 의료사고, 또는 환자의 특이체질이나 과민반응으로 인해 발생한 의료사고로 인하여(제한적 요건), ② 환자가 사망하였거나 상해를 입은 경우(내용적 요건), ③ 그 의료사고가 불가항력적이었다는 것, 즉 보건의료인이 주의의무를 기울였음에도 불구하고 불가항력적으로 그러한 결과가 발생했다는 것을 입증하는 경우에는(입증책임문제), ④ 국가가 최고 2,000−5,000만 원의 한도에서 이를 보상한다(보상주체 및 보상한도액). ⑤ 다만, 그 피해가 질병의 자연적인 진행과정이나 환자의 정신적 후유증 또는 환자에게 귀책사유가 있는 고의행위로 인해 발생한 때에는 보상하지 않으며(제외적 요건), ⑥ 국가배상법·산업재해보상보험법·자동차손

---

191) 그 인정근거에 대해서는 ① 보상책임설(자기의 이익을 위해 행동하는 자는 그에 의해서 생기는 손해도 부담하여야 한다는 견해: Merkel; Unger), ② 위험책임설(자기의 기업 활동으로 인하여 타인에게 비통상적인 위험을 야기한 자는 과실이 없어도 그 기업으로부터 생기는 손해에 대한 책임을 부담해야 한다는 견해: Max Rümelin; Loening), ③ 원인책임설(물적 시설 등으로 손해의 원인을 만들어낸 자는 여기서 생긴 손해를 배상해야 한다는 견해: Binding; Thon), ④ 공평책임설(배상책임은 법률의 이론인 공평 및 정의에 기초해서 발생한다는 견해: Hedemann; Steinbach)이 있다(박승현, "불법행위에 있어서의 무과실책임", 리서치아카데미논총 제2집, 1999, 320면 이하 참조).
192) 강대욱, 위험책임론, 전남대대학원 박사학위논문, 1998, 34면 이하 참조.
193) 조정호, "불법행위책임에 관한 고찰: 과실책임과 무과실책임을 중심으로", 사회과학연구 제13집2권, 영남대사회과학연구소, 1993.12. 참조.
194) 본서 8.1.2 참조.

해배상보험법·그 밖에 대통령령이 정하는 법률에 의해 이 법에 의한 손해를 배상(보상)받은 경우에는 그 범위 안에서 보상책임을 면하고, 전염병예방법에 의해 예방접종을 받은 자가 이 법에 의한 손해를 받은 경우에는 동법 제54조의2에 따라 보상토록 하고 있다(제외적 요건).

요컨대 의료분쟁조정법에서 무과실의료사고보상제도를 도입할 것인지에 대하여 견해가 나누어지고 있는데, 도입론 및 도입불가론의 주장 및 논거를 정리해 보면 다음과 같다.

(1) 무과실의료사고보상제도 도입론

① 의료행위는 공익성과 선의성이 있는 반면, 환자의 신체에 대한 침습은 위험을 내재하고 있고 환자마다의 증상의 비정형화로 인하여 정상적인 진단과 처치에도 불구하고 현대의학으로도 예견될 수 없고 피하는 것이 불가능한 의료피해가 발생할 수 있다. 따라서 불가항력적으로 발생한 의료사고에 대하여는 무과실보상제도를 도입해야 한다.[195]

② 의학적 한계로 인한 사고의 비중도 무시할 수 없으므로 이러한 사정에 처한 피해자의 구제를 회피하는 것은 복지국가적 헌법정신에 비추어 볼 때 바람직하지 않을 뿐만 아니라, 무과실의료사고에 대해 어떤 형태로든 보상이 없는 경우 피해자가 병원을 점거하거나 난동행위를 계속하게 되어 의료분쟁조정제도의 實效性이 반감될 수 있다는 점에서 무과실보상제도는 필요하다.[196]

③ 민사법상 과실책임주의가 기본원리이기는 하지만, 우리나라에서도 원자력손해배상법(제3조), 환경정책기본법(제31조), 근로기준법(제78조) 등에서 무과실책임을 인정하고 있으며, 자동차손해배상보장법(제3조)에서도 자동차책임에 관한 입증책임의 전환으로 사실상 무과실책임에 접근하고 있듯이, 과실책임원칙이 책임법에 있어서

---

195) 정호성(대한의사협회 법제이사), "의료분쟁조정법 입법방안: 의료제도발전특별위원회 의결안을 중심으로", 의료분쟁조정법 제정에 관한 공청회 자료, 국회보건복지위원회 회의실, 2003.2.20, 25면 이하.

196) 국회보건복지위원회, 의료분쟁조정법안(이원형의원대표발의) 검토보고서, 2002.10, 6면 이하.

절대적으로 관철되어야 하는 원칙은 아니다.197)

④ 의료행위에 있어서는 복잡한 신체특성상 생체반응을 지배할 수 없고 특이체질로 인한 예외적인 상황이 존재하는 한편, 오늘날 의료영역에서 증가되어 가는 기계화·산업화·조직화로 인하여 그 危險源도 증가하고 있으므로, 위험원을 보유하고 있는 광산·철도·자동차운행 등 다른 산업분야와 마찬가지로 경직된 과실책임원칙만 가지고는 사회문제를 해결할 수 없으며, 따라서 독립된 위험책임을 적용할 필요가 있다.198)

⑤ 의료사고의 경우, 소송절차상 필수적인 감정은 복잡하고 재연이 불가능할 뿐 아니라 복구할 수 없는 사실관계를 내용으로 하고 있으며, 무기의 불평등으로 인하여 의사의 과실에 대한 입증이 곤란하다는 측면에서 볼 때 독립한 책임원리가 필요하다.199)

⑥ 의료행위의 본질적인 특성(예측곤란성이나 침습성 등)으로 인하여 현대의학수준을 다하여도 불가피한 의료사고가 발생할 수 있는바, 종전의 일반 손해배상책임원칙에 따라 의사에게 책임을 부담시킨다면 의사로 하여금 방어진료200)를 행하게 하고 의사와 환자 사이의 불신 및 의료분쟁의 악순환이 계속될 수밖에 없을 것이다. 따라서 의사책임을 부담시키는 기본원리인 과실책임과는 단절된 독립한 책임을 부담시키는 장치가 필요하다.201)

⑦ 국가가 의사에게 진료거부행위를 금지시키고(의료법 제15조 제1항) 요양기관을 강제지정하여(국민건강보험법 제40조 제1항) 사실상 진료를 강요하고 있으며, 건강

---

197) 이인영, "의료분쟁조정법안 및 쟁점사안", 의료분쟁조정법안 제정을 위한 토론회자료, 의료제도발전특별위원회, 2002.9.10, 한국보건사회연구원 대회의실, 44면 이하; 전현희, "의료분쟁조정법의 쟁점사항 검토", 대한의사협회지 489호, 2000, 960면.
198) 이인영, 위의 논문, 44면 이하.
199) 이인영, 위의 논문, 44면 이하.
200) 방어진료 또는 방어의학(defensive medicine)이란 의사가 의료사고의 문제를 의식해서 의사가 자신을 보호하기 위한 방법이나 안전조치를 취하는 것을 말한다. 적극적인 방법으로는 반드시 필요한 것이 아닌데도 검사 등을 실시하는 경우(과잉진료), 소극적인 방법으로는 통상적으로 필요한 검사 등을 실시하지 않는 경우가 있다.
201) 이인영, 앞의 논문, 44면 이하; 전현희, 앞의 논문, 960면.

보험제도를 통해 진료체계와 진료행위 및 진료수가를 통제함으로써 저수가 및 규격진료를 행하도록 유도하는 등 국가통제하의 사회보장적 성격을 띠고 있는 현행 우리 의료현실을 감안할 때, 이러한 진료행위로 인한 불가항력적인 의료사고에 대해서는 당연히 국가가 보상해야 한다. 그리고 이러한 불가항력적 또는 원인규명이 어려운 의료사고에 대하여 보상하는 것이 국민의 피해구제와 의료인의 안정적 진료환경 조성을 목적으로 하는 의료분쟁조정법안의 이념에도 부합하는 것이다.[202]

⑧ 과실책임주의의 이면에는 근대민법의 3대 기본원칙인 계약자유원칙이 함께 존재하는 것이므로, 국가가 환자의 진료권확보를 위해 계약을 강제하였다면 그 계약이행결과로 발생한 당사자의 과실이 없는 사고에 대해서는 국가가 어느 정도 책임을 지는 것이 마땅하다. 따라서 포괄적인 무과실보상제도를 도입하는 것은 곤란하지만, 특이체질이나 과민반응 등 일정한 요건을 한정해서 무과실보상제도를 도입하는 것이 타당하며 그 재원은 국가가 전담해야 한다.[203]

⑨ 건강보험은 최선(최고)의 진료가 아니라 보편적(평균적) 진료를 기준으로 진료를 통제하고 있는바, 예컨대 의료기관이 최선의 진료를 하였더라면 의료사고를 막을 수 있었을 것이나 국민건강보험법에 의해 제한을 받는 결과 그렇게 하지 못하여 사고가 발생하는 경우가 있다. 따라서 국민건강보험법의 요양급여기준에 따라 치료하던 중에 발생된 의료사고에 대하여는 건강보험공단 또는 정부가 책임을 지는 입법적 대안이 필요하고 본다.[204]

⑩ 헌법에 규정된 국민의 건강권을 보장해야 하는 궁극적인 책임은 의료행위를 하는 의료인에게 있는 것이 아니라 국가에게 있으므로, 국가는 불가항력적인 의료사고로 인한 국민의 피해를 구제하여 건강권을 적극적으로 보장할 책무가 있고, 의료사고 피해로 정상적인 생활을 영위하기 어려운 경우 이에 대한 최소한의 피해구

---

202) 김정수, "의료분쟁조정법 무엇이 문제인가?", 의료와법률 창간호, 1996, 13면 이하.

203) 임종규(보건복지부 의료정책과), "의료분쟁조정법 제정방향", 의료분쟁조정법 제정관련 전문가토론회 주제발표자료(국회의원회관 소회의실), 보건복지부·대한병원협회, 2001.7.18, 9면 이하.

204) 신현호, "의료분쟁조정법안에 관한 문제", 의료분쟁조정법 제정에 관한 공청회자료(국회보건복지위원회 회의실), 국회보건복지위원회, 2003.2.20, 41면 이하.

제를 하는 것은 사회보장제도를 강화하는 측면에서도 의미가 있다. 결국 국가의 의료사고 피해구제는 법리적 해석의 문제가 아니라 환자에 대한 복지적인 측면에서 사회보장을 강화하고자 하는 정책결정의 문제라고 할 수 있다.[205]

⑪ 무과실보상제도를 도입하더라도 의료사고가 불가항력적인 것으로 판명된 경우에 한정하고, 그러한 결과를 유형화함으로써 보상범위를 제한하는 방향으로 운영되어야 할 것이다.[206]

⑫ 무과실보상제도를 도입하고자 한다면, 산업재해의 경우 사용자부담으로 조성된 재원으로 산재보상이 되고 있는 것과 마찬가지로, 전적으로 의료인부담으로 재원을 마련하고 이를 무과실에 의한 의료사고보상기금으로 사용하는 것이 타당하다.[207]

(2) 무과실의료사고보상제도 도입불가론

① 무과실보상은 '과실 없으면 책임 없다'는 과실책임원칙을 책임귀속의 기본원리로 하고 있는 우리나라 민법체계(민법 제750조)와 정면으로 배치된다.[208]

② 의료사고에 대한 무과실보상은 그 재원을 국가나 국민건강보험공단 등에서 충당한다는 점에서 산업재해사고(사용자부담)나 자동차사고(개인부담) 등 유사한 사고와의 관계에서 불균형을 초래할 수 있다.[209]

③ 법안 제39조 제1항은 입증책임의 주체를 명시하지 않고 있다. 여기서 만일 불가항력이 아닌 사고(과실)라는 것을 환자 측이 입증해야 한다면 이는 피해의 신속·공정한 구제를 목적으로 하는 법안 제1조에 반하고, 그렇다고 불가항력적인 사고임을 의사 측이 입증해야 한다면 이는 과실추정원칙이 전제된 경우에만 가능한 것이므로 입증책임분배원칙상 그 법적 근거를 찾을 수 없다.[210]

---

205) 이인영, 앞의 논문, 44면 이하.
206) 전현희, 앞의 논문, 960면.
207) 경제정의시민실천연합, "의료분쟁조정법 제정에 관한 경실련 의견 및 입장(성명서)", 2003.6.19.
208) 재정경제부; 기획예산처; 전병남, "의료분쟁조정법의 문제점 점검", 한국의료법학회 학술대회연제집, 2000, 100면; 신현호, 앞의 논문, 41면 이하.
209) 전병남, 앞의 논문, 100면.
210) 신현호, 앞의 논문, 35면 이하.

④ 법적인 가치평가개념인 과실·무과실·면책의 결정에 있어서 무과실로의 도피현상 내지 도덕적 해이(moral hazard)까지 겹치게 된다면, 대부분의 의료사고가 무과실보상사건으로 결정될 가능성이 높다. 즉 과실결정을 하게 되면 의사에게 큰 부담이 될 것이고 면책결정을 하게 되면 의사가 환자로부터 폭행·협박 등에 시달리게 될 것이라는 점을 예상해서, 적당한 선(무과실보상)에서 타협적인 결정을 하게 될 개연성이 높은 것이다. 이렇게 될 경우 무과실책임보상이 더 이상 보조적인 보상제도가 되지 않고 오히려 과실책임배상이 예외적인 배상제도로 전락하게 되며, 그 배상비용도 턱없이 늘어나서 국민의 비용부담이 증가될 우려가 높고,[211] 또한 무과실보상제도를 도입할 경우 의료인과 환자 양쪽 모두 과실입증이나 과실인정에 대한 적극적 동기가 없어질 것이므로 편의적으로 무과실로 판정하려는 동기가 강하게 될 것이다.[212]

⑤ 무과실보상제도가 인정된다면 의사와 환자 쌍방 모두 신속한 보상에 의한 해결만을 추구하여 의료사고의 원인규명을 위한 노력이 소홀해지고, 나아가 의료인이 과실방지를 위한 적극적인 노력을 하지 않을 가능성을 배제할 수 없게 된다.[213]

⑥ 무과실보상제도가 의사배상책임보험제도와 함께 시행될 경우 국가 전체적으로 볼 때 총 보상비용이 엄청나게 늘어나는 부작용이 발생한다. 즉 의료사고보험제도와 함께 무과실책임제도가 시행되어 보험자가 보상을 해 주게 된다면, 의사로 하여금 주의를 기울여 의료사고를 방지할 동기를 크게 감소시켜 의료사고가 빈번하게 발생할 것이며, 손해배상청구가 들어온다고 하더라도 적극적으로 자신을 방어할 필요가 없게 될 것이므로 결국 보상금지급건수 및 보상금액이 동시에 증가하게 될 것이다.[214]

⑦ 통상적인 질병 또는 부상으로 환자가 사망한 경우에도 무과실의료사고를 주장하여 보상을 요구하는 등 무과실보상사례를 증가시켜 과다한 보상재원이 소요되

---

211) 신현호, 위의 논문, 41면 이하.
212) 경제정의시민실천연합, 앞의 자료.
213) 국회보건복지위원회, 앞의 자료, 6면 이하; 전병남, 앞의 논문, 100면.
214) 김정동, "의료사고보험의 도입방안에 관한 고찰", 보험조사월보, 1996.11, 4면.

고,[215] 따라서 국가재정에 부담을 초래하게 될 것이므로 국가보상금의 지급을 반대한다.[216]

⑧ 기금 등의 출연을 통한 국가의 참여는 공공복리를 위하여 필요한 경우에도 헌법의 또 다른 정신인 평등원칙에 위배되지 않아야 하고 다른 합법적인 대체수단(기초생활보장법, 장애인복지법 등)이 있으면 이를 활용하는 것이 바람직하다.[217]

⑨ 만일 무과실보상이 이루어지지 않을 경우 이로 인한 민·형사상의 의료소송이 남발할 우려가 있다고 하더라도, 국가가 환자의 후견인을 자처하여 과실책임을 정책화하고 그 입증을 완화하는 현재입장을 벗어나서 과실책임원칙을 엄격히 준수함으로써 의료소송을 억제하는 효과를 가져올 수 있을 것이다.[218]

⑩ 약화사고나 의료기기 등의 사고에 대하여는 제조물책임법이 발효되어 충분히 보상받을 수 있게 되었으므로 무과실보상제도를 도입할 명분이 없다.[219]

⑪ 의료사고 처리에 있어서 과실책임을 규명하기 힘든 사안에 대해 무과실보상을 하고 그 재원을 건강보험에서 충당하자는 주장에 대해서는 동의하지 않는다. 그러나 무과실보상제도 자체에 대해서는 단계적인 도입이 필요하다고 본다. 즉 의료분쟁 해결에 대한 사회적 신뢰기반이 형성되어 가는 과정에서 책임규명과 배상조치를 통한 분쟁해결이 자리잡아가면서 이 제도가 도입되어야, 의료사고에 대한 의사의 책임을 피해 가는 장치로 될 소지가 있다는 우려를 불식시키는 한편, 분쟁해결의 보조적 기능으로 인정받을 수 있을 것이다.[220]

(3) 의료영역 및 원격의료에서 무과실책임주의

첫째, 무과실책임은 특히 위험과 이익이 수반되는 기업 내지 특수한 영역을 중심

---

215) 국회사무처 법제실, "의료분쟁조정법안에 대한 법제적 검토", 2000.6, 42면 이하.
216) 재정경제부; 기획예산처.
217) 국회사무처법제실, 앞의 자료, 42면 이하.
218) 전병남, 앞의 논문, 100면.
219) 신현호, 앞의 논문, 41면 이하.
220) 신종원(서울YMCA), "의료분쟁조정법 토론자료", 의료분쟁조정법 제정에 관한 공청회 자료, 국회보건복지위원회 회의실, 2003.2.20, 49면 이하.

으로 과실책임원칙의 한계를 극복하기 위하여 발생되고 그 이론이 발전되어 왔다는 점을 알 수 있다. 이는 일응 귀책관련 배상체계에서 손실관련 보상체계로 전환되어 왔다는 것을 의미하는 것이라고 볼 수 있을 것이다. 따라서 의료영역에서 무과실책임주의를 도입할 것인가 하는 문제를 논의할 때에는, 우선 오늘날 의료행위의 특성이 손실관련 보상체계로 전환할 필요성이 있는가를 판단하는 것이 중요하다. 이러한 관점에서 본다면, 첨단화·과학화되어 가고 있는 현대의학수준하에서도 신체특성상 예외적인 상황은 항상 존재하는 것이고 그에 따른 危險源도 증가하고 있다는 점을 인정하지 않을 수 없으므로 의료사고의 경우에도 다른 산업분야에서와 마찬가지로 독립된 위험책임법리를 적용할 필요성이 있다고 본다.

둘째, 우리 민법체계가 과실책임원칙을 채택하고 있으나, 민법에서도 공작물책임, 책임무능력자의 감독자책임, 사용자책임, 동물점유자의 책임 등에서 예외적으로 무과실책임주의를 채택하고 있을 뿐만 아니라, 원자력손해에 대한 책임, 환경오염에 대한 책임, 자동차사고에 대한 손해배상책임 등 특별법에서도 무과실책임주의 조항을 두고 있다. 이는 우리 법체계하에서 과실책임주의가 원칙이기는 하나 절대적인 원칙은 아니라는 것을 의미하며, 따라서 의료영역에서 무과실책임주의를 채택한다고 하여 그것이 곧 민법체계를 무너뜨리거나 부정하는 것은 아니라고 보아야 한다.

셋째, 의료분쟁조정법의 입법목적을 살펴보면, 이 법안은 '국민의 생명·신체 및 재산상의 피해를 신속·공정하게 구제'하는 한편 '보건의료인 등의 안정적인 진료환경을 조성'하는 데 그 목적을 두고 있다. 이것은 환자 측과 의사 측의 이해 내지 이익을 적절하게 조정하겠다는 의미로 해석할 수 있는바, 무과실보상제도를 도입하게 될 경우 환자 측에서는 신속한 보상을 받을 수 있고 의사(병원)측에서는 피해자의 소란행위나 자신의 방어진료도 피할 수 있는 길을 열어 주는 한 가지 방편이 될 것이므로 어느 정도 입법목적을 달성할 수 있을 것이다.

그러므로 의료분쟁조정법에서 무과실책임주의를 도입하는 것은 정책적·법제도적 측면에서 무리가 없다고 본다. 다만, 국가통제하의 사회보장적 성격을 띠고 있는 현행 의료제도를 감안하더라도 무과실보상의 재원을 국가나 국민건강보험공단 등에 부담시키는 것은 국가·건강보험공단·국민의 비용부담을 과중하게 할 것이고, 산업재해 등 다른 분야와의 형평성을 고려하더라도 의료인이 부담하는 것이 타당할 것이다. 그리고 불가항력이 아닌 사고(과실)이거나 불가항력적인 사고를 판명하는 감정제도를 대폭 보완·정비한다는 전제하에서, 불가항력적인 사고임을 입증할 책임은 의료인에게 부담시키도록 하는 것이 의료인의 과실방지노력을 유도하고 의료사고를 경감시키기 위해서도 바람직한 방향이라고 할 것이다.

한편, 원격의료는 정보통신망을 활용한 비대면진료 내지 간접진료방식을 취하고 있으므로 본질적으로 정보통신망이나 원격의료정보의 부정확성에서 기인하는 의료사고의 가능성이 높다고 할 것이다. 그리고 원격의료행위는 불가측적인 인체의 특성에서 오는 위험원뿐 아니라 정보통신기술상의 특성에서 나타나는 위험원이 복합적으로 존재한다는 점에서 위험책임 내지 무과실책임을 인정할 필요성이 많다.[221] 현행 과실책임주의원칙하에서도 원격의료과오에 있어서는 무과실책임주의를 보충적으로 국가와 원격의료인(원격의료기관)이 공동으로 손해배상책임을 부담하는 것이 타당하다고 본다.

2) 전문가책임법리

최근에는 미국·일본[222]·독일·오스트리아 등 외국에서 의사·변호사 등의 전문직업인에게는 고도의 주의의무를 요구하는 경향을 보이고 있는데 이를 전문가책임(professional liability)의 법리라고 한다. 전문가(profession)라 함은 학식을 배경으로 일정한 기초이론에 바탕을 두고, 특수한 교육 또는 훈련에 의하여 특수한 기능을 습득하고, 그것에 기초하여 불특정다수의 시민으로부터 임의로 개별적 의뢰자의 구체적인 요구에 응하여 구체적인 봉사활동을 행함으로써 사회전체의 이익을 위하여 일하는 직업을 말한다.[223] 이와 같은 전문가는 의사·변호사·공인회계사 등의 지적

---

221) 홍승욱, 앞의 논문, 39-43면 참조.
222) 日本 最高裁判所 平成 7, 1995.6.9. 判示.
223) 日本 石村善助 教授(김민규, "전문가책임법의 전개", 외대논총 13집, 1995.2, 497면에서 재인용).

전문가(learned profession)와 간호사·기사·영양사 등의 기능적 전문가로 나누어 볼 수 있다.

전문가의 특징은 다음과 같다. ⅰ) 전문가는 항상 가해자로 존재하고 의뢰자는 항상 피해자의 입장이 되므로 가해자와 피해자의 입장에 호환성이 없다(입장의 비호환성). ⅱ) 전문가가 되기 위해서는 장기의 교육과 훈련, 공적인 시험제에 의한 자격을 필요로 한다(장기적인 교육과 훈련, 자격제). ⅲ) 직무의 본질상 전문가의 재량이 크게 작용하고 결과를 보증하는 것은 아니다(직무의 독립성, 수단채무성). ⅳ) 전문가는 당해 전문가집단에 의하여 내부적으로 행위통제를 받게 된다(전문가집단에 의한 자기규제). ⅴ) 전문가와 의뢰인의 법적 관계는 단순한 계약관계가 아니고 전문가의 사회적 지위에 기초한 신뢰관계에 바탕을 두고 있다(신뢰관계).

일반적인 과실체계와 비교할 때 의사의 직무행위로 인한 과실에 있어서는 ① 책임론상에서 요구하는 주의의무(행위의무)의 정도가 대단히 고도화되어 나타난다는 점, ② 시민사회를 전제로 한 과실책임법상에서는 일반적으로 주의의무위반 여부만을 과실판단의 대상으로 삼는 단순형 과실판단구조를 취하고 있는 데 비하여 의료과오에서는 의료수준이라는 이른바 직무상의 기준을 바탕으로 그 이외에 사회적 또는 객관적으로 기대된 결과회피의무를 취하였는가에 따라 과실여부를 판단하게 된다는 점, ③ 당사자의 입장에 호환성이 없기 때문에 의사의 행위의무를 설정함에 있어서는 가해자(의사)의 행위의 자유보다는 피해자(환자)의 법익보호(결과회피)에 높은 비중을 두고 있다는 점이 특징으로 발견된다. 이러한 특징은 이른바 업무행위에 의한 책임유형, 즉 '업무상 과실'에서는 대체적으로 나타나는 현상이라고 할 수 있다.224)

그런데 민법상 종래 채무불이행책임과 불법행위책임을 논함에 있어서 주의의무의 정도에 따라 행위자를 기준으로 한 구체적 과실과 통상의 평균인을 기준으로 한 추상적 과실에 따라 과실의 종류를 나누고 있을 뿐, 일반적인 과실과 업무상 과실을 단순한 정도의 차이로 파악하고 별도로 구별하고 있지 않는 것이 지배적이었다. 그

---

224) 김민규, 앞의 논문, 488면 이하 참조.

러나 일반적인 과실과 업무상 과실은 단순히 정도의 차이라고 단언할 수는 없으며, 주의의무의 고도화, 의료수준에 기초한 과실판단, 당사자입장의 비호환성이라는 책임요건론상의 특징이 책임효과론에 미치는 영향을 무시할 수 없는 것이므로 양 과실의 차이는 질적인 차이를 초래한다고 보는 것이 타당하다.[225]

종래 일반적으로 업무상 과실로 논의하였던 교통사고, 공해소송, 제조물책임소송 등은 오늘날에는 과실책임체계에서 이탈해 가는 경향에 있으며, 따라서 과실책임영역에서 업무상 과실로 논의될 수 있는 분야로 남는 것은 이른바 전문가책임이라고 할 수 있다.[226] 그리하여 업무상 과실은 공해소송 또는 제조물책임소송과 같은 기업책임 영역과 전문적 지식의 소지를 전제로 하는 전문가책임 영역이 존재하는 것으로 정리할 수 있고, 양자는 업무의 성질상 차이가 있는 것이므로 그 책임유형을 다르게 취급하는 것이 타당하다고 본다.

따라서 의사 등의 전문가의 과실은 통상인의 과실과는 다른 '전문인의 업무상 과실'로 이해해야 하며, 이러한 전문가의 책임은 다음과 같은 특징이 있다고 할 것이

---

225) 김민규, 위의 논문, 490-491면 참조.

226) '업무상 과실'에 대한 외국의 논의를 살펴보면 다음과 같다. ① 미국: 일반적 과실과 업무상 과실을 구별하고 있지 않으며, 일반적으로 업무상 과실에 해당하는 교통사고, 제조물책임, 공해소송에 대해서는 엄격책임의 하나로 규율하고 있다. 반면에 불법행위법(§229-A)에서 전문가(profession)와 직업인(skilled trade)에 대해서는 고도의 능력 및 주의가 요구된다고 규정함으로써 職務上 過失(professional negligence) 개념을 중심으로 전문가책임이 논의되고 있다(Comment, Professional Negligence, 121 Univ. Penns. L. Rev. 627, 1973). ② 독일: 업무상 과실에 관한 일반규정을 두고 있지 않으며, 종래 업무상 과실에 해당하는 공해소송, 교통사고, 제조물책임 등은 거의 특별입법이나 학설상 위험책임의 영역으로 흡수되어 가는 경향이다. 즉 위험성을 동반한 업무행위에 대하여 소위 '사회생활상의 안전배려의무 이론'을 발전시키고 있고 이러한 현상은 의사·변호사 등 전문가책임 영역에서도 다를 바 없다(김민규, 위의 논문, 494-495면 참조). ③ 일본: 종래 일반적 과실과 업무상 과실을 구별하지 않고 정도의 차이에 불과하다고 했으나(四宮和夫 교수), 질적 변화에 착안하여 양자를 구별하고 있다(川井健교수). 즉 사람의 생명 또는 신체에 손해를 끼칠 가능성이 있는 업무에 종사하는 자의 과실에 대하여 그러한 업무에 종사하는 자에게는 전문가로서의 고도의 주의의무가 요구된다는 점에서 과실책임원칙(민법 제709조)을 수정하여 이른바 중간적 책임을 제안하고, 업무상 과실을 인신침해에 한정하여 그 사건범위를 자동차사고, 의료사고, 제조물책임소송, 식품 및 의약품제조책임 등에 한정하고 있다(김민규, 위의 논문, 490-492면 참조).

다.227) ⅰ) 전문가는 전문적 기술·능력·자격 등을 기초로 해서 어느 정도 독립해서 업무를 수행하고, ⅱ) 전문가가 다루는 업무는 고도의 위험성을 가지고 있고 다른 업무에 지대한 영향을 미치게 되므로 전문가의 부주의 결과 의뢰인은 매우 중대한 손해를 입게 되며, ⅲ) 전문가가 그의 업무에서 주의를 다했는가 하는 과실판단은 일반인(판사 포함)이 독자적으로 할 수 없고 그 분야의 전문가의 조력이 필요하다.

요컨대, 전문가에 대한 책임추급은 계약책임과 불법행위책임 모두에 의해서도 구성이 가능하며, 양 책임의 개별적 특성에 관계없이 법에 의하여 기대된 수준에 달하지 않은 전문가의 행위(professional's conduct)가 존재하면 책임이 발생하게 된다.228) 또한 전문가책임은 의뢰인에 대한 책임에 대해서는 채무불이행책임으로 구성하여도 무관할 것이고, 의뢰인에 대한 책임과 제3자에 대한 책임을 함께 고려할 수 있다는 점에서는 양자를 불법행위책임으로 구성하여도 무방할 것이다. 다만 양 책임의 경합문제는 전통적인 의료과오론에서 논의하는 일반론에 따르면 될 것이다.

그러나 전문가도 자기의 과실 있는 행위로 인한 손해배상의 위험감에서 벗어나 충실하게 직무를 수행할 수 있어야 하고 피해자(의뢰인 또는 제3자)도 불의의 사고로 인한 손해를 전보받을 수 있어야 하므로, 전문가책임법리를 독자적으로 전개하기 위해서는 제도적으로 다음과 같은 점이 보완되어야 할 것이다.229)

첫째, 전문가와 의뢰인 간에는 입장의 호환성이 없는 관계로 전문가는 항상 가해자예비군으로 존재하고 책임론상으로는 신뢰의무(설명의무, 정보제공의무, 전송의무 등)가 발생하므로 주의의무(행위의무)가 고도화되는데 따른 전문가의 책임을 전보해주는 보험제도가 완비되어야 한다(전문가배상책임보험제도).230)231) 둘째, 전문가가

---

227) 이은영, 채권각론, 박영사, 2001, 692면.

228) Zepos / Christodoulou, Profession Liability, International Encyclopedia of Comparative Law, Vol.XI, Torts, 1978, p.4.

229) 김민규, 앞의 논문, 503면 참조.

230) ① 미국: 내과의사·외과의사·치과의사 배상책임보험(개업의 대상), 기타 의료전문가 배상책임보험(약사·간호사·방사선사·발치료사·치과위생사·광학사·물리치료사 등 대상), 병원배상책임보험의(병원 대상)의 세 가지 유형이 있다. ② 독일: 민간손해보험 회사가 담당하고 대개 법정으로 가기 전에 의료과실 배상은 행정적 판결에 따라 이루어진다. ③ 뉴질랜드: 1974년 사고보상공사(ACC: Accident Compensation Corporation:

되기 위해서는 장기의 교육과 훈련이 필요하고 직무의 독립성이 인정되므로 비전문
가인 법관이 전문가영역의 책임여부를 판정하기에는 부적합한 점이 있는바 재판에
의한 분쟁해결보다는 재판외적 분쟁해결절차를 강구하는 것이 바람직하다(재판외분
쟁처리제도).232) 셋째, 전문가는 당해 전문가집단을 결성함으로써 사회적으로 당해
직무행위의 독립성을 승인받게 된다는 점에서 전문가집단 내부에 행위통제기구(징
계권 등)를 설치함으로써 제1차적인 자기통제기능을 수행할 필요가 있다(전문가집단
에 의한 자율규제제도).233)

웹사이트 <www.acc.co.nz/about－acc/>)를 설립하고 공사운영 및 보상관련법인 상해예방
재활보상법(IPRC: Injury Prevention, Rehabilitation, and Compensation Act 2001)을 개정
하여 의료사고를 포함한 모든 인적 사고에 대한 포괄적인 사회보장제도로서 무과실보
상주의를 채택하였다. ④ 스웨덴: 무과실보상주의를 채택하고 있는데 산업재해사고·자
동차사고·의료사고 등을 분리해서 관리한다. 의료사고의 경우 법률에 의한 사회보험
방식이 아닌 민간보험회사를 통한 포괄적 보상제도를 1975년 도입하였다(강원희, 앞의
논문, 110면 이하; 조형원, 앞의 박사학위논문, 1994, 62면 이하; 신인봉, 앞의 논문, 73
면 이하 참조).

231) 한편, 원격의료는 대면진료에 비하여 사고가 발생할 위험성이 높다는 점에서 강제책임
보험제도를 입법화하는 것이 바람직하다는 견해가 있으나(이기수, 원격진료에 관한 특
례법안 제13조), 현행 의사책임보험이 법적으로 강제성을 가진 제도가 아니라는 점에
비추어 볼 때 통상의 의료인과의 형평성 측면에서 문제가 있다고 본다.

232) ① 미국: ADR(Alternative Dispute Resolution other than Court Adjudication) 유형으로는 강제심
사제도(Compulsory Screening Panels), 조정제도(mediation panel), 중재제도(arbitration panel)가
있다. 여러 주에서는 의료과오개혁법(Medical Malpractice Reform Acts)을 제정하여 강제심사
조정제도(Compulsory pre－trial mediation panels)를 도입하였다. ② 독일: 화해제도로 화해중
재인(1827년), 함부르크 공공법률정보제공 및 화해소(1922년), 주의사회 조정소·감정위원회
(1975년)를 두고 있다. ③ 우리나라: 민사조정제도(법원)와 의료분쟁중재기구(민간／공공주
관)가 있으나 의료분쟁 영역에서는 크게 활성화되지 못하고 있다(조형원, 앞의 박사학위논
문, 44면 이하 참조).

233) 뉴질랜드의 경우, 무과실사고보상제도를 채택하면서도 의료인의 중과실에 의한 사고에
대해서는 의사법(Medical Pratitioners Act 1968)에 따라 의사징계위원회(MPDC)가 과실
유무를 밝혀내고 명백한 의료과실인 경우 엄격한 행정제재조치를 내리고 있다.

3) 완전성이익보호의무 및 보증인적 지위

독일에서는 적극적채권침해론에서의 이행과정분석을 계기로 계약의 전·중·후에는 기본적 계약책임인 급부의무 이외에 보충적 계약책임으로 부수의무(Nebenpflicht)·보호의무(Schutzpflichten)·안전배려의무(Verkehrssicherungspflichten)의 형태로서 계약책임에 관한 주의의무가 확대된다는 논의가 전개되고 있다. 이는 불법행위법상의 일반적 의무가 계약법 속으로 흡수 내지 편입된 현상이라고 볼 수 있고,[234] 더 나아가 보호의무가 부수의무로부터 분화 독립되어 논의되는 경향도 보이고 있다.

보호의무의 계약책임으로의 편입과 관련해서 문제점으로는, i) 보호의무를 계약책임으로 규율하는 것이 타당한가 아니면 본래대로 불법행위법상의 책임으로 보는 것이 보다 타당한 것인가, ii) 보호의무의 계약책임적 구성을 인정할 경우 그 이론적 근거를 어디에서 찾을 것인가 하는 것이 대두되고 많은 논의가 있어 왔다.[235] 우리나라에서는 보호의무를 이행상의 신의칙상 부수의무 등으로 파악하여 왔으나[236] 보호의무의 채권관계의 편입 및 그 위반에 대한 불완전이행의 성립가능성을 인정하고 있는 견해가 있다.[237] 즉 모든 채권관계로부터 각 당사자에게 상대방의 인신 및 재산을 침해하지 않을 보호 내지 배려의무가 발생하고, 이와 같은 보호관계는 이미 계약체결의 교섭단계에서 성립되어 계약내용의 실현단계를 거쳐 이행에 의한 채권관계의 소멸 이후에까지도 존속한다. 그리고 보호의무위반에 의하여 침해된

---

234) 西宮和夫, 請求權競合論, 有斐閣, 1980, 115面(김병태, 의료과오에 대한 의사의 민사책임, 전남대대학원 박사학위논문, 1995, 175면 이하; 김기상, 의료과오에 따른 의사의 민사책임에 관한 연구, 전주대대학원 박사학위논문, 1997, 67면 이하에서 재인용).

235) 완전성이익보호의무 및 보증인적 지위에 관한 논의는 독일에서 발전한 것인데, ① 적극적계약침해론(Staub), ② 제2차적 부작위의무론(Lehmann), ③ 급부에 의한 가해이론(Zitelmann; Franz Leonhard), ④ 틀의 관계론(Herholz), ⑤ 급부의무·보호의무 이원론(Heinrich Stoll), ⑥ 보호의무의 부수의무에의 흡수론(Larenz), ⑦ 법정보호의무론(Canaris; Thiele)로 전개되어 왔다(K. Larenz, Schuldrecht, 1987, SS.9－12; 김병태; 앞의 논문, 178－183면; 김기상, 앞의 논문, 70－80면 참조).

236) 곽윤직, 채권총론, 박영사, 2003, 17면.

237) 김형배, 채권총론, 일신사, 1999, 175면.

이익은 일반적으로 불법행위법상의 보호대상이 될 수 있으므로 불법행위책임과의 경합이 문제로 남게 된다는 것이다.

요컨대, 급부의무는 급부결과를 실현해야 할 의무(급부결과실현의무)를 말하고, 부수의무는 급부결과에 성질상 필연적으로 수반하는 채권자의 이익, 즉 급부목적물의 충분한 이용·수익가능성 등의 부수적 이익에 배려해야 할 의무를 말한다. 이에 비해 보호의무는 급부결과의 실현을 위한 채무이행과정에 있어서 채무자의 현존이익, 즉 생명·신체·재산 등 소위 완전성이익을 침해하지 않도록 배려해야 할 의무를 말한다. 여기서 급부의무는 급부결과 내지 계약목적의 보호를 목적으로 하고 있는데 비해, 보호의무는 이것과 별개의 완전성이익의 보호를 목적으로 하고 있다는 점에서 차이가 있다.

이 완전성이익의 개념은 급부결과 개념과는 달리 법적 평가 이전의 사회적 존재에 불과한 것이지만, 법적 평가 결과 채권관계 기타 권리에 의한 보호의 필요성이 법적으로 인정되면 급부결과나 부수적 이익이 되기도 하며 권리의 내용을 이루기도 한다. 따라서 완전성이익의 보호가 계약의 내용이 될 수 있으며, 나아가 완전성이익보호가 합의되어 있지 않은 경우라고 하더라도 신의칙에 의하여 계약상 의무로 보호되어야 하는 것이다.

완전성이익보호의무는 급부와의 관련상 4단계 구조로 나누어 볼 수 있다.[238] ① 완전성이익의 보호가 합의를 기초로 하여 실현되어야 할 것으로 된 주된 급부결과를 형성하고 있는 경우(주된 급부의무),[239] ② 합의에 의한 급부결과가 완전성이익보호 그 자체를 대상으로 하고 있지는 않으나 급부결과를 계약목적에 적합하게 이용하기 위해서는 완전성이익의 보호가 병행되어야 할 경우(종된 급부의무),[240] ③ 완전성이익보호가 계약목적의 달성을 위한 필요조건으로는 되어 있지 않더라도 거래적 접촉에서 발생할 수 있는 완전성이익침해로부터 상대방을 보호해야 할 의무가 존재한다

---

238) 湖見佳男, 契約規範の構造と展開, 有斐閣, 1991, 148面以下(김병태, 앞의 논문, 189-190면; 김기상, 앞의 논문, 83-84면에서 재인용).
239) 예컨대 유아보호계약, 위탁계약, 경비계약 등.
240) 예컨대 진료계약, 숙박계약, 입학계약, 운송계약, 운송시설물이용계약 등.

고 보여지는 경우 등이 있다.

그리고 독일에서는 보호의무가 불법행위에서의 '사회생활상의 안전의무'[241]와 동일한 것이라는 비판이 있으나, ⅰ) 보호의무는 모든 사람에 대하여 타당한 것이 아니고 오직 거래적 접촉관계에 선 특정인 사이에서만 타당하며, ⅱ) 이러한 특정인 사이의 특별관계는 당사자 간에 의욕되고 목적된 것임을 요하고, ⅲ) 특정인 사이에서의 주의는 사회생활상의 안전의무에 있어서의 주의보다 고도의 것이라는 점에서 차이가 있다.

한편, 의료과오의 경우 일반적으로 볼 때 대부분은 의사가 이행이익을 넘어서 환자의 생명·신체에 부가적 손해를 끼치는 것이므로 이는 의사가 필요한 주의의무를 해태하여 환자의 현존이익(완전성이익)을 침해하는 것이다. 그런데 의사는 진료관계의 성립을 위한 거래적 접촉관계로부터 신의칙상 환자의 완전성이익을 침해해서는 안 될 보호의무를 부담하고, 이것을 裏面에서 보면 거래상대방인 환자의 완전성이익이 침해되지 않도록 보장해야 할 보증의무(보장인적 내지 보증인적 지위: Garantienstellung)를 부담하게 되는 것이다.

즉 의료행위와 같이 인간의 생명·신체라는 가장 고귀한 법익을 그 대상으로 하는 채무에 있어서는 진료관계의 성립을 위한 사회적 내지 거래적 접촉(Geschäftlicher Kontakt)에 따른 신의칙으로부터 당시의 의료수준에 적합한 진료를 베풀어야 할 의무 및 환자의 현존이익도 침해해서는 안 될 의무를 부담하는 특별구속관계에 있다고 보아야 하고, 이러한 특별구속관계로부터 보호의무 내지 보증인적 지위가 도출된다고 보아야 한다. 여기서 의사의 보증인적 지위와 보호의무는 표리의 관계에 있다고 본다. 다시 말하자면, 보증인적 지위는 의사라는 특수한 신분법적 지위로부터 도래하여 보호의무 내지 보증의무(보증인적 의무)의 발생의 기초가 되는 규범적 지위를 말하고, 보호의무 내지 보증의무는 그러한 보증인적 지위로부터 발생하여 의료적 악결과를 회피 또는 방지할 특별한 법적 의무를 말하는 것이다.

---

241) '사회생활상의 안전의무'란 사회생활에 있어서 危險源을 창설하거나 유지 계속시키는 자는 타인을 위하여 당해 사실상태에 따라 필요로 하는 모든 안전조치를 강구해야 한다는 행위의무를 말한다.

의사와 환자의 진료관계에서는 진료계약의 체결 후는 물론 계약체결의 준비단계나 더 나아가 계약성립을 위한 거래적 접촉으로부터 상대방(환자)의 완전성이익을 침해해서는 안 될 의무, 즉 완전성이익보호의무가 신의칙상 당연히 발생한다. 이러한 보호의무에 위반하여 의사가 환자의 생명·신체에 이행이익을 넘어 부가적 손해(완전성이익침해)라는 결과를 가져오게 되면, 민법 제390조(채무불이행과 손해배상)의 요건을 충족하여 채무불이행에 기한 손해배상책임을 부담하게 된다.

생각건대, 불법행위에서는 당해 사고와 직접적인 과실만이 문제로 되지만 채무불이행(불완전이행)에서는 사고시점부터 계약체결준비단계(계약의 전·중·후)까지 사이의 과실까지도 문제 삼을 수 있을 것이다. 왜냐하면 계약관계에서 당사자는 계약의 이행 시는 물론이고 이행에 이르기까지 사이에 상대방을 위하여 위험관리(완전성이익보호)의 배려를 다해야 할 의무 내지 책임이 있기 때문이다. 이는 책임무능력자의 감독자의 책임(민법 제755조)과 같은 수준의 것이며, 계약위험 내지 이행위험의 관리를 인수한 자로서의 보장인적 내지 보증인적 지위에 기인하는 책임이라고 할 수 있다.

이러한 보증인적 지위에서의 過責은 불법행위에서는 없어 무과실로 되는 데 비해 불완전이행에서는 경우에 따라 과실로 될 수도 있는 것이다. 그러므로 의료과오에 대한 민사책임구조를 채무불이행책임으로 구성할 경우, 과실 내지 주의의무위반에 대한 입증책임이 의사 측에게 전환되므로 환자에게 유리하다고 할 것이 아니라(이미 살펴본 바와 같이 양자의 실질적인 차이는 없다) 채무불이행책임에는 불법행위책임에서는 발견할 수 없는 고유의 과책(보증인적 지위에서 발생하는 완전성이익보호의무의 위반)이 있을 수 있기 때문이라고 볼 수 있다.

1. 의료과오에서 위법성의 개념

의료과오를 불법행위책임으로 구성하는 경우, 민법 제750조(불법행위의 내용)에 따르면 불법행위로 인한 손해배상책임이 인정되기 위해서는 그 의료행위가 위법성이 있어야 한다. 여기서 위법이라 함은 실정법을 객관적으로 위반하는 형식적 위법 뿐만 아니라 사회공동생활을 해하는 실질적 위법을 포함하는 것이다. 그리고 위법성이 있는 경우라 할지라도 어떤 특별한 사유가 있는 때에는 위법성이 없는 것으로 되는데, 민법이 위법성조각사유로 규정하고 있는 것으로는 정당방위(제761조 제1항)·긴급피난(제761조 제2항)이 있으나 그 밖에 자력구제·피해자의 승낙·정당행위는 명문화된 것이 아니어도 일반적으로 위법성조각사유로 인정되고 있다.[242]

침습적 의료행위는 본질적으로 신체와 건강의 완전성을 침해하는 것이지만 그것이 치료의 목적과 의학적 적응성 및 의술의 적정성을 갖춘 있는 경우에는 법적 정당성이 인정되고, 이는 정당행위(형법 제20조)에 해당하는 것으로 보아 위법성이 조각된다고 보고 있다.[243] 그러나 의료행위가 주관적 치료목적과 객관적 의술의 법칙(의학적 적응성 및 의술의 적정성)을 결여한 경우에는 신체와 건강의 완전성을 침해한 것으로서 당연히 위법성이 있다고 보아야 한다. 그런데 더 나아가 치료목적과 의술의 법칙에 따른 의료행위라고 할지라도 환자가 그 침습적 의료행위를 받아들이겠다는 승낙을 하지 않은 경우에는 위법성조각 여부와 관련하여 논란이 되고 있다.

이에 대하여, 그러한 침습적 의료행위를 초래한 원인이 환자와 의사 사이에 있는 설명과 승낙(동의)에 기초하는 것이기 때문에 위법성이 조각된다고 보고, 따라서 의사의 설명과 환자의 승낙이 없는 의료행위는 위법성이 조각되지 않아 위법한 것이

---

242) 곽윤직, 채권각론, 박영사, 2003, 403면; 권용우, 불법행위론, 신양사, 1998, 80면.

243) 정영석, 형법총론, 1987, 45면; 진계호, 신고형법총론, 1984, 205면; 유기천, 형법학(총론 강의), 1980, 193면(본서 8.3.2 참조).

된다고 하는 견해가 있다.244) 이러한 견해에 따른다면, 의사는 환자를 치료함에 있어서 미리 환자나 그 가족에게 병상과 진료의 내용 및 예후 등을 설명해주어야 하고 특히 후유증이나 사망 등의 악결과가 발생할 가능이 있는 진료의 경우(예컨대 수술 등)에는 승낙을 받게 되는데, 이때 환자의 승낙(동의)은 침습적 의료행위의 위법성을 조각하는 사유가 된다. 그리고 의사가 환자에 대하여 그러한 설명을 하지 않았거나 충분히 하지 않은 경우에는 설사 환자의 승낙이 있었다고 할지라도 그 침습적 의료행위는 위법성을 면할 수 없게 되는 것이다.

이상에서 살펴본 바와 같이, 의료과오에 있어서 위법성의 문제는 결과적으로 환자의 승낙(동의)에 귀착하게 되며 환자의 승낙의 전제조건으로서 의사의 설명의무가 논의되는 것으로 파악된다. 따라서 위법성론에서는 의사의 설명의무 및 환자의 자기결정권에 근거한 승낙(동의)이 주요 쟁점이 되는 것이다. 이러한 위법성론은 원격 의료과오에서도 동일한 구조로 전개될 것이다.

다만, 의사의 설명의무 및 환자의 승낙에 관한 내용은 의료과오를 불법행위책임으로 구성하는 경우 위법성론에서 논의되는 것이지만, 다른 한편으로 의사의 설명의무가 어디에서 발생하는지 그 법적 근거를 추적하게 되면 이는 의료계약의 내용에 포함되는 계약상 의무라고 할 수 있는 것이므로 설명의무는 채무불이행책임에서도 논의될 수 있을 것이다. 즉 의사와 환자 간에 체결된 의료계약으로부터 의사에게 주된 의무 이외에 부수적 의무가 발생하게 되는데, 주된 의무(급부의무)는 환자의 질병을 치료하는 것이며 이러한 주된 의무의 이행은 일련의 다른 부수적 의무와 동시이행을 통해서 달성될 수 있다. 그러한 부수적 의무로는 의료계약의 영역에서는 특히 보호의무와 설명의무를 예로 들 수 있을 것이다.245)

---

244) 김민중, 의료분쟁의 법률지식, 청림출판, 2000, 339면; 권오승, "의사의 설명의무", 민사판례연구 제10권, 1989, 244면; 박상기, 형법총론, 박영사, 1996, 155면(본서 8.3.2 참조).
245) 이덕환, 의료행위와 법, 문영사, 2003, 95－97면.

2. 의사의 설명의무

1) 설명의무의 의의 및 근거

(1) 설명의무의 의의

설명의무(Aufklärungspflicht)라 함은 의사가 환자에게 진단의 결과, 치료방법, 예후 및 부작용 등을 충분히 설명하고 환자는 이것을 확실하게 이해한 후에 자율적으로 결정하여 자신의 신체에 대한 침습적 의료행위를 승낙(동의)한 경우에 해당 의료행위가 정당성을 가질 수 있다는 이론이다.[246] 그리고 넓은 의미에서 의사의 설명의무라 함은 ⅰ) 환자의 승낙과 대응하는 것으로 그 승낙의 유효요건으로 요구되는 설명의무(협의의 설명의무), ⅱ) 의료계약에 의한 진료채무자로서 신의성실의 원칙상 환자에게 진단의 결과, 장래의 처치방법 및 효과 등을 알려주어야 하는 보고의무, ⅲ) 진료과정 중 및 진료 후 환자가 요양을 위해 준수해야 할 사항에 관해 지시·권고를 해야 하는 선관주의의무의 하나로서 지도의무가 있다.[247]

이 이론은 의사라는 전문가집단을 상대로 하는 의료과오소송에서 환자 측의 입증책임을 경감시켜 주기 위해 고안된 것으로, 대륙법계[248]에서는 환자의 자기결정권에

---

246) 오늘날 이러한 설명의무는 약사, 부동산중개업자, 보험모집인, 보험자, 약관을 이용하는 사업자 등에게도 요구되는 등 그 적용영역이 점차 확대되고 있는 추세이다.

247) 석희태, 앞의 박사학위논문, 1988, 34면.

248) ① 독일: 1894년 Reichsgericht의 형사판례가 환자의 동의 없는 의사의 치료행위에 대해 위법성을 인정하여 상해죄 성립을 인정한 이후(RGSt 25, 375, 1894.5.31), 1908년 민사판결에서 동의 없는 수술에 대해 불법행위책임을 인정함으로써 환자의 자기결정권이 확인되기 시작하였으며(BGZ 68, 431), 1931년 설명의무위반을 이유로 의사의 책임을 인정하였다(RG. 1931.5.19, JW 32, 3328). 2차대전 이후 독일연방법원은 환자의 자기결정권을 본기본법 제2조 제2항에서 보호하는 생명과 신체에 관한 불가침의 권리로 이해하였고(1차 전기쇼크사건: BGH. 1954.7.10, NJW 1956, 1106; 2차 전기쇼크사건: BGH. 1958.12.9, BGHZ. 29, 46), 1962년 민사판결에서는 의사의 설명의무를 합리적 환자를 기준으로 평가하였다(신장병환자사건: BGHZ. 1963, 393). 이와 같이 독일에서는, 환자가 의사의 치료행위에 대해 동의하기 위해서는 그 전제조건으로 의사로부터 질병의 상황이나 치료방법 및 그에 따른 위험 등에 관한 정보를 미리 알아야만 동의가 가능하므

기초한 설명의무위반이론을 판례를 통하여 형성되기 시작하였고, 영미법계249)에서도 '적절한 설명을 들은 다음에 동의(informed consent)'를 하는 이론을 발전시켜 왔다.250) 우리나라의 판례는 1979년 갑상선수술사건에서 의사의 설명의무 및 환자의

  로 의사의 설명은 환자의 동의에 대한 전제조건이 된다고 파악하며, 설명의무의 구체적인 내용은 판례를 중심으로 발전되어 왔다(Deutsch, Medizinrecht, 3. Aufl., 1997, Rn. S. 101). ② 일본: 1965년 唄 孝一 교수의 논문에서 주장되었고(唄 孝一, "治療行爲における患者の承諾と醫師の說明", 契約法大系 7卷 66面), 1971년 소위 乳腺症事件에서 설명의무의 개념을 처음으로 인정하였다(東京地判 昭和 46.5.19. 判時 606號 62面). 그 후 1973년 소위 舌癌事件에서 환자의 자기결정권의 존재를 확인하였다(秋田地裁大曲地判 昭和 48.3.27. 判時 718號 27面).

249) ① 미국: 1905년 미네소타주최고법원이 환자의 동의의 범위를 넘는 수술을 한 경우에 고의불법행위인 assault(폭행) and battery(상해) 책임을 인정하였고(Mohr v. Williams, 104 N.W.12(sup Ct Minn, 1905), 1914년 Schloendorff v. Society of New York Hospital 판결에서 Benjamin Cardozo 판사가 환자의 자기결정권(selfdetermination)이라는 용어로 본격적으로 사용하였다(211 N.Y. 125, 105 N.E. 92, 1914). 그 후 1957년 캘리포니아항소법원이 Salgo v. Leland Stanford Jr. University Board of Trustees 판결에서 일정한 정보의 제공을 전제로 한 동의를 얻어야 할 의무로 발전되고 informed consent라는 표현이 처음으로 등장하면서 의사기준설을 취하였다(154 Cal. App. 2d 560, 317p. 2d 170, 1957). 1972년 Canterbury v. Spence 판결에서는 환자기준설을 채택하여 의사의 설명의무위반이 넓게 인정되기 시작하였다(464 F 2d 772, District of Columbia Cir Court of Appeals, 1972). 그러나 다수의 州에서는 의사기준설을 따르고 있으며, 1975년 이래 각 주에서는 informed consent 법리의 작용을 제한하는 법률을 제정하는 경향이 늘고 있다(Annas, Glantz and Katz, informed consent to human experimentation, 1977, 33면). 한편, 1980년 Truman v. Thomas 판결에서는 informed refusal 문제가 나타난 것이 특징이다(27 Cal3d 285, 165, Cal. Rptr. 308, 611p2d 902, 1980). ② 영국: 1767년 Slater v. Baker and Stapleton 판결에서 의사의 설명이 최초로 문제가 되었다(95Eng. Rep. 860, 2 Wils. K.B. 359, 1767; Ruth R. Faden and Tom L. Beauhamp, A History and Theory on Informed Consent, Oxford University Press, 1986, p.143). 1954년 법원은 환자의 동의가 있는 경우에는 assault and battery 책임을 면할 수 있다고 보았다(Hatcher v. Black, 1954, Times, July, QBD, 1954). 이후부터는 의사의 설명의무위반에 대해 negligence 책임을 묻기 위해서는 Bolam Principle을 적용시킬 것인가 하는 것이 쟁점이 되고 있는데, 이 원칙은 의사가 의료행위를 함에 있어서 책임 있는 단체의 의학적 견해에 의해 적절하다고 인정되는 방법에 따른 경우라면 비록 다른 의사가 다른 의료행위를 인정한다고 하더라도 과실이 있다고 할 수 없다는 것이다(Bolam v. Friern Hosp. Mgt. Committe, 1957, all E. R.118). 1985년 Sidaway v. Board of Governors of Bethlem Royal Hospital 판결에서 의사의 설명의무(duty of disclosure)에 대한 입장을 정리하였다(AC871, 1985, 1 all ER 643).

승낙권이라는 개념을 처음으로 인정하였고,[251] 초기에는 위자료배상만 인정하다가 1986년부터 전체 손해배상을 명하는 판결도 나오고 있다.[252]

오늘날 외국에서는 설명의무위반 소송이 의료기술상과오 소송보다 증가되고 있는 경향이 있으나,[253] 설명의무는 의사의 권리보호 및 환자의 자기결정권 확보라는 양측면에서 의사와 환자의 교류관계를 통한 의료분쟁의 예방,[254] 환자의 정서적 생활안정[255]과 손해의 공평분담이라는 사법의 기본이념을 실현하는 기능을 하게 된다.

이와 같은 설명의무는 원격의료에 있어서도 동일하게 적용될 것이나, 거리상 원격지의 환자를 간접대면방식으로 진료하고 정보통신기술을 매개체로 이용한다는 원격의료행위의 특성상에서 본다면 의사 등 원격의료인의 설명의무는 통상의 의료행위에서보다 강화되어야 할 것이라고 본다. 특히, 현지의료인이 존재하는 유형(제1유형·제2유형)에서는 현지의료인의 설명의무의 정도 및 범위가 확장될 것이다.[256]

(2) 설명의무의 법적 근거

우리나라는 실정법상 설명의무를 명문으로 규정하고 있지는 않으나 설명의무의 이론적, 법적 근거에 대해서는 다음과 같이 정리해 볼 수 있다.

① 윤리적 근거: 히포크라테스선서(기원전 377-460) 이래로 의사는 그 직업적 윤리로부터 환자에게 치료의 의미와 효과 및 결과에 대하여 환기시킬 도덕적 의무 내지 진실의무가 있으며, 1964년 세계의사회총회 헬싱키선언에서 '인체실험에 대한 충

---

250) 이덕환, 민법상 의사의 설명의무법리에 관한 연구, 한양대대학원 박사학위논문, 1991, 10-60면; 박일환, "의사의 설명의무와 환자의 승낙", 의료사고에 관한 제문제, 재판자료 제27집, 법원행정처, 1985, 158면 참조.
251) 대법원 1979.8.14. 선고 78다488 판결(원심판결: 대구고법 1978.2.17. 선고 76나1137 판결).
252) 인천지법 1986.10.30. 선고 85가합1100 판결.
253) 독일의 경우, 의료과오소송 가운데 3분의2 이상이 설명의무위반을 이유로 하는 것이다 (이영환, "의료과오에 있어서 이론의 재정립과 제도개혁에 관한 시론", 법학연구 제30권1호, 부산대법학연구소, 1988, 104면 참조).
254) Laufs, Arztrecht(C. H. Beck, 1984), 3. Aufl. S.49f.
255) V. Diehiv. A Diehl, Die Aufklärung und Begleitung des Krebspatienten, VersR 1982, S.718.
256) 본서 7.1.8 참조.

분한 정보제공과 환자의 동의'를 규정한 이래257) 각국의 의사단체 등에서 의사의 설명의무와 환자의 승낙권(자기결정권)을 긍정하는 내용의 강령을 채택하고 있다.258)

② 헌법적 근거: 헌법 제10조가 보장하는 '인간으로서의 존엄과 가치 및 행복추구권'은 개인의 자기운명결정권을 전제로 하는 것이고, 특히 행복추구권 속에 함축되어 있는 일반적 행동자유권으로부터 계약자유의 원칙이 파생되는바,259) 의료계약에서도 이른바 환자의 자기결정권이 인정된다. 그리고 의료가 환자주권적 개념으로 변경되면서 이러한 환자의 자기결정권(승낙 내지 동의)이 유효하기 위해서는 의사가 시행하려는 의료행위에 대하여 충분히 설명해 주고 환자가 그것을 이해한 후 자율적인 결정을 내리도록 해야 하는 적극적 권리로 자리잡게 되었다.260)261)

③ 민법상 근거: ⅰ) 의료계약을 위임계약 내지 특수한 위임계약으로 이해하여 민법 제683조의 수임인의 보고의무에 근거하여 의사가 委任人인 환자에게 설명의무를 부담한다는 견해가 있다.262) ⅱ) 의사와 환자 사이의 의료계약관계로부터 당사자 사

---

257) World Medical Association Revised Declaration of Helsinki Dedaration of Helsinki(1975 / 83), 1) Basic principles ⑨~⑪ 참조(번역문은 이덕환, 의료행위와 법, 문영사, 2003, 388면 참조).

258) 본서 7.1.8 참조.

259) 윤명선, 인터넷시대의 헌법학, 대명출판사, 2002, 386면; 헌법재판소 1991.6.3. 선고 89헌마204 결정.

260) 대법원 1995.4.25. 선고 94다27151 판결("설명의무위반에 대하여 의사에게 위자료 등의 지급의무를 부담시키는 것은, 의사가 환자에게 제대로 설명하지 아니한 채 수술 등을 시행하여 환자에게 예기치 못한 중대한 결과가 발생하였을 경우에, 의사가 그 행위에 앞서 환자에게 질병의 증상, 치료나 진단방법의 내용 및 필요성과 그로 인하여 발생이 예상되는 위험성 등을 설명하여 주었더라면 환자가 스스로 자기결정권을 행사하여 그 의료행위를 받을 것인지 여부를 선택함으로써 중대한 결과의 발생을 회피할 수 있었음에도 불구하고 의사가 설명을 하지 아니하여 그 기회를 상실하게 된 데에 따른 정신적 고통을 慰藉하는 것이다"); 대법원 1997.7.22. 선고 95다49608 판결; 대법원 1998.2.13. 선고 96다7854 판결; 대법원 1999.9.3. 선고 99다10479 판결; 대법원 2002.5.28. 선고 2000다46511 판결 등.

261) 본서 7.1.8, 7.2.1 참조.

262) 신현호, 앞의 책, 211면; 문국진, 의료의 법이론, 1982, 87면; 이에 반해, 설명의무는 위임인의 청구와 상관없이 인정되고 위임사무의 사후처리 보고가 아니라 사전에 이루어지는 것이므로 타당하지 않다는 비판이 있다(최재천·박영호, 앞의 책, 636-637면; 범경철, 앞의 책, 188-189면).

이에 치료목적의 달성이라는 주된 의무(기본급부의무)를 실현하는 과정에서 발생하는 부수적 의무의 하나로 의사의 설명의무가 성립한다고 보는 견해가 있는데,[263] 이에 따르면 설명의무의 법적 근거는 민법 제681조의 수임인의 선관주의의무가 될 것이다. iii) 계약관계 또는 사무관리관계에 관계없이 의사와 환자 사이에 기초적인 의료적 법률관계가 성립되어 있으면 그러한 법률관계의 신의칙에 따라 의사는 환자에게 설명의무를 부담하는 것이며 진료계약이 체결된 때에는 신의칙상 설명의무가 계약상 의무로 편입한다는 견해가 있다.[264] iv) 요컨대, 판례는 의사의 설명의무는 의사와 환자 사이에 존재하는 민법상 의료계약관계 또는 신의칙에 근거하는 것으로 보고 있다.[265]

④ 의료관계법상 근거: 의료법 제22조(요양방법의 지도)에 근거하는 진료적 설명 및 안전설명에서 의사의 설명의무가 발생한다는 견해가 있으며,[266] 보건의료기본법 제12조(보건의료서비스에 대한 자기결정권)에도 이와 같은 규정이 있다.

2) 설명의무의 법적 성질

설명의무의 법적 지위 내지 성질에 대해서는, ① 설명의무는 독립된 법적 의무인가 아니면 유효한 동의를 얻기 위한 전제논리에 불과한 것인가,[267] 그리고 설명의무를 법적 의무라고 하는 경우에 ② 진료의무와 병행하는 독립된 부수의무인가 아니

---

263) 김민중, 의료분쟁의 법률지식, 청림출판, 2003, 225－226면; 이덕환, 앞의 책, 95－97면.
264) 김천수, 앞의 박사학위논문, 1994, 127면; 최재천·박영호, 앞의 책, 636면.
265) 대법원 1994.4.15. 선고 93다60953 판결("일반적으로 의사는 응급환자의 경우나 그 밖에 특단의 사정이 없는 한, 진료계약상의 의무 내지 위 침습 등에 대한 승낙을 얻기 위한 전제로서 당해 환자 또는 그 가족에게 질병의 증상, 치료방법의 내용 및 필요성, 발생이 예상되는 위험 등에 관하여 당시의 의료수준에 비추어 상당하다고 생각되는 사항을 설명하여 당해 환자가 그 필요성이나 위험성을 충분히 비교하여 그 의료행위를 받을 것인가 여부를 선택할 수 있도록 하는 의무가 있다"); 대법원 1994.4.15. 선고 92다25885 판결; 대법원 1995.2.10. 선고 93다52402 판결; 대법원 1995.4.25. 선고 94다27151 판결; 대법원 1996.4.12. 선고 95다56095 판결; 대법원 2002.1.11. 선고 2001다27449 판결 등.
266) 김민중, 의료분쟁의 법률지식, 청림출판사, 1994, 147면.
267) 독일에서는 법적 의무로 보는데 이견이 없고, 일본에서 견해가 대립되고 있다.

면 진료의무로부터 발생하는 부수적 파생의무인가, ③ 불법행위법적 의무인가 아니면 계약법적 의무인가 하는 문제가 논점이 된다.268)

(1) 법적 의무인지 여부

① 법적 의무설(주의의무설): 의사의 설명의무를 환자의 동의와는 무관계한 것으로 파악하여 법적 의무로 보고 설명의무위반을 불법행위나 채무불이행상의 주의의무위반으로 보는 견해이다(독일과 우리나라의 다수설 및 판례).269)270)

② 동의무효설(승낙무효설): 설명의무를 불법행위법상의 문제로 파악하여 의사의 설명은 법적 의무가 아니라 환자의 승낙(동의)에 필요한 유효요건에 불과하며, 불충분한 설명은 환자의 승낙을 무효로 하는 것이므로 치료의 위법성이 조각되지 않아 불법행위책임을 진다는 것이다.271)

(2) 독립적 부수의무인지 여부

① 독립적 부수의무설(독립적 주의의무설): 설명의무는 시간적으로 진찰치료행위에 앞서고 환자의 자기결정권이라는 독립된 목적을 위해 존재하므로 의사의 주의의무와는 구별되며, 따라서 주된 급부의무인 진찰 및 치료의무와 병존하는 독립적 부수의무(selbständige Nebenpflicht)라고 하는 견해이다(우리나라 판례).272) 이에 따르면 환

---

268) 이 두 가지 문제에 대해서는 독일에서 견해의 대립이 있다.

269) 이 견해는 의무가 발생하는 근거를 어디에서 찾는가에 따라 다시 ① 불법행위법상의 주의의무에서 찾는 불법행위책임설, ② 진료계약상의 의무에서 찾는 계약책임설, ③ 양쪽에서 찾는 양성계약설로 나누어진다(新美育文, "醫師の說明義務と患者の同意", 民法爭點, 有斐閣, 1985, 231面); 신현호, 앞의 책, 203면; 최재천·박영호, 앞의 책, 645면; 범경철, 앞의 책, 190면; 심병련, "대법원 93다60953 판결 판례평석", 대법원판례해설 21호, 181면 참조.

270) 대법원 1987.4.28. 선고 86다카1136 판결; 대법원 1992.4.14. 선고 91다36710 판결; 대법원 1994.4.15. 선고 93다60953 판결; 대법원 1995.2.10. 선고 93다52402 판결 등.

271) 星野雅紀, "醫療過誤", 現代民事裁判の課題 第9卷, 1991, 125面; 일본에서는 종래 동의무효설이 다수였으나 최근에는 법적 의무설을 따르는 경향이다(최재천·박영호, 앞의 책, 646면 참조).

272) Larenz, a.a.O., S. 11. S. 29; BGB 1959.1.26. BGHZ 29, 176; 이덕환, 앞의 책, 96-97면 (김천수, 앞의 논문, 343면; 최재천·박영호, 앞의 책, 641면 참조); 대법원 1999.12.21. 선

자는 주된 급부의무의 위반(과실)와는 독립하여 별도의 설명의무이행의 소를 제기할
수 있다.[273]

② 부수적 파생의무설(총체적 주의의무설): 설명의무를 진료의무로부터 당연히 발생하
는 부수적·파생적인 주의의무 또는 비독립적 부수의무로 파악하여 의사가 설명의
무를 위반한 때에는 주의의무위반으로 되고 과실책임을 부담한다는 견해이다.[274]

(3) 불법행위적 의무인지 여부

① 불법행위법적 의무설: 그 불법행위에 따른 효과상의 차이에 따라 i) 의사의 설
명과 환자의 동의 없이 행한 침습적 의료행위는 의술의 규칙을 준수한 것과 상관없
이 곧바로 위법한 고의 또는 과실상해가 되어 정신적·재산적 피해에 대한 손해배
상을 해야 한다는 견해(상해설: 독일 다수설 및 판례),[275] ii) 환자의 동의를 얻지
않고 한 수술은 환자의 신체적 불가침성을 침해한 것이 아니라 설명의무에 따른 환
자의 자기결정권을 침해한 것으로 보아 위자료청구권만 인정된다는 견해(인격권침
해설, 상해부정설: Laufs), iii) 인체에의 침습은 환자의 자기결정권을 침해하고 자기
결정권 침해는 그 배후에 있는 신체의 불가침성을 침해하는 결과를 가져오는 것이
므로 설명을 하지 않은 의사는 책임을 면할 수 없다는 견해로 나누어진다(이중침해
설: Sick, Deutsch).

② 계약법적 의무설: 설명의무는 일반적으로 존재하는 것이 아니라 어느 한쪽 당사
자가 계약상 신의성실의 원칙에 따라 설명을 기대할 수 있는 경우에만 책임을 진다
는 견해이다(Stöfer).

③ 그 밖에 양성적 의무설이 있다(우리나라 판례).[276]

고 98다29261 판결; 대법원 1998.3.27. 선고 97다56761 판결; 대법원 1997.7.22. 선고 95
다49608 판결 등(우리나라의 대부분의 판례는 독립적 부수의무로 보고 있고 설명의무의
경우 이를 명시적으로 설명의무위반이라고 표현하고 있다).
273) 이정빈, 채권법총론, 한국방송통신대학교, 1991, 10면.
274) 대법원 1987.4.28. 선고 86다카1136 판결; 대법원 1992.4.14. 선고 91다36710 판결.
275) 석희태, "오진과 자기결정권 침해의 효과", 판례월보 287호, 1994.8, 20면 참조.
276) 대법원 1995.1.20. 선고 94다3421 판결.

3) 설명의무의 내용

(1) 설명의무의 주체 및 상대방

설명의무의 주체는 원칙적으로 당해 처치행위를 담당하는 의사라고 할 것이나 특별한 사정이 없는 한 처치의사가 아닌 주치의 또는 다른 의사를 통한 설명으로도 가능하다.[277] 그러나 설명대화는 치료행위의 구성부분이기 때문에 의사가 아닌 의료보조자, 즉 간호사나 사무직원 등에게 위탁하여서는 안 된다.[278] 그리고 의사의 설명의무는 환자 자신의 자기결정권 및 침습적 의료행위에 대한 동의권의 보호에서 비롯되는 것이므로 그 의료행위에 동의할 수 있는 자에 대하여 해야 하며,[279] 따라서 의사는 원칙적으로 직접 환자에 대하여 설명을 해야 하지만 만일 미성년자나 기타 행위능력이 제한되어 있는 경우에는 그 법정대리인에게 설명해야 할 것이다. 그러나 비록 환자인 미성년자가 동의의 의미를 판단할 수 있는 높은 정신적 능력이나 도덕적으로 성숙하다고 하더라도 의사는 환자의 법정대리인에게 치료행위와 그 위험성에 관하여 설명하고 동의를 구해야 할 것이다.[280]

(2) 설명의 시기 및 형식

의사의 설명의무는 환자의 자기결정권을 보장하기 위해서 인정되는 것이므로 환자가 치료행위와 그 위험성에 관한 설명을 듣고 결정을 할 수 있는 충분한 고려기간이 보장되어야 하고, 따라서 원칙적으로 치료행위전 적절한 시기에 행해져야 할 것이다.[281] 구체적으로 보면, 중대한 결과를 초래할 수 있는 수술과 같은 치료행위는 수술 직전에 설명이 이루어져서는 안 되지만, 비교적 위험성이 적은 치료행위의

---

277) 대법원 1999.9.3. 선고 99다10479 판결.
278) Münchener / Mertens, §823 Rn. 422.
279) 대법원 1994.11.25. 선고 94다35671 판결.
280) 신현호, 앞의 책, 221면; 문국진, 의료법학, 93면.
281) Laufs / Uhlenbruck, Handbuch des Arztrechts(1999), 2.Aufl., S. 487(박태신, "의료소송에 있어서 설명의무의 기능", 연세법학, 1998, 575면 참조); 김천수, "의사의 설명의무: 서독의 학설 및 판례를 중심으로", 민사법학 제7호, 한국사법행정학회, 1988, 253면 참조.

경우에는 치료행위 직전에 설명이 이루어져도 무방할 것으로 본다.

또한 의사의 설명은 환자와의 대화를 통해 이루어져야 하며, 준비된 설명양식(서면)은 의사의 구두에 의한 설명을 할 때 보충자료로 활용될 수 있을 뿐 그것으로 설명을 대체할 수는 없다고 보아야 한다.[282] 따라서 준비된 설명양식에 환자가 동의를 표명하는 서명이 있었다고 하더라도 이것이 충분한 설명이 있었다는 증거가 될 수는 없다고 할 것이다.

(3) 설명의 대상 및 내용(설명의무의 유형)

설명의무의 기능에 비추어 볼 때 환자가 합리적으로 치료여부를 결정하는 데 필요한 모든 사항이 설명의 대상이 된다고 볼 수 있을 것이다(설명의무의 객관적 기준).[283] 이에 대해서는 여러 견해가 있으나 ⅰ) 환자의 동의를 얻기 위한 자기결정설명(진단설명, 경과설명, 위험설명)과 ⅱ) 기타의 설명(치료적 설명 또는 안전설명, 자기비용부담분설명, 경제문제설명 등)으로 분류할 수 있다.[284] 주요 내용을 학설 및 판례[285]를 중심으로 정리해 보면 다음과 같다.

① 진단설명(Diagnoseaufklärung): 의사는 진단을 통해 알게 된 결과인 질병의 유무와 그 종류에 대하여 환자에게 설명하여야 한다. 이러한 진단설명은 의사와 환자 사이에 체결된 의료계약 이행의 일부분이며,[286] 의사는 환자가 결정하는 데 필요한

---

282) Laufs / Uhlenbruck, a.a.O., S.489.

283) 본서 7.1.8 참조; 한편 의사가 환자에게 설명해야 할 내용으로 ① 환자의 증상, ② 침습의 내용·정도, ③ 수술의 전망·효과, ④ 침습의 필요성·긴급성과 수술을 하지 않는 경우의 병상의 정도, ⑤ 다른 치료방법으로는 목적을 달성하기 어렵다는 점(보충성), ⑥ 침습의 결과로 생기는 위험의 내용·정도, ⑦ 과거의 실적 등을 제시하는 견해가 있다 (추호경, 앞의 책, 76면).

284) Kern / Laufs, S.53f., 183ff(김천수, 앞의 박사학위논문, 140면 참조); 이에 대해, Deutsch 교수는 설명의무를 자기결정 설명과 치료적 설명으로 구분하고 있다(Deutsch, Das Therapeutische Privileg des Arztrechtes: Nichtaufklärung zugunsten des Patienten, NJW 1980, S.1306).

285) 대법원 1998.2.13. 선고 96다7854 판결.

286) 진단설명은 진단계약에 의한 경우 설명의무는 주된 급부이행행위이고, 치료계약에 의한 경우에는 치료의 전단계로서 일반적으로 환자는 진단에 대한 설명청구권을 가진다 (Deutsch; 김천수, 앞의 박사학위논문, 141면 참조).

중요한 사항을 대체적으로 설명하면 된다.

② 경과설명(Verlaufsaufklärung): 의사는 환자에게 자신이 시행할 치료행위의 종류
와 내용, 치료가 행해지는 경우에 그 질병의 경과 및 결과에 관하여 설명해야 하며
(치료경과 설명), 질병을 치료하지 않는 경우에 발생할 결과에 관해서도 설명하여야
한다(불치료 설명). 또한 선택가능한 다른 치료수단이 있는 경우에는 각각의 치료방
안에 관하여 설명하여 환자가 각각의 치료수단을 비교해서 선택할 수 있도록 하여
야 한다(대체방법 설명).

③ 위험설명(Risikoaufklärung): 의사는 치료행위에 따르는 부작용이나 후유증 등
의료행위에 수반해서 나타날 수 있는 위험에 관해 설명하여 환자가 그 치료를 수용
할 것인지 여부를 결정하도록 해야 한다. 이러한 위험설명은 의료기술을 통하여 확
실히 피할 수 없는 위험에 관한 것에 한하고, 의사의 과오로 인한 치료 때문에 발
생할 수 있는 위험에 대한 설명은 제외된다. 따라서 위험은 의사가 최선의 주의의
무를 다하고 실수 없이 치료에 성공한다고 하더라도 발생가능한 계속적·일시적·
부수적인 부작용에 관한 것을 의미한다.[287]

④ 치료적 설명(Therapeutische Aufklärung), 안전설명(Sicherungsaufklärung): 의사에
게 의료상 요구되는 주의의무의 일환으로 행하는 진료적 설명을 말하며 의료행위의
본질적인 부분에 해당하는 것이다. 치료적 설명의 개념에는 환자의 자기결정권과
관계없는 의사의 조언의무, 안내의무, 경고의무, 지시의무, 지도의무 등이 모두 포함
된다.[288]

한편, 설명의무에 관한 일반적인 내용은 원격의료의 이용에도 원칙적으로 적용될
것이다.[289] 원격진료를 개시할 때에는 직접 대면진료와 마찬가지로 환자와 그 보호
자에게 진단된 질병명, 질병의 내용 및 위험성, 여러 치료방법 등에 대하여 설명하여
이해시켜야 하며, 원격의료장비 등 정보통신기기의 특성 및 사용방법, 원격의료장비
가 장애를 일으킨 경우의 대처방법 등에 대하여 자세한 설명이 이루어져야 한다. 그

---

287) 대법원 1997.7.22. 선고 95다49608 판결.
288) 김민중, 앞의 책, 227－228면.
289) Heyers, Johannes / Heyers, Herman Josef, MDR 2001, S.918, S.923.

리고 원격진료를 시행할 때에는 원격의료인의 지시나 주의를 따르지 않음으로써 환자에게 피해가 생긴 경우에는 그 책임을 부담하지 않을 것이라는 점에 대해서도 충분히 설명을 하여야 한다.[290] 특히, 원격의료인은 구체적인 상황에 따라 정보통신망 등 원격의료기반시설의 기술적인 시스템장애 또는 소프트웨어의 하자로 인하여 진단적 또는 치료적 판단에 대한 과실이 있을 수 있다는 설명을 해주어야 한다.[291]

(4) 설명의 범위 및 정도

의사가 설명을 함에 있어서 어느 범위까지 설명을 해야 하는가는 설명의 정도에 관한 문제이며(설명의무의 주관적 기준), 이는 의사와 환자 가운데 누구를 기준으로 하여 설명의 범위를 결정할 것인가 하는 것이다.[292] 이에 대해서는 ① 합리적의사기준설(영미법계 다수설, 우리나라 판례),[293] ② 합리적환자기준설(추상적 환자기준설: 객관설, 독일 다수설),[294] ③ 구체적환자기준설(주관설), ④ 이중기준설(절충설) 등의 견해가 대립하고 있으나, ⑤ 요컨대, 의사의 입장과 환자의 입장을 함께 고려해서 추상적 환자를 기준으로 하되 당해 환자의 구체적 사정도 참작하는 것이 법적 안정성 및 구체적 타당성을 도모하는 해석이 될 것이다(이중기준설: 우리나라 다수설).[295]

이 경우 고려되어야 할 구체적인 사정으로는 다음과 같은 것이 있다. ⅰ) 의사의 치료행위가 야기할 수 있는 위험발생의 빈도가 높으면 높을수록, 또 환자에게 발생

---

290) 신현호, "인터넷 의료상담 시 주의점: 법률적인 접근", 대한의사협회지 제45권1호, 2002.1, 20-21면.
291) 이준상·김기영, "원격의료의 법적 문제", 한국의료법학회지 제9권2호, 2001.12, 139-140면.
292) 이는 환자의 건경을 중시할 것인가(의사기준설) 아니면 환자의 자기결정의사를 중시할 것인가(환자기준설)의 문제이며, 의사의 감정제도와 관련이 있다.
293) 미국은 전통적으로 의사기준설이 법원의 다수의견이며, 영국도 의사기준설의 입장을 채택하고 있다(김천수, 앞의 박사학위논문, 184면 이하 참조); 우리나라의 판례는 의사기준설의 입장을 취하고 있는 것으로 파악된다(대법원 1994.4.15. 선고 93다60953 판결; 서울고법 1984.8.30. 선고 83나4612 판결).
294) 독일의 경우에는 합리적환자기준설이 발전되어 왔다(김천수, 앞의 박사학위논문, 196면 이하; 이덕환, 앞의 박사학위논문, 103면 이하 참조).
295) 최재천·박영호, 앞의 책, 665-666면; 본서 7.1.8 참조.

할 수 있는 위험성이 크면 클수록 요구되는 설명의 강도가 그만큼 증대된다(위험성의 정도). ii) 그 치료행위가 긴급하면 긴급할수록 의사의 설명의무에 대한 요구는 그만큼 감소된다(치료의 긴급성).[296] iii) 예컨대, 그 효과나 위험도가 아직 제대로 밝혀지지 않은 새로운 치료방법을 사용하려고 하는 경우에는 의사의 설명의무의 강도가 더 요구된다(치료수단의 선택성). iv) 설명의무의 정도는 환자의 의학적 지식이나 교육정도, 병력으로 인한 치료경험 등에 따라 결정된다. 그러나 동일한 치료라고 하더라도 상당한 시간적 간격을 두고 반복되는 경우에는 환자의 기억을 확인하기 위해 반복적인 설명이 필요하다(환자의 의학적 지식 또는 경험).

(5) 설명의무의 면제

보호법익 측면에서 환자의 생명과 신체의 건강은 환자의 자기결정권보다 상위에 있다고 볼 수 있으므로 이를 위해서 설명의무가 면제될 소지가 있다. 판례는 '긴급한 경우 기타 특별한 사정이 없는 한 설명의무가 있다'고 하여 의사의 설명의무가 면제되는 경우를 상정하고 있다.

이와 같이 의사가 환자의 동의 없이 의료행위를 할 수 있다는 설명의무의 예외를 인정하는 법리에 대해서는 ① 긴급피난이론(생명・신체・자유・명예・기타의 법익에 대하여 달리 피할 방법이 없는 현재의 위난으로부터 자기 또는 타인을 구하기 위하여 행하는 행위는 위법성이 부인된다는 견해), ② 동의추정이론(일정한 경우에는 환자나 그 법정대리인의 동의가 추정된다는 견해),[297] ③ 사무관리이론(민법 제735조에 따라 관리자가 타인의 생명・신체・명예 또는 재산에 대한 급박한 危害를 면하게 하기 위하여 그 사무를 관리한 때에는 고의나 중대한 과실이 없으면 손해배상의 책임이 없다는 견해)이 있다.

생각건대 의사의 설명의무는 다음과 같은 요소에 의하여 제한 내지 면제될 수 있다.

ⅰ) 법률의 규정에 의해 예방접종, 검역조치, 격리수용치료 등이 강제되는 경우 환자의 동의가 요구되지 않는다(실정법에 의한 경우).[298]

---

296) 대법원 1987.4.28. 선고 86다카1136 판결.
297) 독일에서 논의되는 이론이다(Münchener / Kamentar / Mertens, §823, Rn. 439).

ii) 의식불명이나 중태의 경우와 같이 환자의 병적 상태가 급박하거나 중대하여 즉각적으로 의료를 실행하지 않으면 심각한 건강손상의 결과를 초래하게 되는 경우에는 환자의 동의가 필요하지 않고 따라서 의사의 설명의무가 면제된다(긴급의료).[299] 원격의료에 있어서도, 예를 들면 오지나 도서지역에서 응급환자가 발생한 경우 도시지역의 종합병원과 연결하여 응급상황하에서 원격자문을 받을 경우에는 원격지의료인의 설명의무는 면제될 수 있을 것이다.

iii) 예컨대 환자가 명시적 또는 묵시적으로 의사의 설명을 포기하겠다는 의사를 표명한 경우, 환자 자신이 의사이거나 의학자인 경우와 같이 자기의 증상에 대해 정확하게 인식하고 그 치료법의 내용과 위험성을 충분히 알고 있는 경우에는 의사의 설명의무는 조각된다.[300] 이러한 경우는 환자의 자기결정권을 침해한 것으로 볼 수 없기 때문이다(환자가 청취설명을 포기한 경우).

iv) 의사가 환자에게 질병의 증상과 치료행위에 수반하는 위험을 설명하는 것이 오히려 환자에게 큰 심리적인 쇼크를 주어 증상을 악화시키거나 치료수행상의 장애가 되는 경우에는 의사의 설명의무가 면제되거나 경감된다고 할 것이다(치료상 특권에 기한 경우).[301]

v) 비교적 경미한 치료이거나 위험성이 적다고 할지라도 의사의 설명의무가 면제될 수는 없을 것이다(경미한 치료행위).[302]

vi) 환자가 의사로부터 올바른 설명을 들었다 하더라도 그 수술이나 투약 등 침습적 의료행위에 동의했을 것이라는 이른바 가정적 승낙에 의해 의사가 설명의무를 위

---

298) 예컨대 전염병예방법(제9조, 제29조), 후천성면역결핍증예방법(제15조), 결핵예방법(제13조, 제25조, 제29조), 모자보건법(제9조), 마약류관리에관한법률(제50조), 검역법(제11조) 등.

299) 예컨대 응급상태에서 절대적으로 수술이 필요한 경우, 전신마취상태의 수술 중 연관부위를 방치하면 다른 부위가 중대한 위험에 직면한 경우 등; 대법원 2002.5.8. 선고 2000다46511 판결; 대법원 1998.2.13. 선고 96다7854 판결.

300) 신현호, 의료소송총론, 육법사, 1997, 236면.

301) 이러한 경우로는 의사의 설명이 심적인 부담을 주는 경우와 환자에 대한 설명이 제3자에게 구체적 위험을 초래할 수 있는 경우가 있다(Deutsch, Medizinrecht, 3.Aufl., 1997, Rn. 150 ff.); 대법원 1995.1.20. 선고 94다3421 판결.

302) 대법원 2002.1.11. 선고 2001다27449 판결.

반한 경우에는 환자의 승낙이 명백히 인정되는 경우에만 허용된다(추정적 승낙).[303]

4) 설명의무위반의 효과

(1) 설명의무위반책임의 요건

의사의 설명이 없는 경우 환자의 동의는 전체적으로 무효가 된다. 다만 무설명 또는 불충분한 설명에 대한 의사의 손해배상책임이 인정되기 위해서는 책임법의 일반원칙에 따라 그 구성요건으로 귀책사유와 위법성이 요구된다. 즉 i) 의사가 설명의무를 이행하지 않았고, ii) 설명의무를 이행하지 아니한 것이 의사의 고의 또는 과실에 의한 것이어야 하며, iii) 설명의무위반으로 인해 환자에게 손해가 발생하고 설명의무위반행위와 인과관계가 인정되어야 한다.

구체적으로 살펴보면, 의사가 설명의무를 이행하였는지 여부에 대한 판단은 앞에서 언급한 설명의무의 대상 및 범위에 따라 검토되어야 한다. 여기서 설명의무위반책임을 불법행위책임으로 구성하는 경우에는 그 설명의무위반행위가 위법한 행위로 평가되어야 하며, 채무불이행책임으로 구성하는 경우에는 설명의무위반행위가 의사의 채무의 내용에 따르지 아니한 것으로 평가되어야 한다. 그리고 의사에게 설명의무를 게을리 한 과실의 유무에 대한 판단은 추상적 과실, 즉 일반인이 아니라 통상적인 의사에게 요구되는 주의를 위반했는가에 따라 검토되어야 한다.

(2) 손해배상의 범위

의사가 설명의무를 위반한 경우 환자가 받게 되는 정신적 손해만을 배상하면 되는가 아니면 재산적 손해까지 모두 배상하여야 하는지 문제가 된다.

이에 대해서는 ① 신체침해설(전손해설: 설명의무를 위반한 의사의 치료행위는 위법한 신체침해가 되므로 이에 의하여 발생한 환자의 전손해, 즉 재산적 손해까지 배상하여야 한다는 견해: 독일 다수설 및 판례, 우리나라 다수설[304]), ② 자기결정권

---

303) 대법원 1994.4.15. 선고 92다25885 판결; 대법원 1995.1.20. 선고 94다3421 판결.

침해설(위자료설: 의료행위는 업무상 정당한 행위이므로 신체침해가 아니며 설명의무를 위반한 경우 환자의 자기결정권이라는 일반적 인격권을 침해한 것이 되어 책임범위는 인격권침해에 따른 정신적 손해에 한정된다는 견해)[305]로 나누어지고 있으나, ③ 우리나라의 판례는 기본적으로 신체침해설의 입장을 채택하면서도[306] 환자측의 입증에 따라 위자료 또는 재산적 손해의 배상청구를 인정하는 이론을 전개하고 있다.[307]

(3) 설명의무위반의 입증책임

의사의 설명의무불이행 및 환자의 승낙에 대한 입증책임을 누가 부담하는지에 대해서는 견해가 나누어지고 있다.

① 피고부담설: ⅰ) 신체의 완전성의 침습은 환자의 승낙에 의해 정당화되어야 하며 따라서 그 승낙은 정당화사유이고 설명은 이 정당화사유의 전제가 되고, ⅱ) 의사에게 문서화의무가 부과되고 그 문서는 입증수단이며, ⅲ) 만일 의사가 적시에 설명을 하였으면 환자가 자신에게 권유된 조치를 취했을지 여부를 확인하는 것은 거의 불가능하고 이 불확실성의 위험은 설명의무위반에 의해 만들어졌기 때문에 피고

---

304) 김상용, 불법행위법, 1997, 323면; 박일환, "의사의 설명의무와 환자의 승낙", 재판자료 제27집, 1985.2, 176면; 김민중, "의사책임 및 의사법의 발전에 관한 최근의 동향", 민사법학 제9−10호, 1993, 329면; 문국진, 앞의 책, 58면.
305) 김천수, "설명의무를 해태한 의사측의 책임범위", 판례월보 제353호, 1990.2, 31면 이하; 석희태, "의사의 설명의무와 환자의 자기결정권", 연세행정논총 제7집, 1980, 293면.
306) 이에 대해, 신체침해설이 주장하고 있는 것은 설명의무위반의 경우 손해배상범위가 인격침해설처럼 위자료에만 한정되는 것이 아니고 손해배상요건을 갖춘 경우에는 전체손해까지 확대될 수 있다는 것으로, 결국 설명의무위반의 경우라도 손해배상의 요건을 갖춘 경우에만 전체손해를 배상해야 한다는 것을 의미한다고 하면서 배상사례를 다음과 같이 세 가지 유형으로 나누고 있는 견해가 있다. ① 재산적 손해에 대한 언급 없이 위자료만 배상한 사례(대법원 1979.8.14. 선고 78다488 판결), ② 상당인과관계 부존재를 이유로 재산적 손해를 제외한 위자료배상만 명한 사례(대법원 1994.4.15. 선고 93다60953 판결; 대법원 1995.1.20. 선고 94다3421 판결; 대법원 1995.2.10. 선고 93다52402 판결 등), ③ 설명의무위반과 악결과 사이에 상당인과관계를 인정하여 전체손해 배상을 인정한 사례(대법원 1996.4.12. 선고 95다56095 판결)(최재천·박영호, 앞의 책, 681−688면).
307) 대법원 2002.1.11. 선고 2001다27449 판결.

(의사)가 승낙과 설명이 행해졌음을 입증해야 한다는 점을 논거로 제시한다(독일과 우리나라 다수설 및 판례).

② 원고부담설: ⅰ) 설명의무의 법적 성질에 대하여 독립적 부수의무설을 취하는 입장에서 볼 때 충분한 설명이 없이 침습 등이 행해진 경우에는 불법행위의 법률요건이 실현되며, ⅱ) 주의의무설의 입장에서는 불법행위의 존재는 원고가 입증책임을 부담하는 것이므로 설명의 부존재에 대한 입증책임은 원고(환자 측)가 부담한다는 점을 논거로 들고 있다(영미법계 통설).

③ 동의와 설명을 나누는 견해: 환자 측은 자기결정권의 침해가 있었음을 입증하고 의사 측은 설명의무의 이행이 있었음을 입증한다는 입장이다.308)

④ 우리나라의 판례는 피고부담설(의사부담설)을 취하고 있는 것으로 파악된다.309)

생각건대 환자 측으로서는 진료기록부 등의 증명수단을 확보하는 것이 어렵기 때문에 의사의 설명의무불이행을 입증하는 것이 사실상 불가능하고, 설명의무 및 동의권의 발생배경이 의사의 과실에 대한 환자 측의 입증곤란을 우회적으로 경감해 주기 위한 것이므로, 의사가 설명의무에 대한 입증책임을 부담하는 것이 형평상 또는 정책적 배경에서 볼 때 타당하다고 본다.

이와 같이 의사에게 설명의무에 대한 입증책임이 있다고 보는 경우, 의사는 다음과 같은 항변사유를 증명함으로써 환자 측의 손해배상청구를 배척할 수 있을 것이다.310) ⅰ) 환자에게 발생한 위험이 너무 비전형적이거나 발생개연성이 희박하다는 점을 들어 설명이 불필요함을 주장할 수 있고, 또한 환자가 이미 그러한 위험을 알고 있었다는 점을 대항할 수 있다. ⅱ) 환자에게 설명하는 것이 불가능한 상태였다는 것을 입증하여 면책될 수 있다. ⅲ) 비록 설명을 하지 않았지만 설명을 하였더라도 환자가 승낙하였을 것이라는 점을 들어 면책을 주장할 수 있다.

---

308) 석희태, 앞의 박사학위논문, 50면.
309) 대법원 1979.8.14. 선고 78다488 판결; 대법원 1987.4.28. 선고 86다카1136 판결.
310) 박일환, "의료과오의 입증에 관한 독일법과 미국법의 비교법적 고찰", 법조 34권1−2호, 1985.1−2, 182면 참조.

3. 환자의 자기결정권(승낙 내지 동의)

1) 승낙의 의의

환자는 자신에 대한 의사의 의료행위에 관하여 주체적으로 그 결정에 참여할 수 있는바 이것이 환자의 자기결정권[311]이다. 이러한 자기결정권은 의사와 환자의 관계에서 의사가 專斷的으로 환자를 치료할 수 없고 환자의 승낙(동의: Einwilligung; informed consent)[312]에 의해서만 치료를 해야 하는 것으로 나타나며, 이를 환자의 승낙권(동의권)이라고 한다. 환자의 승낙을 결여한 의료행위는 이른바 전단적 의료행위(eigenmächtige Behandlung)가 된다.

이러한 승낙이 유효하기 위해서는 의사가 의료행위를 하기 이전에 환자에게 계획된 의료적 조치에 대하여 자세하고도 충분한 정보를 제공하여 설명을 하여야 한다(설명동의원칙). 따라서 환자의 승낙은 의사의 설명의무와 밀접한 관계에 있으며, 여기서 설명의무는 승낙의 유효성을 확보하기 위한 전제조건이 된다.

환자의 유효한 승낙은 신체침해에 대한 정당화와 일반적인 인격권의 침해에 대한 면책이라는 두 가지 기능을 가진다고 볼 수 있다. 즉 의료적 침습은 현행법상 신체침해로 되기 때문에 의료적 침습의 위법성을 조각하기 위해서는 환자의 승낙이 필요하며, 이러한 승낙 그 자체는 환자의 자기결정권의 표현으로서 헌법 제10조에 근

---

311) 환자의 자기결정권과 구별되는 것으로 환자의 알권리가 있다. 환자는 기본적으로 자신의 정신과 신체에 발생 또는 발생할 사실에 대하여 알권리가 있다. 이러한 환자의 알권리는 자기결정권보다 기본적인 것으로, 전자에 필요한 능력이 사실에 대한 지각능력임에 비하여 후자의 행사에는 적어도 의사능력이 필요하다(김천수, 앞의 박사학위논문, 21면 참조).
312) 승낙(동의)의 態樣에 대하여 ① 미국의 판례는 assault and battery rule에 따라 ⅰ) 치료행위의 개시당초부터 명시의 금지가 행해지고 있는데 치료행위를 하는 경우, ⅱ) 승낙은 있었으나 그 범위를 넘은 치료행위가 행해진 경우, ⅲ) 승낙도 없는데 의사가 승낙이 있는 것으로 오해하여 치료한 경우로 분류한다. ② 일본(淺井登美彦교수)에서는 ⅰ) 전면적 일임 묵시적 승낙, ⅱ) 명시적 승낙(질의와 명시적 일임, 질의와 逡巡, 재설명, 일임, 질의와 조건부 승낙, 선택적 승낙), ⅲ) 부동의로 분류한다(이영환, 앞의 책, 339-340면 참조).

거한다. 요컨대 환자의 승낙이 있으면 자기결정권이 보호되며 침습은 허용되고 적법한 것으로 된다. 그러나 의료적 침습에 대한 승낙은 법률행위인 의사표시가 아니며 승낙자의 권리범위를 침습하는 사실상의 행위를 행하게 하기 위한 許可 내지 授權이라고 할 것이다.313)

이와 같은 환자의 승낙(동의)은 원격의료에서 특히 강조되는 부분이라고 할 수 있다. 원격의료에 있어서는 현지의료인(현지의료기관) 또는 환자가 원격지의료인(원격지의료기관)의 고도의 의학지식 및 기술을 정보통신망을 통해 이용하는 측면이 강하므로, 정보통신망의 장애 등으로 인한 의료행위의 위험성이나 개인정보의 침해 가능성 등에 관해 상세한 설명을 하고 환자의 동의를 구하는 것이 강조되어야 한다고 본다. 그러므로 자기결정권에 기초한 환자의 동의의 범위는 통상의 의료행위에서보다 확장될 것이다.314)

2) 승낙의 법적 구성

(1) 불법행위법적 구성

민법 제750조는 불법행위의 객관적 성립요건으로 위법성을 들고 있는바, 전단적 의료행위를 신체에 대한 위법한 침해로 보는 경우는 물론이고 자기결정권(승낙권)의 침해로 보는 경우에도 이는 환자의 권리침해로서 위법성의 대표적인 징표라고 할 수 있다. 여기서는 환자의 승낙을 의료적 침습의 적법요건으로 볼 것인가 아닌가에 따라 그 법적 의의를 달리하게 된다.

환자의 승낙을 적법요건으로 보는 견해에 따르면, 專斷的 醫療侵襲 그 자체는 아무리 의료기술상 정당성이 있고 의학적 적응성이 높다고 하더라도 위법한 것이 되므로 신체손상으로 인한 모든 손해가 배상의 대상이 된다. 이에 비해 환자의 승낙을 적법요건으로 보지 않는 견해에 따르면, 전단적 의료침습은 다른 요건을 갖추는 한 환자의 자기결정권 침해로만 되어 일단 신체손상의 책임은 불문하고 권리침해로

---

313) 이덕환, 앞의 책, 99면.
314) 본서 7.2.1 참조.

인한 손해가 배상의 대상이 된다.315)

(2) 계약법적 구성

의사는 환자의 일반적 진료채권과 별개로서 이를 존중하여 개개의 의료적 침습에 있어서 환자의 승낙 여부를 확인하고 그의 의사결정에 좇을 의무를 부담하게 되며, 따라서 전단적 의료행위는 의사가 환자의 의사를 확인해 보지 않았거나 환자의 자유로운 결정에 따르지 않았다는 점에서 민법 제680조에서 정하는 채무불이행으로 된다.316)

3) 승낙의 대상

승낙의 대상은 의료적 침습 그 자체이며, 개개의 침습에 응하여 개별적으로 환자의 승낙을 필요로 한다. 따라서 수술이나 주사 등의 치료 시의 침습은 물론, 침습 후의 인체에 대한 영향 및 상황변화, 즉 수술 후의 성대기능마비나 신체일부에 대한 통증과 후유증 등의 위험에 대하여도 환자의 승낙을 받아야 한다. 그리고 침습 범위의 결정은 환자의 意思에 의존하는 것이기 때문에 그 승낙을 철회하거나 제한 또는 확대하는 것은 환자의 재량에 속한다.317)

4) 승낙의 요건

(1) 승낙주체 및 승낙능력

승낙의 주체는 다른 측면에서 보면 설명의무의 상대방을 말하는 것이므로 원칙적으로 환자가 된다. 환자의 승낙이 유효하기 위해서는 환자 자신이 승낙을 할 수 있는 일정한 능력이 있어야 한다. 승낙은 법률행위인 의사표시가 아니므로 승낙능력

---

315) 본서 10.2.4 참조.
316) 석희태, 앞의 박사학위논문, 32−33면.
317) 석희태, 위의 논문, 36면; 신현호, 앞의 책, 222면 참조.

은 행위능력과는 일치하지 않으며, 의사능력이나 변식능력을 갖추면 된다.

따라서 승낙능력은 자신의 상태와 당해 진료행위의 의의·내용·결과 및 그에 수반하는 위험성의 내용·정도를 인식하고 수인할 것을 결정할 수 있을 정도의 판단능력이 있으면 된다. 그리고 미성년자나 심신장애자라 할지라도 이러한 능력을 갖는 한 단독으로 유효하게 승낙할 수 있다. 따라서 환자의 意思와 그 친권자 등 법정대리인의 意思가 다를 경우에는 환자의 意思대로 해야 할 것이다.[318] 요컨대, 승낙능력의 유무에 대한 판단은 구체적인 경우에 따라 개별적으로 행하되 전문가의 의학적 경험 내지 심리학적 경험이 고려되어야 할 것이다.

(2) 승낙의 대행

환자가 승낙능력을 결여하고 있는 때에는 그 법정대리인(친권자 또는 후견인)의 승낙대행이 있어야 한다. 이 대행권은 친권자의 보호·교양권(민법 제913조) 또는 후견인의 요양·감호권(민법 제945조, 제947조)의 내용이다.

그러나 법정대리인이 합리적이지 못한 이유로 승낙을 거부하는 경우, 즉 불합리한 승낙거부는 감호권(대행권)의 남용이 된다.[319] 이 경우에는 법원에 의해 친권 및 대리권의 상실이나 후견인의 해임 등 재판을 받아 법정대리인의 改任을 할 수 있을 것이나, 통상적으로는 재판절차를 밟을 시간적 여유가 없으므로 환자의 생명·건강을 보호하기 위해 법정대리인의 승낙 없이 진료를 행하여도 승낙권(자기결정권)의 침해로 되지는 않는다고 본다. 이러한 경우에는 긴급상태의 법리를 적용하는 것이 무방하다고 보기 때문이다.

---

318) 영국은 이를 명문화하여 1969년 가족법개정법(Family Law Reform Act) 제1조에서 '16세(성년에 해당하는 18세보다 두 살 아래)에 달한 자는 의료에 관한 승낙능력을 가진다'고 규정하였다.

319) 이와 관련하여 이른바 '여호와의 증인' 신도의 그 자녀에 대한 수혈거부사례에서 문제가 되었다. 미국의 판례는 법원명령에 의해 진료를 강제할 수 있다고 하면서 부모가 그 자녀를 순교자로 만드는 것에까지 종교의 자유가 인정될 수는 없다고 하였으며, 우리나라의 판례도 이 경우 위법한 것으로 판단하고 있다(대법원 1980.9.24. 선고 79도1387 판결).

(3) 사기·강박에 의하지 않을 승낙

환자의 승낙은 의사의 통상의 합법적 요구에 의해 행해진 것이어야 하며, 의사의 사기 또는 강박에 의한 승낙은 유효하지 않다. 일반적으로 의사는 진료계약의 체결시로부터 선량한 관리자의 주의의무를 부담하는데, 이 의무는 널리 환자로 하여금 진지하게 진료에 응하게 할 설득·유도의무까지 포함하는 것이다. 따라서 의사는 강한 정열로써 환자의 마음을 진정시키고 진료의 필요성을 설득시킬 의무를 가지며, 이 의무는 설명의무와는 다른 적극적 성질을 띤 것이라고 할 수 있다.[320] 예컨대, 이러한 설득의무의 범위 내에서 행한 일종의 강박에 의한 승낙이 유효한 경우가 있을 수 있다.

(4) 의사의 충분한 설명

환자의 승낙이 유효하기 위해서는 의사가 당해 진료 전에 그 진료에 관하여 충분한 설명을 행하여야 한다(의사의 설명의무). 미국의 경우 '적절한 설명을 들은 다음의 동의(informed consent)'가 여기에 해당하는데, 즉 이는 부당한 유인 또는 강제적 요소, 사기, 속임수, 강박, 또는 다른 형태의 속박이라든가 강제가 없이 자유롭게 선택권을 행사할 수 있는 상황하에서 그 개인 또는 법적으로 정당한 대리인을 알면서 행한 동의를 말한다.[321]

이러한 동의(승낙)에 필요한 정보의 기본적 요소로는 ⅰ) 발생할 수 있는 과정과 그 목적, 시험적인 과정에 있는 검증 등을 포함하는 일체의 완전한 설명, ⅱ) 일반적으로 예상되는 불안과 위험의 고지, ⅲ) 일반적으로 예상되는 어떤 이익의 고지, ⅳ) 그 치료에 이익이 되는 적절한 여러 선택의 여지가 있다는 것의 고지, ⅴ) 치료과정에 관계되는 질문에 대답하는 것, ⅵ) 환자의 동의를 취소할 권리와 그 치료에 불이익이 없이 언제라도 그 치료과정에의 참여를 그만둘 권리가 있다는 것을 고지

---

320) H. Burmester, Die Haftpflicht des Arztes und der Krankenanstalt(1957), SS.68-69(석희태, 앞의 박사학위논문, 39면에서 재인용).

321) 39Fed. Reg. 18917(1974)[Informed Consent and the Dying Patient], The Yale Law Tournal, Vol.83, No.8, 1974.7, p.1633(김철수, 40-41면에서 재인용).

하는 것을 들 수 있다.

5) 승낙의 방식

(1) 승낙유무의 판단기준

승낙은 특별한 방식을 요하는 것은 아니다. 그러나 환자의 승낙이 있다고 볼 것인가를 판단하는 기준에 관해서는 i) 승낙을 단순히 그 수술이 환자의 신체상의 이익에 반하지 않는다는 것의 인식수단이라고 보는 입장에서 의료침습이 환자의 내면적인 의사의 경향에 합치하고 있으면 승낙이 있는 것으로 되고 그러한 의사가 외형적으로 표시될 필요는 없다는 견해(意思傾向說), ii) 승낙을 수술에 대한 책임의 공동인수라고 보는 입장에서 환자의 승낙의사의 표시가 있어야 승낙이 있는 것으로 된다는 견해(意思表示說)가 있다. iii) 생각건대, 자기결정권을 인정하는 사상적·사회적 배경에 비추어 환자의 설명청취권 및 그 결정권을 확보한다는 견지에서 의사표시설이 타당하다고 본다.[322]

다만 그 의사의 표시는 문서로 하는 것과 같이 반드시 명시적이어야 하는 것은 아니며[323] 묵시적 내지 적절한 거동에 의해서도 가능하다고 할 것이다. 그러나 명시된 승낙이 없는 때에는 환자의 全行動으로부터 판단하고, 이 경우에는 거래계의 통념과 당해 그 당시의 특별사정을 함께 고려되어야 한다. 그 밖에 의사는 충분한 설명을 하여 환자로부터 실질적인 승낙을 받아야 한다.[324]

(2) 진료승낙서의 유효성

대체로 의료현장에서는 승낙의 확정적 증거를 남기기 위하여 승낙서를 작성하여 환자 본인 내지 법정대리인 혹은 근친자의 서명·날인을 받는 것이 관행이 되어 있

---

322) 석희태, 앞의 박사학위논문, 39－40면.
323) 이에 대해, 특히 의료가 위험을 내포하고 환자의 생명과 신체에 불가역적인 변화가 초래될 것이라고 예상되는 경우 또는 경제적 부담이 큰 경우에는 그 범위 및 방법 등을 이해시키고 반드시 명시적 승낙을 요한다는 견해가 있다(신현호, 앞의 책, 223면).
324) 대법원 1990.8.28. 선고 90다카17368 판결.

다.[325] 이러한 진료승낙서는 보통 진료행위 그 자체에 관한 승낙과 진료결과 발생하게 될 위험(사고)에 관한 승낙을 포함한다. 그런데 이 승낙서가 유효하기 위해서는 환자의 구체적·개별적인 의사를 인정할 수 있는 정도의 것이어야 하며, 포괄적 승낙을 내용으로 하는 승낙서는 무효가 된다.[326] 그리고 위험의 승낙은 아울러 그 인수, 즉 이의권 포기를 의미하는데, 이는 어디까지나 의사의 과실에 의하지 않은 것에 한한다.

이에 비해 과실로 인한 사태에도 이의를 제기하지 않겠다는 당사자의 약속을 면책특약이라고 말하는데, 의료행위에 있어서 이러한 면책특약을 포함하는 승낙서(서약서)는 원칙적으로 무효라고 보는 것이 타당하다.[327] 다만, 진료승낙에 관하여는 유효하고, 그것이 환자로부터 적극적으로 그 자발적 의사에 따라 작성된 것인 때에는 승낙서 전부가 유효하다고 할 것이다.

6) 승낙의 배제

승낙의 배제, 즉 환자의 승낙을 요하지 않는 경우는 다른 측면에서는 의사의 설명의무의 면제의 문제와 동일하다. 그러한 경우로는 실정법에 의한 경우, 긴급의료,[328] 환자가 설명청취를 포기한 경우, 의사의 치료상 특권에 기한 경우, 경미한

---

325) 이러한 진료승낙서는 설명의무위반을 이유로 하는 소송에서 의사가 환자의 유효한 승낙의 증거로서 사용되며, 특히 자세한 승낙양식은 유효한 승낙의 추정효과가 있다(김천수, 앞의 박사학위논문, 112면).

326) 예컨대 "필요한 수술에 전부 동의합니다"라는 식의 진료의 포괄적 승낙이나 "어떠한 사고가 일어나도 일절 이의를 제기하지 않겠습니다"라는 식의 위험의 포괄적 인수를 그 취지로 하는 승낙서는 무효이다(이영환, "의료과오와 의사의 민사책임", 부산대출판부, 1997, 342면 참조).

327) 이러한 면책특약이 무효라는 근거에 대해 일본의 학설 및 판례는, ① 인쇄되어 있는 승낙서는 단순한 예문에 불과하고 병고에 시달리는 환자로부터 승낙서를 받아내는 것은 부당하다는 견해(例文說), ② 병원 측의 과실을 미리 양해받는 방법을 강구하는 것은 형평의 원칙에 반한다는 견해(衡平原則違反說), ③ 선량한 풍속 기타 사회질서에 반한다는 견해(公序良俗違反說) 등으로 나누어지나, ④ 환자에 대해 보호자적 입장에 있는 의사가 병고에 빠져 있는 환자로부터 자신의 책임을 면할 목적으로 승낙서에 서명·날인을 받는다는 것은 공서양속에 반한다고 해야 한다(석희태, 앞의 박사학위논문, 42면 참조).

328) 긴급의료의 경우 그 침습의 적법성을 둘러싸고 의사에게 제시되는 행동기준에 대해서

치료행위, 환자의 추정적 승낙의 경우 등이 있다.

7) 승낙의 효과

환자의 승낙을 받지 않고 행하여진 의료적 침습이 어떠한 위법요소를 갖는가에 대해서는 견해의 대립이 있으나 환자의 승낙이 그 위법요소의 조각사유가 된다는 것에 대해서는 이견이 없다. 다만, 의사가 환자의 승낙을 받지 않고 전단적으로 의료행위를 한 경우에는 이는 결국 설명의무위반의 효과와 동일한 문제가 될 것이다. 그리고 환자의 승낙은 치료과실과는 무관하기 때문에 치료과실이 승낙으로 인하여 면제되지 않는다고 할 것이다. 의사의 설명을 듣고 행한 승낙이 치료실패에 대한 의사의 책임을 배제하는지 여부는 치료과실의 유무에 의존하며,329) 이 경우에도 치료상의 과실이 있으면 의사는 불법행위 또는 채무불이행에 따른 손해배상책임을 부담하게 된다.

는 ① 환자의 추정적 의사존중설, ② 환자의 추정적 이익존중설이 있으나, ③ 의사는 우선 환자의 이익을 객관적 입장에서 판단하고 한편으로 환자의 추정적 의사가 존재하는 때에는 그것에 따라야 한다고 보는 것이 타당하다(석희태, 위의 논문, 42-44면).
329) 김천수, 앞의 박사학위논문, 117면 참조.

1. 손해의 의의 및 손해배상의 기능

의료과오로 인한 의사의 민사책임이 인정되기 위해서는 의사의 과실과 위법한 행위 또는 채무불이행(불완전이행)으로 인하여 환자에게 손해가 현실적으로 발생해야 하며,[330] 의사는 이러한 손해를 배상하여야 한다. 그런데 생명·신체에 대한 침해로 인한 손해는 각 피해자마다 개별성·구체성을 띠고, 생명·신체 그 자체의 비대칭성으로 인하여 재산권침해와는 달리 그 손해가 지속적이며 금전으로 평가하기 어렵다는 점 때문에 손해평가 또는 손해배상액의 산정이 곤란하다는 특징이 있다.

손해의 배상[331]은 이미 발생한 손해를 제거하여 그것이 없었던 상태로 되돌리는 것이 아니라 손해를 전보하는 것을 말한다. 손해전보의 방법에는 손해가 발생하지 않은 것과 같은 상태를 현실적으로 실현하는 방법과 손해를 금전으로 배상하는 방법이 있다. 일반적으로 손해배상은 공평한 배상을 통한 정의의 실현, 손해의 분산, 사고의 억제라는 기능을 가진다. 여기서 손해라 함은 법적으로 보호할 만한 가치가 있는 이익에 대하여 어떤 사람이 특정한 행위나 사건으로 인하여 입게 되는 모든 불이익을 말하며,[332] 손해배상에 의하여 전보되는 대상이 된다. 이 개념에는 재산적 손해와 비재산적 손해를 포함하는 것이다.

그런데 생명과 신체의 침해로 인한 손해는 재산권에 대한 침해와는 달리 그 손해를 구체적으로 산정하는 것이 어려우며, 의료과오에 있어서 무엇을 손해로 볼 것인가에 대해서는 다음과 같이 견해가 나누어지고 있다.

---

330) 대법원 1980.5.27. 선고 80다664 판결.
331) 적법한 원인으로 인하여 발생한 손해에 관하여는 이를 賠償이라고 하지 않고 補償이라고 한다(민법 제216조 제2항, 제218조 제1항 등).
332) 신은주, 의료과오사건의 손해배상액산정 실무, 행법사, 1996, 25면, 35-39면.

① 차액설: 가해원인, 즉 생명·신체에 대한 침해가 없었다면 얻을 수 있는 이익과 그러한 침해로 인하여 피해자(환자)가 현재 받고 있는 이익상태와의 사이에 차액이 손해라고 한다.333) 이 견해는 추상적 계산액을 손해로 보고 완전배상주의를 그 이념으로 하고 있으나, 통상손해와 특별손해를 분리하여 제한배상주의를 취하고 있는 민법 제393조에 따르면 그대로 적용하기 어렵고 비재산적 손해인 위자료에 대해 명확한 근거를 제시하지 못한다는 비판이 있다.334)

② 구체적손해설(현실손해설): 불법행위로 인하여 피해자가 현실적·구체적으로 입은 손해를 손해라고 한다. 이에 따르면, 생명·신체의 침해가 있을 때 발생한 치료비와 같은 적극적 손해, 장래 얻을 수 있는 이익의 상실과 같은 소극적 손해, 정신적 고통으로 인한 정신적 손해의 총체를 손해로 평가하게 되므로 배상액의 결정은 개별적으로 산정하는 개별주의를 취하게 된다.335) 그러나 신체기능장애로 노동능력이 감퇴된 경우에 피해자의 극복노력에 의해 현실적 손해가 발생하지 않은 경우에는 손해가 없는 것으로 평가되는 난점이 있다.

③ 사상손해설: 물적 손해에 있어서는 물건의 멸실·훼손 그 자체, 인적 손해에 있어서는 사람의 사망 또는 상해 그 자체를 하나의 비재산적인 손해로 파악하며, 손해삼분설336)에 의한 손해의 구분을 인정하지 않고 치료비·일실이익·정신적 손해 등의 항목은 死傷이라고 하는 손해의 금전적 평가를 위한 매개 자료에 불과하다는 견해이다.

이 견해는 사상 자체에 대한 평가를 기준으로 다시 i) 평가설(사상이라는 손해의 정도를 금전적으로 평가하기 위해서는 치료비·추정이익·정신적 손해 등이 평가자료로 활용하는 견해)과 ii) 일괄평가정액설(사람의 생명·신체의 가치는 본래 산정할 수 없으므로 치료비·추정이익·정신적 손해 등의 개별적 요인을 捨象하고 배상액을

---

333) 대법원 1969.6.4. 선고 69다562 판결; 대법원 1985.9.24. 선고 85다카449 판결 등.
334) 범경철, 앞의 책, 312면.
335) 신은주, 앞의 책, 27면.
336) 판례는 인신손해의 경우에 소송물을 적극적 손해·소극적 손해·정신적 손해로 구성하는 損害三分說을 취하고 있다가, 재산적 손해·위자료로 구성하는 損害二分說을 취하고 있다.

일괄적으로 정액화하는 견해)로 나누어진다.337) 그러나 평가설에 대해서는 사상 자체를 손해로 보면 권리침해 내지 위법성과의 구별이 모호하게 되고 피해자를 직접의 사상자에 한정해 버리는 결과가 된다는 점 등, 그리고 일괄평가정액설에 대해서는 손해에 대한 평가는 생명·신체의 가치가 아니라 사고에 의한 재산적·비재산적 손해이므로 구체적·개별적 사정을 도외시한 일괄적인 평가는 손해배상법의 요청에 반한다는 등의 비판이 있다.

④ 판례의 입장: 손해의 개념에 관하여 대법원판례는 아직까지 차액설을 취하는 것이 일반적인 태도이나, 손해의 개념을 정하기 위해서는 종래의 손해＝불이익이라는 관점에서만 파악하기보다는 법익에 대한 현실의 침해를 고려하여 권리 또는 법적으로 보호되는 이익에 대한 현실적 침해로 인하여 입은 손실을 손해라고 보아야 할 것이다. 이러한 전제하에서 생명·신체의 침해라는 사고의 특성에 비추어 개별적·구체적 사정을 참작하고 인신손상의 부위와 정도 기타 피해상태에 따른 유형화를 통하여 사상자가 누구인가에 따라 배상액이 지나치게 불합리한 차등이 나타나지 않도록 하는 방법을 모색할 필요가 있다.338)

2. 손해배상의 범위

이와 같은 손해가 발생한 경우 원인행위에 의하여 발생한 손해 가운데 어느 범위까지 손해배상을 청구할 수 있는지 문제가 된다. 이는 책임범위적 내지 배상범위적 인과관계(법률적 인과관계)의 문제로 일단 책임이 성립된 경우 손해배상의 범위를 어디까지로 할 것인가 하는 것이다.339)

그런데 민법 제393조에서 정하는 채무불이행책임의 손해배상의 범위에 관한 규정은 불법행위책임에도 적용되는 것이므로(민법 제763조) 결국 의료과오에 있어서 손

---

337) 신은주, 앞의 책, 27면.
338) 신은주, 위의 책, 29면; 최재천·박영호, 앞의 책, 702면.
339) 본서 10.2.4 참조.

해배상의 범위는 민법 제393조의 해석에 따라 결정되는 것이다.340) 이에 대해서는 학설이 나누어지고 있다.

① 상당인과관계설: 일반적인 경우에 있어서 보통 그 결과를 발생케 하는 상당성이 있는 원인으로 인한 손해, 즉 상당인과관계341)에 있는 손해만 의사가 배상해야 할 손해의 범위로 보는 견해이다. 이는 다시 대상범위를 판단할 때 당사자 사이의 특별한 사정을 고려할 것인지 여부에 따라 i) 그 사정은 당사자의 주관에 의해 결정되어야 한다는 주관적 상당인과관계설, ii) 제3자가 객관적으로 심사해야 한다는 객관적 상당인과관계설, iii) 보통인이 알 수 있었던 사정과 당사자가 특히 알고 있었던 사정을 함께 고려해야 한다는 절충설(일반적 조건타당설: Traeger)로 나누어진다.342)

② 보호목적설(보호범위설: Schutzzwecktheorie): 배상책임의 근거로 규범의 보호목적 및 보호범위를 중요시하고 책임의 한계를 구체적인 규범의 의미와 적용범위에 의해 해결하고자 하는 견해이다. 즉 손해배상책임에 있어서 채무자는 채권자의 권리침해로 인해 발생된 모든 손해를 배상하는 것이 아니고 계약에 의하여 보호되고 있는 채권자의 이익, 즉 규범의 보호목적 및 보호범위를 침해한 손해에 대하여 책임이 있다고 한다. 불법행위의 경우에도 침해된 법규범의 보호목적 및 보호범위에 따라 피해자가 침해된 규범이 보호하려는 사람의 범위에 포함되는지, 그 규범이 보호하려고 하는 손해가 발행했는지를 살펴 배상의 범위를 결정하게 된다.343)

---

340) 채무불이행과 불법행위의 경우를 명문으로 동일한 원칙하에 규정함으로써 채무불이행에 있어서의 손해배상의 범위를 불법행위의 경우에도 준용하는 것은 타당하지 못하다는 견해가 있다(이혁주, "손해배상의 범위에 관한 연구", 법학논문집 제14집, 중앙대법학연구소, 1989, 134면; 황적인, 현대민법(Ⅲ), 박영사, 1981, 150면).

341) 원인·결과의 관계에 있는 무한한 사실 가운데, 객관적으로 보아 어떤 진행사실로부터 보통 일반적으로 초래되는 후행사실이 있는 경우 양자는 상당인과관계가 있다고 한다.

342) 곽윤직, 채권총론, 박영사, 2003, 112–113면; K. Larenz, Lehrbuch des Schuldrecht, Bd. Ⅰ, 14. Aufl. 1987, S.431, S.432ff.

343) Rabel, Recht des Warenkaufs, Bd.Ⅰ, 1936, S.495ff.; Ernst Cämmerer, Das Problem des Kausalzusammenhangs im Privatrecht, 1956, S.12ff., 411 ff.; 平井宣雄, 損害賠償法の理論, 東京大學出版會, 1971, 31面.

③ 위험범위설(위험성관련설: Gefahrbereichstheorie): 원인행위에 의해 직접 발생하는 1차손해(책임성립적 인과관계)와 1차손해를 기점으로 발생하는 후속손해(2차손해, 책임범위적 인과관계)로 손해를 유형화하고, 1차손해에 대해서는 원인행위에 따른 손해 전부가 배상되어야 하며 후속손해에 대해서는 1차손해와 후속손해 사이의 위험관련성에 따라 손해를 배상한다는 견해이다.[344]

④ 학설 및 판례의 입장(우리나라, 독일, 일본): 민법 제393조 제1항은 채무불이행으로 인한 손해배상은 통상손해, 즉 어떤 종류의 원인행위가 있으면 사회일반적인 관념에 따라 통상 발생하는 것으로 생각되는 범위의 손해를 그 한도로 한다고 규정하고 있는바, 이는 상당인과관계설의 입장을 취한 것으로 해석된다. 그리고 동조 제2항은 특별한 사정으로 인한 손해는 채무자가 그 사정을 알았거나 알 수 있었을 때에 한하여 손해의 책임이 있다고 규정하고 있는데, 이는 상당인과관계설 중 절충설의 입장을 취한 것으로 해석된다.[345]

3. 손해배상액의 산정

1) 손해배상액의 산정방법

손해의 개념과 관련하여 손해배상액의 산정방법에 관해서는 다음과 같은 견해가 발전되어 왔다.

① 개별주의·실비주의: 종래에는 손해를 종류별로 개별화하여 손해를 평가하여 왔다(우리나라의 통설 및 판례). 즉 손해의 범위에 관하여 크게 재산적 손해(적극적 손해: 현실손해, 소극적 손해: 일실이익 상실)와 정신적 손해로 나누었다. 이에 따라,

---

344) K. Larenz, a.a.O., S.432; 石田　穰, 損害賠償法の再構成, 東京大學出版會, 1978, 50面; 김형배, 채권총론, 박영사, 1992, 273면 이하.
345) 곽윤직, 채권총론, 110－116면; 최재천·박영호, 앞의 책, 703－704면 참조.

상해의 경우에는 ⅰ) 적극적 손해로서 본인의 입원비·치료비·의료용구비·개호비, 가족의 교통비, ⅱ) 소극적 손해로서 본인의 휴업손실·노동력 감소에 따른 장래의 상실이익, ⅲ) 정신적 손해로서 본인과 근친의 위자료를 개별화하고, 사망의 경우에는 ⅰ) 적극적 손해로서 장례비용, ⅱ) 소극적 손해로서 본인이 얻을 수 있는 이익의 상실, ⅲ) 정신적 손해로서 본인의 위자료, 태아를 포함한 유족의 위자료를 개별화하여 손해를 평가한다.346)

② 배상액의 정형화 및 유형화론: 개별주의에 의하면 소득의 다소에 따라 피해자에의 배상액이 지나치게 불평등한 경우가 빈번하게 되자, 노동력 상실 자체를 손해로 보고 손해개념을 규범화하고 그에 대한 평가를 통해 배상액을 정형화해야 한다는 주장이 제기되었다.347) 이 견해에 따르면 생명침해나 상해에 대한 손해는 재산적, 정신적 손해를 모두 총합하여 하나의 비재산적 손해로 보고 이에 대한 배상액을 전체로서 판단한다.348)

③ 포괄적 청구론: 손해를 적극적 손해, 소극적 손해, 정신적 손해로 나누지 않고 피해자에게 발생한 사회적, 경제적, 정식적인 손해를 포괄하는 총체를 손해로 보고 그 총체로서 손해에 대한 배상을 청구하는 방식을 말한다.349) 이 견해는 정형화론(정액화론)의 근본이념350)을 그대로 받아들여 소송과정에서 구체적으로 발전시킨 것으로 법관의 재량을 넓어지게 되며, 주로 공해소송·식품소송·약해소송에서 주장된 손해평가방식이다.351)

---

346) 신은주, 앞의 책, 45-46면 참조.

347) 이 견해는 교통사고를 염두에 두고 전개된 것으로 가해자 측 입장이 강조되고 있다. 배상액의 정형화 내지 정액화를 필요로 하는 이유로는 동종대량사건의 신속처리, 재판관의 주관성과 자의성 배제의 요청, 피해자 상호 간의 공평과 균형 유지, 가해자측으로서도 사고발생시 손해액을 대강 예측할 수 있는 것이 바람직하다는 점 등이 지적되고 있다. 그러나 정형화를 엄격하게 도입하는 경우에는 저액화로 기능하게 되고 장래의 변동에 능동적으로 대응할 수 없다는 부정적인 측면도 있다(신은주, 앞의 책, 47-58면).

348) 西原道雄, "損害賠償額の法理", ヅュリスト 381號 148面(김종배, "일실이익의 산출방법과 산정기준", 재판자료 제21집, 18면에서 재인용).

349) 日本 福岡地裁 昭和 53.3.10. 判時; 廣島地判 昭和 54.2.22. 判時(광도스몬병사건).

350) 생명·신체의 가치는 동일한 것이므로 동일한 사고에 의하여 발생한 다수의 피해자 사이에서 수입의 다과에 의하여 손해배상액에 차이가 있는 것은 불합리하다는 것이다.

요컨대, 손해평가에 관하여 정액화론이나 포괄청구론이 손해평가 대상의 확대와 피해자의 손해액입증 용이 등 장점을 가지고 있지만, 인신손해의 경우 각각의 사람마다 개별성을 가지는 특성을 도외시할 수 없으므로 기본적으로 개별주의를 포기할 수는 없을 것이다. 그러나 개별주의에 따르는 경우 배상액의 개인차가 현저하게 크게 나타나는 것도 바람직하지 않을 것이다. 따라서 개별주의를 취하되 개인차가 너무 현저하게 나타나 부익부빈익빈을 심화시킬 우려가 있는 경우에는 어느 정도 유형화할 필요성도 있다고 본다.[352]

2) 손해배상액 산정 시 고려사항

(1) 손익상계(이득공제)[353]

채무불이행이나 불법행위로 인하여 손해를 입은 자가 동일한 원인에 의해 이익(예컨대 재해 보상금)을 얻은 경우에는 그 손해로부터 이익을 공제하여야 한다. 여기서 이익이라 함은 적극적 이익뿐 아니라 이익의 상실을 면하는 소극적 이익도 포함되며, 공제되어야 하는 이익은 배상원인과 상당인과관계에 있는 이익이 된다(통설 및 판례).[354] 소송상으로는 법원이 이를 직권으로 참작해야 하며 피고의 공제주장은 법원의 직권발동을 촉구하는 의미를 가진다. 손익상계의 대상으로는 생활비,[355] 잔존노동력에 의한 수입액, 보험금[356] 등이 있다.[357]

---

351) 신은주, 앞의 책, 58-68면 참조.

352) 신은주, 위의 책, 70면.

353) 이 용어에 대하여 손익상계보다는 이익공제라는 용어가 적합하다는 견해가 있다(곽윤직, 채권총론, 119면).

354) 대법원 1969.11.25. 선고 69다887 판결; 대법원 1993.7.27. 선고 92다15031 판결.

355) 생활비의 공제근거에 대해서는 ⅰ) 손익상계설, ⅱ) 필요경비설이 있으나, ⅲ) 우리나라의 판례는 손익상계설을 취하고 있다(신은주, 앞의 책, 224면 참조).

356) 보험금 및 사회보장급여의 손익상계에 대해서는 ① 생명보험금·상해보험금·책임보험금 등은 공제하지 않는 것이 타당하다(비공제설, 다수설). ② 재해보상금의 경우에는 휴업급여·장해급여·유족급여는 이와 동질인 일실이익의 손해에서 공제해야 하지만(공제설) 요양급여·장례비는 공제할 성질의 것이 아니라고 본다(비공제설). ③ 유족연금·상이연금 등 사회보장제도에 기한 급여는 손해배상청구권과 중첩적인 취득을 인정하는

(2) 과실상계(환자측 과실)

오늘날 의사와 환자의 관계가 종래 수직적 관계에서 수평적 관계로 변화됨에 따라 환자의 의료행위에 대한 협조의무가 중요성을 띠게 되고, 이에 따라 환자 측 과실이라는 개념이 등장하는 한편,358) 특히 의사 측 입장에서는 의료과오소송에서 적극적인 방어수단으로 활용되기에 이르렀다.359) 민법 제396조(과실상계)는 채권자에게 과실이 있는 경우 손해배상의 책임 및 그 금액을 정함에 있어 이를 참작해야 한다고 하고 이 규정은 민법 제763조에 의해 불법행위에도 적용되므로 피해자의 과실이 참작하도록 하고 있다. 여기서 가해자의 과실은 주의의무를 위반한 것인 데 비하여 피해자의 과실은 자신이 손해를 입지 않도록 할 주의를 위반한 것을 의미한다. 소송상으로 피해자 측 과실은 법원이 이를 참작해야 하며, 과실의 기초가 되는 사실은 가해자가 입증하여야 한다.

피해자 측 과실의 의미에 대하여는 ⅰ) 이를 민법 제750조의 과실이 의미하는 주의의무위반이 아니라 단순한 부주의로 보는 견해, ⅱ) 신의칙상 주의의무위반과 동일한 것으로 보는 견해가 있으나, ⅲ) 판례는 가해자의 과실은 의무위반이라는 강력

제도의 취지상 일실이익에서 공제하지 않는 것이 타당하다(비공제설, 판례)(신은주, 위의 책, 230－233면 참조).

357) ① 일실이익 산정 시 세금을 공제할 것인지에 대하여는 ⅰ) 공제설(손익상계설, 실질이익추정설), ⅱ) 비공제설이 있으나, ⅲ) 우리나라의 판례는 비공제설을 취하고 있다(대법원 1979.2.13. 선고 78다1491 판결). 그러나 세액을 공제하지 않으면 배상액이 지나치게 과다하게 되고 오히려 불법행위로 인하여 이득을 얻게 되는 결과를 초래할 수 있으므로 비공제설을 취하는 경우 생활비 등을 산정하는 데 있어서 세액을 참작해야 할 것이다(신은주, 위의 책, 226면 참조). ② 예컨대 신체상해로 인하여 노동능력의 일부를 상실했으면서도 종전과 같이 직장에 복귀하여 같은 수입 또는 더 많은 수입을 얻고 있는 경우와 같이, 노동능력이 감퇴되었음에도 수입의 감소가 없는 경우에는 공제의 대상이 되지 않는다(신은주, 위의 책, 230면 참조). ③ 피해자가 사망한 경우 유족이 받는 조위금은 증여라는 별개원인에 근거하는 것이므로 공제의 대상이 되지 않는다(대법원 1992.8.18. 선고 92다2998 판결).

358) 특히 1990년대에 들어와 의료과오소송에서 의사 측의 과실추정 사례가 증가하는 한편, 환자 측의 과실도 적극적으로 참작하려는 경향이 두드러지게 나타나고 있다(추호경, "최근 의료과오재판의 경향 및 문제점", 대한법의학회지 18권2호, 1994, 63－65면).

359) 강현중, "의료사고와 피해자측의 과실", 의료사고의 제문제, 재판자료 제27집, 법원행정처, 1985, 125면 참조.

한 과실인 데 반하여 피해자 측 과실은 사회통념상, 신의성실원칙상, 공동생활상 요구되는 약한 부주의를 가리키는 것이라고 하여 일반적인 과실보다는 다소 완화된 기준을 적용하고 있다.360) 그리고 과실상계를 적용하기 위해서는 피해자에게 책임능력이 있어야 하는가에 대하여, 통설 및 판례는 피해자 측 과실은 민법 제750조의 과실보다 그 정도가 낮은 事理辨識能力으로 이해하고 責任辨識能力을 갖추어야 하는 것은 아니라고 한다.361) 또한 과실상계에서 말하는 피해자 측의 범위에는 피해자(환자) 본인은 물론 환자와 신분상 내지 사회생활상 일체를 이루고 있는 제3자(예컨대 보호자·간병인·개호인·치료보조자 등)도 포함된다고 본다.362)

여기서 피해자 측 과실은 손해의 발생에 기여한 과실과 손해의 확대에 기여한 과실로 구별할 수 있다.363) 이러한 경우에는 손해부담의 공평이라는 면에서 손해의 일부를 피해자에게 분담시켜 가해자가 부담하는 손해배상금을 경감시키는 것이 타당하다.364) 구체적으로 환자 측 과실의 유형을 정리해 보면 다음과 같다.365)

① 진료 시 참고사항의 불고지: 환자는 진료에 앞서 자신의 치유력과 기왕증 및 그 소질요인과 과민반응 경험 등의 사실을 의사에게 고지하여야 하며, 문진 시는 물론 진료과정에서 나타난 병상의 구체적인 내용을 알려서 의사가 시도한 처치와 관련된 생체반응에 관한 정보를 의사에게 제공할 의무가 있다. 이러한 진료 시 참고사항을 허위로 제공하거나 고지에 협력하지 않는 행위는 환자 측 과실로 인정될 것이다.

---

360) 대법원 1983.12.27. 선고 83다카644 판결; 대법원 1992.10.27 선고 92다27164 판결 등.
361) 곽윤직, 채권각론, 박영사, 2003, 468면; 대법원 1971.3.23. 선고 70다2986 판결; 대법원 1974.12.24. 선고 74다1882 판결.
362) 대법원 1993.5.25. 선고 92다54753 판결.
363) 환자 측 잘못으로는 ① 환자가 진료에 영향을 미치는 사실을 고지하지 아니하거나 불충분한 설명을 한 경우, ② 의사의 지시를 준수하지 아니한 경우, ③ 병상의 변화에 대응하는 진료를 받지 아니한 경우 등이 있다(김민중, 앞의 책, 201−204면).
364) 김민중, "과실상계법리의 구조와 적용범위", 현대법학의 과제와 전망(김윤구 교수 화갑기념논문집), 1999, 151면.
365) 추호경, 앞의 책, 281−290면; 최재천·박영호, 앞의 책, 750면 이하; 김철수, 앞의 논문, 160−174면; 김상찬, 의료사고의 민사적 책임과 분쟁해결의 법리, 건국대대학원 박사학위논문, 1995, 130−140면 참조.

진료 시 참고사항으로는 환자의 기왕증,[366] 검사반응에 대한 응답, 증상변화 등의 보고,[367] 예방접종 시 문진 또는 예진표 작성 등이 있다.

② 의료행위실시에 관한 비협력: 예컨대 검사가 예상된 병명이나 환자의 신체조건, 다른 검사방법과의 관계에서 적절하고 특단의 위험을 예정하지 않는데도 불구하고 이를 거부한다거나(검사거부),[368] 환자 측의 손해를 경감시키기 위하여 관례적이고 상당한 결과의 호전을 기대할 수 있는 수술을 권유했는데도 이를 거부한 경우(수술거부),[369] 약제복용이나 수면시간 등 의료에 관한 지시사항을 성실히 이행하지 않거나 社會常規上 명백한데도 이를 반복함으로써 의사가 예상한 치료효과를 얻을 수 없게 되거나 중대한 결과가 발생한 경우(수진태도 및 지시불이행)[370] 등 의사의 의료행위에 협력하지 않은 때에는 환자 측 과실이 될 것이다.

③ 사병(詐病, malingery): 실제로는 병이 없는 데 있는 것처럼 보이게 하거나 행동하는 虛病(꾀병: false disease)이나, 이와 반대로 실제로 병이 있는데 없는 것처럼 보이게 하거나 행동하는 匿病(dissimulation)의 경우 의사로 하여금 오진을 하게 함으로써 환자에게 악결과가 발생할 수 있는데, 이때에는 환자 측 과실이 인정될 수 있다.

④ 위험 또는 위법의료의 의뢰: 예컨대 방사선조사나 항암제치료 또는 이른바 실험적 치료와 같이 적절한 치료가 이루어지더라도 필연적으로 어느 정도 위험을 수반하는 경우(위험한 진료) 환자가 이를 감수하고 그 처치를 해 줄 것을 요구하였다면 환자 측 과실이 인정될 수 있다.[371] 그러나 모자보건법(제14조 제1항)에서 금하고 있는 임신중절과 같이, 법으로 금하고 있는 경우에는 환자의 의뢰 또는 승낙이 있었다고 하더라도 그에 따라 이루어지는 침습은 위법성을 조각하지 않는다(위법의료).

---

366) 日本 神戸地判 昭和 50.5.30. 判時 800號 84面; 東京地判 昭和 39.5.29. 判時 379號 18面; Howell v. Outer Drive Hospital, 238 NW 2d 553, MIch 1976.
367) 日本 金澤地判 昭和 31.4.30. 判時.
368) Carey v. Mercer, 132 N.E. 353(Sup. Jud. Ct. Mass. 1921); 東京地判 昭和 47.8.8. 醫民集 366面.
369) 대법원 1992.9.25. 선고 91다45929 판결.
370) 서울고법 1994.7.13. 선고 94나11561 판결; 대법원 1996.6.25. 선고 94다13046 판결.
371) Nace v. Hitch, 76 SE 2d 461, NC 1593.

⑤ 환자본인의 과실에 준하는 경우: 첫째, 과실상계는 피해자(환자) 본인은 물론 환자와 신분상 내지 사회생활상 일체로 보이는 관계를 이루고 있는 제3자(예컨대 보호자, 간병인, 개호인, 치료보조자 등)에게 과실이 있는 경우에도 환자본인에 준하여 피해자 측 과실이 인정된다.[372] 둘째, 환자의 특이체질적 소인 및 기왕증은 엄밀히 말하면 환자 측 과실이 아니라 기여도의 문제이나[373] 판례는 이러한 경우 과실상계를 유추적용하여 손해배상액 산정 시 의사의 배상책임을 경감하고 있다.[374] 셋째, 예컨대 환자 측에서 사인규명을 위한 부검을 거부하는 것과 같이 요건사실의 입증에 협조하지 않거나 방해한 경우에는 그러한 입증방해의 효과를 입증책임의 문제로 볼 것인지 아니면 환자 측 과실로 보아 손해배상액 산정의 참고자료로 활용할 것인지 문제가 된다. 우리나라의 판례는 없으나, 이 경우 일종의 환자 측 과실에 준하여 처리하는 것도 이론상 가능할 것이다.[375]

이와 같이 의료과오소송에서 과실상계가 인정되는 경우, 우리나라의 판례는 환자 측 과실의 비율은 10%,[376] 20%,[377] 30%,[378] 40%,[379] 50%,[380] 60%,[381] 70%,[382]

---

372) 대법원 1994.11.25. 선고 94다35671 판결.

373) 학설상으로는 ① 체질적 소인을 과실상계에 참작할 수 있다고 보는 참작긍정설과 ② 참작부인설로 나누어진다(김민중, 주석민법 채권총론(Ⅰ), 한국사법행정학회, 2000, §396, 640면 참조).

374) 대법원 2000.1.21. 선고 98다50586 판결; 대법원 1998.9.4. 선고 96다11440 판결; 대법원 1998.7.24. 선고 98다12270 판결; 대법원 1995.4.14. 선고 94다29218 판결 등.

375) 日本 宮崎地判 昭和 47.12.18. 判時 297號 267面(강현중, 앞의 논문, 145면 참조).

376) 수원지법성남지원 1997.1.23. 선고 95가합4595 판결(분만후소아마비사건); 서울지법 1997.4.23. 선고 96가합84191 판결.

377) 서울지법 1997.10.1. 선고 96가합36567 판결; 서울지법 1998.9.16. 선고 97가합21494 판결; 서울지법 1999.1.13. 선고 97가합57042 판결; 대법원 1998.9.4. 선고 96다11440 판결 등.

378) 수원지법 1993.1.13. 선고 92가단15037 판결(분만후뇌성마비사건); 서울지법 1992.12.28. 선고 90가합60353 판결; 서울지법 1997.2.19. 선고 95가합31855 판결; 서울지법 1998.7.29. 선고 97가합89001 판결; 서울고법 1998.12.10. 선고 97나46704 판결 등.

379) 서울지법 1993.9.8. 선고 92가합65215 판결; 서울고법 1994.10.13. 선고 93나49552 판결(패혈증사망사건); 서울지법 1997.2.24. 선고 96가합3499 판결; 서울지법 1998.9.23. 선고 97가합73839 판결 등.

380) 서울지법 1999.1.16. 선고 976가합89995 판결(마취후빈맥사망사건); 대법원 1997.8.22. 선고 96다43164 판결; 서울지법 1993.2.5. 선고 90가합93452 판결 등.

80%[383]로 인정하고 있다.[384]

그리고 전술한 바와 같이 원격의료는 원격지의사와 환자가 원거리에서 통신망을 활용하여 간접적으로 대면하면서 진료를 행하는 것이므로 환자의 원격진료협조의무가 필수적인 의료형태라고 할 수 있다. 이 점은 특히 현지의료인이 존재하지 않는 제3유형 및 제4유형의 원격의료에서는 더욱 강조될 것이다. 따라서 원격의료과오가 발생할 경우에는 이러한 의무로 인하여 손해배상액의 과실상계에 있어서 환자 측 과실의 참작이 통상적인 의료과오에서보다 많아질 가능성이 있다고 본다.

(3) 중간이자의 공제:

일실이익을 일시에 지급 받게 된다면 피해자는 그 금전으로부터 발생한 과실(이자)로 인해 불합리한 이익을 얻게 되므로 이를 배제하기 위해 중간이자를 공제하여야 한다. 이 중간이자의 공제방법에는 ⅰ) 카르프초우식(Carpzowsche Methode) 계산법, ⅱ) 호프만식 계산법(Hoffmansche Methode),[385] ⅲ) 라이프닛츠식(Leibnitzsche Methode) 계산법이 있다.[386] 종래의 학설 및 판례는 호프만식을 주로 이용했으나, 최근에는 라이프니츠식을 채택하는 판례도 증가하고 있다.[387]

---

381) 대법원 2000.1.21. 선고 98다50586 판결(제왕절개후패전색증사망사건); 대법원 1998.7.24. 선고 98다12270 판결; 대법원 1995.12.5. 선고 94다57701 판결; 서울지법 1998.12.23. 선고 97가합70564 판결; 서울고법 1998.12.10. 선고 98나15691 판결 등.

382) 대법원 1995.4.14. 선고 94다29218 판결(쌍태미숙아사망사건); 서울고법 1998.8.13. 선고 97나40171 판결; 서울고법 1998.4.30. 선고 97나17249 판결 등.

383) 서울지법 1998.6.3. 선고 95가합17767 판결(허혈성신경손상사건).

384) 추호경, 앞의 책, 291−294면; 최재천·박영호, 앞의 책, 765−779면; 범경철, 앞의 책, 352−358면; 신은주, 앞의 책, 268−272면; 김상찬, 앞의 논문, 141−143면 참조.

385) 박주용, 핵심손해배상실무(교통·산재·의료 등), 법률서원, 2000, 53−63면 참조.

386) 계산공식은 다음과 같다(X = 현재배상액, A = 일실이익, n = 년수, r = 연이율). ① 카르프초우식 계산법: $X = A(1-nr)$<장래 수익액으로부터 수익에 대한 현재 이후 수익기말까지의 법정이자를 공제>. ② 호프만식 계산법: $X = A / 1-nr$<단리계산으로 중간이자를 공제>. ③ 라이프니츠식 계산법: $A = x(1-r)^n$<복리계산으로 중간이자를 공제>.

387) 대법원 1983.6.28. 선고 83다191 판결.

4. 손해배상의 방법

　손해배상의 방법으로는 금전배상주의와 원상회복주의가 있으나, 의료과오는 사람의 신체에 가해진다는 특수성이 있고 의료과실이 발생하여 법적 분쟁으로 발전한 경우에는 이미 원상회복이 불가능한 것이 대부분이므로 금전배상에 의한 방법 이외에 대안이 없다고 볼 수 있다.[388]

　민법 제394조(손해배상의 방법)는 '다른 의사표시가 없으면 손해는 금전으로 배상한다'고 규정하여 금전배상의 원칙을 선언하고 있으며, 다만 예외적인 경우에는 원상회복에 의한 손해배상을 인정하고 있다. 따라서 피해자(환자)는 손해를 금전으로 평가한 일정금액을 청구해야 한다. 여기서 '다른 의사표시가 있는 때'에는 원상회복에 의한 손해배상도 인정되는데, 이는 채무자(가해자)와 피해자(채권자)의 합의가 있는 때라고 해석하는 것이 합리적이다. 그리고 금전배상의 경우 손해배상금의 지급방법으로는 일시금배상과 정기금배상이 있으나,[389] 민법은 그 지급방법에 관하여 명시적으로 규정하고 있지 않으므로 피해자는 어느 쪽을 청구하여도 상관이 없다고 본다.[390]

5. 손해배상의 종류 및 내용

1) 적극적 손해

　적극적 손해란 휴업보상이나 일실이익 이외에 실제로 피해자가 지급하여 손해를 본 것을 말한다.

---

388) 신은주, 앞의 책, 265면.
389) 박주용, 앞의 책, 50-52면 참조.
390) 곽윤직, 채권총론, 109면.

① 의료비: 의료상 또는 사회통념상 상당성을 갖는 범위 내에서 소요되는 비용은 통상의 손해에 포함된다.[391] 치료에 소요되거나 관련되는 비용으로는 입원비, 수술비, 약품비, 의료보조기구비, 교통비, 숙박비, 선택진료비(특진비) 등이 있고, 원격지 의료기관에서 치료를 받은 경우의 비용도 여기에 포함된다.

② 개호비: 개호[392]란 피해자가 무거운 장해를 입어 독자적으로 배변·배뇨·식사·거동 등 기본적인 일상생활을 영위할 수 없어 다른 사람의 간호 내지 조력을 필요로 하는 경우를 말하는데, 이는 적극적 손해로 산정된다. 이러한 개호비를 인정하기 위해서는 개호의 필요성 및 상당성이 인정되어야 하는데, 이는 피해자의 상해 또는 후유장해의 부위·정도, 연령, 치료기간 등을 종합하여 판단해야 한다.[393] 피해자의 거주지 또는 거주예정지의 일용노임을 기준으로 개호비를 산정하며,[394] 성인 여자 1인의 노임을 기준으로 함을 원칙으로 하되 예외도 인정되고 있다.[395]

③ 장례비용: 의료과실로 인하여 사망한 경우에는 의료비나 개호비 이외에 장례비용이 적극적 손해로 산정된다. 장례관계비용으로는 사체처리비, 묘지 및 묘석의 구입비, 매장 또는 화장의 비용, 사망광고비 등이 있으며, 사회통념상 상당하다고 인정되는 제반비용에 대하여 손해로 인정된다.[396] 그 지급액은 구체적으로는 사망자와 유족의 사회적 지위, 직업, 생활형편, 사망자의 연령, 그 지방의 풍속, 장례지까지의

---

391) 서울지법 1996.9.18. 선고 94가합101443 판결.

392) 개호의 개념에 대하여, 치료종결후의 장래 개호만이 개호이며 병원의 치료기간 중 치료 및 간호사의 도움 이외에 필요로 하는 조력은 간병이라고 해야 한다는 견해가 있다. 그러나 실무상 또는 손해배상소송상 개호비라고 하면 병원의 치료기간 중에 필요한 근친자의 조력 등에 대한 비용도 포함되는 개념으로 사용하고 있고, 개호와 간병을 구분한다고 해서 간병비가 실무상 개호비 산정에서 제외되는 것도 아니므로 양자를 구분할 실익이 없다(최재천·박영호, 앞의 책, 728면); 국가배상법시행령 별표(2) '신체장해등급과노동능력상실률표'에는 간호와 개호라는 용어를 구별해서 사용하고 있으며, 산업재해보상보험법시행령 별표(4) '폐질등급표'에는 개호라는 용어를 사용하고 있다.

393) 대법원 1969.9.23. 선고 69다1095 판결(식사·기립·대소변 불가); 대법원 1971.3.9. 선고 71다222 판결(의식불명); 대법원 1983.7.12. 선고 83다카308 판결(정신이상) 등.

394) 개호인비용은 일용노임일당×365일로 계산한다.

395) 대법원 1989.5.9. 선고 88다카23193 판결; 대법원 1991.3.12. 선고 90다19794 판결 등.

396) 우리나라의 통설 및 판례는 사회통념상 장례비를 가해자에게 부담시키는 것이 타당하다고 한다(대법원 1984.12.11. 선고 84다카1125 판결 등).

거리와 기타 제반사정에 비추어 상당성 여부를 판단해야 할 것이다. 또한 장례식의 규모와 절차에 대해서는 가정의례에관한법률(법률 제4637호, 1993.12.27. 제정), 분묘의 설치와 면적에 대해서는 매장및묘지등에관한법률(법률 제2605호, 1973.3.13. 제정)에서 정하는 제한규정이 상당성을 판단하는 기준이 될 수 있다.

④ 변호사비용: 의사가 자신의 과실 등이 있음을 알면서도 부당하게 손해배상금의 지급을 거절하여 소송에 이른 경우에는 변호사비용도 적극적 손해에 산정될 수 있다.

2) 소극적 손해

소극적 손해란 의료비나 개호비 등 실제로 피해자가 지급하여 손해를 본 것 이외에 그 인신사고가 없었더라면 얻을 수 있었을 이익을 말한다.

① 휴업보상비: 의료과실에 따른 휴업 또는 결근으로 인하여 수입을 얻을 수 없었던 경우에는 일실이익의 일종으로서 휴업보상비의 배상을 청구할 수 있다. 무직자나 전업주부 등은 도시일용노임 또는 농촌일용노임을 기준으로 휴업보상비가 산정된다.

② 일실이익: 신체의 死傷으로 인하여 노동능력의 전부 또는 일부를 상실한 피해자의 일실이익은 소극적 손해로 산정된다. 일실이익의 산정에 있어서는 그 본질을 어떻게 파악하는지가 중요하게 작용한다.

ⅰ) 소득상실설(차액설): 일실이익을 피해자가 사고가 없었더라면 얻을 수 있었을 개개의 소득의 상실(loss earnings)로 보고, 상실 또는 감퇴된 소득을 손해로 보는 입장이다. 이에 따르면 피해자가 사고로 인해 잃게 된 구체적인 이익(소득)을 확정하면 된다(소송삼분설). ⅱ) 가동능력상실설(노동능력상실설: 평가설): 소득을 낳게 하는 기초가 되는 인간의 가동능력의 상실(loss of earning capacity) 자체로 보고, 상실 또는 감퇴된 노동능력에 대한 금전적 평가를 통해 손해액을 산출하는 입장이다. 이에 따르면 사고전후의 소득의 차액 이외에 장래의 가동능력 증감에 영향을 미칠 제반요소(예컨대 피해자의 연령, 건강상태, 직업의 성질, 기술의 숙련도, 후유장해의

정도 및 예후 등)와 유동적인 평가자료(예컨대 승급 및 승진의 전망, 전직, 실직의 가능성 등)까지 종합적으로 고려하여 평가하여야 한다(소송이분설). iii) 판례는 종래 소득상실설의 입장을 취하다가[397] 소득상실설 및 가동능력상실설 모두 가능하다는 입장으로 변경된 후,[398] 가동능력상실설이 타당하다고 입장을 취하고 있다.[399]

일실이익의 산출방법은 i) 사망의 경우에는, 일반적으로 그가 평균수명까지 생존할 것으로 가정하고[400] 가동가능기간까지의 소득액에서 생존해 있었으면 지출하였을 생계비[401]를 공제하고, 현재로부터 장래 그러한 소득을 얻을 때까지의 중간이자를 공제한 것을 그 사람의 평균가동가능기간[402]에 걸쳐 정산, 집계하여 산정한다. ii) 상해의 경우에는, 대부분 피해자의 종전 수입에 노동능력상실률을 곱하여 일실이익을 산정하는 방법이 사용되고 있다. 이때 노동능력상실률은 법원의 의뢰를 받은 의사가 피해자의 신체감정을 통하여 장해의 부위나 정도를 판단한 다음, 각종 장해판정평가기준표 또는 신체장해등급표[403]를 이용하여 해당 장해에 상당한 비율

---

397) 대법원 1967.11.28. 선고 67다2270 판결; 대법원 1976.7.27. 선고 76다707 판결; 대법원 1981.9.22. 선고 80다3256 판결 등.

398) 대법원 1985.9.24. 선고 85다카449 판결; 대법원 1986.3.25. 선고 85다카538 판결; 대법원 1987.3.10. 선고 86다카331 판결; 대법원 1988.1.19. 선고 87다카853 판결 등.

399) 대법원 1990.11.23. 선고 90다카21022 판결; 대법원 1995.12.22. 선고 95다31539 판결; 대법원 1996.1.26. 선고 95다41291 판결 등.

400) 이를 평균여명기간이라고 하며, 재경부에서 기준연도로 하여 발표하는 '한국인의 간이생명표'가 일반적으로 활용된다(신은주, 앞의 책, 564면 참조).

401) 공제할 생활비는 일반적으로 식비, 피복비, 주거비, 광열비 등 생활필수품에 소요되는 비용뿐만 아니라 보건위생비, 교양오락비, 교제비, 통신비 등 어느 정도 사치적 지출도 포함된다고 할 것이다(진성규, "일실이익의 배상액 산정에 있어서의 손익상계", 사법연구자료 제7집, 133면 참조). 그러나 통설 및 판례는 부양가족의 생활비는 포함되지 않는다고 한다(대법원 1969.7.22. 선고 69다504 판결).

402) 가동가능기간이란 대체로 20세를 기준으로부터 수입이 가능한 최종의 시기인 가동가능연령의 종기를 말하며, 가동가능연령의 종기에 대해서 판례는 도시 및 농촌 일용노임자의 경우 과거에는 55세로 보았으나 최근에는 농업노동 등 육체노동을 주로 하는 자의 경우 경험칙상 만 60세까지로 변경되었고 그 이상의 예외도 인정하고 있다(대법원 1995.2.14. 선고 94다47179 판결 등). 그리고 정년이 정해져 있지 않은 직업에 대해서는 판례에서 구체적인 기준을 제시하고 있다(김영규, 의료소송실무자료집(상,하), 제일법규, 1996, 208면; 최재천·박영호, 앞의 책, 718-719면 참조).

403) 감정의사가 이용하는 기준표상의 평가기준수치가 각각 달리 책정되어 있기 때문에 동

을 찾아 결정하는 바에 따라 인정한다.[404]

3) 정신적 손해(위자료)

정신적 손해란 의료과오로 인한 생명·신체의 사상으로 인해 환자 및 그 유가족이 입은 정신적 고통을 말하며, 그 배상을 보통 위자료라고 한다. 이 위자료는 주관적으로 느낄 수 있는 고통에 대한 보상일 뿐만 아니라, 불법행위나 채무불이행으로 인하여 상실한 정신적 이익(자기결정권 등)에 대한 보상이라고 보아야 할 것이다. 위자료는 금전을 통한 피해자의 만족시키고 손해를 전보하는 기능을 가지며 실무적으로는 손해액의 산정에 있어서 보완적 기능을 하는 경우가 있다.

위자료의 본질에 대해서는 ⅰ) 轉補說(손해를 크게 재산적 손해와 비재산적 손해로 대별하고, 비재산적 손해를 금전으로 나타낸 것이 위자료이며 그 본질은 손해를 전보한다는 견해),[405] ⅱ) 制裁論(위법성의 정도가 높은 악질적 가해행위에 의하여 손해가 발생한 경우에 이를 억제하기에 족한 정도의 위자료를 과해야 한다는 견해)으로 나누어진다. ⅲ) 요컨대, 손해배상은 어떤 의미에서는 제재성을 가지고 단지 그것은 손해전보에 의한 당사자 간의 공평한 회복의 반사적 효과에 지나지 않으므로 손해의 전보를 넘어 그 제재성을 강조하는 것은 민사책임의 본질에 어긋나는 것이다.[406]

불법행위의 경우 민법 제751조(재산이외의 손해의 배상) 및 제752조(생명침해로

일한 장애에 대해서도 그 노동능력상실율에는 큰 격차가 나타나고 있어 혼란이 야기되고 있다.

404) 신체장해를 평가하는 방법은 장해판정의 기준에 따라 ① 법령에 의하여 백분율이 아닌 등급으로 나누어 등급에 따른 상실률을 인정하는 신체장해등급기준표(근로기준법 등 17개 법령), ② 법원판결 시 사용되는 장해율을 계산하는 방식인 McBride방법, AMA(미국의학협회)기준법, 캘리포니아주방법이 있다(신은주, 앞의 책, 493면; 최재천·박영호, 앞의 책, 720-726면 참조).

405) 곽윤직, 채권각론, 446면; 김석우, 채권법각론, 박영사, 1978, 555면; 이은영, 채권각론, 753면; 김증한, 채권각론, 박영사, 1988, 641면; 이태재, 채권각론, 1985, 519면.

406) 신은주, 앞의 책, 187-196면.

인한 위자료)에서 명문규정을 두어 정신적 손해에 대한 위자료청구를 인정하고 있다. 이에 비해, 채무불이행에 대해서는 그러한 명문규정이 없으나 학설은 이를 인정하면서 민법 제393조(손해배상의 범위) 제2항의 특별손해에 대한 배상청구권으로 보고 있으며,[407] 판례도 이를 인정하고 있다.[408] 또한 의료과실의 경우 민법 제752조에 의하여 피해자의 직계존속과 직계비속 및 배우자가 위자료청구권을 가지며, 다만 학설 및 판례는 이 규정을 한정적으로 보지 않고 민법 제752조에 규정된 근친자는 위자료청구 시 증명책임을 감경 내지 면제하는 것이고 그 이외의 자(예컨대 형제자매)도 피해자와 특별관계에 있다는 것을 증명하면 위자료청구권을 가진다고 보고 있다.[409]

그리고 위자료를 산정할 때에는 제반사유를 참작해야 할 것인데, 이때 피해자 측 사정에 고려할 요소로는 침해의 결과, 피해자의 재산 및 생활상태, 사회적 지위, 직업 및 학력과 연령, 피해자나 근친자가 얻은 재산적 이익, 피해자와 근친자의 관계, 피해자 측 과실 등을 들 수 있다. 또한 가해자 측 사정에 고려할 요소로는 가해자 측 과실, 사고 후 태도, 가해자의 재산상태 및 사회적 지위, 직업 및 학력과 연령 등이 있다.[410][411]

6. 의료과오소송에서의 감정제도

소송법상 감정(Sachverständigenbeweis)이라 함은 특별한 지식과 경험을 가진 자로 하여금 그의 전문적 지식 또는 그 지식을 이용한 판단을 소송상 보고토록 하여 법

---

407) 곽윤직, 채권총론, 107면.
408) 대법원 1971.2.9. 선고 70다2826 판결.
409) 곽윤직, 채권각론, 452면; 대법원 1967.9.5. 선고 67다1307 판결 등.
410) 신은주, 앞의 책, 196-212면 참조.
411) 구체적인 위자료의 산정방법과 관련하여, 실무상으로는 서울지법에서 매년 판사회의를 거쳐 일정액을 내부기준으로 정하여 적용하고 다른 법원에서도 이를 원용하고 있으므로 위자료는 어느 정도 정액화되어 가고 있다(범경철, 앞의 책, 364면 참조).

관의 판단능력을 보충하기 위한 증거조사를 말한다.[412] 감정은 당사자가 제출하는 증거방법이라는 측면과 법관의 지식 보충 내지 판단형식 보조라는 측면의 양면성을 가지는데, 의료분쟁과 같이 고도의 과학적인 사항에 관한 소송에서는 후자의 면에 중점을 두는 것이 바람직하다.[413]

의료과오소송은 고도의 전문적·기술적 측면을 가지고 있으므로 법률상 상당인과를 추정하는 경우나 과실의 판단에 있어서 어느 정도 의학적 이해와 해명이 필요하며, 따라서 감정은 입증문제의 핵심이 되고 실체적 진실의 전제가 되는 사실관계를 밝히는데 중요한 역할을 하게 된다.[414] 의료과오사건에서 감정의 대상은 의사 및 환자이고 감정인은 의사가 되는 경우가 대부분인데 여기서 감정결과에 대한 공정성과 신뢰성이 문제가 된다.[415]

---

412) 이시윤, 신민사소송법, 박영사, 2003, 415면; 추호경, 앞의 책, 294면.

413) 외국의 감정제도를 살펴보면 다음과 같다. ① 독일: 각 주 의사회는 1975년경부터 재판외적 기관으로 i) 순수하게 의료과오 유무를 판단하는 데 그치는 감정기관(Gutachterstelle)과 ii) 그 판단에 덧붙여서 배상액의 문제까지도 다루는 조정기관(Schlichtungsstelle)을 설립, 운영하고 있다(독일 민사소송법 §404a 이하) ② 오스트리아: 감정인의 자격요건과 직무규칙 등을 규정하는 감정인법(Bundesgesetz vom 19 Feb. 1975 BGBI, Nr. 137, über den allgemein beeideten gerichtlichen Sachverständigen und Dolmetscher)이 제정되었다(1975년). 전국적으로 약 5,000명의 감정인이 법원에 등록되어 있다. ③ 미국: 대륙법계와는 달리 i) 원고와 피고가 각각 전문가에게 증언을 구하고 양측 감정인들의 주장을 토대로 우위를 판단하는 전문가증언제도, ii) 미국중재인협회(A.A.A.)가 중심이 되는 Screening Panel 제도(1965년), iii) Model Postmortem Examination Act(1954년)에 따라 시행되는 의료검시관(medical examiner) 제도 등의 형태로 운영되고 있다.

414) 이러한 점에서 의사의 감정은 소송상의 주인공(als Herrn des Prozesses)으로 법관의 보조자(Gehilfe) 및 상담자(Helfer)로서의 기능을 수행한다고 한다(A. Laufs, Arztrecht 4 Aufl., München, C. H. Beck'sche Verlags, 1988, S.210); 그리고 감정서는 진단서와 달라 법원에 대한 보고문서로서 그 자체가 별다른 증거조사를 거치지 않고 곧바로 사실확정이나 판단의 자료로 쓰임과 동시에 강력한 증명력이 부여되는 것으로 본다(문국진, 의료의 법이론, 고려대학교출판부, 1982, 177면 참조).

415) 법원행정처는 의료과오소송에서 손해배상의 산정기준이 되는 '신체감정에 있어서 감정인선정과 감정절차 등에 관한 예규'를 제정하였다(1997.8.12). 이는 각종 사고로 인한 손해배상청구사건에서 피해자의 상해의 내용과 정도에 상응하는 가동능력상실률을 판단하기 위한 자료로 사용하기 위해 시행하는 신체감정에 있어서 감정인 선정과 감정절차의 공정성 및 신뢰성을 확보하기 위한 것이다. 그러나 이 예규는 수사·재판절차에서 피해자의 상해부위와 정도를 입증하기 위해 제출되는 상해진단서의 적정성을 심사

감정의 종류는 감정대상이 무엇인가에 따라 ⅰ) 서류감정(진료기록부 감정 등), ⅱ) 신체감정(국공립종합병원 또는 대학부속병원에 추천의뢰),[416] ⅲ) 실험감정(시체검안, 부검, 혈흔감정 등), ⅳ) 재감정(서류감정·신체감정·실험감정 등 1차 감정에 대해 제3의 감정인의 감정)[417]이 있다.

감정의 절차 등에 관해서는 민사소송법 제333조(증인신문규정의 준용)에 따라 증언에 관한 규정이 준용된다.

① 감정은 수소법원·수명법관·수탁판사가 선임하지만(민사소송법 제335조), 현실적으로 그 선임은 법원의 일방적인 지정에 의하지 않고 감정촉탁방식[418]에 따라 당사자雙방과의 교섭에 의한 任意引受의 형식을 취하는 경우가 일반적이다.[419]

② 감정인의 적격성과 관련하여 법의학자의 경우 임상의사가 아니라는 단점도 있으며, 특정의 전문임상분야에 있어서 의사의 진단·처치·관리의 適否와 같은 임상의학상의 문제에 관계된 경우의 감정인은 제1차적으로 그 분야의 임상전문의가 적격이라고 할 수 있다.[420] 이때 그 임상경험은 최저 15년 정도라면 일반적인 감정인의 자격으로 좋을 것이며, 결국 감정인에게 가장 요구되는 소질은 진지하고 냉철한

하는 절차와 의사의 진료과정에서 과실유무를 판단하는 의료분쟁사건에서의 감정절차에 대해서는 적용하지 않는다. 따라서 의료과오소송에서의 감정에 대하여도 표준적인 감정절차를 마련하는 것이 필요하다(문국진, "의료사고 감정의 문제점과 효과적 개선방향", 의료과오사범의 실태와 대책, 법무연수원, 1990, 108면 이하).

416) 김선중, "새로운 심리방식에 따른 의료과오소송의 심리와 실무상의문제점", 법조, 2001.7, 66면 참조.

417) 대법원 1999.2.26. 선고 98다51831 판결; 대법원 1994.10.28. 선고 94다17116 판결; 대법원 1986.12.23. 선고 86다카536 판결 참조.

418) 신은주, "인신사고에서의 노동능력상실율 평가와 신체감정의 문제점", 의료법학, 한국사법행정학회, 264면 이하; 범경철, 앞의 책, 375-381면 참조.

419) 감정인의 선임은 감정촉탁의 방법으로 한다(민사소송법 제34조1조). 신체감정(신체감정에 있어서 감정인선정과 감정절차에 등에 관한 예규: 송민97-4)과 진료기록감정(신체감정절차를 준용토록 하는 내규: 서울지방법원 2000.9월)의 경우에는 법원장이 국공립종합병원이나 대학부속병원의 장에게 감정과목별로 전문의를 추천 받아 '감정촉탁병원 및 감정과목별 담당의사 명단'을 작성하여 활용하고 있다.

420) 최광중, "의료소송의 절차상의 제문제", 의료사고의 제문제, 재판자료 제27집, 법원행정처, 1985, 397면.

학구적 태도와 원숙하고 공평하게 사물을 보는 시각을 갖추었는가에 달려 있다. 그런데 원격의료과오에서의 감정인으로는 정보통신기술상의 오류가 원격의료과오와 관련이 있는지 여부를 밝히기 위해서 관련 정보통신전문가가 감정인으로 추가되어야 할 것이다.

③ 감정인이 성실히 감정할 수 없는 사유가 있는 때에는 당사자가 기피신청을 할 수 있으며(민사소송법 제336조), 이 경우 기피사유를 소명하여야 한다(민사소송법 제337조 제2항). 기피신청이 이유가 있다고 하는 결정이 있게 되면 감정인은 그 자격을 상실하게 되므로 더 이상 감정을 할 수 없고, 감정의견의 진술이 있은 후라면 그 감정의견은 효력을 상실한다.

④ 감정인에 의하여 사고에 대한 올바른 감정이 되고 법원에 의해 사건에 대한 올바른 법적 심판이 행해지기 위해서는 그 전제가 되는 당해 사건(의료행위과정)의 전모가 소송상 명확하게 될 필요가 있다(전제사실의 확정). 그리고 감정신청이 채용되면 신청인이 구하는 감정주제가 감정사항이라는 형태로 정리되어 법원에 제출되는 것이 보통인데, 이때 당사자가 제출하는 감정신청사항이 그대로 감정사항으로 채용될 가능성은 희박하다(감정사항의 확정). 어떤 사항의 存否에 관해 당사자의 입증·주장이 대립하는 경우, 법원은 심증에 관한 예단을 갖지 않도록 원고주장사항 및 피고주장사항을 전제로 한두 가지 경우로 나누어 설문을 작성하는 것이 적절할 것이다.421)

⑤ 감정의 방식은 재판장이 감정인으로 하여금 서면이나 구술에 의하여 공동 또는 개별적으로 의견을 진술하게 할 수 있다(민사소송법 제339조). 또한 감정은 전문가 1인만 위촉하는 경우가 많으나 그 감정인의 판단과 재량에 의하여 수인의 전문가의 협력 및 조언을 얻어서 공동감정을 행하는 경우도 있다.422)

⑥ 감정보고서는 법관의 심증형성의 자료(과학적 판단)가 되는 것에 불과하며 그 자체가 법관의 판단(법적 판단)을 구속하는 것이 아니므로, 법원은 감정을 자유롭게 평가하여 그 전부 또는 일부에 대한 採否의 결정권을 가진다(감정의 평가).423)

---

421) 최광중, 위의 논문, 400－401면 참조.
422) 이영환, 앞의 책, 430면 참조.

그러나 의료과오소송에서 감정제도의 문제점으로는 다음과 같은 것이 지적되고 있다.424)

ⅰ) 감정결과에 대한 신뢰성을 확보하기 위해서는 감정인이 갖추어야 할 두 가지 요건, 즉 전문성과 공정성(예컨대 신체감정촉탁서 양식 활용425))을 갖추는 것이 필요하다.

ⅱ) 이와 같은 전문성과 공정성을 갖추기 위해서는 감정인의 선임제도(예컨대 일부 의사가 감정을 독식하는 현상)를 개선하여 시스템화할 필요가 있으며, 필요에 따라서는 분야별로 의료사고를 전담하는 전문감정인을 양성하거나 공동감정제도를 활용함으로써 감정의 질적 수준을 보장해야 할 것이다.

ⅲ) 의사배상책임보험제도나 의료분쟁조정제도가 완비되어 감정인이 심리적 부담 없이 정확한 감정의견을 제시할 수 있는 제도적 뒷받침이 필요하다.

ⅳ) 의학관계전문가가 아닌 일반인이 쉽게 이해할 수 있도록 감정서를 작성하고, 이를 위해 의과대학 교육과정에 의료법학 교육을 포함시켜 의사에게 기초적인 법률지식을 갖추도록 하는 것이 필요하다.

ⅴ) 감정에 임하는 법관과 감정인이 과학적 합리성과 법적 처리상의 필요성이 뒷받침된 성실한 태도를 보여야 할 것이다.

---

423) 대법원 1988.1.19. 선고 86다카2626 판결; 대법원 1988.3.14. 선고 86다카2731 판결.
424) 추호경, 앞의 책, 301면 이하.
425) 범경철, 앞의 책, 762-767면 참조.

1. 인과관계의 의의

의료과오소송에서 의료과실에 의한 손해배상청구권이 인용되기 위해서는 위법한 행위(불법행위책임) 또는 불완전한 이행(채무불이행책임)과 발생된 손해 사이에 인과관계가 존재하여야 한다. 인과관계(Kausalzusammenhang)란 일반적으로 일정한 선행사실과 후행사실과의 사이에 필연적 관계, 즉 2개 내지 그 이상의 존재 사이에 원인과 결과로서 결부되는 긴밀한 관계가 있는 것을 말한다.[426]

생각건대 전통적인 의료과오에서의 인과관계이론은 원격의료과오에서도 그대로 적용된다고 본다. 다만, 원격의료에 있어서는 원격의료인의 생명 및 신체와 관련한 과오에 대한 인과관계와 원격의료기반시설제공자(ISP)의 정보통신망과 관련한 과오에 대한 인과관계가 문제가 될 것이다. 두 책임 주체는 위법한 행위 또는 채무의 내용에 있어서 성질을 달리하므로 그 위법한 행위 또는 채무불이행과 손해와의 사이의 인과관계도 그 특징에서 차이가 있을 것이다. 그러나 손해의 발생이 동일한 환자에게 있다는 점에서 두 책임 주체의 인과관계는 서로 밀접한 연관성을 가지고 있을 것이다. 이 점에 대한 구체적인 논의는 추후의 연구과제로 남겨두고자 한다.

---

426) 인과관계에 관한 외국 이론을 살펴보면 다음과 같다. ① 독일: 조건설에서 상당인과관계설로 변천하고 다시 보호목적설(Schutzzwecktheorie), 위험범위설(Gefahrbereichtheorie), 개연성이론 등이 나타났다. ② 영미법계: 채무불이행에서는 주로 예견가능성설(foreseeability doctrine), 불법행위에서는 주로 직접결과설(direct consequence doctrine)이 적용되어 왔고 최근에는 Proximate cause 이론(近因·遠因的 因果關係)과 함께 특히 의료과오소송에서는 *res ipsa loquitur* 법리(일응의 추정의 이론)가 주목을 끌고 있다. ③ 프랑스: 조건등가설(La théorie de léquivalance des conditions)에서 상당인과관계설(Théorie de la causalité adéquate)로 변천되고 의료과오소송에서는 특히 인과관계추정이론이 인정되고 있다. ④ 일본: 상당인과관계설이 통설 및 판례인 가운데 개연성설이 나타나고 있고, 사실적 인과관계설, 부분적(양적) 인과관계설, 통계적 인과관계론(역학적 인과관계론) 등이 문제점을 제기하고 있다(이영환, 앞의 책, 81면 참조).

의료과오 내지 원격의료과오에 있어서 인과관계의 특징으로는 다음과 같은 것을 들 수 있다.[427]

ⅰ) 의료과오가 행해진 시점과 소송을 제기하기까지의 시간 사이에 상당한 시간적 간격이 있기 때문에 환자가 입은 상처가 확대되어 인과관계의 입증을 곤란하게 할 수 있다.

ⅱ) 환자의 특이성으로 말미암아 악화된 상태의 원인이 환자 자신의 기왕병 때문인지 의사의 의료상의 과실 때문인지 판단하기 어렵고 의료사고 전후의 상태를 구분하기도 곤란하여 인과관계의 입증을 어렵게 한다.

ⅲ) 의료행위의 전문성으로 인하여 의료과오소송에 있어서는 반드시 전문가의 증언이 필요하게 되는 등 소송절차의 진행이 어렵게 되고 시간과 비용이 많이 들게 되는 특성을 가진다. 반면에 원격의료기반시설제공자의 과오에 있어서는 원격의료인의 과오에서보다 과학적인 방법으로 최소한 그 발생시점을 밝혀낼 수 있을 것이라는 점에서 일반적인 손해배상에 있어서의 인과관계와 비슷한 양태를 띠게 될 것이다.

일반적으로 손해배상에 있어서의 인과관계는 실체적으로 두 가지, 즉 책임발생적 인과관계와 책임범위적 인과관계로 나누어 볼 수 있다.[428] 먼저 가해행위와 손해발생 사이의 원인결과관계가 있는 것을 책임성립적 내지 책임발생적 인과관계(사실적 인과관계)라고 하고, 이는 손해배상책임의 발생요건과 관련하여 과책 유무의 판단에 속하는 문제이다. 이러한 책임성립적 인과관계의 성립을 전제로 하여 가해행위와 그로 인해 발생한 손해 중 어느 범위까지를 배상시킬 것인지를 법적으로 평가하는 것을 책임범위적 내지 책임충족적 인과관계(법률적 인과관계)라고 하며, 이는 손해

---

427) 홍천룡·문성제, "의료과오로 인한 피해의 사법적 구제", 경남법학 제15권, 경남대법학연구소, 1999, 41면 참조.

428) 이에 대해, 책임성립적 인과관계를 사실적 인과관계라고 하고 책임범위적 인과관계를 법률적 인과관계라고 하는 견해가 있다(조희종, 앞의 책, 99면); 이처럼 사실적 인과관계와 법률적 인과관계로 나누는 것은 독일민법 제823조 제1항의 해석에서 책임발생적 인과관계와 책임충족적 인과관계(haftungsbegründende und haftungsausfüllende Kausalität)로 분류한 것으로부터 비롯되었다(Enneccerus-Lehmann, Schuldrecht 15. Aufl. §15Ⅲ; Planck-Siber, 4. Aufl. §249 n. 4a; 최재천·박영호, 앞의 책, 781면 참조).

배상의 범위와 관련하여 손해요건(손해론)에 해당하는 문제이다.[429)

그런데 불법행위 성립에 관한 문제는 가해자(채무자)에게 책임을 부담하게 할 것인지 가부를 결정하는 측면이 강한 반면, 배상범위 결정의 문제는 손해전보의 탄력적 운용과 관련하여 손해배상의 정도를 결정하는 것이다. 그러므로 민법 제750조의 규정은 책임성립적 인과관계를 규정한 것이며, 민법 제763조에 의해 불법행위로 인한 손해배상에도 준용되는 민법 제393조는 책임범위적 인과관계를 규정한 것이다. 다시 말하자면 책임성립적 인과관계는 민법 제750조에 따라 불법행위의 구성요건의 단계에서 검토되는 인과관계이며, 책임범위적 인과관계는 민법 제393조에 따라 일단 책임이 성립된 경우에 발생한 손해를 어느 범위(정도)까지 배상시킬 것인지를 정하기 위한 인과관계이다.

지금까지 인과관계에 관한 논의는 손해배상의 범위와 관련하여 책임범위적 인과관계에 집중되어 왔다고 할 수 있다. 책임범위적 인과관계에 대해서는 앞의 손해론에서 언급하였으므로, 이하에서는 책임성립적 인과관계론(사실적 인과관계)에 관하여 검토하고자 한다.

2. 책임성립적 인과관계(사실적 인과관계)

1) 의료과오와 사실적 인과관계의 중요성

예컨대, 교통사고와 같이 통상의 경우에는 다른 원인이 개재될 가능성이 희박하여 가해행위와 피해의 결과 사이에 사실적 인과관계 자체는 극명한 경우가 대부분이므로 이때 가해자 측에 어느 범위까지 책임을 물을 것인가 하는 손해배상의 범위(책임범위적 인과관계)가 주로 문제가 된다.

이와는 달리, 의료과오소송에 있어서는 의료행위의 특수성으로 인하여 가해행위

---

429) 본서 11.2 참조.

(의료행위)와 환자의 악결과 사이에 사실적 인과관계가 있는가, 즉 의사의 책임 자체의 성립을 인정할 수 있는가 하는 문제가 논의의 중심이 되는 것이 보통이다. 그리하여 먼저 사실적 인과관계가 존재하는지 여부를 묻게 되고, 그것이 존재하지 않는다면 그 사유만으로 환자의 손해배상청구는 인정될 수 없는 것으로 된다. 이러한 의미에서 사실적 인과관계(책임성립적 인과관계)는 불법행위의 성립요건을 이루지만, 다른 한편으로는 사실적 인과관계가 인정되지 아니한다면 곧바로 손해배상청구가 부정된다는 한도 내에서 배상범위의 한계를 결정하는 기능도 담당한다고 할 것이다. 또한 사실적 인과관계는 訴求되고 있는 손해가 가해자의 행위에 의해 발생한 것인지 여부를 확정하는 기능을 하게 된다.430)

책임성립요건으로서의 인과관계의 존재를 인정함에 있어서 가장 곤란한 문제는 어떤 사실이 어느 정도까지 증명될 때 악결과와 인과관계가 있다고 인정할 수 있는가 하는 점이다. 일반적으로 소송에서는 어떤 원인이 되는 인정할 수 있는 행위와 결과 사이의 자연법칙적 관련성(반복성과 필연성)을 입증하는 것이 곤란하기 때문에 실무적으로는 간략화한 공식으로 ‘conditio sine qua non test’ 또는 ‘but for test’라는 공식이 이용된다. 이에 따라 당해 행위가 없었더라면 당해 결과는 생기지 않았을 것이라는 경우에는 인과관계가 긍정되고, 그 행위가 없었더라도 그러한 결과가 생겼을 것이라는 경우에는 인과관계는 부정된다. 이렇게 볼 때, 사실적 인과관계(cause in fact)431)라 함은 계약불이행 또는 불법행위라고 평가되는 배상의무자의 행위라는

---

430) 김광성, “의료과오사건에 있어서의 인과관계의 특질”, 의료과오의 민사법적 제문제, 1998, 295면.

431) 사실적 인과관계 개념에 대한 두 가지 견해가 있다. ① but for 공식설: Leon Green의 주장과 Cardozo의 판결을 거쳐 Restatement of Torts vol.2 §281에 사실적 인과관계론이 채용되어 ‘conditio sine qunq non test(저것 없으면 이것 없다)’ 또는 ‘but for test(없다면)’와 같이 “A라는 조건이 없었다면 B라는 결과는 발생하지 않았다”고 하는 조건관계만 있으면 사실적 인과관계를 인정하는 입장이다(다수설: William L. Prosser, Law of Torts, 4th ed., St. Paul. Minn. West Publishing Co. 1971, pp.238; 김형배, 민법학연구, 332면; 이은영, 채권총론, 776면; 平井宣雄, 損害賠償法理論, 128面; 於保不二雄, 債權總論, 128面). ② 인과경로설: 사실적 인과관계를 “어떻게 하여 그 결과가 발생했는가” 하는 인과경로를 가리키는 것으로 파악한다(吉川春夫, 因果關係の立證, 裁判實務大系 第17卷, 442面).

사실과 손해라고 평가되는 사실과의 사이에 존재하는 *conditio sine qua non*(원인·결과관계원칙)의 관계를 말한다. 즉 원인이 없으면 결과도 발생하지 않는다는 것을 말한다.[432]

그런데 불법행위의 경우에는 가해자의 행위와 피해의 결과와의 사이의 사실적 인과관계는 극히 명백하지만, 의료행위는 고도의 특수한 전문영역에 속하는 것이므로 통상인이 가지는 경험칙만으로는 그러한 사실적 인과관계가 분명히 판단될 수 없고 또 현재까지도 의학상 아직 분명하게 밝혀지지 아니한 부분이 존재하고 있기 때문에 의료과오에 있어서 사실적 인과관계의 存否를 판단하는 것은 대단히 어려운 일이다. 다만, 의료과오소송에 있어서 인과관계론은 의학적 해명이 궁극적인 목적이 아니므로 원인과 결과의 과정에 존재하는 여러 가지 간접사실에다 충분히 신용할 수 있는 경험칙을 활용하여 인과관계의 存否를 판단하여야 할 것이며, 나아가 그러한 판단에 있어서 고려해야 할 수반사정의 내용 및 그 평가에 대하여 합리적이고 구체적인 기준을 명백히 해두는 것이 중요할 것이다. 그리고 이러한 인과관계의 존부를 구체적으로 판단하는 데 있어서는 동일한 사정하에서는 동일한 결과가 발생할 것이라는 반복가능성이 기준이 되지 않을 수 없을 것이므로 자연법칙 내지 사회법칙에 의존하지 않을 수 없을 것이다.

이와 같이 사실적 인과관계에 있어서는 그 자체의 존부판단이 중요한 문제로 대두하게 된다. 즉 사실적 인과관계의 기준은 원칙적으로 '피고의 행위가 없었더라면 배상을 구하고 있는 당해 손해는 발생하지 않았을 것이다' 또는 '당해 소송에서 다투어지고 있는 계약불이행의 사실이 존재하지 않았더라면 배상청구의 대상으로 되는 당해 손해의 사실이 발생하지 않았을 것이다'라는 공식에 의하여 결정하게 된다.[433]

그러나 사실적 인과관계라 하여 인간의 의사와는 관계없이 객관적으로 존재하는 사실 간의 관계라고 할 수는 없는 것이며, 어떤 사실을 어느 사건의 원인으로 생각

---

432) "From such cases many courts have derived a rule, commonly known as the 'but for' or 'sine qua non' rule, which many be stated as follows: the defandant's conduct is not a cause of the event, if the event would have occurred without it(Prosser, Ibid., pp.238－239)."

433) 김철수, 앞의 논문, 130면 참조.

할 것인가는 그 사건에 대한 관찰자의 목적이나 입장에 따라 달라질 수 있는 것이
므로 결국 인과관계의 문제는 궁극적으로는 당해 관찰자의 가치판단의 문제로 귀결
된다는 점에 유의해야 할 것이다. 따라서 앞에서 말한 *conditio sine qua non*(원인·
결과관계원칙)이라는 공식은 그러한 가치판단의 기준을 부여하는 것 가운데 하나라
고 할 수 있으며, 이러한 점에서 이 기준에도 예외가 있을 수 있다.

2) 사실적 인과관계에 관한 이론

(1) 이론의 전개

사실적 인과관계가 무엇을 의미하는지, 그리고 어떠한 경우에 사실적 인과관계가
있다고 볼 것인지와 관련하여 다음과 같이 견해가 나누어지고 있다.[434]

① 조건설(동등설, 등가설; Bedingungstheorie): 결과발생의 원인이 된 모든 조건에
대하여 인과관계를 인정하여 *conditio sine qua non* 관계, 즉 필수조건이라고 함으로
써 모든 조건을 같은 가치가 있는 것으로 인정하는 견해이다. 이 견해는 인과관계
의 순수한 이론적인 주장으로, 어떤 先行事實과 後行事實 간에 전자의 원인이 없었
더라면 후자의 결과는 발생되지 않는다고 인정되는 경우 전·후자 사이에 인과관계
가 성립된다고 하고, 조건관계가 존재하기 때문에 설사 그 중간에 우연한 다른 사
실이 개입된다 하여도 인과관계는 성립된다는 것이다. 이에 따르면 손해배상책임을
귀속시킬 수 있는 범위가 무제한으로 넓어지게 된다.

② 원인설(개별화설; Verursachungstheorie): 조건설에 의하여 확장된 인과관계의 내
부에서 결과의 발생에 중요한 영향을 미친 조건(원인)과 단순한 조건을 구분하고,
전자를 원인이라 하여 원인이 될 조건에 대해서만 결과에 대한 인과관계를 인정하
는 견해이다.

이 견해는 무엇을 기준으로 조건으로부터 원인을 구별할 것인가에 따라 i) 필연

---

434) 권용우, 앞의 책, 91면 이하; 최재천·박영호, 앞의 책, 781면 이하; 범경철, 앞의 책,
262면 이하 참조.

조건설(필연적인 것을 원인으로 보는 견해), ii) 최후조건설(결과에 가장 근접한 조건을 원인으로 보는 견해), iii) 최유력조건설(결과발생에 가장 유력한 조건을 원인으로 보는 견해), iv) 동적 조건설(원동력을 준 조건을 원인으로 보는 견해), v) 결정적 조건설(결정적 원동력을 준 조건을 원인으로 보는 견해) 등으로 나누어진다.

③ 상당인과관계설(Adäquanztheorie): 단순히 개개의 경우에 관하여 구체적으로 원인·결과의 관계를 고찰하는 데 그치지 않고, 이를 일반적으로 고찰하여 사회생활상 일반적 지식 및 경험에 비추어 그러한 사실이 있으면 그러한 결과가 발생하는 것이 보통이라고 생각되는 범위에서만 법률이 요구하는 인과관계(법률적 인과관계)가 있다고 보고 이 경우를 책임성립적 인과관계가 있는 것으로 인정하는 견해이다.

이 견해는 그러한 기초가 되는 사실의 범위를 어떻게 결정할 것인가에 따라 i) 주관설(행위당시에 행위자가 인식하거나 인식할 수 있는 사정을 기초로 하는 견해), ii) 객관설(행위당시에 객관적으로 존재한 모든 사정 및 행위 후의 사정이라도 예견가능한 것을 모두 기초로 하는 견해), iii) 절충설(행위당시에 일반인이 인식할 수 있는 사정 및 행위자가 특히 인식할 수 있는 사정을 기초로 하는 견해)로 나누어진다.

④ 역학적 인과관계론: 고도의 전문적인 분야인 의료과오소송에 있어서 일반인이 사실상의 경과경위를 인과법칙에 맞추어 원인과 결과의 단계를 밝혀내는 것은 대단히 어려운 문제이므로, 이를 극복하는 방편으로 최근 공해소송에서 활용되는 역학적 인과관계론(개연성이 강한 경험칙)[435]이 자연적·사실적 인과관계의 구체적 명확화를 위하여 효용성이 있다고 주장하는 견해가 있다.[436] 역학적 인과관계론이란 의학 및 보건학분야에서 정립된 역학적(疫學的)[437] 연구방법을 이용하여 역학적 인과

---

435) 역학적 인과관계론은 일본에서 소위 4대 공해소송(이따이이따이병사건, 미나마타병사건 등)과 그 이후의 공해사건을 통하여 발전된 이론이다. 이 역학적 인과관계가 증명되면 법적 인과관계도 증명되었다고 볼 것인지에 관해서는 종래 일본에서는 견해가 나누어 졌으나 최근에는 이를 인정하는 것이 일반적인 견해라고 한다(서희원, 환경소송, 북피아닷컴, 2004, 257-258면 참조).

436) 野田 寬, "醫療事故における因果關係と過失", 法と權利Ⅰ(民商法雜誌), 1978.4, 435面.

437) 역학(epidemioligy)이란 인간집단에서 발생하는 모든 생리적 상태와 이상상태의 빈도와 분포를 기술하고 생태학적 개념과 통계지식을 활용해서 질병의 메커니즘을 규명함으로써 질병발생과 요인간의 원인적 관련성을 단계적으로 확정해 나가는 방법으로 질병발

관계가 인정되는 경우에는 가해자가 다른 원인이 존재한다는 반증을 하지 못하는 한 법적 인과관계를 인정할 수 있다고 하는 견해이다.[438]

이러한 의학적 내지 역학적 인과관계는 법률상의 인과관계와는 차이가 있고, 또 공해나 약해와 같이 집단현상에 대처하기 위해 정리된 역학적 방법을 개별적 장애 결과가 문제로 되는 의료과오책임영역에 동일하게 보는 것은 불가능할 것이다. 그러나 역학이 경험칙에 기인한 과학적 인식을 근거로 하고 있다는 점에서 그 판단과정은 사실상의 추정과 동일한 것이라고 볼 수 있으므로, 인과관계의 존부에 관계되는 간접사실에 관해서는 성질에 반하지 않는 한 역학적 성과를 근거로 하여 유형적으로 고찰하는 것이 타당하고 편리할 것으로 본다.[439] 우리나라의 판례에서도 역학적 인과관계를 승인하고 있는 경우가 있다.[440]

생을 효과적으로 예방하고자 하는 학문이다(박균성·함태성, 환경법, 박영사, 2003, 206 -207면 참조).

438) 통상적으로 어느 요인과 질병 간에 이러한 역학적 인과관계가 인정되기 위해서는 다음과 같은 역학의 네 가지 조건을 충족하면 된다고 한다(앞의 세 가지 조건의 충족으로 족하다는 견해도 있다). ① 특정인자가 발병의 일정기간 전에 작용하였을 것, ② 당해 인자의 작용하는 정도가 높을수록 질병의 이환율이 높을 것, ③ 그 인자의 분포 또는 유무로부터 기술역학적으로 관찰된 유행의 특성이 모순 없이 설명될 수 있을 것, ④ 그 인자가 원인이 되어 작용하는 메커니즘이 생물학적으로 모순 없이 설명 가능할 것(吉田克己, "疫學的因果關係と法的因果關係論", ジュリスト 440號 107面; 서희원, 앞의 책, 256-258면; 김정순, 역학원론, 신광출판사, 1984, 31-32면; 소재선·박노일, "환경소송을 통한 사법적 구제와 역학적 인과관계", 국제법무연구 2호, 경희대학교국제법무대학원, 1999.6, 247-273면 참조).

439) 석희태, "의료과오에 있어서의 인과관계의 연구", 연세법학연구, 1992, 295면; 김선석, 앞의 논문, 67-68면; 최재천·박영호, 앞의 책, 787-791면; 범경철, 앞의 책, 268면.

440) 대법원 1975.5.13. 선고 74다1006 판결("제왕절개 수술을 받고 애기를 분만했으나 수술 후 사지운동장애 언어장애 의식불투명 등 소위 뇌중후군의 증세를 일으킨 경우, 위와 같은 증세가 일어나게 된 원인은 수술시행 전에 있은 마취과정의 잘못이나 제왕절개수술 과정의 잘못에 기인한 것이 아니고 현대의학으로는 완치할 수 없는 산모자신의 특이체질(약 20,000명 중의 1명꼴로 존재한다)에 의한 양수색전증에 의한 것으로 보이고, 이러한 증세는 긴급치료가 성공하지 않으면 평균 5-6시간 만에 사망하게 되나 병원 측의 긴급치료가 성공하여 생명을 구할 수 있게 되었으며 이를 원고 측에 알려주었을 뿐 아니라 달리 국내외의 다른 병원에서 위 증세를 완치할 수 있었다는 증거가 없는 이상, 마취 내지 수술의사의 고의·과실은 물론 의료기관으로서의 병원에게 어떤 잘못이 있었다고 할 수 없다").

(2) 우리나라 학설 · 판례의 입장

통설 및 판례[441)는 책임성립적 인과관계(사실적 인과관계) 및 책임범위적 인과관계(법률적 인과관계)에 있어서 책임성립요건으로서나 손해배상범위 결정에 있어서나 모두 상당인과관계설을 취하고 있다.[442) 이 상당인과관계설에 따라 책임성립요건으로서의 인과관계를 정의해 보면, 당해 과실이 없었더라면 당해 손해는 발생하지 않았을 것이라고 하는 조건관계의 존재를 전제로 해서, 그 손해가 통상적으로 발생하는 것이면 당연히 인과관계가 성립하고 그 손해가 특별한 사정에 의한 것이라고 인정되는 경우에는 가해자가 그 사정을 알았거나 알 수 있었을 때에 한하여 인과관계가 성립하게 된다(민법 제393조 제1항 및 제2항).

이에 대하여, 사실적 인과관계가 아닌 법률적 인과관계를 의미하는 상당인과관계라는 개념은 손해배상의 범위에 대하여 완전배상주의를 규정하고 있는 독일민법(제823조 제1항)의 필요성에 의해 발생된 이론인 반면, 손해배상의 범위에 관해 민법 제393조를 두고 있는 우리나라의 경우 책임성립에 요구되는 인과관계는 손해배상청구권의 전제이고 사실의 평가 면에서 문제가 되는 사실적 · 자연적 인과관계의 개념만을 필요로 한다는 비판이 있다.[443)

---

441) 우리나라의 판례는 의료과오소송에서 상당인과관계라는 용어를 많이 사용하고 있으나, 이들 사건에서 실질적으로 쟁점이 되는 것은 손해배상의 범위에 관한 책임범위적 인과관계(법률적 인과관계)가 아니라 책임성립요건으로서의 책임성립적 인과관계(사실적 인과관계)에 관한 문제인 것으로 파악된다(대법원 1969.3.30. 선고 69다1238 판결; 대법원 1976.9.14. 선고 76다1269 판결; 대법원 1984.7.10. 선고 84다카466 판결 등; 김선석, 앞의 논문, 13면 참조).

442) 대법원 2004.10.28. 선고 2002다45185 판결("의사가 설명의무를 위반한 채 수술을 시행하여 환자에게 중대한 결과가 발생하였다는 것을 이유로 결과로 인한 모든 손해를 청구하는 경우에는 그 중대한 결과와 의사의 설명의무 위반 내지 승낙취득 과정에서의 잘못과의 사이에 상당인과관계가 존재하여야 하며, 그때의 의사의 설명의무 위반은 환자의 자기결정권 내지 치료행위에 대한 선택의 기회를 보호하기 위한 점에 비추어 환자의 생명, 신체에 대한 구체적 치료과정에서 요구되는 의사의 주의의무 위반과 동일시할 정도의 것이어야 한다"); 대법원 2002.10.25. 선고 2002다48443 판결; 대법원 2002.01.11. 선고 2001다27449 판결; 대법원 1997.07.22. 선고 95다49608 판결; 대법원 1967.10.31. 선고 67도1151 판결 등.

443) 김형배, 채권총론, 278-279면; 이종복, "일반조항 불법행위법에 의한 손해배상책임의 제한", 사법행정, 1988.10, 22-23면.

요컨대, 상당인과관계설을 취하더라도 그 상당인과관계의 기초를 이루는 것은 사실적이고 자연적인 인과관계라고 할 수 있다. 그리고 실제에 있어서도 의료행위의 인과과정에 있어서 문제는 사실로서 그 의료행위로부터 死傷이나 상해라고 하는 결과가 발생했는가, 즉 사실상의 인과관계가 있는가 여부에 달려 있으므로 상당인과관계이론에 의하더라도 책임의 성립여부에 대한 인과관계는 법률적 인과관계가 아닌 사실적·자연적 인과관계의 문제로 귀착된다고 본다.444)

3. 인과관계 존부의 판단기준

의료과오소송에서 자연적·사실적 인과관계는 직접증거에 의하여 바로 증명되는 경우는 드물고 대부분의 경우에는 경험칙을 준거로 하여 간접사실이 가지는 증명력에 의하여 주요사실을 追認시키는 사실상의 추정방법에 의하여 그 존부가 판단된다. 따라서 어떤 사실이 어느 정도로 증명될 때 인과관계의 존재를 인정할 수 있는가 하는 문제가 중요하며, 이는 어떤 사정이 있는 경우에 인과관계를 추정하고 있는가 하는 의미가 된다.

학설 및 판례에 따르면, 인과관계의 존부를 판단함에 있어서 고려해야 할 간접사실을 다음과 같이 유형별로 정리하고 있다.445)

① 의료행위의 규준위반446): 원인이라고 보여지는 의료행위가 의학상식 내지 의학원칙에 위반하는 것을 말하며, 이는 민법상의 과실의 개념과는 달리 법적 평가를

---

444) 손용근, 앞의 박사학위논문, 1996, 37면 참조.
445) 遠藤賢治, "醫療過誤訴訟の動向(2)", 司法練修所論集 第1號, 1973, 117面以下; 이러한 9가지 유형을 다시 네 가지 유형(1＋4＋5＋6＋7번, 2번, 3번, 8＋9번)으로 요약하는 견해가 있다. ① 당해 의료행위와 장애결과와의 시간적 접착성, ② 원인으로 되는 의료행위상의 의학원칙위반, ③ 타원인의 개입 부정, ④ 통계적 인과관계(추호경, 앞의 책, 141면; 김선석, 앞의 논문, 78면; 손용근, 앞의 논문, 51면 참조).
446) 대법원 1969.9.30. 선고 69다1238 판결; 대법원 1981.6.23. 선고 81다413 판결; 서울고법 1998.4.30. 선고 97나17249 판결; 대법원 1994.11.25. 선고 94다35671 판결.

받기 이전의 의학원칙위반을 의미한다.

② 의료행위와 결과와의 시간적 관계[447]: 원인이라고 보여지는 규준위반의 의료행위와 결과와의 시간적 접착성을 말한다.

③ 일반적·통계적 인과관계[448]: 동종의 의료행위에 의해서 동종의 결과가 발생할 가능성이 일반적 또는 통계적으로 어느 정도 존재하는가 하는 문제이다.

④ 의료행위의 양과 결과발생률: 의료행위에 양적 차이가 있는 경우, 양이 많을수록 당해 결과발생률이 높아지고 양이 적거나 의료행위가 존재하지 않을 때에는 결과발생률도 낮아지는 관계를 말한다.

⑤ 의료행위의 내용과 결과발생률: 의료행위에 여러 종류의 내용(방법)이 있는 경우, 당해 의료행위의 전후에 다른 동종 내지 이종의 의료행위를 실시함에 있어서 어떤 반응이 인정되는가 여부를 말한다.

⑥ 의료행위와 생체반응의 생물학적 관련: 의료행위를 원인이라고 생각하는 경우, 그 작용기구가 임상의학적으로 모순 없이 설명될 수 있는가 여부를 말한다.

⑦ 환자의 특이성[449]: 당해 환자가 통상인과 현저하게 다른 특이체질을 가지고 있기 때문에 앞의 ②－⑥번의 관계를 받아들이지 않는 특성의 보유자로 보여지는 가능성의 유무를 말한다.

⑧ 다른 원인의 개입[450]: 당해 결과발생의 가능성이 있는 다른 원인이 개입할 여지가 어느 정도인가 하는 문제이며, 통계론적 및 확률적인 산술과 임상병리학적 파악이 시도된다.

⑨ 불가항력: 현대의학상 당해 의료행위의 유무에 불구하고 결과발생이 회피 불가능한 것인가 여부의 문제이다.

---

447) 대법원 1972.5.9. 선고 71다2731,2732 판결; 대법원 1974.12.10. 선고 73다1405 판결; 서울고법 1995.11.16. 선고 93나39524 판결.
448) 대법원 1989.7.11. 선고 88다카26246 판결; 대법원 1997.8.29. 선고 96다46903 판결.
449) 서울지법 1992.5.29. 선고 91가합51684 판결; 서울지법 1998.7.29. 선고 97가합75156 판결.
450) 서울지법 1998.6.3. 선고 95가합17767 판결; 서울지법 1998.12.2. 선고 98가합81080 판결; 대법원 1995.2.10. 선고 93다52402 판결.

인과관계가 쟁점으로 되는 사례의 대부분은 위와 같은 간접사실의 전부 내지 일부를 검토해야 할 필요가 있을 것이며, 어떤 간접사실 단독만으로 명확한 결론을 얻을 수 없는 경우라 할지라도 상호 보강에 의해 總合的으로 고려함으로써 판단에 도달할 수 있는 경우가 적지 않을 것이다. 따라서 고려해야 할 간접사실이 많이 존재할수록 인과관계의 추정이 강력해진다고 할 수 있으며, 또한 인과관계와 과실의 관련에서 본다면 의료행위의 규준위반이 중대할수록 인과관계의 추정도 용이하게 이루어진다고 볼 수 있다.

④ 인과관계 관련문제

1) 인과관계와 과실과의 관계

의료과오에 있어서 손해배상책임의 성립요건으로서의 인과관계와 과실은 서로 밀접한 관계를 맺고 있으며, 실무상으로도 과실의 인정과 인과관계의 인정은 불가분의 작업으로 되는 경우가 많다.[451] 인과관계는 원인행위와 결과와의 관련을 묻는 것이고, 과실은 그 원인행위에 대한 법적 평가를 의미하며, 원인행위는 과실의 사실적 측면이라는 관계에 있다는 것이다.

또한 소송상의 인과관계와 과실은 의학상의 그것과 대응한다고 할 것이고, 따라서 과실은 주의의무를 전제로 하고 다시 그 주의의무는 대부분의 경우 인과관계를 전제로 하고 있다. 즉 주의의무는 예견의무와 회피의무로 나누는데 그 어느 것도 인과관계를 전제로 한다. 예견의무에 대하여는 일정한 주의 내지 행위라고 하는 원인이 있다면 일정한 예견(예컨대 특이체질 발현의 예견)이라는 결과가 생긴다고 하는 인과관계를 전제로 하는 것이고, 회피의무에 대하여도 일정한 주의 내지 행위라는 원인이 있다면 일정한 회피(예컨대 쇼크사의 회피)라는 결과가 생긴다고 하는 인

---

451) 김선석, 앞의 논문, 73－75면 참조.

과관계가 전제되고 있는 것이다.452)

이렇게 볼 때, 일반적으로 인과관계의 의학적 선명도 및 개연성이 높아짐에 따라 그것을 전제로 하는 주의의무도 보다 강하게 요구된다고 할 것이고 그 위반으로 되는 과실의 추인도 보다 용이하게 된다. 반대로, 인과관계의 개연성이 낮아질수록 주의의무도 약화되고 그에 따라 주의의무를 위반할지라도 과실을 인정하는 것이 어렵게 된다. 그리고 의사의 과실과 인과관계는 그 의료행위의 종적 구조(예컨대 진찰과정·수술과정·투약과정 등 단계적·계속적으로 치료행위가 진행되는 것) 및 횡적 구조(예컨대 진찰과정에 있어서 문진·청진·시진·검사 등의 방법으로 진행되는 것) 속에서도 검토될 수 있는데, 이때 원인이 되는 의사의 과실(주의의무위반)과 결과인 환자의 손해발생 사이에 개재하는 인과관계의 경로가 길건 짧건 과실의 종적·횡적 분석이 필요하다고 본다.

그러나 양자가 밀접한 관계에 있다고 하여 이를 과실이 있으면 항상 인과관계가 있고 인과관계가 있으면 항상 과실이 있다는 것으로 당연히 보아서는 안 된다는 점에 유의해야 한다. 인과관계가 있는 것으로 증명되었으나 어떠한 과실도 없는 경우가 있을 수 있기 때문이다. 인과관계와 과실이 서로 상관성을 가지고 있지만 궁극적으로는 구별되는 개념임을 전제로 해서 위와 같은 상관성을 고려해야 할 것이다.453)

2) 복수의 인과관계 및 원인의 경합

법익침해 및 손해발생에 대한 원인이 하나뿐인 경우에는 '*conditio sine qua non* (원인 없으면 결과가 없다)'는 공식을 적용하는 데 별로 문제가 없으나, 원인사실이 복수여서 경합할 경우에는 각 원인은 결과에 대한 조건으로서 문제가 된다.454) 특히 원격의료과오에 있어서는 원격의료인의 과오에 의한 손해와 원격의료기반시설제공자(ISP)의 과오에 의한 손해가 중복되어 나타날 때 원인의 경합 내지 복수의 인과

---

452) 이준상, 앞의 박사학위논문, 1983, 77－79면 참조.
453) 손용근, 앞의 논문, 61면 참조.
454) Deutsch, Haftungsrecht, Bd. Ⅰ. Allgemeine Lehren, 1976, S.155.

관계가 문제될 수 있다. 이러한 경우로는 다음의 여섯 가지 상황을 예상할 수 있다.

① 중첩적 인과관계(Kumulative Kausalitäten): 단독으로 완전한 결과를 야기할 수 있는 원인들이 경합하여 결과를 야기한 경우이다. 이 경우에는 경합하는 원인을 각각 사상하여 인과관계의 성부를 검토하는 것이 타당하며, 따라서 어느 사유나 결과에 대하여 필요·충분한 조건이 되므로 귀책사유가 있는 자는 전부책임(양측에 귀책사유가 있을 때에는 부진정연대책임)을 부담하게 된다.[455]

② 택일적 인과관계(Alternative Kausalitäten): 단독으로 완전한 결과를 야기할 수 있는 복수의 원인 중 어느 하나만이 결과를 발생시켰지만 어느 것이 손해를 야기했는지 불명확한 경우이다. 이러한 경우 가능적 야기자가 인과관계 이외의 불법행위의 요건을 모두 갖추었고 그 원인행위의 구체적 위험성이 크다고 한다면 그 가능성 야기자에게 인과관계의 불명에서 발생되는 위험을 부담시키는 것이 합당할 것이다. 우리나라의 민법 제760조 제2항은 가능적 야기자에게 전부책임을 부담시키고 있는바, 이는 인과관계의 존부에 관한 것이 아니라 인과관계가 불명한 경우의 책임귀속에 관한 규정이라고 할 수 있다.[456]

③ 부분적 인과관계(Gemeinsame Kausalitäten): 복수의 원인이 부분적으로 결과발생에 기여하여 일정한 결과를 야기하였지만 어느 하나도 단독으로는 결과를 발생시킬 수 없는 경우이다. 이 경우에는 어느 원인도 인과관계를 가지나, 전발생결과에 관계된 복수의 행위자 각자에게 귀속시킬 수 있는 것은 공동불법행위의 규정(민법 제760조)에 해당하는 경우뿐이며, 그렇지 않은 경우에는 각자 자신이 설정한 원인부분에 대해서만 책임을 부담한다.[457]

④ 가정적 인과관계(Hypothetische Kausalitäten): 예컨대 A가 X의 자동차를 파손한 후 B가 그 차고에 방화를 하였다면 A의 행위(파손)가 없었더라도 B의 행위(방화)로 인하여 자동차는 파손되었을 경우를 말한다. 이 경우에는 현실적으로 결과를 야기한 A만이 결과에 대한 인과관계를 가지므로 손해전부를 배상해야 할 것이며, 이때

---

455) 김형배, 채권총론, 340면.
456) 김형배, 위의 책, 340－341면.
457) 이은영, 채권각론, 575면.

손해액 산정에 있어서는 가정적 원인을 고려하지 말아야 한다.458) 그리고 가정적 원인자인 B는 인과관계가 존재하지 않으므로 책임을 부담하지 않는다.

⑤ 추월적 인과관계(Überholende Kausalitäten): 예컨대 A가 개에게 치사량의 독극물을 먹였으나 그 개가 죽기 전에 B가 사살한 경우를 말한다. 이 경우에는 가능적 원인자인 A의 행위(독극물)와 결과 사이에는 사실적 인과관계가 존재하고 있고 공평의 견지에서 배상액에 관한 가정적 인과관계를 참작할 것인가가 문제되므로 손해평가의 문제로 해석되어야 할 것이다(독일 다수설).

⑥ 과실과 우연의 경합(Konkurrenz von Verschulden und Zufall): 이 경우는 원인으로서 자연력과 피해자의 素因 등이 관련된 경우이다. 여기서는 결과의 발생에 관한 主原因 이외의 복수의 원인(副原因)이 관여할 때 공동작용위험을 어떻게 취급할 것인가 하는 문제이나, 본래의 의미에서의 책임에 대한 공동작용은 아니다.

3) 특이체질과 인과관계

특이체질이란 과민반응 또는 이상반응이라는 예기할 수 없는 소인을 가져 정상인에게는 문제시되지 않는 자극(예컨대 약물투여, 주사, 마취 등)에 의해서도 쉽게 이상반응을 일으키는 것을 말한다. 이러한 경우로는 약물독성 특이체질과 약물면역성 특이체질, 특이체질이라고는 할 수 없으나 외부자극에 대하여 특이체질과 유사한 이상반응을 보이는 소인을 가졌기 때문에 간기능 저하와 부신기능 및 갑상선기능 이상 등을 나타내는 경우가 있다.459)

이와 같은 특이체질의 경우에는 그 기전이 충분히 밝혀지지도 않고 또 의사가 이를 인지하기도 극히 곤란하기 때문에 만일 그 특이체질이 결정적인 원인이 되어 발생한 악결과에 대해서 의사에게 책임을 묻고자 한다면 그 인과관계를 확정하기가 곤란한 경우가 많다. 이 경우에는 악화된 상태의 원인이 환자 자신의 상태나 이미

---

458) 이은영, 위의 책, 575면; 김형배, 위의 책, 344면.
459) 문국진, 의료의 법이론, 77－78면; W. A. D. Anderson & J. M. Kissane, Pathology, Vol.1, 8th ed., The C. V. Mosby Co., 1985, p.148.

가지고 있었던 질병 때문인지 또는 의사의 의료상의 개입이나 치료상의 과실 때문인지 판단하기 어렵게 된다.

그러나 엄밀히 말한다면 특이체질의 문제는 인과관계의 문제라기보다는 의료행위를 담당하는 의사가 그러한 특이체질을 예견하기 위하여 얼마나 주의를 기울였고 그로 인해 발생할 수 있는 악결과를 회피하기 위하여 얼마나 노력했는가 하는 주의의무에 관한 문제이다.460) 현대의학의 방법이나 수단으로 특이체질을 미리 알아내는 것은 불가능하다고 할 것이다. 그러므로 일반적으로 의사는 특이체질을 염두에 두고 면밀히 문진을 행하는 것이 특별히 요청된다. 여기서 문진은 단순히 환자의 기왕력만이 아니라 투여하려는 약물을 과거에 투여받은 사실이 있는지 여부와 그 당시의 이상반응의 유무, 가족 가운데 그 약물에 이상반응을 보인 사람이 있는지 여부 등을 주도면밀하게 물어보아야 한다.461)

제13절 | 원격의료과오소송의 입증책임론

1. 입증책임분배의 일반원칙

입증책임(Beweislast: burden of proof)462)이란 소송상 일정한 사실의 존재가 입증되지 아니한 경우 그로 인한 불이익한 법률판단을 받게 되는 당사자 일방의 위험을

---

460) 추호경, 앞의 책, 151−152면.

461) 문국진, 앞의 책 78면.

462) 이를 증명책임(정동윤, 민사소송법, 법문사, 1995, 500면; 홍기문, 증명책임론, 전남대학교출판부, 1999; 조형권, 의료소송에 있어서 증명책임완화에 관한 연구, 조선대대학원 박사학위논문, 2003), 거증책임, 확정책임이라는 용어로 사용하는 경우도 있는데, 소송절차상에는 입증책임이라는 용어가 보편적으로 사용되고 있다. 그리고 입증책임은 그에 전제되는 주장책임, 입증에 대한 상대방의 해명의무와 구별되는 개념이다.

말한다. 즉 분쟁사안에 관하여 법률효과가 발생될 수 있는 사실의 存否와 眞僞不明의 경우 부담하게 되는 불이익을 의미한다.463) 이는 다시 주관적 입증책임(형식적 입증책임: 증거제출책임)과 객관적 입증책임(실질적 입증책임: 입증책임)으로 나누어지는데, 입증책임분배이론에서 말하는 것은 후자의 경우이다. ① 주관적 입증책임은 당사자가 개별 구체적인 실제 소송에서 패소의 위험을 면하기 위하여 법원에 대하여 증거를 제출할 행위책임을 말하는데, 각 재판의 단계에서 원고 및 피고에게 귀속여부가 이전될 수 있다. ② 객관적 입증책임은 일정사실의 存否가 확정되지 않는 경우 불이익한 법률판단을 받을 것으로 미리 정해진 당사자의 불이익부담을 말한다.

입증책임의 기본이념은 공평과 정의, 그리고 실체법상의 정책적 고려에 있다. 입증책임을 다하지 못하면 결과적으로 당사자의 불이익이 되며, 책임이라는 용어를 사용하고 있으나 이는 법원에 대한 공법상의 의무도 아니고 상대방에 대한 사법상의 의무도 아니라고 할 것이다.

종래 입증책임분배원칙에 관해서는 ⅰ) 완전성이론, ⅱ) 법규분류설, ⅲ) 요증사실분류설, ⅳ) 법률요건분류설 내지 규범설(이는 다시 인과관계설, 통상사실설, 최소한 사실설, 특별요건설, 전부사실설[Leonhard], 이익설, 근거요건설 내지 법조분류설[Rosenberg]로 나누어진다)이 있다. ⅴ) 우리나라와 일본의 통설 및 판례는 법률에 규정되어 있는 법률효과의 발생을 주장하는 당사자가 그 구성요건에 해당하는 주요사실의 입증책임을 부담한다는 법률요건분류설(근거요건설)을 지지하고 있다.464)

그리하여 실체법규는 규범의 성질에 따라 권리근거규정(권리발생의 근거를 규정하는 규범), 권리장애규정(법률효과의 발생을 방해하는 규범), 권리소멸규정(법률효과를 소멸하도록 하는 규범), 권리행사저지규정(법률효과의 실현을 배제하거나 저지

---

463) 입증책임분배이론은 로마법상 "사실을 주장하는 자는 입증을 하여야 하고 부정하는 자는 입증을 하지 않아도 된다(*ei incumit probatio, quidicit, non qui negat*)", "입증은 긍정하는 자에게 있고 부정하는 자에게는 없다(*affirmanti incumbit probatio non neganti*)"는 법칙에서 유래하는데, 그 후 독일의 Leonhard나 Rosenberg, 미국의 Thayer Wigmore에 의해서 현대적인 이론으로 확립되었다(홍기문, 앞의 책, 69면 참조).

464) 오석락·김형배·강봉주 번역, 입증책임론(Rosenberg, Die Beweislast), 박영사, 1995, 73면 참조.

하는 규범)으로 나누어진다. 소송에서 권리를 주장하거나 법률효과를 받고자 하는
자(원고)는 권리근거규정의 요건사실을 증명해야 하고, 권리의 발생을 부정하거나
법률효과를 거부하고자 하는 자(피고)는 권리장애규정, 권리소멸규정, 권리행사저지
규정의 요건사실을 증명해야 한다.465)

요컨대, 입증책임 문제에 있어서 쟁점이 되는 것은 당사자 가운데 입증책임이 누
구에게 있는가(특히 과실의 경우), 어떤 사실이 어느 정도까지 증명되었을 때 인과
관계의 존재를 인정할 수 있는가(특히 인과관계의 경우) 하는 점이다.

2. 의료과오와 입증책임

1) 입증책임의 당사자 및 입증의 정도

법률요건분류설에 의하면, 의료과오소송에서는 일반적인 민사소송법의 입증책임이
론에 따라 그 손해배상청구의 근거를 불법행위책임으로 구성하든 채무불이행책임으
로 구성하든, 권리근거규정에 대한 요건사실에 관해서는 피해자 내지 채권자의 신
분에 위치하는 원고(환자 측)가 입증책임을 부담하게 된다. 그리고 채무불이행책임
으로 구성하는 경우에는 권리소멸규정에 대한 요건사실에 관해서는 가해자 내지 채
무자의 신분에 위치하는 피고(의사 측)가 입증책임을 부담하게 된다.

구체적으로 살펴보면, ① 의료과오를 불법행위책임으로 구성하는 경우에는 고의·과
실(의사의 주의의무위반), 발생한 손해, 의사의 위법한 행위(설명의무위반·환자의
동의 없었음)와 발생한 손해 사이의 인과관계는 환자 측이 입증해야 하고, 이에 대
하여 의사 측은 자신의 위법한 행위가 없었다는 점, 즉 설명의무를 이행하였고 환
자의 동의가 있었다는 점을 입증해야 한다. ② 의료과오를 채무불이행책임으로 구
성하는 경우466)에는 의사의 불완전한 이행, 발생한 손해, 그 불완전한 이행과 발생

---

465) Rosenberg, Die Beweislast, 5. Aufl., 1965, S.98ff., 105f.

한 손해 사이의 인과관계는 환자 측이 입증해야 하고, 이에 대하여 의사 측은 자신의 고의·과실(주의의무위반)이 없었다는 점을 입증해야 한다.

그런데 의사의 진료채무는 통상적으로 결과채무가 아니라 수단채무라고 보므로 환자 측이 의사 측의 채무불이행(불완전한 이행)을 입증하기 위해서는 결과적으로 불법행위책임에서 의사의 귀책사유, 즉 과실(주의의무위반)이 있었다는 것을 입증하는 것과 동일하게 되고, 따라서 의사 측은 자신의 과실의 부존재를 입증하는 것이 사실상 면제되는 결과가 되어 거의 입증활동을 할 필요가 없게 된다.467) 이러한 점에서 본다면, 의료과오를 채무불이행책임으로 구성하게 되면 채무자인 의사 측이 자신의 과실의 부존재를 입증해야 하므로 입증책임 면에서 환자 측에 유리한 결과가 될 것이라는 논리는 무의미한 것으로 된다.

요컨대, 의료과오로 인하여 손해배상책임을 묻기 위해서는 그 구성을 불법행위로 하든 채무불이행책임으로 하든, 진료행위에 관하여 의사에게 과실(주의의무위반)이 있어야 하고 그 진료행위로 인하여 손해가 발생하여야 하며 진료행위와 발생된 손해와의 사이에 인과관계가 있어야 한다. 일반적으로 의료과오소송에서 대다수 사건들은 우선 인과관계를 다루고, 그다음에 인과관계가 인정된다고 해도 과실은 없다

---

466) 채무불이행책임으로 구성하는 경우 입증책임에 대해서는 학설이 나누어진다. ① 채무불이행책임구조를 전제로 하여 의료채무의 이행불완전, 즉 선관주의의무위반에 관하여 환자 측이 입증책임을 부담하고, 그 이행불완전이 자신의 책임에 돌아가지 않은 사유, 즉 불가항력 또는 이와 동시할 사유에 의한다는 귀책사유 부존재의 입증책임을 의사 측이 부담한다는 견해(김현태, "의사의 진료과오에 있어서의 과실의 입증책임", 연세대행정논총 제7집, 1980, 10면), ② 비록 채무불이행책임구조를 취한다 하더라도 의료채무의 성질상 환자 측이 이행불완전의 내용인 의사 측의 과실을 입증해야 할 것이며, 이 점에서 채무불이행책임구조가 환자 측에 유리하다는 결론은 피상적 허구라고 하는 견해(이보환, 앞의 논문, 43면), ③ 채무불이행책임구조를 전제로 하여 채무이행의 불완전성과 의사의 과실은 사실상 밀접히 관련되어 있으므로 증거와의 거리 및 입증의 난이도에 따라 채무자인 의사가 이행불완전 및 귀속사유를 입증해야 한다는 견해(김형배, 채권총론, 261면)가 있으나, ④ 채무불이행의 형태가 어떤 것인지를 불문하고 귀속사유에 대한 입증책임은 채무자가 부담한다는 것이 현재까지 다수설 및 판례의 태도이다(대법원 1964.4.28. 선고 63다617 판결; 대법원 1967.2.7. 선고 66다2206 판결; 대법원 1969.3.18. 선고 69다56 판결).

467) 황성필, 앞의 논문, 100-109면 참조.

고 하는 형태로 진행되고 있다. 그리고 의료과오를 불법행위책임으로 구성하는 경우 의사의 위법한 행위, 즉 설명의무위반 및 자기결정권침해에 관한 입증책임에 대해서는 피고부담설(의사부담설)과 원고부담설(환자부담설) 등이 있으나, 설명의무와 동의권이 의사의 과실에 대한 환자 측의 입증곤란을 우회적으로 경감해 주기 위해 발생한 것이라는 정책적 배경에서 볼 때 피고(의사 측)가 설명의무를 이행하였고 환자의 동의가 있었다는 것을 입증하는 것이 타당하다(다수설 및 판례).468)

결론적으로 의료과오소송에서의 입증책임분배원칙은 다음과 같이 정리할 수 있다.

ⅰ) 과실(주의의무위반)에 관한 입증책임은 불법행위책임의 경우에는 환자 측(과실有 입증), 채무불이행책임의 경우에는 의사 측(과실無 입증)에게 있다.

ⅱ) 위법성(설명의무위반 및 자기결정권침해)에 관한 입증책임은 의사 측(설명有, 동의有)에게 있다.

ⅲ) 불완전 이행(의사의 과실과 동일)에 관한 입증책임은 환자 측(과실有)에게 있다.

ⅳ) 발생한 손해에 관한 입증책임은 환자 측에게 있다.

ⅴ) 인과관계에 관한 입증책임은 환자 측에게 있다. 이 경우 책임성립적 인과관계는 민법 제750조의 손해배상책임의 발생단계에서 심사되고, 책임범위적 인과관계는 민법 제393조의 손해배상의 범위를 결정하는 단계에서 심사된다.

이와 같은 입증책임분배원칙은 원격의료과오에서도 동일하게 적용될 것이다.

한편, 민사소송에서는 실체법이 규정하는 요건사실에 대한 사실인정을 함에 있어서 개개의 요건사실의 증거가 얼마만큼 법관에게 확신을 주느냐가 문제인데, 이와 같이 증명에 요구되는 증거의 양을 입증의 정도469)라고 한다. 이에 대해 우리나라의 학설 및 판례는 입증의 정도에 대하여 따로 언급하지 않고 자유심증주의를 규정하고 있는 민사소송법 제202조(자유심증주의)에 관하여 설명하면서 법관은 사실인정을 함에 있어 고도의 개연성의 확신이 필요하다고 한다.470) 따라서 입증책임의 당사자는 법관의 확신에 이를 정도로 인과관계 등을 입증해야 하는데, 과학적으로까지 입

---

468) 본서 10.2.4 참조.
469) 이는 증명기준, 증명량, 증명도라고도 불린다(홍기문, 앞의 책, 95면 참조).
470) 이시윤, 신민사소송법, 박영사, 2003, 441면; 대법원 1960.3.31. 선고 1959민상247 판결.

증할 필요는 없고 일반적으로 역사적인 사실로서의 입증, 즉 선행사실과 후행사실 사이에 그 인과의 고도의 개연성만 있으면 반증이 없는 한 입증이 된 것으로 보는 것이다.

그러나 의료과오소송에 있어서는 의료행위의 전문성으로 인하여 인과관계의 입증 자체가 곤란하며, 나아가 입증의 정도를 법관의 확신에 이를 정도에까지 입증해야 한다는 원칙을 적용하게 되면 환자 측의 구제가 거의 불가능하게 될 것이다. 그러 므로 공해소송에서와 마찬가지로[471) 손해의 공평한 분담 및 입증곤란의 구제 측면 에서 의료과오소송에서 입증의 정도는 일반적인 경우보다 낮게 하는 것이 타당하다 고 본다.[472)

2) 입증곤란의 구제

대체로 의료과오소송은 의료행위라고 하는 극히 전문적인 분야에 관한 분쟁이고 과실여부를 감정하는 전문감정인의 도움을 필요로 하는 것인데, 감정인인 의사는 동료의식(이른바 침묵의 공모: conspiracy of silence)에 의해 환자 측에 유리한 감정 을 기대하기 어렵다. 그리고 의료행위의 특성상 그에 관한 증거의 대부분은 의사 측에게 편재하고 있기 때문에 환자 측에서 증거수집이 쉽지 않으며, 또한 의료사고 가운데 현대의학으로도 해명이 불가능한 불가항력적인 경우도 있다. 이러한 사정으 로 인하여 의료과오소송에 있어서는 특히 환자 측에서 의사의 과실(주의의무위반) 또는 인과관계에 관한 입증이 곤란한 상황에 빠지게 되는 것이 일반적인 현상으로 나타나게 되며, 이러한 점은 공해소송이나 제조물책임소송 등 현대형 소송과 藥害 訴訟에서도 동일하게 나타난다고 볼 수 있다.

그러나 의료과오소송에서 일반적인 입증책임분배의 기본원칙을 적용한다면 입증 책임제도의 기본이념이라고 할 수 있는 정의와 공평의 정신 및 정책적 고려에 맞지 않는 결과가 초래될 것이며, 그 때문에 가능한 한 환자 측에게 유리하도록 하기 위

---

471) 대법원 1984.6.12. 선고 81다558 판결.
472) 신은주, 앞의 논문, 29-30면; 조형권, 앞의 논문, 34면.

하여 실체법적 측면 또는 소송법적 측면에서 입증책임을 완화하거나 전환시켜 주는 등의 입증책임분배에 관한 수정원리가 대두되기에 이르렀다.

이에 실체법적 측면에서 의료과오를 채무불이행책임으로 구성하여 귀책사유(과실)의 입증책임을 의사 측에게 부담시키는 방법이 논의되었으나, 앞에서 살펴본 바와 같이 환자 측이 진료채무의 불완전 이행을 증명하는 것은 불법행위책임에서 의사의 귀책사유(과실)를 입증하는 것과 동일하게 된다는 점에서 거의 실익이 없는 것으로 판명되었다. 그리하여 소송법적 측면에서 입증책임분배의 원칙을 따르되 입증의 정도를 완화하거나 개연적 경험법칙을 통한 追認의 방법을 이용하여 원고인 환자 측의 입증책임의 부담을 완화시켜 주려는 시도로 입증책임경감론이 나타나게 된 것이다. 나아가, 원고인 환자 측이 입증해야 할 사항을 피고인 의사가 입증하도록 입증책임의 전환을 인정하려는 시도의 하나로 입증책임전환론이 대두되었으며, 그 밖에 소송에서 환자의 입증작업을 방해하는 요소를 제거해주는 방편으로 입증방해론이 정립되어 가고 있다.

독일의 판례는 의무기록의 하자 시 완전한 입증책임의 전환이 될 때까지 환자를 위하여 입증책임의 완화를 인정하고 있으며,[473] 의학적으로 적용된 조치를 의무기록에 기재하지 않은 경우에는 의사의 부작위로 인한 과실을 추정하고 있다.[474] 그리고 전자의무기록은 일반적으로 종이문서로 된 의무기록에 비해 환자기록의 조작이 가능하다는 점을 인정할 수 있으므로 병원은 소위 전자서명과 같은 방법으로 자료의 진정성과 안전성을 확보하기 위한 조치를 취해야 하며,[475] 이를 위반한다면 이에 대한 입증책임은 전환된다고 보고 있다.[476] 특히 원격의료는 본질적으로 안전한 의학적 인식과 경험에 위반되는 것으로 보아 중대한 과실로 파악됨으로써 소송 시 환자를 위하여 입증책임이 전환되는 결과를 가져올 수 있다고 한다.[477] 따라서 인터넷의료상담이나 원

---

473) BGH VersR 1996, S.330; BGH VersR 1987, S.1089.
474) Steffen / Dressler, Arzthaftungrecht, Rn. S.465.
475) Ulsenheimer / Heinemann, MedR 1999, S.197, S.200.
476) OLG FrankFurt / a. M., VersR 1992, S.578.
477) Laufs, in: Laufs / Uhlenbruck(Hrsg.), Handbuch des Arztrechts, 2. Aufl. 1999, §110, Rn. 1−2.

격진료를 시행할 때에는 상담내용을 별도의 의무기록으로 작성해 두거나, 아니면 상담내용을 출력하여 서명날인한 후 보관하는 것이 바람직하다고 한다.

3. 입증책임의 완화(입증책임경감론)

1) 개연성설

공해소송에서 鑛害로 인한 손해배상을 청구하는 경우 환경오염피해자로서는 환경오염의 특성상 법관의 심증이 확신(100%)에 도달할 정도로 입증한다는 것은 불가능하므로 피해자의 입증책임을 완화하려는 목적으로 일본에서 제창된 이론이 개연성설이며,[478] 우리나라의 판례도 이를 인정하고 있다.[479] 즉 공해소송에서 인과관계의 증명은 개연적 정도의 심증을 형성시키면 족하다는 것이다. 의료과오소송에서도 의료행위의 특성상 법관이 확신을 가질 정도로 엄밀하게 입증하는 것이 사실상 곤란하고 의료과실의 증거는 거의 병원이나 의사 측에 편중되어 있기 때문에 원고(환자측)의 입증부담을 경감할 필요성이 제기되어 이 이론이 응용되기에 이르렀다.

이 이론의 소송법상 구성방법으로는 ① 영미법상 증거우월(preponderance of evidence)의 법리를 도입하여 원고의 주장사실과 피고의 주장사실을 대비하여 어느 편이 더 우월한 개연성을 가지고 있는가, 즉 수학적으로 말하면 50%를 넘는 개연성이 있는 정도의 증명이 있다면 사법적 구제를 부여할 수 있다고 하여 입증책임을 완화하려는 견해(증거우월설),[480] ② 사실상추정의 이론을 응용하여 입증전환을 꾀하는 견해로, 인과관계의 입증은 개연적 증명으로 족하나 일단 개연성의 존재가 입증된 때에는 사실상추정의 경우와는 달리 기업은 인과관계의 부존재를 적극적으로 입증하지 않는 한 손해배상청구를

---

478) 德本　鎭, "鑛害訴訟における因果關係", 公害法研究, 日本評論社, 1969, 63面以下; 구연창, "공해와 인과관계에 관한 판례연구(Ⅱ)", 법조 24권9호, 1975.8, 79면 이하.
479) 대법원 1974.12.10. 선고 72다1774 판결; 대법원 1984.6.12. 선고 81다558 판결.
480) 加藤一郎, "日本の公害法", ジュリスト 310號, 1964.11, 104面.

면할 수 없다는 입장(사실상추정응용설)481)이 주장되었다.

그 후 이들의 결함482)을 소송법적으로 보완하는 이론이 등장하였는데, ③ 역학적 인과관계가 인정되는 경우에는 가해자가 피해자의 질병에 관하여 다른 원인이 존재하는 것을 입증하지 않는 한 법적 인과관계를 인정할 수 있다는 견해(역학적 인과관계론),483) ④ 피고에게 입증의 부담이 지워지는 간접반증(indirekter Gegenbeweis)484) 개념을 도입하고 입증과정에서의 경험칙의 적용범위를 확대함으로써 상대적으로 원고의 입증부담을 경감하려는 견해(간접반증론: 신개연성설)485) 등이 그것이다.

의료과오소송에서도 이러한 개연성설을 적용해야 하는가에 대해서는 개연성설의 배경이 되었던 환경소송에 비하면 부족한 면이 있다고 보이지만, 피해자구제를 위한 입증책임 경감의 유효한 수단이 된다는 점에서는 충분한 유용성을 가지고 있다고 할 것이다.

2) *Res Ipsa Loquitur* 법리(사실추정원칙)

미국의 민사소송에서 입증의 정도는 우리나라 및 독일486)과는 달리 우월적 개연성(증거우월)으로 족하다고 하고 환자는 그 손해가 의사의 과실로 인한 가능성이 다른 원인에 의한 가능성보다 많다는 정도(적어도 51% 이상)만 입증하면 된다. 그리고 환자가 감정인을 선임하도록 되어 있는데 감정인을 유사지역 의사로 확대하고

---

481) 德本 鎭, 앞의 論文, 72面.

482) 손용근, 앞의 논문, 75-78면; 최재천·박영호, 앞의 책, 821-823면; 조형권, 앞의 논문, 46-51면 참조.

483) 본서 12.2.2 참조.

484) 변론주의 하의 민사소송에 있어 주요 사실에 대한 입증책임은 원고에게 있으나 그것은 직접증거가 아닌 간접사실의 입증에 의해서도 입증이 가능하다. 간접반증이란 상대방이 주장하는 사실에 대하여 일응의 추정이 생긴 경우에 직접적이 아니라 그 추정의 전제되는 사실과 양립되는 별개의 간접사실을 증명하여 일응의 추정을 방해하기 위한 입증활동을 말한다.

485) 伊藤 眞, "旱泉メッキ工場廢液事件", 別冊 ジュリスト 43號, 公害環境判例, 1974.5, 48面; 구연창, 앞의 논문, 96면.

486) 확실에 가까운 고도의 개연성(an Sicherheit grenzende Wahrscheinlichkeit)을 요구한다.

의사직종에 한정하지 않으며 감정인 대신 의학교과서나 연구논문으로 대체하는 것을 인정하는 등 환자의 감정인 선임상의 곤란을 완화시키고 있다.

이와 같이 환자 측의 입증책임의 완화와 관련하여 영국의 판례(1863년)와 미국의 이론(1905년)으로 등장한 것이 *Res Ipsa Loquitur* 법리[487]이다. 이 법리는 '과실 없이는 보통의 경우 발생하지 않는 형태의 설명이 안 되는 상해사실 그 자체로부터 과실은 추정될 수 있다'는 원칙을 말한다. 즉 상황증거(circumstantial evidence)의 일종으로 정립된 이론에 의하면 ① 손해가 누군가의 과실이 없이는 통상 발생하지 않는 것일 것, ② 손해가 피고의 배타적 지배하에 있는 사람 또는 시설에 의하여 발생된 것일 것, ③ 원고의 행위 또는 기여과실(contributory negligence)이 존재하지 않을 것을 요건으로 하거나, ④ 사건에 대한 설명가능성이 원고보다 피고에게 더 있을 것을 요건으로 하여 그 손해에 대한 피고의 과실을 추정해서 인정한다는 것이다.[488]

미국의 배심재판제도[489]에서 *Res Ipsa Loquitur* 법리의 구체적인 효과에 대해서는

---

487) *Res Ipsa Loquitur*란 "사물 자체가 스스로 말한다(The thing speaks itself)"는 뜻의 라틴어로, 1863년 영국의 Byrne v. Boadle 사건에서 법관 Pollock경이 사용한 말이다(길을 걷고 있던 원고가 피고의 다락에서 떨어진 밀가루통에 맞아 상처를 입자 피고를 제소하였다. 원고는 그 통이 왜 떨어졌는지 직접적인 증거를 제시할 수 없었으나, 법원은 *Res Ipsa Loquitur*를 근거로 전체의 사정이 스스로 말하고 있으므로 피고는 자기 또는 자기의 고용인 측의 과실이 아닌 그 이외의 사정으로 인하여 그 통이 다락 밖으로 떨어질 수 있음을 제시하는 책임을 스스로 진다고 하고 배심에 회부하였다). 이후 1865년 Scott v. London & Katherine 사건에서 이 법리가 확립되었다(오대성, "의료과오소송에 있어서 표현증명에 관한 고찰: 판례를 중심으로", 조선대법학논총 제4집, 조선대학교, 1998, 164면; 신은주, 앞의 논문, 34−36면; 최재천·박영호, 앞의 책, 824−836면; 조형권, 앞의 논문, 70−84면 참조).

488) 1905년 Wigmore에 의하여 통설로 정립되었다(Wigmore, Evidence 1st Ed., p.2509).

489) 미국의 배심재판제도를 보면, 판사는 법률판단만 하고(주의의무의 정도, 증거의 採否, 입증책임을 어느 정도 추상적으로 다했는가), 배심원은 사실판단(의사의 과실, 인과관계, 손해, 배상액)을 한다. 그러나 사실판단을 바로 배심원에게 넘기는 것이 아니고 판사가 먼저 원고가 충분한 증거를 제출했는지 검토를 한다. ① 만일 원고가 충분한 증거를 제출하지 않은 경우에는 각하하고(non suit), ② 충분한 증거를 제출하였으면 피고에게 반증 또는 항변에 대한 입증의 기회를 준 다음에, ⅰ) 증거조사결과에 의해 누구도 의심할 수 없는 결론이 나오는 경우에는 판사가 직접 판결을 하고(directed virdict), ⅱ) 사실판단이 배심원들에 의해 다르게 나올 가능성이 있는 때에는 사건을 배심원에게 넘긴다. 이렇게 배심원에게 넘겨진 사건을 prima facie case / 일단 채택된 사건이라

ⅰ) 이 법리의 적용이 있으면 배심원은 피고의 과실이 손해에 대한 가장 가능성 있는 원인이라고 추정할 수 있을 것이므로 판사는 항상 사건을 배심원에게 넘겨야 하고, 배심원에게 과실추인을 인정하는 것이 허용된다는 견해(과실추인설: permissable inference theory; 대다수 주에서 채택), ⅱ) 이 법리의 적용이 있으면 과실추정을 가져오고 피고가 이 추정을 반증할 충분한 증거를 제출하지 않는 한 판사가 사실인정을 하여(배심원에게 넘기지 않고) 바로 판결을 할 수 있다는 견해(과실추정설: rebuttable presumption theory; 소수의 주에서 채택), ⅲ) 이 법리의 적용이 있으면 입증책임이 피고에게 전환되어 피고는 추정을 동요시키는 정도의 입증을 하는 것으로는 부족하고 자신이 주의의무를 해태하지 않았다거나 손해가 자신에게 책임 없는 다른 특정의 원인에 의해 야기되었다는 것을 우세한 개연성으로 입증해야 한다는 견해(입증책임전환설)가 있다.490) 이때 피고의 반증의 정도는 다른 가능성에 대한 개연성이 ⅰ)과 ⅱ)의 견해에서는 50%(counterbalance), ⅲ)의 견해에서는 51% 이상(a preponderence of the evidence) 된다는 것을 입증해야 한다.

그러나 대체로 의료과오소송에서 배심원들은 원고편애성향이 강하여 결과적으로 입증책임의 전환과 같은 효과를 나타내기 때문에 이러한 학설의 이론적 차이는 사실적인 면에서 큰 의미가 없다고 한다. 이 법리의 적용은 의사에 대한 무과실책임을 인정하는 방향으로 나아갈 수 있고 그 반작용으로 새로운 의료기술의 발전을 저해한다는 비판도 있으나, 다른 한편으로는 의사들에 의한 침묵의 공모를 깨뜨리고 환자의 입증을 도와준다는 점에서 긍정적인 평가를 받고 있다.491)

고 하고, 이 단계에 이르게 할 정도의 원고의 입증을 prima facie evidence / 일단 채택된 증거라고 부른다. 여기서 prima facie evidence = '추정의 관념에 상당한 것 + 배심원에게 보내기에 충분하다'는 의미를 내포하고 있으며, 전자의 의미만이 독일법에 있어서 사실상의 추정인 表見證明으로 전수되었다(최재천·박영호, 앞의 책, 828-829면; 손용근, 앞의 논문, 92면 참조).

490) Harper, James & Gray, The Law of Torts, Vol.4, 2d Ed., Boston-Toronto, 1986, p.76 (신은주, 앞의 논문, 35면; 최재천·박영호, 앞의 책, 829-830면에서 재인용).

491) 미국의 경우 의료과오소송에서 Res Ipsa Loquitur 법리가 최초로 적용된 것은 1900년대 초 Boucher v. Larochelle 사건이며(Dietmar Franzki, Die Beweisregeln im Arzthaftungsprozess, S.159; 오대성, 앞의 논문, 166면 참조), 이 법리를 적용하는 빈도가 가장 높은 곳은 캘리포니아 주이다(최재천·박영호, 앞의 책, 830-836면 참조).

3) 표현증명(일응의 추정)

표현증명(Anscheinsbeweis)[492]이란 사실상 추정[493]의 하나로 개연성설보다 한 단계 더 입증책임을 경감한 이론인데, 要證事實에 갈음하여 간접사실을 증명하고 이 간접사실로부터 고도의 개연성을 가진 경험칙에 의거하여 요증사실을 추정하는 것을 말한다. 즉 경험칙상 어떤 사실이 있으면 어떤 다른 사실이 생기게 되는 정형적 事象經過(typischer Geschehensablauf)가 인정되는 경우에 어떤 사실로부터 다른 사실을 추정하는 증명방법을 특히 독일에서는 표현증명이라고 한다.[494] 표현증명은 경험칙에 의한 사실추정이라는 점에서는 간접증거의 일종이지만, 여러 개의 간접사실을 분석하여 여러 개의 경험칙에 따라 추정하는 정황증거(Indizienbeweis)와는 구별되는 개념이다.[495] 이러한 표현증명은 강한 개연성을 가지는 하나의 경험칙에 의하여 사실을 추정하는 사실판단의 법칙으로서 추정이 번복되지 않는 한 본래 입증책임을 부담하는 당사자는 간접사실의 증명으로 입증을 다할 수 있으므로 입증완화의 한 방법이 된다.

표현증명에 있어서는 요건사실의 개괄적·추상적인 인정이 허용되고, 이러한 개괄적·추상적 인정을 방해하기 위해서는 상대방 측이 경험칙의 적용을 예외적으로

---

492) 표현증명이론은 19세기 초 영국의 증거법에서 형성된 Prima facie evidence(일단채택된 증거: 표현증거) 원칙이 선박충돌사건과 민사손해배상사건으로 그 적용범위가 확대되면서 영미법상으로는 Res Ipsa Loquitur 법리, 독일법상으로는 Anscheinsbeweis(표현증명) 법리로 발전된 것으로 추측된다(Hainmüller, a.a.O., S.1−5).

493) 사실상 추정과 표현증명은 경험칙의 도움을 빌린다는 점, 통상의 증명도가 요구된다는 점, 단순한 반증에 의해서도 추정이 깨어진다는 점에서 공통된다. 그러나 사실상 추정은 경험칙에 의해 이루어지는 것이고 표현증명은 그중에서도 고도의 개연성을 가진 경험칙에 의해 이루어지는 추정을 말한다. 또한 표현증명은 적용대상이 불법행위요건으로서의 고의·과실 및 인과관계에 한정되며 정형적인 사상경과가 있는 경우에 인정되는 것으로, 그 적용범위가 사실상 추정의 경우보다 좁다(이시윤, 민사소송법, 556면; 정동윤, 민사소송법, 법문사, 1995, 514면).

494) 신은주, 앞의 논문, 31−33면.

495) Rosenberg, Die Beweislast, 5. Aufl., 1965, S.184; 中野貞一郎, "過失の一應の推定について(Ⅰ)", 法曹時報 19卷19號, 30−31面.

배제하기에 충분한 구체적·특정적인 특별한 사정을 입증해야 된다고 하여 '특별한 사정'에 대한 입증책임을 상대방에게 부과하고 있는 점이 큰 특징이다.

표현증명의 법적 성질, 즉 증거법상 차지하는 위치에 대해서는 ① 입증책임설(표현증명을 입증책임의 전환으로 보는 견해), ② 입증정도설(표현증명에 있어서는 입증의 정도가 완화된다는 견해), ③ 실체법설(표현증명을 증거의 문제가 아니라 인과관계 및 과실을 증명이 용이한 보호법규위반으로 대치시킴으로써 손해배상책임의 실체법적 요건을 경감하는 것으로 보는 견해)이 있으나, ④ 증거판단설(자유심증설: 표현증명을 입증책임과는 관계가 없다고 하고 증거가치판단 즉 법관의 심증형성의 영역에 속한 문제라고 보는 견해),496) 이 독일의 판례 및 지배적인 학설이다.

이러한 표현증명이론은 독일497) 및 일본498)의 의료과오소송에서 적용하여 과실 및 인과관계를 인정하고 있는 판결이 많다.499) 우리나라의 판례에서는 이를 인정한 것으로 볼 수 있는 사례가 없지 않으나500) 아직까지는 정착했다고 보기 어려우며, 한편으로는 이 법리에 대한 문제점을 제기하는 다음과 같은 견해도 있다.501)

즉 i) 특이체질이나 과민반응 등 불가항력적인 요소에 대하여 표현증명법리를 적용하는 것은 문제가 있고, ii) 의료행위의 전문성 및 재량성과 생체기능반응의 예측

---

496) Rosenberg, a.a.O., S.183; Haimüller, Der Anscheinsbeweis und die Fahrlässigkeit im heutigen deutschen Schadensersatzprozeß, 1966, S.96; Deutsch, Arztrecht und Arzneimittelrecht, 1983, Rn. 167.

497) OLG Nurnberg MDR 1953, S.483; BGH VersR 1953, S.338; BGH VersR 1955, S.573; BGH VersR 1956, S.1834; BGH VersR 1957, S.786.

498) 일본 東京地判 소화 27.7.25. 판시 下民集 3권7호, 1028면; 최고재판소 소화 32.5.10. 판시 民集 11권5호, 715면; 岡山地判 소화 38.6.18. 판시 醫民集 1761면; 大阪地判 소화 50.4.25. 판시 327호 268면.

499) 강봉수, "의료소송에 있어서의 증명책임", 의료사고에 관한 제문제, 재판자료 제27집, 1985, 305면; 박일환, 앞의 논문, 150면 참조.

500) ① 표현증명에 의한 과실을 인정한 사례: 조선고등법원 1917.7.3. 선고 朝高判例要旨類集 305면(자궁적출수술시 가제잔류사건); 대법원 1980.5.13. 선고 79다1390 판결(난관불임수술여성 임신사건). ② 표현증명에 의한 인과관계를 인정한 사례: 대법원 1977.8.23. 선고 77다686 판결(콜레라예방접종사건); 대법원 1981.6.23. 선고 81다413 판결(염화카리주사 사망사건); 대법원 1989.7.11. 선고 77다686 판결(자전거사고 뇌실질내출혈상 사망사건)(신은주, 앞의 논문, 50-65면 참조).

501) 이영환, 앞의 박사학위논문, 1983, 104면 이하 참조.

곤란성 및 개인차 등으로 인하여 일정한 요건과 결과의 관계가 명확히 제시되는 고도의 경험칙의 존재가 거의 설정되지 않는다는 점에서 의료과오의 경우에는 극히 제한적인 범위에서만 표현증명법리를 적용할 수 있다는 한계가 있으며, iii) 가령 표현증명의 성립을 인정한다고 하더라도 전문적인 지식을 가진 의사 측에서 반증을 들어 추정을 번복하는 것이 다른 소송과는 달리 용이하다는 점도 문제가 되고, iv) 그렇다고 안이하게 표현증명법리를 적용할 경우 의료행위의 특성에서 기인하는 입증의 곤란을 의사 측에게 일방적으로 부담시키는 결과가 되어 의료의 기피 또는 긴축의료의 현상이 나타날 우려가 있다는 것이다.

그러나 의료과오소송의 경우에는 의료행위의 특성상 환자 측의 입증책임 경감이 요구된다는 것에 누구나 동의하고 있고, 모든 증거를 의사 측이 가지고 있을 뿐 아니라, 의사의 동료인 감정인으로부터 환자 측에 유리한 증언을 받아내는 것은 그 의료행위가 정당한 경우에는 매우 용이한 일이라고 할 것이다. 따라서 의사의 반증에 의한 추정 번복이 허용되는 표현증명이론은 의사 측에게 입증의 곤란을 일방적으로 부담시키는 것이 아니라 정당한 입증책임의 분배를 도모하는 것이라 할 것이고, 우리나라의 판례가 취하고 있는 사실상 추정론보다도 정형적인 사상경과라는 엄격한 요건을 필요로 하므로 인과관계 등에 대한 추정범위가 훨씬 좁아지게 되고 의사 측을 보호하는 입장이라고 할 수 있다.

4) 사실상 추정론

사실상 추정이라 함은 입증책임을 부담하는 당사자가 주요 사실의 증명에 갈음하여 간접사실을 증명한 경우에 경험칙을 적용하여 그 간접사실로부터 주요 사실을 추인하는 것을 말한다. 즉 법관의 합리적 자유판단으로 이미 존재가 확인된 어떤 다른 사실로부터 직접적으로 경험하지 아니한 법률요건사실 또는 그에 이르는 중간적 사실의 존재를 추리해 내는 심리과정을 밟아 주요 사실을 증명(추인)하는 것이며, 이 경우 확실성에 근접하는 개연성을 가진 경험칙을 토대로 하는 것이므로 법이 요구하는 정도의 확신성을 만족시켜 준다. 반면, 그 경험칙은 절대적 논리칙은 아니기 때문에 이와 같은 사실상 추정에 의해 불리한 사실을 인정받게 되는 상대방 측은 반증을 함으로써 그 추정을 번복할 수 있는 것이다.502)

사실상 추정론은 경험칙을 매개로 간접사실을 증명함으로써 주요 사실을 추정하고 반증을 허용한다는 점에서 표현증명과 그 맥을 같이하지만, 정형적인 사상경과가 없는 경우에도 주요 사실의 추정이 이루어진다는 점에서 표현증명보다 그 요건이 엄격하지 않다.

이 이론은 개연성설에서 더 나아가 입증책임을 경감하기 위해 일본에서 등장하였다.503) 즉 원고 측에서 법익침해의 결과가 의료행위에 즈음하여 생겼다는 것과 그것이 의료행위에 의하여 생겼다는 정도의 개연성에 관하여 일응의 주장을 하면 그것으로 입증책임은 다한 것이며, 전문가인 의사 측에서 반증을 하지 않는 한 인과관계를 인정해야 한다는 것이다.

이때 인과관계는 여러 개의 간접사실에 경험칙을 적용하여 추정될 수밖에 없는데, 그러한 인과관계의 추정을 위한 요소로는 ⅰ) 당해 의료행위와 악결과 사이의 시간적 근접성, ⅱ) 원인으로 되는 의료행위의 의술적 준칙위반, ⅲ) 다른 원인의 개입부정, ⅳ) 통계적 인과관계 등 9가지를 들고 있다.504) 이에 따르면 환자 측에서는 어떤 결과가 의료행위에 즈음하여 생겼다는 것과 그것이 의료행위에 의하여 생겼다고 하는 정도의 개연성에 관하여 일응의 주장을 하여야 하므로 그에 대한 입증책임을 여전히 부담하는 것이지만, 의사 측에서 어떤 결과가 의료행위에 의한 것이 아니라는 것을 반증으로 제시해야 하고 그렇지 못하는 경우에는 손해배상책임을 부담하므로 그만큼 입증책임을 부담하는 한편 그 반대로 환자 측에서는 입증책임의 부담이 경감되는 것이라고 볼 수 있다.

우리나라의 판례505)는 의료과오소송에 있어서 확고하게 사실상 추정론의 방법을

---

502) 김선석, 앞의 논문, 20면 참조.
503) 加藤一郎, "醫師の責任" 損害賠償責任の研究(上)(我妻先生還曆紀念), 有斐閣 1957, 151－152面.
504) 이러한 요소를 표현증명을 인정받기 위한 요소로 꼽는 견해가 있다(신현호, 앞의 책, 305면).
505) 대법원 1995.2.10. 선고 93다52402 판결(다한증사건); 대법원 1995.3.10. 선고 94다39567

이용하여 환자 측의 입증책임을 경감하고 있는 것으로 판단된다.[506] 이러한 판례의 견해에 의하면, 의사는 환자에게 생긴 중대한 악결과의 발생과는 무관한 경미한 과실이 있는 경우에도, 환자 측에서 의료행위 이전에 아무런 결함이 없었음을 증명하거나 의사 측에서 전혀 다른 원인으로 그러한 악결과가 발생하였다는 것을 증명하지 못하는 한 그 악결과에 대한 책임을 부담하게 되므로 의사 측에게 다소 불리한 결과가 발생할 가능성이 높다.

이러한 문제점을 보완하기 위하여 사실상 추정론의 요건에다 고도의 개연성, 즉 정형적 사상경과가 있는 경우에만 인과관계 또는 과실을 추정하는 한편, 특히 고도의 개연성이 무엇인지 판례를 축적해 나가야 한다는 표현증명이론이 대두되고 있다.[507] 그러나 판례는 표현증명에서의 필수요건인 고도의 개연성이나 정형적인 사상경과라는 요건을 필요로 하지 않고, 단순하게 일반인의 상식에 바탕을 둔 의료상의 과실만 밝혀내면 의사의 과실과 악결과 사이의 인과관계를 추정해 주고 있으므로 표현증명보다는 사실상 추정론을 택하고 있는 것으로 파악된다.

4. 입증책임의 전환(입증책임전환론)

독일에서는 입증책임의 완화만으로는 의료과오소송의 특성상 환자의 권리를 보호하는 데 부족한 면이 있다는 점에서 특수한 경우에는 입증책임분배의 일반원칙을 예외적으로 수정하여 입증책임을 상대방인 의사 측에게 완전히 전환시키자는 견해가 있다(입증책임전환: Beweislastumkehr). 즉 귀책사유(고의·과실)에 대한 입증책임전환은 의료과오소송을 채무불이행책임으로 구성할 때에만 논의되고 있고, 인과관계

판결; 대법원 1995.12.5. 선고 94다57701 판결; 대법원 1996.6.11. 선고 95다41079 판결; 대법원 1996.12.10. 선고 96다28158,28165 판결; 대법원 1999.2.12. 선고 98다10472 판결; 대법원 1999.4.13. 선고 98다9915 판결; 대법원 1999.6.11. 선고 99다3709 판결; 대법원 1999.9.3. 선고 99다10479 판결 등.

506) 송상현, 민사소송법, 박영사, 2002, 635면; 손용근, 앞의 논문, 85면.

507) 손용근, 앞의 논문, 120면; 최재천·박영호, 앞의 책, 855면 참조.

에 대한 입증책임전환은 의료과오소송을 불법행위책임 및 채무불이행책임으로 구성하는 경우 모두에서 논의되고 있다.

그러나 우리나라에서는 과실과 인과관계 모두에 대하여 입증책임을 전환하는 것은 지나치게 입증상의 공평을 해하는 것이고, 현행 우리 법체계와의 조화에도 무리가 있어 채택하기 어렵다고 할 것이다. 다만 입증책임전환론이 의료과오소송에서 피해자인 환자 측의 입증곤란 문제를 해결하는 이론으로 등장한다면, 청구원인을 불법행위책임으로 구성하는 경우 인과관계에 대한 입증책임전환에 한정해서 채택할 가능성이 높다고 전망할 수 있다.

1) 과실에 대한 입증책임전환

독일민법(BGB) 제282조 및 제285조는 채무불이행에 있어서 이행불능과 이행지체의 경우 우리 민법 제390조와 같이 채무자가 귀책사유(고의·과실)의 부존재를 입증하도록 규정함으로써 입증책임을 전환시키고 있으나, 불완전이행의 경우에는 그러한 명시적 규정이 없다. 그런데 진료채무의 불이행은 주로 불완전이행인 경우가 대부분이기 때문에 이행불능과 이행지체의 입증책임전환에 관한 규정을 불완전이행의 경우에도 유추적용할 수 있는지에 대하여 논란이 되었다.

이에 대해 독일에서는 ① 유추적용긍정설(진료채무의 불완전이행이 있는 경우에 귀책사유의 입증책임을 의사에게 부담시키기 위하여 독일민법 제282조 및 제285조를 유추적용해야 한다는 견해: 다수설),[508] ② 유추적용부정설(유추적용을 반대하고 입증책임분배의 일반원칙을 그대로 적용해야 한다는 견해)[509]로 나누어지고 있다.

---

508) Rappe, Die Beweislast bei positiver Vertragsverletzung, Zugleich ein Beitrag zur Überlassung von gefahrdrohender Beschaffenheit, AcP 141, 217ff; Musielak, Die Grundlagen der Beweislast im Zivilprozeß, S.471ff; Uhlenbruck, Beweisfragen im ärztlichen Haftungsprozeß, NJW 1965, S.1062; Geigel, Der Haftpflichtprozeß, 19. Aufl., 1986, S.1262; Emmerich, Das Recht der Leistungsstörung, 3 Aufl., 1991, S.223; Laufs, Arztrecht, S.201(신은주, 앞의 논문, 98면; 손용근, 앞의 논문, 127면 참조).

509) Stoll, Haftungsverlagerung durch beweisrechtliche Mittel, AcP 176, 156ff.

③ 판례는 아무리 훌륭한 의사라도 기계와 같이 정확하게 움직일 수 없고 생체의 생리학적 생물학적 현상은 의학으로 설명할 수 없는 것이 많다는 논거를 들면서 유추적용을 부정하고,510) 위험영역설에 따라 입증책임을 분배하고 있다. 다만 의사가 실제로 발생한 사건경과를 지배가능한 경우, 즉 사용된 기구의 기술상의 흠결로 인하여 신체손상이 있는 때에는 예외적으로 제282조를 유추적용하고 있다.511)

한편, 민법 제390조(채무불이행과 손해배상)는 독일민법과는 달리 채무불이행에 의한 손해배상청구권의 성립요건으로 '채무자가 채무의 내용에 좇은 이행을 하지 아니한 때'라는 포괄적인 규정을 두어 불완전이행을 제3의 채무불이행 유형으로 인정하고 있고, 단서에서 '채무자의 고의나 과실 없이 이행할 수 없게 된 때에는 그러하지 않다'고 규정하여 입증책임을 채무자(의사 측)에게 전환시키고 있다. 그런데 본래 입증책임분배원칙에 의하면, 채무자는 이행한 사실을 입증하고 이에 대해 채권자는 그 이행이 불완전하다는 것을 입증해야 한다는 것이 일반적인 견해이다. 즉 환자 측에서는 이행이 불완전함을 입증해야 하고 의사 측에서는 귀책사유(고의·과실)의 부존재에 대하여 입증책임을 부담하게 된다.

여기서 환자 측에서 진료채무의 이행이 불완전하다는 것을 입증하기 위해서는 의사의 진료가 善管注意義務에 위반하여 실시되었다는 것을 증명해야 하는데, 진료채무는 결과채무가 아니라 수단채무라고 보고 있으므로 이 경우의 선관주의의무위반은 곧 의사의 과실을 의미하는 것이다. 따라서 의사 측의 과실의 부존재에 대한 입증책임은 환자 측이 입증하는 이행의 불완전이라는 개념에 포함되어 결국 환자 측의 입증책임의 범위에 속하는 결과가 된다. 결과적으로 보면, 의료과오를 채무불이행책임으로 구성하여 과실에 대한 입증책임을 의사 측에게 전환시키고 있다고 하더라도 실질에 있어서는 환자 측의 이행채무의 불완전성을 주장 내지 입증하는 과정 속에 포함되는 것이므로 입증책임을 전환시키는 규정이 무의미하게 되는 것이다.512)

---

510) BGH NJW 1980, S.1333, BGH VersR 1967, S.664.
511) BGH NJW 1978, S.1683; BGH NJW 1978, S.584.
512) 신은주, 앞의 논문, 99－102면; 손용근, 앞의 논문, 130－133면.

2) 인과관계에 대한 입증책임전환

(1) 입증책임전환의 근거

독일의 판례는 의사가 의도적이거나 경솔하게 취급하여 행해진 중대한 치료과오의 경우에 치료과오와 발생한 손해 사이의 인과관계를 인정하고 있는데, 이 경우 잘못된 치료와 손해 사이에 인과관계가 없다는 것에 대한 입증책임은 의사가 부담한다고 하여 입증책임의 전환을 인정하고 있다.513) 이처럼 입증책임을 전환하고 있는 근거는 과실책임주의와 적정한 이익형량, 즉 의사는 환자보다 입증위험을 부담함에 있어서 '보다 가까이(näher dran)' 있게 된다는 점을 들고 있다.

그러나 최근에는 종래의 엄격한 입증책임전환이론을 다소 완화하는 태도를 보이고 있다. 즉 의사가 중과실을 범한 경우라도 당해 사건의 구체적인 상황에 비추어 입증책임을 전환시킬 필요가 있는지 아니면 다른 입증경감수단을 통해서도 환자의 목적을 달성할 수 있는지 검토해 볼 것을 요구하고 있다.514) 한편, 학설에 있어서는 이론적인 틀이 완성되어 있지 않으나 i) 입증책임전환을 인정하는 견해와 ii) 입증책임전환에 비판적인 견해515)로 나누어지고 있다.

그리고 입증책임전환을 인정하는 근거에 대해서는 다음과 같이 견해가 대립되고 있다.516)

① 개연성고려설: 의학상 원칙도 결국은 의학적 경험을 기초로 의료사고방지를 위하여 만들어진 것이므로 안전사고방지규정과 유사하므로 의료기술위반의 경우에도 안전사고방지규정위반의 경우와 같이 회피하려는 결과가 발생되었으면 개연성 고려에 기하여 인과관계에 대한 입증책임전환을 인정할 수 있다는 견해이다.517)

---

513) RG, WarnRspr, 1941, Nr. 14, S.29ff; BGH NJW 1959, S.1583; BGH NJW 1963, S.68.

514) BGH NJW 1978, S.2337; BGH NJW 1981, S.2513.

515) Hanau, NJW 1968, S.2291f.(Urteilsanmerkung); Musielak, a.a.O., S.153; Bydlinski, Probleme der Schadensverursachung nach deutschem und österreichischem Recht, S.65; 양삼승, "가정적 인과관례론", 외국사법연수논집 제1권, 285면 참조; 신은주, 앞의 논문, 74-78면 참조.

516) 신은주, 위의 논문, 78-87면; 손용근, 앞의 논문, 139-145면 참조.

517) Gaupp, Beweisfragen im Rahmen ärztlicher Haftungsprozesse, SS.93-94.

② 공평손해분담설: 일정한 사건형태에 있어서 그때그때 문제가 되는 법률영역에서 입증책임을 면제할 수 있는 특수한 실체법적 기준에 따라 입증책임을 분배할 수 있고 따라서 공평한 손해분배라는 손해배상법상 원칙은 입증책임분배나 그 전환에서 고려될 수 있다는 견해로, 따라서 의사의 중대한 과실이 있을 것이 요구된다고 한다.[518]

③ 위험영역설: 과실에 대한 입증책임전환에서 주로 주장된 이론으로 손해의 원인이 가해자의 지배영역 내에 있는 경우는 그에 관하여 책임이 없음을 가해자가 입증해야 한다는 견해이며, 의료과오의 경우 환자는 의사의 활동영역을 들여다보기 어렵기 때문에 증거곤궁상태에 있는 반면 의사는 손해에 보다 가까이 있어 손해발생의 원인에 대한 해명이 더 가능할 뿐 아니라 자신에게 해명의무가 있음을 알게 되면 손해발생방지를 위한 예방적 목적을 실현할 수 있을 것이므로 의료과오의 경우야말로 위험영역이론에 적합하다고 한다.[519]

④ 기대가능성설: 어떠한 입증책임분배라면 입증을 기대하는 것이 가능한 것인가라는 관점에서, 의사가 고의 또는 경솔하여 환자를 위험상태에 빠뜨려서 손해가 발생한 경우에 인과관계에 대한 입증을 환자에게 강요해서는 안 되고 의사에게 자신이 행한 중대한 과실의 책임을 부담시키는 것이 타당하다는 견해이다.[520]

⑤ 규범목적설: 침해된 행위의무의 목적이 특정의 신체적 위험에 대한 보호뿐만 아니라 이와 적절하게 연관된 입증의 곤궁에 대한 회피하려는 것에 있는 이상 이 규범목적은 입증책임의 전환을 요구하고 있는 것이라는 견해이다.[521]

요컨대, 인과관계에 대한 입증책임의 전환은 입증의 현실적 필요가 이동하는 것 이상으로 객관적 입증책임의 이동을 의미해야 그 뜻이 있다고 할 것이다. 이러한

---

518) Gaupp, a.a.O., S.96ff.
519) Dietmar Franzki, Die Beweisregeln im Arzthaftungsprozess, S.87; Pröloss, ZZP 82, S.468(Urteilsanmerkung).
520) Blomeyer, Die Umkehr der Beweisrecht, S.105f.
521) Stoll, Die Beweislastverteilung bei positiven Vertragsveletzungen, Festschrift für von Hippel, 1967, S.558f.

입증책임전환을 예외적인 경우에 입증경감을 위해 특별법규를 둠으로써 인정하고 있는 예로는 자동차손해배상보장법 제3조(자동차손해배상책임) 등이 가해자 측에서 무과실의 입증책임을 부담하도록 하고 있는 것이 있다.

여기서 그러한 특별법규가 없는 경우에도 이익형량의 필요에 따라 법원이 판례로서 입증책임의 전환을 선언하는 것이 가능할 것인지 논란이 된다. 생각건대, 의료과오소송에 있어서 환자의 입증곤란은 이 소송에서 가장 두드러진 특징이고, 의사가 중대한 과오를 범했음이 확정된 경우에도 인과관계에 대한 입증책임분배의 일반원칙을 따르는 경우에는 환자에게 그 책임을 부담시키는 결과가 되는 등 공평성과 적절한 손해분담의 측면에서 문제가 있다고 할 것이다. 따라서 법원의 법형성작용에 의하여 입증책임의 전환이 가능하다는 전제하에서 법원의 확립된 판례에 의해 입증책임을 전환시키는 것이 타당하다고 본다.522)523)

(2) 입증책임전환의 요건

인과관계에 대한 입증책임전환을 인정하는 견해에 따르면 그 요건으로 다음 두 가지를 제시하고 있다.524)

ⅰ) 의사에게 중대한 치료과오가 존재하여야 한다. 여기서 중대한 치료과오란 기본적인 의학기술법칙을 위반하는 것을 의미한다.525) 중대한 치료과오가 있는 경우에

---

522) 신은주, 앞의 논문, 92면.

523) 우리나라 의료과오소송 실무에서는 입증책임전환론이 채택된 적이 없으며, 소송법체계상으로도 당장 도입될 가능성은 거의 없다. 다만 학설에 있어서는 ① 입증책임전환론의 도입에 부정적인 견해(다수설: 김선석, "의료과오에 있어서 인과관계에 관한 제문제", 법조 제383호, 1988, 27면; 김상영, "의료과오의 증명책임에 관한 판례의 동향", 부산지방변호사회지 제14호, 1996, 52면, 강봉수, "의료소송에 있어서의 증명책임", 의료사고에 관한 제문제, 재판자료 제27집, 1985), ② 긍정적인 견해(신은주; 박일환, "의료소송에서의 입증책임", 민사법학 제8호, 1999, 375면), ③ 법체계와 상충되지 않는 범위 내에서 이미 공해소송이나 의료소송에서 사실상 추정론 등 기존의 입증책임에 대한 예외가 어느 정도 인정된 이상 입증책임전환의 도입여부에 대해 신중한 재검토가 필요하다는 견해(최재천·박영호, 앞의 책, 870면; 조형권, 앞의 논문, 98면; 손용근, 앞의 논문, 150면)로 나누어지고 있다.

524) 신은주, 앞의 논문, 92-95면; 손용근, 위의 논문, 150-153면 참조.

525) Kaufmann, Die Beweislastproblematik im Arzthaftungsprozeß, 1984, S.15; BGH NJW

중대한 치료과오의 존재에 대해서는 원고(환자 측)가 입증해야 하고 피고(의사 측)는 손해의 결과가 과오에 기인하는 것이 아니라는 것을 입증하여야 한다.[526) 그리고 치료결과의 중대성 여부를 판단함에 있어서 판례는 불법한 행태의 존부 및 정도에 의거하고 있으며 그 치료과오가 손해의 크기에 어떤 영향을 미쳤는지와는 관련이 없다는 태도를 취하고 있다.[527]

ii) 그 치료과오가 손해를 야기하는 데 적합한 성격을 가지고 있어야 한다.[528] 이 적합성(Geeignetheit)이라는 요건이 실질적으로 입증책임전환의 실질적인 범위를 확정하게 된다. 여기서 치료과오의 원인적합성은 고도의 개연성 내지 우월적 개연성을 요구하는 것이 아니며, 치료과오가 이미 발생한 것과 같은 종류의 손해를 야기할 수 있을 것이라는 가능성만으로 충분하다고 한다.[529]

5. 입증방해론

1) 의의 및 기능

입증방해(Beweisvereitelung)라 함은 일반적으로 입증책임을 부담하지 않는 당사자가 고의나 과실에 의한 행위(작위·부작위)에 의하여 입증책임을 부담하는 당사자의 입증을 곤란하게 하는 것을 말한다.[530] 특히, 의료과오소송에서 환자는 의사에게 과

1968, S.2291-2292.

526) BGH NJW 1956, S.1835; BGH VersR 1965, S.91.

527) BGH NJW 1986, S.1540.

528) BGH NJW 1967, S.1508; BGH NJW 1978, S.1683.

529) Nüßgens, Zwei Fragen Zur zivilrechtlichen Haftung des Arztes, *Festschrift für Fritz Hau β*, 1978, S.287.

530) RGZ 20, S.1887, 5; BGH VersR 1958, S.705; 우리나라는 교통사고에서의 신체감정에 관한 판례(대법원 1994.10.28. 선고 94다1711 판결) 이후 의료과오소송과 관련한 판례(대법원 1995.3.10. 선고 94다39567 판결; 부산고법 1996.7.18. 선고 95나7345 판결; 대법원 1999.4.13. 선고 98다9915 판결 등)에서 인정되고 있다.

실이 있다는 것과 위법한 행위와 발생한 손해 사이에 인과관계가 있다는 것을 입증하기 위하여 의사의 지배영역에 있는 입증자료(예컨대 의무기록)가 필요한 경우가 많다. 이때 의사 측에서 자신의 지배영역에 있는 입증자료를 유책적으로 훼손 또는 정정하는 것과 같은 방법으로 입증방해를 하는 경우 일반적인 입증책임분배의 원칙에 변경을 가하여 상대방(환자 측)의 입증경감을 위한 수단이 필요하게 된다.

이러한 입증방해론은 당사자의 증거수집활동을 적정하게 규율하고 상대방의 증거수집활동을 방해하지 못하도록 하는 예방적 기능을 가지는 한편, 일단 입증방해행위가 있는 경우에는 방해자에게 불리한 사실을 擬制하는 제재적 기능을 가지고 증거에 관한 당사자의 실질적 평등을 보장하는 목적을 가지고 있다.[531]

민사소송법은 입증방해행위에 대한 일반적인 규정을 두고 있지 않으며 몇 개의 개별적인 규정을 두고 있을 뿐이다. 書證에 관한 규정(민사소송법 제34조9조, 제350조, 제360조, 제361조), 검증의 목적물에 관한 규정(제366조), 당사자본인신문절차에 관한 규정(제369조) 등이 그것이다.

2) 입증방해의 제재근거

입증책임자의 입증을 불가능하게 하거나 곤란하게 한 경우에 소송상 제재가 있어야 한다는 점에 대해서는 견해가 일치하나, 그러한 제재를 가하는 근거에 대해서는 다음과 같이 견해가 나누어진다.[532]

① 기대가능성설: 증거방법의 보존을 독일민법 제282조 및 제285조의 실체법상 의무에서 구하고, 입증책임은 기대가능성을 기준으로 분배되는 것을 전제로 하여 擧證者의 상대방의 귀책사유로 거증자의 입증이 기대할 수 없게 되었을 때 이러한 기대불가능을 야기한 자에게 입증책임이 돌아가야 한다는 견해이다.[533]

---

531) 정동윤, 민사소송법, 법문사, 1990, 417면.
532) 신은주, 앞의 논문, 106-121면; 손용근, 앞의 논문, 164-180면; 최재천·박영호, 앞의 책, 874-878면; 조형권, 앞의 논문, 102-108면; 범경철, 앞의 책, 296-299면 참조.
533) Blomeyer, a.a.O., S.158(오용호, "민사소송에 있어서의 입증방해", 사법논집 제17집, 212

② 신의칙위반설: 입증방해행위는 독일민법 제242조의 신의칙 내지 신의칙에서 파생되어 나오는 선행행위에 모순되는 행위금지원칙에 위반되는 것이므로 방해자에 대하여 일정한 부담을 부과한다는 견해이다(우리나라 판례).[534]

③ 경험칙설: 불리하기 때문에 입증방해행위를 하는 것으로 보는 것은 경험칙이므로 방해자에 대하여 부담을 가한다는 견해로, 상대방은 입증책임이 있는 당사자에 의하여 주장된 사실이 진실하지 않다면 그 입증을 방해하지 않고 바로 이를 지지할 것인데 그 입증을 방해함으로써 증거조사를 두려워하고 있다는 것을 밝혀준다고 하는 경험칙을 인정하는 것이라고 하고, 입증방해는 이러한 경험칙 적용의 한 사례이며 독일민사소송법 제444조는 이를 기초로 한 것이라고 한다.[535]

④ 소송상 협력의무위반설: 독일민사소송법 제422조 · 제423조 · 제441조 · 제444조에 근거하여 사실의 수집에 있어서 일반적으로 소송법에서 파생되는 양 당사자의 협력의무와 釋明義務를 인정하고 입증방해행위는 이러한 의무에 대한 위반으로 보는 견해이다.[536]

⑤ 사실해명의무위반설: 독일민사소송법 제93조 · 제93조ｂ · 제94조 · 제444조에 근거하여 특히 증거보전분야에서 소송상 사실해명의무에 대한 事前效를 인정하고 입증방해에 대하여 일정한 제재를 가하는 것은 소송법상 요구되는 사실해명의무를 위반하였기 때문이라는 견해로, 소송상 협력의무위반설의 한 분파라고 볼 수 있다.[537]

⑥ 위험영역설: 입증책임의 분배에 대하여 손해의 원인이 가해자의 위험영역으로부터 유래하는 경우에는 입증책임분배의 일반원칙이 수정되어 가해자가 요건사실의 반대사실에 대하여 입증책임을 부담하고, 불법행위에 있어서도 귀책규범의 객관적 ·

면 참조).

534) Hewig, System des Deutschen Zivilprozessrechts Bd Ⅰ, S.476; Gerhart, Beweisvermittelung im Zivilprozessrecht, AcP, 169 302; 대법원 1994.6.22. 선고 94다39567 판결; 부산고법 1996.7.18. 선고 95나7345 판결.

535) Rosenberg, a.a.O., S.191(오석락 · 김형배 · 강봉수 번역, 앞의 책, 204면 참조); Musielak / Stadler, Grundfragen des Beweisrechts, JuS 1980, S.92.

536) Peters, Beweisvereitelung und Mitwirkungspflicht des Beweisgegners, ZZP 82, 209; Schönke / Schröder / Niese, Zivilproßesrecht, 8. Aufl., 1968, §58 Ⅷ, §64 Ⅴ(신은주, 앞의 논문, 111−116면 참조).

537) Stürner, Die Aufklärungspflicht der Parteien des Zivilprozesses, S.156ff.

주관적 요건사실의 부존재의 입증책임은 피고에게 넘어간다는 견해이다.[538]

⑦ 벌 내지 제재설: 입증방해행위에 의하여 해명되지 않는 사안의 위험은 벌 내지 제재의 사고에 의하여 의무에 위반한 행위에 의하여 이를 만들어 낸 당사자의 부담으로 해야 한다는 견해이다.[539]

요컨대, 민사소송법 제1조(민사소송의 이상과 신의성실의 원칙)의 신의칙에 관한 명문규정으로부터 소송상 협력의무를 도출해 낼 수 있고,[540] 제34조9조 등에서 규정하는 각각의 당사자의 문서제출의무 등은 공법상 의무라고 할 수 있으므로 입증방해행위에 대한 제재는 이 규정들을 유추하여 양 당사자에게 인정된 소송상 협력의무위반에 대한 제재로 보는 것이 타당하다고 할 것이다.[541]

3) 입증방해의 요건 및 정도

첫째, 입증방해자에게 제재를 가하기 위해서는 입증책임을 부담하지 않는 당사자의 증거방법의 제출의무 내지 보존의무가 요건이 되는지에 대해 견해가 나누어진다. 요컨대, 민사소송에 있어서는 아무런 근거 없이 증거방법을 보존하고 이를 훼손하지 않을 일반적인 협력의무를 인정할 수 없으므로 상대방의 협력의무 또는 사실해명의무가 전제로 상정되어 있는 경우에만 입증방해를 이유로 한 제재가 가능하게 된다(다수설).[542] 이러한 협력의무는 실체법규, 계약에 의한 합의, 일반적으로 요구되는 거래상 주의의무에 의해 인정될 수 있고, 소송상 의무에 근거하여 상대방의 의무를 확장할 수도 있을 것이다.

둘째, 입증방해행위로 인하여 제재를 가하기 위해서는 귀책사유가 존재해야 한다

---

538) Pröloss, a.a.O., S.65ff.
539) Dubischar, JuS, 1971, S.385.
540) 이시윤, 앞의 책, 28면.
541) 신은주, 앞의 논문, 120면; 강봉주, 앞의 논문, 33면; 손용근, 앞의 논문, 180면; 조형권, 앞의 논문, 108면.
542) 신은주, 위의 논문, 122면; 손용근, 위의 논문, 185면.

는 데 견해가 일치하고 있으나, 어느 정도의 귀책사유를 요구할 것인지에 대해서는 견해가 나누어진다. 요컨대, 고의에 의한 입증방해행위로 제한하는 경우에는 입증방해행위를 지나치게 좁게 인정하기 때문에 입증방해론의 실효를 얻지 못하는 결과를 가져올 것이므로 고의·과실이 요구된다고 할 것이다(다수설).[543]

셋째, 입증방해의 정도에 있어서는 입증불능을 요건으로 한다는 견해와 입증을 곤란하게 한 경우도 포함한다는 견해가 있으나, 굳이 입증불능에 한정시킬 필요는 없을 것이며 입증곤란의 경우에도 입증방해로 보아야 할 것이다.[544]

4) 입증방해의 효과

입증방해에 대하여 소송상 부담을 어느 정도 가할 것인지에 대해서는 학설이 나누어지고 있다.

① 입증책임전환설: 입증을 방해한 경우에는 입증책임자의 입증책임이 상대방에게 전환되어 입증상대방은 그 증거에 관하여 주장하는 사실과 반대사실을 입증하지 않으면 안 된다는 견해이다(독일 판례 및 소수설).[545]

② 자유심증설: 입증방해가 있을 경우 독일민사소송법 제444조 또는 우리나라 민사소송법 제349조 등의 규정을 유추하여 법관은 자유로운 심증으로 그 증거에 관하여 입증책임자가 주장하는 사실을 진실한 것으로 인정할 수 있다는 견해이다(독일 다수설,[546] 우리나라 다수설 및 판례[547])).

---

543) 신은주, 위의 논문, 123면; 손용근, 위의 논문, 186면.
544) 신은주, 위의 논문, 124면; 손용근, 위의 논문, 186면.
545) BGH NJW 1951, S.643; BGH VersR 1955, S.344; BGH NJW 1972, S.1131; Blomeyer, a.a.O., S.158.
546) Peters, a.a.O., S.215ff; Musielak, a.a.O., S.133ff; Rosenberg, a.a.O., S.197; Gehardt, a.a.O., S 289ff.
547) 이시윤, 앞의 책, 564면; 정동윤, 앞의 책, 467면; 신은주, 앞의 논문, 131면; 김용담, "민사소송에 있어서의 입증방해", 사법행정, 1984.6, 50면; 유재선, "증명방해", 재판자료 제25집, 468면; 대법원 1974.10.8. 선고 74다1153 판결; 대법원 1979.11.13. 선고 79다1577 판결; 대법원 1993.11.23. 선고 93다41938 판결; 대법원 1994.6.22. 선고 94다

③ 자유재량설: 입증방해의 효과로서 법원이 구체적인 사안을 고려하여 자유재량으로 입증책임자의 주장을 진실한 것으로 의제할 수 있다는 견해이다.[548]

④ 방해유형설: 방해행위의 대상이 된 증거의 종류와 행위의 태양에 따라 그 효과를 달리하는 견해이다. 즉 요건사실의 증명과 직접 관계가 있는 증명력이 높은 증거에 대한 고의·과실에 의한 입증방해 및 증명력이 그보다 떨어지는 증거에 대한 고의에 의한 입증방해의 경우에는 제재의 강도가 높은 의제의 효과를 부여하고, 그렇지 않은 나머지 증거에 대한 과실에 의한 입증방해 및 증명력에 대한 평가가 불능상태인 증거에 대한 입증방해의 경우에는 법관의 자유심증에 따라 제재유무를 정하자는 것이다.[549]

생각건대, 민사소송법 제349조·제350조·제366조·제369조가 증거에 관한 상대방의 주장을 진실한 것으로 인정할 수 있다고 규정하고 있으나, 이는 입증책임전환이라는 효과를 규율하고 있다고 볼 수 없다. 또한 입증방해에 대하여 입증책임의 전환을 인정하는 것은 탄력성이 없으며, 따라서 입증방해행위를 자유로운 증거판단의 범위에서 방해행위의 태양·정도·증거의 가치·다른 증거의 유무 등을 고려하여 방해자에게 불이익을 가하는 자유심증설이 타당하다고 본다.

5) 의료과오소송에서의 입증방해유형

독일의 의료과오소송에서 입증방해의 유형으로 인정되는 것을 보면 다음과 같은

39567 판결; 부산고법 1996.7.18. 선고 95나7345 판결; 대법원 1999.4.13. 선고 98다9915 판결 등.

548) Stürner, a.a.O., S.132, 244ff; 강봉수, "의료과오소송에서의 입증경감", 법조 29권6호, 1980, 31면; 한편, 자유심증설과 자유재량설은 상대방에 대한 제재를 법원의 자유에 맡기고 있는 점에서 동일하지만, 전자는 그 평가를 사실인정의 차원에서 고려하는 것이고 후자는 순수하게 제재라는 차원에서 행하는 점에서 차이가 있다.

549) 손용근, 앞의 논문, 195-202면(입증방해의 유형을 9가지로 예시한 다음, 종래의 학설을 적용하여 어느 것이 가장 타당한지 검증하면서 새로운 견해로 이러한 방해유형론을 제시하고 있다).

것이 있다.

즉 ① 書證에 관한 입증방해행위(의사가 진료기록부의 작성·보존을 하지 않아서 의사의 치료시의 하자를 증명할 수 없게 된 경우,[550] 진료기록부에 당연히 기재되어 있어야 할 사항이 결여된 경우[551]), ② 검증물에 대한 입증방해행위(의사가 2차 수술에서 1차 수술 당시 수술부위에 잔류된 탈지면을 꺼내어 없애버린 경우[552]), ③ 감정에 대한 입증방해행위(의사가 엑스선사진의 제출을 거부하는 경우,[553] 의사가 치료의 내용을 밝혀줄 수 있었던 엑스선사진을 분실한 경우,[554] 엑스선 조사 후 조사기간과 결과에 관한 기록을 자세하게 하지 않아 엑스선화상에 대한 의사의 과실판단을 불능케 한 경우[555]), ④ 증인에 관한 입증방해행위(입증책임을 부담하지 않는 당사자가 상대방이 신청한 증인을 잠적하게 한 경우[556]) 등으로 분류할 수 있다.

| 제14절 | 원격의료기반시설제공자의 민사책임론 |

1. 원격의료기반시설제공자의 의의

전술한 바와 같이, 원격의료는 격지의 환자를 진료함에도 불구하고 직접 대면하여 보고 듣고 만져보는 전통적인 의료의 경우와 동일하거나 유사한 수준의 효과성 및 안전성이 검증된 의료행위를 시술하는 것이다. 이와 같이 원격의료에 있어서 비

---

550) RG 1935.3.21; BGH 1972.5.16, NJW 72, S.1520.
551) BGH 1972.5.16, Ⅵ ZR 7 / 71 NJW 72, S.1520.
552) BGH 1955.4.16.
553) RG Recht 1923 Nr. S.501.
554) BGH NJW 63, S. 389 = JR 63, S.369.
555) RG Warn. 1936 Nr. 169. RGZ 171, S.168.
556) RG 1910.11.13.

대면진료 내지 간접대면진료를 가능하게 하는 것은 첨단 초고속정보통신매체 및 원격의료기기와 같은 원격의료기반기술에 달려 있다.

이에 의료법 제34조(원격의료) 제2항은 원격의료를 시행하거나 이를 받고자 하는 자는 보건복지부령(의료법시행규칙)이 정하는 시설 및 장비를 갖추도록 하는 한편, 의료법시행규칙 제23조의3(원격의료의 시설 및 장비)에서는 그러한 시설 및 장비로 원격진료실, 데이터 및 화상을 전송·수신할 수 있는 단말기, 서버, 정보통신망 등의 원격의료기반시설을 갖추도록 규정하고 있다.557)

원격의료기반시설을 구비하는 방법으로는 원격의료인(원격의료기관)이 직접 이를 구축할 수도 있고, 원격의료인 또는 원격의료기관의 시설규모나 자금사정 등의 여건상 제3의 주체에 의해 구축된 원격의료기반시설을 이용할 수도 있다.558) 대체로 후자의 경우에는 그 주체와 원격의료인(원격의료기관) 사이에 원격의료기반시설이용계약(인터넷서비스이용계약)이 체결되는 방식을 취하게 될 것이다. 이렇게 볼 때, 원격의료기반기술제공자(원격의료통신망제공자, 원격의료시스템관리자, 원격의료기반시설임대사업자)란 원격의료를 시행함에 있어서 법령상 또는 기술상 그 전제조건이 되는 시설 및 장비를 구축하고 그와 관련되는 서비스를 제공하는 자를 말하며, 일반적으로는 이를 인터넷서비스제공자(ISP)라고 부를 수 있다(이하에서는 원격의료기반시설제공자 또는 기반시설제공자를 인터넷서비스제공자와 같은 용어로 사용한다).

여기서 인터넷서비스제공자의 법적 책임은 별론으로 하더라도, 예컨대 정보통신망 장애 등으로 인해 원격의료인(원격의료기관)이 계약을 이행하지 못함으로써 환자

---

557) 본서 2.3.2, 7.4 참조.

558) "서울중앙병원과 현대정보기술이 공동구성한 현대정보기술 컨소시엄이 정보통신부가 추진하는 업종별 응용소프트웨어임대보급(ASP: application service provider) 및 확산사업의 의료 분야 사업자로 선정됐다. ASP란 일종의 온라인임대서비스로 특정장소(데이터센터)에 설치된 하나의 표준프로그램을 통신망을 이용하여 여러 사용자가 사용할 수 있도록 구성된 전산시스템이다. 의료 분야 ASP는 현대정보기술 컨소시엄 외에 서울대병원과 이지케어텍 컨소시엄도 사업자로 선정됐다(데일리메디 2001년 11월 30일자)", 그리고 "2차년도 업종별 ASP 보급·확산사업 참여사업자로 비트컴퓨터, 신성정보기술 등 11개 업체를 추가로 선정했다(데일리메디 2002년 3월 22일자)", "3차년도 업종별 ASP 보급·확산사업"의 의료병원부문 사업자로 선정된 현대정보기술은 병원정보시스템을, 메디컬익스프레스는 병의원솔루션을 제공하게 된다(데일리메디 2003년 2월 12일자)."

에게 손해가 발생하였다면, 원격의료인(원격의료기관)과 환자와의 법률관계(원격의료
계약)에 있어서 원격의료기반시설제공자는 그 원격의료계약의 직접적인 계약당사자
는 되지 않을지라도 체약보조자 내지 이행보조자로서의 지위를 가지게 된다. 이하
에서는 일반적인 인터넷서비스제공자의 개념 및 법적 책임을 기초로 하여 원격의료
기반시설제공자의 민사책임에 관하여 검토하고자 한다.

대개 인터넷서비스제공자(ISP: internet service provider)라 함은 모뎀(modem)이나
랜(LAN)을 통해서 인터넷과 연결된 컴퓨터 또는 컴퓨터네트워크에 접속시켜 주는
자, 또는 자신의 설비나 서버를 이용하여 이용자에게 온라인을 통하여 일정한 서비
스를 매개하는 자, 또는 정보제공자가 제공하는 정보에 접근할 수 있도록 인터넷접
속서비스를 제공하는 자(인터넷접속서비스제공자, 정보통신망접속서비스제공자)[559]를
총칭하는 말이다.[560]

우리나라의 법률에서 인터넷서비스제공자(ISP)의 개념을 찾아보면, 전기통신역무를
제공하는 사업을 전기통신사업이라 하고(전기통신사업법 제2조 제1항 제1호) 이를

---

559) 예컨대 메가패스, 하나포스, 두루넷 등 광대역 초고속통신망서비스를 제공하는 사업자가 그 전형
   적인 예라고 할 수 있다; Kurt B. Opsahl, "Freezing Rain on the Information Superhighway: Protecting
   Internet Service Providers from Vicarious Liability", <http://www.etheria.com/opsahl/Homecmnt/>
   [200410.27. 방문]>.

560) 비슷하게 통용되는 용어로는 다음과 같은 것이 있다. ① 온라인서비스제공자(OSP: online
   service provider): 온라인상의 서비스나 네트워크서비스를 제공하거나 이러한 서비스를
   위한 시설을 운영하는 자를 말한다(DMCA: 디지털밀레니엄저작권법 제512조 b항). 우리
   나라의 저작권법 제2조제22호는 온라인서비스제공자라는 용어를 사용하고 있다. ② 콘텐
   츠제공자(CSP 또는 CP: content service provider): 인터넷을 통해서 컨텐츠나 데이터베이
   스를 제작·제공하는 자를 말한다(정보제공자). ③ 인터넷서비스의 내용에 따라 i)
   IPP(internet presence provider), ii) NSP(network service provider), iii) ASP(application
   service provider): 본서에서 논의하는 의료 분야에서의 응용소프트웨어임대업을 지칭한다,
   iv) MSP(managed service provider) 등으로 분류되기도 한다(社團法人著作權情報センタ:
   附屬著作權研究所 寄與侵害·間接侵害委員會, "寄與侵害·間接侵害に關する研究", 2001.3,
   著作權研究所研究叢書 第4卷 73面). ④ ICH(internet content host): 타인의 정보를 매개
   하는 자를 말한다(정보매개자, 정보매개서비스제공자: 예컨대 하이텔, 천리안, 나우누리,
   포털사이트 등). ⑤ SYSOP 또는 BBS(bulletin board system operator): 미국에서는 온라인
   상의 서비스를 하는 자 모두를 포괄하는 개념으로 이 용어를 사용하고 있다(이영록, "서
   비스제공자의 저작권침해 책임", 1998 가을호, 31면).

기간통신사업·별정통신사업·부가통신사업으로 구분하는데(전기통신기본법 제2조 제8호, 제7조), 여기서 부가통신사업이란 기간통신사업자로부터 전기통신회선설비를 임대하여 기간통신사업 외의 전기통신역무(예컨대 PC통신, 인터넷, 전자우편, 전자문서교환, 신용카드검색, 컴퓨터예약, 전화사서함서비스 등)를 제공하는 사업이라고 정의하고 있다(전기통신사업법 제4조 제4항). 그리고 정보통신서비스제공자라 함은 전기통신사업법 제2조 제1항 제1호의 규정에 의한 전기통신사업자와 전기통신사업자의 전기통신역무를 이용하여 정보를 제공하거나 정보의 제공을 매개하는 자를 말한다(정보통신망이용촉진및정보보호등에관한법률 제2조 제1항 제3호).

이러한 규정의 개념에서 볼 때, 인터넷서비스제공자는 전기통신사업법상의 전기통신사업자(엄격히 말하자면 부가통신사업자)[561] 및 정보통신망이용촉진및정보보호등에관한법률상의 정보통신서비스제공자를 모두 지칭한다.[562]

2. 기반시설제공자의 법적 지위 및 책임

1) 기반시설제공자의 법적 지위

(1) 법률상의 지위

전기통신사업법은 전기통신사업의 건전한 발전과 이용자의 편의를 도모함으로써 공공이익의 증진에 이바지하고(제1조) 급속한 정보화사회에 대응하는 기반을 확립하기 위하여 경쟁원리를 도입하고 민간의 힘을 활용한다는 점에 초점이 맞추어져 있

---

561) 판례는 PC통신사업자를 전기통신사업법상의 전기통신사업자로 보고 있다(대법원 1998.2.13. 선고 97다37210 판결).

562) 연혁적으로는, 미국 연방통신위원회(FCC)가 패킷통신회사(PCI)에 공중통신사업자로부터 대여 받은 회선으로 패킷통신망을 건설하는 것을 인가한 것이 세계최초이며(1973년), 그 후 TELNET(1975년)과 TYMNET(1977년)에 의해 본격적인 부가통신서비스시대를 열었다(임동민, "부가통신서비스", 정보통신산업동향, 정보통신정책연구원, 1999.10.30, <http://sunnet.kisdi.re.kr/> [2002.2.20. 방문] 참조).

다(제33조의4). 이러한 관점에서 전기통신사업자에게 통신비밀의 보호(제54조), 정보유통의 금지(제34조조의5)라는 의무가 부과되는 한편, 전기통신역무를 제공함에 있어 부당한 차별취급이나 정당한 이유가 없는 역무제공의 의무(제3조 제1항), 이용자보호(제33조), 보편적 역무의 제공(제3조의2) 등 각종 규제를 규정하고 있다.

그러나 통신사업자에 대한 규제의 본질은 통신의 안전성 및 신뢰성의 확보와 공공의 이익보호를 목적으로 하는 것이며 통신의 내용에 대한 감시 내지 감독을 규정한 것은 아니다. 따라서 인터넷서비스제공자와 같은 전기통신사업자는 자유로운 통신사업에 대하여 이용자보호를 위한 규제를 받는다고 하는 법적 책임을 부담한다.

(2) 정보제공자 및 정보중개자적 지위

인터넷서비스제공자는 정보통신망이용촉진및정보보호등에관한법률에서 규정하는 바와 같이, 전기통신사업자의 전기통신역무를 이용하여 정보를 제공하는 정보제공자와 정보제공을 매개하는 정보중개자로서의 지위를 가진다.

ⅰ) 인터넷서비스제공자는 자신이 일방적으로 또는 다른 인터넷서비스제공자와 상호 정보이용계약을 체결하여 정보를 제공할 수 있다. 이때 정보제공자는 자신이 제공한 정보에 대해서만 그 정보의 안전성을 보장하고 다른 정보제공자가 제공한 정보에 대한 책임을 부담하지 않는다. 또한 정보제공자는 자신이 제공한 정보에 대한 편집 및 통제권을 가지고 있다고 보아야 할 것이므로 자신의 원안(protocol)을 항상 갱신(update)할 수 있고 그 정보를 이용하는 다른 이용자의 이용에 일정한 통제를 가할 수 있다.

ⅱ) 인터넷서비스제공자는 그 본질적 역할로서 전자게시판의 운영이나 전자우편의 송수신 등의 방법으로 정보교환의 장을 제공할 수 있다. 이때 인터넷서비스제공자는 자신의 주컴퓨터를 이용하여 이용자나 다른 인터넷서비스제공자와 인터넷서비스이용계약(인터넷서비스공급계약, 네트워크이용계약)을 체결하게 된다. 이에 따라 인터넷서비스제공자는 자신의 영역 내에서 교류 내지 매개되고 있는 정보에 대한 보호의무를 부담하게 된다.

2) 기반시설제공자의 책임성립여부 및 범위

(1) 포괄설(통신역무설: 책임부인론)

매일 수많은 정보와 메시지가 통신망을 통해 이동하고 있는 현실상황하에서 인터넷서비스제공자가 이를 통제한다는 것은 사실상 불가능한 일이므로 책임을 지지 않는다고 하며, 그 논거로 다음과 같은 것을 들고 있다.563)

ⅰ) 인터넷서비스제공자가 하는 사업내용(통상의 통신중개, 기타 웹사이트 서버의 렌탈 등의 서비스)을 전기통신사업자가 하는 통신역무의 입장에서 파악하여, 전기통신사업자의 통신역무에 대한 검열의 금지 및 통신의 비밀을 전제로 사업자는 통로제공을 하는 것이고 그 통로를 통과하는 내용, 즉 개개의 회원이 자기의 웹사이트 등에서 제공하는 정보에 대해서는 어떠한 의미로도 책임을 지지 않는다(통신역무설).564) 인터넷서비스사업자나 PC통신사업자의 제공서비스도 본질은 전기통신사업자의 통신역무와 동일하며, 원칙적으로 이용자의 정보의 내용에 관여할 수 없기 때문에 자신이 제공하는 통로를 통한 정보에 대한 관리·감독의 아무런 권리나 의무가 없는 것이다.

ⅱ) 인터넷서비스제공자가 사업을 그만두지 않고 엄격한 모니터링을 하는 경우에 모니터링을 위한 비용의 문제, 모니터링의 완벽성 문제가 발생한다.

ⅲ) 명예훼손, 프라이버시, 저작권 또는 상표권 등의 침해행위와 관련해서 엄격한 모니터링을 하는 경우에는 각 개인에게 주어진 헌법상 기본권(예컨대 언론출판의 자유 및 검열제 금지, 통신비밀의 자유)을 훼손하는 방향으로 작용할 수 있다.

ⅳ) 인터넷서비스제공자에게 과도한 책임을 부담시키게 되면 책임을 지지 않기 위해 사이버스페이스상에서의 자유로운 정보교환을 통제할 우려가 있다.

---

563) 이영록, 앞의 논문, 40면 이하; 김동근, 온라인서비스제공자의 법적 책임에 관한 연구, 전북대대학원 박사학위논문, 2000, 48－49면; 김영철, 인터넷서비스제공자의 저작권침해에 대한 민사책임에 관한 연구, 동의대대학원 박사학위논문, 2000, 74면 참조.
564) 速水幹由, "通信役務說の立場から", イソターネット法學案內, 日本評論社, 1998, 187面以下.

(2) 한정설(부수역무설: 책임인정론)

인터넷서비스제공자에게 일정한 부분 책임이 있다는 견해로, 그 논거로는 다음과 같은 것을 제시하고 있다.[565]

ⅰ) 통신역무를 한정적으로 파악하고 인터넷서비스제공자의 입장에서 최저한으로 필요한 협의의 통신중개(인터넷접속서비스)만을 통신역무라고 보아 그 범위 내에서는 통신역무설과 동일하게 법적 책임이 없다고 보지만, 웹사이트 등의 게재에 관한 하드디스크의 렌탈과 같은 경우에는 통신역무와는 별개의 부수역무라고 이해하여 임대차와 유사한 회원과의 계약책임, 계약 외 제3자에 대한 관리책임(불법행위책임)이 있다.[566] 전기통신기본법상의 통신역무를 통신회선의 제공으로만 한정하여, PC통신사업자가 자신의 하드디스크에 전자게시판을 개설하는 것이나 인터넷서비스사업자가 자신의 서버에 이용자의 웹사이트를 설치하는 것은 부수적인 서비스로 이해하고 여기에 대한 통신의 비밀에 대한 보호를 일부 배제하는 것이다.[567)568]

ⅱ) 인터넷서비스제공자는 이용자들의 행위로부터 경제적 이익을 얻었으므로 그들의 불법행위에 대해 조치를 취해야 할 위치에 있는 유일한 주체이므로 이에 대한 법적 책임을 져야 한다.

---

565) 최경수, "온라인사업자의 책임", 정보법학 제3호, 1999, 292면 이하; 김동근, 앞의 49면; 김영철, 73면 참조.

566) 牧野二郎, "附隨役務說の立場から", イソターーネット法學案內, 日本評論社, 1998, 200面 以下.

567) 東京地裁, 1997.5.26. 判時 第1610號, 22面(NIFTY - Serve 사건: 통신회사와 SYSOP 사이에 실질적인 지휘감독관계를 인정한 판결).

568) 일본에서 ISP의 손해배상책임과 관련하여 2001년 제정된 것이 '특정전기통신역무제공자의 손해배상책임 제한 및 발신자정보의 개시에 관한 법률(ISP책임제한법)'이다. 이 법은 인터넷에서 웹사이트나 전자게시판과 같이 불특정인에 의해 수신되는 정보의 유통행위로 인하여 민사상 불법행위 등을 요건으로 하는 권리침해, 즉 저작권침해, 명예훼손, 프라이버시침해 등이 발생하는 경우에 대하여, 웹호스팅을 하는 자나 전자게시판의 관리자와 같이 통신을 매개하는 자로 표현되는 ISP의 손해배상책임을 제한하고(제3조 제1항: 부작위책임, 제3조 제2항: 작위책임), 권리를 침해당한 자가 ISP에 대하여 발신자정보의 개시를 청구하는 권리를 규정하고 있다(제4조)(윤선희, "일본의 특정전기통신서비스제공자의 손해배상책임 제한 및 발신자정보의 개시에 관한 법률", 창작과 권리, 세창출판사, 제27호, 2002년여름호, 51 - 64면).

iii) 인터넷서비스제공자는 서비스를 제공하는 사업자이므로 공개자료실을 검색하는 인원을 확충하고 검색할 수 있는 인원의 질을 높여 상용인지 아닌지, 음란물인지 아닌지, 타인의 명예를 훼손하는 내용인지 아닌지 등을 면밀히 검사하여 서비스의 질을 높여 문제의 소지를 없애야 한다.[569]

iv) 인터넷서비스제공자에게 엄격책임을 부과하는 편이 침해의 탐지에 필요한 검색기술을 개발하는 인센티브를 주는 것으로 되기 때문에 바람직하다.

(3) 미디어설(미국)

미국에서 판례법상 확립된 미디어책임원칙에 따르면, 정보를 매개한 자를 발행자(publisher)·배포자(distributor)·기간통신사업자(common carrier)라는 세 가지로 분류하고 각각의 역할과 기능에 따라 다른 정도의 책임을 인정하고 있다. i) 발행자의 경우는 내용에 대해서 저자와 동일한 책임을 지고, ii) 서점 등과 같이 제3자가 발행한 발간물을 배포한 배포자는 악의 또는 내용을 아는 이유가 있었던 경우에만 책임을 지며, iii) 전화회사와 같은 기간통신사업자는 접속의무가 있기 때문에 이용자가 타인의 명예를 훼손하더라도 이용자의 행위에 대하여 어떠한 책임도 지지 않는다. 미디어원칙에 따라 인터넷서비스제공자나 PC통신사업자는 기간통신사업자와는 달리 접속의무가 없다고 보아 책임을 면제하지 않고 서비스제공과정에서의 역할과 기능에 따라 그 책임을 차등화하여, 그들이 불법정보의 유통에 직접 개입하지 않았다고 하더라도 계약·업무관행·전후상황 등에 의하여 온라인상의 통신내용을 인식하고 있었거나 인식하고 있어야 할 합리적인 이유가 있는 경우에는 책임을 부담한다. 즉 인터넷서비스제공자는 그가 정보의 내용에 관여하거나 관리·감독하는 입장에 있는 경우에는 발행자로서의 책임을 지게 되지만,[570] 그러한 권한이 없는 경우에는 배포자로서의 책임을 지는 것으로 해석하고 있다.[571]

---

569) 저작권심의조정위원회, "1996 저작권전문가 심포지엄 종합토론 요약", 계간저작권, 1996년겨울호, 78면.

570) 발행자책임을 인정한 판례: Stratton Oakmont, Inc. v. Prodigy Services Company, 995 N.Y. Misc. LEXIS 229: 23 Media L. Rep. 1794(N.Y. Sup. Ct. May 25, 1995); Kenneth M. Zeran v. American Online Inc., 958 F. Supp. 1124(E. D. Va. 1997).

이러한 까닭으로 관리・감독 가능성이 높은 PC통신사업자의 경우는 발행자 책임을 지는 경우가 많고, 주로 접속만을 담당하는 인터넷서비스제공자는 배포자 책임을 지는 경우가 많다고 볼 수 있다. 그리고 인터넷상의 불법행위를 예방하기 위해 자율적으로 감시・감독하는 사업자는 무거운 책임을 부담하게 되고, 그와 반대로 이용자의 불법행위를 방관하는 사업자는 상대적으로 경미한 책임을 지는 경우가 발생한다. 이에 그러한 불균형을 시정하기 위하여 연방통신품위법(CDA)에서는 안전조항(good samaritan provision)을 두어 제3자가 제공한 정보를 관리해도 발행자(publisher)로 간주되지 않도록 하는 규정을 명문화하기에 이르렀다.[572][573]

(4) 독일 전자통신서비스법상 책임론

독일의 경우에는 전자통신서비스법(TDG: Teledienstgesetz)을 제정하여 인터넷서비스제공자의 책임을 민법에 의한 손해배상책임보다 경감하고 있다. 즉 전자통신서비스법 제5조에서는 전자통신서비스의 내용물 공급업자인 인터넷서비스제공자의 책임에 관하여 다음과 같은 내용을 규정하고 있다.[574]

ⅰ) 인터넷서비스제공자는 자신의 내용물을 이용할 수 있도록 제공한 경우에는

---

571) 배포자책임을 인정한 판례: Cubby, Inc. v. CompuServe Inc., 776 F. supp. 135(S.D.N.Y. 1991).

572) 미국 연방통신품위법(CDA: Communication Decency Act, 1996) 제230조 (c)(1)의 원문은 다음과 같다. §230 (c) PROTECTION FOR('GOOD SAMARITAN' BLOCKING) AND SCREENING OF OFFENSIVE MATERIAL (1) TREATMENT OF PUBLISHER OR SPEAKER; No provider or user of an interactive computer service shall be treated as the publisher or speaker of any information provided by another information content provider.

573) 디지털밀레니엄저작권법(DMCA: Digital Millennium Copyright Act, 1998)은 인터넷서비스운영자의 기여침해책임과 대위책임을 명문화하고, 동법 제202조에서는 서비스운영자의 행위와 관련한 책임문제는 순간적 디지털네트워크 통신(transitory digital network communications), 시스템 캐싱(system caching), 이용자의 지시로 시스템이나 네트워크에 존재하는 정보(information residing on systems or networks at direction of users), 정보경로 도구(information location tools) 등 4가지 인터넷기능을 중심으로 발생한다고 보고 이들 각각을 특정하여 책임제한요건을 규정하고 있다(윤선희, "정보통신사회에서의 인터넷서비스운영자에 대한 고찰", 인터넷법률 통권11호, 2002.3, 68-69면 참조).

574) "Gesetz zur Regelung der Rahmenbedingungen für Informations und Kommunikationsdienste", <www.kuner.com> [2004.12.16. 방문] 참조.

일반법에 따라 책임을 진다(자기책임원칙: 제1항).

ⅱ) 인터넷서비스제공자는 타인의 내용물을 이용할 수 있도록 제공한 경우에는 그 내용물을 인식하고 그 이용을 기술적으로 차단할 수 있고 그러한 조치를 합리적으로 기대할 수 있는 경우에 한하여 책임을 진다(고의책임 및 과다부담제외원칙: 제2항).

ⅲ) 인터넷서비스제공자는 단순히 이용을 가능하게 한 접속매개 사실만으로는 제3자의 내용물에 대하여 책임을 지지 않는다(제3항). 여기서 이용자의 요청에 따른 자동적·일시적인 저장은 접속매개로 간주된다.

ⅳ) 인터넷서비스제공자가 연방통신법(Telekommunikationsgesetz) 제85조의 통신비밀보호규정에 따라 그러한 내용물을 인지하고 그 내용물을 차단하는 것이 기술적으로 가능하고 합리적으로 기대할 수 있는 경우에는 불법적인 내용물의 이용을 차단하기 위한 일반법에 따른 의무를 부담한다(제4항).

ⅴ) 인터넷서비스제공자가 영업으로서 행하는 서비스제공에 관해서는 신원을 명확히 하기 위하여 그 명칭·주소 등 일정한 사항의 표기를 의무화하고 있다.

(5) 종합 및 결어

오늘날 인터넷 등 정보통신기술의 발달로 인해 인터넷서비스의 제공 및 이용이 보편화되었으므로 그 제공 및 이용과 관련하여 일정한 법적 규율이 가해져야 한다는 것은 불가피하게 되었다. 따라서 전기통신기본법상의 통신역무를 통신회선의 제공으로만 한정하여 인터넷서비스제공자가 통신역무(인터넷접속서비스)를 제공하는 경우에는 책임이 없다고 할 것이나, 그 이외의 인터넷서비스 제공에 대해서는 이를 부수역무로 보고 일정한 부분 책임을 인정하는 것이 타당하다고 본다.

그러나 모든 경우에 그러한 책임을 부과하는 것은 인터넷산업의 발전과 인터넷서비스의 제공 또는 이용에 부정적인 영향을 미칠 것이라는 점에서 저작권법 제77조(온라인서비스제공자의 책임제한)에서와 같이 일정한 경우 책임을 경감하거나 면제해주는 것이 바람직하다.

3. 기반시설제공자의 계약책임

1) 인터넷서비스이용계약의 의의

원격의료에 있어서 인터넷서비스제공자(원격의료기반시설제공자)는 정보제공자 또는 정보중개자로서 이용자(원격의료인 또는 원격의료기관)와 인터넷서비스이용계약을 체결하게 된다. 인터넷서비스이용계약(Internet–Servicevertrag)이라 함은 정보통신망을 통하여 일반 공중 또는 일정한 인적 영역에 있는 자에게 정보제공이나 콘텐츠제공, 그리고 네트워크접속을 할 수 있도록 하는 권한을 일정한 기간 동안 허락하는 계약을 말한다.

여기서 인터넷서비스이용계약의 형태는 정보제공계약·콘텐츠제공계약·네트워크접속계약으로 나누어 볼 수 있는데, 원격의료에 있어서는 네트워크접속계약의 유형이 주로 논의가 될 것이다. 인터넷서비스이용계약의 주된 급부는 이용자가 온라인 정보를 검색하거나 네트워크에 접속할 수 있는 정보통신망을 이용할 수 있도록 하는 정보통신망이용권이 된다.575) 즉 인터넷서비스제공자의 의무는 이용자에 대한 서비스의 도달보장 및 내용의 유지를 그 내용으로 한다.

그리고 인터넷서비스이용계약의 법적 성질은 서비스의 제공방법에 따라 매매·임대차·고용계약·도급계약 등 여러 가지 요소를 가진다고 볼 수 있을 것이다. 생각건대, 인터넷서비스이용계약은 서비스제공자가 이용자에게 일정한 기간 동안 정보의 검색과 이용에 적합한 상태를 제공할 의무를 부담하므로 임대차의 요소를 가지고 있다. 또한 정보통신망 이용에 한정하지 않고 계약상 합의된 온라인정보의 검색에 필요한 운용소프트웨어를 양도하는 경우에는 매매의 요소도 가진다고 볼 수 있다. 따라서 인터넷서비스이용계약은 임대차와 매매가 혼합된 유형조합계약(Typenkombinationsvertrag)이라고 할 수 있다.576)

---

575) 정진명, 가상공간법 연구(Ⅰ): 인터넷, 전자거래 그리고 법, 법원사, 2003, 174면.
576) Mehrings, NJW 1993, S.3105; Sieber, CR 1992, S.523(정진명, 앞의 책, 176면; 정진명, "혼합계약의 해석", 민사법학 제16호, 1999, 441면 참조).

2) 계약책임의 근거

(1) 보편적 역무(인터넷서비스)제공의무

인터넷상 전기통신역무는 전기통신설비를 이용하여 타인의 통신을 매개하거나 전기통신설비를 타인의 통신용으로 제공하는 것을 말하는데(전기통신기본법 제2조 제1항 제7호), 여기서 전기통신이란 유선·무선·광선이나 기타 전자적 방식에 의해 부호·문헌·음향 또는 영상을 송신하거나 수신하는 것을 말한다.[577] 인터넷서비스는 접근서비스의 일종으로서 당사자 간의 약정으로 그 범위가 정해지는 것이 보통이며, 현재 제공되고 있는 보편적인 역무(전기통신사업법 제2조)로는 기본정보제공서비스, 전자우편서비스, 인터넷접속서비스, 부가정보서비스, 데이터베이스제공서비스, 전자게시판(BBS)제공서비스 등이 있다.

인터넷서비스제공자의 고의·과실로 인하여 보편적 역무(인터넷서비스)를 제공하지 못한 경우에는 채무불이행책임을 부담하게 된다. 인터넷서비스제공자는 이와 같은 보편적인 역무(인터넷서비스)의 제공에 기여해야 한다(전기통신사업법 제3조의2 제1항). 그리고 정당한 이유 없이 전기통신역무의 제공을 거부해서는 안 되며 그 업무처리에 있어서는 공평·신속·정확을 기할 의무가 있다(동법 제3조 제1항, 제2항).

그런데 원격의료는 진료정보의 공동이용이 불가피한 의료시스템이므로 원격의료기반시설제공자는 위와 같은 정보통신관련법의 근거 이외에도 의료법 제21조(기록열람 등) 제1항 단서 및 제2항에 근거하여 간접적으로 도출되는 진료정보제공의무를 부담한다고 해석된다. 따라서 원격의료기반시설제공자가 이러한 진료정보제공의무를 위반한 경우에는 그로 인한 손해배상의 책임을 부담하게 된다.

---

[577] 이러한 전기통신역무는 주문서비스나 접근서비스에 의하여 개별적 사용에 공여된다는 점에서 수신자 범위의 일반성이라는 특성을 가지는 방송과 구별된다. 이에 비해, 독일의 경우에는 통신기술의 발달에 따라 새로이 생겨난 주문(Abruf)이나 접근(Zugriff)에 의한 문자서비스·음향서비스·동화상서비스도 기본권으로 보장되고 있는 방송에 속하는 것으로 하고 있다(BVerfGE 73, 118, 154).

(2) 인터넷설비제공 및 안전성확보의무

인터넷서비스제공자는 인터넷서비스와 관련된 제반설비를 일정한 기술수준에 맞게 설치·운영하여야 하며, 그러한 설비를 지속적이고 안정적인 서비스의 제공에 적합하도록 유지하여야 한다. 그리고 전기통신설비에 장애가 발생하거나 파손된 경우 즉시 그 설비를 수리하거나 복구할 의무를 부담한다(전기통신기본법 제16조, 제25조). 따라서 정보통신사업자(인터넷서비스제공자)가 정보통신부령이 정하는 기술수준에 맞지 않게 전기통신설비나 전기통신역무를 설치·운영하는 경우 그 귀책사유가 인정될 수 있으므로 채무불이행책임이 문제될 수 있다.

또한 인터넷서비스제공자는 서비스제공에 사용되는 정보통신망의 안정성 및 정보의 신뢰성을 확보하기 위한 보호조치를 강구하여야 하며, 정보통신부장관이 제정·고시한 정보통신서비스의 정보통신망 및 정보에 관한 보호지침(정보보호지침)을 준수하여야 한다(정보통신망이용촉진및정보보호등에관한법률 제45조 제1항).

(3) 비밀유지 및 개인정보보호의무

인터넷서비스제공자는 이용자의 개인정보를 수집하는 때에는 서비스제공에 필요한 최소한의 정보를 수집하여야 하고(정보통신망이용촉진및정보보호등에관한법률 제23조 제2항), 이 경우에도 이용자의 동의를 받아야 한다(동법 제22조 제1항). 또한 인터넷서비스제공자는 수집된 개인정보를 취급함에 있어서 개인정보가 분실·도난·누출·변조 또는 훼손되지 아니하도록 안전성 확보에 필요한 기술적 조치 등을 강구하여야 할 의무를 부담한다(동법 제28조). 이와 같은 개인정보보호의무는 전자거래에 있어서 전자거래사업자에게도 동일한 내용으로 규정하고 있다(전자거래기본법 제12조 제2항).

한편, 원격의료에 있어서 원격의료기반시설제공자는 위와 같은 정보통신관련법에 근거하는 이외에도 의료법 제23조(전자의무기록)·제18조(처방전 작성과 교부)·제19조(비밀누설의 금지)에 근거하여 환자의 비밀유지 및 개인정보보호의무를 부담한다고 해석된다. 따라서 만일 원격의료기반시설제공자가 이러한 비밀유지 및 개인정보보호의무를 위반하고 이를 누출함으로써 환자에게 손해를 발생시킨 경우에는 일반적인 민사책임이론에 근거하여 그 손해배상책임을 부담해야 한다.

3) 계약책임의 성립

(1) 원 칙

인터넷서비스제공자에게는 인터넷서비스이용계약의 채무자로서 채무의 내용에 좇은 이행을 할 주된 급부의무가 발생한다(민법 제390조). 즉 인터넷서비스제공자의 계약상 책임은 인터넷서비스제공자가 이용자와 합의한 급부의무에 따라 정해지는데, 그 급부의무의 내용은 인터넷서비스의 제공, 정보내용의 기술적 안정성 보장, 접근 가능한 정보에 대한 통제 등이 된다.[578]

ⅰ) 특히, 인터넷서비스제공의무는 그것이 계약내용으로 되는 한도에 있어서는 계약상 주된 의무가 된다. 여기서 인터넷서비스제공자에게 요구되는 주의의무(Sorgfaltspflicht)는 기본적으로 서비스제공에 사용되는 기술적 수단에 의존하지만[579] 이는 인터넷서비스제공자의 주된 급부의무를 형성하므로 이러한 의무를 고의 또는 과실로 이행하지 못하면 채무불이행책임을 진다.[580]

ⅱ) 인터넷서비스는 단순히 서비스를 제공하는 데 그치지 않고 이용자가 정보통신망을 사용하는 데 불편이 없는 통신상태를 유지함을 의미한다. 따라서 인터넷서비스제공자의 고의 또는 과실로 인하여 서비스가 정상적으로 제공하지 못하는 경우, 예컨대 정보통신망의 불안전으로 인하여 다른 서버에의 접속이 어렵거나 또는 급부의 이행에 장애가 발생하는 경우에는 그에 대한 책임을 부담한다. 다만 인터넷서비스제공자가 서비스를 무상으로 불특정 다수인에게 제공하는 경우에도 대부분 이용자와 인터넷서비스이용계약을 체결하기 때문에,[581] 만일 인터넷서비스제공자가 서비

---

578) 정진명, 앞의 책, 181−183면.
579) Siber, CR 1992, S.523.
580) Ertl, CR 1998, S.181; Koch, CR 1997, S.195.
581) 이에 대해, 이러한 경우에는 인터넷서비스제공자와 이용자와의 관계를 호의관계로 보아 인터넷서비스제공자의 법적 책임이 없다는 견해가 있다(오병철, 전자거래법, 법원사, 2000, 342면).

스의 하자나 흠결을 알고 이를 이용자에게 고지하지 않은 때에는 민법 제559조 제1
항(증여자의 담보책임)을 유추적용하여 이로 인한 책임을 부담한다고 할 것이다.

iii) 인터넷서비스제공자는 서비스의 안정적 공급을 위하여 정보통신망을 적절하
게 유지·관리하여야 하므로 권원 없는 자에 의한 시스템에의 접근이나 해커 등 제
3자의 침해에 대한 보장의무(Absicherungspflicht) 등도 인터넷서비스제공자의 이행청
구권을 근거 짓는 계약상 주된 의무로 된다. 따라서 이러한 의무가 인터넷서비스제
공자의 고의 또는 과실로 침해된 경우에는 채무불이행책임을 지게 된다.

iv) 인터넷서비스제공자의 급부의무는 경우에 따라서는 인터넷상의 일정한 정보
원 내지 정보목록의 배열과 표지화, 이러한 정보의 장애 없는 전송, 그리고 일정한
기간 동안 효력을 가지는 통제소프트웨어의 양도를 내용으로 한다. 그러나 인터넷
서비스제공자가 이용자와 정보의 자유로운 도달에 합의한 경우, 인터넷서비스제공자
는 원칙적으로 성년자에 대하여는 임으로 정보내용에 대하여 통제할 수 없으며 또
한 접근차단도 할 수 없다. 만일 인터넷서비스제공자가 이를 위반하는 때에는 채무
불이행책임을 진다.

(2) 예 외

인터넷서비스제공자가 이용자에게 부담하는 채무의 내용은 계약서나 약관의 규정
에 따라 정해진다. 대체로 인터넷서비스제공자는 이용자와 체결하는 계약서나 전기
통신사업법 제29조(이용약관의 신고 등) 제1항 및 제5항을 근거로 자신이 작성하고
인가 받은 인터넷서비스이용약관의 내용에서 다음과 같이 일정한 경우에는 서비스
제공의 일부 또는 전부를 제한하거나 중지할 수 있는 규정을 두어 자신의 채무불이
행책임을 회피하는 조치를 취하고 있다.

ⅰ) 서비스설비의 보수, 정기점검 또는 공사로 인한 부득이한 경우이다. 이는 인
터넷서비스제공자의 의무이행에 필요한 행위이고 이용자는 인터넷상 기술적 안정성
과 일정한 범위 내에서 서비스통제에 대한 수인의무를 부담하므로, 인터넷서비스제
공자는 이 경우 책임을 지지 않는다. 그러나 이때 인터넷서비스제공자는 이용자에
게 서비스제공의 일시중지에 대하여 고지해야 하며 이러한 고지의무를 위반하여 이

용자에게 손해를 발생시키면 그 손해를 배상할 책임을 지게 된다.

ii) 전기통신사업법에 규정된 기간통신사업자가 전기통신서비스를 중지하였을 경우이다. 전기통신사업법에 따르면, 기간통신사업자는 자신의 경영하고 있는 사업의 전부 또는 일부를 정보통신부장관의 승인을 얻어 휴지 또는 폐지할 수 있으며(동법 제14조 제1항), 별정통신사업자 또는 부가통신사업자도 그 사업의 전부 또는 일부의 휴지 또는 폐지예정일 30일 전까지 이용자에게 통보하고 정보통신부장관에게 신고하여 휴지 또는 폐지할 수 있다(동법 제27조 제1항). 따라서 이는 법률이 허용하고 있는 사항이므로 인터넷서비스제공자는 이에 대한 책임을 지지 않는다.

iii) 전시·사변·천재지변이나 기타 이에 준하는 국가비상사태가 발생하거나 발생할 우려가 있는 경우이다. 이는 전기통신기본법 제22조(비상시의 통신의 확보), 전기통신사업법 제55조(업무의 제한 및 정지) 등 법률이 예외를 정하고 있는 사항이므로 인터넷서비스제공자는 이에 대한 책임을 지지 않는다.

iv) 서비스제공설비의 장애[582] 또는 서비스이용의 폭주 등으로 인하여 이용자가 서비스를 정상적으로 이용할 수 없는 경우이다. 이때에는 인터넷서비스제공자에게 이러한 장애에 대한 고의 또는 과실이 있는지의 여부에 따라 책임성립여부가 달라진다. 인터넷서비스제공자가 서비스제공설비의 기계적 장애 또는 서비스이용의 폭주를 예견할 수 있었음에도 불구하고 이를 예견하지 못한 경우에는 주의의무위반이 되므로 책임을 부담하여야 한다. 그러나 개발도상의 위험과 같은 서비스제공설비의 과학기술적 오류나 전자우편폭탄과 같은 이용자의 비정상적 이용에 의한 서비스 중단은 우연한 사고 또는 이용자의 고의 또는 과실에 해당된다고 볼 수 있으므로 인터넷서비스제공자는 책임을 지지 않는다고 할 것이다.

---

582) 이에 대해, 서비스제공설비의 장애로 인하여 정보통신망서비스를 제공하지 못한 것은 이용약관에도 불구하고 민법 제390조의 채무불이행이 성립되는 데 영향을 주지 못한다고 하고, 그 근거로는 약관의규제에관한법률 제7조(면책조항의 금지) 제2호의 '상당한 이유 없이 사업자가 부담하여야 할 위험을 고객에게 이전시키는 조항'에 해당되어 무효라고 하거나, 동법 제10조(채무의 이행)의 '상당한 이유 없이 사업자가 이행하여야 할 급부를 일방적으로 중지할 수 있게 하는 조항'에 해당되기 때문이라고 하는 견해가 있다(오병철, 위의 책, 343-344면).

4) 계약책임의 내용 및 효과

(1) 손해배상, 강제이행, 계약해지권

① 손해배상: 인터넷서비스제공자의 채무불이행책임이 인정되는 경우, 인터넷서비스제공자는 이용자에게 서비스의 불이행으로 인한 손해를 배상하여야 한다(전기통신사업법 제33조의2 본문). 이는 민법상 전통적인 과실책임주의와는 달리 인터넷서비스제공자의 고의 또는 과실을 요하지 않는다는 점에서 무과실책임을 채택한 것이다.[583] 즉 인터넷서비스의 불안정이나 장애는 정보통신망의 불가시성으로 인하여 장애원인이 밝혀지지 않는 경우가 많고, 그 원인이 밝혀지더라도 원인야기자에게 과실이 있다는 사실을 입증하기 곤란하다. 따라서 전기통신사업법은 무과실책임주의를 취하여 그 한도 내에서 인터넷서비스제공자의 책임을 강화한 것이라고 할 수 있다.

이 경우 손해는 정보통신망의 불안정 내지 장애에서 유래한다는 책임충족적 인과관계가 입증되어야 한다. 그리고 정보통신망의 불안정 내지 장애로 인하여 이용자가 통신망 그 자체를 이용하지 못한 것은 '통상의 손해'에 해당되어(민법 제393조 제1항) 인터넷서비스제공자는 그 손해를 배상할 책임이 있다.[584] 또한 이용자는 정보통신망 그 자체를 이용하지 못한 손해와 함께 정보통신망을 이용하지 못함으로써 얻을 수 있었던 이익을 얻지 못한 것에 대한 손해, 즉 기대이익을 상실로서 '특별한 사정으로 인한 손해'의 배상을 청구할 수 있다(민법 제393조 제2항). 따라서 인터넷서비스제공자가 이러한 특별한 사정을 알았거나 알 수 있었을 경우에는 그로 인한 손해를 배상할 책임이 있다.[585]

그런데 인터넷서비스제공자가 손해를 배상해야 하는 경우에도 약관에 손해배상액을 제한 또는 면책하는 규정을 두어 자신의 책임을 제한하는 경우가 있다. 즉 '일정

---

583) 정진명, 앞의 책, 185면; 오병철, 위의 책, 339면; 이은영, "전자상거래와 소비자법", 외법논집 제5집, 한국외국어대학교, 1998, 10면.
584) 정진명, 위의 책, 187면; 오병철, 위의 책, 348면; 정해상, "정보통신망사고와 민사책임", 법학논문집 제21집, 중앙대학교, 1996, 227면.
585) 정진명, 위의 책, 187면; 오병철, 위의 책, 349면; 특별손해와 관련하여 이에 반대하는 견해가 있다(정해상, 위의 논문, 228면).

한 시간 이상 서비스를 제공받지 못한 경우’로 규정하여 손해배상책임의 발생요건
을 제한하거나, ‘이용불능시간에 일정요율을 곱한 금액’으로 정하여 손해배상액을
제한하는 경우가 있다.

생각건대, 이용자가 인터넷서비스를 이용하지 못하는 채무불이행이 발생하면 그
로 인한 손해는 인과관계가 인정되는 범위 내에서 모두 배상되어야 하므로 그러한
약관은 효력이 없다고 할 수 있고(약관의규제에관한법률 제7조 제2호), 특히 책임제
한의 특약은 그것이 公序良俗에 반하는 경우에는 무효로 된다(민법 제103조). 그리
고 손해배상액에 관한 약정은 적정하고 공정하게 책정되어야 하며, 이용자가 자신
의 특별손해를 입증한 경우에는 인터넷서비스제공자는 이를 배상하여야 한다.

② 강제이행: 인터넷서비스제공자가 서비스의 이행을 하지 않는 경우에는 이용자
는 강제이행청구를 할 수 있다(민법 제389조). 민사집행법 제261조(舊민사소송법 제
693조)의 간접강제로서 손해배상의 지급을 명하거나 벌금·구류 등의 수단으로 채
무자로 하여금 급부의 내용을 실현하게 할 수 있다. 그런데 인터넷서비스제공자의
고의나 과실로 서비스를 제공하지 않은 경우에는 강제이행이 가능할 것이다. 그러
나 원인불명의 장애로 인한 서비스의 제공이 불이행되었을 경우에는 채무의 성질이
간접강제를 할 수 없는 경우, 즉 간접강제의 예외사유 중 ‘채무자 본인의 의사만으
로는 실현할 수 없는 채무’에 해당되므로 강제이행이 불가능할 것이다.

③ 계약해지권: 이용자는 인터넷서비스제공자가 고의 또는 과실로 서비스를 제공
하지 않거나 원인불명의 장애로 정보통신망을 이용할 수 없는 경우에는 채무불이행
의 효과로서 인터넷서비스이용계약을 해지 또는 해제할 수 있다(계약해지권: 민법
제544조, 546조).

(2) 손해배상책임의 경감 또는 면제

그러나 인터넷서비스가 불가항력으로 인하여 불이행된 경우 또는 그 손해가 이용
자의 고의 또는 과실로 인하여 발생한 경우에는 인터넷서비스제공자의 손해배상책
임은 경감 또는 면제된다(전기통신사업법 제33조의2 단서).

ⅰ) 원래 불가항력이라는 개념은 무과실책임을 인정하려고 하는 경우 그 책임이

지나치게 무겁게 되는 것을 제한하기 위해 사용하는 것이다. 여기서 민법상 불가항력이란 당사자들의 지배영역 밖에서 발생한 사건으로써 통상의 예방수단을 다하여도 방지할 수 없는 장애를 말한다.586) 여기서 인터넷서비스의 불안정 내지 장애가 불가항력에 포함되기 위해서는 그 원인을 알 수 없거나 또는 인터넷서비스제공자의 유책사유를 확정할 수 없는 것만으로는 부족하고, 나아가 사건의 외부성과 결과에 대한 회피불가능성이 존재하여야 한다.587) 예컨대, 지진으로 인한 전산망의 절단, 홍수로 인한 시스템의 침수, 비상사태로 인한 전력공급의 중단 등의 경우에는 불가항력에 해당되어 인터넷서비스제공자의 책임이 면제된다. 반면에, 정보통신망의 기계적 오류로 인한 서비스의 불안정 내지 장애는 손해발생에 대한 예방조치가 불가능하였다는 것이 인정되는 경우에만 불가항력에 포함될 수 있다.

따라서 인터넷서비스제공자는 서비스의 불안정 내지 장애가 자신의 지배영역에서 발생하지 않았고 이러한 사태에 대한 예방조치가 불가능하였다는 사실을 입증하여야 한다. 그리고 이러한 불가항력에 대한 판단에 있어서는 인터넷서비스의 특수성을 고려하여 결과회피에 필요한 과학기술의 존재유무, 그러한 기술의 개발과정과 기술을 사용하는 데 소요되는 비용 등을 고려하여야 한다.

ii) 인터넷서비스의 불안정 내지 장애가 이용자의 고의 또는 과실에 의한 경우에는 인터넷서비스제공자는 그로 인한 손해에 대하여 책임을 부담하지 않는다. 이는 유책사유가 있는 자에게 책임을 귀속시키는 공평의 원칙을 규정한 것이라고 볼 수 있다. 여기서 이용자의 서비스이용의 폭주로 인하여 정보통신망이 불안정하거나 장애가 발생한 경우가 문제가 된다.

그런데 대부분의 이용자는 정보통신망에 불안정 또는 장애를 일으키려는 고의를 가지고 있지 않고 또 정보통신망의 폭주를 회피할 주의의무를 부담하지 않는다고 볼 수 있으며,588) 이는 단지 이용자의 정상적인 정보통신망 이용이 우연히 중첩되는 데 불과하므로 인터넷서비스제공자의 책임은 경감 또는 면제되지 않는다고 할 것이

---

586) 대법원 1983.3.22. 선고 82다카1533 판결.
587) 정진명, 앞의 책, 185면; 오병철, 앞의 책, 340면.
588) 오병철, 위의 책, 341면.

다.[589] 이때 인터넷서비스이용계약에서 서비스의 속도에 대하여 합의를 하지 않았으면 원칙적으로 계약체결 당시의 속도가 기준이 되고 그 속도로 서비스가 제공되지 않으면 이용자는 계약을 해지하거나 이용요금의 감액을 청구할 수 있을 것이다.

(3) 체약보조자 및 이행보조자책임

원격의료에 있어서 만일 정보통신망 등 원격의료기반시설의 장애 등으로 인해 원격의료인이 계약을 이행하지 못함으로써 환자에게 손해가 발생하였다면 그 원격의료기반시설제공자(ISP)는 원격의료인의 체약보조자 또는 이행보조자로서의 책임을 부담하게 될 수도 있으며, 이에 대해서는 일반적인 민사책임이론이 적용될 것이다.

① 체약보조자책임: 예컨대 인터넷서비스제공자(원격의료기반시설제공자)가 정보통신망을 이용자A(원격의료인 또는 원격의료기관)와 이용자B(환자) 사이의 거래행위의 수단으로 이용하도록 하는 경우, 이용자 간 계약체결이 정보통신망의 불안정 내지 장애로 인하여 이루어지지 못한 때에 이용자B는 인터넷서비스제공자에게 이른바 체약보조자로서의 지위를 인정하고 그에 따른 책임을 상대방 이용자A에게 물을 수 있는가 하는 것이 문제된다.

이 경우 인터넷서비스제공자는 이용자A와 이용자B에 대해 계약체결을 위한 교섭과정상에서 이용되는 보조자라고 할 수 있으므로 체약보조자의 지위를 인정할 수 있을 것이다. 그러나 이때 인터넷서비스제공자는 이용자A의 체약보조자인 동시에 이용자B의 체약보조자로서의 지위가 중첩되는 이른바 쌍방대리와 유사한 구조를 가지게 된다. 따라서 정보통신망의 장애가 인터넷서비스제공자의 과실, 즉 체약보조자의 과실에 기인한 것이라고 할지라도 이용자A와 이용자B 모두의 과실로 인정될 것이므로 양당사자는 상대방에게 교섭결렬에 따른 계약체결상의 과실책임을 물을 수 없을 것이다.[590]

한편, 이러한 논의와는 별도로 이 경우에도 인터넷서비스제공자와 이용자A(원격

---

589) 정진명, 앞의 책, 186면.
590) 오병철, 앞의 책, 345-346면.

의료인), 이용자B(환자) 사이에는 각각 인터넷서비스이용계약이 체결되어 있기 때문에 이를 기초로 하여 이용자A와 이용자B는 각각 인터넷서비스제공자에 대하여 계약결렬에 대한 책임을 물을 수 있다고 본다.

② 이행보조자책임: 앞의 예에서 이용자 간의 계약이 체결된 후 정보통신망을 이용하여 그 계약을 이행하는 경우에 정보통신망의 불안정 내지 장애로 인해 계약의 내용에 좇은 이행이 이루어지지 못한 때에 인터넷서비스제공자를 이행보조자로 다루어 상대방이용자A에게 이행보조자책임을 부담시킬 수 있는가 하는 것이 문제된다.

기존의 민법이론에 따르면, 채무의 이행에 있어서는 민법 제467조 제2항에 따라 지참채무를 원칙으로 하고 그러한 채무자로부터 물건의 운송을 위탁받은 자는 그의 이행보조자로 다룬다. 여기서 인터넷서비스제공자를 물건의 운송을 위탁받은 자와 동일하게 다룬다고 한다면 인터넷서비스제공자의 과실을 채무자(예컨대 이용자A)의 과실로 의제하는 것이 타당할 것이다. 이와 같이 인터넷서비스제공자가 이행보조자로서의 역할을 하는 경우에는 전술한 체약보조자에 관한 이론과는 달리 이용자 쌍방을 위한 이행보조자라고 할 수 없으며, 또한 지참채무임을 감안할 때 이용자A의 급부이행의 이행보조자로만 활동하는 것이 된다. 따라서 이용자B는 인터넷서비스제공자의 과실을 이용자A의 과실로 다루어 민법 제391조(이행보조자의 고의, 과실)에 따라 이용자A에게 채무불이행책임을 물을 수 있을 것이다.[591]

한편, 이러한 논의와는 별도로 이 경우에는 인터넷서비스제공자와 이용자A(원격의료인), 이용자B(환자) 사이에는 각각 인터넷서비스이용계약이 체결되어 있기 때문에 이를 기초로 하여 이용자A와 이용자B는 각각 인터넷서비스제공자에 대하여 채무불이행에 대한 책임을 물을 수 있다고 본다.

---

591) 오병철, 위의 책, 346 - 347면.

4. 기반시설제공자의 불법행위책임

1) 불법행위책임의 성립요건

대체로 인터넷상에서의 불법행위는 민법상 불법행위와 본질적인 면에서 차이는 없으며, 따라서 민법상 불법행위의 일반적 성립요건을 충족하여야 한다. 즉 ① 고의 또는 과실에 의한, ② 위법한 행위로 인하여, ③ 타인에게 손해를 가하고, ④ 그 위법한 행위와 발생된 손해와의 사이에 인과관계가 있어야 한다(민법 제750조).

인터넷상 불법행위의 주체는 인터넷서비스제공자와 인터넷서비스이용자로 나누어지고, 불법행위자의 행위유형에 따라 책임의 기준이 달라진다.[592] 전통적으로 미국·독일·일본·우리나라는 제3자의 불법행위에 대해서는 책임을 부과하지 않고 불법행위자 자신의 행위이거나 불법행위자와 일정한 관계에 있는 경우에만 불법행위로 인한 손해의 결과에 대해 책임을 부과하고 있다. 이러한 불법행위의 책임원리는 인터넷서비스제공자와 인터넷서비스이용자의 불법행위에도 그대로 적용되고 타인의 불법행위로 인하여 발생한 침해물에 대한 일반적인 책임을 인정하는 법리로는 인정될 수 없다.

우리나라는 직접적인 침해자와 이에 대한 실질적인 관여자에 대하여 책임을 부과할 수 있으나, 인터넷서비스제공자는 단순히 침해물을 배포하는 장소를 제공하는 것에 불과하므로 그 법적 책임의 기초를 찾는 데 어려움이 있다. 따라서 인터넷서비스제공자에게 공동불법행위의 책임을 지우기 위한 기준으로는 ⅰ) 인터넷서비스제공자가 사이버스페이스상에서 불법행위에 대한 실제적 인식 내지 인식가능성이 있었는가, ⅱ) 그 불법행위를 저지할 수 있는 지위에 있었는가, ⅲ) 그 불법행위를 실제로 인식한 후에 어떤 조치를 취하였는가, ⅳ) 직접침해자와 인터넷서비스제공자 사이에 계약관계가 존재하였다면 그 계약내용은 어떠한 것인가, ⅴ) 당해 사안에 있

---

592) 현대호, 가상공간에 있어서의 불법행위에 관한 연구, 충남대대학원 박사학위논문, 1999,
　　 32면; 김동근, 앞의 논문, 58면 참조.

어 인터넷서비스제공자가 상업적인 통신사업자인가 아니면 단순히 취미활동의 일환으로 전자게시판을 운영하는 개인인가 하는 등의 요소를 들 수 있다.[593]

그리고 인터넷상 불법행위의 객체는 인터넷을 통하여 전송할 수 있는 권리와 법익만 그 대상이 된다. 인터넷상에서 발생할 수 있는 불법행위의 유형으로는 ① 명예훼손과 프라이버시침해, 지적재산권침해, 개인정보침해, 영업비밀침해로 나누거나,[594] ② 개인정보보호에 관련된 불법행위책임, 네트워크의 안전성 및 신뢰성에 관련된 불법행위책임, 질서유지에 관련된 불법행위책임, 이용자의 인격권보호에 관련된 불법행위책임으로 분류할 수 있다. 그런데 불법행위를 구성하는 침해행위는 서비스의 제공방법에 따라 다양하므로, 불법행위책임의 발생원인별로 그에 대한 책임의 효과 내지 내용이 다르게 나타날 것이다.

2) 불법행위책임의 발생원인

인터넷서비스제공과 관련한 불법행위책임의 발생원인으로는 통신망장애사고, 시스템장애사고, 정보사고로 나누어 볼 수 있다.[595]

i) 통신망장애사고란 정보통신망이 전면적 또는 부분적으로 중단되거나 또는 불안정하게 가동되는 경우를 말한다. 이는 대부분 통신설비가 가동중단 또는 파손됨으로 인하여 발생하는 경우이다.

ii) 시스템장애사고는 정보통신망을 구축하는 시스템에 오류가 발생하여 정보통신망이 정지 또는 불안정하게 가동되는 경우를 말한다. 이는 다시 소프트웨어장애사고, 하드웨어장애사고, 데이터베이스파손사고로 나눌 수 있다.

iii) 정보사고는 일정한 자에게만 허용되어야 할 정보가 누출되거나(정보누출사고) 또는 허위의 정보가 제공되는 경우이다(정보오류사고).

---

593) 권영준, "인터넷상에서 행해진 제3자의 불법행위에 대한 온라인서비스제공자의 책임", 인터넷과 법률(남효순·정상조 공편), 법문사, 2002, 541－584면; 권영준, "저작권침해에 대한 온라인서비스제공자의 책임", 인터넷과 법률, 현암사, 2000, 95－96면 참조.
594) 현대호, 앞의 논문, 33－34면; 김동근, 앞의 논문, 62면 이하.
595) 정진명, 앞의 책, 188면 이하; 정해상, 앞의 논문, 220면 이하.

3) 불법행위책임의 효과 및 내용

(1) 손해배상책임 및 금지청구권

① 손해배상책임: 인터넷서비스제공자는 자신의 통신망에서 발생한 타인에 대한 불법행위에 대하여 손해배상책임을 진다. 왜냐하면 인터넷서비스제공자는 서비스제공에 있어서 다른 불법행위의 경우와 마찬가지로 거래안전의무(Verkehrssicherungspflicht)를 부담하기 때문이다.596) 즉 인터넷서비스제공자는 거래상 요구되는 주의의무인 관리·감독의무를 이행하지 않아 이용자에게 피해가 발생한 경우에는 불법행위가 인정되며, 이러한 경우에도 인터넷서비스제공자의 침해행위에 대한 인식가능성 및 기술적 조치가능성이 존재하여야 한다.

따라서 일반적인 불법행위의 성립요건이 충족되면 인터넷서비스제공자는 그 기본적인 효과로서 불법행위로 인한 손해배상책임을 부담하게 된다(민법 제750조). 이때 손해배상은 금전배상을 원칙으로 하지만, 명예훼손의 경우와 같이(민법 제764조) 법률에 다른 규정이 있는 경우에는 원상회복을 청구할 수도 있다. 일반적으로 불법행위로 인한 손해배상의 범위 및 방법에 대해서는 채무불이행으로 인한 손해배상의 규정을 준용한다(민법 제763조).

그런데 거래안전의무위반에 대한 이러한 책임은 통신망의 운영이나 이용된 서비스의 무상성에 기인하는 것이 아니라 보장해야 할 危險源의 개시에 의존하는 것이므로,597) 이용자가 통신망장애로 인하여 이익을 얻지 못한 경우에 배상할 손해의 산정이 문제가 된다. 정보통신망장애로 인하여 이용자가 손해를 입은 경우 이용자는 인터넷서비스제공자에게 서비스의 복구비용을 청구할 수 있다. 그리고 이용자가 인터넷서비스를 거래의 수단으로 이용하는 경우 통신망을 이용하지 못함으로써 얻을 수 있었던 이익을 얻지 못한 것에 대한 손해, 즉 기대이익의 상실인 특별손해에 대해서는 인터넷서비스제공자가 그 기대이익이 발생할 것이라는 사정을 알았거나 또는 알 수 있었을 경우에 한하여 손해배상책임이 인정된다고 할 것이다.598)

---

596) 정진명, 위의 책, 192면.
597) Koch, BB 1996, S.2057.

② 금지청구권: 불법행위의 구제로서 피해자를 보다 적절히 보호하기 위하여 금전손해배상제도를 보충하는 제도로서 금지청구권, 즉 민법 제214조(소유물방해제거, 방해예방청구권)를 유추하여 침해예방청구권 및 침해제거청구권을 인정하고 있다.

(2) 구체적인 책임내용

앞에서 설명한 불법행위책임의 발생원인에 따라 구체적으로 그 책임의 내용 및 효과에 대해서 검토해 보면 다음과 같다.

ⅰ) 통신망장애사고: 통신망장애사고는 통상 포괄적인 원인을 가진 인과관계에 해당되어 인터넷서비스제공자는 불법행위책임을 부담한다.[599] 또한 인터넷서비스제공자는 자신의 서비스를 기술수준에 적합하도록 유지·보수할 의무(전기통신기본법 제16조)와 정보통신망의 안정성 및 신뢰성을 확보하기 위한 보호조치를 할 의무(정보통신망이용촉진및정보보호등에관한법률 제45조 제1항)를 부담하므로, 이러한 의무를 다하지 않은 경우에는 통신망장애의 원인이 밝혀지지 않은 때에도 인과관계의 존재여부를 불문하고 그로 인한 책임을 져야 한다.[600] 다만 통신망장애사고가 불가항력이거나 이용자의 고의 또는 과실에 의한 경우에는 책임을 지지 않는다(전기통신사업법 제33조의2).

ⅱ) 시스템장애사고: 시스템장애사고로 인하여 이용자에게 손해가 발생하면 인터넷서비스제공자의 고의 또는 과실의 존재여부가 확인되지 않는 경우에도, 천재지변과 같은 특별한 경우를 제외하고는 인터넷서비스제공자가 손해에 대한 책임을 부담하여야 한다. 왜냐하면 시스템장애는 기계적 결함이라고 하기보다는 사람의 실수에 기인하는 것이며, 외부적 원인에 의한 손해의 발생인 경우에도 인터넷서비스제공자는 이를 방지할 의무가 있기 때문이다.[601]

ⅲ) 정보사고: 인터넷서비스제공자는 서비스상의 정보와 관련하여 이용자를 보호

---

598) 정진명, 앞의 책, 193면; 오병철, 앞의 책, 349면.
599) BGH, NJW 1964, S.720.
600) 정진명, 앞의 책, 190면; 오병철, 앞의 책, 345면.
601) 정진명, 위의 책, 191면.

할 의무를 부담하며 이러한 의무위반으로 인한 손해가 발생할 경우 이를 배상하여야 한다. 나아가 서비스의 일부를 다른 사업자에게 위탁하여 제공한 경우에도 그 위탁업자가 보호의무를 위반하면 그로 인한 손해를 배상하여야 한다. 또한 인터넷서비스제공자가 정보를 편집하거나 취사선택한 정보에 대하여 이용자에게 보증을 한 경우에는 그로 인한 손해에 대하여 책임을 진다.

한편, 예컨대 이용자가 인터넷서비스제공자의 통신망을 이용하여 타인의 명예를 훼손한 경우에는 원칙적으로 기술적인 배포자에 불과하므로 책임이 없다. 그러나 예외적으로, 그 이용자의 행위가 불법행위의 성립요건을 갖추고 있고 인터넷서비스제공자가 이러한 위법행위가 존재하고 있음을 알았거나 알 수 있었음에도 불구하고 이를 알지 못했으며, 쉽게 조치할 수 있는 기술적·제도적 장치를 가지고 있음에도 불구하고 그러한 조치를 취하지 않은 경우에는 손해를 배상할 책임을 부담한다.602)

5. 전자서명인증기관의 법적 책임

1) 원격의료와 전자서명 및 인증

원격의료는 인터넷 등 정보통신망을 통하여 이루어지는 의료형태이므로 전자적 형태의 의료정보와 그것의 공동 활용이 전제가 된다. 이에 따라 원격의료공급자(원격의료인 또는 원격의료기관)는 진료기록부·전자의무기록의 작성 및 보존의무(의료법 제23조), 진료정보표준화의무를 부담한다. 그리고 원격의료인은 원격의료행위에 활용되는 전자의무기록이나 전자처방전에 저장된 환자의 개인정보가 탐지 당하거나 누출·변조·훼손되지 않도록 비밀유지 및 개인정보보호의무(의료법 제23조, 제18

---

602) 대법원 1999.12.3. 선고 98가합111554 판결(칵테일주식회사 v. 중앙대학교 사건: 일명 칵테일98프로그램사건), 대법원 2001.4.27. 선고 99나74113 판결(함지웅 v. 한국통신하이텔주식회사 사건: 일명 가수박지윤모욕글사건) 등.

조)를 가지며, 전자의무기록이 작성·보존·재생되는 컴퓨터와 그와 연결되는 다른 컴퓨터 또는 네트워크에 대하여 최소한의 합리적인 보안조치를 취할 의무를 가진다.[603] 또한 원격의료기반시설제공자(인터넷서비스제공자)는 진료정보의 공동활용을 위하여 필연적으로 진료정보제공의무를 부담한다.[604]

이와 같은 까닭으로 원격의료인(원격의료기관) 등은 전자의무기록이나 전자처방전의 전송과정에서 그 내용이 유출되지 않도록 암호시스템을 갖추어야 하고, 작성자의 신분을 증명하고 위조·변조 또는 사후에 부인할 수 없도록 전자서명법에 의한 전자서명을 하고 이에 대해 공인인증기관의 인증을 받음으로써 원격의료의 안전성 및 신뢰성을 확보할 수 있도록 하여야 한다.[605]

2) 전자서명과 인증제도

(1) 전자서명의 의의

전자서명(electronic signature)이란 전자문서와 관련하여 서명자를 확인하고 당해 전자문서에 포함된 정보에 대한 서명자의 승인을 나타내는 데 이용될 수 있는, 전자문서에 첨부되거나 논리적으로 결합된 전자적 형태의 정보를 말한다(UNCITRAL Model Law on Electronic Signature §2(a)).

종래에는 공개키 암호화방식(비대칭적 암호방식)[606]에 의한 디지털서명(digital signa-

---

603) 본서 7.1.9, 7.1.10 참조.
604) 본서 7.4 참조.
605) 독일의 경우를 보면, 의료분야의 전자서명인증기관(CA)인 메디존(Medizon AG)은 1,000여 명의 의사에게 공인인증서가 삽입되어 있는 카드를 발급하여 환자진료기록에 전자서명을 한 후 이를 보관하거나 처방전을 발급할 때 전자서명을 해서 사용하도록 하고 있다. 의료 분야에 사용되는 전자서명기술은 PKI기술이며 생체인식기술은 현재 사용되지 않고 있다(정완용, "유럽 주요국가의 전자서명 인증정책 및 제도 조사·분석", 한국정보보호진흥원 정책연구 02-01, 2002.12, 89-90면).
606) 전자서명의 암호화방식 기술은 크게 두 가지로 나눌 수 있다. ① 비대칭적 암호방식(공개키 암호방식): 전자서명생성키를 비밀키(private key)로 하여 작성자만이 그 키를 보관하여 전자서명을 작성하고, 수신자는 이미 공개되어 있는 송신자의 공개키(public key)를 이용하여 그 전자서명이 작성자의 것인가를 인증하도록 하는 방식이다. 이 방식의

ture)만을 대표적인 전자서명방식으로 인정하고 이를 법제화하는 국가들이 있었으나,[607] UNCITRAL 전자서명모델법은 그 이외에도 지문인식, 홍체인식, 수기서명측정기술 등 기술중립주의 원칙에 입각하여 다양한 형태의 전자서명기술을 포괄하는 개념으로 정의하고 있다. 우리나라의 개정 전자서명법(2001.12.31, 법률 제6585호)은 기술중립주의를 수용하여 일반전자서명(제2조 제2호)과 공인전자서명(제2조 제3호)의 두 가지를 규정하고 있다.

이러한 전자서명법의 개념에 따르더라도 대체로 전자서명은 기술적으로는 디지털서명을 의미하고 있으며, 디지털 전자서명의 생성절차는 ⅰ) 전자서명서명키(공개키)와 전자서명검증키(비밀키)의 생성, ⅱ) 메시지 요약의 생성, ⅲ) 송신자의 전자서명생성키로 메시지 요약을 암호화(서명)하여 전자서명 생성, ⅳ) 본래의 전자문서에 전자서명을 첨부하여 송신(이때 인증기관이 발행한 인증서도 함께 송신)하는 절차로 이루어진다.[608]

이와 같은 전자서명은 ① 종이문서에 행하는 서명 또는 기명날인을 전자문서에서 대체하는 기능을 하고,[609] ② 작성자의 신분을 증명해 주는 신원확인(인증)의 기능을 하며(眞正性; authenticity: identification), ③ 해쉬함수[610]를 적용하여 전자문서가 위조

대표적인 것으로는 Diffie-Hellman 키교환방식(1976), RSA(Rivest, Shamir, Adleman, 1978) 방식(1991), ElGamal 방식(1985), DSA 방식, DSS 방식(1994), E-SIGN 방식(일본, 1990), KCDSA(Korea Certification-based Digital Signature Algorithm, 한국, 1996) 등이 있다. ② 대칭적 암호방식(비밀키 암호방식): 전자서명생성키와 검증키가 대칭적인 암호시스템으로 공통된 비밀키를 사용하는 방식이다. 이 방식의 대표적인 것으로는 DES 방식(Data Encryption Standard, 1974), IDEA 방식(Internation Data Encryption Algolithm), RC2 & RC4 방식, AES 방식(Advanced Encryption Standard, 1998) 등이 있다(이임영, 전자상거래보안입문, 생능출판사, 2001, 210-254면; 오병철, 앞의 책, 373-378면 참조).

607) 우리나라 개정 전 전자서명법(1999), 독일 개정 전 디지털서명법(Signaturgesetz: SigG, 1997; 2001년 전자서명법으로 개정), 미국유타 주 디지털서명법(Utah Code Annoted Title 46, Chapter 3, 1996) 등이 그 예이다.

608) 신일순, "전자서명 및 인증제도의 필요성과 국내외 동향", 전자서명법 제정을 위한 토론회 자료, 1998, 17면; 오병철, 앞의 책, 378-379면 참조.

609) 오병철, 위의 책, 370면.

610) 해쉬함수(Hash Function)란 전산과학 분야에서 사용되는 용어로, 임의의 길이의 문자나 숫자열을 고정된 길이의 값으로 전환하기 위해 파일의 레코드들을 가능한 한 균등하게

·변조되지 못하게 하는 기능을 한다(無缺性; integrity: verification). ④ 그리고 전자문서의 송·수신자가 송·수신사실을 사후에 부인할 수 없도록 하고(否認封鎖; non-repudiation), ⑤암호화시스템을 이용하여 그 내용이 유출되지 않도록 하며(機密性; confidentiality),[611] ⑥개방형 정보통신망에서 개인정보를 보호하는 기능을 가진다.[612]

(2) 전자서명의 효력

전자서명은 그 기능 면에서 수기서명과 같은 역할을 할 수 있으므로 전자서명에 서명으로서의 효력을 인정할 수 있다(기능적 등가성의 원칙).[613] 어떤 전자서명에 서명으로서의 효력을 인정할 것인가에 대해서, 우리나라의 전자서명법 제3조(전자서명의 효력 등)는 다음과 같이 두 가지로 규정하고 있다.

① 공인 전자서명은 법령이 정하는 서명 또는 기명날인으로서의 효력이 인정되며, 아울러 서명자의 신원확인적 효력과 공인전자서명이 있는 전자문서의 무결성이 추정된다(제3조 제1항, 제2항). 다만, 법의 취지에 비추어 보아 자필증서나 공정증서에 의한 유언과 같이 엄격한 방식을 정한 법률규정의 경우(민법 제1065조, 제1068조)에는 전자문서에 의한 공인전자서명의 효력을 인정하는 것은 적당하지 않을 것이다.[614] ② 일반 전자서명(비공인 전자서명)은 당사자 간의 약정에 따른 서명 또는 기명날인으로서의 효력을 가진다(제3조 제3항).

(3) 인증기관과 인증제도

전자서명의 경우에는 서명자와 전자서명생성키(정보)와의 관계가 네트워크상으로 전자서명된 전자문서를 수신하는 상대방에게 명확하게 나타나지 않기 때문에, 전자문

기억장치에 할당하는 데 사용되는 함수를 말한다.

611) 정완용, 전자상거래법, 법영사, 2002, 87-89면 참조.

612) Nabil R. Adam et al, Electronic Commerce: Technical, Business, and Legal Issues, Prentice Hall PRT, 1999, 125 et esq(배대헌, 안전한 전자상거래@ 전자서명·인터넷법, 세창출판사, 2000, 30면 이하 참조).

613) 정완용, 앞의 책, 80면.

614) 정완용, 위의 책, 81면; 오병철, 앞의 책, 384면.

서의 송신자와 수신자 모두로부터 신뢰받는 제3자로 하여금 전자서명생성키와 그 키를 소유한 사람의 신원을 입증하게 함으로써 서명자와 서명 간의 관계를 명백히 할 필요성이 있다. 이와 같이 가입자의 신원과 가입자가 소지하는 전자서명생성키(정보)와의 관계를 입증하는 기능을 하는 제3자를 인증기관(CA: certification authority)이라고 하며, 인증업무준칙(CPS, 전자서명법 제6조)과 가입계약에서 정한 방식에 따라서 인증서발급(동법 제15조 이하) 등의 인증절차를 수행한다.

우리나라의 전자서명법은 정보통신부장관의 지정에 의한 공인인증기관제도를 규정하고 있으며(동법 제4조 이하), 현재 한국정보보호진흥원을 최상위인증기관(root CA)으로 하여 그 하부에 각 업무영역별로 6개의 공인인증기관(CA)이 지정되어 있다.[615] 공인인증기관의 지정요건으로는 전자서명법 제4조 제3항에 따라 기술능력(인적 요건), 재정능력, 시설 및 장비를 갖추어야 하고(동법시행령 제3조) 결격사유가 없어야 한다(동법시행령 제5조). 인증기관은 상호 인증관리체계를 가지고 있으며, 각 공인인증기관은 최상위인증기관의 인증을 받아 가입자들에게 인증역무를 제공하게 된다. 공인인증기관으로 지정되지 않은 인증기관을 비공인 인증기관이라고 할 수 있는데, 국내 쇼핑몰의 상당수는 Verisign社 등 외국 인증기관의 인증서를 사용하고 있다. 외국 인증기관의 국내법상 인정여부는 외국정부와의 전자서명의 상호인정을 위한 협약을 체결함으로써 가능하게 된다(동법 제27조의2).

3) 전자서명인증기관의 책임

(1) 책임발생의 원인

인증기관의 책임발생의 원인을 일률적으로 규정할 수는 없으나, 일반적으로는 ⅰ) 인증기관이 인증업무준칙에 위반하여 잘못된 인증서가 발급되어 가입자 및 인증서를 신뢰한 제3자에게 손해가 발생한 경우에는 그 책임을 져야 한다. ⅱ) 제3자가 정보통

---

615) ① 한국정보인증(주) <www.signgate.com>, ② 한국증권전산(주) <www.signkorea.com>, ③ 금융결제원 <www.yessign.or.kr>, ④ 한국전산원 <sign.nca.or.kr>, ⑤ 한국전자인증(주) <www.crosscert.com>, ⑥ 한국무역정보통신 <www.tradesign.net> [이상 2004.10.30. 방문].

신망에 침입하거나 컴퓨터 하드디스크에 있는 전자서명생성키를 복제하여 인증서를 발급 받고 이를 이용함으로써 가입자가 손해를 보는 경우가 있다. iii) 인증기관의 비밀키에 침입한 경우에는 가입자와 인증기관 모두에게 손해를 일으킬 수 있다.[616]

(2) 책임규정 및 법적 성질

공인인증기관이 인증업무 수행과 관련하여 가입자 또는 공인인증서를 신뢰한 이용자에게 손해를 입힌 때에는 그 손해를 배상하여야 한다. 다만 그 손해가 불가항력으로 인해 발생한 경우에는 배상책임이 경감되며, 공인인증기관이 과실이 없다는 것을 입증한 경우에는 배상책임이 면제된다(전자서명법 제26조).

예컨대, 원격의료에 있어서는 전자의무기록이나 전자처방전에 기재된 환자의 질병에 관한 의료정보가 정보통신망 등 원격의료기반시설을 통하여 유통되는데, 이때 원격의료인과 원격의료기반시설제공자는 공인인증기관의 전자서명 및 인증을 신뢰하여 그 의료정보를 기초로 하여 원격의료를 시행하게 된다. 그런데 만일 환자의 의료정보가 다른 환자의 것으로 바뀌거나 위·변조되어 그 결과로 당해 환자에게 손해가 발생한 경우에는 공인인증기관이 전자서명인증기관의 이용자(원격의료인, 원격의료기반시설제공자, 환자)에게 그 손해를 배상할 책임을 부담하게 된다.

법 개정 전 이 규정의 법적 성질에 대하여는, ① 귀책사유에 대하여 명시하고 있지 않으므로 공인인증기관의 무과실책임을 인정하고 있으며 이렇게 보는 것이 전자서명 및 인증의 고도의 기술적인 측면에서 가입자의 입증의 곤란을 구제할 수 있다고 하는 견해와 ② 만일 공인인증기관의 책임을 무과실책임으로 추단한다면 비공인인증기관의 책임과 비교할 때 법리상 모순이며 따라서 과실책임주의를 규정한 것이라고 하는 견해[617]가 대립되었으나, ③ 2001년 법 개정으로 공인인증기관은 과실책임을 부담하는 원칙하에서 손해배상책임을 인정하고 있으며(과실책임주의) 공인인증기관이 자신에게 과실 없음을 입증하지 못하는 한 책임을 부담하도록 하였다(입증책임의 전환).[618]

---

616) 배대헌, 앞의 책, 110면 참조.
617) 배대헌, 위의 책, 119면.

한편, 이 규정은 공인인증기관의 계약책임(채무불이행책임)과 불법행위책임을 함께 규정한 것이라고 볼 수 있다. 즉 서명자와 인증기관은 계약관계에 있고 또 수신자와 인증기관과의 관계도 제3자를 위한 계약의 법리를 유추적용할 수 있을 것이므로 계약책임을 지게 되는 것이다. 이렇게 본다면 이 규정은 불법행위책임에 대한 특칙이 되어 민법 제750조에 우선하여 적용된다.

이와 같이 인증기관의 책임을 불법행위책임으로 구성할 경우 전자서명법상 규정된 다음과 같은 인증기관의 의무와 책임이 그 근거가 된다. ⅰ) 인증기관은 공익성에 따라 정당한 사유 없이 인증업무의 제공을 거부해서는 안 되며, 가입자 또는 인증역무이용자를 부당하게 차별해서는 안 된다(제7조). ⅱ) 인증기관은 자신이 발급한 인증서가 유효한가를 누구든지 정보통신망을 통하여 항상 확인할 수 있도록 인증관리체계를 안전하게 운영할 의무를 부담한다(제19조). ⅲ) 공인인증기관은 가입자의 인증서와 인증업무에 관한 기록을 안전하게 보관·관리할 의무를 부담하며, 가입자의 인증서 등을 인증서의 효력이 소멸된 날로부터 10년 동안 보관할 의무를 부담한다(제22조).

(3) 손해배상의 범위

전자서명법 제26조는 인증기관의 손해배상액 한도에 대하여 특별한 규정을 두고 있지 않다. 따라서 인증기관은 원칙적으로 채무불이행과 상당인과관계에 있는 모든 손해를 배상하여야 하고, 예외적으로 특별손해에 대해서는 그 사정을 알았거나 알 수 있었을 경우에 한하여 배상책임을 부담한다(민법 제393조). 이때 서명자나 수신자에게 과실이 있는 경우에는 과실상계가 인정된다(민법 제396조). 그런데 공인인증기관은 인증업무의 수행방법 및 절차를 인증업무준칙에 의해 공표함으로써 자신의 책임을 제한할 수 있는데(전자서명법 제6조 제1항 제2호), 이러한 인증업무준칙이나 면책특약은 약관의규제에관한법률(제2조 제1항)에서 규정하는 약관의 성질을 가지는 것이다.619)

여기서 인증기관과 가입자 또는 이를 신뢰한 제3자 간에 인증업무준칙의 면책조

---

618) 한국PKI포럼, 공인전자서명 인증서비스 손해배상절차 안내, KOREA PKI FORUM, 2001, 6면.
619) 최경진·고지환, E법, 현실과 미래, 2000, 156면 참조.

항에 의하여 채무불이행에 기한 손해배상책임을 면제하는 특약을 한 경우 불법행위
책임이 면제되는지 문제가 된다. 이에 대해서는 청구권경합설과 법조경합설이 대립
되고 있으나, 우리나라의 통설 및 판례는 청구권경합설을 취하고 있다.[620] 생각건대
두 책임은 그 성질과 요건 및 효과가 다르고 선택적 행사를 인정하는 것이 인증기
관이용자를 보호하는 길이므로 인증기관은 채무불이행에 기한 손해배상책임이 면제
되는 경우에도 불법행위에 기한 손해배상책임을 부담한다고 보는 것이 타당하다.

---

[620] 김준호, 민법강의, 법문사, 2000, 1405면 참조.

제 4 장

원격의료 근거규정의 해석 및 입법론

제15절 | 의료법 제34조 해석론

1. 원격의료과오에 관한 특별규정

1) 우리나라의 원격의료과오 특별규정

의료법은 의료인의 민사책임에 관한 원칙적 규정을 두고 있지 않기 때문에 통상의 의료과오 등으로 인하여 민사책임을 다투는 경우 민법의 일반규정에 따라 규율하면 될 것이다. 그러나 원격의료과오와 관련해서는 개정된 의료법 제34조 제3항 및 제4항에서 원격의료인의 책임에 관한 특별규정을 두고 있는바, 원격의료과오 시 법정책임으로서 이 규정이 우선적으로 적용될 것이다. 다시 말하자면, 원격의료과오가 발생한 경우 먼저 의료법 제34조 제3항 및 제4항을 적용하여 원격지의료인과 현지의료인의 책임분배 문제를 규명하고, 그다음으로 민법의 일반규정을 적용하여 전통적인 의료과오론에 따라 원격의료인(원격지의료인 또는 현지의료인)의 과실여부를 규명하게 된다.

다만, 현지의료인이 존재하는 제1유형 및 제2유형의 원격의료에서는 이와 같은 순서가 될 것이나, 현지의료인이 존재하지 않는 제3유형 및 제4유형의 원격의료에서는 원격지의료인과 환자 사이의 의료과오 문제만 남게 되므로 곧바로 전통적인 의료과오론에 따라 원격의료인의 과실여부를 묻게 될 것이다.[1) 왜냐하면 의료법 제

---

1) 원격의료의 유형을 의사 상호 간의 원격의료(좁은 의미의 원격의료) 및 원격지의사와 환자 사이의 원격의료(넓은 의미의 원격의료)로 분류하는 견해에 따르면, 넓은 의미의 원격의료행위에서 의료과오가 발생하면 그 책임법적 문제에 있어서는 원격지의사와 환자 사이에 이루어진 원격의료행위라는 특수한 점만 있을 뿐 여기에도 의사와 환자 사이의 대

34조 제3항에서 원격지의료인은 환자를 직접 대면하여 진료하는 경우, 즉 현지의료인과 동일한 책임을 진다고 하고 있는바 여기서 '현지의료인'은 곧 '전통적인 의료행위에서의 통상의 의료인'이라고 해석할 수 있기 때문이다.

2) 미국의 원격의료과오 판례 경향

미국의 경우를 살펴보면,[2] 통상의 의료과오에서와 마찬가지로 원격자문 등의 원격의료과오에 있어서도 그 핵심요소는 원격의료인과 환자의 관계가 존재하는가 여부에 있는 것으로 해석된다. 판례는 의사-환자관계(doctor-patients relationship)의 존재유무를 판단하기 위해 ① 자문의사(원격지의사)와 그 환자가 실제로 서로 대면해서 만나본 적이 있는가, ② 의사가 그 환자를 진찰하였는가, ③ 자문의사가 과거 어느 때 그 환자의 의무기록을 읽어본 적이 있는가, ④ 자문의사가 그 환자의 성명을 알고 있는가, ⑤ 자문의사가 어떤 대가(진료비)를 받았는가 하는 점을 고려하고 있다.[3]

그리고 의사가 환자에 대한 진료의무를 부담하는지 여부를 판정하는 데 있어서는 ⅰ) 요청된 자문이 응급실의사가 아닌 환자의 진료의사에 의해 간청되었는가,[4] ⅱ) 자문의사가 진료병원과 온콜(on-call)관계를 형성하는 계약적 의무를 가지고 있는가,[5] ⅲ) 자문의사가 종업원신분이 유지되는 상태에서 on-call의 요청을 받았는가,[6]

면하여 이루어진 기존의 일반적인 의료행위에서의 의료과오책임의 문제로 해결할 수 있다고 한다(윤석찬, "원격의료에서의 의료과오책임과 준거법", 저스티스 통권80호, 2004.8, 25면).

2) Stephen J. Schanz, Barry B. Cepelewicz, TELEMEDICINE LAW & PRACTICE, Civic Research Institute, Inc., New Jersey, 2001, p.1-10 참조.

3) ① If the consulting physician and the patient ever actually saw each other; ② If the physician examined the patient; ③ If the consultant ever viewed the patient's records; ④ If the consulting physician knew the patient's name; and ⑤ If the consulting physician received any reimbursement.

4) Hill v. Kokosky, 186 Mich. App. 300, 463 N.W.2nd 265., 1990.

5) Fought v. Solce, 821 S.W.2d 218, 1991 LEXIS 2208; Tex. Ct. App. 1991.

6) *Id.*

ⅳ) 의사가 환자의 상태에 대한 비공식적 견해가 아니라 진단을 제공할 목적으로 자문했는가,[7] ⅴ) 자문의사가 환자의 진찰 또는 진료에 직접 또는 간접적으로 동의했는가,[8] ⅵ) 자문의사가 환자진료의 담당여부를 검토할 목적이 아니라 진단을 확실하게 할 목적으로 그 환자의 증상에 관한 설명을 청취했는가[9] 하는 점이 검토된다.

이와 같은 해석론은 우리나라의 관련규정 해석론에 참고가 될 수 있을 것이다. 이하에서는, 의료법 제34조 제3항 및 제4항 규정에 대하여 이를 원격지의료인 및 현지의료인으로 나누어 그 민사책임에 관한 법률적인 해석 및 이론구성을 시도해 보고자 한다.

2. 원격지의료인의 민사책임

1) 일반규범적조항

원격지의료인은 환자에 대하여 전통적 대면진료를 시술하는 의료인과 동일한 책임을 부담한다(의료법 제34조 제3항).[10]

이 규정에 대하여, 의료법은 의료인의 환자에 대한 책임에 관한 원칙적인 규정을 두고 있지 않고 또 원격의료를 시술했다는 이유만으로 환자에 대한 책임을 경감할 필요는 없는 것이므로 당연한 사실을 공연히 법률에 규정한 것이라는 견해가 있다.[11] 그러나 이 규정은 원격지의료인이 격지에 있는 환자를 진료하기 때문에 현지의료인보다 책임이 경감될 것이라는 일반적인 인식의 오해를 사전에 예방하고 또한 원격진료 시 대면진료를 행하는 통상의 의료인 또는 현지의료인과 동일한 책임이

---

7) Reynolds v. Decatur Memorial Hosp., 277Ⅲ. App. 3d 80, 660 N.E.2nd 235., 1996.
8) Anderson v. Houser, 240 Ga. App. 613, 523 S.E.2nd 342., 1999.
9) St. John v. Pope, 901 S.W.2nd 420, 1995 LEXIS 74; Tex. 1995.
10) 이 조항을 '원격지의사의 책임원칙'이라고 부르는 견해가 있다(윤석찬, 앞의 논문, 26면).
11) 신문근, 앞의 논문, 103면.

부여되어 있다는 점을 재확인시키려는 입법기술적인 취지에서 명문화한 것으로 해석된다.

이와 같은 입법취지에서 볼 때, 이 규정은 모든 유형의 원격의료에서 원격지의료인(원격지의료기관)의 법적 책임을 포괄적으로 규율하고 있는 일반규범적조항(원칙적 조항)이라고 보는 것이 타당할 것이다.

이러한 원격지의료인의 책임은 직접 대면진료를 행하는 현지의료인이 독자적인 인적 수단 또는 물적 수단이 필요한데도 그 조달이 더 이상 충분하지 못한 경우에 인정될 수 있을 것이다.[12] 그런데 원격지의료인이 치료과정에 현지의료인을 도입한 경우 원칙적으로 원격지의료인은 공동으로 진료하는 의사가 아니므로[13] 환자의 동의를 위한 설명의무를 담당하지 않으나,[14] 예컨대 제3유형 및 제4유형의 원격의료와 같이 전통적인 의료와 이에 보완적인 대안적 방법에 대한 소위 2차 소견을 얻기 위해 환자가 원격지의료인과 명시적으로 진단에 대한 도급계약을 체결하는 경우에는 예외적으로 인정될 수 있다.[15]

이 조항은 일반규범적조항이라는 점에서 현행 의료법상 허용되는 제1유형[16] 및 제2유형의 원격의료는 물론, 허용되지 않는 제3유형[17] 및 제4유형의 원격의료에까

---

12) Heyers, Hohannes / Heyers, Herman Josef, MDR 2001, S.918, S.923.

13) Hennies, Günter, Patientenrechte und Patientenschutz in der Telemedizin und beim Einsatz von Operationsrobotern, ArztR 2001, S.64.

14) Heyers, Hohannes / Heyers, Herman Josef, a.a.O., S.918, S.923.

15) Vgl. Deutsch, Medizinrecht, 4. Aufl., Berlin 1999, Rn. 6; Heyers, Hohannes / Heyers, Herman Josef, a.a.O., S.918, S.923; Pflüger, VersR 1999, S.1070, S.1074.

16) McKinney v. Schlatter, 78 Ohio St. 3d 1471, 1997(응급실로 이송된 환자를 진료하던 현지의사가 심장병전문의인 원격지의사에게 전화자문을 요청하자, 원격지의사는 환자를 직접 대면해서 진찰하지 않고 현지의사에게 그 환자가 심장병이 아니라는 소견을 제시하였고 이에 따라 환자가 퇴원한 다음 사망한 사건이다. 법원은 원격지의사와 환자 사이에는 의사-환자관계가 묵시적으로 존재한다고 보고 원격지의사의 책임을 인정하였다); Lopez v. Aziz, 852 S.W. 2d 303, Tex. App. 1993(분만을 위해 입원한 환자의 담당의사인 현지의사가 산부인과전문의인 원격지의사에게 전화자문을 받은 후 상황이 급박해져 제왕절개수술로 분만을 하였으나 산모는 사망한 사건이다. 법원은 원격지의사는 단지 약간의 검사를 하도록 제안했을 뿐 환자를 원조하기 위해 진단이나 의견을 제공하지 않았으므로 원격지의사와 환자 사이에는 의사-환자관계가 존재하지 않는다고 보고 원격지의사의 책임을 부인하였다).

지 확장해서 적용될 수 있다고 본다.

2) 과실책임주의조항

현지의료인이 의사·치과의사·한의사인 경우, 원격지의료인에게 명백한 과실이 있는 때에는 원격지의료인이 환자에 대한 책임을 부담한다(의료법 제34조 제4항의 반대해석).

이러한 해석은 의료과오에 관한 민사책임이론상, 동일한 자격기준을 갖춘 원격지 의료인(의사·치과의사·한의사)과 현지의료인(의사·치과의사·한의사) 사이의 책임분배에 있어서는 명백히 과실이 있는 쪽이 책임을 부담한다는 과실책임주의 원칙에서 볼 때 당연한 결과이다.[18]

이에 대해, 이러한 해석은 민법의 일반이론과 모순된다는 견해가 있다.[19] 즉 의사 상호 간의 원격의료(좁은 의미의 원격의료)에서는 대개 현지의사와 환자 사이에 진료계약이 체결되어 있고 원격지의사와 환자 사이에는 진료계약관계가 없으므로 원격지의사는 현지의사의 이행보조자이며, 따라서 원격지의사의 과실에 대하여는 현지의사의 과실 여부와 관계없이 민법 제391조의 이행보조자의 책임법리에 따라 언제나 현지의사가 책임을 부담한다고 보아야 하기 때문이라고 한다.

그러므로, 의료법 제34조 제4항이 일반 민법이론과 모순되지 않게 해석되기 위해

---

17) Miller v. Sullivan, 625 N.Y.S. 2d 102, App. Div. 1995(심장마비증상이 있던 환자가 원격지의사와의 아침 전화상담에서 병원으로 오라는 권고를 받았으나 이를 무시하고 일을 하다가 정오에 병원에 왔으나 대기실에서 심장발작으로 사망한 사건이다. 법원은 원격지의사의 진단과 처방은 정확했으나 환자가 원격지의사의 소견을 따르지 않을 경우에는 원격지의사와 환자와의 사이에 의사-환자관계가 성립하지 않는 것으로 보고 원격지의사의 책임을 부인하였다).

18) 세계의사회, 원격의료에 대한 책임, 의무 및 윤리지침에 대한 성명, No.13 후단 참조 ("However, the tele-expert is accountable to the attending physician for the quality of advice he or she provides, and should specify the conditions under which the advice is valid. He or she is obligated to decline participation if he or she lacks the knowledge, competence or sufficient patient information or data to provide a well-formed opinion").

19) 윤석찬, 앞의 논문, 26면.

서는 원격지의사를 현지의사의 이행보조자로 보아서는 안 되며, 비록 환자가 원격
지의사의 의료지원을 몰랐다고 하더라도 원격지의사와 환자 사이에는 묵시적으로
독자적인 진료계약관계가 존재한다고 의제하고[20] 원격지의사는 현지의사와의 공동
작업으로 환자진료에 있어서 자기가 부담하는 역할에 대해서만 환자에 대하여 계약
책임을 부담한다고 보아야 한다. 이렇게 원격지의사에게 책임을 부담시키는 것은
원격의료의 실행에 있어 그만큼 신중함을 원격지의사에게 부담시키기 위한 입법자
의 결단이라고 파악할 수 있다.[21]

물론, 원격의료지원에 대하여 환자가 사전에 동의하였고 원격지의사와의 새로운
진료계약의 체결을 희망하였다면 원격지의사와 환자 사이에는 새로운 진료계약이
명시적으로 존재하게 된다고 볼 수 있다. 예컨대, 원격지의료인과의 진료계약과 현
지의료인과의 병원입원계약이 나누어진 계약을 체결하게 된 경우에는 원격지의료인
은 진단과실에 대한 책임을 부담하게 된다. 즉 계약적인 책임과는 독립적으로 원격
지의료인은 진단과실이나 수술지시의 하자가 현지의료인의 치료과실의 야기에 대해
직접적인 인과관계가 있거나 귀속할 수 있는 경우에는 불법행위법상의 책임을 진
다.[22] 또한 수술과 같은 조치의 경우, 긴급상황이나 구조상황이 아님에도 불구하고
재교육 중인 의사 또는 의료보조인의 수술을 지도하기 위해서 원격의료를 사용한
때에는 원격지의료인은 주의의무를 위반한 것으로 감독책임을 부담한다.[23]

이러한 원격지의료인의 책임론은 제1유형의 원격의료에서와 같이 현지의료인이
존재하고 그 자격기준이 의사·치과의사·한의사인 형태의 원격의료에서만 적용될
수 있다고 본다.

---

20) Frahm / Nixdorf, Arzthaftungsrecht, 1996, Rn. 13; Narr / Rehborn, Arzt-Patient-Kranke-
   nhaus, 2. Aufl. S.20; 이러한 해석은 독일판례의 입장과 유사하다(Urt. vom 14.7.1992, Ⅵ
   ZR 214 / 91, NJW 1992, S.261＝VersR 1992, S.1263; Urt. vom 29.6.1999, Ⅵ ZR 24 / 98,
   BGHZ 142, S.126＝NJW 1999, S.2731＝VersR 1999, S.1241).
21) 윤석찬, 앞의 논문, 29면.
22) Heyers, Hohannes / Heyers, Herman Josef, a.a.O., S.918, S.924.
23) Pflüger, VersR 1999, S.1070, S.1074.

3) 이행대행자 및 이행보조자책임조항

현지의료인이 의사·치과의사·한의사가 아닌 경우, 즉 간호사 등 기타 의료인인 경우에는 원격지의료인이 환자에 대한 책임을 부담한다(의료법 제34조 제4항의 반대해석).

이러한 해석은 의료과오에 관한 민사책임이론상, 각각 다른 자격기준을 갖춘 원격지의료인(의사·치과의사·한의사)과 현지의료인(간호사 등 기타 의료인, 기타 보건의료인, 가정방문간호사) 사이의 책임분배에 있어서는, 원격지의료인은 현지의료인의 지휘·감독자로서 사용자가 되거나(민법 제756조) 또는 대면진료를 행하는 현지의료인은 원격지의료인의 이행대행자 또는 이행보조자의 지위를 가지게 된다(민법 제391조)는 점에서 타당하다.[24] 즉 이 경우 현지의료인은 원격지의료인의 이행보조자로 여겨지고 따라서 원격지의료인은 자기의 과실과 이행보조자인 현지의료인의 과실에 대해서도 책임을 부담하기 때문에 민법상의 책임법리(민법 제391조)와 조화롭게 해석된다.[25] 그러나 이 경우에도, 원격의료과오를 불법행위책임으로 구성한다면 현지의료인도 이행대행자 또는 이행보조자로서의 공동불법행위책임 등은 부담하게 될 것이다.

이러한 원격지의료인의 책임론은 제2유형[26]의 원격의료에서와 같이 현지의료인이 존재하지만 그 자격기준이 의사·치과의사·한의사가 아닌 형태의 원격의료에서만

---

24) 세계의사회, 원격의료에 대한 책임, 의무 및 윤리지침에 대한 성명, No.15 참조("Where non-physicians participate in telemedicine, for example by retrieving or transmitting data, for monitoring or for any other purpose, the physician must ensure that the training and competence of such allied health professionals is adequate to ensure the appropriate and ethical use of telemedicine").
25) 윤석찬, 앞의 논문, 26면 참조.
26) Wheeler v. Yettie Kersting Memorial Hospital, 866 S.W. 2d 32, Tex. App. 1993(간호사인 현지의료인이 분만중인 환자의 상태에 관하여 원격지의사로부터 전화상담을 하고 그 원격지의사의 동의하에 다른 병원으로 이송되는 동안 볼기상태의 아이를 분만한 사건이다. 법원은 원격지의사가 환자의 분만상태를 진단하고 다른 병원으로 이송하는데 동의하였으므로 원격지의사와 환자 사이에는 의사-환자관계가 성립한다고 보고 원격지의사의 책임을 인정하였다).

적용될 수 있다고 본다.

3. 현지의료인의 민사책임

1) 가중책임조항

현지의료인이 의사·치과의사·한의사인 경우, 원격지의료인에게 명백한 과실이 없는 때에는 현지의료인이 환자에 대한 책임을 부담한다(의료법 제34조 제4항).[27]

이 규정에 대하여, 원격지의사가 현지의사에게 '지시'한 것이 아니라 '자문'한 것에 불과한 이상 원격지의사는 환자와 아무런 법률관계도 없고 오직 현지의사만이 환자에 대하여 진료채무를 부담하는 것이기 때문에 환자에 대한 책임은 당연히 현지의사가 부담한다고 하는 견해가 있다.[28] 그러나 앞에서 살펴본 바와 같이 이러한 유형(제1유형)의 원격의료계약은 현지의료인을 경유하여 환자와 원격지의료인 사이에 체결되는 것이고 또 의료행위의 내용상 원격자문의 경우에도 원격지의료인은 이른바 원격진료채무를 부담한다고 보아야 할 것이므로 그와 같은 견해는 타당하지 않다. 또한 이 규정은 원격지의사의 책임을 덜어줌으로써 원격진료가 활성화될 수 있도록 배려한다는 측면이 있다고 할 것이다.[29]

뿐만 아니라, 격지진료 및 책임분산성이라는 원격의료의 고유한 특성에서 볼 때, 동일한 자격기준을 갖춘 원격지의료인(의사·치과의사·한의사)과 현지의료인(의사·치과의사·한의사) 사이의 책임분배에 있어서 원격지의료인의 명백한 과실이 없다면 직접대면진료를 행하는 현지의료인의 책임을 간접대면진료를 행하는 원격지의료인의 그것보다 무겁게 보아 가중시키는 것은 일응 합리적이라고 본다.[30] 따라서 이

---

27) 이 조항을 '현지의사의 책임원칙'이라고 부르는 견해가 있다(윤석찬, 앞의 논문, 26면).
28) 신문근, 앞의 논문, 103면.
29) 신현호, "인터넷 의료상담시 주의점: 법률적 접근", 대한의사협회지 제45권1호, 2002.1, 22면.
30) 세계의사회, 원격의료에 대한 책임, 의무 및 윤리지침에 대한 성명, No.13 전단 참조

규정은 현지의료인의 책임을 특별히 가중시키고 있는 가중책임조항이라고 보는 것이 타당하다.

그런데 이 규정이 원격지의료인의 과실이 명백하게 인정된다면 현지의료인이 책임을 지지 않는다는 것을 의미하는지에 대하여 문제의 소지가 있다. 명문규정의 해석에 따르면, 예컨대 원격지의료인의 잘못된 원격진단 또는 잘못된 수술지시의 형태로 이루어지는 경우에는 직접 대면진료한 의사, 즉 현지의료인은 책임을 지지 않는 결과가 된다. 그렇게 되면 원격지의료인과 현지의료인의 노동분업에 대한 신뢰의 원칙이 어떠한 제한도 없이 적용되게 된다는 것을 의미한다. 그러나 비록 현지의료인이 원격지의료인의 잘못된 진단이나 지시를 과실 없이 이행하였다고 하더라도 원격의료행위에 대한 신뢰의 원칙이 배제되는 경우에는 현지의료인에게 노동분업의 책임을 인정할 수 있고, 이에 따라 명문규정에 대해 또다시 제한적인 해석이 필요하기 때문에 현지의료인의 책임에 대한 명시적인 입법규정이 오히려 법적 안정성을 저해할 우려가 있다. 따라서 이러한 문제는 학설과 판례에 위임하는 것이 타당하다고 본다.31)

이러한 점에서 볼 때, 원격지의료인의 과실이 있는 경우 현지의료인이 책임이 없다고 할지라도 현지의료인은 이행보조자책임(민법 제391조)에 따라 원격지의료인의 과실에 대해서 책임을 부담한다고 해야 할 것이다.32)33) 그리고 현지의료인이 진료를 행함에 있어 다른 원격지의료인을 자기 환자의 진료계약관계에 끌어들인 경우, 이는 현지의료인이 자기 책임하에 결정한 것이고 따라서 자기 책임하에 원격진료행위를 감

("The physician asking for another physician's advice remains responsible for treatment and other decisions and recommendations given to the patient").

31) 이준상·김기영, 앞의 논문, 140면 참조.

32) 이준상·김기영, 위의 논문, 140면; 윤석찬, 앞의 논문, 27－29면.

33) OLG Oldenburg VersR 1989, S.1300(병원이 개업의로 활동하는 소아과의사와 계약하여 신생아에 대한 관리를 맡기고 그가 없는 동안 응급상황에서 과오가 생긴 경우, 이행보조자 및 사용자책임을 인정하였다); OLG Stuttgart VersR 1992, S.55(병원이 개업의를 초빙의사로 투입하여 그가 중과실로 신체침해를 야기한 경우, 이행보조자책임을 인정하였으나 사용자책임은 인정하지 않았다); Heyers, Hohannes / Heyers, Herman Josef, a.a.O., S.918, S.924; Pflüger, VersR 1999, S.1070, S.1074.

독해야 한다고 볼 수 있으므로 현지의료인이 책임을 부담해야 한다.[34] 또한 현지의료인(현지의료기관)이 원격의료의 지원 없이는 시행될 수 없는 수술을 하거나 자격이 없는 의료인을 원격지의료인으로 선택한 경우에는 조직책임 또는 인수책임으로 인한 민법 제750조의 불법행위로 인한 손해배상책임을 직접 부담할 수 있다.[35]

여기서 의료법 제34조 제3항에 근거할 때 원격지의료인의 '과실'은 통상의 의료행위에 있어서 의료인이 가지는 '선관주의의무위반'을 의미하는 것인바, 동조 제4항의 해석상 현지의료인의 선관주의의무는 원격지의료인의 그것보다 높은 수준을 요구하고 있는 것이다.

이와 같은 현지의료인의 책임론은 제1유형의 원격의료에서와 같이 현지의료인(현지의료기관)이 존재하고 그 자격기준이 의사·치과의사·한의사인 형태의 원격의료에서만 적용될 수 있다고 본다.

제16절 | 원격의료에 관한 입법론 

1. 특별법제정 또는 의료법개정 제안

근년에 이르러 정보통신기술 및 첨단 의료기술이 발달해 가고 있는 수준과 특히 원격의료의 급속한 보급현황에 비추어 보면, 원격의료는 가까운 미래에 보편적인 의료형태로 자리잡을 가능성이 높다고 예측된다. 이러한 원격의료는 광대한 지리적 특성과 관련된 탄생배경에도 불구하고, 우리나라와 같이 국토가 좁은 경우에도 의료자원을 효율적으로 배분하고 우수한 의료기술에 대한 접근성을 높여준다는 점에

---

34) 윤석찬, 앞의 논문, 28면.
35) Pflüger, VersR 1999, S.1070, S.1074.

서 그 사회경제적인 효용성이 충분히 인정될 수 있을 것이다. 이와 같은 이유로, 현재 우리나라는 국가의 보건복지정책적 차원에서 원격의료의 확대보급을 도모하기 위한 여러 가지 정책을 시행하고 있는 것이다.

그러나 원격의료는 원거리에서 의사와 의사 또는 환자가 정보통신망을 매개로 해서 간접대면방식 내지 비대면방식으로 의료행위를 하는 것이고, 그와 같은 특성으로 말미암아 필연적으로 의료사고의 위험성을 내포하고 있는 의료형태라는 점에서 우려가 많다. 그리고 원격의료는 원격지의료인(원격지의료기관)과 현지의료인(현지의료기관), 환자 이외에도 원격의료기반기술제공자(정보통신망제공자) 등 수인의 관련자가 복합적으로 관여하므로 원격의료를 둘러싼 법적 당사자가 다수이고, 이에 따라 그 원격의료행위의 결과를 놓고 법적 책임이 분산된다는 중요한 특징을 가지고 있다. 또한 원격의료는 정보통신망을 통하여 전자의무기록이나 각종 영상자료 등 환자에 관한 의료정보가 자유롭게 이동하거나 공동 활용되는 것을 전제로 하는 의료형태라는 점에서 본다면 개인정보의 유출 내지 침해문제가 큰 위험요소가 될 수 있을 것이다.

이와 같은 점은 결국 원격의료의 보급목적에 반하는 결과를 가져오게 되고 원격의료의 보편화를 저해하는 요소로 작용할 수도 있을 것이다. 우리나라는 의료법에서 원격의료에 관한 기본조항과 관련조항을 몇 가지 규정하고 있으나, 위와 같은 현실적인 우려를 고려할 때 그것만으로는 법·제도적인 측면에서 적절한 규율 내지 지원이 될 수 없을 것이다.

그러므로 국가적 차원에서 원격의료의 안전성을 확보하고 보편화에 기여할 수 있게 하기 위해서는 미국의 조지아주원격의료법 등이나 말레이시아의 원격의료법과 같이 원격의료에 관한 특별법을 제정하거나, 기존의 의료법을 개정하여 원격의료에 관한 주요 내용을 보다 상세하게 규정하여 규율하는 것이 바람직하다. 그리고 이와 같이 특별법제정 또는 의료법을 개정할 경우에는 다음과 같은 내용이 반드시 포함되어야 할 것으로 본다.

2. 주요 쟁점별 입법론 제안[36]

1) 원격의료행위의 허용범위

의료법 제34조 제1항은 원격의료의 인적 허용범위를 의료법상 의료인(의사·간호사 등)에 한정하고, 내용적 허용범위로는 '의료지식이나 기술의 지원', 즉 의료인 간의 원격자문에 한정하고 있다. 이는 앞에서 살펴본 바와 같이 현재 시행되고 있는 원격의료의 모든 형태 가운데 제1유형 및 제2유형의 원격의료만 허용하는 것이 되고, 특히 원격지의료인이 직접 격지에 있는 환자를 상대로 원격의료를 행하는 형태(제3유형, 제4유형)것은 허용되지 않는 것이 된다. 뿐만 아니라 의료인 간 원격자문만을 허용하므로 내용적으로는 원격지의사가 직접 원격검사를 시행하거나 원격수술의 집도 또는 원격처방을 하는 행위는 허용되지 않게 된다.

이처럼 원격의료의 인적·내용적 허용범위를 제한적으로 규정하고 있는 것은 세계적인 원격의료기술이나 미국·말레이시아의 허용범위 및 현재 국내에서 이루어지고 있는 원격의료의 보급현실(예컨대 서울대병원 가정의학과 재택원격진료나 보건의료포털사이트의 성행)과는 부합되지 않으며, 원격의료의 발전과 보급을 위축시킬 우려가 있다고 할 것이다. 따라서 다양한 원격의료기술의 도입가능성을 열어두기 위해 원격의료의 범위를 기술적으로 폭넓게 규정하는 것이 필요하다.[37]

더 나아가, 원격의료의 인적 허용범위를 의료인 가운데 의사·치과의사·한의사에만 국한할 필요는 없으며, 그 이외에 의료법상 기타 의료인(간호사·조산사) 및 보건의료인(간호조무사 등)에까지 확대하는 것이 타당하다.[38] 왜냐하면, 기타의료인

---

36) 부록1. 원격의료특례법안 참조.
37) 주지홍 등, 앞의 논문, 119면.
38) 말레이시아 원격의료법 제3조(원격진료를 시술할 수 있는 자) ② 제1항 제1호의 규정에도 불구하고 완전등록의사가 행하는 실제 시술에 대해 청장은 용어와 조건을 명백히 한 서면으로 임시등록의사, 등록된 의료보조원, 등록된 간호사, 등록된 조산원 기타 의료를 제공하는 자로서 다음 각 호의 요건을 갖춘 경우에는 원격진료를 허용할 수 있다. 1. 청장이 허용하는 것이 적절하다고 인정할 것, 2. 완전등록의사의 권한, 지시, 감독하에서

등에게 원격의료를 허용하더라도 이들이 시행하는 원격의료의 시술내용은 의료법상 그 자격조건 범위 내에 있는 의료행위에 한정되는 것이며, 만일 제3유형 및 제4유형의 원격의료에서 기타 의료인 등의 원격의료주체가 내용적으로 의사 등의 자격조건 범위 내에 있는 의료행위를 하려고 할 경우에는 그 원격의료주체는 의사 등과의 별도의 자문계약 등을 체결해야 할 것이므로 특별한 규제를 가할 필요가 없을 것이기 때문이다. 그리고 내용적인 허용범위[39]와 관련해서는 원격지의료인이 현지의료인에게 행하는 원격자문 이외에 원격지에 있는 환자에 대하여 직접 원격진단을 내리거나 원격처방이나 원격수술을 하는 등 모든 의료행위를 시행할 수 있도록 하는 것이 타당하다.[40]

이에 다음과 같이 특례법조항을 제안한다.

"제5조(원격의료행위의 범위) ① 원격의료인은 의료법 제33조 제1항 본문의 규정에도 불구하고 의료행위를 할 수 있다. ② 원격의료인은 격지에 있는 환자에 대하여 검사 및 진단을 행하고 원격자문·원격처방·원격수술 등 치료에 필요한 의료행위를 할 수 있다. ③ 원격의료행위의 대상은 의료법 제3조 제3항 제2호 및 한의사전문의의수련및자격인정등에관한규정 제3조에서 정하는 진료과목을 포함하는 것을 원칙으로 한다. 다만 보건복지부장관은 정보통신 및 원격의료에 관한 관련기술을 감안하여 원격의료의 대상에서 제외되는 과목과 범위를 정할 수 있다. ④ 원격의료인은 의료법 제17조에서 정하는 진단서 등을 교부할 수 있다."

실제 시술될 것.

39) 이기수, 원격진료에 관한 특례법안 제3조(원격진료행위) ① 원격진료행위의 대상은 의료법 제3조 제3항 제1호의 9개 진료과목(내과·일반외과·소아과·산부인과·진단방사선과·마취과·임상 또는 해부병리과·정신과·치과) 및 한의사전문의의수련및자격인정등에관한규정(대통령령) 제4조의 10개 전문과목(한방내과·한방부인과·한방소아과·한방신경정신과·침구과·한방안과·이비인후과·피부과·한방재활의학과·사상체질과)을 모두 포함하는 것을 원칙으로 한다. 다만, 정보통신 및 원격진료에 관한 기술의 발전에 따라서 보건복지부령에 의해 원격진료에서 제외되는 과목과 그 범위를 정할 수 있다. ② 원격진료행위는 원칙적으로 초진행위를 제외한다. 다만, 대면진료를 할 수 없거나 그럴 필요가 없는 경우에는 보건복지부령이 정하는 바에 의해 초진의 경우에도 원격진료행위를 하게 할 수 있다.

40) 주지홍 등, 앞의 논문, 120면.

2) 원격의료인의 자격제도

현행 의료법은 의료법상 의료인(의사·치과의사·한의사)과 기타의료인(조산사·간호사) 및 보건의료인(간호조무사 등)에게 원격의료를 시행할 수 있도록 하고 있고, 원격의료를 위하여 별도의 자격을 요구하는 규정을 두고 있지 않다.[41)42)] 그리고 의료법 제34조 제1항을 해석할 경우, 인터넷 등 국경을 넘나드는 정보통신망을 통해서 이루어지는 원격의료의 특성으로부터 당연히 나타나는 외국 의사의 국내 원격의료는 금지하고 있다.

그러나 원격의료행위를 하기 위해서는 일반적인 의료지식과는 별도로 정보통신기술에 대한 최소한의 이해와 지식을 필요로 한다는 점에서 이와 관련되는 일정한 자격요건을 구비할 필요가 있을 것이다. 왜냐하면 원격의료에 있어서는 의료지식과 정보통신기술에 대한 지식이 복합적으로 발휘됨으로써 의료행위로서의 효과가 나타날 수 있기 때문이다. 따라서 보건복지부나 의사단체 등에서 주관이 되어 전술한 의료인에 대하여 일정한 교육과정을 거치게 하는 방법으로 적절한 수준의 정보통신기술에 대한 지식을 갖추도록 하고 그러한 과정을 이수한 경우 원격의료자격(면허)을 추가로 부여하는 것이 바람직하다고 본다.[43)] 또한 오늘날 정보통신기술의 발달속도를 감안한다면 일정한 보수교육과정을 통하여 원격의료자격을 갱신하는 제도를 두는 것이 타당할 것이다.

그리고 외국인의 경우 의료법이 허용하는 한도 내에서 국내의 의료인자격에 준하

---

41) 말레이시아 원격의료법 제3조(원격의료를 시술할 수 있는 자) ① 다음 각 호의 자 이외에는 원격진료시술을 할 수 없다. 1. 정당한 시술인증서를 가진 자로서 완전등록의사, 2. 외국에서 등록 또는 면허취득한 의사로서 a) 심의회가 발행한 원격진료시술증명서를 가지고 있고, b) 정당한 시술인증서를 가진 완전등록의사를 통해 말레이시아 외부로부터 원격진료를 행하는 자.

42) 이기수, 원격진료에 관한 특례법안 제4조(원격진료의료인의 자격) ④ 원격진료의료인은 원격진료심의위원회의 원격진료시술증인을 받은 자여야 한다. 기타 승인에 관한 요건 및 승인을 위해 필요한 사항은 대통령령이 정하는 바에 따른다.

43) 주지홍 등, 앞의 논문, 120−121면(다만, 응급상황이나 극히 예외적으로 1회적으로 원격의료에 동참하는 경우에는 이러한 자격요건을 면제해 줄 수 있다는 견해를 밝히고 있다).

는 면허를 소지하고 의료기관 개설 등 일정한 절차를 완료할 것을 요구하고 있는데, 이러한 자격 및 절차를 원격의료에 있어서도 동일하게 적용하는 것은 논리적인 면에서 타당하지 않다. 왜냐하면 원격의료 자체가 의료기관 밖에서 진료하는 것을 허용하는 것이고, 원격의료의 핵심역량은 정보통신기술을 구비하였는가에 달려 있는 것이므로 굳이 국내에서 의료인자격을 취득하거나 의료기관을 개설할 필요가 없기 때문이다.

그러나 원격의료의 두 가지 핵심내용인 의료기술 및 정보통신기술의 수준에는 각 국가마다 차이가 있을 것이므로 외국인에 대한 원격의료의 허용여부에 관한 문제는 다른 전문직분야의 자격(면허)제도와 마찬가지로[44] 전술한 기술을 요구하는 원격의료자격을 국제협약 가입 또는 국가 간 협약에 의해서 국가 상호 간에 인증하느냐 하는 문제에 귀착된다고 볼 수 있다. 다만, 국가 간 협약 등이 이루어지기 전이라고 할지라도 보건복지부·정보통신부가 함께 심사기구를 구성하여 외국인의 원격의료자격을 심사·인증하는 방안이 검토될 수 있을 것이다. 그리고 우리나라에서는 외국의 의료기관과의 국제적인 원격의료가 현실적으로 이미 널리 시행되고 있다는 점에서 외국 의료인의 국내 원격의료에 대해서는 일정한 절차를 거쳐 허용하는 것이 바람직하다고 본다.[45]

이에 다음과 같은 특례법조항을 제안한다.

"제3조(원격의료의 면허) ① 원격의료인을 제외하고는 누구라도 원격의료행위를 하지 못한다. 다만 의료법 제25조 단서 각호에 해당하는 자는 예외로 한다. ② 의료법이 정하는 의료인 등이 원격의료를 시행하고자 하는 경우에는 보건복지부장관이 정하는 소정의 교육과정을 이수하고 원격의료면허를 취득하여야 한다. 이 경우 원격의료인의 명칭은 원격의료의사·원격의료치과의사·원격의료한의사·원격의료조산사·원격의료간호사 등으로 한다.

---

44) 이 문제는 WTO 서비스무역협정 제7조와 관련이 있다(김영철, "WTO 서비스무역협정에 관한 법적 고찰", 국제통상과 WTO법, 아시아사회과학연구원, 1996, 177－179면 참조).
45) 이기수, 원격진료에 관한 특례법안 제4조(원격진료의료인의 자격) ⑤ 보건복지부장관은 대통령령이 정하는 바에 따라 외국의 의사면허를 가진 자를 원격진료의료인으로 승인할 수 있다. ⑥ 전항의 외국 의사는 이 법의 원격진료의료인과 동일한 지위를 갖는다. 다만, 이 법에 위반되지 않는 범위에서 대통령령으로 그 지위에 대한 사항을 정할 수 있다.

③ 외국의 의사면허 등을 가진 자에 대해서는 국제협약 또는 국가 간 협약에 따르되, 보건
복지부장관은 대통령령이 정하는 바에 따라 원격의료인으로 승인할 수 있다. ④ 외국의 의
료기관은 보건복지부장관이 정하는 바에 따라 국내의 의료기관과 원격의료협약을 체결함
으로써 원격의료를 시행할 수 있다. ⑤ 원격의료인은 보건복지부장관이 정하는 소정의 보
수교육을 이수하여야 한다.”

3) 원격의료의 시설 및 장비(원격의료품질기준)

원격의료의 특성상 이를 시행하거나 받고자 하는 경우에는 기본적으로 필요한 시
설 및 장비를 갖추는 것이 불가피하다. 그리고 정보통신망을 이용하는 원격의료행
위의 수준 내지 품질은 원격의료과오를 예방하는 데 있어서 필수불가결한 전제가
되는 것이므로 원격의료기반시설(시설 및 장비)의 일정한 기술적 표준 내지 품질기
준을 유지하는 것이 중요한 과제가 될 것이다.[46]

그런데 현행 의료법시행규칙은 ‘원격의료에 기본적으로 필요한 데이터단말장치,
서버, 정보통신망 등’을 갖추도록 규정하고 있으나, 여기서 말하는 서버가 정확히
무엇을 의미하는지 그리고 그것의 필요성 및 최소한의 품질은 어느 정도를 의미하
는지 명확하지 않기 때문에 적정한 원격의료기반기술을 담보하거나 기술상의 오류
를 예방하는 데 미흡하다. 따라서 이 조항은 ‘데이터단말장치, 서버, 정보통신망 등
원격의료의 안전성과 품질을 담보하는 데 필요한 시설 및 장비를 구비하여야 한다’
로 변경되는 것이 바람직하다고 본다.[47] 뿐만 아니라, 현대의료는 전문적인 진료과
목별로 세분화되어 있는 추세이고 그에 따라 각각의 특성과 수준을 달리하고 있으
므로 ‘전문진료과목별로 필요한 원격의료의 시설 및 장비기준’을 별도로 규정하여야

---

46) 말레이시아 원격의료법 제6조(시행규칙) ① 장관은 이 법의 시행을 위하여 필요하거나 적
   절하다고 판단되는 규칙을 제정할 수 있다. ② 제1항의 규정에 반하지 않는 한 규칙에 다
   음 각 호의 사항을 규정할 수 있다. 1. 건물 내에서 원격진료를 행하는 데에 이용될 수 있
   는 모든 시설물, 컴퓨터, 장치, 기구, 장비, 도구, 재료, 물품, 물건에 관한 최소한의 기준,
   2. 원격진료서비스에 관하여 수용할 수 있는 품질보증과 품질규제에 관한 사항.
47) 주지홍 등, 앞의 논문, 125면.

할 것이다.

　한편, 일반적으로 의료인은 정보통신기술에 대한 지식을 필요로 하는 원격의료장비 및 원격의료기반시설을 관리하는 데 일정한 한계가 있고, 이와 같은 장비와 시설은 원격응급상황 등 원격의료의 개시에 대비하여 항상 가동 가능한 상태로 준비되어 있어야 할 것이다. 따라서 원격의료 응용소프트웨어임대사업자(ASP) 등 일정한 정보통신기술 및 지식을 보유한 전문가에게 그 관리를 위탁할 수 있도록 하거나,48) 또는 그 사업자로부터 그러한 장비 및 시설을 임대하여 사용할 수 있도록 하는 방안도 검토해 볼 수 있을 것이다.49)

　이에 다음과 같은 특례법조항을 제안한다.

　"제4조(원격의료의 시설 및 장비) ① 원격의료를 시행하고자 하는 자는 원격의료의 안전성과 품질을 담보하는 데 필요한 다음 각 호에 해당하는 시설 및 장비를 구비하여야 한다. 1. 원격진료실, 2. 데이터 및 화상을 전송·수신할 수 있는 단말장치, 서버, 정보통신망 등의 장비. ② 제1항의 시설 및 장비 이외에 전문적인 진료과목별로 필요한 원격의료의 시설 및 장비에 관해서는 보건복지부장관이 별도로 정한다. ③ 보건복지부장관은 원격의료의 안전성과 품질을 담보하기 위하여 그 시설 및 장비의 기술적 표준에 관하여 별도로 정하여야 한다. ④ 원격의료인은 원격의료에 필요한 정보통신시설 및 장비를 운영하는 사업자(이하 "원격의료기반시설임대사업자"라 한다)로부터 이를 임대하여 사용할 수 있다. 이 경우 보건복지부장관에게 신고하여야 한다."

---

48) 주지홍 등, 위의 논문, 124면("제O조. 의료인은 원격의료의 안전성을 확보하기 위하여 필요한 최소한의 시설 및 장비가 확보되지 아니한 상태에서 원격의료를 행하여서는 아니 되며, 원격의료를 행함에 있어서 이러한 시설이나 장비의 상태 등을 점검하고 원격의료를 받는 환자에게 필요한 시설이나 장비에 대하여 적절한 조언을 행하여야 한다. 이러한 원격의료시설이나 장비의 관리에 대하여는 따로 전문적인 지식을 갖춘 보조인력에게 위탁할 수 있다").

49) 이기수, 원격진료에 관한 특례법안 제9조(정보처리사업법인의 설립) ① 정보처리사업자는 원격진료행위에 필요한 정보통신시설을 운영하거나 진료정보의 수집·보존·제공에 합당한 시설을 갖춘 법인이어야 한다. 구체적인 정보처리사업법인의 시설기준 및 각 지역에 따른 정보처리사업법인의 수는 보건복지부령이 정하는 바에 따른다. ② 의료법 제8조에서 정하는 의료인의 결격사유가 있는 자는 정보처리사업법인의 발기인·이사·감사가 될 수 없다. ③ 원격진료심의위원회는 보건복지부령이 정하는 절차에 따라 정보처리사업법인의 설립허가를 한다.

4) 원격의료보험수가의 인정

원격의료의 유효성에 비추어 보면 국민보건 향상을 위해서 원격의료는 확대될 필요성이 있으나 현재 국민건강보험법상 원격의료보험수가가 결정되지 않고 있는 실정이다. 상대가치점수에 따른 적정한 원격의료보험수가의 산정을 위해서는 원격진료지원기금의 조성이 필요하다는 견해도 있으나,[50] 결국 원격의료에 대해 국민건강보험을 적용할 것인지 여부는 국민보건 향상이라는 측면과 함께 현실적인 보험재정의 문제를 함께 고려해야 할 것이다.

이렇게 볼 때, 우선 원격의료보험수가를 인정할 수 있는 경우로는 ⅰ) 최신 의료서비스를 이용하기 어려운 농촌이나 산간 및 도서지역과 ⅱ) 국내에서 진료가 어려운 질병 등의 경우 외국의 원격의료인(원격의료기관)으로부터 원격진료를 받는 경우를 포함시킬 수 있으며, ⅲ) 예외적으로는 응급상황에서 원격의료가 가능할 경우에는 건강보험을 인정하는 것이 타당할 것이다. 따라서 국민건강보험법 제39조의 요양급여 대상에 이와 같은 내용을 포함시키되 구체적인 건강보험 적용대상에 대해서는 보건복지부령(요양급여기준)에서 별도로 정하는 것이 바람직하다.[51]

---

50) 이기수, 원격진료에 관한 특례법안 제12조(원격진료에 대한 지원) ① 국가 및 지방자치단체는 원격진료의료기관, 정보처리사업법인, 약국 등 원격진료에 관여하는 자들이 원격진료에 필요한 정보통신설비를 갖출 수 있도록 제도적, 재정적 기반을 조성하도록 노력하여야 한다. ② 국가는 원격진료지원기금을 조성할 수 있다. ③ 원격진료지원기금은 보건진료소, 원격진료의료기관, 정보처리사업법인, 약국 등이 원격진료에 필요한 정보통신연결망을 구축하고 국민건강보험의 보험수가에 관하여 원격진료에 관여하는 자의 비용을 지원하는 데 사용되는 것을 그 목적으로 한다. ④ 제2항의 기금관리 및 기금의 이용에 관한 업무는 보건복지부령이 정하는 바에 의해 원격진료심의위원회가 담당한다. ⑤ 국가 및 지방자치단체는 국가 또는 지방자치단체가 운영하는 종합병원과 보건진료소 간의 원격진료설비를 갖출 수 있도록 노력하여야 한다.

51) 주지홍 등, 앞의 논문, 126면; 이기수, 원격진료에 관한 특례법안 제14조(국민건강보험의 적용) ① 국민건강보험은 원격진료행위에 대해서도 적용됨을 원칙으로 한다. ② 국민건강보험법 제4조에서 규정한 건강보험심의조정위원회가 원격진료행위에 관한 요양급여의 기준과 요양급여비용을 심의한다. ③ 국민건강보험법 제55조에서 규정한 건강보험심사평가원이 원격진료행위에 관한 요양급여비용을 심사하고 요양급여의 적정성을 평가한다. ④ 보건복지부장관은 이 법의 적용을 위하여 국민건강보험법 제4조 제2항에서 규정한

이에 다음과 같은 특례법조항을 제안한다.

"제11조(원격의료보험수가) ① 국민건강보험법 제39조의 규정에도 불구하고 원격의료행위에 대하여 국민건강보험법이 적용됨을 원칙으로 한다. ② 보건복지부장관은 국민건강보험재정을 감안하여 다음 각 호에 대하여는 우선적으로 적용할 수 있으며, 구체적인 대상에 관해서는 별도로 정한다. 1. 농어촌·도서지역 등 일반적인 의료서비스의 이용이 어려운 지역의 환자가 원격의료를 이용하는 경우, 2. 국내에서 진료가 어려운 질병에 대하여 외국의 원격의료인으로부터 원격의료를 받는 경우, 3. 응급상황에서 원격의료가 가능할 경우, 4. 기타 보건복지부장관이 인정하는 경우. ③ 보건복지부장관은 국민건강보험법 제4조 제2항에서 정하는 건강보험심의조정위원회에 원격의료에 관한 전문가 3인을 임시위원으로 임명 또는 위촉한다. ④ 건강보험심의조정위원회는 원격의료행위에 대한 보험수가의 결정에 있어서 원격의료를 장려하는 조치를 결정할 수 있다."

5) 원격의료정보보호 및 공동 활용

원격의료에서는 디지털화된 환자의 의료정보를 공동 활용을 전제로 하는 것이고 이 경우 환자정보의 전송 자체가 정보보호를 침해한다고 볼 수 있을 것이다.[52] 여기서 디지털화된 환자의 개인정보보호와 관련하여 공공기관의개인정보보호에관한법률은 공공기관, 즉 국립병원에 대해서는 직접 적용될 수 있으나 개인병원 등 사적 기관에 대해서는 직접 적용될 수 없다. 그리고 현행 정보통신망이용촉진및정보보호에관한법률은 정보통신서비스제공사업자와 호텔, 항공사, 학원 등의 오프라인 사업자에게만 개인정보보호의무를 부여하고 있고 여기에 열거한 사업자 이외의 타인에 의해서나 혹은 원격진료를 시행한 의사가 환자의 정보를 침해한 경우에는 이를 규율하지 못하게 된다.

건강보험심의조정위원회 위원 외에 원격진료에 관한 전문가 3인을 임시위원으로 임명 또는 위촉한다. 임시위원의 임용은 국민건강보험법 제4조의 규정에 의한다. ⑤ 원격진료행위에 대한 보험수가의 결정에 있어서 건강보험심의조정위원회는 원격진료행위를 장려하는 조치를 결정할 수 있다.

52) Feussner / Etter / Siwert, Telekommunikationsbedeutung und Telekommunikations aufgaben der Klinik in einem medizinischen Netzwerk, Klinikarzt, 2000.4, S.97.

이러한 문제점을 인식하여 민간부문의개인정보보보호에관한법률이 제정·시행될 전망이나 동법은 영리목적으로 개인정보를 수집하는 사업자를 대상으로 하고 있으므로 비영리법인의 병원에 대해서는 적용할 수 없게 된다. 그 결과 원격의료에 있어서 환자의 개인정보보호에 관해서는 의료법 내지 형법 규정에 의해 규율될 수밖에 없는 한계가 발견되며, 따라서 입법적 조치가 요구된다고 할 것이다.[53]

그리고 원격의료와 같이 정보통신망을 이용하는 의료행위의 경우에는 개인정보의 수집과 유출의 위험을 따져볼 때 일반적인 의료법상의 비밀누설에 대한 경우보다 그 위험성이 더 크다고 할 수 있다. 특히 화상통신을 이용한 진료 등의 경우와 같이 환자의 신체에 대한 정보 등이 적나라하게 노출될 위험이 큰 만큼 개인정보보호 문제를 더욱 중요하게 취급할 필요가 있다. 따라서 기존의 의료법상의 비밀누설 금지규정(제19조 및 제67조: 3년 이하의 징역 또는 1천만 원 이하의 벌금, 친고죄)에 원격의료에 의한 경우를 중하게 처벌한다는 점을 명시하되, 정보통신과 관련된 기타의 비밀누설 문제는 정보통신망이용촉진및정보보호등에관한법률의 규정(제24조 및 제62조: 5년 이하의 징역 또는 5천만 원 이하의 벌금, 친고죄가 아님) 등을 준용하도록 하는 것이 바람직하다.[54]

이와 같은 규정은 원격의료인(원격의료기관)뿐만 아니라 원격의료에 관여하는 원격의료기반시설제공자(ISP)에게도 동일하게 적용하는 것이 바람직하다.[55]

한편, 원격의료는 정보통신망을 이용해서 각종 의료정보의 공동 활용을 통해서 이루어지는 것이므로 원격의료인 및 원격의료기반시설제공자는 다른 원격의료인 등

---

53) 윤석찬, "원격의료의 법적 문제", 인터넷법률 통권25호, 2004.9, 17면.
54) 주지홍 등, 앞의 논문, 130면("제O조. 원격의료에 관련된 업무에 종사하는 자는 원격의료와 관련해 지득한 각종 개인정보를 업무를 위하여서만 사용해야 하며 본인의 서면동의 없이는 연구목적을 포함하여 이를 제3자에게 누설하거나 발표하지 못한다. 이에 대한 처벌규정 등은 정보통신망이용촉진및정보보호등에관한법률의 개인정보보호규정들을 준용한다").
55) 이기수, 원격진료에 관한 특례법안 제7조(비밀유지의무) ① 원격진료행위 및 정보처리사업에 종사하는 자 중에서 이 법상의 진료정보에 관하여 수집·보존·제공 등에 관여하는 자는 그 업무상 취득한 진료정보를 누설해서는 안 된다. ② 비밀유지의무의 대상이 되는 진료정보의 범위 및 비밀유지의무자의 범위에 관해서 구체적인 사항은 대통령령이 정하는 바에 따른다.

에 대하여 그러한 원격의료정보를 제공할 의무를 부담한다.[56] 그리고 이를 위해서
는 원격의료인이 진료기록을 전자의무기록의 형태로 작성하고 그 작성 및 보존이
용이하도록 이를 표준화하는 것이 바람직하다.[57]

이에 다음과 같은 특례법조항을 제안한다.

"제9조(비밀유지 및 개인정보보호) ① 원격의료인 및 원격의료기반시설제공자 또는 임대
사업자 등 원격의료에 관여하는 자는 의료법 등 다른 법령이나 이 법에서 특히 규정된 경
우를 제외하고는 그 업무상 지득한 정보의 비밀을 누설하거나 발표하지 못한다. ② 누구든
지 정당한 사유 없이 전자의무기록 및 전자처방전에 저장된 개인정보를 탐지하거나 누출·
변조 또는 훼손하여서는 아니 된다. ③ 제9조에 위반하는 경우 그 처벌규정에 대하여는 정
보통신망이용촉진및정보보호등에관한법률 등에서 정하는 개인정보보호규정을 준용한다."

"제10조(진료정보표준화 및 공동활용) ① 보건복지부장관은 원격의료와 관련된 국제적인
전자자료교환체계에 상응하는 전자자료교환체계를 마련하여야 한다. ② 원격의료인 및 원

---

56) 이기수, 원격진료에 관한 특례법안 제8조(원격진료의료인의 의무) ② 원격진료의료인은
원격진료의료기관을 통해 시행한 진료정보를 전자기록의 형태로 정보처리사업법인에 제
공하여야 한다. 제공의무 있는 진료정보의 구체적 범위는 대통령령에 따라 원격진료심
의위원회가 정한다; 동법안 제10조(정보처리사업법인인의 진료정보제공의무) ① 정보처
리사업법인은 자신이 수집·보존하는 진료정보에 접근할 권리 있는 자에게 진료정보를
제공하여야 한다. ② 진료정보에 접근할 권리 있는 자는 원격진료의 해당 환자 등, 환자
의 위임을 받은 의료기관, 환자의 위임을 받은 약국, 다른 지역의 정보처리사업법인 등
이다. 다만, 환자 본인에 대해서는 환자의 상태를 고려하여 부득이한 경우에는 환자를
담당한 의료인의 자문을 받아 그 진료정보제공요청을 거부할 수 있다. ③ 위임을 받은
의료기관이나 약국은 환자 등의 신원을 확인하여야 한다. ④ 권리자가 접근할 수 있는
정보의 구체적 범위, 위임의 형식, 진료정보제공 및 환자 등의 신원확인, 환자 등 및 위
임을 받은 자가 진료정보에 접근할 수 있는 전자적 인증에 관한 구체적인 절차 등은 보
건복지부령이 정하는 바에 의한다.

57) 이기수, 원격진료에 관한 특례법안 제11조(진료정보에 관한 표준화) ① 원격진료의료인
은 자신이 원격진료행위를 통해 수집한 진료정보를 원격진료심의위원회가 보건복지부령
에 의해 정하는 전자자료교환체계에 따라 전자기록으로 보존하여야 한다. ② 정보처리사
업법인은 제1항의 전자자료교환체계에 따라 전자기록을 보존하여야 한다. ③ 원격진료심
의위원회는 국제적인 전자자료교환체계에 상응하는 전자자료교환체계를 마련하여야 한
다. ④ 다른 법률에서 서명을 요구하는 진료에 관한 기록에 관하여 이 법에서 규정하는
진료정보를 전자기록의 형태로 보존하는 경우에는 서명이 필요 없는 것으로 본다. 다만,
기록작성자의 신원을 확인할 수 있는 내용이 진료정보에 포함되어야 한다.

격의료기반시설제공자는 제1항에서 정하는 전자자료교환체계에 따라 전자의무기록 등을 작성·보관하여야 한다. ③ 원격의료인 및 원격의료기반시설제공자는 의료법 제21조에서 정하는 경우 및 원격의료기반시설제공자 또는 임대사업자, 약국 등 그 진료정보에 접근할 권리가 있는 자에 대하여 원격의료에 필요한 진료정보를 제공하여야 한다. ④ 전자서명인 증기관은 전자서명법 등 관련법령이 정하는 바에 따라 전자서명을 한 전자의무기록 등의 안전성 및 신뢰성을 담보하고 그 책임을 부담한다."

6) 원격의료기반시설제공자의 책임

신설된 원격의료 관련 의료법규정에는 원격의료인의 책임에 관한 조항만 두고 있고 원격의료계약과 관련이 있는 당사자 가운데 원격의료기반시설제공자(ISP 내지 ASP)의 책임에 관한 조항은 두지 않고 있다. 앞에서 살펴본 바와 같이 원격의료기반시설제공자는 원격의료에 있어서 중요한 역할을 수행하는 필수적인 존재이고, 특히 원격의료 응용소프트웨어임대업자(ASP) 또는 정보처리사업자가 독립적으로 활동하는 경우에는 그 의무가 중요한 위치를 차지하게 된다고 할 것이다.

즉 원격의료기반시설제공자는 원격의료와 관련한 의료정보의 비밀유지 및 개인정보보호의무와 원격의료정보제공의무를 부담하게 된다. 원격의료기반시설제공자가 이와 같은 의무를 위반하여 원격의료과오가 발생함으로써 환자에게 손해가 발생할 경우에는 일반적인 민사책임의 법리에 따라 그 책임을 부담하는 것이 당연하다고 할 것이다. 이러한 원격의료기반시설제공자의 역할 및 위치에 비추어 볼 때 원격의료 관련법률에서 그 책임에 관한 조항을 명확히 규정할 필요가 있다.

이에 다음과 같은 특례법조항을 제안한다.

"제13조(원격의료기반시설임대사업자) ① 이 법 제2조 제4항에서 정하는 원격의료기반시설임대사업을 개시하고자 하는 자는 소정의 요건을 갖추어 보건복지부장관의 허가를 득하여야 한다. ② 보건복지부장관은 원격의료기반시설임대사업자의 설립기준 및 절차에 관한 사항을 정하여 심사하여야 하며, 그 운영에 관하여 감독하여야 한다."

"제16조(원격의료기반시설제공자의 책임) ① 원격의료기반시설제공자 또는 임대사업자는 이 법 및 의료법, 민법, 정보통신망이용촉진및정보보호등에관한법률, 전기통신사업법 등 관련법령이 정하는 의무를 준수하여야 한다. ② 원격의료기반시설제공자 또는 임대사업자가 제1항의 의무를 위반하여 환자에게 손해가 발생하는 경우에는 그 책임을 부담한다.”

7) 원격의료인의 설명의무 및 환자의 동의

원격의료는 인터넷과 화상통신 등 정보통신망을 이용하여 원거리에 있는 환자를 비대면 내지 간접대면방식으로 진료하는 의료형태이다. 따라서 원격의료인이 환자의 상태를 파악하는 데 있어서는 전통적인 대면진료에서보다 더욱 신중을 기해야 할 것이며, 원격의료인은 환자에 대하여 원격의료의 시술방법·과정·내용과 그 위험성에 대하여 상세하게 설명해 주고 환자의 승낙을 얻어야 할 것이다. 이는 원격의료의 네 가지 유형 가운데 특히 현지의료인이 존재하지 않는 제3유형 및 제4유형의 원격의료에서 더욱 강조되는 점이다. 따라서 원격의료 관련법률에서 이와 같은 원격의료인의 설명의무와 환자의 동의에 관한 내용을 명시적으로 규정함으로써 원격의료행위의 안전성을 확보할 필요성이 있다.[58]

---

58) 말레이시아 원격의료법 제5조(환자의 동의) ① 완전등록의사는 환자에 관하여 원격진료 시술을 하기 전에 환자의 서면동의를 받아야 한다. ② 제5조 제1항의 규정에 의한 환자의 동의는 완전등록의사가 환자의 동의 전에 환자에게 다음 사실을 통지하지 않는 한 유효하지 않다. 1. 환자는 장차 간호 또는 치료받을 자신의 권리를 침해받음이 없이 언제든지 자신의 동의를 자유롭게 철회할 수 있다는 점, 2. 원격진료의 결과, 이익, 잠재적 위험, 3. 현행 모든 비밀보호는 원격진료 상호작용과정에서 취득 또는 공개된 환자에 관한 정보에 적용된다는 점, 4. 원격진료 상호작용과정에서 초래되거나 그동안에 교환 또는 이용된, 환자의 또는 환자에 관한 것으로 인정될 수 있는 모든 영상 또는 정보는 환자의 동의 없이 어떠한 연구자나 기타의 자에게도 유포되지 않을 것이라는 점. ③ 제1항의 규정에 의한 환자의 동의에는 제2항에 따라 제공된 정보를 자신이 이해한다는 점과 그 정보가 완전등록의사와 논의된 것이라는 점을 지적하여 환자가 서명한 진술이 포함되어야 한다. ④ 환자의 제1항에 의한 서면동의와 제3항에 의한 진술은 환자의 의료기록의 일부가 되어야 한다. ⑤ 환자가 미성년자이거나 동의를 할 수 없을 정도의 심신상실상태에 있는 경우에는 환자의 후견인 또는 보호자가 대신 동의할 수 있다; 이기수, 원격진료에 관한 특례법안 제6조(환자의 동의) ①~⑤는 동일. ⑥ 유효한 환자의 동의가 없는 원격진료행위에는 업무상 과실이 있는 것으로 추정한다. 다만, 응급을 요하는 경우에 제반 상황에 비추어 환자, 친권자, 후견인, 보호자(이하 ‘환자 등’) 중 일인의 동의가 있을 것

이에 다음과 같은 특례법조항을 제안한다.

"제7조(환자의 동의) ① 원격의료인은 원격의료를 시행하기 전에 환자에게 다음 각 호의 사항을 충분히 설명하고 동의를 받아야 한다. 이 경우 환자의 동의에는 원격의료인의 설명에 대하여 환자가 서명한 진술이 포함되어야 한다. 1. 원격의료의 시술방법, 과정, 내용 및 잠재적 위험성, 2. 원격의료의 결과, 이익, 3. 원격의료의 과정에서 교환·취득되거나 공개된 환자에 관한 모든 정보에 대하여 비밀보호가 보장되며, 환자의 동의 없이 어떠한 연구자나 기타의 자에게도 유포되지 않을 것이라는 점, 4. 환자는 장차 치료받을 자신의 권리를 침해받음이 없이 언제든지 자신의 동의를 자유롭게 철회할 수 있다는 점. ② 제1항에 의한 환자의 동의는 의료법 및 이 법에서 정하는 진료기록의 일부가 된다. ③ 제1항에 의한 환자의 동의가 없는 원격의료행위에 대해서는 원격의료인에게 업무상 과실이 있는 것으로 추정한다."

8) 사이버병원 개설허가

전술한 원격의료의 네 가지 유형에서 살펴본 바에 따르면, 제4유형의 원격의료에서 현재 각 의료기관의 웹사이트나 보건의료포털사이트가 기능적 또는 내용적으로 발전된 형태가 사이버병원(cyber hospital)이라고 할 수 있다. 그리고 아파요닷컴의 사례에서와 같이 원격의료만을 전문적으로 행하는 의료기관의 출현도 충분히 상정할 수 있으며, 그것이 원격의료인의 자격을 갖추고 일반적인 원격의료행위의 준칙에 따라 원격진료를 시행하는 경우라고 한다면 구태여 이를 부인할 이유는 없다. 따라서 의료법상 의료기관의 하나로 원격의료만을 전문으로 시행하는 사이버병원의 개설을 허가하는 것이 바람직하다고 본다.

따라서 의료법 제3조의 의료기관의 종류에 사이버병원을 의료기관의 한 가지 형태로 포함시키는 방안이 검토되어야 하며, 다만 이 경우 사이버병원의 시설과 장비 및 인력 등 그 설립요건에 대해서는 전통적인 의료기관이나 모든 형태의 원격의료기관의 설립요건보다 좀 더 엄격한 기준을 적용하는 것이 타당하다. 그러한 설립요

으로 추정되는 경우에는 그러하지 아니하다.

건으로는 앞에서 언급한 원격의료기반시설을 자체적으로 보유하게 한다든지, 그 설립주체가 의사 등의 의료인이 아닌 경우에는 반드시 의사 등의 의료인과 자문계약 내지 고용계약을 체결하도록 하여 그 업무에 전임케 하는 것 등이 예가 될 수 있을 것이다.

이에 다음과 같은 특례법조항을 제안한다.

"제12조(사이버병원의 개설허가) ① 의료법 제3조 및 제33조의 규정에도 불구하고 이 법 제3조에서 정하는 원격의료인이 인터넷 등의 가상공간상에서 사이버병원을 개설하고자 하는 경우에는 개설허가를 신청하여야 한다. 이 규정은 의료법 제2조에서 정하는 의료인 및 의료법 제3조에서 정하는 의료기관이 사이버병원을 개설하고자 의료기관의 개설신고 또는 허가사항을 변경하는 경우에도 동일하게 적용된다. ② 원격의료인 등이 사이버병원의 개설허가를 신청하는 경우에는 의료법 제3조 및 제32조 등에서 정하는 시설 및 장비 이외에 이 법 제4조 및 제8조에서 정하는 시설 및 장비를 구비하여야 한다. ③ 사이버병원의 개설허가를 신청하는 자가 의사·치과의사·한의사가 아닌 경우에는 1인 이상의 의사·치과의사·한의사와 원격의료에 관한 자문계약 또는 고용계약을 체결하여야 하며 그 업무에 전임하도록 하여야 한다."

9) 원격의료의 재판관할권 및 준거법

일반적으로 의료분쟁의 경우 환자 쪽에서 법률에 의지하려고 하는 경향이 많다고 볼 수 있고, 앞에서 검토한 바와 같이 원격의료계약의 성립장소는 청약자인 현지의료인 또는 환자의 주된 영업장 소재지 또는 주된 거주지가 될 것이다. 특히 국제적인 원격의료분쟁에 있어서는 환자의 소재지, 즉 거주지를 기준으로 재판관할권과 준거법을 결정하는 것이 타당하다고 할 것이다. 이에 대해서는 이하에서 설명하는 개정된 국제사법 제2조 등의 해석론[59]에 따르면 될 것이나, 전술한 원격의료의 특수성을 고려할 때 注意的 根據規定으로 원격의료 관련법률에서 명시하는 것이 바

---

59) 김선이·소재선, "전자상거래와 각국법의 저촉", 인터넷법률 통권18호, 2003.7, 113-157면 참조.

람직하다.

원격의료는 물리적 장소 면에서 초국경적으로 이루어지므로 원격의료분쟁이 발생할 경우 국제적으로 어느 국가의 법원이 사건을 재판할 관할권을 가지는가 하는 점이 문제가 된다.[60] 국제적 재판관할권에 관해서는 현재로서는 일반적 원칙이 없으며, 다만 특정 국가 사이의 조약에 의하여 공통된 재판관할의 법칙이 마련되어 있는 경우가 있다.[61]

미국의 경우를 보면, 영역적 재판관할(territorial jurisdiction: 대인재판권, 대물재판권, 준대물재판권)과 사물재판관할(subject jurisdiction)이 있는데 의료분쟁과 관련하여서는 대인재판권(jurisdiction *in pesonam*: 일반재판관할, 특별재판관할)이 문제가 될 것이다. 여기서 법원의 관할구역 내에 피고가 거주하지 않는 경우 미국 연방대법원의 판례는 '최소한의 접촉(minimum contacts)'이 있는지와 '의도적 이용(purposeful availment)'이 있었는지 여부를 중심으로 검토하고 있다.[62] 일반적으로 의료행위는 두 장소 사이에서 정신적 또는 신체적 질병을 가진 사람을 진단하고 치료하려는 '최소한의 접촉'을 포함하는 것으로 이해되고 있다.[63] 그러므로 정보통신망을 이용한 진단과 치료 등의 의료행위는 일반적으로 환자가 있는 국가 또는 주(州)의 재판관할권에 속한다고 볼 수 있다.[64] 그러나 사안에 따라서는 증거조사가 용이하고 강제집행할 자산을 충분히 갖추고 있는 원격의료인(원격의료기관)이 존재하는 곳에서

---

60) Hoppe, Telemedizin und internationale Arzthaftung, MedR 1998, S.462, S.464 참조.

61) 그 예로는 EC국가 간의 브뤼셀협약(민사 및 상사에 관한 재판관할 및 판결의 집행에 관한 협약, 1968년), EFTA(유럽자유무역연합) 국가 간의 루가노협약(민사 및 상사에 관한 재판관할 및 판결의 집행에 관한 조약, 1988년), EU국가 간의 브뤼셀규칙(민사 및 상사에 관한 재판관할 및 판결의 집행에 관한 위원회규칙) 등이 있다.

62) 미국 연방대법원의 판례경향을 종합하여 설시한 판례로는 Asahi Metal Industry Co., Ltd. v. Superior Court of California, Solano County 사건이 있다(480 U.S. 102; 107 S.Ct. 1026, 1987).

63) Phyllis F. Granade, "Implementing Telemedicine on a National Basis: A Legal Analysis of the Licensure Issues", 83 Fed'n Bull. J. Med. Licensure & Discipline. 7, 1996, p.10.

64) Wright v. Yackley, 459 F.2d 287(9th Cir. 1972), p.289; Simmons v. State of Montana, 670 P.2d 1372(Mont. 1983), p.1385; Presbyterian Univ. Hosp. v. Wilson, 654 A.2d 1324(Md. 1995), p.1335.

재판을 해야 하는 상황(부적절한 법정지: *forum non conveniens*)도 벌어질 수 있다.

우리나라는 그동안 학설 및 판례를 통해 이 문제를 해결해 오다가 국제사법 제2조 (국제재판관할권, 2001.4.7. 개정)에서 근거규정을 마련하였다. 이에 따라 원격의료의 당사자 또는 분쟁이 된 사안이 실질적 관련(substantial connection)이 있는 곳을 관할 하는 법원에서 국제재판관할권을 행사하게 되며, 계약사건에서 전형적인 토지관할로 생각할 수 있는 것은 피고의 주소지, 거소지 또는 의무이행지, 계약 당시의 관할의 합 의가 있고 불법행위사건에서는 불법행위지 등이 있다(민사소송법 제1장 제1절).

한편, 재판관할권이 확정되어 재판이 이루어질 경우에 계약 또는 불법행위의 당 사자가 각각 다른 국가에 주소를 가지고 있는 때에는 어느 국가의 법률을 적용해야 하는가 하는 준거법 문제가 대두된다. 이는 특히 국경을 초월하여 이루어지는 원격 의료분쟁에 있어서 중요한 문제이다. 원격의료행위를 하는 원격의료인의 불법행위책 임에 대하여는 국제사법 제32조(불법행위)에 따라 불법행위가 행하여진 곳의 법에 의한다. 그리고 원격의료인의 계약상 채무불이행책임에 대하여는 국제사법 제25조 (당사자자치)에 따라 당사자가 명시적 또는 묵시적으로 선택한 법에 의한다.

이에 다음과 같은 특례법조항을 제안한다.

"제17조(국제재판관할권) 국제적으로 행하여지는 원격의료에 관한 재판관할권에 대하여 는 국제사법 제2조의 규정에 따른다."

1. 원격의료 법률조항 및 법제 개선방안

1) 원격의료 적용 주요 법률조항

먼저, 원격의료시술시점을 기준으로 해서 원격의료에 적용되는 의료법과 민법 등의 주요 법률조항을 종합해 보면 [표 3]과 같다.

표 3 원격의료 적용 주요 법률조항

항목구분	원격의료시술 전 적용조항	원격의료시술 후 적용조항
원격의료 자격기준	의료법 제34조①전단(원격의료인)	
원격의료 행위기준	의료법 제34조①후단(원격의료행위) 의료법 제23조①(전자의무기록 작성) 의료법 제18조①(전자처방전 작성)	
원격의료 시설기준	의료법 제34조②(원격의료 시설) 의료법 제23조②(전자의무기록 시설) 의료법 제18조②(전자처방전 서식) 의료법시행규칙 제23조의3 (원격의료 시설기준) 의료법시행규칙 제18조의2 (전자의무 기록 시설기준)	
원격의료 과오책임		의료법 제34조③, ④(원격의료과오책임) 의료법 제23조③(전자의무기록 개인정보 보호의무) 의료법 제18조③(전자처방전 개인정보 보호의무) 의료법 제66조(개인정보침해에 대한 벌칙) 민사책임: 민법 제750조(불법행위책임), 민법 제390조 이하(채무불이행 책임) 등(손해배상책임) 형사책임: 형법 제268조(업무상과실·중과실 치사상죄) 행정책임: 의료법 제51조 이하(개설허가 취소, 면허취 소, 자격정지, 면허취소 등)

항목구분	원격의료시술 전 적용조항	원격의료시술 후 적용조항
원격의료 과오책임		ISP책임: 전기통신사업법 제2조(보편적 역무) 등 전기통신기본법 제16조(전기통신 설비의 유지·보수) 등 정보통신망이용촉진및정보보호 등에관한법률 제23조(개인 정보수집제한) 등 전자서명인증기관책임: 전자서명법 제26조 (인증기관의 배상책임) 등

2) 원격의료법제의 개선방안

그리고 원격의료의 법률관계 및 민사책임에 관하여 지금까지 검토한 내용을 정리해 보면 다음과 같은 결론이 도출된다.

오늘날 정보통신기술과 보건의료서비스가 결합하여 새로운 형태의 의료분야가 탄생하고 있는바 원격의료가 바로 그것이다. 연혁적으로 원격의료는 지리적·사회경제적 필요성에 따라 고안된 것이지만, 우리나라와 같이 국토가 좁은 국가에서도 의료자원 이용의 효율성을 높이고 민간의료비용을 절감케 하는 등의 장점이 인정되어 국가 보건복지정책적 차원에서 확대를 추진하고 있다. 국내외적으로 원격의료는 원격의료장비·원격의료솔루션의 개발이 성공적인 단계에 이르고 원격수술까지도 가능하게 되어 이미 기술적 한계를 극복하였고 이에 따라 미래의 보편적 의료형태의 하나로 자리잡게 될 가능성이 확실하다.

그러나 원격의료가 긍정적으로 정착되어 그 효용이 발휘되게 하기 위해서는 앞으로도 법률적·제도적인 문제가 해결되어야 하는 과제가 산적해 있다. 이러한 맥락에서 외국에서는 이미 1995년을 전후하여 원격의료(모델)법을 제정하여 그 규제 내지 보급기준을 마련하여 왔으나, 우리나라는 다소 늦은 감은 있지만 2002년 3월 30일 의료법을 개정하여 원격의료(제34조), 전자의무기록(제23조), 전자처방전(제18조) 조항을 신설하고 2003년 3월 31일부터 시행함으로써 원격의료를 적법한 의료행위의 하나로 인정하였다.

그런데 원격의료는 환자를 진료한다는 면에서는 전통적인 방식의 의료행위와 동일한 것이나, 온라인상에서 원격진료의 청약 및 승낙이 이루어진다는 점, 간접대면방식이기 때문에 필연적으로 위험성이 내포된 의료형태라는 점, 공동관여자인 원격의료인 간에 원격의료결과를 놓고 책임이 분산된다는 점에서 근본적인 차이가 있다. 이 때문에 원격의료는 원격의료과오가 발생할 가능성이 매우 높은 의료형태라고 볼 수 있으며, 따라서 원격의료에 대해서는 遠隔醫療契約에 관한 새로운 이론구성이나 不法行爲論의 수정이 불가피할 것이다. 이와 같은 문제들을 종합적으로 고찰하고자 하는 것이 원격의료의 민사책임이론이며, 이 연구결과는 원격의료에 관한 통일적인 법적용 및 법해석의 기준 내지 지침을 제시하고 나아가 이러한 법리적 기준은 원격의료를 보급하고 보편화시키는 데 있어서 안전장치 역할을 할 수 있을 것이다.

원격의료의 실질적인 내용은 의료행위라고 할 수 있으므로 전통적인 의료과오의 민사책임이론이 원격의료과오에도 기본적으로 적용될 것이나, 원격의료계약의 체결과정과 급부(원격의료행위)의 이행과정 등에는 차이가 있으므로 원격의료과오의 양태는 전통적인 의료과오의 양태와는 약간 다르게 나타날 것으로 예상된다. 그러므로 본서에서는 전통적인 의료과오론의 전개방식을 모델로 해서 각각의 과정에서 원격의료과오에서만 특수하게 취급해야 할 부분을 발견해 내고자 검토하였다.

의료법 제34조 제1항은 원격의료의 법적 정의와 함께 세 가지 법적 기준, 즉 자격기준·시설기준·행위기준을 규정하고 있다. 저자는 원격의료의 행위주체를 기준으로 하여 ① 의사 등 의료인(의료기관) v. 의사 등 의료인(의료기관) 간 원격의료, ② 의사 등 의료인(의료기관) v. 기타 의료인 및 보건의료인(의사 없는 의료관련기관) 간 원격의료, ③ 의사 등 의료인(의료기관) 또는 기타 의료인 및 보건의료인(의사 없는 의료관련기관) v. 환자(가정) 간 원격의료, ④ 사이버병원 또는 보건의료포털사이트 형태의 원격의료 등 네 가지 유형으로 재분류하였다. 그 결과, 원격의료의 시행현실과 법제 사이의 괴리가 발견되었다. 즉 의료법이 정의하는 원격의료는 원격지의료인과 환자 사이에 현지의료인이 존재하는 제1유형 및 제2유형만을 상정하고 있고, 또 국내면허소지자만이 원격의료를 시행할 수 있는 것으로 해석되었다.

그리고 원격의료인(원격지의료인, 현지의료인)과 환자 사이의 모든 법률관계는 遠隔醫療契約을 시발점으로 해서 검토하게 되는데, 원격의료의 네 가지 유형별로 원격의료계약의 체결단계, 청약 및 승낙, 계약의 성립시기, 이행방법이 각각 상이한 양상을 띠게 된다. 또한 전통적인 의료계약과 비교할 때, 원격의료계약의 법적 효과로는 원격의료인에게 전자의무기록의 작성·보존의무, 진료정보표준화의무, 비밀유지 및 개인정보보호의무가 추가되고, 환자에게 원격진료협조의무가 추가되며, 원격의료기반시설제공자에게는 원격의료기반기술보호권, 비밀유지 및 개인정보보호의무, 진료정보제공의무 등이 추가적으로 부담된다. 이러한 추가적인 의무들은 遠隔醫療過誤論의 이론구성에 영향을 미치게 되어 전통적인 의료과오론과는 차이점을 나타내게 하는 요소가 된다.

원격의료과오로 인한 원격의료인의 손해배상책임에 대하여는 민법상의 일반적인 책임원리에 따라 불법행위책임(제750조)과 계약책임(제390조 이하)의 법리를 구성할 수 있다. 손해배상책임의 성립요건은 ⅰ) 고의 또는 과실에 의한 ⅱ) 위법한 행위(또는 채무불이행)로 인하여 ⅲ) 타인에게 손해를 가하고 ⅳ) 그 위법한 행위(또는 채무불이행)와 발생된 손해와의 사이에 인과관계가 있어야 한다. 이 두 책임의 성립요건을 살펴보면, 결국 원격의료의 민사책임에서 논의할 사항은 ① 과실론(주의의무위반), ② 위법성론(설명의무위반 및 자기결정권침해), ③ 손해론, ④ 인과관계론, ⑤ 입증책임론으로 대별할 수 있다. 그리고 원격의료는 정보통신망을 이용하는 의료형태이므로 원격의료인의 손해배상책임에 부가하여, 원격의료기반시설제공자의 민사책임이 추가적으로 논의된다.

요컨대, 원격의료인의 민사책임에 있어서는 전통적인 의료과오의 경우와는 달리 다음과 같은 몇 가지 특징이 나타남을 알 수 있었다. 過失論에 있어서는 원격의료인의 주의의무가 확대되고, 違法性論에서는 원격의료인의 설명의무가 강화되는 한편 환자의 자기결정권에 기초한 동의의 범위가 확장된다. 그리고 환자의 원격진료협조의무로 인하여 損害賠償額의 過失相計에 있어서 환자 측 과실의 참작이 많아지고, 정보통신전문가가 감정인으로 추가된다. 또한 因果關係論 및 立證責任論에서는 전통적인 의료과오론이 그대로 적용된다고 본다.

한편, 의료법 제34조 제3항 및 제4항은 격지진료 및 책임분산성이라는 원격의료의 특성을 고려하여 원격의료인의 責任分配에 관한 特別規定을 두고 있는데 이는 다음과 같이 해석된다.

첫째, 원격지의료인은 환자에 대하여 전통적 대면진료를 시술하는 의료인과 동일한 책임을 부담한다(제3항, 일반규범적조항).

둘째, 현지의료인이 의사·치과의사·한의사인 경우, 원격지의료인에게 명백한 과실이 있는 때에는 원격지의료인이 환자에 대한 책임을 부담한다(제4항 반대해석, 과실책임주의조항).

셋째, 현지의료인이 의사·치과의사·한의사가 아닌 경우, 즉 간호사 등 기타 의료인인 경우에는 원격지의료인이 환자에 대한 책임을 부담한다(제4항 반대해석, 이행대행자 및 이행보조자책임조항).

넷째, 현지의료인이 의사·치과의사·한의사인 경우, 원격지의료인에게 명백한 과실이 없는 때에는 현지의료인이 환자에 대한 책임을 부담한다(제4항, 가중책임조항).

그러나 이러한 특별규정은 원격의료의 시행현실과 본질적 특성을 감안할 때 법적·제도적인 측면에서 원격의료를 총체적으로 규율함으로써 그것이 안전하고 적절하게 시행 및 보급되도록 하는 데에는 미흡한 면이 있다. 따라서 결론적으로, 원격의료에 관한 특별법을 제정하거나 의료법을 개정하여 보다 상세하고 명확하게 규정하는 것이 바람직하다. 그렇게 할 경우, 그 규정에는 원격의료행위의 허용범위, 원격의료인의 자격제도, 원격의료의 시설 및 장비(원격의료품질기준), 원격의료보험수가의 인정, 원격의료정보보호 및 공동 활용, 원격의료기반시설제공자의 책임, 원격의료인의 설명의무 및 환자의 동의, 사이버병원 개설허가, 원격의료의 재판관할권 및 준거법 등에 관한 내용이 포함되어야 한다.

2. ubiquitous Healthcare 관련 법적 쟁점 및 이슈[65]

1) u-헬스 서비스의 유형 및 흐름

u-헬스(ubiquitous Healthcare)라 함은 센싱기술 및 유·무선 네트워크 등 유비쿼터스 컴퓨팅 환경을 기반으로 하여 환자는 물론 건강한 일반인에까지 언제(anytime) 어디서나(anywhere) 질병치료와 예방 및 건강증진 등의 모든 유형의 의료서비스를 제공하는 것을 말한다. 이는 오프라인상의 대면진료를 기본으로 하는 전통적인 의료분야에 IT·BT·NT 분야가 융합되어 온라인상의 간접대면방식의 형태로 의료서비스의 시간적·공간적 범위 및 유형을 확장시킨 새로운 형태의 의료분야라고 할 수 있다.

다시 말하자면, 전통적인 의료영역과 비교할 때 u-헬스는 의료서비스의 공급자, 소비자, 시간적, 공간적, 서비스유형 측면에서 그 범위가 확대되고 유형이 다양화되는 것을 의미한다고 할 수 있다.[66] 즉 공급자 측면에서는 전통적으로 의사를 중심으로 하는 병원에서 가정간호기관, 건강증진·관리회사, 통신기업 등으로 확대된다. 소비자 측면에서는 환자 중심에서 건강한 사람을 포함하는 일반인으로 확대된다. 시간적 측면에서는 오프라인상의 특정시간대에 진료를 받던 것이 24시간 또는 질병 발생 전에까지 확대된다. 공간적 측면에서는 전통적으로 의료기관 내에서 제공되던 의료서비스가 노인요양기관·가정·직정과 나아가 이동공간에까지 확대된다. 서비스 유형 측면에서는 질병치료에서 질병예방, 건강증진, 맞춤치료로 다양화된다.

이처럼 전통적인 의료서비스 영역에서 그 범위와 유형이 확장된 u-헬스 서비스

---

65) 이하 내용은 황종성·류석상·김현경·이상직·윤병옥·박수곤·이지희·정용엽·주지홍·김재광·오태원, "u-Health 관련 법적 쟁점 및 이슈", u-서비스 추진관련 법적 쟁점 및 이슈, 한국정보사회진흥원(NCA I-RER-07508 정보통신부 공동연구보고서), 2007.12, 92-169면 가운데 저자의 기술부문을 본서와 중복되는 내용이 있음에도 불구하고 원격의료법을 이해하는 데 도움이 된다고 판단되어 그대로 수록했음을 밝혀둔다.

66) 강성욱·이성호, "유헬스(u-Health)의 경제적 효과와 성장전략", 삼성경제연구소 Issue Paper, 2007.7.25, 4면.

를 가능하게 하는 것은 Mark Weiser가 주창한 '유비쿼터스 컴퓨팅'67) 기술이다. 유비쿼터스 컴퓨팅을 구축하는 요소기술은 모든 사물에 네트워크 주소를 부여하여 사물을 식별하고 관리할 수 있도록 하는 전자태그(RFID), 다양한 서비스 제공을 가능하도록 하는 Application 및 Embedded 등 유비쿼터스응용기술, 언제 어디서나 누구나 필요한 정보처리를 가능하도록 하는 모바일컴퓨팅(mobile computing), 대용량의 정보를 신속하고 간편하게 전송할 수 있도록 하는 초고속유·무선통신기술 등을 대표적으로 꼽을 수 있다.

요컨대, 전통적인 의료서비스(medical service)가 유비쿼터스 컴퓨팅 또는 네트워크 기술과 융합되어 그 개념적·내용적·방법적인 측면에서 근본적인 패러다임이 변화됨에 따라 새로운 형태의 의료서비스 즉 'u-헬스 서비스(ubiquitous Healthcare service)'로 나타나고 있는 것이다. 즉 의료서비스는 의료기관 중심의 전통적인 병원진료(hospital Healthcare: Near-Place)에서 병원정보화 단계를 거쳐 상호작용하는 정보통신기술을 활용하여 원격지에 의료정보와 의료서비스를 제공하는 원격진료(telemedicine: Far-Place), 인터넷이나 휴대폰 등 모바일 정보통신기술을 활용하여 어느 장소에서든 건강정보와 의료서비스를 제공하는 e헬스(electronic Health: AnyPlace), 유비쿼터스 컴퓨팅 환경하에서 언제 어디서나 의료서비스를 제공하는 u-헬스(ubiquitous Healthcare: AnyPlace, AnyTime)로 진화되고 있는 것이다.68)

지금까지 현실에서 구현되고 있는 u-헬스 서비스의 여러 가지 유형과 흐름을 종합해 보면 아래 [그림 3]과 같은 개념도로 표현할 수 있다.69)

---

67) ubiquitous computing 또는 ubiquitous network란 논리적 인지가 가능한 스마트 공간을 기반으로 사물-컴퓨터-사람이 연계되는 개념에서 출발하는 것으로 '언제 어디서나 컴퓨터에 접속할 수 있는 환경(computing access will be everywhere)'을 말한다.

68) 김진태, "네트워크 기반의 u-Health 서비스 추진동향", ETRI 주간기술동향 통권1321호, 2007.11.7, 24면.

69) u-헬스 관련사업의 유형을 전통 의료 분야로서 질병치료에 중점을 두는 헬스케어형과 건강의 유지 및 향상을 위해 제공되는 서비스인 웰니스형으로 분류하고, 이를 다시 병·의원용 헬스케어형인 u-Hospital群과 개인용 헬스케어형인 홈&모바일 헬스케어群, 개인 및 기관에 모두 적용되는 웰니스群으로 분류하는 견해가 있다(강성욱·이성호, 앞의 Issue Paper, 10면 이하).

　u-헬스 서비스의 기본적인 흐름은 u-Hospital 등 u-헬스 공급자가 초고속정보통신망과 u-헬스솔루션 및 u-헬스의료기기 등을 활용하여 환자·일반인 등 u-헬스 소비자로부터 생체·의료정보를 습득하고 이를 분석하여 치료지침·약처방·운동처방·식이처방을 하거나 건강정보 제공 또는 환자교육을 하는 형태로 이루어진다. 다만, u-헬스 공급자는 u-헬스 소비자를 직접 상대해서 건강관리를 하거나 중개자(현지의료인)를 통해 간접적으로 u-헬스 소비자를 컨트롤해서 건강관리를 할 수도 있다. 이러한 u-헬스 서비스를 가능하게 하고 서비스 흐름의 기초가 되는 것이 원격의료(telemedicine) 기술이라는 점을 알 수 있다.

▌그림 3 u-헬스 서비스의 유형 및 개념도

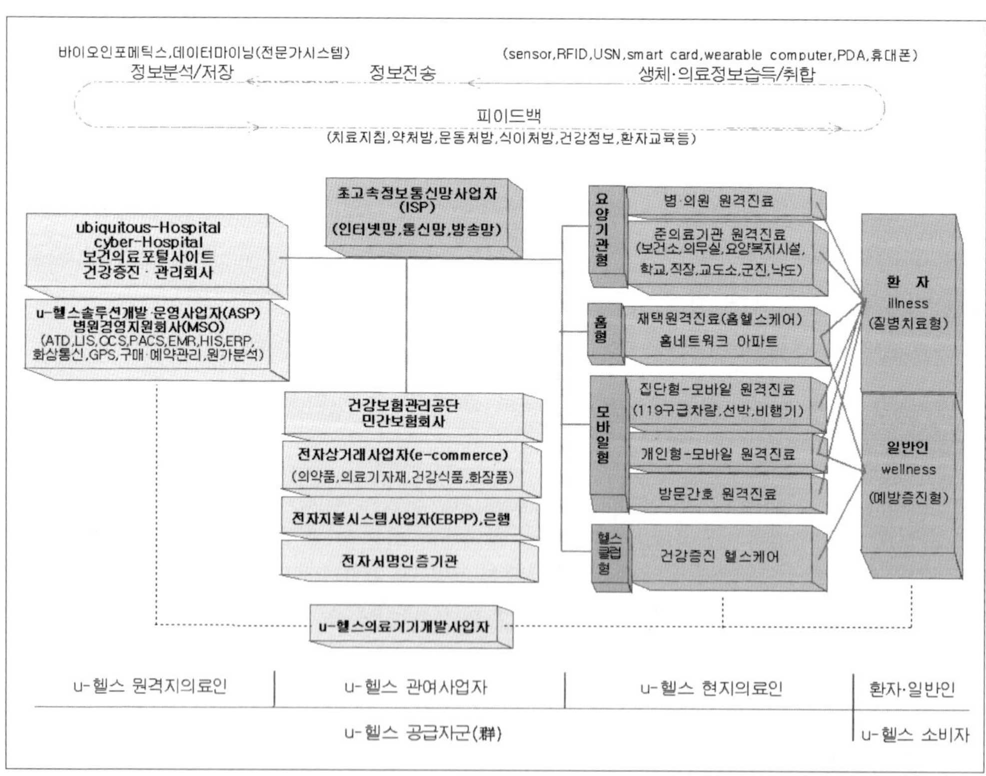

한편, u-헬스가 등장하게 된 배경 및 필요성을 살펴보면 대체로 다음과 같다.

첫째, 의료공급자 측면에서는 IT·BT·NT 기술의 급격한 발전과 정보통신사업자 및 u-헬스솔루션개발운영사업자의 비즈니스영역 확대 등으로 의료정보화 인프라가 급속하게 구축되고 있다는 점을 들 수 있다. 우리나라 병원정보화 수준은 OCS(자동처방전달시스템) 76%, PACS(영상저장전송시스템) 47%, EMR(전자의무기록) 21%에 이르고 있는데(2005년 기준),[70] 이를 바탕으로 인터넷 등 유·무선 초고속정보통신망 기술을 활용하여 의료기관 간 또는 의료기관과 재택환자 간 의료정보의 송수신이 가능하게 됨으로써 의료서비스의 패러다임을 변화를 견인하고 있는 것이다.

둘째, 의료소비자 측면에서는 well-being에 대한 욕구증가와 의료소비자의 알권리 확대 등 사회경제적인 여건의 변화로 인해 과거 환자가 질병에 대한 치료를 받는 수동적인 자세에서 일반인도 평생건강 차원에서 질병예방 및 건강증진을 요구하는 적극적인 의료소비주체로 변화하고 있다는 점이다. 예컨대 환자와 일반인에게 건강정보를 제공하는 비즈니스 모델의 하나로 보건의료포털사이트가 급성장하여 852개(2005년 기준)[71]에 이르고 있는 것이 그 방증이다.

셋째, 국가정책적 측면에서는 인구고령화와 당뇨·고혈압 등 만성질환자의 증가로 인해 국민의료비 증가 및 건강보험재정 악화가 심화되는 상황에서 보건복지정책상 의료비용을 절약하면서도 치료효과를 높이고 많은 국민에게 의료서비스를 제공할 수 있는 방법의 하나로 가정간호서비스·재택원격진료 등 u-헬스 서비스를 확대 보급할 필요성이 제기되고 있다는 점이다. 이에 따라 보건복지부는 2005년 5월 보건의료서비스혁신단 및 의료산업선진화위원회를 가동하고 e-헬스전문위원회(6개 워킹그룹)에서 원격의료시범사업과 EHR 개발사업 등을 추진하고 있다.

u-헬스에 대한 필요성은 국가발전전략과 연결되어 산업자원부는 2003년 8월 e-헬스발전협의회를 설립하고 e-헬스를 차세대 핵심전략산업으로 선정해서 스마트홈

---

70) 건강보험심사평가원, "요양기관 정보화 실태조사 보고서", 2005.
71) 정영철 외, "국내 e-Health 발전에 따른 정책대응방안 연구", 한국보건사회연구원, 2005.

및 u-헬스분야 전자의료기기 사업을 추진하고 있다. 또 정보통신부는 2004년 2월 IT839전략(u-Korea전략)에 따른 9대 신성장동력산업의 하나인 홈네트워크산업 육성계획에 e-헬스를 포함시키고 원격진료가 가능한 홈네트워크 아파트 시범사업을 추진하고 있다. 이 밖에 과학기술부는 국가 기술관리 차원에서 u-헬스에 관심을 두고 정책을 추진하고 있다.

이상에서 살펴본 것처럼, u-헬스는 머지않은 미래에 널리 일반에 보급되어 보편적 의료형태의 하나로 자리잡게 될 것으로 예상되며, 아울러 u-헬스 산업은 국민건강증진 및 국가발전전략 차원에서 발전 내지 육성시켜야 하는 분야로 지목되고 있다. 그러나 u-헬스 서비스의 확대보급 또는 u-헬스 산업의 활성화를 위해서는 그 공급자와 소비자, 관여사업자, 서비스 내용, 기반기술적 측면 등에서 법제도적으로 장애가 되고 있는 요소를 정비할 필요가 있다. 이하에서는 그러한 몇 가지 법적 쟁점 및 이슈를 중심으로 검토해 보고자 한다.

2) u-헬스 시행주체 및 서비스내용의 인정범위

u-헬스의 기본적인 흐름은 전통적인 의료에서와는 달리 u-헬스 공급자가 초고속정보통신망 등을 활용하여 u-헬스 소비자에게 의료서비스를 포함한 u-헬스 서비스를 제공하는 것이다. 이때 u-헬스 서비스의 흐름에서 기초가 되는 것은 원격의료(telemedicine) 기술이라고 할 수 있다.

이러한 전제하에 [그림 3]을 살펴보면, 현실적으로 시행되고 있는 u-헬스에서 그 시행주체는 u-헬스 공급자군(群)에 속하는 자 가운데 u-헬스 원격지의료인과 u-헬스 현지의료인이며, 이 두 주체를 합쳐서 u-헬스 원격의료인이라고 말한다. u-헬스 원격지의료인에는 u-Hospital, cyber-Hospital, 보건의료포털사이트, 건강증진·관리회사, u-헬스솔루션개발·운영사업자, 병원경영지원회사가 포함될 수 있으며, u-헬스 현지의료인에는 병·의원, 준의료기관(보건소, 보건지소, 학교·직장·교도소·군진·요양복지시설 등의 의무실·양호실 등), 헬스클럽형 u-헬스의 경우 헬스클럽이 포함될 수 있다.

여기서 u-Hospital은 디지털화된 의료기관을 말하고, cyber-Hospital은 물리적 현실공간이 아니라 가상공간인 인터넷상에서 의료기관의 설립허가를 받은 병원을 말한다. 그리고 보건의료포털사이트와 건강증진·관리회사는 의료기관으로 설립된 것은 아니지만 일반인 또는 의료인이 직접적으로 u-헬스 서비스를 제공하기 위해 설립한 회사를 말한다. 또 u-헬스 솔루션개발·운영사업자와 병원경영지원회사는 역시 의료기관으로 설립된 것은 아니지만 일반인 또는 의료인이 병원정보시스템을 개발하여 협약 또는 임대 등의 방식으로 의료기관과 연계하여 u-헬스 서비스나 경영관리를 간접적으로 지원하는 회사를 말한다. 그 밖에 헬스클럽은 의료기관은 아니지만 일반인 또는 의료인이 건강한 일반인을 대상으로 체력관리 또는 건강증진을 목적으로 u-헬스 서비스를 제공하는 곳을 말한다.

그런데 이들 u-헬스 시행주체가 현행법상 u-헬스 공급자의 자격을 가지는지 여부는 u-헬스 서비스내용의 범위를 어디까지 인정할 것인지 하는 점과 관련이 있다. 따라서 전통적 의료에서 의료행위의 내용과 원격의료에서 원격의료행위의 내용 및 u-헬스의 서비스내용을 순차적으로 비교검토해서 현행 의료법이 어디까지 인정하고 있는지 파악해 볼 필요가 있다.

의료행위의 실체적인 내용에 관하여 의료법은 명문의 규정을 두고 있지 않으나, 일반적으로 의료(medical care)란 '의학적 지식과 수단방법, 즉 의술로써 질병을 진단하고 치료하는 것'[72]을 말한다. 그리고 의료행위의 개념에 대한 학설 및 판례의 견해와 원격의료에 관한 의료법 제34조 제1항을 종합적으로 고려할 때, 원격의료행위라 함은 의학적 전문지식을 기초로 하는 경험과 기능으로 원격의료기술을 시행하여 행하는 질병의 예방 또는 치료행위와, 의료인이 행하지 아니하면 보건위생상 위해가 생길 우려가 있는 행위에 해당하는 의료행위만을 의미한다.[73] 또한 의료법 제34조 제1항을 해석하면, 원격의료(telemedicine)란 원격지의료인이 정보통신기술을 활용하여 현지의료인에 대하여 의료지식 또는 기술을 지원함으로써 원거리에 있는 환자를 치료하는

---

72) 문국진, 의료의 법이론, 고려대출판부, 1982, 3면.
73) 정용엽, "원격의료의 민사책임 및 법제개선에 관한 연구", 경희대학교대학원 박사학위논문, 2005.2, 19-21면.

행위라고 정의할 수 있다. 이 개념에는 임상진료에서 정보통신기술이 활용되는 것만 포함하고, 원격보건(telehealth) 또는 원격건강관리(tele- Healthcare)에서와 같이 넓은 의미에서 임상진료 이외의 건강증진 및 예방활동까지 포함하는 것은 아니다.74)

> • 의료법 제34조(원격의료) ① 의료인(의료업에 종사하는 의사·치과의사·한의사만 해당한다)은 제33조 제1항에도 불구하고 컴퓨터·화상통신 등 정보통신기술을 활용하여 먼 곳에 있는 의료인에게 의료지식이나 기술을 지원하는 원격의료(이하 "원격의료"라 한다)를 할 수 있다.

요컨대, u-헬스는 전통적인 의료행위의 영역을 공간적(원거리)으로 확장한 원격의료 및 원격보건·원격건강관리에서 더 나아가 시·공간적(언제 어디서나)으로까지 확장한 개념이라고 볼 수 있으므로 가장 넓은 개념이다. 따라서 u-헬스 서비스는 내용적으로 전통적인 의료행위 및 원격의료의 범주에 속하는 임상진료에서 더 나아가 원격보건 또는 원격건강관리의 범주에 속하는 건강증진과 예방활동까지를 포함하는 것이다.

따라서 의료법 제34조 제1항에 따르면, 원격의료행위 내지 u-헬스 서비스행위는 의료인이 아닌 자가 시행하거나 임상진료의 범주에 속하지 않은 경우에는 의료법상 허용되지 않는다. 또한 원격지의료인 및 u-헬스원격지의료인은 의사·치과의사·한의사에 한정되며, 현지의료인 및 u-헬스 현지의료인은 의사·치과의사·한의사·간호사·조산사가 될 수 있다. 이 조항을 그대로 u-헬스에 적용한다면, [그림 3]에서 의사·치과의사·한의사가 아닌 자가 cyber- Hospital, 보건의료포털사이트, 건강증진·관리회사를 개설하는 경우에는 u-헬스 원격지의료인(원격지의료기관)이 될 수 없으며, 119구급차량의 응급구조사, 헬스클럽의 트레이너·건강관리사, 요양복지

---

74) 이처럼 두 개념을 구분하는 것은 미국, 말레이시아, 세계의사회, 세계보건기구의 견해이며, 이에 반해 일본은 원격의료를 원격보건과 동일하게 보고 있다.

시설의 사회복지사·물리치료사 등은 u-헬스 현지의료인이 될 수 없다.

　그리고 의료법 제34조를 해석하고 원격의료의 시행현실을 분석해 보면 원격의료 행위주체에 따라 원격의료의 유형을 네 가지로 분류할 수 있다.[75] (1) 제1유형: 의사 등 의료인(의료기관) v. 의사 등 의료인(의료기관) 간 원격의료, (2) 제2유형: 의사 등 의료인(의료기관) v. 기타의료인 및 보건의료인(의사 없는 의료관련기관) 간 원격의료, (3) 제3유형: 의사 등 의료인(의료기관) 또는 기타의료인 및 보건의료인(의사 없는 의료관련기관) v. 환자(가정) 간 원격의료,[76] (4) 제4유형: 사이버병원 또는 보건의료포털사이트 형태의 원격의료가 그것이다. 의료법은 원격의료서비스를 제공받을 환자 곁에 현지의료인이 존재하는 경우만을 상정하는 것으로 제3유형(재택원격진료) 및 제4유형(사이버병원·보건의료포털사이트)은 허용되지 않는다.

　이러한 맥락에서 볼 때, [그림3]의 u-헬스 개념도에서 u-헬스 현지의료인의 중개 없이 u-헬스 원격지의료인이 환자와 일반인을 직접적으로 상대하여 서비스를 제공하는 형태인 재택원격진료, 홈네트워크 아파트, 개인형-모바일 원격진료의 경우는 제3유형에 해당되어 허용되지 않는다. 또한 cyber-Hospital, 보건의료포털사이트, 건강증진·관리회사가 u-헬스 원격지의료인이 되어 환자와 일반인을 직접적으로 상대하여 서비스를 제공하는 형태인 제4유형에 해당되어 허용되지 않는다. 그런데 재택원격진료, 홈네트워크 아파트, 개인형-모바일 원격진료 등은 IT 등의 기술발전 및 u-헬스 소비자의 욕구증가에 힘입어 앞으로 u-헬스의 서비스내용상 핵심적 형태로 확대될 것으로 예상되므로 허용하는 방향으로 개선되어야 한다.

　그리고 의료법 제33조는 의료인에게 의료서비스업에 대한 독점권을 부여하고 있는 조항으로서, 의사·치과의사·한의사 등의 의료인에게만 의료기관을 개설할 수 있도록 하고 있으며(제2항) 의료인도 의료법에 따른 의료기관을 개설하지 않고는 의료업을 행할 수 없도록 제한하고 있다(제1항). 그러므로 [그림3]에서 열거한 u-헬스

---

75) 정용엽, 앞의 박사학위논문, 37-40면.

76) 제3유형(재택원격진료)과 관련하여 지역적으로 고립되거나 거동의 불편한 환자인 경우 간호사 등 의료인이 이동형 전자장비를 갖추고 환자를 직접 방문해서 원격지의사가 제공하는 원격의료정보 및 전자처방전을 전달할 수 있도록 하는 의료법일부개정안(박찬숙 의원 대표발의)이 2007년 9월 국회에서 심사 중이다.

공급자 가운데 의료법상 그 시행주체 자격을 가질 수 있는 자는 의료법에 따라 의사 등 의료인이 개설한 의료기관이 디지털화된 u-Hospital뿐이며, 그 밖에 cyber-Hospital, 보건의료포털사이트, 건강증진·관리회사, u-헬스 솔루선개발·운영사업자, 병원경영지원회사 등은 그 시행주체가 될 수 없다.

⇨ **의료기관의 개설 및 개설자격 조항**

- 의료법 제33조(개설) ① 의료인은 이 법에 따른 의료기관을 개설하지 아니하고는 의료업을 할 수 없으며, 다음 각 호의 어느 하나에 해당하는 경우 외에는 그 의료기관 내에서 의료업을 하여야 한다. (이하생략) ② 다음 각 호의 어느 하나에 해당하는 자가 아니면 의료기관을 개설할 수 없다. 다만, 제1호의 의료인은 하나의 의료기관만을 개설할 수 있으며, 의사는 종합병원·병원·요양병원 또는 의원을, 치과의사는 치과병원 또는 치과의원을, 한의사는 한방병원·요양병원 또는 한의원을, 조산사는 조산원만을 개설할 수 있다. 1. 의사, 치과의사, 한의사 또는 조산사(이하생략)

한편, 의료법시행령 제20조는 의료기관의 영리행위를 금지하고 있으며 의료법 제27조 제3항에서는 영리를 목적으로 환자를 소개·알선·유인하는 행위를 금지하고 있다. 또 의료법 제49조는 의료기관이 행할 수 있는 부대사업의 범위를 장례식장과 주차장 운영 등 일부에 제한하고 있다. 이에 따라 [그림 3]에서 열거한 u-헬스 공급자 가운데 보건의료포털사이트, 건강증진·관리회사, u-헬스 솔루선개발·운영사업자, 병원경영지원회사 등은 의료기관의과 전략적 업무제휴를 통해 영리를 목적으로 환자 등의 고객을 유치하는 등 u-헬스 시행주체로 적극 나서기 어렵게 되어 있다.

다만, 병원경영지원회사(MSO: Management Service Organization)는 의료행위 이외에 구매·인력·예약관리·경영컨설팅·마케팅 등 병원경영 전반을 지원하는 회사로, 미국 등 선진국의 경우 병원경영 형태의 하나로 부상하고 있으며 우리나라의 경우 보건복지부가 2007년 의료법전면개정안에서 의료산업선진화를 목표로 이를 도입하기 위해 추진하였으나 논란이 많다.[77]

---

77) 차병원의 차바이오텍, 우리들병원의 우리들홀딩스, 예치과의(주)메디파트너, 고운세상피부과의(주)고운세상네트워크, 함소아한의원의(주)함소아 등의 네트워크 병·의원이 그러

- 의료법시행령 제20조(의료법인 등의 사명) 의료법인과 법 제33조 제2항 제4호에 따라 의료기관을 개설한 비영리법인은 의료업(법 제49조에 따라 의료법인이 하는 부대사업을 포함한다)을 할 때 공중위생에 이바지하여야 하며, 영리를 추구하여서는 아니 된다.
- 의료법 제27조(무면허의료행위 등 금지) ③ 누구든지 국민건강보험법이나 의료급여법에 따른 본인부담금을 면제하거나 할인하는 행위, 금품 등을 제공하거나 불특정 다수인에게 교통편의를 제공하는 행위 등 영리를 목적으로 환자를 의료기관이나 의료인에게 소개 · 알선 · 유인하는 행위 및 이를 사주하는 행위를 하여서는 아니 된다. 다만, 환자의 경제 사정 등 특정한 사정이 있어서 관할 시장 · 군수 · 구청장의 사전승인을 받은 경우에는 그러하지 아니하다.
- 의료법 제49조(부대사업) ① 의료법인은 그 법인이 개설하는 의료기관에서 의료업무 외에 다음의 부대사업을 할 수 있다. 이 경우 부대사업으로 얻은 수익에 관한 회계는 의료법인의 다른 회계와 구분하여 계산하여야 한다.(이하생략)

3) u-헬스 기반시설제공사업자의 책임

[그림3]에서 보는 바와 같이 u-헬스는 정보통신망을 통해 생체정보와 의료정보의 전송 및 치료지침과 약처방 등의 피드백을 통해 서비스가 행해지는 구도를 갖추고 있다. 여기서 정보통신망 또는 그 기술을 제공하는 자를 u-헬스기반시설제공사업자라 하며, [그림3]에서는 초고속정보통신망사업자(ISP), u-헬스 솔루션개발 · 운영사업자(ASP), 병원경영지원회사(MSO) 등이 여기에 해당된다.

한편, 의료법 제34조 제2항 및 동법시행규칙 제23조의3에서는 원격의료에 필요한 시설 및 장비로 데이터 및 화상을 전송 · 수신할 수 있는 단말기, 정보통신망 등을 규정하고 있는바, u-헬스 공급자(원격지의료인 및 현지의료인)는 이러한 시설 및 장비를 갖추어야 하며 제3주체에 의해 구축된 그러한 시설 및 장비를 이용하는 경우에는 그 제3주체가 u-헬스 기반시설제공사업자가 될 수 있다.

한 형태의 띠고 있다.

u-헬스 솔루션개발·운영사업자(ASP: application service provider)는 일종의 응용 소프트웨어임대사업자로 특정장소(데이터센터)에 설치된 하나의 표준프로그램을 통신망을 이용하여 여러 사용자가 사용할 수 있도록 구성된 전산시스템을 개발하여 의료기관에 제공하고 그것을 운영하는 사업자를 지칭한다. 정보통신부는 2001년부터 매년 의료분야 ASP 보급 및 확산사업의 참여사업자를 선정하여 지원하고 있다.[78] 또 병원경영지원회사가 경영지원의 하나로 앞서 말한 u-헬스 솔루션의 개발·운영사업을 하는 경우 u-헬스 기반시설제공사업자가 될 수 있다.

- 의료법 제34조(원격의료) ② 원격의료를 행하거나 받으려는 자는 보건복지부령으로 정하는 시설과 장비를 갖추어야 한다.
- 의료법시행규칙 제23조의3(원격의료의 시설 및 장비) 법 제34조의2 제2항의 규정에 따라 원격의료를 행하거나 이를 받고자 하는 자가 갖추어야 할 시설 및 장비는 다음 각 호와 같다. 1. 원격진료실 2. 데이터 및 화상을 전송·수신할 수 있는 단말기, 서버, 정보통신망 등의 장비

위와 같이 u-헬스에 있어서 법령상 또는 기술상 그 전제조건이 되는 시설 및 장비를 구축하고 그와 관련되는 서비스를 제공하는 자를 u-헬스 기반시설제공사업자라고 하며, 일반적으로는 인터넷서비스제공자(ISP: internet service provider)로 통칭된다. 현행법상 인터넷서비스제공자(ISP)는 전기통신사업법 제2조 제1항 제1호 및 제4조 제4항의 전기통신사업자(엄격히 말하자면 부가통신사업자: 기간통신사업자로부터 전기통신회선설비를 임대하여 기간통신사업 외의 전기통신역무를 제공하는 사업) 및 정보통신망이용촉진및정보보호등에관한법률 제2조 제1항 제3호의 정보통신서비스제공자(전기통신사업자와 전기통신사업자의 전기통신역무를 이용하여 정보를 제공하거나 정보의 제공을 매개하는 자)를 모두 지칭한다.

---

78) 데일리메디 2001년 11월 30일자; 2002년 3월 22일자; 2003년 2월 12일자 참조.

u-헬스에 있어서 통신망장애 등으로 인하여 의료사고 등이 발생하여 u-헬스 공급자 또는 u-헬스 소비자에게 손해를 가한 경우 초고속정보통신망사업자 등은 형사책임은 별론으로 하고 민사상으로는 계약책임과 불법행위책임에 근거하여 손해배상책임을 부담한다.

먼저, 계약책임의 근거로는 전기통신사업법 제3조의2 제1항 및 제3조 제1항·제2항에 따른 보편적역무(인터넷서비스)제공의무와 의료법 제22조 제1항단서·제2항에 따라 간접적으로 도출되는 진료정보제공의무를 부담한다. 그리고 전기통신기본법 제16조·제25조 및 정보통신망이용촉진및정보보호등에관한법률 제45조 제1항에 따라 인터넷설비제공 및 안전성확보의무를 부담한다. 또한 정보통신망이용촉진및정보보호등에관한법률 제22조 제1항·제23조 제2항·제28조 및 의료법 제23조·제18조·제19조에 따라 비밀유지 및 개인정보보호의무를 부담한다. 인터넷서비스제공자의 계약책임이 인정되는 경우 손해를 배상하여야 한다(전기통신사업법 제33조의2 본문: 무과실책임주의). 다음으로, 불법행위책임의 발생원인으로는 통신망장애사고, 시스템장애사고, 정보사고가 있으며 민법의 일반적인 원칙에 따라 손해를 배상할 책임이 있다.

⇨ 정보통신망제공사업자 등의 책임

- 전기통신사업법 제3조(역무제공의무 등) ① 전기통신사업자는 정당한 사유 없이 전기통신역무의 제공을 거부하여서는 아니 된다. (생략)
- 의료법제21조(기록열람 등) ② 제1항의 규정에도 불구하고 의료인은 같은 환자의 진료에 필요하여 다른 의료기관에서 그 환자에 대한 기록, 임상소견서 및 치료경위서의 열람이나 사본 송부를 요청하거나 환자가 검사 기록, 방사선 필름 등의 사본 교부를 요구하면 이에 응하여야 한다.
- 전기통신기본법 제16조(전기통신설비의 유지·보수) 전기통신사업자는 그가 제공하는 전기통신역무의 안정적인 공급을 위하여 그의 전기통신설비를 정보통신부령이 정하는 기술기준에 적합하도록 유지·보수하여야 한다.
- 정보통신망이용촉진및정보보호등에관한법률 제45조(정보통신망의 안정성 확보 등) ① 정보통신서비스제공자는 정보통신서비스의 제공에 사용되는 정보통신망의 안정성 및 정보의 신뢰성을 확보하기 위한 보호조치를 마련하여야 한다.

- 정보통신망이용촉진및정보보호등에관한법률 제28조(개인정보의 보호조치) ① 정보통신서비스
  제공자등은 이용자의 개인정보를 취급함에 있어서 개인정보가 분실·도난·누출·변조
  또는 훼손되지 아니하도록 정보통신부령이 정하는 바에 따라 안전성 확보에 필요한 기
  술적·관리적 조치를 하여야 한다. (생략)
- 의료법 제23조(전자의무기록) ③ 누구든지 정당한 사유 없이 전자의무기록에 저장된 개인
  정보를 탐지하거나 누출·변조 또는 훼손하여서는 아니 된다.
- 의료법 제18조(처방전 작성과 교부) ③ 누구든지 정당한 사유 없이 전자처방전에 저장된
  개인정보를 탐지하거나 누출·변조 또는 훼손하여서는 아니 된다.

생각건대 u-헬스에 있어서 u-헬스 기반시설제공사업자(ISP, ASP 등)는 의료서
비스 내지 u-헬스 서비스를 제공하는데 대단히 중요한 역할을 수행하는 필수적인
존재이며, 특히 u-헬스 솔루션개발·운영사업자(응용소프트웨어임대사업자, 정보처
리사업자)가 독립적으로 활동하는 경우 그 의무가 중요한 위치를 차지하게 된다. 따
라서 정보통신관련법 등에 산재해 있는 ISP, ASP 등의 책임조항을 의료관련법에서
명확하게 제시하는 것이 바람직하다고 본다.

4) 디지털건강정보 보호, 표준화 및 공동 활용

u-헬스 서비스는 전자태그·웨어러블컴퓨터 등의 센싱기술을 활용하여 습득된
생체정보와 병원의 진료과정에서 생성된 의료정보 및 처방전 등이 디지털화되어 전
자적으로 전송·저장·검색할 수 있는 상태에서 그것의 공동 활용을 통하여 이루어
진다. 그러나 디지털건강정보의 전송·저장·검색과정에서 정보유출 및 불법접근,
프라이버시 침해, 도·감청, 해킹, 바이러스 침입, 위·변조 등의 문제가 발생할 수
있는바, 디지털건강정보의 보호를 위하여 안전성(security) 확보가 관건이 된다.

보건의료기본법 제3조 제6호에서는 보건의료정보를 "보건의료와 관련한 지식 또
는 부호·수자·문자·음성·음향 및 영상 등으로 표현된 모든 종류의 자료"라고
정의하고 있다. 그리고 의료법 제22조에 따라 의료인이 작성한 진료기록부와 의료
법시행규칙 제18조 제2항에 따라 이를 마이크로필름이나 광디스크파일 형태로 디지

털화한 것 및 동법 제23조에 따라 전자서명법에 따라 작성된 전자의무기록(EMR: electronic medical record)에 작성·저장·보관되는 모든 자료가 의료정보라고 할 수 있다. 이 전자의무기록보다 광범위한 단계로 병원에서 생성된 질병정보뿐 아니라 개인의 생체정보 등 모든 건강사항을 포함하는 것이 전자건강기록(EHR: electronic health record)이다. u-헬스에서는 환자의 질병정보 내지 의료정보와 건강한 일반인의 생체정보[79])가 모두 활용되며, 의료정보와 생체정보를 합쳐서 건강정보라고 통칭하기로 한다.

디지털건강정보는 그 생성·저장·보관과 활용·폐기에 이르기까지 각 단계에서 전자의무기록 내지 전자건강기록과 동일하게 취급되어 모든 취급자에게 동일한 주의의무가 부과되며 동일한 수준에서 법률적으로 보호되어야 한다. 우선, 디지털건강정보의 기술적 보호조치로는 의료법 제23조 제2항 및 동법시행규칙 제18조의2에 따라 시설 및 장비를 갖추어야 한다. 즉 전자의무기록이 작성·보존·재생되는 컴퓨터 및 그와 연결된 다른 컴퓨터 또는 네트워크에 대하여 최소한의 합리적 보안조치를 해야 하며, 의료기관 내외로 전송할 경우 그 유통 및 공동 활용과정에서 내용이 유출되지 않도록(기밀성, confidentiality) 암호시스템을 갖추어야 한다. 그리고 위조와 변조를 방지하고(무결성, integrity: verification) 작성자의 신분을 증명하며(진정성: authenticity) 사후에 부인하지 못하도록(부인봉쇄, non-repudiation) 전자서명법 제3조 제1항에 의한 공인전자서명을 하여야 한다. 만일 환자의 건강정보가 다른 사람의 것으로 바뀌거나 위·변조되어 그 결과로 당해 환자에게 손해가 발생한 경우에는 공인인증기관이 전자서명인증기관의 이용자(u-헬스 공급자 및 소비자)에게 그 손해를 배상할 책임이 있다(전자서명법 제26조 제1항: 과실책임주의·입증책임전환).

또한 의료법 제18조 제2항 및 동법 시행규칙 제15조 제1항에 따라 전자처방전의 경우에도 위와 같은 조치를 취하여야 한다. 다만, 그러한 시설 및 장비를 구비하지

---

79) 예컨대 혈당·혈압·체온·체지방·호흡·심전도 등을 생체정보로 본다면 비의료인도 습득 및 전송이 가능하여 u-헬스 공급자가 될 수 있을 것이나, 의료정보로 간주한다면 u-헬스 공급자가 의료인에 한정되므로 현재로서는 법률적 해석이 명확하지 않다는 지적이 있다(강성욱·이성호·고유상, 'u-Health 시대의 도래', 삼성경제연구소 CEO Information 제602호, 2007.5.2, 13-14면).

않은 경우 그 처벌규정이 없으며 나아가 시설 및 장비의 구체적인 품질규격을 명시하고 있지 않는 점은 문제점으로 지적된다.[80]

- 의료법 제23조(전자의무기록) ② 의료인 또는 의료기관의 개설자는 보건복지부령이 정하는 바에 따라 전자의무기록을 안전하게 관리·보존하는 데 필요한 시설 및 장비를 갖추어야 한다.
- 의료법시행규칙 제18조의2(전자의무기록의 관리·보존에 필요한 장비) 법 제23조 제2항의 규정에 따라 의료인 또는 의료기관의 개설자가 전자의무기록을 안전하게 관리·보존하기 위하여 갖추어야 할 장비는 다음 각 호와 같다. 1. 전자의무기록의 생성과 전자서명을 검증할 수 있는 장비 2. 전자서명이 있은 후 전자의무기록의 변경여부를 확인할 수 있는 장비 3. 네트워크에 연결되지 아니하는 백업저장시스템
- 의료법 제18조(처방전 작성과 교부) ② 제1항의 규정에 의한 처방전의 서식·기재사항·보존 기타 필요한 사항은 보건복지부령으로 정한다.
- 의료법 제15조(처방전의 기재사항 등) ① 법 제18조의 규정에 의하여 의사 또는 치과의사는 환자에게 처방전을 교부하는 경우에는 별지 제10호 서식에 의한 처방전에 다음 각 호의 사항을 기재한 후 서명(전자서명법에 의한 공인전자서명을 포함한다) 또는 날인하여야 한다.
- 전자서명법 제3조(전자서명의 효력 등) ① 다른 법령에서 문서 또는 서면에 서명, 서명날인 또는 기명날인을 요하는 경우 전자문서에 공인전자서명이 있는 때에는 이를 충족한 것으로 본다.
- 전자서명법 제26조(배상책임) ① 공인인증기관은 인증업무 수행과 관련하여 가입자 또는 공인인증서를 신뢰한 이용자에게 손해를 입힌 때에는 그 손해를 배상하여야 한다. 다만, 공인인증기관이 과실 없음을 입증하면 그 배상책임이 면제된다.

---

80) 정용엽, "u-헬스케어에 있어서 디지털의료정보의 법률적 보호", 국제법무연구 제10호, 경희대학교 국제법무대학원, 2006.2, 18면(이 논문은 대한디지털의료영상기술학회 학술세미나 발표 후 학회지에 수록되었던 논문<"u-헬스케어에 있어서 디지털의료영상정보의 법률적 보호", 대한디지털의료영상기술학회지 제7권1호(p.23-31), 2005.11.>을 바탕으로 하여 경희대국제법무대학원의 요청 및 허락에 따라 동대학원 학술세미나에서 발표하고 학술지에 수록한 것임을 밝혀둔다.

- 의료법 제19조(비밀누설의 금지) 의료인은 이 법 또는 다른 법령에서 특히 규정된 경우를 제외하고는 그 의료·조산 또는 간호에 있어서 지득한 타인의 비밀을 누설하거나 발표하지 못한다.
- 의료법 제23조(전자의무기록) ③ 누구든지 정당한 사유 없이 전자의무기록에 저장된 개인정보를 탐지하거나 누출·변조 또는 훼손하여서는 아니 된다.
- 의료법 제18조(처방전 작성과 교부) ③ 누구든지 정당한 사유 없이 전자처방전에 저장된 개인정보를 탐지하거나 누출·변조 또는 훼손하여서는 아니 된다.
- 형법 제317조(업무상비밀누설) ① 의사, 한의사, 치과의사, 약제사, 약종상, 조산사, 변호사, 변리사, 공인회계사, 공증인, 대서업자나 그 직무상 보조자 또는 차등의 직에 있던 자가 그 업무 처리 중 지득한 타인의 비밀을 누설한 때에는 3년 이하의 징역이나 금고, 10년 이하의 자격정지 또는 700만 원 이하의 벌금에 처한다.
- 형법 제316조(비밀침해) ① 봉함 기타 비밀장치한 사람의 편지, 문서 또는 도화를 개봉한 자는 3년 이하의 징역이나 금고 또는 500만 원 이하의 벌금에 처한다. ② 봉함 기타 비밀장치한 사람의 편지, 문서, 도화 또는 전자기록 등 특수매체기록을 기술적 수단을 이용하여 그 내용을 알아낸 자도 제1항의 형과 같다.
- 후천성면역결핍증예방법 제7조(비밀누설금지) 국가 또는 지방자치단체에서 후천성면역결핍증의 예방과 그 감염자의 보호·관리에 관한 사무에 종사하고 있는 자, 감염자의 진단·검안 및 간호에 참여한 자와 감염자에 관한 기록을 유지·관리하는 자는 재직 중은 물론 퇴직 후에도 정당한 사유 없이 감염자에 관하여 업무상 알게 된 비밀을 누설하여서는 아니 된다.
- 공공기관의개인정보보호에관한법률 제11조(개인정보취급자의 의무) 개인정보의 처리를 행하는 공공기관의 직원이나 직원이었던 자 또는 공공기관으로부터 개인정보의 처리업무를 위탁 받아 그 업무에 종사하거나 종사하였던 자는 직무상 알게 된 개인정보를 누설 또는 권한 없이 처리하거나 타인의 이용에 제공하는 등 부당한 목적을 위하여 사용하여서는 아니 된다.

다음으로, 디지털건강정보에 대한 법률적 보호조치로서 비밀유지 및 개인정보보호의무는 헌법 제10조 등에서 도출되는 개인정보자기결정권과 u−헬스 공급자를 포함한 의료종사자의 직업윤리, 의료종사자와 환자 사이의 의료계약 및 각종 법률규정에 의해 규율된다. 법률규정으로는 의료법 제19조, 의료법 제67조(벌칙), 의료법 제23조 제3항, 의료법 제18조 제3항, 의료법 제66조(벌칙), 형법 제317조 제1항, 후천성면역결핍증예방법 제7조, 공공기관의개인정보보호에관한법률 제11조 등을 들 수 있다.

의료법 제19조가 의료인에 한정해서 진료정보의 비밀을 보호하고 위반 시 3년 이하 징역 또는 1천만 원 이하 벌금에 처하는 데 비해 전자의무기록·전자처방전의 경우에는 의료인을 포함한 모든 사람에 대해 '비밀'보다 확장된 개념인 '개인정보'까지 보호하고 위반 시 5년 이하 징역 또는 2천만 원 이하 벌금에 처하도록 강화하고 있다(정보통신망법에서는 5년 이하 징역 또는 5천만 원이하 벌금에 처함). 개인정보란 '생존하고 있는 개인에 관한 정보로서 성명·주민등록번호 등에 의하여 당해 개인을 알아볼 수 있는 부호·문자·음성·음향·영상 및 생체특성 등에 관한 정보'를 말한다(정보통신망이용촉진및정보보호등에관한법률 제2조 6호, 전자서명법 제2조 13호).

한편, 공공기관의개인정보보호에관한법률은 적용대상은 국공립병원 등 공공의료기관에 한정되고 민간의료기관은 제외된다. 그 밖에 정보통신망이용촉진및정보보호등에관한법률은 정보통신서비스제공자, 국민건강보험법은 공단 및 심사평가원종사자에게만 적용될 뿐이다.

한편, u-헬스에서 정보통신망을 통해 디지털건강정보를 공동 활용하기 위해서는 기술적 기준 내지 표준(DICOM, HL7 등)에 따른 디지털건강정보, 즉 전자의무기록의 표준화와 u-헬스솔루션 간 호환성을 갖출 필요가 있다.[81] 현재 보건복지부 e-헬스전문위원회 워킹그룹에서 전자건강기록 확산 및 보건의료정보 표준화 작업(의료용어·보건용어·간호용어·진단용어·의료행위·병리검사용어·의료재료·의약품·한방용어·통계용어 등 총10개 분야)을 추진하고 있으나, 의료관련법에는 그에 관한 기술적 기준 내지 표준을 명시하고 있지 않는 점이 문제이다.

미국 연방의회는 1996년 HIPPA(건강보험의이전전및책임에관한법률) 법률, 2003년 UHIA Regulation(건강보험의이전과책임에관한법률규칙)을 제정하여 의료정보를 전자적으로 전송할 때의 표준(기준 및 요건) 및 정보보호에 관한 사항을 정함으로써

---

81) 건강정보 표준화 활동을 하고 있는 대표적인 단체로는 ISO(국제표준기구)의 HL7(Health Level Seven)이 있는데, 그 목적은 두 개의 전산시스템 간 자료전송을 최대한 효율적으로 수행하고 그에 발생하는 전송오류를 최소화할 수 있는 표준안을 정립하는 데 있다.

의료정보시스템 확립을 지원하고 있다. 일본은 2003년 개인정보의보호에관한법률을 제정하고 2004년 '의료·개호관계사업자에 있어서의 개인정보의 적절한 취급을 위한 가이드라인'을 공표하였다. 독일에서는 2005년 "보건의료영역에서의원격화기관조직화에관한법률"을 제정하여 전자보건카드 도입에 관한 사항을 정하고 있다.[82] 우리나라 보건복지부는 의료정보 내지 건강정보가 가진 특수성을 반영하고 건강정보의 보호·교류·활용·표준화를 목적으로 2006년 10월 건강정보보호및관리·운영에관한법률안(전문48조 부칙2조)을 입법예고하고 국회에서 심사 중이다. 이 법률안은 의료정보·전자의무기록(EMR)보다 넓은 개념인 건강기록·전자건강기록(EHR)이라는 용어를 사용하고 있다(제2조 제1호·제2호).[83]

5) u-헬스 의료사고에 대한 책임

앞에서 언급한 바와 같이, u-헬스는 원격의료(telemedicine)가 시·공간적으로 확대된 개념이라고 볼 수 있다. 현행법상 의료인의 책임에 관하여 원칙적인 규정을 두고 있지 않으므로 의료사고 등이 발생하는 경우에는 민법의 일반규정에 따라 규율된다. 다만 의료법 제34조의2 제3항·제4항에서 원격의료인의 책임에 관한 특별규정을 두고 있기 때문에 원격의료사고 또는 u-헬스 의료사고가 발생하는 경우에는 법정책임으로서 이 조항을 우선 적용하면 된다.

구체적으로는, u-헬스 현지의료인이 존재하는 제1유형 및 제2유형에서는 의료법 제34조의2 조항을 적용하여 u-헬스 원격지의료인과 u-헬스 현지의료인 간의 책임분배 문제를 규명하고 그 다음으로 민법의 일반규정을 적용하여 전통적인 의료과오론에 따라 u-헬스 원격의료인의 과실여부를 규명하게 된다. 그리고 u-헬스 원격지의료인이 환자 또는 일반인을 직접적으로 상대하는 제3유형 및 제4유형에서는 곧바로 u-헬스 원격지의료인의 과실여부를 규명하면 된다.[84]

---

82) 현대호, 보건의료정보 관련법제의 개선방안, 한국법제연구원, 2006.10, 50-70면 참조.
83) 보건복지부 홈페이지 www.mohw.go.kr 참조.
84) 정용엽, 앞의 박사학위논문, 243면 이하.

> • 의료법 제34조(원격의료) ③ 원격의료를 하는 자(이하 "원격지의사"라 한다)는 환자를 직접 대면하여 진료하는 경우와 같은 책임을 진다. ④ 원격지의사의 원격의료에 따라 의료행위를 한 의료인이 의사·치과의사 또는 한의사(이하 "현지의사"라 한다)인 경우에는 그 의료행위에 대하여 원격지의사의 과실을 인정할 만한 명백한 근거가 없으면 환자에 대한 책임은 제3항에도 불구하고 현지의사에게 있는 것으로 본다.

여기서 의료법 제34조 제3항·제4항을 u-헬스에 적용하여 u-헬스 원격지의료인과 u-헬스 현지의료인의 책임분배에 관하여 해석해 보면 다음과 같다.

첫째, u-헬스 원격지의료인은 환자에 대하여 전통적 대면진료를 시술하는 의료인과 동일한 책임을 부담한다(동조 제3항). 이 조항은 모든 유형의 원격의료 및 u-헬스에서 u-헬스 원격지의료인(원격지의료기관)의 법적 책임을 포괄적으로 규율하고 있는 일반규범적 조항이라고 보는 것이 타당하다. 따라서 이 조항은 현행 의료법상 허용되는 제1유형·제2유형의 원격의료 및 u-헬스는 물론, 허용되지 않는 제3유형·제4유형의 원격의료에까지 확장해서 적용될 수 있다고 본다.

둘째, u-헬스 현지의료인이 의사·치과의사·한의사인 경우, u-헬스 원격지의료인에게 명백한 과실이 있는 때에는 u-헬스 원격지의료인이 환자에 대한 책임을 부담한다(동조 제4항의 반대해석). 이러한 해석은 의료과오에 관한 민사책임이론상, 동일한 자격기준을 갖춘 u-헬스 원격지의료인(의사·치과의사·한의사)과 u-헬스 현지의료인(의사·치과의사·한의사) 사이의 책임분배에 있어서는 명백한 과실이 있는 편에서 책임을 부담한다는 과실책임주의 원칙에서 볼 때 당연한 결과라고 본다. 이러한 해석론은 u-헬스 현지의료인이 존재하고 그 자격기준이 의사·치과의사·한의사인 제1유형의 원격의료 및 u-헬스에서만 적용될 수 있다고 본다.

셋째, u-헬스 현지의료인이 의사·치과의사·한의사가 아닌 경우, 즉 간호사 등 기타 의료인인 경우에는 u-헬스 원격지의료인이 환자에 대한 책임을 부담한다(동조 제4항의 반대해석). 이러한 해석은 의료과오에 관한 민사책임이론상, 각각 다른 자격기준을 가진 u-헬스 원격지의료인(의사·치과의사·한의사)과 u-헬스 현지의료인(간호사 등 기타 의료인, 기타 보건의료인, 가정방문간호사) 사이의 책임분배에 있어서는 u-헬스 원격지의료인은 u-헬스 현지의료인의 지휘감독자로서 사용자가 되거나(민법 제756조) 또는 대면진료를 행하는 u-헬스 현지의료인은 원격지의료인의 이행대행자 또는 이행보조자의 지위를 가지는(민법 제391조) 점에서 타당하다. 이러한 해석론은 u-헬스 현지의료인이 존재하지만 그 자격기준이 의사·치과의사·한의사가 아닌 제2유형의 원격의료 및 u-헬스에서만 적용될 수 있다고 본다.

넷째, u-헬스 현지의료인이 의사·치과의사·한의사인 경우, u-헬스 원격지의료인에게 명백한 과실이 없는 때에는 u-헬스 현지의료인이 환자에 대한 책임을 부담한다(동조 제4항). 원거리진료 및 책임분산성이라는 원격의료 및 u-헬스의 고유한 특성에서 볼 때, 동일한 자격기준을 갖춘 u-헬스 원격지의료인(의사·치과의사·한의사)과 u-헬스 현지의료인(의사·치과의사·한의사) 사이의 책임분배에 있어서는 u-헬스 원격지의료인의 명백한 과실이 없다면 직접대면진료를 행하는 u-헬스 현지의료인의 책임을 간접대면진료를 행하는 u-헬스 원격지의료인의 책임보다 무겁게 보고 가중시키는 것은 일응 합리적이다. 따라서 이 조항은 u-헬스 현지의료인의 책임을 특별히 가중시키고 있는 가중책임 조항이다. 이러한 해석론은 u-헬스 현지의료인(현지의료기관)이 존재하고 그 자격기준이 의사·치과의사·한의사인 제1유형의 원격의료 및 u-헬스에서만 적용될 수 있다고 본다.

한편, 미국에서는 1992년 조지아주원격의료법이 제정된 이후 모든 주에서 독자적으로 원격의료법을 제정하거나 의료관련법 내에 규정을 두고 있으며,[85] 1997년 연방 원격진료관련법 및 2003년 tele-Health관련법이 제정되었다.

---

85) 미국 각 주의 원격의료법에 대해서는 미국항공우주국(NASA) 홈페이지; Stephen J. Schanz & Barry B. Cepelewicz, TELEMEDICINE LAW & PRACTICE, Civic Research Institute, Inc., New Jersey, 2001. 참조.

6) u-헬스 의료기기의 안전성 및 제조물책임

[그림 3] 상단에서 보는 바와 같이, u-헬스에서는 생체정보 및 의료정보를 습득하여 분석하고 그 결과를 토대로 환자와 일반인에게 치료지침 등의 형식으로 피드백을 하는 흐름을 갖추고 있다. u-헬스의 특성상 생체정보와 의료정보의 습득하고 분석하는 장치가 필수적으로 필요하며, 이것이 u-헬스 의료기기이며 대부분 디지털화 내지 자동화된 기기이다. u-헬스 의료기기는 u-헬스솔루션의 일부 구성품으로 개발되어 연동되기도 한다. 이러한 u-헬스 의료기기는 u-헬스 원격지의료인과 u-헬스 현지의료인에게는 물론 환자 및 일반인에게 보급하게 된다.

우리나라는 2004년 2월 산업기술분류체계를 개정하여 전기전자(대분류)와 의료기기(중분류) 밑에 원격 및 재택의료기기(소분류)를 추가로 편입시켰다.86) u-헬스 의료기기는 이 산업기술분류체계상 원격 및 재택의료기기에 해당한다고 보이나, u-헬스 의료기기의 종류 및 기능이 다양하기 때문에 의료기기 또는 일반기기 중 어느 것으로 분류되는지 논란이 많다. 예컨대 당뇨폰과 같이 보통의 휴대폰단말기 기능에 당뇨수치를 측정할 수 있는 센서기능을 부착한 형태의 u-헬스 의료기기가 많이 개발되고 있기 때문이다. 만일 u-헬스 의료기기가 의료기기로 분류되면 의료기기법에 따라 식품의약품안전청의 제조 및 판매허가를 별도로 득하여야 하며, 일반기기로 분류되는 경우에는 의료서비스 내지 u-헬스 서비스에 사용하는 것이 금지되는 것이다.

의료기기법에서는 식품의약품안전청장은 의료기기의 체계적인 안전관리를 위해 의료기기국제조화회의 분류체계를 참고하여 등급을 분류하고 지정해야 하며, 동법 시행규칙 제15조에서 의료기기의 제조업자는 의료기기 제조 및 품질관리기준에 적합함을 판정받은 후 판매하도록 규정하고 있다. 생각건대 u-헬스의료기기는 질병의 치료 및 예방활동에 사용되는 것이며 그 안전성이 중요하기 때문에 이를 목적으로 개발 및 판매하는 경우에는 의료기기법에 따라 제조 및 판매허가를 받아야 한다고 본다.

---

86) 한국산업기술평가원 홈페이지 www.itep.re.kr 참조.

- 의료기기법 제3조(등급분류와 지정) ① 식품의약품안전청장은 의료기기의 사용목적과 사용 시 인체에 미치는 잠재적 위해성 등의 차이에 따라 체계적·합리적 안전관리를 할 수 있도록 의료기기의 등급을 분류하여 지정하여야 한다.
- 의료기기법 제6조(제조업의 허가 등) ② 제1항의 규정에 의하여 제조업허가를 받은 자(이하 "제조업자"라 한다)는 제조하고자 하는 의료기기에 대하여 품목별로 제조허가를 받거나 제조신고를 하여야 한다.
- 의료기기법 제8조(신개발의료기기 등의 재심사) ① 식품의약품안전청장은 제6조 제2항의 규정에 의하여 허가를 받고자 하는 품목이 작용원리, 성능 또는 사용목적 등에서 이미 허가를 받거나 신고한 품목과 본질적으로 동등하지 아니한 신개발의료기기 또는 국내에 대상질환 환자수가 적고 용도상 특별한 효용가치를 갖는 의료기기로서 식품의약품안전청장이 지정하는 희소의료기기에 해당하여 시판 후 안전성과 유효성에 대한 조사가 필요하다고 인정하는 경우에 제조품목허가 시 재심사를 받을 것을 명할 수 있다.
- 의료기기법시행규칙 제15조(제조업자의 준수사항 등) ① 법 제12조 제1항의 규정에 따라 의료기기의 제조업자가 준수하여야 할 사항은 다음 각 호와 같다. (중략) 6. 별표3에 의한 의료기기 제조및품질관리기준을 준수하고, 동 기준에 적합함을 판정받은 의료기기를 판매할 것
- 의료기기법시행규칙 제2조(등급분류 및 지정에 관한 기준 등) 1. 의료기기의 등급분류 기준: 가. 식품의약품안전청장은 인체에 미치는 잠재적 위해성의 정도에 따라 의료기기위원회의 심의를 거쳐 의료기기를 다음 4개의 등급으로 분류한다. 이 경우 두 가지 이상의 등급에 해당되는 경우에는 가장 높은 위해도에 따른 등급으로 분류한다. (생략)

한편, u−헬스 의료기기는 RFID(무선인식전자태그), LBS(위치기반서비스), Embedded System(내장시스템), wearable computer(옷·신발 등에 입는 컴퓨터), Biometrics(생체계측) 등의 기술과 융합되어 사람의 상태나 주변상황을 인식(sensing)할 수 있는 방향으로 진화하고 있다. 여기서 개인이 RFID가 부착된 사물을 착용하거나 휴대할 경우 그 속에 있는 고유정보가 판독되어 개인에 대한 성향 파악이나 위치추적 등에 오·남용될 수 있고 프라이버시를 침해할 수 있으므로 정보통신부에서는 2005년 11월 'RFID프라이버시보호가이드라인'을 시행하고 있으나 강제규범은 아니며,[87] 그 밖에 관련법률로는 '위치정보의보호및이용등에관한법률'이 있다.

---

87) 한국정보보호진흥원 홈페이지 www.1336.or.kr 참조.

- RFID프라이버시보호가이드라인 제5조(RFID태그를 통한 개인정보의 수집) RFID 취급사업자는 제4조 제1항 규정의 RFID태그에 기록된 개인정보를 수집하는 경우에는 당해 이용자에게 이를 통지하거나 또는 쉽게 알아볼 수 있는 방법으로 표시하여야 한다.

- RFID프라이버시보호가이드라인 제9조(RFID태그의 인체이식 등 금지) ① 누구든지 RFID태그를 인체에 이식하거나 제거할 수 있는 권한을 부여하지 아니하고 이용자의 신체에 RFID태그를 지속적으로 착용하도록 하여서는 아니 된다. 다만, 법률에 특별한 규정이 있는 경우는 그러하지 아니하다. ② 누구든지 법률에 특별한 규정이 있는 경우를 제외하고는 RFID태그를 이용자가 인식할 수 없는 방법으로 물품 등에 부착하여서는 아니 된다.

- RFID프라이버시보호가이드라인 16조(RFID시스템을 통한 개인위치정보 수집 등) 이 가이드라인에서 정한 사항 외에 RFID 취급사업자가 RFID시스템을 통해 개인의 위치정보를 수집·이용·제공하는 경우에는 개인위치정보 보호와 관련한 사항에 대해서 위치정보의보호및이용등에관한법률에 따른다.

- 위치정보의보호및이용등에관한법률 제15조(위치정보의 수집 등의 금지) ① 누구든지 개인 또는 소유자의 동의를 얻지 아니하고 당해 개인 또는 이동성이 있는 물건의 위치정보를 수집·이용 또는 제공하여서는 아니 된다. 다만, 제29조의 규정에 의한 긴급구조기관의 긴급구조 또는 경보발송 요청이 있거나 다른 법률에 특별한 규정이 있는 경우에는 그러하지 아니하다.

- 위치정보의보호및이용등에관한법률 제16조(위치정보의 보호조치 등) ① 위치정보사업자 등은 위치정보의 누출, 변조, 훼손 등을 방지하기 위하여 위치정보의 취급·관리 지침을 제정하거나 접근권한 자를 지정하는 등의 관리적 조치와 방화벽의 설치나 암호화 소프트웨어의 활용 등의 기술적 조치를 하여야 한다. 이 경우 관리적 조치와 기술적 조치의 구체적 내용은 대통령령으로 정한다.

- 위치정보의보호및이용등에관한법률 제27조(손해배상) 개인위치정보주체는 위치정보사업자 등의 제15조 내지 제26조의 규정을 위반한 행위로 손해를 입은 경우에 그 위치정보사업자 등에 대하여 손해배상을 청구할 수 있다. 이 경우 그 위치정보사업자 등은 고의 또는 과실이 없음을 입증하지 아니하면 책임을 면할 수 없다.

한편, 우리나라는 2002년 7월부터 제조물책임(PL)법이 시행되었다. 제조물책임법 제2조 제1호에서는 '다른 동산이나 부동산의 일부를 구성하는 경우를 포함한 제조 또는 가공된 동산'을 제조물이라고 정의하고 있으므로 u－헬스 의료기기도 여기에 포함된다. 특히 u－헬스 의료기기는 환자 또는 일반인의 생명·신체 등에 중대한 영향을 미치는

장치이기 때문에 그 결함과 오작동 등으로 인한 위험성을 항시 내포하고 있다.[88]

일반적으로 결함이란 제조물에서 통상적으로 기대할 수 있는 안전성을 결여하고 있는 것을 말하며, 넓은 의미에 민법 제580조의 하자담보책임에 있어서 하자에는 포함되지만 안전성과 관련되는 손해를 발생시키지 않는 간단한 품질의 하자는 그 대상이 되지 않는다. 제조물책임법 제2조 제2호에서는 제조·설계·표시상의 결함 및 기타 결함으로 구분하고 있는바, u-헬스 의료기기개발사업자는 장치의 생산과 사용단계에까지 의료사고를 포함한 제조물책임사고에 대한 예방 및 방어대책(판매관리·기록관리·계약관리·PL보험·사고처리 등)을 강구하여야 한다.

이와 같은 제조물책임은 u-헬스 의료기기뿐 아니라 u-헬스 서비스와 관련된 의약품·건강기능식품·화장품 등에도 적용된다.

- 제조물책임법 제3조(제조물책임) ① 제조업자는 제조물의 결함으로 인하여 생명·신체 또는 재산에 손해(당해 제조물에 대해서만 발생한 손해를 제외한다)를 입은 자에게 그 손해를 배상하여야 한다. ② 제조물의 제조업자를 알 수 없는 경우 제조물을 영리목적으로 판매·대여 등의 방법에 의하여 공급한 자는 제조물의 제조업자 또는 제조물을 자신에게 공급한 자를 알거나 알 수 있었음에도 불구하고 상당한 기간 내에 그 제조업자 또는 공급한 자를 피해자 또는 그 법정대리인에게 고지하지 아니한 때에는 제1항의 규정에 의한 손해를 배상하여야 한다.

---

88) 세계 각국에서는 제조물책임법과 판례에 따라 식품·의약품 및 의료기기(의료용구)의 결함에 대한 제조물책임을 규율하고 있다. 미국의 경우, 최근에는 Dalkon Shield, Shiley 심장밸브, 실리콘젤 가슴 임플랜트와 같은 의료기기는 집단소송을 불러 일으켰고 몇십억 달러에 달하는 소송 및 보상액이 수반되고 있어 제조회사의 파산을 줄 정도로 치명적인 영향을 주고 있다(유화춘 외, 제조물책임법 도입에 따른 보건산업의 대응전략 수입연구, 보건복지부 보건의료기술연구개발사업 최종보고서, 2003.1, 69-70면 참조).

7) u－헬스 서비스행위에 대한 보험급여

u－헬스 서비스는 내용적으로 임상진료와 건강증진 및 예방활동까지를 포함하는 것이다. 따라서 u－헬스 공급자(u－헬스 원격지의료인 및 현지의료인)는 의료법 제45조(의료보수)에 따라 u－헬스 의료보수청구권을 가지며, u－헬스 소비자(환자 및 일반인)는 u－헬스 의료보수지급의무를 부담하게 된다.

전국민건강보험제도하에서는 대부분의 의료보수는 국민건강보험을 통해 지급되고 있으므로 이에 관해서는 국민건강보험법에서 규정하고 있다. 즉 국민건강보험법 제39조(요양급여)는 건강보험 급여대상이 되는 행위를 요양급여라 하고 요양급여의 방법·절차·범위·상한 등 요양급여기준에 관해서는 동법 시행규칙에서 정하도록 하고 있으며, 동법 제43조에서는 요양급여비용 중 본인일부부담금을 제외한 비용을 국민건강관리공단에 청구할 수 있도록 하고 있다.

그러나 현행 국민건강보험법은 의료법 제34조에 따른 원격의료행위에 대해서 건강보험 급여를 실시하지 않고 있으므로 u－헬스 서비스행위에 대해서도 건강보험 급여가 적용되지 않는다. 따라서 원격의료행위 내지 u－헬스 서비스행위에 대하여 건강보험 요양급여를 실시하기 위해서는 국민건강보험법 제39조의 요양급여에 원격의료행위 내지 u－헬스 서비스행위를 포함시키거나, 동법 제40조의 요양기관에 원격의료기관 내지 u－헬스 원격의료기관 및 현지의료기관을 편입시키든지, 그 밖에 국민건강보험요양급여의기준에관한규칙(보건복지부고시) 제10조에 따라 복지부장관에게 신의료기술 등의 요양급여 결정신청을 하여야 한다.

생각건대, 원격의료행위 내지 u－헬스 서비스행위에 대하여 건강보험 급여가 실시되기 위한 필요조건으로는 가입자 및 피부양자의 질병·부상·출산 등에 대하여 실시되어야 하고, 원격의료의 시술이 합리적이고 필요한 경우이어야 하며, 의학적으로 효과성 및 안전성이 검증된 것이어야 할 것이다.[89] 이러한 필요조건을 충족한다

---

89) 미국 Medicare프로그램은 검증되지 않았거나 실험목적으로 하는 의료기술에 대하여는 보험급여를 실시하지 않고 원격의료시술중 보험급여가 실시되는 것은 전통적 의료행위에서도 의사가 환자를 직접 대면할 필요가 없는 원격방사선(teleradiology) 등에 한정하

는 전제하에 원격의료 내지 u-헬스의 사회적 목적 및 필요성을 감안하여 건강보험 적용이 인정되어야 한다고 본다.

다만 국민건강보험 재정여건 등을 고려할 때, 최신 의료서비스를 이용하기 어려운 농어촌이나 산간 및 도서지역, 국내에서 진료가 어려운 질병 등의 경우 외국의 원격의료기관 내지 u-헬스 원격지의료인(원격지의료기관)으로부터 원격진료 및 u-헬스 서비스를 받는 경우, 응급상황에서 원격의료 내지 u-헬스 서비스가 가능할 경우부터 점차적으로 건강보험 급여를 확대 적용해 나가는 것이 타당하다.[90]

한편, 국민건강보험의 재정여건을 감안하고 보완하는 측면에서 원격의료행위 및 u-헬스 서비스에 본인부담보충형 또는 부가급여보충형 민간건강보험제도가 적용될 수 있도록 하는 방안이 적극 도입되어야 한다.

hospitallaw ⇒ u-헬스 서비스에 대한 건강보험급여 관련법률

- 국민건강보험법 제39조(요양급여) ① 가입자 및 피부양자의 질병·부상·출산 등에 대하여 다음 각 호의 요양급여를 실시한다. 1. 진찰·검사 2. 약제·치료재료의 지급 3. 처치·수술 기타의 치료 4. 예방·재활 5. 입원 6. 간호 7. 이송
- 국민건강보험법 제40조(요양기관) ① 요양급여(간호 및 이송을 제외한다)는 다음 각 호의 요양기관에서 행한다. 이 경우 보건복지부장관은 공익 또는 국가시책상 요양기관으로 적합하지 아니하다고 인정되는 의료기관 등으로서 대통령령이 정하는 의료기관 등은 요양기관에서 제외할 수 있다. 1. 의료법에 의하여 개설된 의료기관 2. 약사법에 의하여 등록된 약국 3. 약사법 제72조의12의 규정에 의하여 설립된 한국희귀의약품센터 4. 지역보건법에 의한 보건소·보건의료원 및 보건지소 5. 농어촌등보건의료를위한특별조치법에 의하여 설치된 보건진료소

고 있다. 또 일본 건강보험법은 전화 또는 화상회의시스템 등을 통한 재진의 경우, 직접 대면하여 진료한 의사는 동일 환자의 증상을 진단했으므로 증상과 처방효과만 살피는 것만으로도 충분하다는 판단에 따라 기본진료료(재진료)를 인정하고 있다.

90) 주지홍·왕상한·조형원·박민·이범룡, 의료정보화산업의 활성화를 위한 법제도 정비방안 연구, 정보통신정책연구원정책연구 03-02, 정보통신정책연구원, 2003.12, 126면 참조.

- 국민건강보험요양급여의기준에관한규칙 제10조(신의료기술 등의 요양급여 결정신청) ① 요양기관, 의약관련 단체, 치료재료의 제조·수입업자는 제8조 제2항의 규정에 의한 요양급여대상 또는 제9조 제1항의 규정에 의한 비급여대상으로 결정되지 아니한 새로운 행위 및 치료재료(이하 "신의료기술 등"이라 한다)에 대하여는 다음 각 호에 규정된 날부터 30일 이내에 요양급여대상 여부의 결정을 보건복지부장관에게 신청하여야 한다. 1. 행위의 경우에는 의료법 제53조에 따른 신의료기술평가(이하 "신의료기술평가"라 한다) 결과 안전성·유효성 등을 인정받은 이후 가입자 등에게 최초로 실시한 날 2. 치료재료의 경우에는 다음 각 목에서 정한 날(생략)

8) 전자상거래의 안전성 및 전자처방전 발급

[그림 3]의 u-헬스 개념도를 보면, u-헬스 공급자는 정보통신망을 통해 치료지침·약처방·운동처방·식이처방·건강정보 등을 환자 및 일반인 등 u-헬스 소비자에게 전달 또는 제공하고, u-헬스 소비자는 u-헬스 서비스의 보수를 전자지불시스템을 통해 지불하고 e-약국·e-마켓 등 전자상거래사업자를 의약품·의료기재·건강식품 등을 구매한 후 그 비용을 전자지불시스템을 통해 지불하는 방식을 갖추고 있다. 이 경우 전자상거래시스템(e-commerce) 내지 전자지불시스템(EBPP)의 안전성이 확보되고 이용자를 보호하는 것이 중요하다. 이와 관련하여서는 전자거래기본법, 전자상거래등에서의소비자보호에관한법률, 전자금융거래법 등에 기본적인 사항을 상세하게 규정하고 있다.

다만, 현행 의료법 제34조의 규정상 현지의료인 내지 u-헬스 현지의료인의 중개가 없는 제3유형·제4유형의 원격의료 내지 u-헬스 서비스가 허용되지 않기 때문에 원격지의료인 또는 u-헬스 원격지의료인이 환자 또는 일반인에게 원격으로 전자처방전을 발급할 수 없다. 따라서 재택원격진료 등에서 환자나 일반인이 원격으로 전자처방전을 발급받아 그것을 소지하고 약국에서 약품을 구입하는 것은 금지된다. u-헬스 서비스의 흐름과 현실을 고려하고 국민건강증진 및 u-헬스산업의 활성화를 위해서는 이를 허용하는 것이 타당하다.

- 의료법 제34조(원격의료) ① 의료인(의료업에 종사하는 의사·치과의사·한의사만 해당한다)은 제33조 제1항에도 불구하고 컴퓨터·화상통신 등 정보통신기술을 활용하여 먼 곳에 있는 의료인에게 의료지식이나 기술을 지원하는 원격의료(이하 "원격의료"라 한다)를 할 수 있다.
- 의료법 제18조(처방전 작성과 교부) ① 의사나 치과의사는 환자에게 의약품을 투여할 필요가 있다고 인정하면 약사법에 따라 자신이 직접 의약품을 조제할 수 있는 경우가 아니면 보건복지부령으로 정하는 바에 따라 처방전을 작성하여 환자에게 내주거나 발송(전자처방전만 해당된다)하여야 한다.
- 의료법시행규칙 제15조(처방전의 기재사항 등) ② 의사 또는 치과의사는 환자에게 처방전 2부를 교부하여야 한다. 다만, 환자의 추가요구가 있는 때에는 환자가 원하는 약국으로 모사전송·컴퓨터통신 등을 이용하여 처방전을 송부할 수 있다.

9) u-헬스 적용 법률조항 및 해석론

지금까지 검토한 결과를 종합해서, u-헬스에 있어서 법적 쟁점 및 이슈가 되는 주요 쟁점사항별로 적용되는 법률조항과 그 해석론을 정리해 보면 다음 [표 4]와 같다.

▌표 4 u-헬스 적용 법률조항 및 해석론

쟁점사항	적용 법률조항	해 석 론
(1) 시행주체자격	의료법 제34조①	• 의사·치과의사·한의사만 u-헬스 원격지의료인이 될 수 있음(일반인은 안 됨) • 의사·치과의사·한의사·간호사·조산사만 u-헬스 현지의료인이 될 수 있음(응급구조사, 헬스클럽 트레이너·건강관리사, 사회복지사 등은 안 됨) • u-헬스 원격지의료인이 u-헬스 현지의료인의 중개 없이 환자·일반인에게 직접 서비스를 제공하는 제3유형(재택원격 진료, 홈네트워크아파트, 개인형-모바일 원격진료) 및 제4유형(사이버병원, 보건의료포털사이트, 건강증진·관리 회사)은 허용 안 됨

쟁점사항	적용 법률조항	해 석 론
(1) 시행주체자격	의료법 제33조	• 의사·치과의사·한의사가 개설한 의료기관이 디지털화된 형태인 u-Hospital만 u-헬스 공급자(원격지의료기관)가 될 수 있음 (사이버병원, 보건의료포털사이트, 건강증진·관리회사, u-헬스 솔루션 개발·운영사업자, 병원경영지원회사는 안 됨)
(2) 서비스내용범위	의료법 제34조①	• 임상진료 이외의 건강증진 및 예방활동을 하는 u-헬스 서비스행위는 허용 안 됨
	의료법시행령 제20조,의료법 제27조,제49조	• u-헬스 공급자(원격지의료기관·현지의료기관)에게 영리행위, 영리목적의 환자 소개·알선·유인행위, 부대사업 범위 제한 • 부대사업 범위에 병원경영지원회사가 포함되도록 입법 작업 중임(2007년)
(3) 정보통신망사업자 (ISP,ASP) 책임	의료법 제34조②, 의료법시행규칙 제23조의3	• u-헬스 공급자(원격지의료기관·현지의료기관)는 원격의료에 필요한 시설 및 장비를 갖추어야 함
	전기통신사업법 제3조①·②,제3조의2①,제33조의2,의료법 제22조②, 제23조, 제18조, 전기통신기본법 제16조, 제25조, 정보통신망이용촉진및정보보호등에관한법률 제45조①, 제22조①, 제23조②, 제28조	• 보편적역무제공의무, 진료정보제공의무, 인터넷설비제공및안전성확보의무, 비밀유지및개인정보보호의무 부담 • 손해배상책임 부담(계약책임, 불법행위책임) • 의료관련법에 직접적인 규정 없음
(4) 디지털건강정보보호, 표준화 및 공동 활용	의료법 제23조②, 제18조②, 의료법시행규칙 제18조의2, 제15조①,전자서명법 제26조①	• 전자의무기록의 시설 및 장비, 공인전자서명을 갖추어야 함(기술적 보호조치) • 전자서명공인인증기관의 손해배상책임 • 전자처방전의 기술적 보호조치 취해야 함
	의료법 제19조, 제23조③, 제18조③ 형법 제317조, 제316조, 후천성면역결핍증예방법 제7조, 공공기관의개인정보보호에관한법률 제11조	• 비밀유지및개인정보보호의무(법률적 보호조치) • 의료법상 진료정보 침해 시 3년 이하 징역 또는 1천만 원 이하 벌금, 의료법상 개인정보 침해 시 5년 이하 징역 또는 2천만 원 이하 벌금, 정보통신망이용촉진및정보보호등에관한법률상 개인정보 침해 시 5년 이하 징역 또는 5천만 원 이하 벌금(민감한 의료정보가 처벌 약함)

쟁점사항	적용 법률조항	해 석 론
(4) 디지털건강정보 보호, 표준화 및 공동 활용	의료법 제19조, 제23③, 제18조③ 형법 제317조, 제316조, 후천성면역결핍증예방법 제7조, 공공기관의개인정보보호에관한법률 제11조	• 건강정보보호및관리·운영에관한법률 입법작업 중(전자건강기록 용어 사용) • 디지털건강정보의 기술적 기준 및 표준 규정 없음(보건복지부 e-헬스전문위원회 워킹그룹에서 작업 중)
(5) 의료사고 책임분배	의료법 제34조③·④, 민법 제390조, 제756조	• u-헬스 원격지의료인⇒대면진료 의료인과 동일한 책임(제1, 2, 3, 4유형) • u-헬스 현지의료인이 의사·치과의사·한의사, u-헬스 원격지의료인에게 명백한 과실 있는 경우⇒u-헬스 원격지의료인이 책임(제1유형) • u-헬스 현지의료인이 간호사 등 기타의료인⇒u-헬스 원격지의료인이 책임(제2유형) • u-헬스 현지의료인이 의사·치과의사·한의사, u-헬스 원격지의료인에게 명백한 과실 없는 경우⇒u-헬스 현지의료인이 책임(제1유형)
(6) u-헬스 의료기기 안전성, 제조물 책임	의료기기법 제3조, 제6조, 제8조, 의료기기법시행규칙 제15조, 제2조	• u-헬스의료기기는 질병치료와 예방 및 건강증진에 사용할 목적이므로 일반기기가 아닌 의료기기로 분류됨(해석론) • 의료기기법에 따라 식품의약품안전청의 제조 및 판매허가를 득해야 함
	RFID프라이버시보호가이드라인 제5조, 제9조, 제16조, 위치정보의보호및이용에관한법률 제16조, 제27조	• u-헬스의료기기 융합기술의 문제점(RFID, Embedded System, Biometrics 등) • 위치정보의 기술적 및 관리적 보호조치, 손해배상책임
	제조물책임법 제3조, 제2조 제1호·제2호	• u-헬스의료기기, u-헬스 서비스관련 의약품·건강식품화장품 등에도 적용 • 제조·설계·표시상의 결함 및 기타 결함(의료사고를 포함한 제조물책임사고)에 대한 손해배상책임
(7) 보험급여	국민건강보험법 제39조①, 제40조①, 제43조,국민건강보험요양급여의기준에관한규칙 제10조①	• 원격의료행위 내지 u-헬스 서비스행위에 대한 건강보험급여 적용 안 됨 • u-헬스의 사회적 목적 및 필요성, 국민건강보험 재정여건을 감안하여 농어촌산간도서지역이나 응급상황인 경우부터 점차적으로 건강보험 급여 확대 적용하는 것이 타당 • 본인부담보충형 및 부가급여보충형 민간건강보험제도 적용 필요

쟁점사항	적용 법률조항	해 석 론
(8) 전자상거래 안전성, 전자처방전 발급	전자거래기본법, 전자상거래등에서의소비자보호에관한법률, 전자금융거래법	• 처방전·전자정보 제공, 의약품·의료기재·건강식품 등 구매 시 전자상거래시스템 및 전자지불시스템의 안전성 확보 및 소비자보호기준 적용
	의료법 제34조①, 제18조①, 의료법시행규칙 제15조②	• 현지의료인 내지 u-헬스 현지의료인의 중개 없는 제3, 4유형의 원격의료행위 내지 u-헬스 서비스행위가 허용되지 않으므로 재택원격진료 등에서 환자나 일반인이 원격으로 전자처방전을 발급 받을 수 없음

생각건대 u-헬스는 초고속정보통신기술, u-헬스솔루션과 u-헬스의료기기 기술 및 그 융합기술이 급격하게 발달함에 따라 전통적인 의료분야의 패러다임을 변화시키고 있는 새로운 의료형태라고 할 수 있다. 여기에 관련되는 첨단 과학기술 및 의료기술의 발전추이와 u-헬스 소비자의 수요를 고려할 때, u-헬스는 점차 확대 보급되어 궁극적으로는 미래의 보편적인 의료형태로 자리잡을 가능성이 높다고 할 것이다.

그러나 u-헬스에 대해 적용되는 현행 법률조항을 검토해본 결과 u-헬스 서비스를 시행하는 데 있어서 몇 가지 장애요인이 발견되고 있다.

(1) 사이버병원, 보건의료포털사이트, 건강증진·관리회사, u-헬스솔루션개발·운영사업자, 병원경영지원회사는 u-헬스 원격지의료기관이 될 수 없고, 응급구조사, 헬스클럽 트레이너·건강관리사, 사회복지사, 물리치료사 등도 u-헬스 현지의료인이 될 수 없다. (2) 임상진료 이외에 u-헬스 서비스행위의 영역에 속하는 건강증진 및 질병의 예방활동이 의료행위로 인정되지 않는다. (3) u-헬스 서비스의 기초가 되는 정보통신망사업자(ISP, ASP 등)의 책임에 관한 규정이 의료관련법에 명시되어 있지 않다. (4) 디지털건강정보 보호를 위한 기술적 표준 내지 기준이 의료관련법에 명시되어 있지 않으며, 민감한 개인정보로 분류되는 의료법상 개인정보 침해에 대한 처벌이 정보통신망법보다 낮게 규정되어 있다. (5) u-헬스의료기기의 제조 및 판매, RFID 등 융합기술, 제조물책임 등에 관하여 의료관련법에 명시되어 있지 않

다. ⑹ u-헬스 서비스행위에 대한 국민건강보험 및 민간건강보험 적용이 인정되지 않고 있다. 일곱째, 재택원격진료 등에서 원격으로 전자처방전을 발급받아 약을 조제할 수 없다.

이와 같은 장애요인을 개선할 필요성이 있는지 또는 개선할 경우 어떤 방향으로 할 것인지에 대해서는 기술발전 및 국민요구 등의 현실적인 상황 및 국가의 정책적인 목표가 함께 고려되어야 할 것이다. 예를 들면, 종전의 소극적인 질병치료에서 질병예방 및 건강증진을 적극적으로 요구하는 의료에 대한 소비자 패턴이 변화되고 있다는 점, 보다 효율적인 방법으로 보다 많은 국민에게 의료서비스 내지 의료서비스를 제공함으로써 국민건강증진 및 국가총의료비를 절감할 수 있다는 점, 정보통신·의료기기·바이오 등 u-헬스와 관련된 산업분야의 발전을 견인함으로써 국가경제발전에 기여할 수 있다는 점 등이 그러한 고려사항이 될 수 있을 것이다.

요컨대, u-헬스가 새로운 의료분야의 하나로 안전하게 보급되어 국민건강증진에 기여하고 그 정책적 목표를 달성할 수 있게 하기 위해서는 앞에서 열거한 장애요인에 대한 개선사항 등 보다 상세한 기준 및 내용을 포함하는(가칭) 'u-헬스 및 원격의료에 관한 특례법'을 제정하여 규율하는 것이 바람직하다.

부 록

원격의료법

부록 1 ｜ 원격의료특례법(안)

현행 관련법률조항	원격의료특례법(안)
	제1조(목적) 이 법은 원격의료의 시행과 관련하여 의료법에 대한 특례사항을 규정함을 목적으로 한다.
의료법 제2조(의료인) ① 이 법에서 "의료인"이라 함은 보건복지부장관의 면허를 받은 의사·치과의사·한의사·조산사 및 간호사를 말한다. 의료법 제3조(의료기관) ① 이 법에서 "의료기관"이라 함은 의료인이 공중 또는 특정다수인을 위하여 의료·조산의 업(이하 "의료업"이라 한다)을 행하는 곳을 말한다.	제2조(용어의 정의) ① "원격의료"라 함은 원격지의료인이 컴퓨터·화상통신 등 정보통신기술을 활용하여 격지에 있는 현지의료인 또는 환자에 대하여 의료를 제공하거나 이를 지원하는 것을 말한다. ② "원격의료인"이라 함은 의료법 제2조의 규정에도 불구하고 이 법이 정하는 원격진료방식으로 의료행위를 하는 자를 말한다. ③ "원격의료기관"이라 함은 의료법 제3조의 규정에도 불구하고 이 법이 정하는 원격진료방식으로 의료행위를 하는 곳을 말한다. ④ 원격의료기반시설제공자(또는 원격의료기반시설임대사업자)"라 함은 원격의료에 사용되는 정보통신기술에 관련된 시설 및 장비를 운영하는 자를 말한다.
의료법 제25조(무면허의료행위 등 금지) ① 의료인이 아니면 누구든지 의료행위를 할 수 없으며 의료인도 면허된 이외의 의료행위를 할 수 없다. 다만, 다음 각 호의 1에 해당하는 자는 보건복지부령이 정하는 범위 안에서 의료행위를 할 수 있다. 1. 외국의 의료인의 면허를 소지한 자로서 일정한 기간 국내에 체류하는 자, 2. 의과대학, 치과대학, 한의과대학, 종합병원 또는 외국의료원조기관의 의료봉사 또는 연구 및 시범사업을 위한 의료행위를 하는 자, 3. 의학·치과의학·한방의학 또는 간호학을 전공하는 학교의 학생.	제3조(원격의료의 면허) ① 원격의료인을 제외하고는 누구라도 원격의료행위를 하지 못한다. 다만 의료법 제25조 단서 각호에 해당하는 자는 예외로 한다. ② 의료법이 정하는 의료인 등이 원격의료를 시행하고자 하는 경우에는 보건복지부장관이 정하는 소정의 교육과정을 이수하고 원격의료면허를 취득하여야 한다. 이 경우 원격의료인의 명칭은 원격의료의사·원격의료치과의사·원격의료한의사·원격의료조산사·원격의료간호사 등으로 한다. ③ 외국의 의사면허 등을 가진 자에 대해서는 국제협약 또는 국가 간 협약에 따르되, 보건복지부장관은 대통령령이 정하는 바에 따라 원격의료인으로 승인할 수 있다.

현행 관련법률조항	원격의료특례법(안)
의료법시행규칙 제21조의2(보수교육) ① 중앙회는 법 제28조제2항의 규정에 의한 보수교육을 매년 1회 이상 실시하여야 한다. 이 경우 교육시간은 연간 8시간 이상으로 한다.	④ 외국의 의료기관은 보건복지부장관이 정하는 바에 따라 국내의 의료기관과 원격의료협약을 체결함으로써 원격의료를 시행할 수 있다. ⑤ 원격의료인은 보건복지부장관이 정하는 소정의 보수교육을 이수하여야 한다.
의료법 제34조(원격의료) ② 원격의료를 행하거나 이를 받고자 하는 자는 보건복지부령으로 정하는 시설 및 장비를 갖추어야 한다. 의료법시행규칙 제23조의3(원격의료의 시설 및 장비) 법 제34조 제2항의 규정에 따라 원격의료를 행하거나 이를 받고자 하는 자가 갖추어야 할 시설 및 장비는 다음 각 호와 같다. 1. 원격진료실, 2. 데이터 및 화상(畵像)을 전송·수신할 수 있는 단말기, 서버, 정보통신망 등의 장비. 의료법 제32조(시설기준 등) 의료기관의 종별에 따르는 시설·장비의 기준·규격, 의료인의 정원 기타 의료기관의 운영에 관한 사항 및 요양병원의 입원대상질환·입원절차 등에 관하여 필요한 사항은 보건복지부령으로 정한다.	제4조(원격의료의 시설 및 장비) ① 원격의료를 시행하고자 하는 자는 원격의료의 안전성과 품질을 담보하는 데 필요한 다음 각 호에 해당하는 시설 및 장비를 구비하여야 한다. 1. 원격진료실 2. 데이터 및 화상을 전송·수신할 수 있는 단말장치, 서버, 정보통신망 등의 장비 ② 제1항의 시설 및 장비 이외에 전문적인 진료과목별로 필요한 원격의료의 시설 및 장비에 관해서는 보건복지부장관이 별도로 정한다. ③ 보건복지부장관은 원격의료의 안전성과 품질을 담보하기 위하여 그 시설 및 장비의 기술적 표준에 관하여 별도로 정하여야 한다. ④ 원격의료인은 원격의료에 필요한 정보통신시설 및 장비를 운영하는 사업자(이하 "원격의료기반시설임대사업자"라 한다)로부터 이를 임대하여 사용할 수 있다. 이 경우 보건복지부장관에게 신고하여야 한다.
의료법 제34조(원격의료) ① 의료인(의료업에 종사하는 의사·치과의사 또는 한의사에 한한다)은 제33조 제1항 본문의 규정을 불구하고 컴퓨터·화상통신 등 정보통신기술을 활용하여 원격지의 의료인에 대하여 의료지식 또는 기술을 지원하는 원격의료(이하 원격의료"라 한다)를 행할 수 있다. 의료법 제33조(개설) ① 의료인은 이 법에 의한 의료기관을 개설하지 아니하고는 의료업을 행할 수 없으며, 다음 각 호의 1에 해당하는 경우를 제외하고는 당해 의료기관내에서 의료업을 행하여야 한다. (중략) 5. 기타 이 법 또는 다른 법령에서 특별히 정한 경우나 환자가 있는 현장에서 진료를 행하여야 하는 부득이한 사유가 있는 경우.	제5조(원격의료행위의 범위) ① 원격의료인은 의료법 제33조 제1항 본문의 규정에도 불구하고 의료행위를 할 수 있다. ② 원격의료인은 격지에 있는 환자에 대하여 검사 및 진단을 행하고 원격자문·원격처방·원격수술 등 치료에 필요한 의료행위를 할 수 있다. ③ 원격의료행위의 대상은 의료법 제3조 제3항 제2호 및 한의사전문의의수련및자격인정등에관한규정 제3조에서 정하는 진료과목을 포함하는 것을 원칙으로 한다. 다만 보건복지부장관은 정보통신 및 원격의료에 관한 관련기술을 감안하여 원격의료의 대상에서 제외되는 과목과 범위를 정할 수 있다. ④ 원격의료인은 의료법 제17조에서 정하는 진단서 등을 교부할 수 있다.

현행 관련법률조항	원격의료특례법(안)
의료법 제3조(의료기관) ③"종합병원"이라 함은 의사 및 치과의사가 의료를 행하는 곳으로서, 다음 각 호의 요건을 갖추고 주로 입원환자에 대하여 의료를 행할 목적으로 개설하는 의료기관을 말한다. (중략) 2. 내과, 외과, 소아과, 산부인과, 진단방사선과, 마취통증의학과, 진단검사의학과 또는 병리과, 정신과 및 치과를 포함한 9개 이상의 진료과목. 한의사전문의의수련및자격인정등에관한규정 제3조(전문과목) 한의사전문의의 전문과목은 한방내과, 한방부인과, 한방소아과, 한방신경정신과, 침구과, 한방안·이비인후·피부과, 한방재활의학과 및 사상체질과로 한다. 의료법 제17조(진단서 등) ① 의료업에 종사하고 자신이 진찰 또는 검안한 의사·치과의사 또는 한의사가 아니면 진단서·검안서·증명서 또는 처방전[의사 또는 치과의사가 전자서명법에 의한 전자서명이 기재된 전자문서의 형태로 작성한 처방전(이하"전자처방전"이라 한다)을 포함한다]을 작성하여 환자에게 교부하거나 발송(전자처방전에 한한다)하지 못한다. (이하 생략)	
	제6조(원격의료계약의 체결) 원격의료인이 원격의료를 시행하고자 하는 경우에는 현지의료인 또는 환자와 원격의료계약을 체결하여야 하며, 이 경우 원격의료계약은 전자문서의 형태로 체결할 수 있다.
	제7조(환자의 동의) ① 원격의료인은 원격의료를 시행하기 전에 환자에게 다음 각 호의 사항을 충분히 설명하고 동의를 받아야 한다. 이 경우 환자의 동의에는 원격의료인의 설명에 대하여 환자가 서명한 진술이 포함되어야 한다. 1. 원격의료의 시술방법, 과정, 내용 및 잠재적 위험성 2. 원격의료의 결과, 이익 3. 원격의료의 과정에서 교환·취득되거나 공개된 환자에 관한 모든 정보에 대하여 비밀보호가 보장되며, 환자의 동의 없이 어떠한 연구자나 기타의 자에게도 유포되지 않을 것이라는 점

현행 관련법률조항	원격의료특례법(안)
	4. 환자는 장차 치료받을 자신의 권리를 침해받음이 없이 언제든지 자신의 동의를 자유롭게 철회할 수 있다는 점 ② 제1항에 의한 환자의 동의는 의료법 및 이 법에서 정하는 진료기록의 일부가 된다. ③ 제1항에 의한 환자의 동의가 없는 원격의료행위에 대해서는 원격의료인에게 업무상 과실이 있는 것으로 추정한다.
의료법 제23조(전자의무기록) ① 의료인 또는 의료기관의 개설자는 제21조의 규정에 불구하고 진료기록부 등을 전자서명법에 의한 전자서명이 기재된 전자문서(이하"전자의무기록"이라 한다)로 작성·보관할 수 있다. ② 의료인 또는 의료기관의 개설자는 보건복지부령이 정하는 바에 따라 전자의무기록을 안전하게 관리·보존하는 데 필요한 시설 및 장비를 갖추어야 한다. 의료법시행규칙 제18조의2(전자의무기록의 관리·보존에 필요한 장비) 법 제23조 제2항의 규정에 따라 의료인 또는 의료기관의 개설자가 전자의무기록을 안전하게 관리·보존하기 위하여 갖추어야 할 장비는 다음 각 호와 같다. 1. 전자의무기록의 생성과 전자서명을 검증할 수 있는 장비, 2. 전자서명이 있은 후 전자의무기록의 변경여부를 확인할 수 있는 장비, 3. 네트워크에 연결되지 아니하는 백업저장시스템	제8조(전자의무기록) ① 원격의료인 또는 원격의료기관의 개설자는 제21조의 규정에도 불구하고 진료기록부 등을 전자서명법에 의한 공인 전자서명이 기재된 전자문서(이하 "전자의무기록"이라 한다)로 작성·보관하여야 한다. ② 제1항의 전자의무기록에는 의료법시행규칙 제17조에서 정하는 기재사항 이외에 원격지의료인과 현지의료인의 성명이 포함되어야 한다. ③ 원격의료인 또는 원격의료기관의 개설자는 전자의무기록을 안전하게 관리·보존하는 데 필요한 다음 각 호의 시설 및 장비를 갖추어야 한다. 1. 전자의무기록의 생성과 전자서명을 검증할 수 있는 장비 2. 전자서명이 있은 후 전자의무기록의 변경여부를 확인할 수 있는 장비 3. 네트워크에 연결되지 아니하는 백업저장시스템 ④ 보건복지부장관은 제3항의 시설 및 장비에 대하여 정기적으로 점검하여야 한다.
의료법 제19조(비밀누설의 금지) 의료인은 이 법 또는 다른 법령에서 특히 규정된 경우를 제외하고는 그 의료·조산 또는 간호에 있어서 지득한 타인의 비밀을 누설하거나 발표하지 못한다. 의료법 제23조(전자의무기록) ③ 누구든지 정당한 사유 없이 전자의무기록에 저장된 개인정보를 탐지하거나 누출·변조 또는 훼손하여서는 아니 된다. 의료법 제18조(처방전 작성과 교부) ③ 누구든지 정당한 사유 없이 전자처방전에 저장된 개인정보를 탐지하거나 누출·변조 또는 훼손하여서는 아니 된다.	제9조(비밀유지 및 개인정보보호) ① 원격의료인 및 원격의료기반시설제공자 또는 임대사업자 등 원격의료에 관여하는 자는 의료법 등 다른 법령이나 이 법에서 특히 규정된 경우를 제외하고는 그 업무상 지득한 정보의 비밀을 누설하거나 발표하지 못한다.

현행 관련법률조항	원격의료특례법(안)
정보통신망이용촉진및정보보호등에관한법률 제24조(개인정보의 이용 및 제공 등) ④ 이용자의 개인정보를 취급하거나 취급하였던 자는 직무상 알게 된 개인정보를 훼손·침해 또는 누설하여서는 아니 된다. 정보통신망이용촉진및정보보호등에관한법률 제62조(벌칙) 다음 각 호의 1에 해당하는 자는 5년 이하의 징역 또는 5천만 원 이하의 벌금에 처한다.	② 누구든지 정당한 사유 없이 전자의무기록 및 전자처방전에 저장된 개인정보를 탐지하거나 누출·변조 또는 훼손하여서는 아니 된다. ③ 제9조에 위반하는 경우 그 처벌규정에 대하여는 정보통신망이용촉진및정보보호등에관한법률 등에서 정하는 개인정보보호규정을 준용한다.
의료법 제21조(기록열람 등) ① 의료인 또는 의료기관 종사자는 이 법 또는 다른 법령에서 특히 규정된 경우를 제외하고는 환자에 관한 기록의 열람·사본교부 등 그 내용확인에 응하여서는 아니 된다. 다만, 환자, 그 배우자, 그 직계존비속 또는 배우자의 직계존속(배우자·직계존비속 및 배우자의 직계존속이 없는 경우에는 환자가 지정하는 대리인)이 환자에 관한 기록의 열람·사본교부 등 그 내용확인을 요구한 때에는 환자의 치료목적상 불가피한 경우를 제외하고는 이에 응하여야 한다. ② 제1항의 규정에 불구하고 의료인은 동일한 환자의 진료상 필요에 의하여 다른 의료기관에서 그 기록·임상소견서 및 치료경위서의 열람이나 사본의 송부를 요구한 때 또는 환자가 검사기록 및 방사선필름 등의 사본 교부를 요구한 때에는 이에 응하여야 한다. ③ 의료인은 응급환자를 다른 의료기관에 이송할 때에는 환자이송과 동시에 초진기록을 송부하여야 한다. 전자서명법 제26조(배상책임) 공인인증기관은 인증업무 수행과 관련하여 가입자 또는 공인인증서를 신뢰한 이용자에게 손해를 입힌 때에는 그 손해를 배상하여야 한다. 다만, 그 손해가 불가항력으로 인하여 발생한 경우에는 그 배상책임이 경감되고, 공인인증기관이 과실 없음을 입증한 경우에는 그 배상책임이 면제된다.	제10조(진료정보표준화 및 공동활용) ① 보건복지부장관은 원격의료와 관련된 국제적인 전자자료교환체계에 상응하는 전자자료교환체계를 마련하여야 한다. ② 원격의료인 및 원격의료기반시설제공자는 제1항에서 정하는 전자자료교환체계에 따라 전자의무기록 등을 작성·보관하여야 한다. ③ 원격의료인 및 원격의료기반시설제공자는 의료법 제21조에서 정하는 경우 및 원격의료기반시설제공자 또는 임대사업자, 약국 등 그 진료정보에 접근할 권리가 있는 자에 대하여 원격의료에 필요한 진료정보를 제공하여야 한다. ④ 전자서명인증기관은 전자서명법 등 관련법령이 정하는 바에 따라 전자서명을 한 전자의무기록 등의 안전성 및 신뢰성을 담보하고 그 책임을 부담한다.

현행 관련법률조항	원격의료특례법(안)
국민건강보험법 제39조(요양급여) ① 가입자 및 피부양자의 질병·부상·출산 등에 대하여 다음 각 호의 요양급여를 실시한다. 1. 진찰·검사, 2. 약제·치료재료의 지급, 3. 처치·수술 기타의 치료, 4. 예방·재활, 5. 입원, 6. 간호, 7. 이송. 국민건강보험법 제4조(건강보험심의조정위원회) ② 심의조정위원회는 다음 각 호의 위원으로 구성한다. 1. 보험자·가입자 및 사용자를 대표하는 위원 8인, 2. 의약계를 대표하는 위원 6인, 3. 공익을 대표하는 위원 6인.	제11조(원격의료보험수가) ① 국민건강보험법 제39조의 규정에도 불구하고 원격의료행위에 대하여 국민건강보험법이 적용됨을 원칙으로 한다. ② 보건복지부장관은 국민건강보험재정을 감안하여 다음 각 호에 대하여는 우선적으로 적용할 수 있으며, 구체적인 대상에 관해서는 별도로 정한다. 1. 농어촌·도서지역 등 일반적인 의료서비스의 이용이 어려운 지역의 환자가 원격의료를 이용하는 경우 2. 국내에서 진료가 어려운 질병에 대하여 외국의 원격의료인으로부터 원격의료를 받는 경우 3. 응급상황에서 원격의료가 가능할 경우 4. 기타 보건복지부장관이 인정하는 경우 ③ 보건복지부장관은 국민건강보험법 제4조 제2항에서 정하는 건강보험심의조정위원회에 원격의료에 관한 전문가 3인을 임시위원으로 임명 또는 위촉한다. ④ 건강보험심의조정위원회는 원격의료행위에 대한 보험수가의 결정에 있어서 원격의료를 장려하는 조치를 결정할 수 있다.
의료법 제3조(의료기관) ① 이 법에서 "의료기관"이라 함은 의료인이 공중 또는 특정다수인을 위하여 의료·조산의 업(이하 "의료업"이라 한다)을 행하는 곳을 말한다. ② 의료기관의 종별은 종합병원·병원·치과병원·한방병원·요양병원·의원·치과의원·한의원 및 조산원으로 나눈다. 의료법 제33조(개설) ① 의료인은 이 법에 의한 의료기관을 개설하지 아니하고는 의료업을 행할 수 없으며, 다음 각 호의 1에 해당하는 경우를 제외하고는 당해 의료기관내에서 의료업을 행하여야 한다. (중략) ② 다음 각 호의 1에 해당하는 자가 아니면 의료기관을 개설할 수 없다. 다만, 제1호의 의료인은 1개소의 의료기관만을 개설할 수 있으며, 의사는 종합병원·병원·요양병원 또는 의원을, 치과의사는 치과병원 또는 치과의원을, 한의사는 한방병원·요양병원 또는 한의원을, 조산사는 조산원만을 개설할 수 있다. (중략) ③ 제2항의 규정에 의하여	제12조(사이버병원의 개설허가) ① 의료법 제3조 및 제33조의 규정에도 불구하고 이 법 제3조에서 정하는 원격의료인이 인터넷 등의 가상공간상에서 사이버병원을 개설하고자 하는 경우에는 개설허가를 신청하여야 한다. 이 규정은 의료법 제2조에서 정하는 의료인 및 의료법 제3조에서 정하는 의료기관이 사이버병원을 개설하고자 의료기관의 개설신고 또는 허가사항을 변경하는 경우에도 동일하게 적용된다.

현행 관련법률조항	원격의료특례법(안)
의원·치과의원·한의원 또는 조산원을 개설하고자 하는 자는 보건복지부령이 정하는 바에 의하여 시장·군수·구청장에게 신고하여야 한다. ④제2항의 규정에 의하여 종합병원·병원·치과병원·한방병원 또는 요양병원을 개설하고자 할 때에는 보건복지부령이 정하는 바에 의하여 특별시장·광역시장 또는 도지사(이하"시·도지사"라 한다)의 허가를 받아야 한다. (이하 생략)	② 원격의료인 등이 사이버병원의 개설허가를 신청하는 경우에는 의료법 제3조 및 제32조 등에서 정하는 시설 및 장비 이외에 이 법 제4조 및 제8조에서 정하는 시설 및 장비를 구비하여야 한다. ③ 사이버병원의 개설허가를 신청하는 자가 의사·치과의사·한의사가 아닌 경우에는 1인 이상의 의사·치과의사·한의사와 원격의료에 관한 자문계약 또는 고용계약을 체결하여야 하며 그 업무에 전임하도록 하여야 한다.
	제13조(원격의료기반시설임대사업자) ① 이 법 제2조 제4항에서 정하는 원격의료기반시설임대사업을 개시하고자 하는 자는 소정의 요건을 갖추어 보건복지부장관의 허가를 득하여야 한다. ② 보건복지부장관은 원격의료기반시설임대사업자의 설립기준 및 절차에 관한 사항을 정하여 심사하여야 하며, 그 운영에 관하여 감독하여야 한다.
	제14조(원격의료정책심의위원회) ① 원격의료에 관한 업무를 관장하기 위하여 보건복지부장관을 위원장으로 하는 원격의료정책심의위원회를 설치한다. ② 원격의료정책심의위원회는 16인 내외로 구성하되 다음 각 호의 자로 하며, 위원의 자격 및 임명에 관한 사항은 보건복지부장관이 별도로 정한다. 1. 원격의료인 3인 2. 의료인 3인 3. 정보통신전문가(PACS관련전문가 포함) 3인 4. 약사 또는 한약사 2인 5. 보건복지부와 정보통신부 등 관계부처의 관계공무원 3인 6. 공익을 대표하는 자(법학관련전문가 포함) 2인 ③ 원격의료정책심의위원회는 다음 각 호의 사항을 심의한다. 1. 법 제3조의 원격의료의 면허에 관한 사항 2. 법 제4조 및 제8조의 원격의료의 시설 및 장비에 관한 사항 3. 법 제5조의 원격의료행위의 범위에 관한 사항 4. 법 제10조의 진료정보표준화 및 공동활용에 관한 사항

현행 관련법률조항	원격의료특례법(안)
	5. 법 제12조의 사이버병원의 개설허가 6. 법 제13조의 원격의료기반시설임대사업자에 관한 사항 7. 기타 보건복지부장관이 필요하다고 인정하는 사항
의료법 제34조(원격의료) ③ 원격의료를 시행하는 자(이하"원격지의사"라 한다)는 환자에 대하여 직접 대면하여 진료하는 경우와 동일한 책임을 진다. ④ 원격지의사의 원격의료에 따라 의료행위를 한 의료인이 의사·치과의사 또는 한의사(이하 "현지의사"라 한다)인 경우에는 당해 의료행위에 대하여 원격지의사의 과실을 인정할 만한 명백한 근거가 없는 한 환자에 대한 책임은 제3항의 규정에 불구하고 현지의사에게 있는 것으로 본다.	제15조(원격의료인의 책임) ① 원격지의료인은 환자에 대하여 직접 대면진료를 시술하는 의료인과 동일한 책임을 부담한다. ② 현지의료인이 의사·치과의사·한의사인 경우, 원격지의료인에게 과실을 인정할 만한 명백한 근거가 있는 때에는 원격지의료인이 환자에 대한 책임을 부담한다. ③ 현지의료인이 의사·치과의사·한의사가 아닌 경우에는 원격지의료인이 환자에 대한 책임을 부담한다. ④ 현지의료인이 의사·치과의사·한의사인 경우, 원격지의료인에게 과실을 인정할 만한 명백한 근거가 없는 때에는 현지의료인이 환자에 대한 책임을 부담한다.
	제16조(원격의료기반시설제공자의 책임) ① 원격의료기반시설제공자 또는 임대사업자는 이 법 및 의료법, 민법, 정보통신망이용촉진및정보보호등에관한법률, 전기통신사업법 등 관련법령이 정하는 의무를 준수하여야 한다. ② 원격의료기반시설제공자 또는 임대사업자가 제1항의 의무를 위반하여 환자에게 손해가 발생하는 경우에는 그 책임을 부담한다.
국제사법 제2조(국제재판관할) ① 법원은 당사자 또는 분쟁이 된 사안이 대한민국과 실질적 관련이 있는 경우에 국제재판관할권을 가진다. (이하 생략) 국제사법 제25조(당사자 자치) ① 계약은 당사자가 명시적 또는 묵시적으로 선택한 법에 의한다. 다만, 묵시적인 선택은 계약내용 그 밖에 모든 사정으로부터 합리적으로 인정할 수 있는 경우에 한한다. (이하 생략) 국제사법 제26조(준거법 결정시의 객관적 연결) ① 당사자가 준거법을 선택하지 아니한 경우에 계약은 그 계약과 가장 밀접한 관련이 있는 국가의 법에 의한다. (이하 생략) 국제사법 제32조(불법행위) ① 불법행위는 그 행위가 행하여진 곳의 법에 의한다. (이하 생략)	제17조(국제재판관할권) 국제적으로 행하여지는 원격의료에 관한 재판관할권에 대하여는 국제사법 제2조의 규정에 따른다.

현행 관련법률조항	원격의료특례법(안)
	제18조(원격의료책임보험) 보건복지부장관은 원격의료인 등 원격의료에 관여하는 자에 대하여 원격의료책임보험에 가입하도록 권고하여야 한다.
	제19조(국가 등의 의무) ① 국가 또는 지방자치단체는 국가 또는 지방자치단체가 운영하는 종합병원과 보건진료소 간 원격의료시설 및 장비를 갖출 수 있도록 지원하여야 한다. ② 국가 또는 지방자치단체는 원격의료인 등 원격의료에 관여하는 자들이 원격의료에 필요한 시설 및 장비를 갖출 수 있도록 제도적, 정책적 기반을 조성하기 위하여 노력해야 한다. ③ 국가는 원격의료 및 보건의료정보화의 촉진을 위하여 원격의료지원기금을 조성할 수 있다. 기금의 관리 및 운용에 관한 사항은 보건복지부장관이 정하는 바에 따라 원격의료정책심의위원회가 담당한다.
	제20조(벌칙규정) 이 법에서 규정한 이외의 의료법 위반행위에 관해서는 의료법의 벌칙규정에 의한다.
	제21조(부칙) 이 법은 년 월 일부터 시행한다.

부록 2   원격의료 외국 법제 및 가이드라인(전문)

(1) 세계의사회 원격의료에 대한 책임·의무·윤리지침 성명서

World Medical Association Statement on Accountability, Responsibilities and Ethical Guidelines in the Practice of Telemedicine

Adopted by the 51st World Medical Assembly Tel Aviv, Israel, October 1999

and rescinded at the WMA General Assembly, Pilanesberg, South Africa, 2006

PREAMBLE

Introduction

1. For many years, physicians have used communications technology such as telephone and telefax to benefit their patients. New electronic information and communication techniques are constantly being developed which facilitate the exchange of information between physicians as well as between physicians and patients. Telemedicine is the practice of medicine, from a distance, in which interventions, diagnostic and treatment decisions and recommendations are based on clinical data, documents and other information transmitted through telecommunication systems.

2. The use of telemedicine has many potential advantages, and is in increasing demand. Patients who would not otherwise have access to specialists, or occasionally even to basic care, can benefit greatly from this practice. For example, telemedicine enables the transmission of medical images for long distance evaluation by specialists in fields such as radiology, pathology, ophthalmology, cardiology, dermatology and orthopedics. This can greatly expedite specialist services while reducing the potential hazards and costs associated with the transportation of the patient and / or the diagnostic image. Communication systems such as videoconferencing and e−mail enable medical practitioners in many fields to consult with colleagues and with patients more frequently, and to keep excellent records of the consultations. Telesurgery, or electronic collaboration between telesurgical sites, enables less experienced surgeons to perform critical surgery with the guidance and assistance of expert surgeons. The continual development of technology is creating new systems of caring for patients which will widen the scope of benefits from telemedicine far beyond what it is currently. Furthermore, telemedicine provides greater access to medical education and research, particularly for students and medical practitioners in remote areas.

3. The World Medical Association recognizes that, in addition to the positive consequences of telemedicine, there are many ethical and legal issues arising from these new practices. Notably, by eliminating a common site and face−to−face consultation, telemedicine disrupts some of the traditional principles which govern the physician−patient relationship. Therefore, there are certain ethical guidelines and principles that must be followed by physicians involved in telemedicine.

4. Because this field of medicine is growing so rapidly, this Statement should be reviewed periodically to ensure that it addresses the most current and critical issues.

Forms of telemedicine

5. Physicians' ability to use telemedicine depends on access to technology, and thus is not the same in all parts of the world. Without claiming to be exhaustive, the following list describes the most common uses of telemedicine in the world today:

1) An interaction between a physician and a patient who is in a geographically isolated or hostile environment and has no access to a local physician. Sometimes referred to as tele−assistance, this form is generally restricted to very specific circumstances(e.g. emergencies).

2) An interaction between a physician and a patient, in which medical information is transmitted electronically(blood pressure, electrocardiogram, etc) to the physician, so that the patient's condition can be monitored regularly. Sometimes referred to as tele−monitoring, this is used most commonly for patients with chronic illnesses such as diabetes, hypertension, physical handicap, or high−risk pregnancy. In some cases, the patient or a family member can be trained to collect and transmit the necessary data. In other cases, a nurse, medical technician, or other specially qualified person must be involved in order to obtain reliable results.

3) An interaction in which a patient seeks medical advice directly from a physician using any form of telecommunication, including the internet. This form is sometimes referred to as tele−consultation. On−line consultations, or tele−consultations, in which there is no pre−existing physician−patient relationships or clinical examinations, carry certain risks. Among these are uncertainty concerning reliability, confidentiality and security of information exchanged, as well as the identity and credentials of the physician.

4) An interaction between two physicians: one physically present with the patient and another who is recognized as being particularly competent regarding a medical problem. Medical information is transmitted electronically to the consulting physician who must decide whether he or she can confidently offer advice based on the quality and quantity of data received.

6. Regardless of the telemedicine system under which the physician is operating, the principles of medical ethics which are globally binding upon the medical profession must never be compromised.

PRINCIPLES

The physician−patient relationship

7. Telemedicine must not adversely affect the individual physician−patient relationship. When used properly, telemedicine has the potential to enhance this relationship through increased opportunities to communicate and improved access by both parties. As in all fields of medicine, the physician−patient relationship must be based on mutual respect, the independence of judgement of the physician, autonomy of the patient and professional confidentiality. It is essential that the physician and the patient be able to reliably identify each other when telemedicine is employed.

8. A major application of telemedicine is the situation in which the treating physician seeks another physician's opinion or advice, at the request or with the

permission of the patient. However, in some cases, the patient's only contact with the physician is via telemedicine. Ideally, all patients seeking medical advice should have a face−to−face consultation with a physician, and telemedicine should be restricted to situations in which a physician cannot be physically present within a safe and acceptable time period.

9. Where a direct telemedicine consultation is sought by the patient, it should ideally only take place when the physician has an existing professional relationship with the patient, or has adequate knowledge of the presenting problem, so that the physician will be able to exercise proper and justifiable clinical judgement. However, it must be recognized that many health services in which there are no pre−existing relationships (such as telephone counseling centers, and certain types of services in remote areas) are considered valuable services and generally work well within their appropriate frameworks.

10. In an emergency situation involving telemedicine, a physician's judgement may have to be based on less than complete information, but in such an instance the clinical urgency of the situation will be the determining factor in providing advice or treatment. In such an exceptional situation, the physician bears legal responsibility for his or her decisions.

Accountability and Responsibilities of the Physician

11. The physician must be free and fully independent to decide whether or not to use or recommend telemedicine procedures for his or her patient. A decision to use or reject telemedicine should be based solely on the best interests of the patient.

12. When practicing telemedicine directly with the patient, the physician assumes responsibility for the case in question. This includes diagnosis, advice, treatment plans and direct medical interventions.

13. The physician asking for another physician's advice remains responsible for

treatment and other decisions and recommendations given to the patient. However, the tele-expert is accountable to the attending physician for the quality of advice he or she provides, and should specify the conditions under which the advice is valid. He or she is obligated to decline participation if he or she lacks the knowledge, competence or sufficient patient information or data to provide a well-formed opinion.

14. It is essential for a physician who does not have direct contact with the patient (such as a tele-expert, or a physician involved in a tele-monitoring situation) to be available to participate in follow-up procedures if necessary.

15. Where non-physicians participate in telemedicine, for example by retrieving or transmitting data, for monitoring or for any other purpose, the physician must ensure that the training and competence of such allied health professionals is adequate to ensure the appropriate and ethical use of telemedicine.

Role of the patient

16. In some situations, the patient assumes responsibility for the collection and transmission of data to the physician, as in the case of tele-monitoring. It is the physician's obligation to ensure that the patient has been properly trained in the necessary procedures, is physically capable, and fully understands the importance of his or her role in the process. The same principle should be applied to a family member or other caretaker assisting the patient in a telemedicine procedure.

Patient Consent and Confidentiality

17. Prevailing rules of patient consent and confidentiality also apply to telemedicine situations. Patient data and other information may be transmitted to a physician or other health professional, only on the request, or with the informed consent, of the patient, and to the extent approved by him or her. The data

transmitted must be relevant to the problem in question. Because of the risks of information leakage inherent to some types of electronic communication, the physician has an active obligation to ensure that all established standards of security measures have been followed to protect the patient's confidentiality.

Quality of care and safety in Telemedicine

18. A physician practicing telemedicine is responsible for the quality of care the patient receives., and must not opt for a telemedicine consultation unless he or she believes this to be the best option available. For this decision the physician should consider issues of quality, access and cost.

19. Quality assessment measures should be used regularly to ensure the best possible diagnostic and treatment practices in the telemedicine situation. A physician should not practice telemedicine unless he or she is confident that the equipment necessary for the process is of sufficiently high quality, satisfactorily operational, and complies with recognized standards. Backup systems should be available in case of emergency. Routine controls and calibration procedures should be used to monitor the accuracy and quality of data collected and transmitted. For all telemedicine interactions there should be an established protocol that addresses issues regarding the appropriate actions to take if an equipment failure should occur or if a patient develops problems during a telemedicine situation.

Quality of data and information

20. The physician who practices medicine from a distance without seeing the patient must carefully evaluate the data and other information he or she has received. The physician can only give medical opinions, make medical decisions or give recommendations if the quality and quantity of data or other information received is sufficient and relevant to the case in question.

Authorization and competence in practicing Telemedicine

21. Telemedicine provides opportunities to enhance the effective use of medical human resources world－wide, and thus should be open to all physicians even across national borders.

22. Physicians practicing telemedicine must be authorized to practice medicine in the country or state in which they are located, and should be competent in the field of medicine they are practicing. When practicing telemedicine directly with a patient located in another country or state, the physician must be authorized to practice in that state or country, or it should be an internationally approved service.

Patient records

23. All physicians practicing telemedicine must keep adequate patient records, and all aspects of each case must be properly documented. The method of patient identification should be recorded, as well as the quantity and quality of data and other information received. Findings, recommendations, and telemedicine services delivered should be adequately recorded., with every effort to ensure the durability and accuracy of the information stored.

24. An expert whose advice is sought via telemedicine should also keep detailed records of the advice he or she delivers, as well as the data and other information on which it was based.

25. Electronic methods of storing and transmitting patient information may be used only where sufficient measures have been taken to protect patient confidentiality and the security of the information registered or exchanged.

Training in telemedicine

26. Telemedicine is a promising field of medical practice, and training in this field should be part of both basic and continued medical education. Educational

opportunities should be open to all physicians and allied health professionals interested in telemedicine.

RECOMMENDATIONS

27. The World Medical Association recommends that National Medical Associations:

1) Adopt the World Medical Association Statement on Accountability, Responsibilities and Ethical Guidelines in the Practice of Telemedicine;

2) Promote training and assessment programs for telemedicine techniques, regarding quality of care, the physician−patient relationship, and cost effectiveness;

3) Develop and implement, together with the appropriate specialized organizations, practice guidelines which should be used as tools in the training of physicians and allied health professionals who might use telemedicine;

4) Encourage the development of standard protocols, for national and international application, which address medical and legal issues such as physician registration and liability, and the legal status of electronic medical records; and

5) Establish guidelines for the proper conduct of teleconsultations, which include the issues of commercialization and mass exploitation; and

28. The WMA continues to monitor the practice of telemedicine in its various forms.

(2) 미국 주간(州間) 원격의료에 관한 모델법 초안

Draft Model Act to Regulate the Practice of Telemedicine Across State Lines

This is the text of a memorandum and draft model licensure act proposed by the Federation of State Medical Boards ("FSMB") in August, 1995 and adopted by the

FSMB Board in October, 1995.

LEGISLATIVE FINDINGS AND PURPOSE

The legislature hereby finds and declares that, due to technological advances and changing practice patterns, the practice of medicine is occurring with increasing frequency across state lines, and that certain technological advances in the practice of medicine are in the public interest. The legislature further finds and declares that the practice of medicine is a privilege, and that the limited licensure of practitioners outside the State engaging in such medical practice within this State and the ability to discipline such practitioners is both necessary and desirable for the protection of the citizens of this State, and for the public interest, health, welfare and safety.

DEFINITION

"The practice of medicine across state lines" means a physician located outside the State rendering a written or otherwise documented medical opinion concerning diagnosis or treatment of a patient within the State or for the purpose of such physician rendering treatment to a patient within this State, as a result of transmission of individual patient data, by electronic or other means, from within the State to a location outside the State to such physician or his or her agent.

LICENSE REQUIREMENT

Where an individual patient is within the State and a physician not otherwise licensed to practice medicine in this State who is outside the State renders a written or otherwise documented medical opinion concerning diagnosis or treatment of such patient or renders treatment to such patient, the practice of medicine across State lines is deemed to occur within this State. No person shall engage in the practice of medicine across State lines in this State, shall hold himself or herself out as qualified to do the same, or use any title, word or abbreviation to indicate to or induce others to believe that he or she is licensed to practice medicine across State lines in this State unless he or she is actually so licensed in accordance with the provisions of this article.

The provisions of this section do not apply to any physician who engages in the practice of medicine across State lines in an emergency, as defined by the Board, or to any physician who does not engage in the practice of medicine across State lines on a regular or consistent basis(to be defined by the Board).

ISSUANCE OF LICENSE

The Board shall issue a limited license to practice medicine across State lines upon application for the same from a person holding a full and unrestricted license to practice medicine in any and all States of the United States or its territories in which such individual is licensed. He or she shall submit an application to the Board on a form provided by the Board and shall remit to the Board a reasonable fee for such limited license, the amount of the fee to be set by the Board. A license to practice medicine across State lines limits the licensee solely to the practice of medicine across State lines in this State. A limited license to practice medicine across State lines in this State is valid for a term of _ years (to be set by the Board to conform with renewal requirements for full and unrestricted licenses) and is renewable upon receipt of a reasonable fee, as set by the Board, and submission of a renewal application on forms provided by the Board.

EFFECT OF LICENSE

The issuance by the Board of a limited license to practice medicine across State lines subjects the licensee to the jurisdiction of the Board in all matters set forth in the Medical Practice Act and implementing rules and regulations, including all matters related to discipline. In addition, licensee agrees by acceptance of limited license to produce patient medical records and / or materials as requested by the Board and / or to appear before the Board or any of its committees within (to be set by the Board) days following receipt of a written notice issued by the Board. Such notice will be issued by the Board pursuant to any complaint or report filed or any complaint initiated by the Board or any of its committees when records and / or materials are deemed relevant to said complaint or report.

Failure of the licensee to appear and / or to produce records or material as requested may result in the automatic suspension or revocation of the licensee's limited license to practice medicine across State lines in this State as determined by the Board in its discretion. Notwithstanding any provision of State law to the contrary, such automatic suspension or revocation of the licensee's limited license may be effected without any hearing, and such an action taken by the Board shall be deemed a disciplinary action, for purpose of action by any other state.

PATIENT CONFIDENTIALITY

Any licensee licensed under the provision of this act shall comply with all patient confidentiality requirements of this State, regardless of the State where the medical records of any patient within this State are maintained.

SANCTIONS

Any person who violates the provisions of this Act is subject to criminal prosecution for the unlicensed practice of medicine, and / or to injunctive or other action authorized in this State to prohibit continued practice without a license.

LAWS OF MALAYSIA Act 564. TELEMEDICINE ACT 1997

An Act to prewide for the regulation and control practice of telemedicine; and for matters connected therewith.

BE IT ENACTED by the Seri Paduka Baginda Yangdi—Pertuan Agong with the advice and consent of the Dewan Negara and Dewan Rakyat in Parliament assembled, and by the authority of the same, as follows:

1. (1) This Act may be cited as the Telemedicine "1997"

   (2) This Act shall come into force on a date appointed by the Minister by notification in the Gazette and the Minister may appoint different dates for different provisions of this Act.

2. In this Act, unless the context otherwise requires

   ① "Council" means the Malaysian Medical Council established under section 3 of the Medical Act;

   ② "Director General" mcans the Director Gencral Health, Malaysia;

   ③ "fully registered medical practitioner" means any who is fully registered under section 14 of the Medical Act;

   ④ "Medical Act" means the Medical Act 1971;

   ⑤ "practising certicate" means a practising certificate issued under section 20 of the Medical Act;

   ⑥ "provisionally registered" means provisionally registered under section 12 of the Medical Act;

   ⑦ "registered medical assistant" means any person who is registered under the Medical Assistants(Registration) Act 1977;

   ⑧ "registered midwife" means any person who is registered under the Midwives

Act 1966;

⑨ "registered nurse" means any person who is registered under the Nurses Act 1950;

⑩ "telemedicine" means the practice of medicine using audio, visual and data communications.

3. (1) No person other than —

(a) a fully registered medical practitioner holding a valid practising certificate; or

(b) a medical practitioner who is registered or licensed outside Malaysia and —

(i) holds a certificate to practise telemedicine issued by the Council; and

(ii) practises telemedicine from outside Malaysia through a fully registered medical practitioner holding a valid practising certificate, may practise telemedicine.

(2) Notwithstanding paragraph(1)(a)t the Director General may, upon an application being made by a fuily registered medical practitioner, permit in writing, subject to such terms and conditions as the Director General may specify, a provisionally registered medical practitioher, a registered medical assistant, a registered nurse, a registered midwife or any other person providing healthcare, to practise telemedicine if such person —

(a) is deemed suitable by the Director General to be so permitted; and Telemedicine

(b) is under the supervision, direction and authority of the fully registered medical practitioner making the application.

4. Any person who practises telemedicine in contravention of this section, notwithstanding that he. so practises from outside Malaysia, shall be guilty of an offence and shall on corwiction be liable to a fine not exceeding five hundred thousand ringgit or to imprisonment for a term not exceeding five years or to both.

(1) An application for a certificate to practise telemedicine referred to in

paragraph 3(l)(b) shall be made by a medical practitioner registered or licensed outside Malaysia through a fully registered medical practitioner to the Council in such manner or form and accompanied by such documents, particulars and fees as may be prescribed.

(2) The Council may issue to the applicant a certificate practise telemedicine for a period not exceeding three years subject to such terms and conditions as the Council may specify in such certificate.

(3) The Council may at any time vary the terms and conditions of a certificate to practise telemedicine issued under subsection(2).

(4) The Council may at any time cancel any certificate practise telemedicine issued under subsection(2) if the person to whom the certificate is issued contravenes any term or condition specified in the certificate.

(5) Any person who is aggrieved by the refusal of the Council to issue a certificate to practise telemedicine or the cancellation of a certificate to practise telemedicine may appeal to the Minister whose decision shall be final.

5. (1) Before a fully registered medical practitioner practises telemedicine in relation to a patient, the fully registered medical practitioner shall obtain the written consent of the patient.

(2) The consent given by a patient under subsection(1) is not valid for the purpose of that subsection unless the fully registered medical practitioner has, before the consent is given, informed the patient —

(a) that he is free to withdraw his consent at any time without affecting his right to future care or treatment;

(b) of the potential risks, consequences and benefits of telemedicine;

(c) that all existing confidentiality protection apply to any information about the patient obtained or disclosed in the course of the telemedicine interaction;

(d) that any image or information communicated or used during or resulting from telemedicine interaction which can be identified as being that of or about the patient will not be disseminated to any researcher or any other person without the consent of the patient.

(3) The consent given by a patient under subsection(1) shall not be valid for the purpose of that subsection unless the consent contains a statement signed by the patient indicating that he understands the information prewided pursuant to subsection (2) and that this information has been discussed with the fully registered medical practitioner.

(4) The written consent under subsection(1) and statement under subsection(3) of a patient shall become part of the patient's medical record.

(5) Where the patient is a minor, or is under such mental disability as to render him incapable of giving an informed consent, consent may be given on his behali" by his next friend or guardian ad idem.

(6) Any fully registered medical practitioner who contravenes this section shall be guilty of an offence and shall on conviction be liable to a fine not exceeding one hundred thousand ringgit or to imprisonment for a term not exceeding two years or to both.

6. (1) The Minister may make such regulations as appear to him to be necessary or expedient for carrying into effect the provisions of this Act.

(2) Without prejudice to the generality of subsection(1), regulations may be made —

  (a) to prescribe the minimum standards in respect of any facility, computer, apparatus, appliance, equipment, instrument, material, article and substance which are to be used in the practice of telemedicine on any premises;

  (b) to provide for acceptable quality assurance and quality control in respect of telemedicine services;

  (c) to require persons practising telemedicine to maintain such books, records and reports as may be necessary for the proper enforcement and administration of this Act and to prescribe the manner in which such books, records and reports are to be kept and issued;

(d) to require the furnishing of statistica information to the Director General;

(e) to provide that the contravention of any provision of any regulation made under this Act shall constitute an offence and that persons convicted of such offence shall be liable to a fine or imprisonment or both but such fine shall not exceed five thousand ringgit and such imprisonment shall not exceed one year;

(f) to prescribe the offences under this Act or the regilations made under this Act which may be compounded and the person by whom and the manner in which such offences may be compounded;

(g) to prescribe any other matter which is required or permitted by this Act to be prescribed.

(4) 국제변호사협회 원격의료와 원격보건에 관한 국제협약(안)

DRAFT INTERNATIONAL CONVENTION ON TELEMEDICINE AND TELE-
HEALTH

International Bar Association Section on Legal Practice Committee 2(Medicine and Law) 22 July 1999

The States Parties to the Convention,

Inspired by recent advances in the provision of health care and medical education through the use of technology,

Recognizing the common interest of all mankind in the health and welfare of the peoples of the world,

Believing that the promotion of telemedicine and telehealth will contribute to the availability and quality of medical services to in need, and hence to significant alleviation of human suffering and to improvement of health care and the quality of life mankind,

Believing that these telemedical services should be available for benefit of all peoples,

Recognizing that discrimination in the provision of health care services on the basis of race, color, descent, national or ethnic origin, sex or creed would be inconsistent with the principles established in the International Convention on the Elimination of all

Forms of Racial Discrimination of March 7, 1966,

Recognizing the right to privacy and confidentiality in health matters,

Desiring to contribute to broad international cooperation in the scientific, legal, and ethical aspects of the use of telemedicine,

Believing that such cooperation will contribute to the development of mutual understanding and to strengthening of friendly relations between States and peoples,

Encouraging continued support for the advancement of telemedicine and its applications,

Convinced that a convention on telemedicine and telehealth will further the goal of providing all people with the highest practicably attainable standard of health care,

Have agreed as follows:

Article 1 TELEMEDICINE AND TELEHEALTH DEFINITIONS

For purposes of this Convention and unless otherwise indicated in a provision of this Convention or required by the Context the terms below shall have the following meanings:

1. Health care information is information or data, from whatever source, in any communicable form or medium, obtained in the course of the diagnosis,

treatment or care of a patient, that either identifies or can readily be identified
to that patient and that relates to the patient's health care or condition.

2. Telehealth refers to a diverse group of health-related activities, including health
professional education, community health education, public health, research, and
administration of health services.

3. Telehealth information means information used in the course of delivering
health care and related services via electronic media.

4. Telemedicine means clinical or supportive medical practice delivered across
distances via telecommunications and interactive video technology, performed
by licensed or otherwise legally authorized individuals.

5. A telemedicine physician is a physician licensed by the appropriate body to
provide health care through a telemedicine medium.

Article 2 GENERAL PRINCIPLES

1. The Convention shall be binding in all cases of telemedicine and telehealth
delivered across state boundaries:

   a. when the States are Contracting States; or

   b. when the rules of private international law lead to the application of the law
   of the Contracting State.

2. For purposes of this convention, the States Parties agree that, whenever possible
health care delivered through electronic means, regardless of form, shall be
treated no differently from health care delivered face to face, directly between
health care worker and patient. This Article includes, but is not limited to,
issues of financial reimbursement that may arise in relation to this convention.

3. The States Parties shall take reasonable steps to ensure the protection and
confidentiality of intellectual property developed to facilitate telemedicine, including,
but not limited to, the provision of patenting or other formal recognition in

accordance with national laws and international treaties.

4. State Parties shall undertake, with appropriate protection of intellectual property rights:

    a. to foster international dissemination of scientific knowledge concerning telemedicine and telehealth equipment and associated information for the purposes of research and of provision of medical services;

    b. to develop and implement telemedicine and telehealth technology safely and efficiently, particularly in remote, underserved or developing areas; and to foster scientific and cultural cooperation, particularly between industrialized and developing countries.

5. No provision of this convention may be used by any State, group or person to ends contrary to the principles set forth herein.

6. Each State Party will emphasize and encourage infrastructure development.

7. Each State Party shall ensure, through legislation or other means as appropriate, that all telemedicine and telehealth research carried on within its jurisdiction is conducted in accordance with internationally accepted medical, scientific and bioethical standards.

8. Each State Party shall endeavor to prohibit and bring to an end, by all appropriate means, discrimination by any persons, group organization in the provision of health care services on the basis of race, color, descent, national or ethnic origin, sex or creed.

9. The singular includes the plural and the masculine includes the feminine within the text of this Convention.

Article 3 REGULATION OF TELEMEDICINE AND TELEHEALTH; AUTHORIZATION TO PRACTICE

1. State Licensure. Each State Party shall ensure that its health and medical

licensing boards provide for reasonable opportunity for [full and unrestricted] licensure to physicians and other health care providers who wish to provide telehealth services. Where sub-jurisdictions of State Parties regulate licensure requirements within the State Party's general jurisdiction, the State Party shall require such sub-jurisdictions to comply with the provisions of this Convention and ensure that sub-jurisdiction's licensure procedures are no more onerous or time consuming than is contemplated below.

2. License. No health care professional shall practice telemedicine or those activities of telehealth which would otherwise require licensure within the State Party's jurisdiction unless he has obtained an authorization to practice issued by the competent authority of the State Party or organization recognized by the State Party to grant licensing authorization.

3. License Application. To obtain authorization to practice telehealth as provided for in Article 3.2 the applicant shall apply to the competent authority of the State Party, or to an internationally recognized organization whose standards are recognized by the State Party concerned. Each State Party shall ensure that the competent authority is clearly set out by the State Party. The following particulars and documents shall accompany the application by the applicant:

a. the name and permanent residence address of the applicant;

b. the address of the applicant's place of practice;

c. a certified copy of the professional diploma or other professional certification;

d. certification of good standing with the applicant's current professional body in the jurisdiction in which the applicant is currently practicing or a proof of inscription on the list of the Order of Physicians;

e. description of the experience or expertise, if any, which the applicant has in the delivery of the applicant's services via telecommunications media;

f. description of the area or practice specialty, if any, which the applicant wishes to pursue;

    g. not less than two professional references; and

    h. description of the means of communication, including, but not limited to, software to be used to practice telehealth.

4. Types of licenses. Except as limited by the provision of this convention, each State Party may establish categories of license for telehealth professionals, and may define the scope of practice applicable to each.

5. Approval Timing. Each State Party shall take all appropriate measures to ensure that the procedure for reviewing and making a determination with respect to the telehealth care license application is completed within thirty(30) days from the date on which the applicant's submission is complete. Each State Party shall ensure that incomplete applications are noted to the applicant within thirty(30) days of the date of submission of the application. Each State Party shall be entitled to extend the thirty(30) day period for a further fifteen(15) days upon notice to the applicant provided such notice is given to the applicant prior to the expiry of the thirty(30) day review period. A State Party may authorize telehealth practice at a level lower than that applied for. Refusal to grant the higher level may be appealed in the same manner and to the same extent as the State Party provides for applicants for licensure to practice conventional health care.

6. License Refusal. Authorization provided for in Article 3.2 may be refused if:

    a. the applicant has not provided the competent authority the requirement particulars and documents set out in Article 3.3; or

    b. after verification of the particulars and documents set out in Article 3.3, the competent authority of the State Party reasonably determines that the applicant cannot provide for the safety of patients in the State Party's jurisdiction in accordance with the standards of the State Party and the reasons for such a conclusion are set out in writing.

7. License Refusal Disputes. The World Health Organization may establish a non-binding mediation service to help resolve disputes regarding license refusal and / or suspension or revocation.

8. Compliance with Rules. Each State Party shall take all appropriate measures to ensure that the holder of an authorization complies with all the medical, health, legal and disciplinary rules on the practice of medicine, other health practices or telehealth as such may apply in the State Party's jurisdiction.

9. Liability. Remedies prescribed by this Convention are not intended to deal with other potential disputes between a patient and a telemedical physician, such as claims arising out of misuse of patient records or claims for payment for services where no dispute exists as to the quality of the services.

10. Term of License. Authorizations granted by the competent authority of the State Party shall be valid for a period of not less than three(3) years and may be renewed for further three(3) year periods on application by the holder not less than three(3) months before expiration of the then current authorization. Notwithstanding the term, the State Party may require an annual report by the holder to confirm the particulars of the holder and the holder's activities in the preceding year.

11. Suspension or Revocation of License. The competent authority of the State Party may suspend or revoke an authorization to practice granted by such competent authority where:

    a. it is found that the applicant / holder no longer possesses the qualifications set out in Article 3.3;

    b. the particulars and documents supporting the application under Article 3.3 are found to be false or materially incorrect;

    c. where the applicant / holder is, in the reasonable determination of the competent authority, not able to conduct a practice in a reasonably safe manner or without adversely affecting the health of patients; or

d. where the applicant / holder has breached any professional, disciplinary or legal rules relating to the practice being undertaken.

12. License Appeals. Each State Party shall ensure that processes are available to an applicant / holder that will allow the applicant / holder to know in detail and in writing the determination and reasons for any negative determination relating to an application, renewal, suspension or revocation. Each State Party shall inform applicants of the remedies available to him / her under the laws of the State Party and of any time limits allowed for the exercise of such remedies.

13. Mutual Recognition. In the absence of an international licensing system, each State Party agrees to utilize a combination of consulting, mutual recognition and full licensure with the goal of moving toward mutual recognition. No State Party shall impose documentation or other requirements upon applicants beyond those reasonably necessary to ensure a reasonable standard of care for the people of the State.

14. Hospital Credentialing. Those State Parties that require specific authorization to be granted by the health care facility where telehealth care will be provided before a health care provider may provide that care in the facility will ensure that such facilities treat telehealth care providers in a manner similar to that applied to those providers whose practice brings them physically into the facility. It is the express intention of this provision that no one be treated differently solely because he is providing health care at a distance with the assistance of electronic media.

15. Prescriptions. Health care workers providing services through electronic means shall have the same authority to prescribe medications as a similar type /

category of health care worker in the State Party in which the patient receiving care is located.

16. Common Standards and Guidelines. Each State Party shall work with other State Parties and with the World Health Organization to establish and implement international standards, guidelines and protocols for licensure for telehealth and telemedicine professionals, organizations, technology providers and suppliers of goods and services.

17. Harmonization. To the extent permitted by national and political norms, each State Party shall encourage the harmonization of its rules and regulations of telehealth and licensure with those of other State Parties. Further, each State Party shall encourage harmonization of the rules and regulations relating to telehealth and licensure within the sub-jurisdictions of such State Party.

Article 4 EQUIPMENT

1. All medical devices used in provision of telehealth services will be subjectto the laws and regulations of the State Party in which they are located.

2. In order to reduce exposure to liability and ensure adequate delivery of telemedicine, each State Party shall require providers of telemedical services to identify and document:

   a. all equipment(both hardware and software) used for telemedicine;

   b. the owners and parties responsible for maintaining the equipment;

   c. the format for transmitting medical information;

   d. what studies are to be interpreted; and

   e. the frequency and format of reports.

3. Each State Party will require that transmission verification procedures be developed at both local and remote sites. This may involve:

   a. establishing well-defined procedures for confirming the receipt of the transmission;

   b. verifying that there are no errors or omissions in the transmission or conversion of the data; and

   c. verifying that the images received are appropriate for evaluation and rendering a diagnosis.

4. No State Party will unreasonably withhold approval of devices that promote the safe and effective delivery of telehealth care services, nor treat such devices differently from any others used in health care there solely on the basis that the subject device is to be used in telehealth.

Article 5 CONFIDENTIALITY OF RECORDS

1. Each State Party shall ensure that, except in limited circumstances, information regarding a person's physical condition, psychological condition, healthcare and treatment shall not be released without his consent.

2. To minimize the risk of, among other things, possible interception by third parties, and if intercepted, to reduce the probability that the intercepting party will be able to use or understand the information, each State Party shall ensure that transmission of medical information, including, but not limited to electronic transmissions of telemedical records to and from telemedical facilities, is done in an internationally acceptable manner.

3. Each State Party shall make the referring physician responsible to take reasonable steps to provide for safe storage and / or transmission of the patient's records by utilizing an adequate encryption system. Each State Party shall make the referring physician responsible to take reasonable steps to prevent anyone other than himself and his accredited colleagues from obtaining the encryption key. Each State Party shall make the referring physician and the telemedicine physician responsible to advise the patient that no medical record, paper or electronic, is

completely confidential and that security breaches may occur with either.

4. Each State Party shall prohibit unauthorized access to telemedical records and patient information by all appropriate means, including legislation as required by circumstances.

5. For purposes of medical research and training, and when the identity of the person to whom the information relates cannot be determined, health care information may be divulged without his express consent. All other existing and subsequent International Agreements governing the use of Human Subjects in medical research will be followed.

6. Each State Party agrees that telecommunications used exclusively for treatment of the sick or wounded during armed conflict will be protected in ways similar to those afforded hospitals and medical transports. Such transmissions will not be encrypted, thereby allowing adversaries and others to determine the nature of the transmission, and to determine that these noncombatant communication links pose no threat to the State Party's security. Except for the purposes identified in this paragraph, the duty of confidentiality remains binding upon anyone who may come to learn of health care information.

Article 6 COMPLIANCE

1. Each State Party shall annually report and publish its progress in complying with the terms of this Convention.

2. Each State Party agrees to support efforts on behalf of national law associations, in consultation with scientific, medical and other relevant organizations, independently to collect information concerning worldwide compliance with the provisions of this Convention.

3. Each State Party agrees to support its national law associations to participate in meetings of the World Health Organization and the International Bar Association dedicated to

assessing worldwide compliance with the provisions of this Convention. Each State Party agrees to provide due consideration to biennial reports and recommendations of the World Health Organization and the International Bar Association with regard to worldwide compliance with the provisions of this Convention.

Article 7 SIGNATURE, RATIFICATION AND ACCESSION

1. This convention shall be open to all States for signature. Any State that does not sign this convention before its entry into force in accordance with paragraph 3 of this Article may accede to it at any time.

2. This convention shall be subject to ratification by signatory States. Instruments of ratification and instruments of accession shall be deposited with the Governments of [INSERT COUNTRIES], which are hereby designated the Depositary Governments. This Convention shall enter into force upon the deposit of instruments of ratification by five Governments including the Governments designated as Depositary Governments under this Convention.

3. For States whose instruments of ratification or accession are deposited subsequent to the entry into force of this Convention, it shall enter into force on the date of the deposit of their instruments of ratification or accession.

4. The Depositary Governments shall promptly inform all signatory and acceding States of the date of each signature, the date of deposit of each instrument of ratification of and accession to this Convention, the date of its entry into force and other notices.

5. This Convention shall be registered by the Depositary Governments pursuant to Article 102 of the Charter of the United Nations.

Article 8 AMENDMENTS

Any State Party to this Convention may propose amendments to this Convention.

Amendments shall enter into force for each State Party to the Convention accepting the amendments upon their acceptance by a majority of the State Parties to the Convention and thereafter for each remaining State Party to the Convention on the date of acceptance by it.

Article 9 PERIODIC REVIEW

Ten years after the entry into force of this Convention, the question of the review of this Convention shall be included in the provisional agenda of the United Nations General Assembly in order to consider, in light of past application of the Convention, whether it requires revision. The International Bar Association and other relevant international organizations are invited to produce reports and recommendations on the subject of any necessary revisions. At any time after the Convention has been in force for five years, however, and at the request of one third of the State Parties to the Convention, and with the concurrence of the majority of the State Parties, a conference of the States Parties shall be convened to review this Convention. The World Health Organization, the International Bar Association, and other relevant international organizations, shall be invited to attend this conference in the role of expert advisors to the State Parties.

Article 10 WITHDRAWAL

Any State Party to this convention may give notice of its withdrawal from the convention one year after its entry into force by written notification to the Depositary Governments. Such withdrawal shall take effect one year from the date of receipt of this notification.

Article 11 LANGUAGES

This convention, of which the texts in other languages are equally authentic, shall be deposited in the archives of the Depositary Governments. Duly certified copies of this convention shall be transmitted by the Depositary Governments to the Governments of the signatory and acceding States.

(5) 미국 건강보험의 이전과 책임에 관한 법률(HIPAA)

HEALTH INSURANCE PORTABILITY AND ACCOUNTABILITY ACT OF 1996
Public Law 104−191, 104th Congress, AUG. 21, 1996

An Act

To amend the Internal Revenue Code of 1986 to improve portability and continuity of health insurance coverage in the group and individual markets, to combat waste, fraud, and abuse in health insurance and health care delivery, to promote the use of medical savings accounts, to improve access to long−term care services and coverage, to simplify the administration of health insurance, and for other purposes. Be it enacted by the Senate and House of Representatives of the United States of America in Congress assembled,

SECTION 1. SHORT TITLE; TABLE OF CONTENTS.

 (a) SHORT TITLE.−This Act may be cited as the "Health Insurance Portability and Accountability Act of 1996."

 (b) TABLE OF CONTENTS.−The table of contents of this Act is as follows:

Sec. 1. Short title; table of contents.

TITLE Ⅰ−HEALTH CARE ACCESS, PORTABILITY, AND RENEWABILITY

TITLE Ⅱ−PREVENTING HEALTH CARE FRAUD AND ABUSE; ADMINI-STRATIVE SIMPLIFICATION; MEDICAL LIABILITY REFORM

Subtitle F−Administrative Simplification

Sec. 261. Purpose.

Sec. 262. Administrative simplification.

"Part C—Administrative Simplification

"Sec. 1171. Definitions.

"Sec. 1172. General requirements for adoption of standards.

"Sec. 1173. Standards for information transactions and data elements.

"Sec. 1174. Timetables for adoption of standards.

"Sec. 1175. Requirements.

"Sec. 1176. General penalty for failure to comply with requirements and standards.

"Sec. 1177. Wrongful disclosure of individually identifiable health information.

"Sec. 1178. Effect on State law.

"Sec. 1179. Processing payment transactions.".

Sec. 263. Changes in membership and duties of National Committee on Vital and Health Statistics.

Sec. 264. Recommendations with respect to privacy of certain health information.

Subtitle F—Administrative Simplification

SEC. 261. PURPOSE.

It is the purpose of this subtitle to improve the Medicare program under title XVIII of the Social Security Act, the medicaid program under title XIX of such Act, and the efficiency and effectiveness of the health care system, by encouraging the development of a health information system through the establishment of standards and requirements for the electronic transmission of certain health information.

SEC. 262. ADMINISTRATIVE SIMPLIFICATION.

(a) IN GENERAL.—Title XI(42 U.S.C. 1301 et seq.) is amended by adding at the end the following:

"PART C—ADMINISTRATIVE SIMPLIFICATION

"DEFINITIONS

"SEC. 1171. For purposes of this part:

(1) CODE SET.—The term 'code set' means any set of codes used for encoding data elements, such as tables of terms, medical concepts, medical diagnostic codes, or medical procedure codes.

(2) HEALTH CARE CLEARINGHOUSE.—The term 'health care clearinghouse' means a public or private entity that processes or facilitates the processing of nonstandard data elements of health information into standard data elements.

(3) HEALTH CARE PROVIDER.—The term 'health care provider' includes a provider of services(as defined in section 1861(u)), a provider of medical or other health services(as defined in section 1861(s)), and any other person furnishing health care services or supplies.

(4) HEALTH INFORMATION.—The term 'health information' means any information, whether oral or recorded in any form or medium, that—

  (A) is created or received by a health care provider, health plan, public health authority, employer, life insurer, school or university, or health care clearinghouse; and

  (B) relates to the past, present, or future physical or mental health or condition of an individual, the provision of health care to an individual, or the past, present, or future payment for the provision of health care to an individual.

(5) HEALTH PLAN.—The term 'health plan' means an individual or group plan that provides, or pays the cost of, medical care(as such term is defined in section 2791 of the Public Health Service Act). Such term includes the following, and any combination thereof:

  (A) A group health plan(as defined in section 2791(a) of the Public Health Service Act), but only if the plan—

    (i) has 50 or more participants(as defined in section 3(7) of the Employee

Retirement Income Security Act of 1974); or

(ⅱ) is administered by an entity other than the employer who established and maintains the plan.

(B) A health insurance issuer(as defined in section 2791(b) of the Public Health Service Act).

(C) A health maintenance organization(as defined in section 2791(b) of the Public Health Service Act).

(D) Part A or part B of the Medicare program under title XVIII.

(E) The medicaid program under title XIX.

(F) A Medicare supplemental policy(as defined in section 1882(g)(1)).

(G) A long−term care policy, including a nursing home fixed indemnity policy (unless the Secretary determines that such a policy does not provide sufficiently comprehensive coverage of a benefit so that the policy should be treated as a health plan).

(H) An employee welfare benefit plan or any other arrangement which is established or maintained for the purpose of offering or providing health benefits to the employees of 2 or more employers.

(I) The health care program for active military personnel under title 10, United States Code.

(J) The veterans health care program under chapter 17 of title 38, United States Code.

(K) The Civilian Health and Medical Program of the Uniformed Services (CHAMPUS), as defined in section 1072(4) of title 10, United States Code.

(L) The Indian health service program under the Indian Health Care Improvement Act(25 U.S.C. 1601 et seq.).

(M) The Federal Employees Health Benefit Plan under chapter 89 of title 5,

United States Code.

(6) INDIVIDUALLY IDENTIFIABLE HEALTH INFORMATION.—The term 'individually identifiable health information' means any information, including demographic information collected from an individual, that—

(A) is created or received by a health care provider, health plan, employer, or health care clearinghouse; and

(B) relates to the past, present, or future physical or mental health or condition of an individual, the provision of health care to an individual, or the past, present, or future payment for the provision of health care to an individual, and—

(i) identifies the individual; or

(ii) with respect to which there is a reasonable basis to believe that the information can be used to identify the individual.

(7) STANDARD.—The term 'standard', when used with reference to a data element of health information or a transaction referred to in section 1173(a)(1), means any such data element or transaction that meets each of the standards and implementation specifications adopted or established by the Secretary with respect to the data element or transaction under sections 1172 through 1174.

(8) STANDARD SETTING ORGANIZATION.—The term 'standard setting organization' means a standard setting organization accredited by the American National Standards Institute, including the National Council for Prescription Drug Programs, that develops standards for information transactions, data elements, or any other standard that is necessary to, or will facilitate, the implementation of this part.

GENERAL REQUIREMENTS FOR ADOPTION OF STANDARDS

SEC. 1172. (a) APPLICABILITY.—Any standard adopted under this part shall apply, in whole or in part, to the following persons:

(1) A health plan.

(2) A health care clearinghouse.

(3) A health care provider who transmits any health information in electronic form in connection with a transaction referred to in section 1173(a)(1).

(b) REDUCTION OF COSTS.—Any standard adopted under this part shall be consistent with the objective of reducing the administrative costs of providing and paying for health care.

(c) ROLE OF STANDARD SETTING ORGANIZATIONS.—

(1) IN GENERAL.—Except as provided in paragraph(2), any standard adopted under this part shall be a standard that has been developed, adopted, or modified by a standard setting organization.

(2) SPECIAL RULES.—

(A) DIFFERENT STANDARDS.—The Secretary may adopt a standard that is different from any standard developed, adopted, or modified by a standard setting organization, if—

(i) the different standard will substantially reduce administrative costs to health care providers and health plans compared to the alternatives; and

(ii) the standard is promulgated in accordance with the rulemaking procedures of subchapter III of chapter 5 of title 5, United States Code.

(B) NO STANDARD BY STANDARD SETTING ORGANIZATION.—If no standard setting organization has developed, adopted, or modified any standard relating to a standard that the Secretary is authorized or required to adopt under this part—

(i) paragraph(1) shall not apply; and

(ii) subsection(f) shall apply.

(3) CONSULTATION REQUIREMENT.—

(A) IN GENERAL.—A standard may not be adopted under this part unless—

(i) in the case of a standard that has been developed, adopted, or modified by a standard setting organization, the organization consulted with each of the organizations described in subparagraph(B) in the course of such development, adoption, or modification; and

(ii) in the case of any other standard, the Secretary, in complying with the requirements of subsection(f), consulted with each of the organizations described in subparagraph(B) before adopting the standard.

(B) ORGANIZATIONS DESCRIBED.—The organizations referred to in subparagraph(A) are the following:

(i) The National Uniform Billing Committee.

(ii) The National Uniform Claim Committee.

(iii) The Workgroup for Electronic Data Interchange.

(iv) The American Dental Association.

(d) IMPLEMENTATION SPECIFICATIONS.—The Secretary shall establish specifications for implementing each of the standards adopted under this part.

(e) PROTECTION OF TRADE SECRETS.—Except as otherwise required by law, a standard adopted under this part shall not require disclosure of trade secrets or confidential commercial information by a person required to comply with this part.

(f) ASSISTANCE TO THE SECRETARY.—In complying with the requirements of this part, the Secretary shall rely on the recommendations of the National Committee on Vital and Health Statistics established under section 306(k) of the Public Health Service Act(42 U.S.C. 242k(k)), and shall consult with appropriate Federal and State agencies and private organizations. The Secretary shall publish in the Federal Register any recommendation of the National Committee on Vital and Health Statistics regarding the adoption of a standard under this part.

(g) APPLICATION TO MODIFICATIONS OF STANDARDS.—This section
shall apply to a modification to a standard(including an addition to a
standard) adopted under section 1174(b) in the same manner as it applies to
an initial standard adopted under section 1174(a).

STANDARDS FOR INFORMATION TRANSACTIONS AND DATA ELEMENTS
SEC. 1173. (a) STANDARDS TO ENABLE ELECTRONIC EXCHANGE.—
(1) IN GENERAL.—The Secretary shall adopt standards for transactions, and data
elements for such transactions, to enable health information to be exchanged
electronically, that are appropriate for—
(A) the financial and administrative transactions described in paragraph(2); and
(B) other financial and administrative transactions determined appropriate by the
Secretary, consistent with the goals of improving the operation of the health
care system and reducing administrative costs.
(2) TRANSACTIONS.—The transactions referred to in paragraph(1)(A) are transactions
with respect to the following:
(A) Health claims or equivalent encounter information.
(B) Health claims attachments.
(C) Enrollment and disenrollment in a health plan.
(D) Eligibility for a health plan.
(E) Health care payment and remittance advice.
(F) Health plan premium payments.
(G) First report of injury.
(H) Health claim status.
(I) Referral certification and authorization.
(3) ACCOMMODATION OF SPECIFIC PROVIDERS.—The standards adopted by
the Secretary under paragraph(1) shall accommodate the needs of different

types of health care providers.

(b) UNIQUE HEALTH IDENTIFIERS. —

(1) IN GENERAL. — The Secretary shall adopt standards providing for a standard unique health identifier for each individual, employer, health plan, and health care provider for use in the health care system. In carrying out the preceding sentence for each health plan and health care provider, the Secretary shall take into account multiple uses for identifiers and multiple locations and specialty classifications for health care providers.

(2) USE OF IDENTIFIERS. — The standards adopted under paragraph(1) shall specify the purposes for which a unique health identifier may be used.

(c) CODE SETS. —

(1) IN GENERAL. — The Secretary shall adopt standards that —

(A) select code sets for appropriate data elements for the transactions referred to in subsection(a)(1) from among the code sets that have been developed by private and public entities; or

(B) establish code sets for such data elements if no code sets for the data elements have been developed.

(2) DISTRIBUTION. — The Secretary shall establish efficient and low-cost procedures for distribution(including electronic distribution) of code sets and modifications made to such code sets under section 1174(b).

(d) SECURITY STANDARDS FOR HEALTH INFORMATION. —

(1) SECURITY STANDARDS. — The Secretary shall adopt security standards that —

(A) take into account —

(i) the technical capabilities of record systems used to maintain health information;

(ii) the costs of security measures;

(iii) the need for training persons who have access to health information;

(ⅳ) the value of audit trails in computerized record systems; and

(ⅴ) the needs and capabilities of small health care providers and rural health care providers(as such providers are defined by the Secretary); and

(B) ensure that a health care clearinghouse, if it is part of a larger organization, has policies and security procedures which isolate the activities of the health care clearinghouse with respect to processing information in a manner that prevents unauthorized access to such information by such larger organization.

(2) SAFEGUARDS.－Each person described in section 1172(a) who maintains or transmits health information shall maintain reasonable and appropriate administrative, technical, and physical safeguards－

(A) to ensure the integrity and confidentiality of the information;

(B) to protect against any reasonably anticipated－

(ⅰ) threats or hazards to the security or integrity of the information; and

(ⅱ) unauthorized uses or disclosures of the information; and

(C) otherwise to ensure compliance with this part by the officers and employees of such person.

(e) ELECTRONIC SIGNATURE.－

(1) STANDARDS.－The Secretary, in coordination with the Secretary of Commerce, shall adopt standards specifying procedures for the electronic transmission and authentication of signatures with respect to the transactions referred to in subsection(a)(1).

(2) EFFECT OF COMPLIANCE.－Compliance with the standards adopted under paragraph(1) shall be deemed to satisfy Federal and State statutory requirements for written signatures with respect to the transactions referred to in subsection(a)(1).

(f) TRANSFER OF INFORMATION AMONG HEALTH PLANS.－The Secretary shall adopt standards for transferring among health plans appropriate standard data elements needed for the coordination of benefits, the sequential processing of claims, and other data elements for individuals who have more than one health plan.

TIMETABLES FOR ADOPTION OF STANDARDS

SEC. 1174. (a) INITIAL STANDARDS.—The Secretary shall carry out section 1173 not later than 18 months after the date of the enactment of the Health Insurance Portability and Accountability Act of 1996, except that standards relating to claims attachments shall be adopted not later than 30 months after such date.

(b) ADDITIONS AND MODIFICATIONS TO STANDARDS.—

(1) IN GENERAL.—Except as provided in paragraph(2), the Secretary shall review the standards adopted under section 1173, and shall adopt modifications to the standards(including additions to the standards), as determined appropriate, but not more frequently than once every 12 months. Any addition or modification to a standard shall be completed in a manner which minimizes the disruption and cost of compliance.

(2) SPECIAL RULES.—

(A) FIRST 12—MONTH PERIOD.—Except with respect to additions and modifications to code sets under subparagraph(B), the Secretary may not adopt any modification to a standard adopted under this part during the 12—month period beginning on the date the standard is initially adopted, unless the Secretary determines that the modification is necessary in order to permit compliance with the standard.

(B) ADDITIONS AND MODIFICATIONS TO CODE SETS.—

(i) IN GENERAL.—The Secretary shall ensure that procedures exist for the routine maintenance, testing, enhancement, and expansion of code sets.

(ii) Additional rules.—If a code set is modified under this subsection, the modified code set shall include instructions on how data elements of health information that were encoded prior to the modification may be converted or translated so as to preserve the informational value of the data elements that existed before the modification. Any modification to a code set under this subsection shall be implemented in a manner that minimizes the disruption and cost of complying with such modification.

REQUIREMENTS

SEC. 1175. (a) CONDUCT OF TRANSACTIONS BY PLANS.−

(1) IN GENERAL.−If a person desires to conduct a transaction referred to in section 1173(a)(1) with a health plan as a standard transaction−

(A) the health plan may not refuse to conduct such transaction as a standard transaction;

(B) the insurance plan may not delay such transaction, or otherwise adversely affect, or attempt to adversely affect, the person or the transaction on the ground that the transaction is a standard transaction; and

(C) the information transmitted and received in connection with the transaction shall be in the form of standard data elements of health information.

(2) SATISFACTION OF REQUIREMENTS.−A health plan may satisfy the requirements under paragraph(1) by−

(A) directly transmitting and receiving standard data elements of health information; or

(B) submitting nonstandard data elements to a health care clearinghouse for processing into standard data elements and transmission by the health care clearinghouse, and receiving standard data elements through the health care clearinghouse.

(3) TIMETABLE FOR COMPLIANCE.−Paragraph(1) shall not be construed to require a health plan to comply with any standard, implementation specification, or modification to a standard or specification adopted or established by the

Secretary under sections 1172 through 1174 at any time prior to the date on which the plan is required to comply with the standard or specification under subsection(b).

(b) COMPLIANCE WITH STANDARDS.—

(1) INITIAL COMPLIANCE.—

(A) IN GENERAL.—Not later than 24 months after the date on which an initial standard or implementation specification is adopted or established under sections 1172 and 1173, each person to whom the standard or implementation specification applies shall comply with the standard or specification.

(B) SPECIAL RULE FOR SMALL HEALTH PLANS.—In the case of a small health plan, paragraph(1) shall be applied by substituting '36 months' for '24 months'. For purposes of this subsection, the Secretary shall determine the plans that qualify as small health plans.

(2) COMPLIANCE WITH MODIFIED STANDARDS.—If the Secretary adopts a modification to a standard or implementation specification under this part, each person to whom the standard or implementation specification applies shall comply with the modified standard or implementation specification at such time as the Secretary determines appropriate, taking into account the time needed to comply due to the nature and extent of the modification. The time determined appropriate under the preceding sentence may not be earlier than the last day of the 180—day period beginning on the date such modification is adopted. The Secretary may extend the time for compliance for small health plans, if the Secretary determines that such extension is appropriate.

(3) CONSTRUCTION.—Nothing in this subsection shall be construed to prohibit any person from complying with a standard or specification by—

(A) submitting nonstandard data elements to a health care clearinghouse for processing into standard data elements and transmission by the health care clearinghouse; or

(B) receiving standard data elements through a health care clearinghouse.

GENERAL PENALTY FOR FAILURE TO COMPLY WITH REQUIREMENTS AND STANDARDS

SEC. 1176. (a) GENERAL PENALTY. —

(1) IN GENERAL. — Except as provided in subsection(b), the Secretary shall impose on any person who violates a provision of this part a penalty of not more than $100 for each such violation, except that the total amount imposed on the person for all violations of an identical requirement or prohibition during a calendar year may not exceed $25,000.

(2) PROCEDURES. — The provisions of section 1128A(other than subsections (a) and(b) and the second sentence of subsection(f)) shall apply to the imposition of a civil money penalty under this subsection in the same manner as such provisions apply to the imposition of a penalty under such section 1128A.

(b) LIMITATIONS. —

(1) OFFENSES OTHERWISE PUNISHABLE. — A penalty may not be imposed under subsection(a) with respect to an act if the act constitutes an offense punishable under section 1177.

(2) NONCOMPLIANCE NOT DISCOVERED. — A penalty may not be imposed under subsection(a) with respect to a provision of this part if it is established to the satisfaction of the Secretary that the person liable for the penalty did not know, and by exercising reasonable diligence would not have known, that such person violated the provision.

(3) FAILURES DUE TO REASONABLE CAUSE. —

(A) IN GENERAL. — Except as provided in subparagraph(B), a penalty may not be imposed under subsection(a) if—

(i) the failure to comply was due to reasonable cause and not to willful neglect; and

(ii) the failure to comply is corrected during the 30−day period beginning on the first date the person liable for the penalty knew, or by exercising reasonable diligence would have known, that the failure to comply occurred.

(B) EXTENSION OF PERIOD.−

(i) NO PENALTY.−The period referred to in subparagraph(A)(ii) may be extended as determined appropriate by the Secretary based on the nature and extent of the failure to comply.

(ii) ASSISTANCE.−If the Secretary determines that a person failed to comply because the person was unable to comply, the Secretary may provide technical assistance to the person during the period described in subparagraph(A)(ii). Such assistance shall be provided in any manner determined appropriate by the Secretary.

(4) REDUCTION.−In the case of a failure to comply which is due to reasonable cause and not to willful neglect, any penalty under subsection(a) that is not entirely waived under paragraph(3) may be waived to the extent that the payment of such penalty would be excessive relative to the compliance failure involved.

WRONGFUL DISCLOSURE OF INDIVIDUALLY IDENTIFIABLE HEALTH INFORMATION

SEC. 1177. (a) OFFENSE.−A person who knowingly and in violation of this part−

(1) uses or causes to be used a unique health identifier;

(2) obtains individually identifiable health information relating to an individual; or

(3) discloses individually identifiable health information to another person, shall be punished as provided in subsection(b).

(b) PENALTIES.—A person described in subsection(a) shall—

(1) be fined not more than $50,000, imprisoned not more than 1 year, or both;

(2) if the offense is committed under false pretenses, be fined not more than $100,000, imprisoned not more than 5 years, or both; and

(3) if the offense is committed with intent to sell, transfer, or use individually identifiable health information for commercial advantage, personal gain, or malicious harm, be fined not more than $250,000, imprisoned not more than 10 years, or both.

EFFECT ON STATE LAW

SEC. 1178. (a) GENERAL EFFECT.—

(1) GENERAL RULE.—Except as provided in paragraph(2), a provision or requirement under this part, or a standard or implementation specification adopted or established under sections 1172 through 1174, shall supersede any contrary provision of State law, including a provision of State law that requires medical or health plan records(including billing information) to be maintained or transmitted in written rather than electronic form.

(2) EXCEPTIONS.—A provision or requirement under this part, or a standard or implementation specification adopted or established under sections 1172 through 1174, shall not supersede a contrary provision of State law, if the provision of State law—

(A) is a provision the Secretary determines—

(i) is necessary—

(I) to prevent fraud and abuse;

(Ⅱ) to ensure appropriate State regulation of insurance and health plans;

(Ⅲ) for State reporting on health care delivery or costs; or

(Ⅳ) for other purposes; or

(ii) addresses controlled substances; or

(B) subject to section 264(c)(2) of the Health Insurance Portability and Accountability Act of 1996, relates to the privacy of individually identifiable health information.

(b) PUBLIC HEALTH.—Nothing in this part shall be construed to invalidate or limit the authority, power, or procedures established under any law providing for the reporting of disease or injury, child abuse, birth, or death, public health surveillance, or public health investigation or intervention.

(c) STATE REGULATORY REPORTING.—Nothing in this part shall limit the ability of a State to require a health plan to report, or to provide access to, information for management audits, financial audits, program monitoring and evaluation, facility licensure or certification, or individual licensure or certification.

PROCESSING PAYMENT TRANSACTIONS BY FINANCIAL INSTITUTIONS

SEC. 1179. To the extent that an entity is engaged in activities of a financial institution(as defined in section 1101 of the Right to Financial Privacy Act of 1978), or is engaged in authorizing, processing, clearing, settling, billing, transferring, reconciling, or collecting payments, for a financial institution, this part, and any standard adopted under this part, shall not apply to the entity with respect to such activities, including the following:

(1) The use or disclosure of information by the entity for authorizing, processing, clearing, settling, billing, transferring, reconciling or collecting, a payment for, or related to, health plan premiums or health care, where such payment is made by any means, including a credit, debit, or other payment card, an

account, check, or electronic funds transfer.

(2) The request for, or the use or disclosure of, information by the entity with respect to a payment described in paragraph(1) —

(A) for transferring receivables;

(B) for auditing;

(C) in connection with —

(i) a customer dispute; or

(ii) an inquiry from, or to, a customer;

(D) in a communication to a customer of the entity regarding the customer's transactions, payment card, account, check, or electronic funds transfer;

(E) for reporting to consumer reporting agencies; or

(F) for complying with —

(i) a civil or criminal subpoena; or

(ii) a Federal or State law regulating the entity.".

(b) CONFORMING AMENDMENTS. —

(1) REQUIREMENT FOR MEDICARE PROVIDERS. — Section 1866(a)(1)(42 U.S.C. 1395cc(a)(1)) is amended —

(A) by striking "and" at the end of subparagraph(P);

(B) by striking the period at the end of subparagraph(Q) and inserting "; and"; and

(C) by inserting immediately after subparagraph(Q) the following new subparagraph:(R) to contract only with a health care clearinghouse(as defined in section 1171) that meets each standard and implementation specification adopted or established under part C of title XI on or after the date on which the health care clearinghouse is required to comply with the standard or specification.".

(2) TITLE HEADING. — Title XI(42 U.S.C. 1301 et seq.) is amended by striking the title heading and inserting the following:

TITLE XI−GENERAL PROVISIONS, PEER REVIEW, AND ADMINISTRATIVE SIMPLIFICATION.

SEC. 263. CHANGES IN MEMBERSHIP AND DUTIES OF NATIONAL COMMITTEE ON VITAL AND HEALTH STATISTICS.

Section 306(k) of the Public Health Service Act(42 U.S.C. 242k(k)) is amended−

(1) in paragraph(1), by striking "16" and inserting "18";

(2) by amending paragraph(2) to read as follows:

(2) The members of the Committee shall be appointed from among persons who have distinguished themselves in the fields of health statistics, electronic interchange of health care information, privacy and security of electronic information, population −based public health, purchasing or financing health care services, integrated computerized health information systems, health services research, consumer interests in health information, health data standards, epidemiology, and the provision of health services. Members of the Committee shall be appointed for terms of 4 years.";

(3) by redesignating paragraphs(3) through(5) as paragraphs(4) through(6), respectively, and inserting after paragraph(2) the following:

(3) Of the members of the Committee−

(A) 1 shall be appointed, not later than 60 days after the date of the enactment of the Health Insurance Portability and Accountability Act of 1996, by the Speaker of the House of Representatives after consultation with the Minority Leader of the House of Representatives;

(B) 1 shall be appointed, not later than 60 days after the date of the enactment of the Health Insurance Portability and Accountability Act of 1996, by the President pro tempore of the Senate after consultation with the Minority Leader of the Senate; and

(C) 16 shall be appointed by the Secretary.";

(4) by amending paragraph(5) (as so redesignated) to read as follows:

(5) The Committee −

  (A) shall assist and advise the Secretary −

    (i) to delineate statistical problems bearing on health and health services which are of national or international interest;

    (ii) to stimulate studies of such problems by other organizations and agencies whenever possible or to make investigations of such problems through subcommittees;

    (iii) to determine, approve, and revise the terms, definitions, classifications, and guidelines for assessing health status and health services, their distribution and costs, for use(I) within the Department of Health and Human Services, (II) by all programs administered or funded by the Secretary, including the Federal−State−local cooperative health statistics system referred to in subsection(e), and(III) to the extent possible as determined by the head of the agency involved, by the Department of Veterans Affairs, the Department of Defense, and other Federal agencies concerned with health and health services;

    (iv) with respect to the design of and approval of health statistical and health information systems concerned with the collection, processing, and tabulation of health statistics within the Department of Health and Human Services, with respect to the Cooperative Health Statistics System established under subsection(e), and with respect to the standardized means for the collection of health information and statistics to be established by the Secretary under subsection(j)(1);

    (v) to review and comment on findings and proposals developed by other organizations and agencies and to make recommendations for their adoption or implementation by local, State, national, or international agencies;

(vi) to cooperate with national committees of other countries and with the World Health Organization and other national agencies in the studies of problems of mutual interest;

(vii) to issue an annual report on the state of the Nation's health, its health services, their costs and distributions, and to make proposals for improvement of the Nation's health statistics and health information systems; and

(viii) in complying with the requirements imposed on the Secretary under part C of title XI of the Social Security Act;

(B) shall study the issues related to the adoption of uniform data standards for patient medical record information and the electronic exchange of such information;

(C) shall report to the Secretary not later than 4 years after the date of the enactment of the Health Insurance Portability and Accountability Act of 1996 recommendations and legislative proposals for such standards and electronic exchange; and

(D) shall be responsible generally for advising the Secretary and the Congress on the status of the implementation of part C of title XI of the Social Security Act."; and

(5) by adding at the end the following:

(7) Not later than 1 year after the date of the enactment of the Health Insurance Portability and Accountability Act of 1996, and annually thereafter, the Committee shall submit to the Congress, and make public, a report regarding the implementation of part C of title XI of the Social Security Act. Such report shall address the following subjects, to the extent that the Committee determines appropriate:

(A) The extent to which persons required to comply with part C of title XI of the Social Security Act are cooperating in implementing the standards adopted under such part.

(B) The extent to which such entities are meeting the security standards adopted under such part and the types of penalties assessed for noncompliance with such standards.

(C) Whether the Federal and State Governments are receiving information of sufficient quality to meet their responsibilities under such part.

(D) Any problems that exist with respect to implementation of such part.

(E) The extent to which timetables under such part are being met.".

SEC. 264. RECOMMENDATIONS WITH RESPECT TO PRIVACY OF CERTAIN HEALTH INFORMATION.

(a) IN GENERAL.—Not later than the date that is 12 months after the date of the enactment of this Act, the Secretary of Health and Human Services shall submit to the Committee on Labor and Human Resources and the Committee on Finance of the Senate and the Committee on Commerce and the Committee on Ways and Means of the House of Representatives detailed recommendations on standards with respect to the privacy of individually identifiable health information.

(b) SUBJECTS FOR RECOMMENDATIONS.—The recommendations under subsection(a) shall address at least the following:

(1) The rights that an individual who is a subject of individually identifiable health information should have.

(2) The procedures that should be established for the exercise of such rights.

(3) The uses and disclosures of such information that should be authorized or required.

(c) REGULATIONS.—

(1) IN GENERAL.—If legislation governing standards with respect to the privacy of individually identifiable health information transmitted in connection with the transactions described in section 1173(a) of the Social Security Act(as added by

section 262) is not enacted by the date that is 36 months after the date of the enactment of this Act, the Secretary of Health and Human Services shall promulgate final regulations containing such standards not later than the date that is 42 months after the date of the enactment of this Act. Such regulations shall address at least the subjects described in subsection(b).

(2) PREEMPTION.－A regulation promulgated under paragraph(1) shall not supercede a contrary provision of State law, if the provision of State law imposes requirements, standards, or implementation specifications that are more stringent than the requirements, standards, or implementation specifications imposed under the regulation.

(d) CONSULTATION.－In carrying out this section, the Secretary of Health and Human Services shall consult with－

(1) the National Committee on Vital and Health Statistics established under section 306(k) of the Public Health Service Act(42 U.S.C. 242k(k)); and

(2) the Attorney General.

참고문헌

Ⅰ. 국내단행본

고정명, 인공출산의 법리와 실제, 교문사, 1991.
곽윤직, 민법총칙, 박영사, 2003.
곽윤직, 채권총론, 박영사, 2003.
곽윤직, 채권각론, 박영사, 2003.
권용우, 불법행위론, 신양사, 1998.
김민중, 의료분쟁의 법률지식, 청림출판, 2003.
김상용, 불법행위법, 법문사, 1997.
김상용, 비교계약법, 법영사, 2002.*
김영규, 의료소송실무자료집: 총론·민사·형사(상), 제일법규, 1996.
김일수·서보학, 형법총론, 박영사, 2003.
김정순, 역학원론, 신광출판사, 1984.
김준호, 민법강의, 법문사, 2000.
김형배, 채권총론, 박영사, 1999.
김형배, 채권각론, 박영사, 2001.
나승성, 전자상거래법, 청림출판, 2000.
로젠베르그(오석락·김형배·강봉주 번역), 입증책임론, 박영사, 1995.
문국진, 의료법학, 청림출판, 1991.
문국진, 의료의 법이론, 고려대출판부, 1982.
문정두, 판례중심 의료소송, 법조문화사, 1984.

박균성, 행정법론(상), 박영사, 2003.

박균성・함태성, 환경법, 박영사, 2003.

박상기, 형법총론, 박영사, 1996.

박주용, 핵심손해배상실무(교통・산재・의료 등), 법률서원, 2000.

배대헌, 안전한 전자상거래@ 전자서명・인터넷법, 세창출판사, 2000.

범경철, 의료분쟁소송: 이론과 실제, 법률정보센타, 2003.

사법연감, 2003년판.

서희원, 환경소송, 북피아닷컴, 2004.

송상현, 민사소송법, 박영사, 2002.

신은주, 의료과오사건의 손해배상액산정 실무, 행법사, 1996.

신현호, 의료소송총론, 육법사, 1997.

오병철, 전자거래법, 법원사, 2000.

윤명선, 인터넷시대의 헌법학, 대명출판사, 2002.

윤명선・김병묵, 헌법체계론, 법지사, 1998.

이덕환, 의료행위와 법, 문영사, 2003.

이상돈, 의료형법, 법문사, 1998.

이시윤, 신민사소송법, 박영사, 2003.

이은영, 채권각론, 박영사, 2001.

이임영, 전자상거래보안입문, 생능출판사, 2001.

이재상, 형법각론, 박영사, 1996.

이재상, 형법총론, 박영사, 1995.

이희승, 국어대사전, 민중서림, 1982.

정동윤, 민사소송법, 법문사, 1995.

정완용, 전자상거래법: e－비즈니스를 위한 법(개정판), 법영사, 2005.

정진명, 가상공간법 연구(Ⅰ): 인터넷, 전자거래 그리고 법, 법원사, 2003.

조희종, 의료과오소송, 법원사, 1996.

지경용・김동수・채영문 외14인, 유비쿼터스 시대의 보건의료, 진한M&B, 2005.

최경진, 전자상거래와 법, 현실과미래사, 1998.

최경진・고지환, E법, 현실과 미래, 2000.

최재천·박영호, 의료과실과 의료소송, 육법사, 2004.

최재천·박영호·홍영균, 의료형법, 육법사, 2003.

추호경, 의료과오론, 육법사, 1992.

한국의료법학회 보건의료법학편찬위원회, 보건의료법학, 동림사, 2002.

홍기문, 증명책임론, 전남대학교출판부, 1999.

Ⅱ. 국내논문

강대옥, 위험책임론, 전남대대학원 박사학위논문, 1998.

강동세, "의료행위와 의사의 권리의무", 제1회 의사를 위한 법률연수강좌 연제집, 고려대의사법학연구소, 2000.3.

강봉수, "의료과오소송에서의 입증경감", 법조 제29권6호, 1980.

강봉수, "의료소송에 있어서의 증명책임", 의료사고에 관한 諸問題, 재판자료 제27집, 1985.

강성욱·이성호, "u-Health의 경제적 효과와 성장전략", 삼성경제연구소 Issue Paper, 2007.7.25.

강성욱·이성호·고유상, "u-Health 시대의 도래", 삼성경제연구소 CEO Information 제602호, 2007.5.2.

강원민방, 생방송GTB열린아침 "미래의료 원격진료 시공을 초월하는 미래산업, 1부 / 노르웨이의 숲, 2부 / 강원도의 힘, 3부 / 한국을 이끄는 강원도의 새로운 미래", 2004.7.5-7.

강원희, "의료분쟁과 보험제도에 관한 고찰", 보험학회지 제37집, 1991.

강현중, "의료사고와 피해자측의 과실", 의료사고의 제문제, 재판자료 제27집, 법원행정처, 1985.

건강보험심사평가원, "요양기관 정보화 실태조사 보고서", 2005.

경제정의시민실천연합, "의료분쟁조정법 제정에 관한 경실련 의견 및 입장(성명서)", 2003.6.19.

고정명, "보증채무에 관한 문제점", 법정논총 제9집, 국민대법학연구소, 1984.

고희정·유태우, "일차의료 중심 원격진료", 가정의학회지 제20권1호, 1999.1.

공순진·김영철, "전자상거래의 민사법적 문제", 동의법정 제15집, 동의대학교, 1999.5.

구연창, "공해와 인과관계에 관한 판례연구(Ⅱ)", 법조 제24권9호, 1975.8.

국무조정실, "지식정보화사회 구현을 위한 추진과제별 문제점 및 개선방안", 2000.10.

국회보건복지위원회, "의료분쟁조정법안(이원형의원대표발의) 검토보고서", 2002.10.

국회사무처 법제실, "의료분쟁조정법안에 대한 법제적 검토", 2000.6.

권영준, "인터넷상에서 행해진 제3자의 불법행위에 대한 온라인서비스제공자의 책임", 인터넷과 법률(남효순·정상조 공편), 법문사, 2002.

권영준, "저작권침해에 대한 온라인서비스제공자의 책임", 인터넷과 법률, 현암사, 2000.

권오승, "의료과오와 의사의 주의의무", 민법판례연구Ⅳ, 박영사, 1993.

권오승, "의료분쟁조정법안의 문제점과 개선방안", 한국의료법학회 정기학술세미나자료, 1995.2.

권오승, "의사의 설명의무", 민사판례연구 제10권, 1989.

권용우, "진료과오 및 약화사고의 책임", 단국대논문집 제15집, 단국대학교, 1981.

김경화, "의료행위의 형법적 한계", 동아대대학원 박사학위논문, 2001.

김광성, "의료과오사건에 있어서의 인과관계의 특질", 의료과오의 민사법적 제문제, 1998.

김기령, "의료와 의권", 대한의학협회지 제23권3호, 1980.

김기상, 의료과오에 따른 의사의 민사책임에 관한 연구, 전주대대학원 박사학위논문, 1997.

김동근, 온라인서비스제공자의 법적 책임에 관한 연구, 전북대대학원 박사학위논문, 2000.

김동수, "원격수술", 전기공학회지 제25권12호, 1998.12.

김민규, "전문가책임법의 전개", 외대논총 제13집, 1995.2.

김민중, "과실상계법리의 구조와 적용범위", 현대법학의 과제와 전망(김윤구교수 화갑기념논문집), 1999.

김민중, "의료계약", 사법행정 제361호, 1991.1.

김민중, "의료분쟁 판례의 동향과 문제점", 의료법학 창간호, 대한의료법학회, 2000.

김민중, "의사책임 및 의사법의 발전에 관한 최근의 동향", 민사법학 제9-10호, 1993.

김병태, 의료과오에 대한 의사의 민사책임, 전남대대학원 박사학위논문, 1995.

김상영, "의료과오의 증명책임에 관한 판례의 동향", 부산지방변호사회지 제14호, 1996.

김상용, "자동화된 의사표시와 시스템계약", 사법연구 제1집, 청헌법률문화재단, 1992.

김상찬, 의료사고의 민사적 책임과 분쟁해결의 법리, 건국대대학원 박사학위논문, 1995.

김선석, "의료과오에 있어서 인과관계에 관한 제문제", 법조 제383호, 1988.

김선석, "의료과오에 있어서 인과관계와 과실", 의료사고에 관한 諸問題, 재판자료 제27
　　　집, 법원행정처, 1985.

김선중, "새로운 심리방식에 따른 의료과오소송의 심리와 실무상의 문제점", 법조, 2001.7.

김선호·유선국·박성욱·김원기, "PC를 이용한 Emergency Teleradiology(Medical Image
　　　Transmission) System의 개발과 응용", 대한신경외과학회지 제23권8호, 1994.

김수영, "인터넷 의료정보 국내외 현황", 인터넷 건강정보 올바른 방향모색 토론회 연제
　　　집, 대한의사협회, 2002.10.

김신규, 형법상 의료과실의 법리에 관한 연구, 부산대대학원 박사학위논문, 1991.

김영철, "WTO 서비스무역협정에 관한 법적 고찰", 국제통상과 WTO법, 아시아사회과학
　　　연구원, 1996.

김영철, 인터넷서비스제공자의 저작권침해에 대한 민사책임에 관한 연구, 동의대대학원
　　　박사학위논문, 2000.

김용담, "민사소송에 있어서의 입증방해", 사법행정, 1984.6.

김용직·지대운, "정보사회에 대비한 민사법 연구 서론", 정보사회에 대비한 일반법 연
　　　구(Ⅰ), 정보통신정책연구원, 1997.

김은기, "전자서명 및 인증제도의 입법방향", 국회사무처법제실 법제현안 제2001-4호,
　　　2001.

김은기, "전자화폐의 법적 성질", 인하대법학연구, 2000.3.

김은주, "원격의료 이용자의 서비스만족에 관한 평가분석", 보건사회연구 제15권2호(p.174
　　　-193), 한국보건사회연구원, 1995년겨울.*

김인숙, "원격진료: 간호에의 응용", 간호학탐구 제9권1호(p.46-69), 연세대간호대학,
　　　2000.9.*

김일환, "정보자기결정권의 헌법상 근거와 보호에 관한 연구", 정보사회와 개인정보보
　　　호, 한국공법학회 제94회 학술발표회, 2001.5.

김재형, "전자거래에서 계약의 성립에 관한 규정의 개정방향", 인터넷법률 제9호, 법무부, 2001.11.

김정년 외, "원격진료를 위한 생체신호의 문서전송에 관한 연구", 학회논문지 제6권3호(p.379－385), 한국해양정보통신학회, 2002.5.*

김정동, "의료사고보험의 도입방안에 관한 고찰", 보험조사월보, 1996.11.

김정수, "의료분쟁조정법 무엇이 문제인가?", 의료와 법률 창간호, 1996.

김정은・박현애, "노인건강상담전화 운용과 가정간호사업 활성화를 위한 원격의료 시범사업", 간호학회지 제26권3호(p.576－590), 대한간호학회, 1996.9.*

김진태, "네트워크 기반의 u－Health 서비스 추진동향", ETRI 주간기술동향 통권1321호, 2007.11.7.

김천석・한경희, "인터넷을 통한 원격진료시스템 구현(2)", 종합학술대회연제집 제6권2호(p.510－514), 한국해양정보통신학회, 2002.10.*

김천수, "설명의무를 해태한 의사측의 책임범위", 판례월보 제353호, 1990.2.

김천수, "의사의 설명의무: 서독의 학설 및 판례를 중심으로", 민사법학 제7호, 한국사법행정학회, 1988.

김천수, 환자의 자기결정권과 의사의 설명의무, 서울대대학원 박사학위논문, 1993.

김철수, 의료분쟁 해결에 있어서 의사의 민사책임, 경희대대학원 박사학위논문, 2000.*

김현태, "의사의 진료과오에 있어서의 과실의 입증책임", 연세행정논총 제7집, 연세대출판부, 1980.

나승성, "전자상거래의 활성화를 위한 관련법제의 개정방향", 법제, 2000.9.

노태악, "전자거래에 있어 계약의 성립을 둘러싼 몇 가지 문제", 법조, 1999.9.

대한병원협회, "WTO DDA 의료공동대책위원회 제1차 워크샵 자료집", 2002.6.24.

문국진, "의료사고 감정의 문제점과 효과적 개선방향", 의료과오사범의 실태와 대책, 법무연수원, 1990.

문국진, "의료평가에 있어서 의료수준 문제", 법률신문 제2540호, 1996.10.10.

문성제, "의료사고에서 간호사의 책임", 의료법학 제2권2호, 한국사법행정학회, 2001.12.

문옥륜 외, "의료사고 피해구제제도 개발에 관한 연구", 대한의학협회・대한병원협회 용역보고서, 1992.2.

문옥륜・최만규, "의료분쟁조정법 제정방향", 보건학논집 제38권1호, 2001.9.

민혜영, 의료분쟁소송결과에 영향을 미치는 요인에 관한 연구, 연세대대학원 박사학위논문, 1997.*

박균성·박훤일, "우리나라 개인정보보호법제의 개선방안", 경희법학 제36권2호, 2001.

박동섭, "의료과오소송에 있어서의 의사의 주의의무의 기준", 재판자료 제6집, 1980.7.

박명환, "국내 원격의료서비스 발전모형 연구", 사회과학논집 제14집1호, 한성대학교 사회과학연구소, 2000.8.

박상기, "의료사고에서의 과실인정의 조건", 형사정책연구 1999년봄호.

박승서, "의료과오에 대한 판례동향", 대한변호사협회지 통권53호, 1980.1.

박승현, "불법행위에 있어서의 무과실책임", 리서치아카데미논총 제2집, 1999.

박영규, 의료행위에서의 생명과 신체의 보호에 관한 형법적 연구, 연세대대학원 박사학위논문, 1991.

박용석, "의료과오와 의사의 주의의무" 검찰 제1집, 1984.

박윤형, "초고속정보통신 이용계획: 원격의료사업을 포함한 의료정보화", 한국통신학회지 제11권12호(p.1164-1167), 한국통신학회, 1994.12.*

박인화, "의료분쟁의 합리적 해결을 위한 입법방향", 입법조사연구 통권252호, 1998.8.

박일환, "의료과오의 입증에 관한 독일법과 미국법의 비교법적 고찰", 법조 제34권1-2호, 1985.1-2.

박일환, "의료소송에서의 입증책임", 민사법학 제8호, 1999.

박일환, "의사의 설명의무와 환자의 승낙", 의료사고에 관한 諸問題, 재판자료 제27집, 법원행정처, 1985.

박정호, "e-health: on and off", 제16차 대한의료정보학회 춘계학술대회 초록집, 대한의료정보학회, 2000.6.

박종두, "의료계약의 법적 구성", 법조, 1992.10.

박준호, 전자의무기록과 원격의료에 대한 법적 고찰, 연세대보건대학원 보건정보관리학과 보건학석사학위논문, 2000.12.

박태신, "의료소송에 있어서 설명의무의 기능", 연세법학, 1998.

박형욱, 한국 의료법체계의 성격과 역사적 변천, 연세대대학원 박사학위논문, 2001.*

박훤일, "미국에서의 인터넷소송 동향", 경영법무 제112호, 한국경영법무연구소, 2003.7.*

박훤일, "한국의 개인정보보호제도(영문)", 경희대법과대학(가상공간과 법)·한국정보보호진흥원, 2002.10.*

방석호, "인터넷 활용에 따른 민사법적 문제", 한국법학50년(Ⅱ): 과거·현재·미래, 1998.12.

방창덕, "의사의 권리와 의무", 의학논리, 1984.

배병일, 의료과오의 민사적 책임에 관한 연구, 영남대대학원 박사학위논문, 1988.*

백윤철·김상겸, 미국의 의료정보보호에 대한 연구, 한국학술정보(주), 2006.5.

백철화, "Telemedicine의 현황", 전자공학회지 제175권(p.41-54), 대한전자공학회, 1998.12.*

범경철, 의료과오소송에 관한 연구, 전북대대학원 박사학위논문, 2001.*

보건복지부, "초고속통신망을 이용한 범국가적 의료정보통신망의 구성을 위한 Telemedicine 의 기반기술에 대한 연구: 제2차년도 최종보고서", 1998.

보건복지부, "진료정보 공동활용을 위한 기반조성연구사업 제안요청서", 2002.11.*

보건복지부, "지식정보화사회 구현을 위한 추진과제별 문제점 및 개선방안", 국무조정 실, 2000.10.

보건복지부·한국보건산업진흥원, "보건산업체를 위한 제조물책임(PL; Product liability) 가이드", 2002.

서광민, "의료과오책임의 법적 구성", 민사법학, 1990.

서광민, "진료계약의 법률관계", 고시계, 1999.9.

석희태, "오진과 자기결정권 침해의 효과", 판례월보 제287호, 1994.8.

석희태, "의료계약(상)", 사법행정 제333호, 1988.9.

석희태, "의료계약(중)", 사법행정 제335호, 1988.11.

석희태, "의료계약(하)", 사법행정 제336호, 1988.12.

석희태, "의료계약의 법적 성질과 내용", 월간고시, 1994.3.

석희태, "의료과실의 판단기준(상)", 판례월보 제197호, 1987.2.

석희태, 의료과오 민사책임에 관한 연구, 연세대대학원 박사학위논문, 1988.

석희태, "의료과오에 있어서의 인과관계의 연구", 연세법학연구, 1992.

석희태, "의사와 환자간 기초적 법률관계의 분석", 판례월보, 1985.8.

석희태, "의사의 설명의무와 환자의 자기결정권, 연세행정논총 제7집, 1980.

소재선, "소비자계약법의 과제와 전망", 비교사법 제5권2호, 한국비교사법학회, 1998.*

소재선·김선이, "전자상거래와 각국법의 저촉", 인터넷법률 통권18호, 2003.7.

소재선·박노일, "환경소송을 통한 사법적 구제와 역학적 인과관계", 국제법무연구 2호,

경희대학교국제법무대학원, 1999.6.

손상영·윤지웅·김혜경, "의료정보서비스 개선을 위한 법·제도 정비", 정보화추진 여건정비관련 '97년도 법·제도 연구사업, 정보통신정책연구원, 1997.12.*

손용근, 의료과오소송에 있어서 입증의 경감에 관한 연구, 연세대대학원 박사학위논문, 1996.

송영천·한옥연·박경호, "인터넷을 통한 정보검색과 건강관련 웹사이트 평가방법", 병원약사회지 제19권2호(p.157－165), 한국병원약사회, 2002.6.*

송오식, "가상공간에서의 민사법적 대응과 전자적 의사표시", 법률행정논총 제18집, 전남대학교, 1998.

송태민, "e－Health의 현황 및 전망", 보건복지포럼, 2001.5.

신문근, "원격의료의 법제화방안 연구", 국회사무처법제실 법제현안 제2001－6호, 국회사무처, 2001.12.

신은주, 의료과오소송에 있어서 입증책임, 경희대대학원 박사학위논문, 1992.*

신은주, "인신사고에서의 노동능력상실율 평가와 신체감정의 문제점", 의료법학, 한국사법행정학회, 1996.

신인봉, 의사배상책임보험에 관한 연구, 충남대대학원 박사학위논문, 1996.10.

신일순, "전자서명 및 인증제도의 필요성과 국내외 동향", 전자서명법 제정을 위한 토론회자료, 1998.

신종원, "의료분쟁조정법 토론자료", 의료분쟁조정법 제정에 관한 공청회 자료, 국회보건복지위원회 회의실, 2003.2.20.

신현호, "의료분쟁조정법안에 관한 문제", 의료분쟁조정법 제정에 관한 공청회자료(국회보건복지위원회 회의실), 국회보건복지위원회, 2003.2.20.

신현호, "인터넷 의료상담시 주의점: 법률적인 접근", 대한의사협회지 제45권1호, 2002.1.

안동준, 분업적 의료행위와 과실범, 전남대논문집, 전남대학교, 1984.

안지영, "인터넷을 통한 건강상담의 내용분석", 간호행정학회지 제6권1호, 2000.

양삼승, "가정적 인과관례론", 외국사법연수논집 제1권.

양삼승, "의료과오로 인한 민사책임의 발생요건", 현대민법학의 諸問題: 곽윤직교수 화갑기념논문집, 박영사, 1985.

양충모, "진료정보에 관한 법적 연구", 대한의사협회 연구보고서 2004－1－6, 대한의사협회 의료정책연구소, 2004.2.*

연세대학교 보건대학원·법과대학·법학연구소, "의료법 개정에 따른 시행령·시행규칙 마련을 위한 정책토론회 자료집", 연세대법대모의법정, 2002.9.18.

염용권 외, "원격진료 보수지불체계 설정방향에 관한 연구", 보건행정학회지 제7권2호(p.65-88), 한국보건행정학회, 1997.10.*

염용권·명희봉·이윤태·김동욱·서원식·이관익, "원격진료 보수지불체계 설정방향에 관한 연구", 보건행정학회지 제7권2호, 1997.10.

오대성, "의료과오소송에 있어서 표현증명에 관한 고찰: 판례를 중심으로", 조선대법학논총 제4집, 조선대학교, 1998.

오병철, 전자적 의사표시에 관한 연구, 연세대대학원 박사학위논문, 1996.

오용호, "민사소송에 있어서의 입증방해", 사법논집 제17집.

오준근, "인터넷관련 기본법의 재정립방안 연구", 인터넷법률 통권15호, 법무부, 2003.1.*

왕상한, "WTO 뉴라운드 출범과 우리나라 의료계의 대응전략", 대한의사협회 WTO DDA 정책토론회(의료·의학교육 시장개방과 국제경쟁력 강화방안) 연제집, 서울대병원강당, 2002.4.17.

유재남, 민법상 안전배려의무에 관한 연구, 동아대대학원 박사학위논문, 1992.*

유태우, "디지털의료", 대한치과의사협회지 제41권1호(통권404호)(p.16-22), 대한치과의사협회, 2003.1.*

유태우, "원격진료시대", 전자공학회지 제175권(p.29-37), 대한전자공학회, 1998.12.*

유태우, "재택원격진료", 한국의료복지시설학회지 제8권2호(통권15호)(p.83-86), 한국의료복지시설학회, 2002.12.*

유화춘 외, "제조물책임법 도입에 따른 보건산업의 대응전략 수입연구", 보건복지부 보건의료기술연구개발사업 최종보고서, 2003.1.

윤명선·정완용, "인터넷법학에 관한 연구 서설", 비교사법 제11권1호, 한국비교사법학회, 2004.*

윤선희, "정보통신사회에서의 인터넷서비스운영자에 대한 고찰", 인터넷법률 통권11호, 2002.3.

윤선희, "일본의 특정전기통신서비스제공자의 손해배상책임 제한 및 발신자정보의 개시에 관한 법률", 창작과 권리, 세창출판사, 제27호, 2002년여름호.

윤선희, "의료과실사범의 실태와 대책", 제6회 형사정책세미나, 법무연수원, 1990.7.

윤석찬, "원격의료의 법적 문제", 인터넷법률 통권25호, 법무부, 2004.9.

윤석찬, "원격의료에서의 의료과오책임과 준거법", 저스티스 통권80호, 한국법학원, 2004.8.

윤석찬, "현행 의료법에 있어 인터넷상의 의료행위의 허용여부", 월간법조 통권563권, 2003.8.

윤종태, 원격의료에 관한 법적 고찰, 고려대법무대학원 의료법학과 석사학위논문, 2003.6.

의료개혁위원회, "의료분쟁조정법안에 관한 공청회자료", 1997.3.

이경윤, "전자화폐에 관련된 법적 문제에 대한 고찰", 정보법학, 2000.12.

이경호, 과실범의 현대적 조명과 과제: 특히 교통과실범을 중심으로, 부산대대학원 박사학위논문, 1989.

이광빈 외, "RTF와 JMT 기반의 원격진료 화상회의시스템의 설계 및 구현", 학술발표논문집 제29권2호(p.556－558), 한국정보과학회, 2002년가을.*

이기수(새천년준비위원회·한국법학교수회), "원격진료에 관한 특례법 제정연구", 밀레니엄관계법 제정에 관한 연구(이상정·이기수·정상조·현병철), 2000.11.

이덕환, 민법상 의사의 설명의무법리에 관한 연구, 한양대대학원 박사학위논문, 1991.

이덕환, "초보의사수술의 법적 문제", 한양법학 제9집, 1998.12.

이동신, "미국의 의료과실소송에 관한 최근 판례의 동향" 재판자료집 제80집.

이동훈·곽태호·조현경·서정성, "국내 인터넷인증의 운영경험", 인터넷 건강정보 올바른 방향모색 토론회 연제집, 대한의사협회, 2002.10.

이명호·황선철, "원격의료시스템: 시스템과 통신망을 중심으로", 전기학회지 제47권4호(p.32－40), 대한전기학회, 1998.4.*

이보환, "의료과오로 인한 민사책임의 법률적 구성: 의료사고에 관한 諸問題", 재판자료 제27집, 법원행정처, 1985.

이상완, "의료사범의 이론과 실태", 법무연수원, 1988.

이상정·소재선, "전자문서와 전자계약", 경희법학 제33권2호, 경희대법과대학, 1998.12.

이영록, "서비스제공자의 저작권침해 책임", 1998년가을호.

이영성, "진료정보 공동활용을 위한 기반조성 연구사업 결과보고서", 보건복지부, 2003.8.

이영환, "의료과오와 의사의 민사책임", 부산대출판부, 1997.

이영환, 진료과오에 있어서의 의사의 민사책임에 관한 연구, 동아대대학원 박사학위논문, 1983.

이영환, "진료과오에 있어서의 이론의 재정립과 제도개혁에 관한 一試論", 법학연구 제 30권1호, 부산대법학연구소, 1988.

이용신, 병원관리체제의 개선에 관한 논의와 사례분석, 경남대대학원 박사학위논문, 1997.*

이은영, "전자상거래와 소비자법", 외법논집 제5집, 한국외국어대학교, 1998.

이인영, "무과실의료사고의 피해자구제의 법제화", 의료분쟁조정법 제정에 관한 공청회 자료(국회보건복지위원회, 2003.2.20, 국회보건복지위원회 회의실).

이인영, "의료분쟁조정법안 및 쟁점사안", 의료분쟁조정법안 제정을 위한 토론회자료(의 료제도발전특별위원회, 2002.9.10, 한국보건사회연구원 대회의실).

이인영, "외국의 소송외적 의료분쟁 해결제도", 의료분쟁조정법안 제정을 위한 토론회자 료(의료제도발전특별위원회, 2002.9.10, 한국보건사회연구원 대회의실).

이인영, "의료분쟁조정법안의 입법배경: 의료분쟁의 특성 및 원인, 현황분석", 의료분쟁 조정법안 제정을 위한 토론회자료, 의료제도발전특별위원회, 2001.9.

이인영, "의료분쟁조정법의 입법과정에서의 의사배상책임제도의 도입에 관한 논의", 연 세법학연구 제7집1호, 2000.

이인영, "의료정보의 생성과 소통, 정보보호에 관한 법리적 고찰", 대한의료정보학회 제 18차 학술대회 연제집, 2002.

이인영, "개정의료법의 환자의 개인정보보호규정에 관한 법리적 고찰", 대한병원협회지 제32권2호(통권282호)(p.73－88), 대한병원협회, 2003.3－4.*

이인영, "인터넷의료정보의 법률적 문제점", 대한병원협회지 제29권3호, 대한병원협회, 2000.

이재옥·박홍식·김유경·구영모·민원기·최진옥·조한익, "보건의료정보사이트의 가 이드라인의 설정", 간호학탐구 제9권1호, 2000.

이정택, 웹기반 원격의료정보시스템의 구현, 아주대대학원 박사학위논문, 2001.*

이종주, "전자거래기본법 및 전자서명법의 제정경과와 법적 검토", 법조, 1999.9.

이종태, "의사의 설명의무", 한국의료평가센터, 2000.6.

이준상, 의료과실에 관한 연구, 단국대대학원 박사학위논문, 1983.

이준상·김기영, "원격의료의 법적 문제", 한국의료법학회지 제9권2호, 한국의료법학회,

2001.12.

이지미, 원격의료체계의 군 운용방안, 국방대국방관리대학원 석사학위논문, 2002.

이철송, “전자거래기본법의 운영상의 제문제점”, 조세학술논집 제16집, 2000.

이해종·채영문·조재국·최형식, “원격진료시스템의 경제성 분석”, 보건행정학회지 제6 권1호, 1996.6.

이혁주, “손해배상의 범위에 관한 연구”, 법학논문집 제14집, 중앙대법학연구소, 1989.

임동민, “부가통신서비스”, 정보통신산업동향, 정보통신정책연구원, 1999.10.30.

임정평, “의료과오로 인한 손해배상의 특수성”, 고시연구, 1988.4.

임종규, “의료분쟁조정법 제정방향”, 의료분쟁조정법 제정관련 전문가토론회 주제발표자 료(국회의원회관 소회의실), 보건복지부·대한병원협회, 2001.7.18.

장경환, “약관규제법의 문제점과 개정방향”, 경희법학 제35권1호, 경희대학교, 2000.12.

장경환, “약관의 내용통제의 방식과 체계”, 경희법학 제30권1호, 경희대학교, 1995.12.

장원기·정혜선, “선진 주요국의 의료제도 연구”, 대한의사협회 의료정책연구소, 2003.12.*

장재옥, “인터넷상에서의 계약체결－의사표시와 관련한 몇 가지 기본적 검토”, 중앙대법 학논문집 제23권1집, 1998.

저작권심의조정위원회, “’96 저작권전문가 심포지엄 종합토론 요약”, 계간저작권, 1996 년겨울호.

전병남, “의료분업과 신뢰의 원칙: 대법원 2003.1.10. 선고 2001도3292 판결”, 대한의료 법학회 학술세미나자료집, 2003.3.8.

전병남, “의료분쟁조정법의 문제점 점검”, 한국의료법학회 학술대회연제집, 2000.

전현희, “의료분쟁조정법의 쟁점사항 검토”, 대한의사협회지 제489호, 2000.

정경영, “전자의사표시의 주체에 관한 연구”, 비교사법 제5권2호, 1998.

정기봉, 멀티미디어 서비스를 이용한 화상진료시스템의 설계, 조선대대학원 박사학위논 문, 2003.*

정명구, “전자적 의사표시의 법적 효력문제”, 비교사법 제5권1호, 1998.6.

정성운, 인터넷을 통한 원격의료의 법적 문제에 관한 연구, 전북대대학원 법학과 법학석 사학위논문, 2003.8.

정순임, “의료분쟁조정제도의 입법에 대한 소고”, 국회보 제402호, 2000.

정영호·박순찬·고숙자·윤강재, “WTO체제하의 보건의료서비스분야 개방협상 동향 및 정책적 시사점", 연구보고서 2002－05, 한국보건사회연구원, 2002.*

정완용, "전자지급결제 이용약관에 관한 법적 고찰", 개인정보연구 제2권1호, 한국정보
보호진흥원, 2003.11.*

정완용, "개정 전자서명법의 비교법적 고찰", 비교사법, 한국비교사법학회, 2003.7.*

정완용, "인터넷사이버몰 이용표준약관안", 국제법무연구 제3호, 경희대국제법무대학원,
1999.12.*

정완용, "유엔국제상거래법위원회(UNCITRAL) 전자계약에 관한 국제협약 초안의 법적
고찰", 세계화시대의 법·법률가, 한국법학교수회, 2003.1.*

정완용, "전자거래에 있어서 개인정보침해에 대한 법적 구제", 인터넷법률, 법무부 2002.1.*

정완용, "유럽 주요국가의 전자서명 인증정책 및 제도 조사·분석", 한국정보보호진흥원
정책연구 02－01, 2002.12.

정용엽, 원격의료계약의 법리에 관한 연구, 경희대국제법무대학원 법학석사학위논문,
2003.2.

정용엽, "원격의료의 법리에 관한 연구", 국제법무연구 제7호(p.255－278), 경희대국제법
무대학원, 2003.2.

정용엽, "원격의료와 법적 책임", 보건산업기술동향 통권13호(p.191－197), 한국보건산업
진흥원, 2003년봄.

정용엽, "원격의료의 법적 문제에 관한 고찰", 대한병원협회지 제32권2호(통권282호) (p.106
－115), 대한병원협회, 2003.3－4.

정용엽, "원격의료에 있어서 ISP(인터넷서비스제공자)의 민사책임에 관한 고찰", 국제법
무연구 제9호(p.159－190), 경희대국제법무대학원, 2005.2.

정용엽, "원격의료의 민사책임 및 법제개선에 관한 연구", 경희대대학원 법학박사학위논
문, 2005.2.

정용엽, "u－헬스케어에 있어서 디지털의료영상정보의 법률적 보호", 대한디지털의료영
상기술학회지 제7권1호(p.23－31), 대한디지털의료영상기술학회, 2005.11.

정용엽, "u－헬스케어에 있어서 디지털의료정보의 법률적 보호", 국제법무연구 제10호,
경희대국제법무대학원, 2006.2.

정용엽, "원격의료의 법률관계 및 법제개선방안", 의료법학 제7권1호(p.323－386), 대한
의료법학회, 2006.6.

정용엽, "의료사고피해구제법안상 무과실책임주의 도입문제", 의료법학 제7권2호(p.271-310), 대한의료법학회, 2006.12.

정종휴, "시스템계약론(2)", 정보산업 제77호, 1998.9.

정진명, "인터넷을 통한 거래의 계약법적 문제", 비교사법 제6권1호, 1999.6.

정진명, "전자화폐의 법적 문제", 인터넷법률, 법무부, 2001.1.

정진명, "혼합계약의 해석", 민사법학 제16호, 1999.

정해상, "정보통신망사고와 민사책임", 법학논문집 제21집, 중앙대학교, 1996.

정호성, "의료분쟁조정법 입법방안: 의료제도발전특별위원회 의결안을 중심으로", 의료분쟁조정법 제정에 관한 공청회 자료, 국회보건복지위원회 회의실, 2003.2.20.

조재국·송태민·김은주·채영문·최형식·유선국, "'94년도 원격진료 시범사업 분석·평가", 한국보건사회연구원 연구보고서 95-19, 한국보건사회연구원, 1995.12.

조정호, "불법행위책임에 관한 고찰: 과실책임과 무과실책임을 중심으로", 사회과학연구 제13집2권, 영남대사회과학연구소, 1993.12.

조한익, "국민복지를 위한 원격의료와 의료정보 표준화", 정보화저널 제4권2호, 한국전산원, 1997.6.

조형권, 의료소송에 있어서 증명책임완화에 관한 연구, 조선대대학원 박사학위논문, 2003.

조형원, 의료분쟁과 피해자구제에 관한 연구, 한양대대학원 박사학위논문, 1994.

주성재, "지역균형발전을 위한 원격의료 활용방안", 국토 제208호(p.32-35), 국토연구원, 1999.2.*

주지홍·왕상한·조형원·박민·이범룡, "의료정보화산업의 활성화를 위한 법제도 정비방안 연구", 정보통신정책연구원 정책연구 03-02, 정보통신정책연구원, 2003.12.

지원림, "자동화된 의사표시", 저스티스 제31권3호, 1998.9.

차혁원·송철옥, "의료파업도 걱정 없다, 마우스클릭으로 병원 간다: 원격의료 현주소", PC Line 제120권, 한경PC라인, 2000.10.

채영문·박준호·김선주·이인영·이상규·손명세, "보건의료정보화의 법적 고찰", 보건학논집 제38권1호(p.140-161), 2001.*

최경수, "온라인사업자의 책임", 정보법학 제3호, 1999.

최경진, "전자화된 의사표시와 전자계약", 정보산업 제179호, 1997.3.

최광준, "컴퓨터계약에 대한 민사법의 적용", 재산법연구 제19권1호, 한국재산법학회,

2002.*

최광준, "신의칙에 관한 민사판례의 동향: 실효의 원칙을 중심으로", 법학연구 제39권1
　　　호, 부산대법학연구소, 1998.*

최광중, "의료소송의 절차상의 諸問題", 의료사고의 제문제, 재판자료 제27집, 법원행정
　　　처, 1985.

최창열, "전자거래에서의 법률행위에 관한 연구", 성균관법학 제11호, 1999.

추호경, 의료과오에 관한 연구, 서울대대학원 박사학위논문, 1992.*

추호경, "의료과오와 형사책임", 검찰 제1집(통권88호), 1983.

추호경, "최근 의료과오재판의 경향 및 문제점", 대한법의학회지 제18권2호, 1994.

하지현, "인터넷의료의 법적, 윤리적 고찰", 용인정신의학보 제8권2호, 2001.

한경국, "의료과실에 관한 형사법적 고찰", 의료사고에 관한 제문제, 재판자료 제27집,
　　　법원행정처, 1985.

한국보건의료관리연구원, "의료법규체계 정비방안 기초연구", '96 기초사업연구보고서,
　　　1997.1.*

한국소비자보호원(분쟁조정2국의료팀), "1999년도 의료분야 피해구제현황 분석", 2000.3.

한국소비자보호원(사이버소비자센터), "사이버병원 관련 법률적 문제와 소비자보호",
　　　2001.8.

한삼인·김상명, "전자상거래의 법리에 관한 연구", 비교사법 제6권2호, 1999.

한웅길, "전자거래와 계약법", 비교사법 제5권2호, 1998.

현대호, 가상공간에 있어서의 불법행위에 관한 연구, 충남대대학원 박사학위논문, 1999.

현대호, 보건의료정보 관련법제의 개선방안, 한국법제연구원, 2006.10.

현대호, 보건의료정보 관련법제의 개선방안: 콘텐츠산업법제지원사업(Ⅱ) - 콘텐츠산업
　　　의 인프라조성에 관한 법제연구, 한국법제연구원, 2006.10.

현인섭, 전자상거래법에 관한 연구, 단국대대학원 박사학위논문, 2001.*

홍성진, "진료정보 공동활용 연구관련 해외제도 실태조사 출장보고서(일본)", 보건복지부
　　　보건의료정책과, 2003.8.*

홍승욱, 원격의료에 관한 법적 고찰, 연세대대학원 의료법윤리학협동과정 석사학위논문,
　　　2003.2.

홍천룡·문성제, "의료과오로 인한 피해의 사법적 구제", 경남법학 제15권, 경남대법학

연구소, 1999.

황성필, 의료과오소송에 관한 연구, 대전대대학원 박사학위논문, 1999.

황종성 · 류석상 · 김현경 · 이상직 · 윤병옥 · 박수곤 · 이지희 · 정용엽 · 주지홍 · 김재광 · 오태원, "u-Health 관련 법적 쟁점 및 이슈", u-서비스 추진관련 법적 쟁점 및 이슈, 한국정보사회진흥원 NCA I-RER-07508, 2007.12.

Ⅲ. 외국문헌

[영미문헌]

Annas, Glantz and Katz, informed consent to human experimentation, 1977.

Antezana F. Telehealth and Telemedicine will henceforth be part for the strategy for health for all. Internet, 1997.

Barry Straus, Cybermedicine: Licensure and Liability, The Serpents in the Garden, Law and Internet, Georgia State University School of Law, Fall 2002.*

Bashshur R, Sanders J, Shannon G. Telemedicine Theory and Practice. Springfield, IL: Charles C Thomas: 1997.

Brian Darer, Telemedicine: A State-based answer to Health Care in America, 3 Va.J.L. & Tech. 4(Spring 1998).*

Christopher J. Caryl, Note, Malpractice and Other Legal Issues Preventing the Development of Telemedicine, Journal of Law & Health, vol.12, 1997 / 1998.

Deena Rabinowicz Dugan, (The) polistics of medical malpractice reform in the American states, U.M.I.(Ph.D.), 1994.*

Douglas D. Bradham et al., The Information Superhighway and Telemedicine: Applications, Status and Issues, Wake Forest L. Rev., Vol.30, 1995.

Fran O'Connell, Telemedicine Creates New Dimensions of Risk, Nat'l Underwriter, Sept. 18, 1995.

H. C. Black, Black's Law Dictionary, 5th ed., West Publishing Co..

Harper, James & Gray, The Law of Torts, Vol.4, 2d Ed., Boston-Toronto, 1986.

I. Kenedy & A. Grugg(ed.), Principles of Medical Law, Oxford University Press, 1998.*

Jona Goldschmidt, Alternative resolution of medical malpractice disputes: an evaluation of the Arizona Medical Liability Review Panel, U.M.I.(Ph.D.), 1990.*

Judith F. Darr & Spencer Koerner, Telemedicine: Legal and Practical Implications, 19 Whittier L. Rev., 1997.

Kurt B. Opsahl, Freezing Rain on the Information Superhighway: Protecting Internet Service Providers from Vicarious Liability, [visited October 27, 2004] <http://www.etheria.com/opsahl/Homecmnt/>.

Lynette A. Herscha, Is There a Doctor in the House? Licensing and Malpractice Issue Involved in' Telemedicine?, 2 B.U. J. SCI. & TECH. L., 1996.

Marcia Mobilia Boumil, Clifford E, Elias, The Law of Medical Liability, West Publishing, 1995.

Marjorie Gott, Telehealth and Telemedicine: Executive Summary of a European Foundation Research Project, European Foundation for the Improvement of Living and Working Conditions, 1994.

Martinez, R. et al., "PC－based workstation for global PACS remote consultation and diagnosis in rural clinics", *Proc. SPIE, Medical Imaging*, 1995.

Nabil R. Adam et al, Electronic Commerce: Technical, Business, and Legal Issues, Prentice Hall PRT, 1999.

Nicolas P. Terry, Cyber－Malpractice: Legal Exposure for Cybermedicine, American Journal of Law And Medicine, 1999.*

Palm W, Nickless J, Lewalle H et al., "Implications of recent jurisprudence on the co－ordination of health care protection system", Association International De La Mutualite, 2000.

Phyllis F. Granade, "Implementing Telemedicine on a National Basis: A Legal Analysis of the Licensure Issues", 83 Fed'n Bull. J. Med. Licensure & Discipline. 7, 1996.

Prosser, The Law of Torts, 4th Ed., 1984.

Ruth R. Faden and Tom L. Beauhamp, A History and Theory on Informed Consent,

Oxford University Press, 1986.

S. H. Gifis, Law Dictionary, 2nd ed., Barron's Educational Series, 1984.

Stacey Swatek Huie, Note, Facilitating Telemedicine: Recording National Access With State Licensing Laws, 18 Hastings Comm. & Ent. L.J. 377, Winter 1996.

Stephen J. Schanz, Barry B. Cepelewicz, TELEMEDICINE LAW & PRACTICE, Civic Research Institute, Inc., New Jersey, 2001.

Telemedicine Report to Congress, U.S. Department of Commerce in conjunction with The Department of Health and Human Services, January. 31, 1997.

U.S. Department of Commerce, 2001 Telemedicine Report to Congress, 2001.1.

William L. Prosser, Law of Torts, 4th ed., St. Paul. Minn. West Publishing Co. 1971.

World Medical Association Statement on Accountability, Responsibilities and Ethical Guidelines in the Practice of Telemedicine. Adopted by the 51st World Medical Assembly Tel Aviv, Israel, October 1999.

Zepos / Christodoulou, Profession Liability, International Encyclopedia of Comparative Law, Vol.XI, Torts, 1978.

[독일문헌]

A. Laufs, Arztrecht 4. Aufl., München, C. H. Beck'sche Verlags, 1988.

Beck, Ulrich, Risikogesellschaft, Auf dem Weg in eine andere Moderne, 1986.

Deutsch, Das therapeutische Privileg des Arztes: Nichtaufklärung des Patienten, NJW 1980.

Deutsch, Arztrecht und Arzneimittelrecht, 1983.

Deutsch, Das Therapeutische Privileg des Arztrechtes: Nichtaufklärung zugunsten des Patienten, NJW 1980.

Deutsch, Haftungsrecht, Bd. I. Allgemeine Lehren, 1976.

Deutsch, Medizinrecht, 3. Aufl., 1997.

Deutsch, Ressourcenbeschränkung und Haftungsmaßstab in Medizin, VersR 1998.

Dieter Giesen, Wandlungen des Arzthaftungsrechts, 2. Aufl., 1984.

Emmerich, Das Recht der Leistungsstörung, 3. Aufl., 1991.

Ernst Caemmerer, Das Problem des Kausalzusammenhangs im Privatrecht, 1956.

Feussner / Etter / Siwert, Telekommunikation — Bedeutung und Aufgaben der Klinik in einem medizinischen Netzwerk, Klinikarzt, 2000.

Frahm / Nixdorf, Arzthaftungsrecht, 1996.

Geigel, Der Haftpflichtprozeß, 19. Aufl., 1986.

Gründel M, Psychotherapeutisches Haftungsrecht, 2000.

H. Burmester, Die Haftpflicht des Arztes und der Krankenanstalt, 1957.

Haimüller, Der Anscheinsbeweis und die Fahrlässigkeit im heutigen deutschen Schadensersatzprozeß, 1966.

Hauck / Kranig, Sozialgesetzbuch —SGB— §301 Rn. 4.

Hennies, Günter, Patientenrechte und Patientenschutz in der Telemedizin und beim Einsatz von Operationsrobotern, ArztR 2001.

Heyers, Johannes / Heyers, Herman Josef, MDR 2001.

Hoppe, Telemedizin und internationale Arzthaftung, MedR 1998.

K. Larenz, Lehrbuch des Schuldrecht, Bd. Ⅰ. Allgemeiner Teil, 14. Aufl. 1987.

Kaufmann, Die Beweislastproblematik im Arzthaftungsprozeß, 1984.

Laufs, Arztrecht(C. H. Beck, 1984), 3. Aufl.

Laufs / Uhlenbruck(Hrsg.), Handbuch des Arztrechts, 2. Aufl. 1999.

Michael Geiger, Gesetzliche Regelung des medizinischen Behandlungsvertrages, Georg—August—Univ. (Ph.D.), 1989.*

Musielak / Stadler, Grundfragen des Beweisrechts JuS 1980.

Nüßgens, Zwei Fragen zur zivilrechtlichen Haftung des Arztes, *Festschrift für Fritz Hauß*, 1978.

Rabel, Recht des Warenkanfs, Bd. Ⅰ, 1936.

Rappe, Die Beweislast bei positiver Vertragsverletzung, Zugleich ein Beitrag zur Überlassung von gefahrdrohender Beschaffenheit, AcP 141.

Rosenberg, Die Beweislast, 5. Aufl., 1965.

Ruhman, Nikolas, Soziologie des Risikos, 1991.

Schönke / Schröder / Niese, Zivilprozeßrecht, 8. Aufl., 1968.

Steffen / Dressler, Arzthaftungrecht, Rn. 166.

Stoll, Haftungsverlagerung durch beweisrechtliche Mittel, AcP 176.

Uhlenbruck, Beweisfragen im ärztlichen Haftungsprozeß, NJW 1965.

Uhlenbruck W, Laufs A, Handbuch des Arztrechts, 2002, §52 Rn. 16.

Ulsenheimann, MedR 1999.

Ulsenheimer / Heinemann, MedR 1999.

V. Diehiv. A Diehl, Die Aufklärung und Begleitung des Krebspatienten, VersR 1982.

Vgl. Deutsch, Erwin, Medizinrecht, 4. Aufl., Berlin 1999.

[일본문헌]

加藤一郎, "醫師の責任", 損害賠償責任の研究(上)(我妻先生還暦紀念), 有斐閣 1957.

加藤一郎, 不法行爲法(法律學全集 22-Ⅱ), 有斐閣, 1971.

吉田克己, "力學的因果關係と法的因果關係論", ジュリスト 第440號.

吉川春夫, 因果關係の立證, 裁判實務大系 第17卷.

大谷 實, 醫事判例百選, 有斐閣, 1976.

牧野二郎, "附隨役務說の立場から", イソターネット法學案內, 日本評論社, 1998.

西宮和夫, 請求權競合論, 有斐閣, 1980.

西原道雄, "損害賠償額の法理", ヅュリスト 第381號.

星野雅紀, "醫療過誤", 現代民事裁判の課題 第9卷, 1991.

速水幹由, "通信役務說の立場から", イソターネット法學案內, 日本評論社, 1998.

新美育文, "醫師の說明義務と患者の同意", 民法爭點, 有斐閣, 1985.

野田 寛, "醫療事故における因果關係と過失", 法と權利Ⅰ(民商法雜誌), 1978.4.

遠藤賢治, "醫療過誤訴訟の動向(2)", 司法研修所論集 第1號, 1973.

伊藤 眞, "旱泉メツキ工場廢液事件", 別冊ジュリスト 第43號, 公害環境判例, 1974.5.

中野貞一郎, "過失の 一應の推定について(Ⅰ)", 法曹時報 第19卷19號.

平井宣雄, 損害賠償法の理論, 東京大學出版會, 1971.

穴田秀男 外 14人, 醫療法律用語辭典, 中央法規出版, 1982.

湖見佳男, 契約規範の構造と展開, 有斐閣, 1991.

Ⅳ. 원격의료 관련 주요 인터넷사이트

강원민방 웹사이트 <www.igtb.co.kr/> [2004.11.10. 방문]

뉴질랜드 사고보상공사(ACC) 웹사이트 <www.acc.co.nz/about-acc/> [2004.5.12. 방문]

데일리메디(인터넷의학신문) 웹사이트 <http://www.dailymedi.com/> [2004.10.30. 방문]

드림케어 웹사이트 <dreamcare.co.kr> [2004.8.15. 방문]

말레이시아정부 웹사이트 <http://mcsl.mampu.gov.my/english/telemedicBI.html> [2004.7.2. 방문]

메디조아 웹사이트 <medizoa.com> [2004.8.15. 방문]

미국 JWGT 웹사이트 <http://telehealth.hrsa.gov/pubs/report2001/main.htm> [2004.6.30. 방문]

미국 National Telecommunications and Information Administration 웹사이트 <http://www.ntia
.doc.gov/reports/telemed/index.htm> [2004.6.20 방문]

미국 원격진료협회(ATA) 웹사이트 <http://www.atmeda.org/index.htm> [2004.10.20. 방문]

미국항공우주국(NASA) 웹사이트 <http://www.snesl.edu/anita/anita.htm> [2004.10.25. 방문]

미국 TIE(Telemedicine Information Exchange) 웹사이트 <http://tie.telemed.org/> [2004.10.20. 방문]

비트컴퓨터 웹사이트 <bti.co.kr/virtual/hospital.html/> [2004.8.15. 방문]

365홈케어 웹사이트 <365homecare.com> [2004.8.15. 방문]

서울대병원 가정의학과 재택원격진료센터 웹사이트 <http://mydoctor.snu.ac.kr/telehomecare/>
[2008.2.22. 방문]

세계보건기구 웹사이트 <http://www.who.int/en/> [2004.6.20. 방문]

세계의사회 웹사이트 <http://www.wma.net/e/policy/a7.htm> [2004.6.30. 방문]

아파요닷컴 웹사이트 <apayo.com> [2004.8.15. 방문]

월드케어 웹사이트 <worldcare.co.kr> [2004.8.15. 방문]

이디지털메드 웹사이트 <edigitalmed.com> [2004.8.15. 방문]

전자신문 웹사이트 <http://www.etnews.co.kr/> [2004.10.30. 방문]

텔레메드 웹사이트 <telemed.co.kr> [2004.8.15. 방문]

포항공대 생물학연구정보센터(BRIC) 웹사이트 <http://bric.postech.ac.kr/> [2004.12.2. 방문]

하이닥 웹사이트 <hidoc.co.kr> [2004.8.15. 방문]

하이케어 웹사이트 <hicare.net> [2004.8.15. 방문]

헬스코리아 웹사이트 <healthkorea.net> [2004.8.15. 방문]

· 저자 ·

정용엽

법학박사
전공관심분야: 민법/사이버법(인터넷법 · IT법 · 전자거래법)/보건의료 · BT법

•약 력•

경희대학교 법과대학(법학과)/국제법무대학원(인터넷법무학과)/대학원(법학과) 졸업
경희대학교 국제법무대학원 인터넷법무학과 강사 역임

現) 경희의료원 원무팀장
　　경희대학교 법학연구소/의료산업연구원 객원연구원
　　한국민사법학회/대한의료법학회/한국인터넷법학회/한국보건행정학회 회원

•주요논저•

2007. 12, u-Health 관련 법적 쟁점 및 이슈(공동연구보고서)
2007. 9, 규제개혁 종합연구: 의료서비스 및 의약품 부문(공동연구보고서)
2006. 12, 의료사고피해구제법안상 무과실책임주의 도입문제
2006. 6, 원격의료의 민사책임 및 법제개선방안
2006. 2, 제주국제자유도시종합계획 보완에 따른 보건의료제도 개선과제 연구(공동연구보고서)
2006. 2, u-헬스케어에 있어서 디지털의료정보의 법률적 보호
2005. 11, u-헬스케어에 있어서 디지털의료영상정보의 법률적 보호
2005. 10, 병의원 CEO의 성공 키포인트80(共譯)
2005. 2, 원격의료의 민사책임 및 법제개선에 관한 연구(박사학위논문)
2005. 2, 원격의료에 있어서 ISP의 민사책임에 관한 고찰
2003. 3, 원격의료의 법적 책임
2003. 2, 원격의료계약의 법리에 관한 연구(석사학위논문)
1992. 10, 사사(社史) 경희의료원20년사(共著)

u-Health 시대의

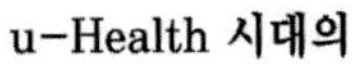

원격의료법
Telemedical Law

• 초판 인쇄	2008년 5월 10일
• 초판 발행	2008년 5월 10일
• 지 은 이	정용엽
• 펴 낸 이	채종준
• 펴 낸 곳	한국학술정보㈜
	경기도 파주시 교하읍 문발리 513-5
	파주출판문화정보산업단지
	전화 031) 908-3181(대표) · 팩스 031) 908-3189
	홈페이지 http://www.kstudy.com
	e-mail(출판사업부) publish@kstudy.com
• 등 록	제일산-115호(2000. 6. 19)
• 가 격	40,000원

ISBN   978-89-534-9092-5 93360 (Paper Book)
       978-89-534-9093-2 98360 (e-Book)